KB264019

물류 데이터베이스 구축 실무

김진수 著

21세기사

머 리 말

이 책의 목적

산업화 시대에서 정보화 시대로 패러다임이 바뀌면서 각종 물류 시스템은 여러 가지 측면에서 IT 자동화 기술이 도입되어 이제는 IT 기술이 없이는 시스템 운영 관리가 힘들 정도로 많은 분야에서 자동화가 이루어지고 있다. 예를 들어, 항만 물류 시스템에서는 선석 계획, 야드 계획, 양적하 계획에서부터 EDI 시스템, 본선 운영, 정산관리 시스템 등에 이르기까지 모든 터미널 운영 부분에 IT 자동화 기술을 이용하고 있다. 최근에는 센서를 이용한 무인 자동화 시스템 및 RFID/USN(Radio Frequency Identification/Ubiquitous Sensor Networks) 기술까지 도입되어 그 기술력과 활용 영역을 확장시키고 있다.

이러한 IT 자동화 분야에서 가장 중요한 영역 중의 하나가 바로 데이터베이스 구축 및 프로그래밍 기술이다. 데이터베이스에 대한 모든 과정을 이해하는 전문가는 구조적으로 기업의 업무를 분석하고 이를 이용해서 IT 자동화 시스템을 보다 효율적으로 구축할 수 있을 것이다.

이 책은 터미널 운영 업무, 무역 실무, 해운 실무 등의 항만 물류 운영 기술과 Visual Basic.NET 2005, MS SQL Server 2005, ADO.NET 2.0, ASP.NET 2.0 등의 IT 기술을 종합하여 해운 정보 서비스, 야드 관리, 양적하 관리 등의 항만 물류 데이터베이스를 분석, 설계 및 구축하는 것에 그 주안점을 두고 있다.

이 책에서는 중고급 개발자에 대해서는 충분한 실무 예제를 접해 볼 기회를 제공함으로서 보다 수준 높은 데이터베이스를 구축하고 프로그램을 작성할 수 있도록 하였고, 초급 개발자들을 위해서도 데이터베이스 프로그램을 작성하는 도구인 ADO.NET, 웹 프로그램을 작성하는 도구인 ASP.NET, 보고서 프로그램을 작성하는 도구인 크리스탈 레포트에 대해서 상세한 설명을 곁들여 실무 프로젝트를 잘 수행할 수 있도록 지면을 할애하였다.

이 책을 끝내고 나면 물류 자동화를 하기 위해서 데이터베이스를 접목하는 능력을 갖추게 될 것이다. 그리고 이 책은 실무 위주 서적이므로 이 책을 보기 이전에 물류관리 기초, 데이터베이스 기초, Visual Basic.NET 기초 등의 서적을 본다면 더 많은 효과를 볼 것이다.

이 책의 구성

이 책은 Visual Basic.NET 2005 및 ADO.NET 2005를 이용한 항만 물류 데이터베이스 프로젝트를 효율적으로 배울 수 있도록 3부로 나누어 구성하였다.

제 Ⅰ 부 :

제 Ⅰ 부에서는 한진해운, 고려해운 등의 회사에서 화주에게 제공하는 해운 정보 서비스에 대한 프로젝트를 주제로 하였다. 이 프로젝트에는 해운 정보 서비스 프로젝트 계획과 회원 리스트 조회, 회원 상세 조회, 선박별 스케줄 조회, 선박 정보 조회, 전체 스케줄 조회, 예약 신청, 선하증권 출력, 화물 추적 조회 웹 등의 프로그램이 포함되어 있다. 제 Ⅰ 부를 마치면 독자 여러분들은 해운 정보 서비스에 대한 기본 업무 흐름을 알게 되고 프로젝트를 수행하기 위한 업무 분석, 데이터베이스 설계 및 프로그램 설계를 하기 위한 기초 지식을 가질 것이다. 또한 ADO.NET을 이용하여 개략적인 해운 정보 서비스 데이터베이스 프로그램을 작성할 수 있을 것이다. 그리고 이 프로젝트 수행을 통하여 ADO.NET, DataGridView, 크리스탈 레포트, ASP.NET 등의 프로그래밍 기술도 익힐 수 있을 것이다.

제 Ⅱ 부 :

제 Ⅱ 부에서는 신선대 컨테이너 터미널, 부산 컨테이너 터미널 운영공사 등의 컨테이너 터미널 내에 있는 On-Dock 컨테이너 야드(CY) 관리에 대한 프로젝트를 주제로 하였다. 이 프로젝트에는 컨테이너 야드 관리 프로젝트 계획과 컨테이너 정보 관리, 컨테이너 반출입 목록, 야드 작업 관리, 야드 MAP, 야드 블록 MAP, 선사코드 검색 웹, 컨테이너 조회 웹 등의 프로그램이 포함되어 있다. 제 Ⅱ 부를 마치면 독자 여러분들은 컨테이너 야드 관리에 대한 기본 업무 흐름을 알게 되고 또한 ADO.NET을 이용하여 개략적인 컨테이너 야드 관리 데이터베이스 프로그램을 작성할 수 있을 것이다.

제 Ⅲ 부 :

제 Ⅲ 부에서는 컨테이너 양하 계획, 컨테이너 적하 계획, 컨테이너 터미널 양적하 관리 등의 양적하 관리에 대한 프로젝트를 주제로 하였다. 이 프로젝트에는 양적하 관리 프로젝트 계획과 적하 계획, 본선 적하 리스트 출력, 본선 적부도 조회, 본선 적하 순번 조회 등의 프로그램이 포함되어 있다. 제 Ⅲ 부를 마치면 독자 여러분들은 컨테이너 양적하 관리에 대한 기본 업무 흐름을 알게 되고 또한 ADO.NET을 이용하여 개략적인 컨테이너 양적하 관리 데이터베이스 프로그램을 작성할 수 있을 것이다.

감사의 말씀

이 책이 완성되기까지 많은 도움을 주신 분들께 감사드리며 오늘의 제가 있기까지 많은 충고와 격려를 해주신 동명대학교 강정남 이사장님, 숭실대학교 류성열 교수님, 영남대학교 강병욱 교수님께도 감사를 드립니다.

프로젝트 발표를 하기 위해 컴퓨터 앞에서 여러 날 밤을 새워 가며 몸을 아끼지 않고 수고한 동명대학교 항만물류학부 물류운영정보 전공 학생들에게 고마운 마음을 전하며, 앞날에 무궁한 발전이 있기를 바랍니다. 아울러 이 책이 발간되도록 협조해 주신 도서출판 21세기사의 이범만 사장님과 여러 직원들에게 감사드립니다.

오늘이 있기까지 항상 마음으로 후원해 주시고 희생을 아끼지 않으신 부모님, 어려운 여건 속에서도 항상 곁에서 함께 어려움을 나누고 뒷바라지와 따뜻한 사랑으로 내조해 준 아내 임명희와 딸 혜성, 혜연에게 이 작은 결실을 드립니다.

2009년 11월
동명대학교 연구실에서
저자 김 진 수

E-mail : kjs8543@tu.ac.kr

실무 예제 프로그램

해운 정보 서비스

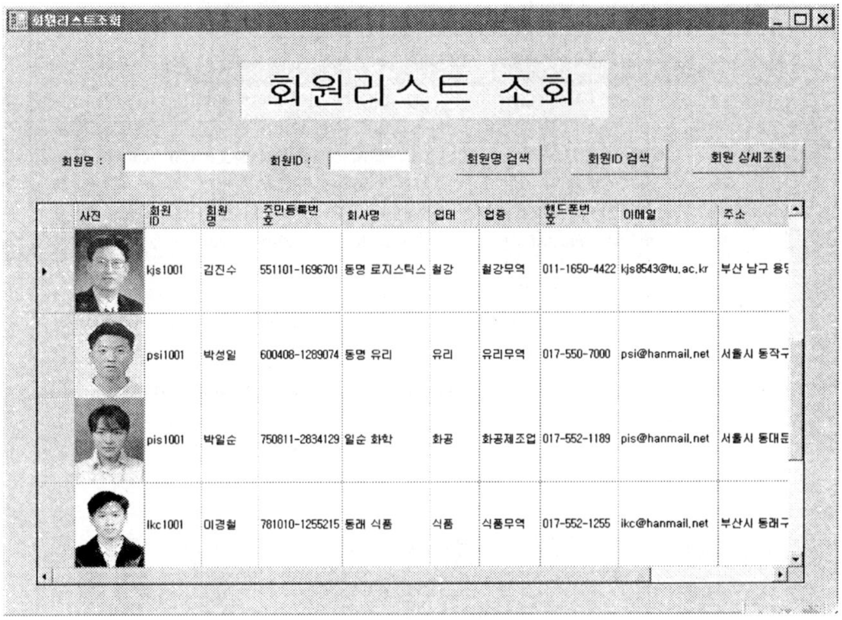

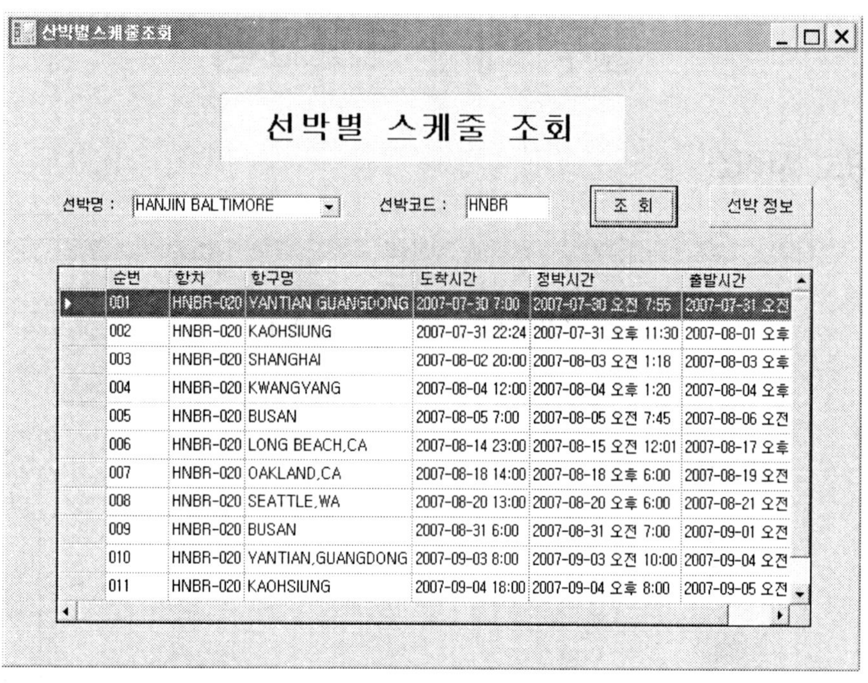

순번	항차	항구명	도착시간	정박시간	출발시간
001	HNBR-020	YANTIAN GUANGDONG	2007-07-30 7:00	2007-07-30 오전 7:55	2007-07-31 오전
002	HNBR-020	KAOHSIUNG	2007-07-31 22:24	2007-07-31 오후 11:30	2007-08-01 오후
003	HNBR-020	SHANGHAI	2007-08-02 20:00	2007-08-03 오전 1:18	2007-08-03 오후
004	HNBR-020	KWANGYANG	2007-08-04 12:00	2007-08-04 오후 1:20	2007-08-04 오후
005	HNBR-020	BUSAN	2007-08-05 7:00	2007-08-05 오전 7:45	2007-08-06 오전
006	HNBR-020	LONG BEACH,CA	2007-08-14 23:00	2007-08-15 오전 12:01	2007-08-17 오후
007	HNBR-020	OAKLAND,CA	2007-08-18 14:00	2007-08-18 오후 6:00	2007-08-19 오전
008	HNBR-020	SEATTLE,WA	2007-08-20 13:00	2007-08-20 오후 6:00	2007-08-21 오전
009	HNBR-020	BUSAN	2007-08-31 6:00	2007-08-31 오전 7:00	2007-09-01 오전
010	HNBR-020	YANTIAN,GUANGDONG	2007-09-03 8:00	2007-09-03 오전 10:00	2007-09-04 오전
011	HNBR-020	KAOHSIUNG	2007-09-04 18:00	2007-09-04 오후 8:00	2007-09-05 오전

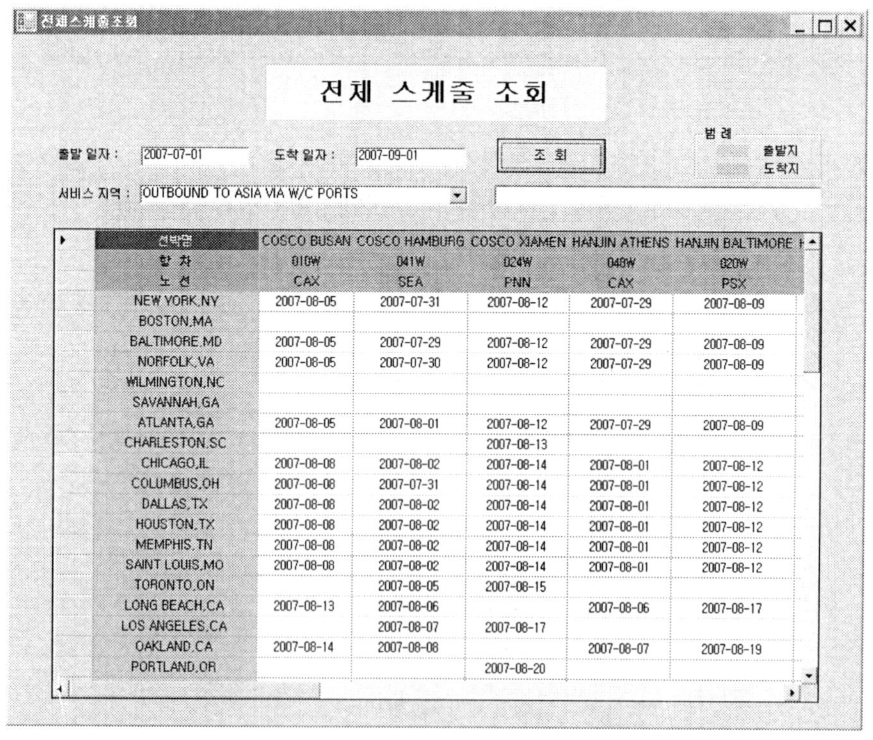

선박명	COSCO BUSAN	COSCO HAMBURG	COSCO XIAMEN	HANJIN ATHENS	HANJIN BALTIMORE
항차	010W	041W	024W	048W	020W
노선	CAX	SEA	PNN	CAX	PSX
NEW YORK,NY	2007-08-05	2007-07-31	2007-08-12	2007-07-29	2007-08-09
BOSTON,MA					
BALTIMORE,MD	2007-08-05	2007-07-29	2007-08-12	2007-07-29	2007-08-09
NORFOLK,VA	2007-08-05	2007-07-30	2007-08-12	2007-07-29	2007-08-09
WILMINGTON,NC					
SAVANNAH,GA					
ATLANTA,GA	2007-08-05	2007-08-01	2007-08-12	2007-07-29	2007-08-09
CHARLESTON,SC			2007-08-13		
CHICAGO,IL	2007-08-08	2007-08-02	2007-08-14	2007-08-01	2007-08-12
COLUMBUS,OH	2007-08-08	2007-07-31	2007-08-14	2007-08-01	2007-08-12
DALLAS,TX	2007-08-08	2007-08-02	2007-08-14	2007-08-01	2007-08-12
HOUSTON,TX	2007-08-08	2007-08-02	2007-08-14	2007-08-01	2007-08-12
MEMPHIS,TN	2007-08-08	2007-08-02	2007-08-14	2007-08-01	2007-08-12
SAINT LOUIS,MO	2007-08-08	2007-08-02	2007-08-14	2007-08-01	2007-08-12
TORONTO,ON		2007-08-05	2007-08-15		
LONG BEACH,CA	2007-08-13	2007-08-06		2007-08-06	2007-08-17
LOS ANGELES,CA		2007-08-07	2007-08-17		
OAKLAND,CA	2007-08-14	2007-08-08		2007-08-07	2007-08-19
PORTLAND,OR			2007-08-20		

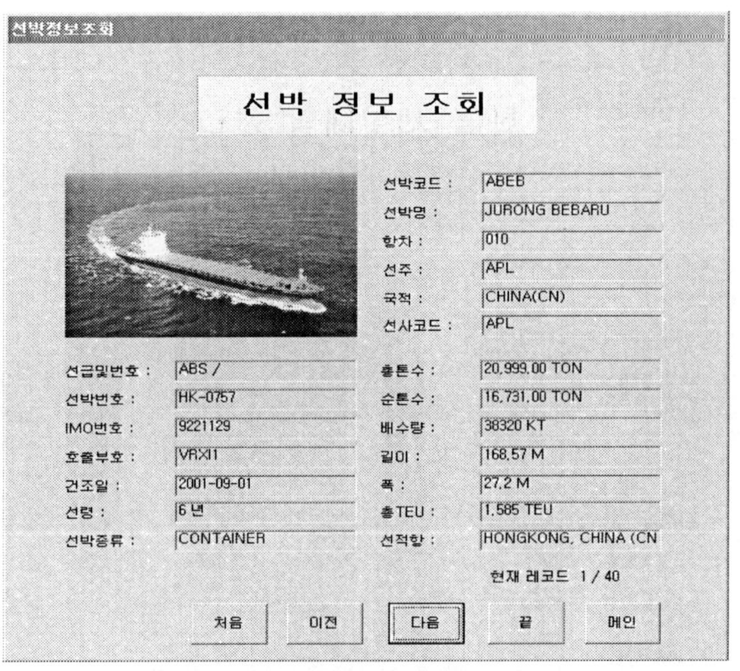

선박정보조회
선박 정보 조회
선박코드 :　ABEB
선박명 :　JURONG BEBARU
항차 :　010
선주 :　APL
국적 :　CHINA(CN)
선사코드 :　APL
선급및번호 :　ABS /
선박번호 :　HK-0757
IMO번호 :　9221129
호출부호 :　VRXI1
건조일 :　2001-09-01
선령 :　6 년
선박종류 :　CONTAINER
총톤수 :　20,999.00 TON
순톤수 :　16,731.00 TON
배수량 :　38320 KT
길이 :　168.57 M
폭 :　27.2 M
총TEU :　1,585 TEU
선적항 :　HONGKONG, CHINA (CN
현재 레코드 1 / 40
처음　이전　다음　끝　메인

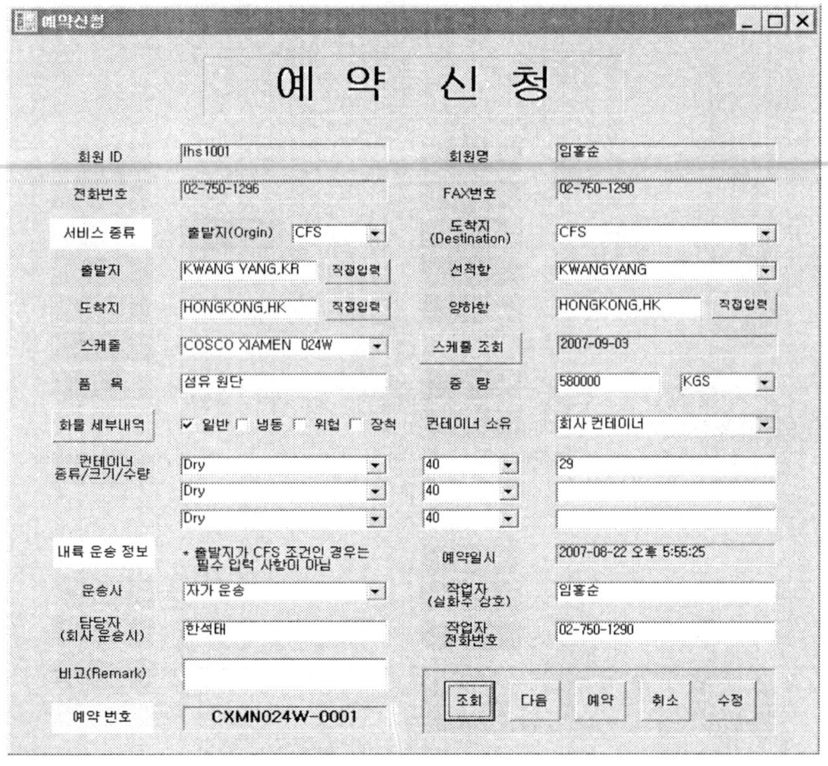

예약신청
예 약 신 청
회원 ID　lhs1001
회원명　임홍순
전화번호　02-750-1296
FAX번호　02-750-1290
서비스 종류
출발지(Orgin)　CFS
도착지(Destination)　CFS
출발지　KWANG YANG,KR　직접입력
선적항　KWANGYANG
도착지　HONGKONG,HK　직접입력
양하항　HONGKONG,HK　직접입력
스케줄　COSCO XIAMEN 024W
스케줄 조회　2007-09-03
품 목　섬유 원단
중 량　580000　KGS
화물 세부내역　☑ 일반 ☐ 냉동 ☐ 위험 ☐ 장척
컨테이너 소유　회사 컨테이너
컨테이너 종류/크기/수량
Dry　40　29
Dry　40
Dry　40
내륙 운송 정보　* 출발지가 CFS 조건인 경우는 필수 입력 사항이 아님
예약일시　2007-08-22 오후 5:55:25
운송사　자가 운송
작업자(실화주 상호)　임홍순
담당자(회사 운송시)　한석태
작업자 전화번호　02-750-1290
비고(Remark)
조회　다음　예약　취소　수정
예약 번호　CXMN024W-0001

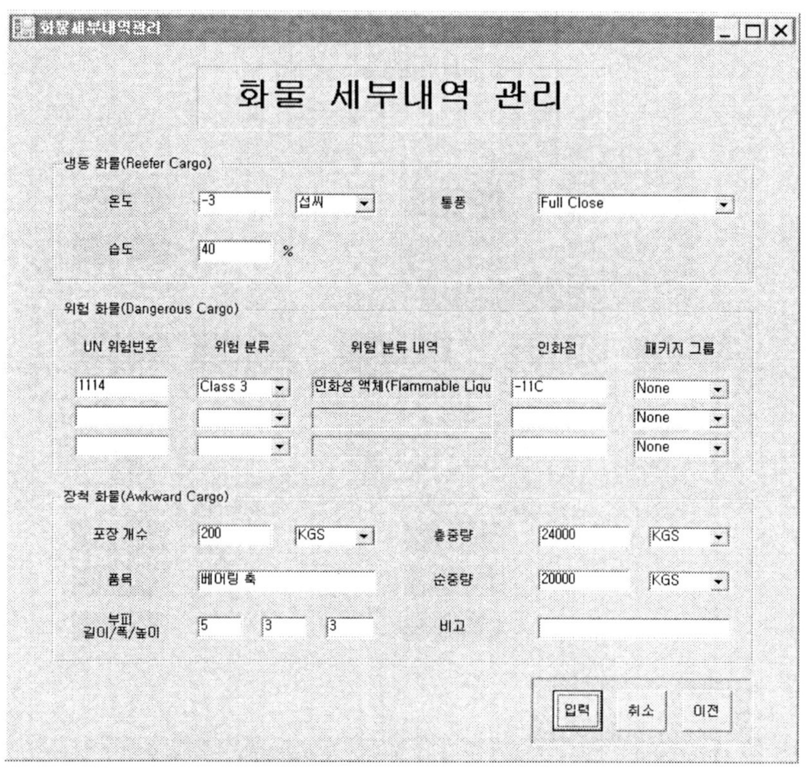

		예약번호	BL번호	선적요청일	처리사항	출발지	도착지	선박명
▶	선적요청/취소	HNBR020W-0001	TOP006110012SEL	2007-11-10	승인	BUSAN, KOREA	KAOHSIUNG	HANJIN
	선적요청/취소	HNBR020W-0001	TOP006110018SEL	2007-11-10	승인	BUSAN, KOREA	KAOHSIUNG	HANJIN
*								

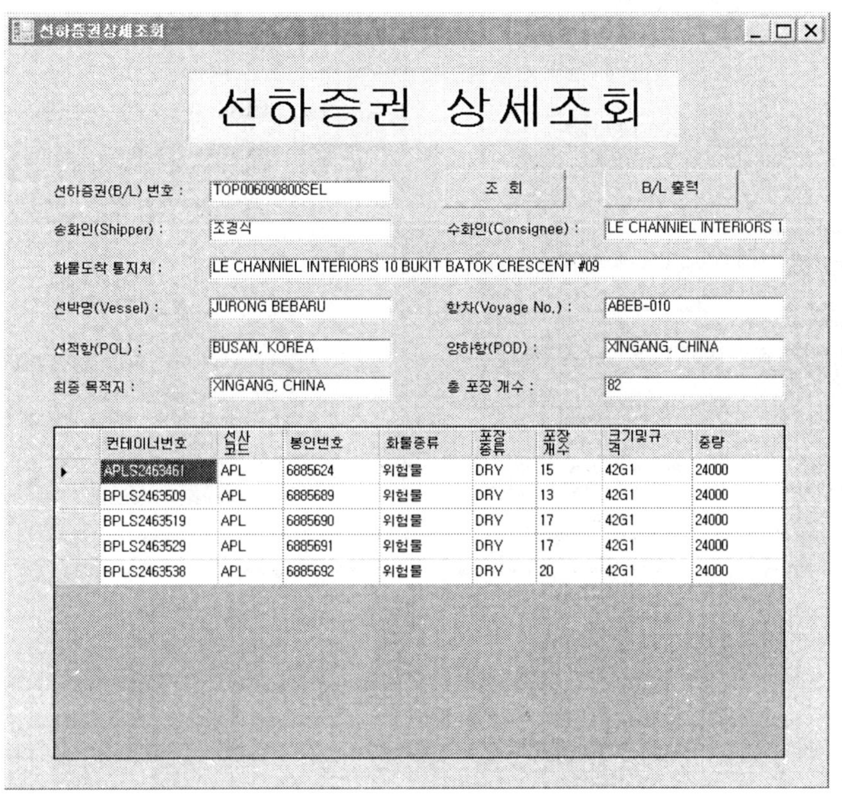

컨테이너번호	선사 코드	봉인번호	화물종류	포장 종류	포장 개수	크기및규 격	중량
APLS2463461	APL	6885624	위험물	DRY	15	42G1	24000
BPLS2463509	APL	6885689	위험물	DRY	13	42G1	24000
BPLS2463519	APL	6885690	위험물	DRY	17	42G1	24000
BPLS2463529	APL	6885691	위험물	DRY	17	42G1	24000
BPLS2463538	APL	6885692	위험물	DRY	20	42G1	24000

화물추적조회웹   페이지

화물 추적 조회웹

컨테이너번호	BL번호	항차	화물종류	포장종류	중량	크기및규격	선적항	양하항	출발일자	도착일자
APHU6295630	TOP006090267SEL	ABEB-010	일반	Dry	24000	42G1	BUSAN	XINGANG	2007-08-29	2007-09-02
APHU6296771	TOP006090267SEL	ABEB-010	일반	Dry	24000	42G1	BUSAN	XINGANG	2007-08-29	2007-09-02
APHU6405744	TOP006090267SEL	ABEB-010	일반	Dry	17000	42G1	BUSAN	XINGANG	2007-08-29	2007-09-02
APHU6435054	TOP006090267SEL	ABEB-010	일반	Dry	24000	42G1	BUSAN	XINGANG	2007-08-29	2007-09-02
APHU6587822	TOP006090267SEL	ABEB-010	일반	Dry	24000	42G1	BUSAN	XINGANG	2007-08-29	2007-09-02
APLS2463461	TOP006090800SEL	ABEB-010	위험물	DRY	24000	42G1	BUSAN	XINGANG	2007-10-28	2007-11-01
APLS2463482	TOP006090267SEL	ABEB-010	일반	DRY	24000	42G1	BUSAN	XINGANG	2007-08-29	2007-09-02
APLS2463492	TOP006090267SEL	ABEB-010	일반	DRY	24000	42G1	BUSAN	XINGANG	2007-08-29	2007-09-02
APLS2463503	TOP006090267SEL	ABEB-010	일반	DRY	24000	42G1	BUSAN	XINGANG	2007-08-29	2007-09-02
APLS2463511	TOP006090715SEL	ABEB-010	냉동	Reefer	24000	42R1	BUSAN	XINGANG	2007-10-28	2007-11-01

12345678

<선하증권(B/L)>

Consignor	
SAMKOUNG CHEMICAL CORPORATION #310 YEONSAN-1 DONG, YEONJE GU, BUSAN KOREA	

FBL TOP006090800SEL

NEGOTIABLE FIATA
MULTIMODAL TRANSPORT
BILL OF LADING
issued subject to UNCTAD/ICC Rules for
Multimodal Transport Document(ICC Publication481).

KIFFA KR M156

TRANS OCEAN-AIR PACIFIC INC.

4F,UI BLDG, 447-4
SEOGYO-DONG, MAPO-GU,
SEOUL, KOREA
E-mail:seoul@topkor.co.kr
TEL:82-2-773-0400
FAX:82-2-756-0660

Consigned to order of
LE CHANNIEL INTERIORS 10 BUKIT BATOK
CRESCENT #09

Notify address
LE CHANNIEL INTERIORS 10 BUKIT BATOK
CRESCENT #09

	Place of receipt BUSAN, KOREA
Ocean vessel JURONG BEBARU	**Port of loading** BUSAN, KOREA
Port of discharge XINGANG, CHINA	**Place of delivery** XINGANG, CHINA

Marks and numbers	Number and kind of packages	Description of goods	Gross weight	Measurement
APLS2463461 6885624	DRY 15 CNTS	CHEMICAL MATERIALS (CHLORINE)	24000 KGS	CBM
BPLS2463509 6885689	DRY 13 CNTS	CHEMICAL MATERIALS (CHLORINE)	24000 KGS	CBM
BPLS2463519 6885690	DRY 17 CNTS	CHEMICAL MATERIALS (CHLORINE)	24000 KGS	CBM
BPLS2463529 6885691	DRY 17 CNTS	CHEMICAL MATERIALS (CHLORINE)	24000 KGS	CBM
BPLS2463538 6885692	DRY 20 CNTS	CHEMICAL MATERIALS (CHLORINE)	24000 KGS	CBM

"FREIGHT PREPAID"   CFS / DOOR

SAY : (82) CARTONS ONLY

ON BOARD DATE :
2007-10-28

according to the declaration of the consignor

Declaration of Interest of the consignor in timely delivery(Clause 6.2.)	Declared value for ad valorem rate according to the declaration of the consignor(Clauses7 and 8).

The goods and instructions are accepted and dealt with subject to the Standard Conditions printed overleaf.
Taken in charge in apparent good order and condition unless otherwise noted herein, at the place of receipt for transport and delivery as mentioned above. One of these Multimodal Transport Bills of Lading must be surrendered duly endorsed in exchange for the goods. In Witness whereof the original Multimodal Transport Bills of Lading all of this tenor and date have been signed in the number stated below, one of which being accomplished the other(s) to be void.

Freight amount AS ARRANGED	Freight payable at SEOUL, KOREA	Place and date of issue SEOUL, KOREA 2007-11-01
Cargo insurance through the undersigned ▢ not covered ▢ Covered according to attached policy	Number of Original FBL's THREE(3)	Stamp and signature
For delivery of goods please apply to CTG LOGISTICS (A DIVISION OF CHARTER TRADE GLOBAL) P.O. BOX 29680, XINGANG, CHINA TEL : 04-2682030		ACTING AS A CARRIER TRANS OCEAN-AIR PACIFIC INC.

야드 관리

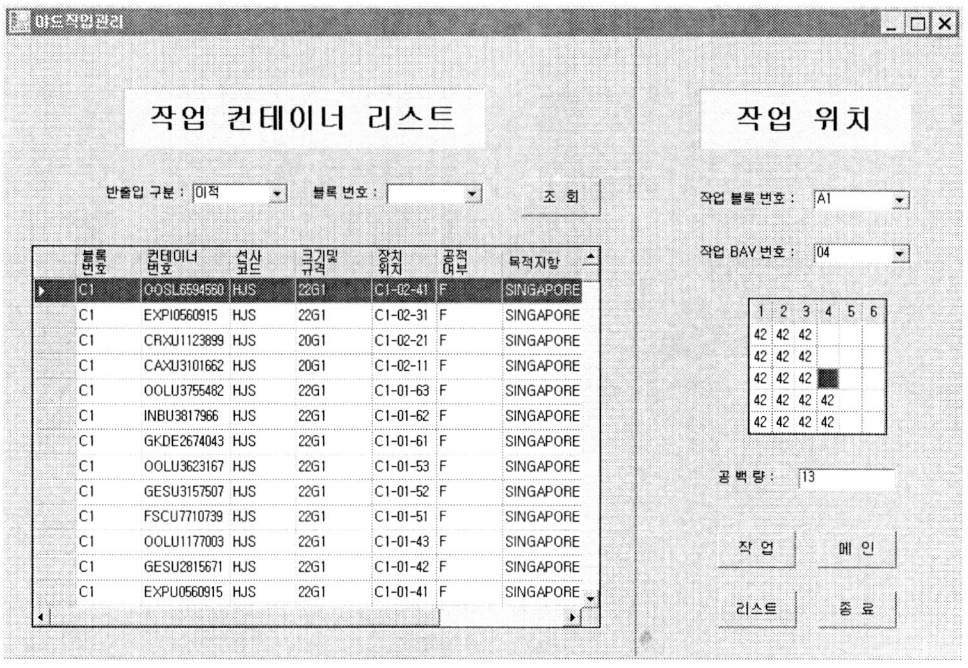

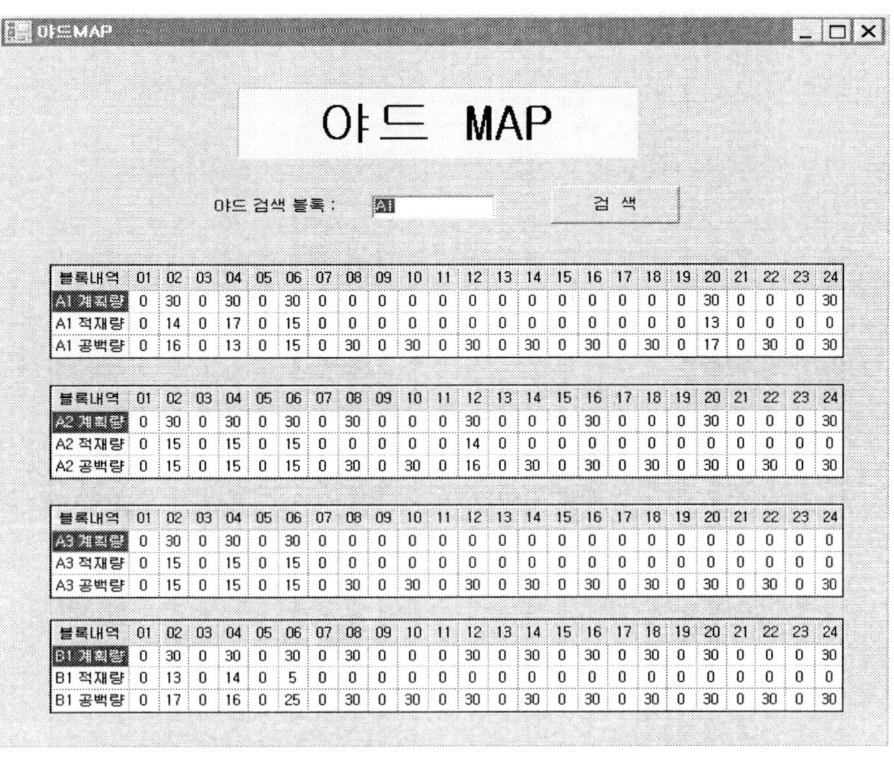

야드 MAP

야드 검색 블록 : A1 검 색

블록내역	01	02	03	04	05	06	07	08	09	10	11	12	13	14	15	16	17	18	19	20	21	22	23	24
A1 계획량	0	30	0	30	0	30	0	0	0	0	0	0	0	0	0	0	0	0	0	30	0	0	0	30
A1 적재량	0	14	0	17	0	15	0	0	0	0	0	0	0	0	0	0	0	0	0	13	0	0	0	0
A1 공백량	0	16	0	13	0	15	0	30	0	30	0	30	0	30	0	30	0	30	0	17	0	30	0	30

블록내역	01	02	03	04	05	06	07	08	09	10	11	12	13	14	15	16	17	18	19	20	21	22	23	24
A2 계획량	0	30	0	30	0	30	0	30	0	0	0	30	0	0	0	30	0	0	0	30	0	0	0	30
A2 적재량	0	15	0	15	0	15	0	0	0	0	0	14	0	0	0	0	0	0	0	0	0	0	0	0
A2 공백량	0	15	0	15	0	15	0	30	0	30	0	16	0	30	0	30	0	30	0	30	0	30	0	30

블록내역	01	02	03	04	05	06	07	08	09	10	11	12	13	14	15	16	17	18	19	20	21	22	23	24
A3 계획량	0	30	0	30	0	30	0	0	0	0	0	0	0	0	0	0	0	0	0	0	0	0	0	0
A3 적재량	0	15	0	15	0	15	0	0	0	0	0	0	0	0	0	0	0	0	0	0	0	0	0	0
A3 공백량	0	15	0	15	0	15	0	30	0	30	0	30	0	30	0	30	0	30	0	30	0	30	0	30

블록내역	01	02	03	04	05	06	07	08	09	10	11	12	13	14	15	16	17	18	19	20	21	22	23	24
B1 계획량	0	30	0	30	0	30	0	30	0	0	0	30	0	30	0	30	0	30	0	30	0	0	0	30
B1 적재량	0	13	0	14	0	5	0	0	0	0	0	0	0	0	0	0	0	0	0	0	0	0	0	0
B1 공백량	0	17	0	16	0	25	0	30	0	30	0	30	0	30	0	30	0	30	0	30	0	30	0	30

야드블록 MAP

블록번호/BAY번호 : B1 02 검 색

APLS2463644 ABEB-010 APL 42G1	APLS2463691 ABEB-010 APL 42G1	APLS2463736 ABEB-010 APL 42G1			
APLS2463633 ABEB-010 APL 42G1	APLS2463681 ABEB-010 APL 42G1	APLS2463728 ABEB-010 APL 42G1			
APLS2463622 ABEB-010 APL 42G1	APLS2463671 ABEB-010 APL 42G1	APLS2463713 ABEB-010 APL 42G1	APLS2463751 ABEB-010 APL 42G1		
APLS2463612 ABEB-010 APL 42G1	APLS2463660 ABEB-010 APL 42G1	APLS2463702 ABEB-010 APL 42G1	APLS2463745 ABEB-010 APL 42G1		

물류 데이터베이스 구축

선사코드검색웹

선사코드 검색웹

검색 선사코드   H   검 색

A B C D E F G H I J K L M
N O P Q R S T U V W X Y Z

선사코드	선사명
HAS	흥아해운(주)
HBL	한빛로지스틱주식회사
HJC	HJC
HJJ	(주)한진중공업
HJS	HANJIN SHIPPING CO.,LTD.
HJT	[주]한진부산지점
HLB	하파그로이드코리아(주)
HLC	하파그로이드코리아(주)
HLH	현대물류(주)
HMA	동해해운(주)

1 2 3

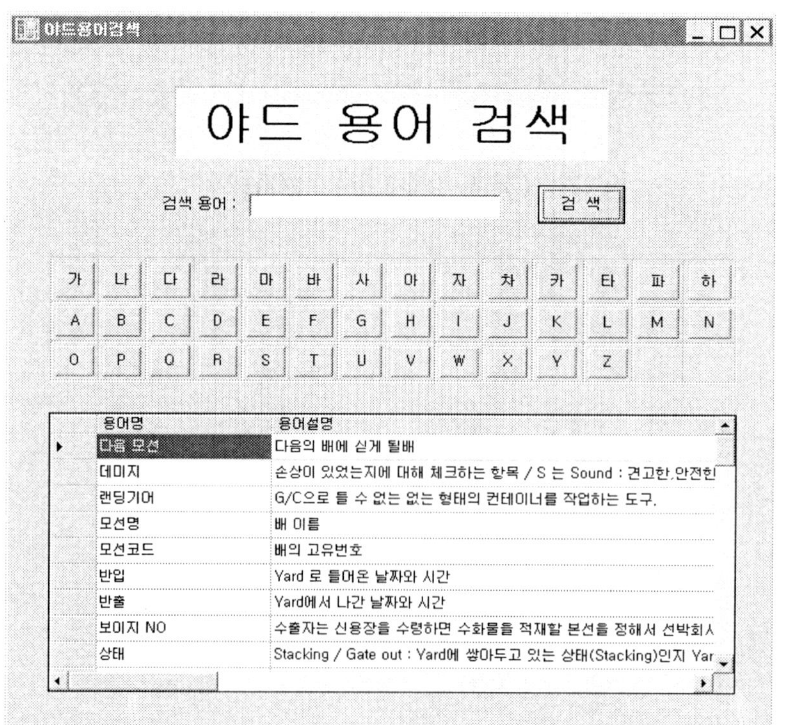

야드용어검색

야드 용어 검색

검색 용어 :   검 색

가 나 다 라 마 바 사 아 자 차 카 타 파 하
A B C D E F G H I J K L M N
O P Q R S T U V W X Y Z

용어명	용어설명
다음 모선	다음의 배에 싣게 될배
데미지	손상이 있었는지에 대해 체크하는 항목 / S 는 Sound : 견고한,안전한
랜딩기어	G/C으로 들 수 없는 없는 형태의 컨테이너를 작업하는 도구.
모선명	배 이름
모선코드	배의 고유번호
반입	Yard 로 들어온 날짜와 시간
반출	Yard에서 나간 날짜와 시간
보이지 NO	수출자는 신용장을 수령하면 수화물을 적재할 본선을 정해서 선박회사
상태	Stacking / Gate out : Yard에 쌓아두고 있는 상태(Stacking)인지 Yar

양적하 관리

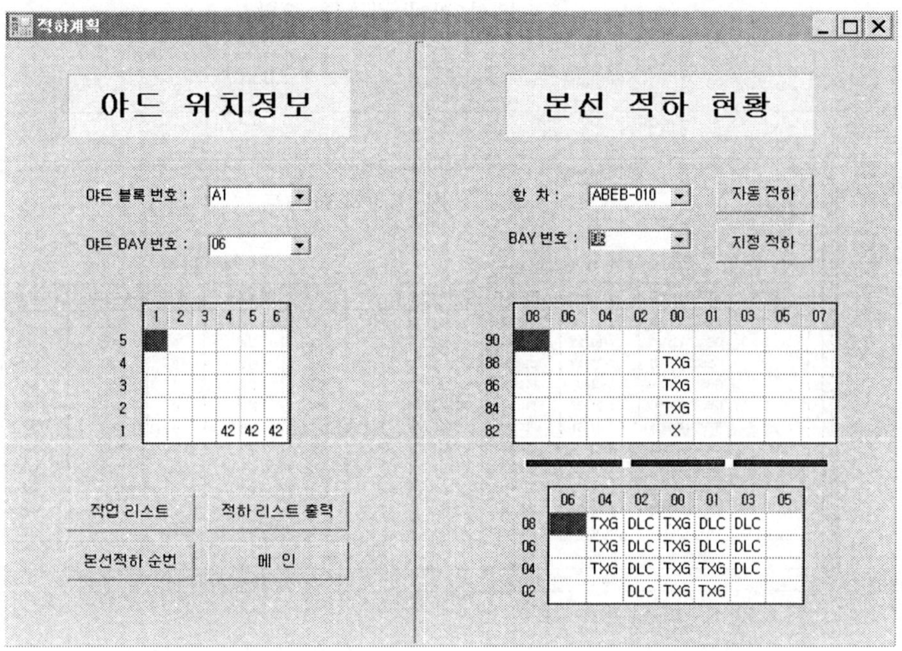

작업 리스트 조회

야드 블록 번호 : A1   조 회
야드 BAY 번호 : 06   이 전

야드 위치	컨테이너 번호	선사 코드	항차	목적 지항	봉인 번호	화물 종류	크 기
A1-06-33	APLS2463303	APL	ABEB-010	TXG	6885668	일반	40G1
A1-06-32	APLS2463893	APL	ABEB-010	TXG	6885667	일반	40G1
A1-06-31	APLS2463883	APL	ABEB-010	TXG	6885666	일반	40G1
A1-06-26	APLS2463872	APL	ABEB-010	TXG	6885665	냉동	40G1
A1-06-25	APLS2463862	APL	ABEB-010	TXG	6885664	냉동	40G1
A1-06-24	APLS2463852	APL	ABEB-010	TXG	6885663	냉동	40G1
A1-06-23	APLS2463841	APL	ABEB-010	TXG	6885662	냉동	40G1
A1-06-22	APLS2463831	APL	ABEB-010	TXG	6885661	냉동	40G1
A1-06-21	APLS2463821	APL	ABEB-010	TXG	6885660	냉동	40G1
A1-06-16	APLS2463811	APL	ABEB-010	TXG	6885659	냉동	40G1
A1-06-15	APLS2463805	APL	ABEB-010	TXG	6885658	냉동	40G1
A1-06-14	APLS2463795	APL	ABEB-010	TXG	6885657	일반	40G1
A1-06-13	APLS2463783	APL	ABEB-010	TXG	6885656	일반	40G1

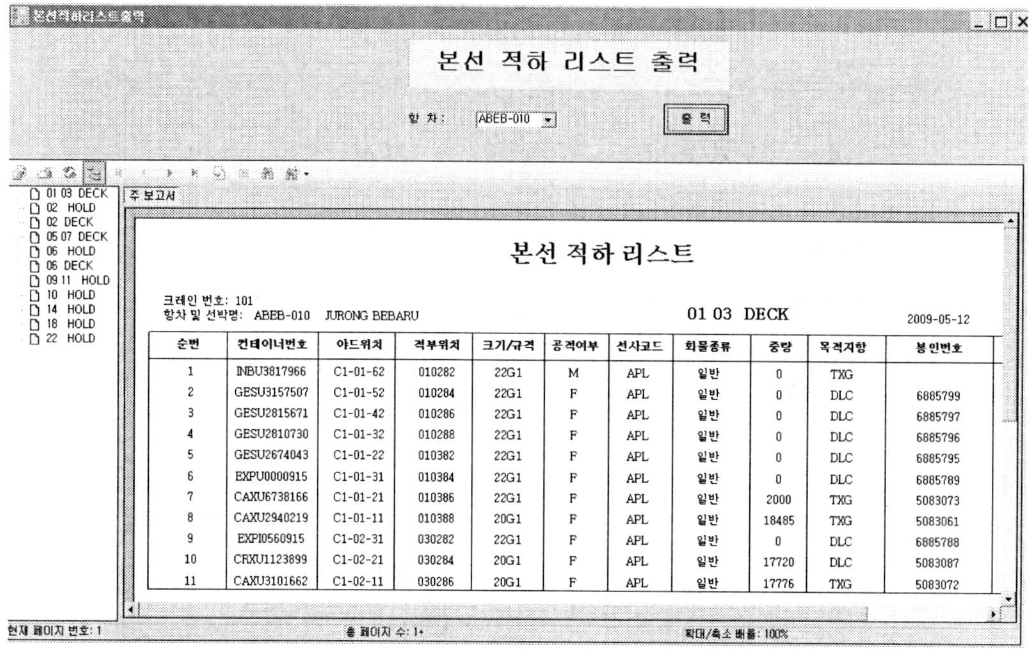

순번	컨테이너번호	야드위치	적부위치	크기/규격	공적여부	선사코드	화물종류	중량	목적지향	봉인번호
1	INBU3817966	C1-01-62	010282	22G1	M	APL	일반	0	TXG	
2	GESU3157507	C1-01-52	010284	22G1	F	APL	일반	0	DLC	6885799
3	GESU2815671	C1-01-42	010286	22G1	F	APL	일반	0	DLC	6885797
4	GESU2810730	C1-01-32	010288	22G1	F	APL	일반	0	DLC	6885796
5	GESU2674043	C1-01-22	010382	22G1	F	APL	일반	0	DLC	6885795
6	EXPU0000915	C1-01-31	010384	22G1	F	APL	일반	0	DLC	6885789
7	CAXU6738166	C1-01-21	010386	22G1	F	APL	일반	2000	TXG	5083073
8	CAXU2940219	C1-01-11	010388	20G1	F	APL	일반	18485	TXG	5083061
9	EXPI0560915	C1-02-31	030282	22G1	F	APL	일반	0	DLC	6885788
10	CRXU1123899	C1-02-21	030284	20G1	F	APL	일반	17720	DLC	5083087
11	CAXU3101662	C1-02-11	030286	20G1	F	APL	일반	17776	TXG	5083072

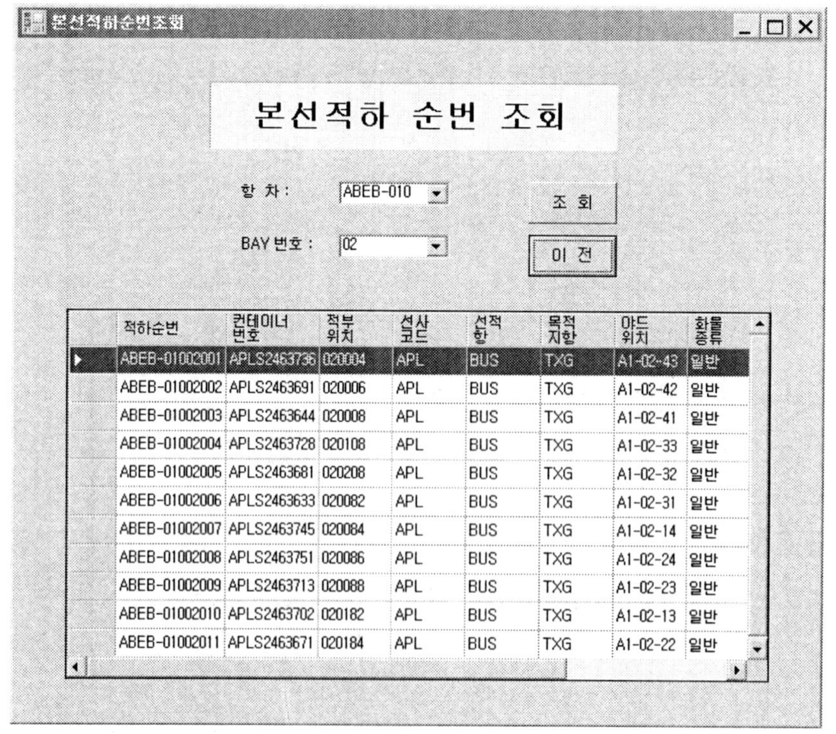

적하순번	컨테이너번호	적부위치	선사코드	선적항	목적지향	야드위치	화물종류
ABEB-01002001	APLS2463736	020004	APL	BUS	TXG	A1-02-43	일반
ABEB-01002002	APLS2463691	020006	APL	BUS	TXG	A1-02-42	일반
ABEB-01002003	APLS2463644	020008	APL	BUS	TXG	A1-02-41	일반
ABEB-01002004	APLS2463728	020108	APL	BUS	TXG	A1-02-33	일반
ABEB-01002005	APLS2463681	020208	APL	BUS	TXG	A1-02-32	일반
ABEB-01002006	APLS2463633	020082	APL	BUS	TXG	A1-02-31	일반
ABEB-01002007	APLS2463745	020084	APL	BUS	TXG	A1-02-14	일반
ABEB-01002008	APLS2463751	020086	APL	BUS	TXG	A1-02-24	일반
ABEB-01002009	APLS2463713	020088	APL	BUS	TXG	A1-02-23	일반
ABEB-01002010	APLS2463702	020182	APL	BUS	TXG	A1-02-13	일반
ABEB-01002011	APLS2463671	020184	APL	BUS	TXG	A1-02-22	일반

물류 데이터베이스 구축

본선적부도조회
범 례
T TXG   G: General   R: Reefer   C: High Cube
D DLC   H: Hazardous   E: Empty   O: Over Size
항 차 : ABEB-010   BAY 번호 :
BAY-02
BAY-10
BAY-06
BAY-14

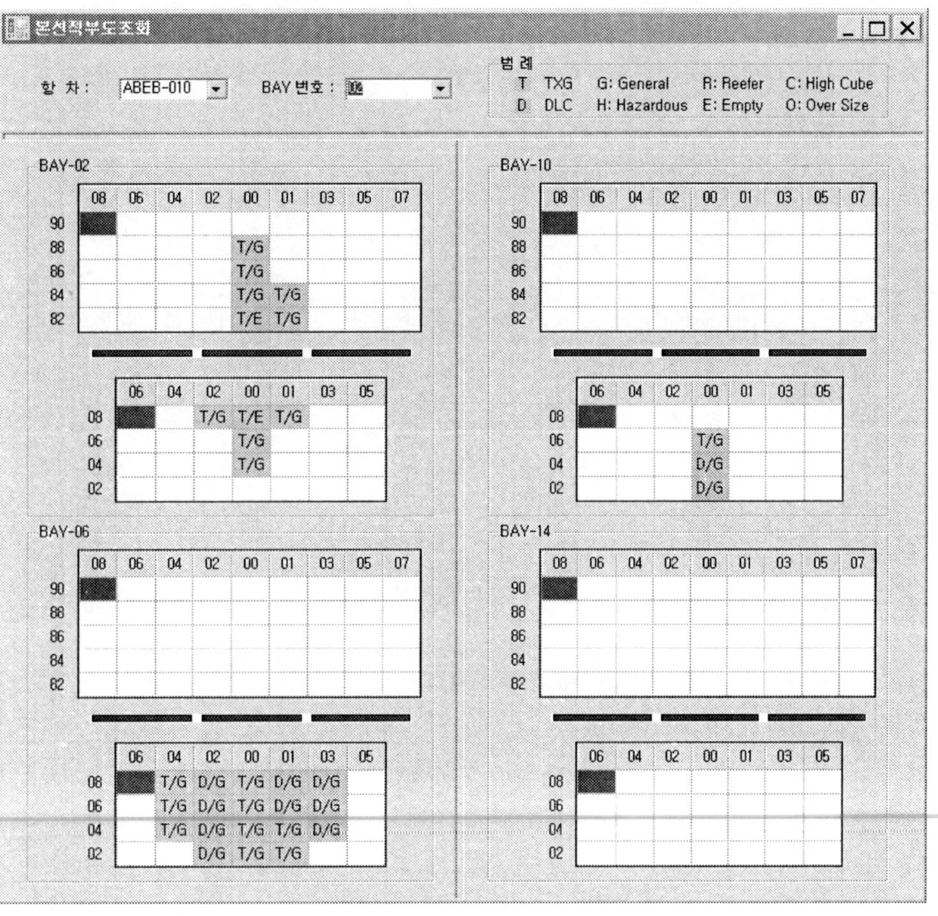

차 례

제Ⅰ부 해운 정보 서비스 프로젝트

제6장 화물추적 조회 웹 프로그램 작성 ·········· 269

제Ⅱ부 컨테이너 야드 관리 프로젝트

제7장 컨테이너 야드 관리 프로젝트 계획 ·········· 309

제Ⅲ부 양적하 관리 프로젝트

제 I 부

해운 정보 서비스 프로젝트

제1장

해운 정보 서비스 프로젝트 계획

1.1 업무 분석

1.1.1 프로젝트 개요

선박을 이용하여 여객이나 화물을 해상으로 운송하는 일, 영리를 목적으로 해상 운송하는 일을 총칭하여 해운업이라 한다. 해운과 해운업은 반드시 명확히 구별하여 사용하지는 않는다. 해운의 특징이라면 대량수송, 원거리 및 저속운송, 국제성, 운송로가 자유롭고 무한정인 점을 들 수 있고, 세계무역항의 약 80%를 수송하고 있다. 그리고 우리나라의 해운산업은 선박량 측면에서 선박 25백만톤(DWT; Dead Weight Tonnage, 선박재화 톤수)로 세계 8위, 해상교역량은 해상물동량 658백만톤, 국적선사의 운임수입은 약 116억불이다.

해운 정보 서비스 프로젝트는 이러한 해운업에서 화주에게 제공되는 각종 정보 서비스에 그 주안점을 두고 있다. 주요 내역은 선박에 대한 스케줄 조회, 예약(Booking), 선하증권 발급, 선적 요청, 화물 추적 등이 있다.

1.1.2 업무 처리 개요

해운 정보 서비스의 업무는 다음과 절차로 구성된다.

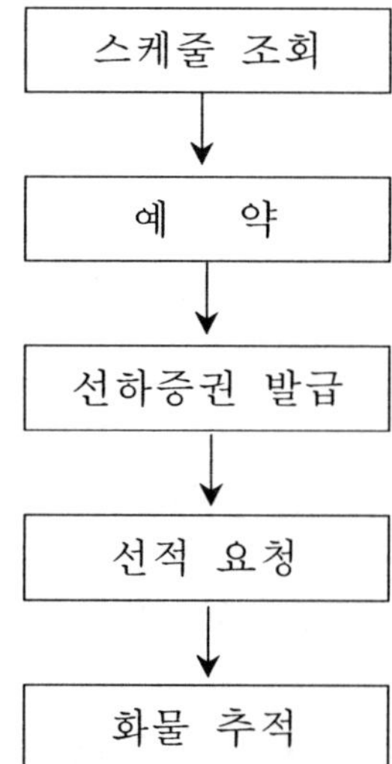

- 스케줄 조회 : 스케줄 조회는 언제 어디서 배가 출항하는지의 내용을 조회한다. 구간별 스케줄 조회, 선박별 스케줄 조회, 전체 스케줄 조회 등의 정보 서비스가 있다. 스케줄 조회 안에서 선박의 정보 등 세부적인 스케줄을 조회한다.

- 예약 : 예약은 선박의 스케줄을 조회하여 어떤 선박에 어떠한 화물을 선적하겠다고 신청하는 것이다. 예약할 때 필요한 정보는 회사명, 출발지, 선적항, 도착지, 양하항, 선박 정보, 화물 정보, 화물 종류, 컨테이너 정보 등이 있다. 예약이 완료되면 예약 번호(Booking No.)가 부여된다. 이 예약 번호는 한진해운 등의 해운회사에서 선적 요청, 선하증권 발급 및 선적을 진행하기 위해 필요한 번호이다.

- 선하증권 발급 : 선하증권(B/L; Bill of Lading)은 해상에서의 화물의 인도 청구권을 표시한 유가 증권이다. 즉 말해서 상호간의 수령 또는 선적 등을 인증하고, 이를 운송하여 양하항에서 증권의 소지자에게 그 운송물을 인도할 것을 약속하는 증표이다. 선하증권의 선적여부에 의한 종류로는 운송인이 화물을 선적하기 위하여 수취하였다는 뜻을 기재하고 있는 수취 선하증권(Received B/L), 화물이 실제로 본선에 적재되었다는 뜻이 기재된 선적 선하증권(Shipped B/L) 등이 있다. 일반적으로 선적 화물이 해운회사에 도착하면 수취 선하증권이 발급되고, 이 화물이 본선에 적재된 후 선적 선하증권이 발급된다.
수취 선하증권을 발급할 때에는 일반적으로 화물을 컨테이너에 적재하지 않았기 때문에 컨테이너 번호가 기재되지 않고, 선적 선하증권을 발급할 때에는 필히 컨테이너 번호가 기재된다. 컨테이너 정보의 입력과 선하증권에 어떠한 컨테이너(번호)가 포함하는 되는지에 대한 작업은 사용자(화주) 측면이 아니라 해운 업체 내부적으로 이루어지기 때문에 이 프로젝트에서는 생략한다.

- 선적 요청 : 앞서의 예약 번호 또는 선하증권 번호를 기반으로 정식으로 선적요청을 한다. 선적 요청 정보로는 예약 번호, 선하증권 번호, 출발지, 도착지, 선박, 선적 요청일, 처리사항 등이 있다. 선적 요청이 완료되면 선적 요청 번호가 부여된다.

- 화물 추적 : 화물 추적은 고객이 화물을 의뢰하여 목적지에 도달하는 과정에서 현재 어떤 상황에 있는가 하는 것을 보여주기 위함으로 고객서비스에 해당한다. 화물 추적에는 화물추적과 CFS(Container Freight Station; 소량 화물 집하소 또는 운임 정산소) 입고 조회가 있는데 화물 추적은 말 그대로 컨테이너 번호와 B/L 번호를 조회하여서 조회 물품을 찾는 것이다. 그리고 CFS 입고 조회는 화물의 수량이 컨테

이너 한 개 분량에 도달하지 못하는 품목을 모아서 한 개의 컨테이너로 만든 상태에서 자신의 화물을 찾으려고 할 때 사용한다. 이 프로젝트에서는 일반 화물 추적만을 구현한다.

화물 추적과 연관된 부분이 서류진행 상태 관리이다. 이는 현재 B/L현황 및 서류의 처리가 진행되고 있는 상황을 관리한다. 총 15단계로 예약 확인(Booking Confirm), 선적 예약 수취(Shipping Request Receipt), 컨테이너 번호 수취(Container No. Receipt), 수출 감찰 수취(Export Licence Receipt), 선하증권 발송(Draft B/L Sending), 선하증권 만료(End of B/L), 선적항에서의 화물운송 결정(POL – Port Of Loading – Freight Settlement), 선하증권 발행물 양도(Surrender B/L Issue), 선하증권 양도(B/L issue), 선적항 통관절차(POL Customs Clearance), 도착 통지(Arrival Notice Sending), 도착항 화물운송 결정(POD – Port Of Destination – Freight Settlement), 원본 B/L 회수(Original B/L Collection), 화물인도지시서 양도(D/O – Delivery Order – Issue), 도착항 통관절차(POD Customs Clearance)로 구성된다.

1.1.3 주요 업무 처리 내역

1) 컨테이너 화물의 운송 형태

컨테이너는 운송화물의 단위화와 표준화를 가능하게 하는 운송도구로 오늘날 수출입 화물은 해상운송에 의해 이루어진다. 여기서 일부 원자재를 제외한 대부분의 공산품은 컨테이너에 의해 운송되며, 컨테이너운송은 거의 대부분 정기선 항로에 따라 운송된다.

컨테이너는 길이를 기준으로 주로 20피트(TEU; Twenty foot Equivalent Unit), 40피트(FEU; Forty foot Equivalent Unit)의 두 가지가 이용된다.

컨테이너 운송은 재래의 해상운송과 달리 화물의 수량, 목적지, 집하 방식 등에 따라 운송형태가 달라진다. 또한 이에 따라 운임 구조 및 책임 한계 등에서도 차이가 있다. 보통 컨테이너 운송의 형태는 CFS/CFS 운송, CFS/CY(Container Yard) 운송, CY/CFS 운송, CY/CY 운송 등의 4가지로 구분된다.

- CFS/CFS 운송 – LCL(Less than Container Load)/LCL 운송 또는 Pier To Pier 운송이라고도 한다. 즉, 한 개의 컨테이너에 여러 화주의 화물이 혼적될 경우에 사용되며, 선박 회사의 책임은 선적지의 CFS 입고시부터 목적지의 CFS 출고시까지이다. 운임은 CFS Receiving Charge + Base Freight(기본 운임) + CFS Service

Charge로 구성된다.

- CFS/CY 운송 - LCL/FCL(Full Container Load) 운송 또는 Pier To Door 운송이라고도 한다. 이는 선적항의 CFS로부터 수화인의 공장 또는 창고까지 컨테이너 화물을 수송하는 방법으로, 통상 한 수화인이 여러 송화인으로부터 LCL 화물을 수화해 본인의 창고까지 운송하는 경우에 이용된다. 운임은 CFS Receiving Charge + Base Freight + CY Delivery Charge로 구성된다.

- CY/CFS 운송 - CFS/CY 운송의 반대 형태로 FCL/LCL 운송 또는 Door To Pier 운송이라고도 한다. 운임은 Base Freight + CFS Service Charge로 구성된다.

- CY/CY 운송 - 가장 이상적인 형태의 운송 형태로 FCL/FCL 운송 또는 Door To Door 운송이라고도 한다. 이는 송화인의 공장 또는 창고로부터 수화인의 공장 또는 창고까지 운송하는 일관수송 형태이다. 운임은 Base Freight + CY Delivery Charge로 구성된다.

2) 해상운송의 선적 절차

해상운송의 선적 절차는 다음과 같이 총 8단계로 이루어진다.

- 1단계 - 선적협의 - 관련 정보를 자신이 원하는 시기에, 원하는 장소에서 화물을 운반해줄 선박회사를 결정했다면 이제 직접 선박회사와 접촉해 구체적인 선적협의를 한다. 협의는 일반적으로 선박회사가 구축해 놓은 해운정보서비스를 통하여 예약신청을 하고 그러한 선적 요구 사항에 대한 답변으로 이루어진다.

- 2단계 - 선복요청서(S/R; Shipping Request) 제출 - 선복은 화물을 적재할 수 있는 선박의 지정공간을 의미한다. 화주(수출업자)는 화물을 보내기 위해 수화인(수입업자), 선적항, 양하항, 화물의 명세 등 소정의 운송 정보를 기재해 선박회사에 정식으로 S/R을 제출한다. S/R의 예는 다음 페이지의 그림과 같다.

- 3단계 - 화물 포장 및 출고 준비 - 상품 보호를 위해 화물의 포장 상태가 운송에 적합한지 확인해야 한다. 선적 협의시 시간 내에 선박회사가 지정한 창고까지 운송 및 보관할 수 있도록 여유를 두고 포장 및 출고 준비를 한다.

SHIPPING REQUEST.

shipper/exporter	
ARTRIA CORPORATION	
ROOM #801 SEGI BLDG, 66, BANGI-DONG, SONGPA-GU, SEOUL 138-050 KOREA TEL : 82-2-416-7037 FAX : 82-2-416-7039	
consignee(complete name and address)	
LE CHANNIEL INTERIORS 10 BUKIT BATOK CRESCENT #09-03 THE SPIRE, SINGAPORE 658079	
notify party(complete name and address)	
LE CHANNIEL INTERIORS 10 BUKIT BATOK CRESCENT #09-03 THE SPIRE, SINGAPORE 658079	

pre-carriage by	place of receipt/date BUSAN, KOREA
ocean vessel/voy.no KMTC PUSAN 613S	port of loading BUSAN, KOREA
port of discharge SINGAPORE	place of delivery SINGAPORE

container no&seal no marks & nos	quantity and kind of packages	description of goods	measurement(m3) gross weight(kgs)
GH(IVORY) QUANTITY: M C/T NO:1-16	16 CARTONS	POLYESTER 118" ······ 3,099M	2,115KGS

* D/P

* AGNET 명시

on board date
SEP. 24, 2006
STAMP & SIGNED

■ 4단계 - 컨테이너 화물 - 화물을 컨테이너에 적입해 컨테이너 선박에 운송할 경우에는 화주 자신이 하거나 선박회사에 요청하면 된다. 후자의 경우 선박회사가 직영

하는 CFS까지 화물을 운송해주면 선박회사 책임 하에 타 화물과 함께 컨테이너에 적입된다. 물론 봉인(Sealing)하기 전에 세관검사를 필해야 한다. 봉인번호는 선박회사에서 관리하고 컨테이너를 운송한 후 도착지에서 봉인번호를 체크한다.

■ 5단계 – 출고 및 육상운송 – 화물의 출고가 끝나면 선박회사가 지정한 창고로 화물을 운송한다. 화주 자신이 직접 컨테이너에 적입할 때에는 세관검사를 필하고 봉인한 후 운송한다.

■ 6단계 – 화물 입고 및 인도 – 컨테이너 화물의 경우 선박회사에 화물을 인도하는 장소는 선박이 접안하고 부두에 위치한 컨테이너 야적장(CY)의 정문(Gate)이다. 정문을 통과할 시점에 선박회사 측과 화주사이에 상호 인수 및 인도가 이루어지므로 컨테이너의 경우 외관과 봉인에 이상이 없으면 인수증, 즉 부두수취증(D/R; Dock Receipt)을 화주에게 발급한다. 이 서류는 화주가 선박회사 측에 화물을 인도했음을 증명하는 서류로, 선적관계 서류 중 가장 중요한 것에 속한다. 요즈음은 RF-ID를 이용하여 이 절차가 많이 간소화되었다.

■ 7단계 – 선하증권 발행 – 화물을 선박회사 측에 인도하고 나면 선박회사는 화물 인수를 증명하고, 화주의 요청대로 화물을 운송해 지정된 자에게 인도할 것을 약속하는 내용의 선하증권(B/L)을 화주에게 발행한다.

■ 8단계 – 선적서류 완비 – B/L을 교부받으면 매매 조건, 신용장 조건 등에 부합하는지의 여부를 확인하고 이상이 있으면 즉시 정정을 요청해야 한다. B/L에 이상이 없으면 상업송장(Commercial Invoice), 포장명세서(Packing List), 보험증권 등 필요한 선적서류 일체를 구비해 은행에 제시한다.
상업송장은 매도인의 매수인에 대한 출하안내서이며 가격계산서이다. 그러므로 상업송장에는 선적인, 피발행인, 통지처, 선적항, 최종목적지, 운송기관명, 예상출항일, 하인(송하인 및 수하인) 상품명세, 수량, 단가, 금액 등이 기재된다. 상업송장의 작성자는 매도인이 되고 피발행인은 신용장 거래에서는 개설 의뢰인이 되는 것이 일반적이다. 포장명세서는 선적된 상품의 포장내용을 표시하고 있는 서류를 가리킨다. 선적화물의 포장단위별 수량, 단위별 순중량과 총중량, 총수량과 하인이 기재되며 포장방법이 표시되는 경우도 있다. 실제 상품에 하인과 단위별 수량 등이 기재된 포장명세서가 있어야 통관이 용이하므로 신용장에서 포장명세서를 요구하는 경우가 대부분이다. 상업송장 및 포장명세서의 예는 다음 페이지의 그림과 같다.

COMMERCIAL INVOICE

1.Shipper/Exporter	8.No.& date of invoice
ARTRIA CORPORATION ROOM #801 SEGI BLDG, 66, BANGI-DONG, SONGPA-GU, SEOUL 138-050 KOREA TEL : 82-2-416-7037 FAX : 82-2-416-7039	A06-127　　　　　SEP. 23, 2006 **9. No. & Date of L/C** D/P
2.For account & risk of Messrs. LE CHANNIEL INTERIORS 10 BUKIT BATOK CRESCENT #09-03 THE SPIRE , SINGAPORE 658079 TEL : 65-6896-9806 FAX : 65-6896-9644	**10. L/C Issuing bank**
3.Notify party LE CHANNIEL INTERIORS 10 BUKIT BATOK CRESCENT #09-03 THE SPIRE , SINGAPORE 658079 TEL : 65-6896-9806 FAX : 65-6896-9644	11. Remarks * CONSIGNEE: LE CHANNIEL INTERIORS 10 BUKIT BATOK CRESCENT #09-03 THE SPIRE, SINGAPORE 658079 TEL : 65-6896-9806 FAX : 65-6896-9644

4.Port of loading	5. Final Destination
BUSAN, KOREA	SINGAPORE
6.Carrier	**7.Sailing on or about**
KMTC PUSAN 613S	SEP. 24, 2006

13.Description of Goods	14.Quantity / unit	15.Unit Price	16.Amount
16CARTONS	**C & F / SINGAPORE**		
GH(IVORY) QUANTITY: M　　POLYESTER 118"	3,099M	USD4.75/M	USD14,720.25
C/T NO.1-16			

17. P.O.BOX　　　　　:
　　Cable address　　:
　　Telex code　　　　:
　　Telephone No.　　:

ARTRIA CORPORATION

18. Signed by　　PRESIDENT / S. H. KIM

PACKING LIST

1.Shipper/Exporter	8.No.& date of invoice	
ARTRIA CORPORATION ROOM #801 SEGI BLDG, 66, BANGI-DONG, SONGPA-GU, SEOUL 138-050 KOREA TEL : 82-2-416-7037 FAX : 82-2-416-7039	A06-127	SEP. 23, 2006
2.For account & risk Messers. LE CHANNIEL INTERIORS 10 BUKIT BATOK CRESCENT #09-03 THE SPIRE , SINGAPORE 658079 TEL : 65-6896-9806 FAX : 65-6896-9644	9.Remarks: * D/P	
3.Notify party LE CHANNIEL INTERIORS 10 BUKIT BATOK CRESCENT #09-03 THE SPIRE , SINGAPORE 658079 TEL : 65-6896-9806 FAX : 65-6896-9644		

4.Port of loading	5.Final destination	
BUSAN, KOREA	SINGAPORE	
6.Carrier	7.Sailing on or about	
KMTC PUSAN 613S	SEP. 24, 2006	

10.Marks and numbers of PKGS	11.Description of Goods	12.Quantity	13.Net-weight	14.Gross-weight	15.Measurement
16CARTONS GH(IVORY) QUANTITY: M C/T NO:1-16	POLYESTER 118"	3,099M	2,067KGS	2,115KGS	5.840CBM

ARTRIA CORPORATION

PRESIDENT / S. H. KIM

16. P.O.BOX   :
    Cable address   :
    Telex code   :
    Telephone No.   :

17. Signed by _______________

3) 선하증권(B/L)

운송서류는 운송인이 수출 화주로부터 화물을 인수했음을 입증하는 서류이다.

선하증권은 화주와 운송인 간의 해상운송계약에 따라 선박회사가 발행하는 유가증권으로, 운송계약이 체결되었음을 증빙하는 역할을 한다. 이는 운송인이 수출업자로부터 물품을 인도받았다는 증명인 동시에 물품을 대표하는 증권이다. 따라서 수출업자는 선하증권을 발급받음으로써 물품의 인도에 대한 확실성을 보장받을 수 있다. 또한 선하증권의 인도가 곧 화물에 대한 권리의 이전을 의미하므로 개설은행에서는 선하증권을 양도담보로 확보한다.

선하증권에 대한 예는 다음 페이지의 그림을 참고한다. 또한 그에 세부적인 기재사항은 다음과 같다.

- 선하증권 구분 및 번호 - FBL(FIATA CT BL), FIATA(international federation of forwarding agent association)는 복합 운송을 취급하는 운송중개인 협회의 국제연맹이다. TOP006090267SEL은 선하증권 번호로서 구성은 "회사코드 + 순번 + 구분" 등으로 되어 있다. 이 선하증권 번호의 구성은 국제적으로 표준화된 것은 없고 회사에서 국제적인 관례에 따라 정한다.

- Consignor - 송화인 또는 용선자 - 운송계약의 당사자로서 운송물 명세 제공, 운송물 명세서의 정확성 담보, 운송에 필요한 각종 서류의 교부, 운임 지급, 위험물인 경우는 정확한 화물 명세서 제공 및 적정한 포장 등의 의무가 있다.

- Consigned to order of - 수하인 또는 통지수령인 - 목적지에서 화물을 인도받을 자로서 화물 인수, 운임 지급 등의 의무가 있다.

- Notify address - 화물의 도착 통지처
- Place of receipt - 화물 인수 장소 - 운송인의 의무, 책임의 개시 장소
- Ocean vessel - 선박명 - 선박법에 의해 등기된 것으로서 부동산과 유사하게 취급한다.
- Port of loading - 선적항
- Port of discharge - 양륙항

- Port of delivery - 화물 인도 장소 - 운송인에 의해 화물이 인도되는 장소 즉, 운송인의 최종 책임구간으로서 운송채무가 종료된다.

- 화물 명세
  - Marks and Numbers(또는 Marks, Container No and Seal No.) - 운송물의 기호, 컨테이너 번호 및 봉인번호 - 운송물의 기호는 통상 문자, 숫자, 도형 등으로 구성되어 있다.
  - Number and kind of package - 포장 종류 및 개수
  - Description of goods - 물품 내역 설명
  - Gross weight - 총중량
  - Measurement - 측정 단위

- 운임 - 운임은 운송인의 운송 행위에 대한 보수로서, 여기에는 기본운임(basic ocean freight) 외에 추가할증료(surcharge) 및 기타 요금(charge)도 포함된다.
  - Freight amount - 운임 총계
  - Freight payable at - 운임 지불 장소

- Place and date of issue - 선하증권의 발행 장소 및 발행일
- Number of Original FBL's - 선하증권의 발행통수

- 선하증권의 임의적 기재사항 - 선하증권에는 법정 기재사항 이외에도 화물의 수령, 선적, 양륙 및 인도에 이르기까지의 운송 계약의 내용 및 조건을 더욱 명료하게 하기 위한 보충사항, 그리고 운송인과 화주간의 특약사항(운송 계약의 일반거래약관, 운송인의 면책약관 등)을 B/L 표면 및 이면에 기재할 수 있는데 이를 B/L의 임의적 기재사항이라고 한다.
  - Voyage No.(본선 항해 번호; 항차) 및 항해 방향(Direction)
  - 단순 참고용(for merchant reference)으로서의 최종목적지
  - 컨테이너에 의한 운송의 경우 컨테이너 번호 및 Seal No.(봉인번호)
  - 화물의 인수도 형태(예를 들어, CY/CY, CFS/CFS, CY/CFS 등)
  - 운임의 지급지, 지급 조건(prepaid, collect 등)
  - 선하증권 번호
  - 기타 : Booking No., Export Reference, Country of Origin. 등
  - 선하증권 약관

Consignor

ARTRIA CORPORATION
ROOM #801 SEGI BLDG. 66. BANGI-DONG,
SONGPA-GU, SEOUL 138-050 KOREA
TEL:82-2-416-7037 FAX:82-2-416-7039

Consigned to order of

LE CHANNIEL INTERIORS
10 BUKIT BATOK CRESCENT
#09-03 THE SPIRE, SINGAPORE 658079
TEL:65-6896-9806 FAX:65-6896-9644

Notify address

LE CHANNIEL INTERIORS
10 BUKIT BATOK CRESCENT
#09-03 THE SPIRE, SINGAPORE 658079
TEL:65-6896-9806 FAX:65-6896-9644

	Place of receipt
	BUSAN, KOREA
Ocean vessel	Port of loading
KMTC PUSAN 613S	BUSAN, KOREA
Port of discharge	Place of delivery
SINGAPORE	SINGAPORE

FBL   No. TOP006090267SEL

KIFFA

NEGOTIABLE FIATA
MULTIMODAL TRANSPORT
BILL OF LADING

ICC

KR M156   Issued subject to UNCTAD/ICC Rules for
Multimodal Transport Documents (ICC Publication 481).

TOP
TRANS OCEAN-AIR PACIFIC INC.

4F, UI BLDG. 447-4
SEOGYO-DONG, MAPO-GU,
SEOUL, KOREA
E-mail: seoul@topkor.co.kr
TEL:82-2-774-0400
FAX:82-2-756-0660

Marks and numbers	Number and kind of packages	Description of goods	Gross weight	Measurement
	16 CTNS	SAID TO CONTAIN:	2.115.000KGS	5.840CBM
GH(IVORY) QUANTITY: M C/T NO: 1-16		POLYESTER 118" 3.099M		
		* D/P		

ON BOARD DATE:
SEP. 24, 2006

"FREIGHT PREPAID"
CFS/CFS
SAY : SIXTEEN (16) CARTONS ONLY.
according to the declaration of the consignor

Declaration of interest of the consignor
in timely delivery (Clause 6.2.)

Declared value for ad valorem rate according to
the declaration of the consignor (Clauses 7 and 8).

The goods and instructions are accepted and dealt with subject to the Standard Conditions printed overleaf.

Taken in charge in apparent good order and condition, unless otherwise noted herein, at the place of receipt for transport and delivery as mentioned above.

One of these Multimodal Transport Bills of Lading must be surrendered duly endorsed in exchange for the goods. In Witness whereof the original Multimodal Transport Bills of Lading all of this tenor and date have been signed in the number stated below, one of which being accomplished the other(s) to be void.

Freight amount	Freight payable at	Place and date of issue
AS ARRANGED	SEOUL KOREA	SEOUL KOREA SEP. 25, 2006
Cargo insurance through the undersigned ☐ not covered ☐ Covered according to attached policy	Number of Original FBL's THREE(3)	Stamp and signature
For delivery of goods please apply to: A&T FREIGHT MANAGEMENT PTE LTD BLK 511, KAMPONG BAHRU ROAD, #02-03 SINGAPORE 099447	TEL : 65 6276 6116 ATTN : MR. TOMMY TAN	ACTING AS A CARRIER TRANS OCEAN-AIR PACIFIC INC.

1.2 데이터베이스 설계

1.2.1 데이터베이스 다이어그램

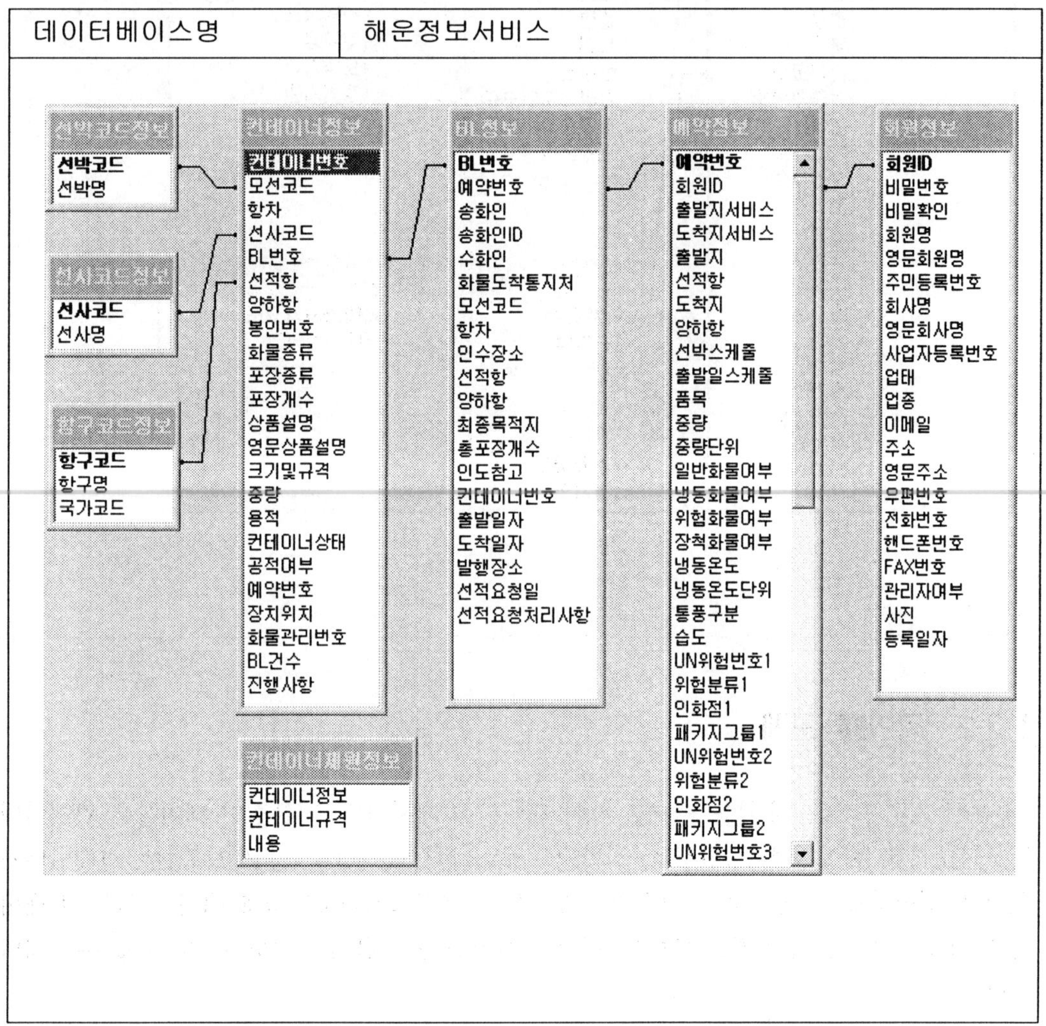

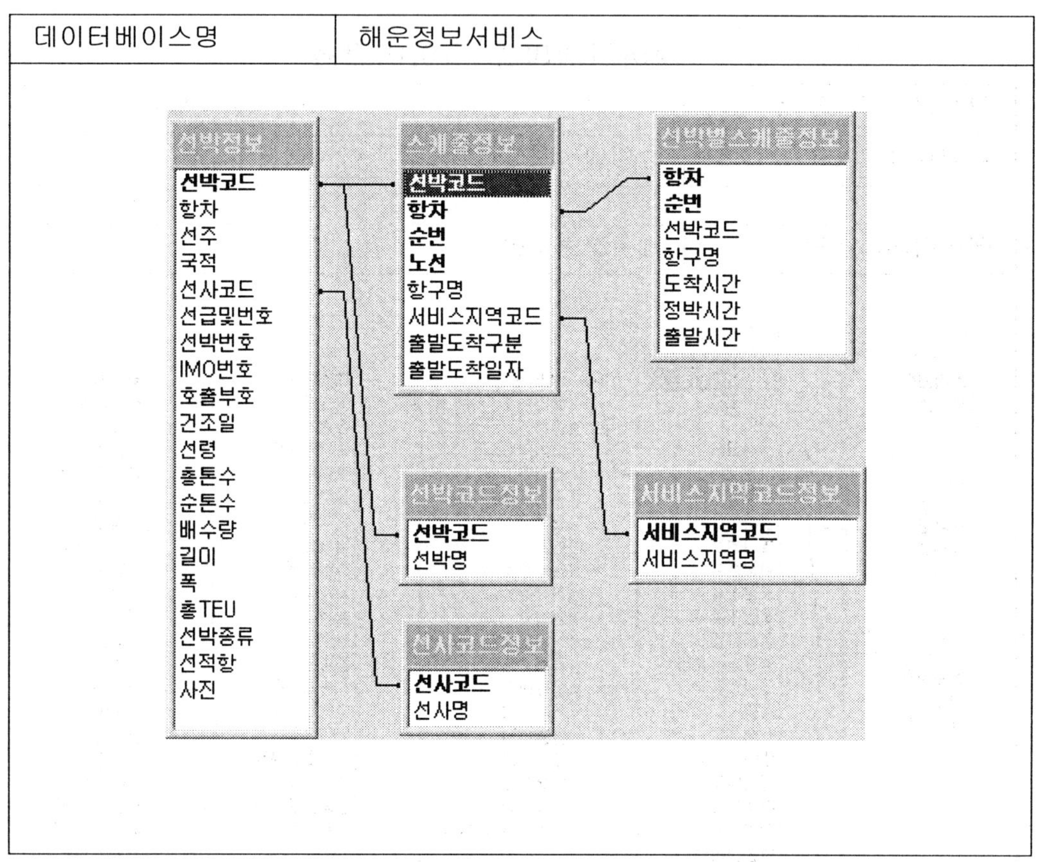

1.2.2 테이블 설계

 앞에서 기술한 업무 내역을 근거로 하여 테이블을 계획한다. 기본적인 테이블은 컨테이너
정보, BL정보, 예약정보, 회원정보, 선박코드정보, 선사코드정보, 항구코드정보, 컨테이너제
원정보, 선박정보, 스케줄정보, 선박별스케줄정보, 서비스지역코드정보 테이블이다. 이 테이
블에 필요한 필드를 검토하고 데이터 형식을 설정한다. 다음 표는 테이블의 설계 세부 내역
이다.

테이블명	필드 이름	데이터 형식	크기	비 고
컨테이너 정보	컨테이너번호	nvarchar	11	Primary Key
	모선코드	nvarchar	4	
	항차	nvarchar	9	
	선사코드	nvarchar	3	
	BL번호	nvarchar	15	
	선적항	nvarchar	20	
	양하항	nvarchar	20	
	봉인번호	nvarchar	15	
	화물종류	nvarchar	10	
	포장종류	nvarchar	20	
	포장개수	tinyint		
	상품설명	nvarchar	30	
	영문상품설명	nvarchar	60	
	크기및규격	nvarchar	4	
	중량	nvarchar	5	
	용적	nvarchar	10	
	컨테이너상태	nvarchar	2	
	공적여부	nvarchar	1	
	예약번호	nvarchar	15	
	장치위치	nvarchar	10	
	화물관리번호	nvarchar	20	
	BL건수	int		
	진행사항	nvarchar	10	
컨테이너 제원정보	컨테이너정보	nvarchar	1	
	컨테이너규격	nvarchar	10	
	내용	nvarchar	200	

테이블명	필드 이름	데이터 형식	크기	비 고
BL정보	BL번호	nvarchar	15	Primary Key
	예약번호	nvarchar	13	
	송화인	nvarchar	50	
	송화인ID	nvarchar	7	
	수화인	nvarchar	50	
	화물도착통지처	nvarchar	50	
	모선코드	nvarchar	4	
	항차	nvarchar	9	
	인수장소	nvarchar	30	
	선적항	nvarchar	30	
	양하항	nvarchar	30	
	최종목적지	nvarchar	30	
	총포장개수	tinyint		
	인도참고	nvarchar	150	
	컨테이너번호	nvarchar	11	
	출발일자	nvarchar	10	
	도착일자	nvarchar	10	
	발행장소	nvarchar	20	
	선적요청일	nvarchar	30	
	선적요청처리사항	nvarchar	30	
선박코드 정보	선박코드	nvarchar	4	Primary Key
	선박명	nvarchar	50	
선사코드 정보	선사코드	nvarchar	5	Primary Key
	선사명	nvarchar	50	
항구코드 정보	항구코드	nvarchar	3	Primary Key
	항구명	nvarchar	30	
	국가코드	nvarchar	3	

테이블명	필드 이름	데이터 형식	크기	비 고
	예약번호	nvarchar	13	Primary Key
	회원ID	nvarchar	7	
	출발지서비스	nvarchar	10	
	도착지서비스	nvarchar	10	
	출발지	nvarchar	30	
	선적항	nvarchar	10	
	도착지	nvarchar	30	
	양하항	nvarchar	30	
	선박스케줄	nvarchar	30	
	출발일스케줄	nvarchar	20	
	품목	nvarchar	30	
	중량	nvarchar	15	
	중량단위	nvarchar	3	
예약정보	일반화물여부	bit		
	냉동화물여부	bit		
	위험화물여부	bit		
	장척화물여부	bit		
	냉동온도	nvarchar	3	
	냉동온도단위	nvarchar	4	
	통풍구분	nvarchar	20	
	습도	nvarchar	3	
	UN위험번호1	nvarchar	4	
	위험분류1	nvarchar	7	
	인화점1	nvarchar	5	
	패키지그룹1	nvarchar	5	
	UN위험번호2	nvarchar	4	
	위험분류2	nvarchar	7	
	인화점2	nvarchar	5	
	패키지그룹2	nvarchar	5	

테이블명	필드 이름	데이터 형식	크기	비 고
예약정보 (계속)	UN위험번호3	nvar char	4	
	위험분류3	nvar char	7	
	인화점3	nvar char	5	
	패키지그룹3	nvar char	5	
	장척포장개수	nvar char	5	
	장척포장개수단위	nvar char	3	
	장척총중량	nvar char	10	
	장척총중량단위	nvar char	3	
	장척순중량	nvar char	10	
	장척순중량단위	nvar char	3	
	장척품목	nvar char	30	
	장척길이	nvar char	5	
	장척폭	nvar char	5	
	장척높이	nvar char	5	
	장척비고	nvar char	50	
	컨테이너소유	nvar char	20	
	컨테이너종류1	nvar char	10	
	컨테이너크기1	nvar char	3	
	컨테이너수량1	nvar char	4	
	컨테이너종류2	nvar char	10	
	컨테이너크기2	nvar char	3	
	컨테이너수량2	nvar char	4	
	컨테이너종류3	nvar char	10	
	컨테이너크기3	nvar char	3	
	컨테이너수량3	nvar char	4	
	내륙운송사	nvar char	30	
	내륙운송작업자	nvar char	20	
	내륙운송담당자	nvar char	20	
	내륙운송작업자 전화번호	nvar char	20	
	비고	nvar char	200	
	예약일시	nvar char	30	

테이블명	필드 이름	데이터 형식	크기	비 고
회원정보	회원ID	nvarchar	7	Primary Key
	비밀번호	nvarchar	4	
	비밀확인	nvarchar	4	
	회원명	nvarchar	20	
	영문회원명	nvarchar	30	
	주민등록번호	nvarchar	14	
	회사명	nvarchar	30	
	영문회사명	nvarchar	30	
	사업자등록번호	nvarchar	15	
	업태	nvarchar	20	
	업종	nvarchar	20	
	이메일	nvarchar	30	
	주소	nvarchar	50	
	영문주소	nvarchar	50	
	우편번호	nvarchar	10	
	전화번호	nvarchar	20	
	핸드폰번호	nvarchar	20	
	FAX번호	nvarchar	20	
	관리자여부	nvarchar	1	
	사진	image		
	등록일자	nvarchar	10	
스케줄정보	선박코드	nvarchar	4	Primary Key1
	항차	nvarchar	4	Primary Key2
	순번	nvarchar	3	Primary Key3
	노선	nvarchar	3	Primary Key4
	항구명	nvarchar	20	
	서비스지역코드	nvarchar	2	
	출발도착구분	nvarchar	1	
	출발도착일자	nvarchar	10	

물류 데이터베이스 구축

테이블명	필드 이름	데이터 형식	크기	비 고
선박정보	선박코드	nvarchar	4	Primary Key
	항차	nvarchar	4	
	선주	nvarchar	10	
	국적	nvarchar	20	
	선사코드	nvarchar	3	
	선급및번호	nvarchar	15	
	선박번호	nvarchar	15	
	IMO번호	nvarchar	7	
	호출부호	nvarchar	5	
	건조일	nvarchar	10	
	선령	nvarchar	5	
	총톤수	nvarchar	15	
	순톤수	nvarchar	15	
	배수량	nvarchar	15	
	길이	nvarchar	10	
	폭	nvarchar	10	
	총TEU	nvarchar	10	
	선박종류	nvarchar	15	
	선적항	nvarchar	50	
	사진	image		
선박별 스케줄 정보	항차	nvarchar	8	Primary Key1
	순번	nvarchar	3	Primary Key2
	선박코드	nvarchar	4	
	항구명	nvarchar	30	
	도착시간	nvarchar	30	
	정박시간	datetime		
	출발시간	datetime		
서비스 지역코드 정보	서비스지역코드	nchar	2	Primary Key
	서비스지역명	nchar	30	

1.3 프로그램 설계

1.3.1 프로그램 목록

프로그램 목록		
작성자 : 김 진 수	승인자 :	버 전 : 1.0
작성일 : 2009. 03. 17	승인일 :	페이지 : 1/2
시스템명	해운 정보 서비스	

프로그램명	설 명
메인	회원리스트조회, 선박별스케줄조회, 선박정보조회, 전체스케줄조회, 예약신청, 선적요청, 선하증권검색, 선하증권상세조회, 화물추적조회 등의 프로그램으로 연결한다.
회원리스트조회	해운회사에 등록된 회원의 사진, 회원ID, 회원명, 회사명, 업태, 업종, 핸드폰번호, 이메일, 주소 등의 데이터를 리스트 형태로 조회하는 프로그램이다.
회원상세조회	해운회사에 등록된 회원의 사진, 회원ID, 회원명, 회사명, 주민등록번호, 사업자등록번호, 업태, 업종 등의 상세한 데이터를 조회하는 프로그램이다.
선박별스케줄조회	선박명, 선박 코드 등의 검색 조건을 이용하여 선박별 스케줄을 조회하는 프로그램이다.
선박정보조회	선박 코드, 선박명, 항차, 선주, 국적, 선사 코드 등의 선박에 대한 상세한 내역을 조회하는 프로그램이다.
전체스케줄조회	선박의 출발일자, 도착일자 및 서비스 지역을 기준으로 한 전체 선박의 운항 스케줄을 클로스 탭 형식으로 조회하는 프로그램이다.
예약신청	화주가 해운회사에서 제공되는 선박의 출항 스케줄을 조회하고 난 뒤 자기 회사의 선적할 화물에 대해 서비스 종류, 출발지, 도착지, 선박 스케줄 내역, 선적 품목 내역, 화물의 세부 내역, 컨테이너의 종류, 크기 및 수량, 내륙 운송 정보 등의 내역을 입력하여 선적 내용을 미리 예약(Booking)하는 프로그램이다.

<table>
<tr><td colspan="3" align="center">프로그램 목록</td></tr>
<tr><td>작성자 : 김 진 수</td><td>승인자 :</td><td>버　전 : 1.0</td></tr>
<tr><td>작성일 : 2009. 03. 17</td><td>승인일 :</td><td>페이지 : 2/2</td></tr>
<tr><td>시스템명</td><td colspan="2">해운 정보 서비스</td></tr>
</table>

프로그램명	설 명
화물세부내역관리	독자적으로 수행되지 않고 예약 신청 폼과 연계된 폼으로, 냉동, 위험 및 장척 화물에 대한 세부 내역을 입력 및 수정하는 프로그램이다.
선적요청	예약 번호 또는 선하증권(B/L)번호를 입력하고 [선적 요청 정보 조회] 명령 단추를 누르면 예약번호, BL번호, 선적요청일, 처리사항, 출발지, 도착지, 선박명, 출발일자, 예약일시 등의 선적 요청 사항을 조회할 수 있다. 또한 각 라인에는 [선적요청/취소] 명령 단추가 있어서 각 라인별 데이터를 선적요청 또는 취소할 수 있다.
선하증권검색	선하증권(B/L) 번호로 검색하여 선하증권에 관련된 BL번호, 예약번호, 송화인, 수화인, 선적항, 양하항, 항차 등에 대한 데이터를 조회하는 프로그램이다.
선하증권출력	Crystal Report Viewer를 이용하여 선하증권 보고서를 출력하는 프로그램이다. 또한 이 프로그램은 독자적으로 수행되는 것이 아니라 선하증권검색, 선하증권상세조회 등의 프로그램에서 연결되어 실행된다.
선하증권상세조회	선화증권(B/L)에 대한 상세한 내역을 조회하는 프로그램이다.
화물추적조회(웹)	항차, BL번호 및 컨테이너번호 등의 검색 조건으로 컨테이너번호, BL번호, 항차, 화물종류, 포장종류, 중량, 크기및규격 등의 화물 추적 내역을 GridView에 출력하는 프로그램이다.

1.3.2 프로그램 구성도

프로그램 구성도		
작성자 : 김 진 수	승인자 :	버 전 : 1.0
작성일 : 2009. 03. 17	승인일 :	페이지 : 1/1

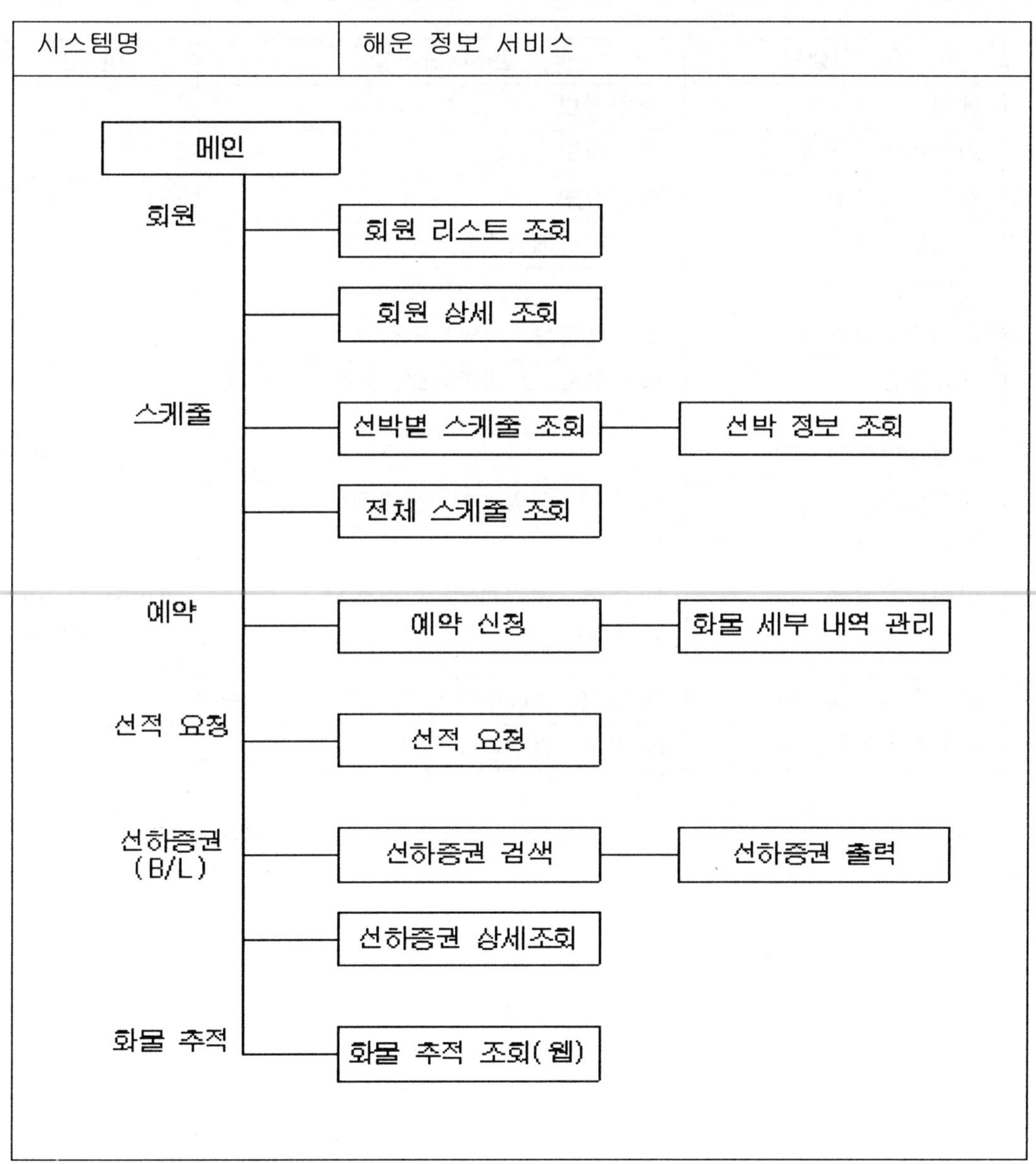

1.3.3 프로그램 및 관련 테이블 목록

<table>
<tr><td colspan="4" align="center">프로그램 및 관련 테이블 목록</td></tr>
<tr><td>작성자 : 김 진 수</td><td colspan="2">승인자 :</td><td>버　전 : 1.0</td></tr>
<tr><td>작성일 : 2009. 03. 17</td><td colspan="2">승인일 :</td><td>페이지 : 1/1</td></tr>
<tr><td>시스템명</td><td colspan="3">해운 정보 서비스</td></tr>
</table>

프로그램명	관련 테이블	비 고
메인	회원정보	
회원리스트조회	회원정보	
회원상세조회	회원정보	
선박별스케줄조회	선박별스케줄정보, 선박코드정보	
선박정보조회	선박정보, 선박코드정보	
전체스케줄조회	스케줄정보, 선박코드정보	
예약신청	예약정보, 스케줄정보, 선박코드정보 항구코드정보	
화물세부내역관리		예약신청의 일부
선적요청	BL정보, 예약정보, 선박코드정보	
선하증권검색	BL정보	
선하증권출력	BL정보, 예약정보, 회원정보 컨테이너정보, 선박코드정보	선하증권1.rpt 선하증권2.rpt Sub선하증권.rpt
선하증권상세조회	BL정보, 컨테이너정보, 선박코드정보	
화물추적조회(웹)	BL정보, 컨테이너정보	

1.3.4 프로그램 설명서

1) 메인

프로그램 설명서		
작성자 : 김 진 수	승인자 :	버　전 : 1.0
작성일 : 2009. 03. 17	승인일 :	페이지 : 1/1

프로그램명	메인

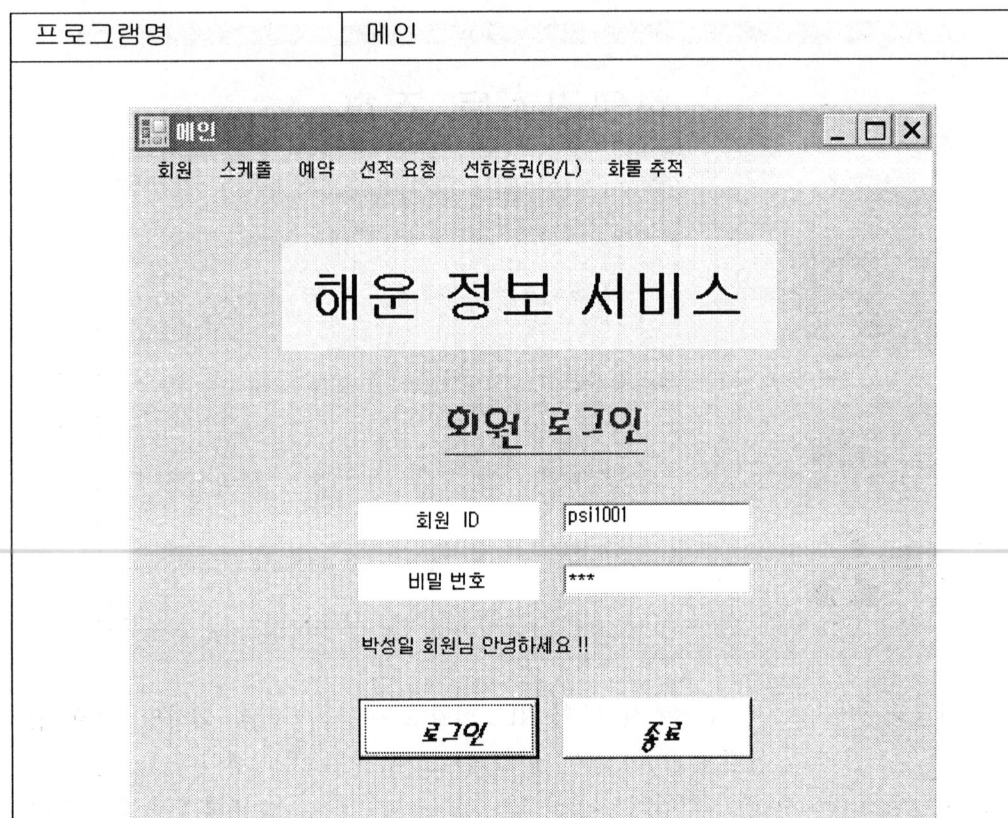

1. 해운 정보 서비스는 등록된 회원에 한해서 그 서비스를 제공하고 있다. 메인은 회원 ID와 비밀번호를 입력하여 회원 등록 여부를 검사하는 프로그램이다.
2. 회원 ID와 비밀번호를 입력하고 [로그인] 명령 단추를 누르면 해당되는 회원정보를 검색하여 그 내용이 정확하면 인사 메시지가 나오면서 상단 메뉴를 쓸 수 있다.
3. 상단 메뉴는 회원, 스케줄, 예약, 선적 요청, 선하증권(B/L), 화물 추적 등이 있다.

2) 회원 리스트 조회

<table>
<tr><td colspan="6" align="center">프로그램 설명서</td></tr>
<tr><td colspan="2">작성자 : 김 진 수</td><td colspan="2">승인자 :</td><td colspan="2">버　전 : 1.0</td></tr>
<tr><td colspan="2">작성일 : 2009. 03. 17</td><td colspan="2">승인일 :</td><td colspan="2">페이지 : 1/1</td></tr>
</table>

프로그램명	회원 리스트 조회

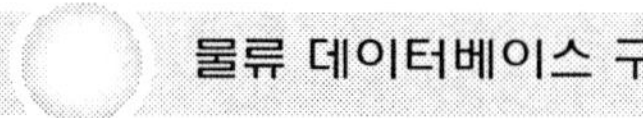

1. 해운회사에 등록된 회원의 사진, 회원ID, 회원명, 주민등록번호, 회사명, 업태, 업종, 핸드폰번호, 이메일, 주소 등의 데이터를 조회하는 프로그램이다.
2. 회원명에 찾고자 하는 회원의 이름을 입력하고 [회원명 검색] 명령 단추를 누르면 해당되는 회원정보를 회원명순으로 검색할 수 있다.
3. 회원ID에 찾고자 하는 회원의 ID를 입력하고 [회원ID 검색] 명령 단추를 누르면 해당되는 회원정보를 회원ID순으로 검색할 수 있다.
4. RowHeader에서 특정 회원 데이터를 선택한 상태에서 [회원 상세조회] 명령 단추를 누르면 [회원 상세조회] 폼으로 연결되어 해당되는 회원에 대한 상세 정보를 조회할 수 있다.

3) 회원 상세 조회

<table>
<tr><td colspan="3" align="center">프로그램 설명서</td></tr>
<tr><td>작성자 : 김 진 수</td><td>승인자 :</td><td>버　전 : 1.0</td></tr>
<tr><td>작성일 : 2009. 03. 17</td><td>승인일 :</td><td>페이지 : 1/1</td></tr>
</table>

프로그램명	회원 상세 조회

1. 해운회사에 등록된 회원의 사진, 회원ID, 회원명, 회사명, 주민등록번호, 사업자등록번호, 업태, 업종 등의 상세한 데이터를 조회하는 프로그램이다.
2. 회원ID에 찾고자 하는 회원ID를 입력하고 [조회] 명령 단추를 누르면 해당되는 회원정보를 검색할 수 있다.
3. [메인] 명령 단추를 누르면 메인 폼으로 연결된다.
4. [이전] 또는 [다음] 명령 단추를 누르면 이전 레코드 또는 다음 레코드를 조회할 수 있다.
5. [메인] 또는 [회원 리스트 조회] 폼에서 이 폼으로 연결된다.

4) 선박별 스케줄 조회

<table>
<tr><td colspan="3" align="center">프로그램 설명서</td></tr>
<tr><td>작성자 : 김 진 수</td><td>승인자 :</td><td>버　　전 : 1.0</td></tr>
<tr><td>작성일 : 2009. 03. 17</td><td>승인일 :</td><td>페이지 : 1/1</td></tr>
</table>

프로그램명	선박별 스케줄 조회

1. 선박명, 선박 코드 등의 검색 조건을 이용하여 선박별 스케줄을 조회하는 프로그램이다.
2. 선박명, 선박 코드 등의 검색 조건을 입력하고 [조회] 명령단추를 누르면 그에 해당하는 선박별 스케줄 내역을 DataGridView를 통하여 조회한다. 이때 입력된 검색 조건이 모두 공백일 경우는 전체 내역을 조회한다.
3. 특정 스케줄을 선택하고 [선박정보] 명령단추를 누르면 선박정보조회 폼으로 연결되어 해당 선박에 대한 상세 정보를 조회할 수 있다.

5) 선박 정보 조회

<table>
<tr><td colspan="6" align="center">프로그램 설명서</td></tr>
<tr><td>작성자 : 김 진 수</td><td colspan="2">승인자 :</td><td colspan="3">버 전 : 1.0</td></tr>
<tr><td>작성일 : 2009. 03. 17</td><td colspan="2">승인일 :</td><td colspan="3">페이지 : 1/1</td></tr>
</table>

프로그램명	선박 정보 조회

1. 선박 코드, 선박명, 항차, 선주, 국적, 선사 코드 등의 선박에 대한 상세한 내역을 조회하는 프로그램이다.
2. [처음], [이전], [다음] 및 [끝] 명령 단추를 누르면 선박정보 테이블 내역 중 처음 레코드, 이전 레코드, 다음 레코드 및 마지막 레코드를 조회한다.
3. [메인] 명령 단추를 누르면 메인 프로그램으로 돌아간다.

6) 전체 스케줄 조회

<table>
<tr><td colspan="3" align="center">프로그램 설명서</td></tr>
<tr><td>작성자 : 김 진 수</td><td>승인자 :</td><td>버 전 : 1.0</td></tr>
<tr><td>작성일 : 2009. 03. 17</td><td>승인일 :</td><td>페이지 : 1/1</td></tr>
</table>

프로그램명	전체 스케줄 조회

전체 스케줄 조회

출발 일자 : 2007-07-01 　 도착 일자 : 2007-09-01 　 [조 회]

범 례 : 출발지 / 도착지

서비스 지역 : OUTBOUND TO ASIA VIA W/C PORTS

선박명	COSCO BUSAN	COSCO HAMBURG	COSCO XIAMEN	HANJIN ATHENS	HANJIN BALTIMORE
항 차	010W	041W	024W	048W	020W
노 선	CAX	SEA	PNN	CAX	PSX
NEW YORK,NY	2007-08-05	2007-07-31	2007-08-12	2007-07-29	2007-08-09
BOSTON,MA					
BALTIMORE,MD	2007-08-05	2007-07-29	2007-08-12	2007-07-29	2007-08-09
NORFOLK,VA	2007-08-05	2007-07-30	2007-08-12	2007-07-29	2007-08-09
WILMINGTON,NC					
SAVANNAH,GA					
ATLANTA,GA	2007-08-05	2007-08-01	2007-08-12	2007-07-29	2007-08-09
CHARLESTON,SC			2007-08-13		
CHICAGO,IL	2007-08-08	2007-08-02	2007-08-14	2007-08-01	2007-08-12
COLUMBUS,OH	2007-08-08	2007-07-31	2007-08-14	2007-08-01	2007-08-12
DALLAS,TX	2007-08-08	2007-08-02	2007-08-14	2007-08-01	2007-08-12
HOUSTON,TX	2007-08-08	2007-08-02	2007-08-14	2007-08-01	2007-08-12
MEMPHIS,TN	2007-08-08	2007-08-02	2007-08-14	2007-08-01	2007-08-12
SAINT LOUIS,MO	2007-08-08	2007-08-02	2007-08-14	2007-08-01	2007-08-12
TORONTO,ON		2007-08-05	2007-08-15		
LONG BEACH,CA	2007-08-13	2007-08-06		2007-08-06	2007-08-17
LOS ANGELES,CA		2007-08-07	2007-08-17		
OAKLAND,CA	2007-08-14	2007-08-08		2007-08-07	2007-08-19
PORTLAND,OR			2007-08-20		

1. 선박의 출발일자, 도착일자 및 서비스 지역을 기준으로 한 전체 선박의 운항 스케줄을 클로스 탭 형식으로 조회하는 프로그램이다.
2. DataGridView의 위 3개의 행은 선박명, 항차 및 선박의 운행 노선을 나타낸다.
3. DataGridView의 왼편 첫째 열은 출발 및 도착하는 항구명을 나타내고, 둘째 열 이후는 각 선박에 대한 출발일자 및 도착일자이다.
4. 범례에서 보듯이 항구명의 색깔은 출발지는 옥색(Color.Aqua)으로 도착지는 오렌지색(Color.Orange)으로 나타낸다.
5. 선박의 출발일자, 도착일자 및 서비스 지역을 입력하고 [조회] 명령 단추를 누르면 해당 내역에 대한 선박의 스케줄을 조회할 수 있다.

7) 예약 신청

프로그램 설명서		
작성자 : 김 진 수	승인자 :	버　전 : 1.0
작성일 : 2009. 03. 17	승인일 :	페이지 : 1/3

프로그램명	예약 신청

<table>
<tr><td colspan="4" align="center">프로그램 설명서</td></tr>
<tr><td>작성자 : 김 진 수</td><td>승인자 :</td><td>버　전 : 1.0</td></tr>
<tr><td>작성일 : 2009. 03. 17</td><td>승인일 :</td><td>페이지 : 2/3</td></tr>
</table>

프로그램명	예약 신청

1. 화주가 해운회사에서 제공되는 선박의 출항 스케줄을 조회하고 난 뒤 자기 회사의 선적할 화물에 대해 서비스 종류, 출발지, 도착지, 선박 스케줄 내역, 선적 품목 내역, 화물의 세부 내역, 컨테이너의 종류, 크기 및 수량, 내륙 운송 정보 등의 내역을 입력하여 선적 내용을 미리 예약(booking)하는 프로그램이다.

2. 회원ID, 회원명, 전화번호 및 FAX번호는 메인 폼에서 로그인할 때의 정보를 그대로 이용한다.

3. [조회] 명령 단추를 이용하여 해당 회원ID에 대해 최근에 예약한 내역을 조회할 수 있다. 이 기능을 이용하면 새로운 화물을 예약할 때 비슷한 내역은 입력하지 않아도 되므로 편리하게 예약 신청을 할 수 있다.

4. 스케줄은 선박별 스케줄과 출발일 스케줄 필드가 있고, 선박별 스케줄 콤보 상자를 선택하면 선적항과 선박 스케줄 데이터를 이용하여 출발일 스케줄은 자동으로 조회된다. 선박 스케줄에 대해 조회하기를 원하면 [스케줄 조회] 단추를 누르면 된다.

5. 화물 세부 내역은 일반, 냉동, 위험 및 장척 화물로 구분된다. 그 세부 내역은 [화물 세부내역 관리] 프로그램으로 연결하여 관리한다.

6. 컨테이너의 종류가 Reefer일 경우, 화물 세부 내역 중에서 냉동 화물에 대한 정보를 입력해야 한다. 또한 Open Top으로 화물 길이가 긴 경우는 화물 세부 내역 중에서 장척 화물에 대한 정보를 입력해야 한다.

7. [예약] 명령 단추를 누르면 예약 내용이 저장되고, 예약번호가 부여된다.

8. 예약된 내용을 수정할 때에는 [수정] 명령 단추를 이용한다.

9. [취소] 명령 단추는 예약 내용을 취소하는 기능이 아니라, 현재 입력된 화면상의 데이터를 지우는 기능을 가진다. 실질적으로 예약을 취소하고 싶을 때에는 [품목]에 "예약취소"를 입력하고 [수정] 명령 단추를 누르면 예약이 취소된다. 이렇게 작업하는 이유는 예약 취소 후 같은 내역에 대해 다시 예약할 경우 쉽게 처리하기 위함이다.

프로그램 설명서		
작성자 : 김 진 수	승인자 :	버　전 : 1.0
작성일 : 2009. 03. 17	승인일 :	페이지 : 3/3

프로그램명	예약 신청

10. 항목 설명

1) 서비스 종류는 출발지(Origin) 서비스와 도착지(Destination) 서비스로 구분되고, 그 각각은 CY(Container Yard), CFS(Container Freight Station), Door에서 출발 및 도착하는 서비스가 있다. 물론 서비스 종류에 따라 요금 체계가 다르다.

2) 출발지, 도착지 및 양하항은 배의 출발, 도착 및 화물을 양하하는 항구명이다.

3) 선적항은 BUSAN 또는 KWANGYANG이다.

4) 화물의 중량 단위는 KGS와 LBS로 구분된다. lb는 파운드로서 1 lb는 16 oz(온스)이고 약 0.4536 kg이다. 또한 CBM은 Cubic Meter이다.

5) 컨테이너 소유는 회사 컨테이너(COC: Carrier's On Container)와 화주 컨테이너 (SOC: Shipper's On Container)로 구분된다. 선하증권에서 SOC로 기재하는 경우는 화주 개인의 컨테이너뿐만 아니라 컨테이너를 운송하는 해운회사가 타사에서 임대한 컨테이너도 포함된다.

6) 컨테이너의 종류는 일반(Dry), 냉동(Reefer), 오픈 탑(Open Top), 플랫트 랙 (Flat Rack) 및 탱크(Tank)로 구분된다.

7) 컨테이너의 크기는 40피트, 20피트, 40H(High: 43피트) 및 45피트로 구분된다.

8) 내륙 운송 정보는 출발지 서비스가 "CFS" 조건인 경우는 필수 입력 사항이 아니다.

9) 예약일시는 화물을 예약하는 현재의 일시로 자동 처리된다.

10) 예약번호는 지정한 선박 스케줄(선박명과 항차가 포함되어 있음)에 대한 선박 코드(Vessel Code), 항차(Voyage Number) 및 최종 순번을 조합하여 13자리로 부여한다. 이 예약번호는 선적 요청시 사용된다.

8) 화물 세부 내역 관리

<table>
<tr><td colspan="3" align="center">프로그램 설명서</td></tr>
<tr><td>작성자 : 김 진 수</td><td>승인자 :</td><td>버 전 : 1.0</td></tr>
<tr><td>작성일 : 2009. 03. 17</td><td>승인일 :</td><td>페이지 : 1/2</td></tr>
</table>

<table>
<tr><td>프로그램명</td><td>화물 세부 내역 관리</td></tr>
</table>

프로그램 설명서		
작성자 : 김 진 수	승인자 :	버 전 : 1.0
작성일 : 2009. 03. 17	승인일 :	페이지 : 2/2

프로그램명	화물 세부 내역 관리

1. 이 프로그램은 독자적으로 수행되지 않고 이전의 [예약 신청] 폼과 연계된 폼으로, 냉동, 위험 및 장척 화물에 대한 세부 내역을 입력 및 수정하는 프로그램이다.

2. 냉동 화물(Reefer Cargo)의 세부 내역에는 온도, 통풍 및 습도가 있다. 통풍의 종류는 Full Close, Full Open, Half Open, Quarter Open, 3/4 Open 및 1/3 Open으로 구분된다.

3. 위험 화물(Dangerous Cargo)의 세부 내역은 UN 위험번호, 위험 분류, 인화점 및 패키지 그룹이 있다. UN 위험번호는 UN에서 지정한 위험번호로 4자리이다. 예를 들어, 염소는 1017, 벤젠은 1114, 비닐 아세테이트는 1301이다. 위험 분류는 IMDG Code(International Maritime Dangerous Goods Code, 국제해상위험물 규칙)에 의한 위험물 분류를 사용한다. 이는 Class 1에서 Class 9까지가 있다. 우리나라에서 사용하는 위험물은 이와 조금 다르게 6가지 종류로 구분하고 있다. 위험물 분류는 다음과 같다. 예를 들어, 벤젠은 인화성 액체로서 Class 3, 염소는 부식성 물질로서 Class 8이다.

   - Class 1 : 화약류(Explosives)
   - Class 2 : 가스(Gases) 즉, 인화성 가스 및 독성 가스
   - Class 3 : 인화성 액체(Flammable Liquids)
   - Class 4 : 가연성 고체(Flammable Solids)
   - Class 5 : 산화성 물질 및 유기과산화물(Oxidizing Substances and Organic Peroxides)
   - Class 6 : 독극물 및 전염성 물질(Poisonous and Infectious Substances)
   - Class 7 : 방사성 물질(Radioactive Substances)
   - Class 8 : 부식성 물질(Corrosives)
   - Class 9 : 유해성 물질(Miscellaneous Dangerous Substances and Articles)

4. 장척 화물(Awkward Cargo)의 세부 내역은 포장 개수, 총중량, 순중량, 품목, 길이, 폭 및 높이가 있다. 화물의 중량 단위는 KGS 또는 LBS를 사용한다.

9) 선적 요청

<table>
<tr><td colspan="3" align="center">프로그램 설명서</td></tr>
<tr><td>작성자 : 김 진 수</td><td>승인자 :</td><td>버 전 : 1.0</td></tr>
<tr><td>작성일 : 2009. 03. 17</td><td>승인일 :</td><td>페이지 : 1/1</td></tr>
</table>

<table>
<tr><td>프로그램명</td><td>선적 요청</td></tr>
</table>

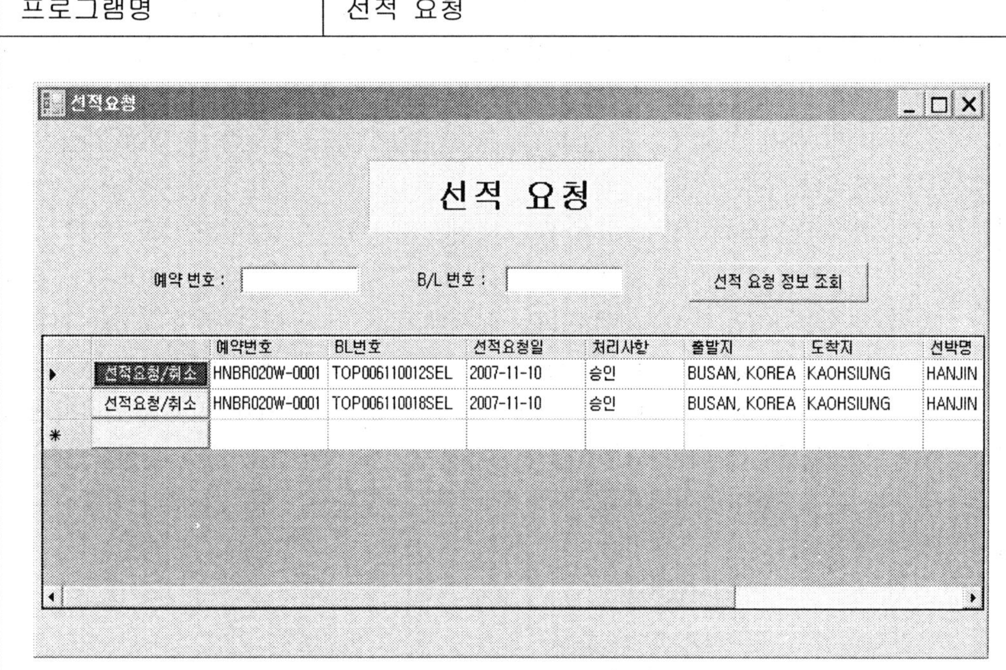

1. 예약 번호 또는 선하증권(B/L)번호를 입력하고 [선적 요청 정보 조회] 명령 단추를 누르면 예약번호, BL번호, 선적요청일, 처리사항, 출발지, 도착지, 선박명, 출발일자, 예약일시 등의 선적 요청 사항을 조회할 수 있다.
2. 각 라인에는 [선적요청/취소] 명령 단추가 있어서 각 라인별 데이터를 선적요청 또는 취소할 수 있다.

10) 선하 증권 검색

<table>
<tr><td colspan="4" align="center">프로그램 설명서</td></tr>
<tr><td>작성자 : 김 진 수</td><td>승인자 :</td><td colspan="2">버　전 : 1.0</td></tr>
<tr><td>작성일 : 2009. 03. 17</td><td>승인일 :</td><td colspan="2">페이지 : 1/1</td></tr>
</table>

프로그램명	선하 증권 검색

BL번호	예약번호	송화인	수화인	선적항	양하항	항차
BULA2205	HNYT018W-0001	김동광	김현수	BUSAN, KOREA	YANTIAN	HNYT-018
BULA2300	HNYT018E-0001	박일순	조화자	BUSAN, KOREA	YANTIAN	HNYT-018
BURD2009	HNTI046E-0001	이경철	OSIO INTERNAT...	BUSAN, KOREA	LOSANGELES	HNTI-046
BURD3100	HNTI046E-0002	조경식	OSIO INTERNAT...	BUSAN, KOREA	LOSANGELES	HNTI-046
BUTT1004	HNDA018W-0001	김진수	고민정	BUSAN, KOREA	SEATTLE,WA	HNDA-018
SNCMON0703062	HJLA078W-0001	김윤성	김성환	BUSAN, KOREA	SINGAPORE	HJLA-078
TOP006090267SEL	ABEB010E-0001	전영미	이명환	BUSAN, KOREA	XINGANG, CHINA	ABEB-010
TOP006090715SEL	ABEB010E-0002	김주동	LE CHANNIEL I...	BUSAN, KOREA	XINGANG, CHINA	ABEB-010
TOP006090800SEL	ABEB010E-0003	조경식	LE CHANNIEL I...	BUSAN, KOREA	XINGANG, CHINA	ABEB-010
TOP0061100012SEL	HNBR020W-0001	박성일	우정환	BUSAN, KOREA	KAOHSIUNG	HNBR-020
TOP0061100018SEL	HNBR020W-0001	김주동	현대식	BUSAN, KOREA	KAOHSIUNG	HNBR-020
WPGE-0128	CXMN024W-0001	임홍순	강백호	KWANGYANG, K...	HONG KONG	CXMN-024
WPGE-0130	CXMN024W-0003	박일순	조화자	KWANGYANG, K...	HONG KONG	CXMN-024
WPGE-0140	CXMN024W-0002	김주동	현대식	KWANGYANG, K...	HONG KONG	CXMN-024

1. 선화증권(B/L) 번호로 검색하여 선화증권에 관련된 BL번호, 예약번호, 송화인, 수화인, 선적항, 양하항, 항차 등에 대한 데이터를 조회하는 프로그램이다.
2. 선적항 및 양하항은 화물을 선적하거나 화물을 양하하는 항구명이다.
3. [검색] 명령 단추를 이용하여 해당 B/L 번호에 대한 내역을 검색한다.
4. [B/L출력] 명령 단추를 이용하여 해당 선화증권을 출력할 수 있다.
5. [B/L상세조회] 명령 단추를 이용하여 B/L에 대한 상세한 내역을 볼 수 있다.

11) 선하증권 출력

<table>
<tr><td colspan="6" align="center">프로그램 설명서</td></tr>
<tr><td>작성자 : 김 진 수</td><td colspan="2">승인자 :</td><td colspan="3">버　전 : 1.0</td></tr>
<tr><td>작성일 : 2009. 03. 17</td><td colspan="2">승인일 :</td><td colspan="3">페이지 : 1/2</td></tr>
</table>

프로그램명	선하증권 출력

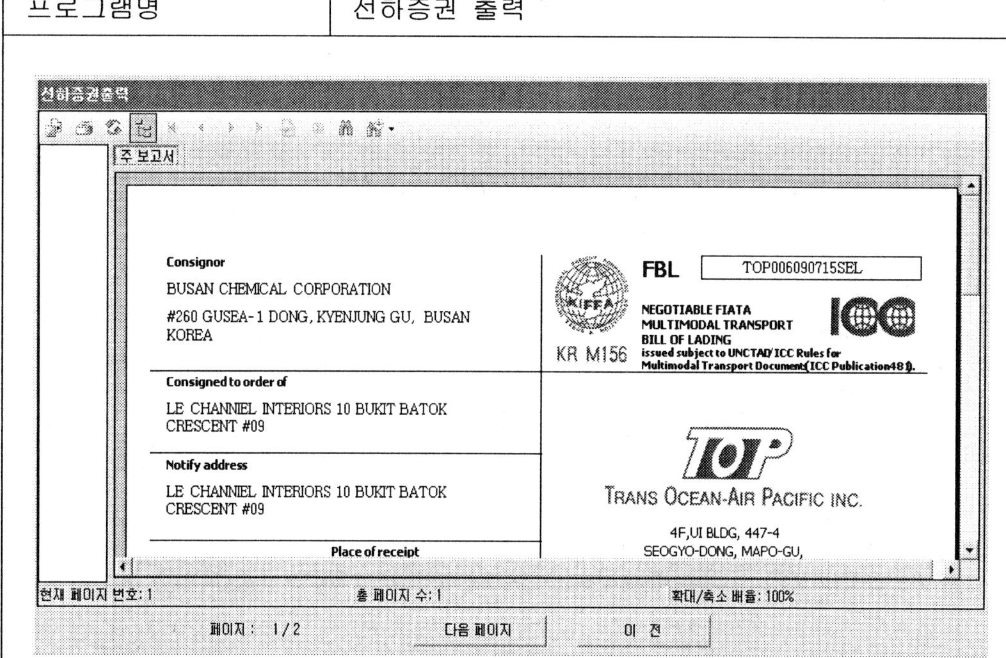

1. 선하증권 출력 프로그램은 위와 같은 Crystal Report Viewer를 이용하여 선하증권 보고서를 출력하는 프로그램이다.
2. 이 프로그램은 독자적으로 수행되는 것이 아니라 선하증권검색, 선하증권상세 조회 등의 프로그램에서 연결되어 실행된다.
3. [다음 페이지] 명령 단추를 누르면 선하증권이 여러 페이지일 경우 다음 페이지로 넘어간다.
4. [이전] 명령 단추를 누르면 이전 페이지로 되돌아간다.

프로그램 설명서		
작성자 : 김 진 수	승인자 :	버　전 : 1.0
작성일 : 2009. 03. 17	승인일 :	페이지 : 2/2

프로그램명	선하증권 출력

Consignor

SAMKOUNG CHEMICAL CORPORATION
#310 YEONSAN-1 DONG, YEONJE GU, BUSAN
KOREA

Consigned to order of

LE CHANNIEL INTERIORS 10 BUKIT BATOK
CRESCENT #09

Notify address

LE CHANNIEL INTERIORS 10 BUKIT BATOK
CRESCENT #09

	Place of receipt BUSAN, KOREA
Ocean vessel JURONG BEBARU	**Port of loading** BUSAN, KOREA
Port of discharge XINGANG, CHINA	**Place of delivery** XINGANG, CHINA

FBL   TOP006090800SEL

KR M156

**NEGOTIABLE FIATA
MULTIMODAL TRANSPORT
BILL OF LADING**
issued subject to UNCTAD/ICC Rules for
Multimodal Transport Document(ICC Publication481).

TRANS OCEAN-AIR PACIFIC INC.

4F, UI BLDG, 447-4
SEOGYO-DONG, MAPO-GU,
SEOUL, KOREA
E-mail:seoul@topkor.co.kr
TEL:82-2-773-0400
FAX:82-2-756-0660

Marks and numbers	Number and kind of packages	Description of goods	Gross weight	Measurement
APLS2463461 6885624	DRY 15 CNTS	CHEMICAL MATERIALS (CHLORINE)	24000 KGS	CBM
EPLS2463509 6885689	DRY 13 CNTS	CHEMICAL MATERIALS (CHLORINE)	24000 KGS	CBM
BPLS2463519 6885690	DRY 17 CNTS	CHEMICAL MATERIALS (CHLORINE)	24000 KGS	CBM
BPLS2463529 6885691	DRY 17 CNTS	CHEMICAL MATERIALS (CHLORINE)	24000 KGS	CBM
BPLS2463538 6885692	DRY 20 CNTS	CHEMICAL MATERIALS (CHLORINE)	24000 KGS	CBM

"FREIGHT PREPAID"　　CFS / DOOR

SAY : (82) CARTONS ONLY

ON BOARD DATE :
2007-10-28

according to the declaration of the consignor

Declaration of Interest of the consignor in timely delivery(Clause 6.2.)	Declared value for ad valorem rate according to the declaration of the consignor(Clauses 7 and 8).

The goods and instructions are accepted and dealt with subject to the Standard Conditions printed overleaf.
Taken in charge in apparent good order and condition,unless otherwise noted herein, at the place of receipt for transport and delivery as mentioned above. One of these Multimodal Transport Bills of Lading must be surrendered duly endorsed in exchange for the goods. In Witness whereof the original Multimodal Transport Bills of Lading all of this tenor and date have been signed in the number stated below, one of which being accomplished the other(s) to be void.

Freight amount AS ARRANGED	Freight payable at SEOUL, KOREA	Place and date of issue SEOUL, KOREA　2007-11-01
Cargo insurance through the undersigned ☐ not covered ☐ Covered according to attached policy	Number of Original FBL's THREE(3)	Stamp and signature
For delivery of goods please apply to: CTG LOGISTICS (A DIVISION OF CHARTER TRADE GLOBAL) P.O. BOX 29680, XINGANG, CHINA　TEL : 04-2682030		ACTING AS A CARRIER TRANS OCEAN-AIR PACIFIC INC.

12) 선하증권 상세 조회

프로그램 설명서		
작성자 : 김 진 수	승인자 :	버 전 : 1.0
작성일 : 2009. 03. 17	승인일 :	페이지 : 1/1

프로그램명	선하증권 상세 조회

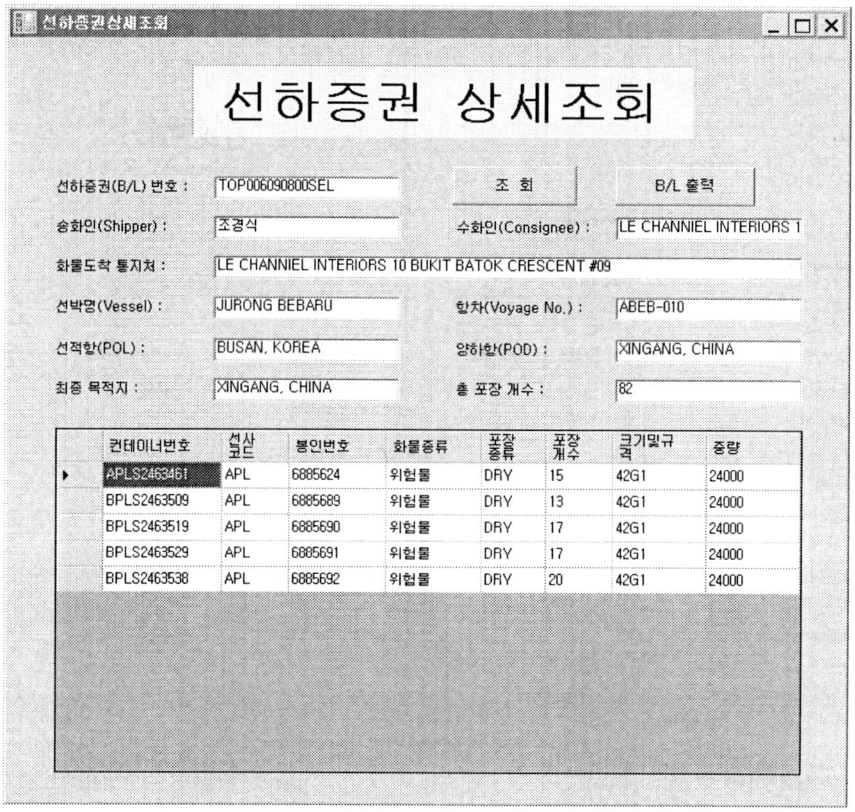

컨테이너번호	선사코드	봉인번호	화물종류	포장종류	포장개수	크기및규격	중량
APLS2463461	APL	6885624	위험물	DRY	15	42G1	24000
BPLS2463509	APL	6885689	위험물	DRY	13	42G1	24000
BPLS2463519	APL	6885690	위험물	DRY	17	42G1	24000
BPLS2463529	APL	6885691	위험물	DRY	17	42G1	24000
BPLS2463538	APL	6885692	위험물	DRY	20	42G1	24000

1. 선화증권(B/L)에 대한 상세한 내역을 조회하는 프로그램이다.
2. 송화인은 화물을 보내는 사람이다.
3. [조회] 명령 단추를 이용하여 해당 B/L 번호에 대한 내역을 조회한다.
4. [B/L출력] 명령 단추를 이용하여 해당 선화증권을 출력할 수 있다.

13) 화물 추적 조회(웹)

<table>
<tr><td colspan="3" align="center">프로그램 설명서</td></tr>
<tr><td>작성자 : 김 진 수</td><td>승인자 :</td><td>버 전 : 1.0</td></tr>
<tr><td>작성일 : 2009. 03. 17</td><td>승인일 :</td><td>페이지 : 1/1</td></tr>
</table>

프로그램명	화물 추적 조회(웹)

컨테이너번호	BL번호	항차	화물종류	포장종류	중량	크기및규격	선적항	양하항	출발일자	도착일자
APHU6295630	TOP006090267SEL	ABEB-010	일반	Dry	24000	42G1	BUSAN	XINGANG	2007-08-29	2007-09-02
APHU6296771	TOP006090267SEL	ABEB-010	일반	Dry	24000	42G1	BUSAN	XINGANG	2007-08-29	2007-09-02
APHU6405744	TOP006090267SEL	ABEB-010	일반	Dry	17000	42G1	BUSAN	XINGANG	2007-08-29	2007-09-02
APHU6435054	TOP006090267SEL	ABEB-010	일반	Dry	24000	42G1	BUSAN	XINGANG	2007-08-29	2007-09-02
APHU6587822	TOP006090267SEL	ABEB-010	일반	Dry	24000	42G1	BUSAN	XINGANG	2007-08-29	2007-09-02
APLS2463461	TOP006090800SEL	ABEB-010	위험물	DRY	24000	42G1	BUSAN	XINGANG	2007-10-28	2007-11-01
APLS2463482	TOP006090267SEL	ABEB-010	일반	DRY	24000	42G1	BUSAN	XINGANG	2007-08-29	2007-09-02
APLS2463492	TOP006090267SEL	ABEB-010	일반	DRY	24000	42G1	BUSAN	XINGANG	2007-08-29	2007-09-02
APLS2463503	TOP006090267SEL	ABEB-010	일반	DRY	24000	42G1	BUSAN	XINGANG	2007-08-29	2007-09-02
APLS2463511	TOP006090715SEL	ABEB-010	냉동	Reefer	24000	42R1	BUSAN	XINGANG	2007-10-28	2007-11-01

1 2 3 4 5 6 7 8

1. 폼에 데이터 검색 조건인 항차, BL번호 및 컨테이너번호를 입력하고 [조회]
   명령 단추를 누르면 해당 조건에 따라 컨테이너번호, BL번호, 항차, 화물종류,
   포장종류, 중량, 크기및규격 등의 화물 추적 내역을 GridView에 출력하는 프로
   그램이다.
2. 한 페이지에 10건씩의 데이터를 출력한다. 또한 페이지 인덱스가 바뀌면 새로운
   페이지에 대한 10건의 데이터를 출력한다.

제2장

메인 및 회원 프로그램 작성

2.1 .NET 프레임워크

.NET은 마이크로소프트사의 윈도우와 인터넷 개발을 위한 차세대 플랫폼을 의미하는 도구와 기술들의 모음이라고 할 수 있다. .NET은 사용자가 .NET 프레임워크 기술을 기반으로 강력한 응용 프로그램 및 서비스를 생성할 수 있도록 디자인된 여러 가지 도구, 예제 및 컴파일러를 비롯하여 다양한 리소스를 제공한다.

마이크로소프트사는 .NET을 "마이크로소프트의 XML(eXtensible Markup Language) 웹 서비스를 위한 플랫폼"이라고 정의하고 있다. 이 정의에 따르면 .NET은 XML 웹 서비스를 하기 위해 개발되었고, XML 웹 서비스가 .NET의 핵심이라는 것을 알 수 있다.

XML 웹 서비스 플랫폼은 운영체제, 장치 또는 프로그래밍 언어에 관계없이 개발되어 인터넷을 통해 다양한 응용 프로그램이 XML 데이터를 통신하고 공유할 수 있도록 해주는 환경이다.

.NET 프레임워크는 .NET의 가장 핵심적인 부분이고 이전 시스템의 여러 가지 문제점을 보완했다. 그 문제점 중에서 주요한 내역은 다음의 몇 가지 내역으로 요약할 수 있다. 첫째, 윈도우 API(Application Program Interface)가 운영체제에 종속되어 프로그램 작성이 용이하지 않았고, COM(Common Object Model)이 복잡하여 개발이 불편하다는 점이다. 둘째, 인터넷에서 지원하고 있는 방화벽이 있는 경우에는 동작이 잘 되지 않고, 프로토콜 교섭 기능은 구현이 복잡하고 비용이 많이 소요된다는 점이다. 셋째, C++, VB, MFC(Microsoft Foundation Class) 등은 기본 클래스가 통일되어 있지 않아서 일관성이 결여되고, 동적 링크 라이브러리(DLL: Dynamic Link Library)에 관계된 여러 가지 문제점이 발생하여 배포가 잘 이루어지지 않았다는 점이다. 이러한 여러 가지 이유로 해서 .NET이 등장하게 되었다.

2.1.1 .NET 프레임워크란 무엇인가?

.NET 프레임워크는 고도로 분산된 인터넷 환경에서 응용 프로그램 개발을 단순하게 하는 새로운 컴퓨팅 플랫폼이다. 개발자들을 위해 마이크로소프트는 .NET으로 응용 프로그램의 개발과 배포(특히, 인터넷 응용 프로그램)를 단순화하고, 분산 응용 프로그램의 설계와 배포를 위한 가장 좋은 방법으로 XML 웹 서비스를 추진하고 있다.

.NET 프레임워크의 구조는 다음 그림과 같다.

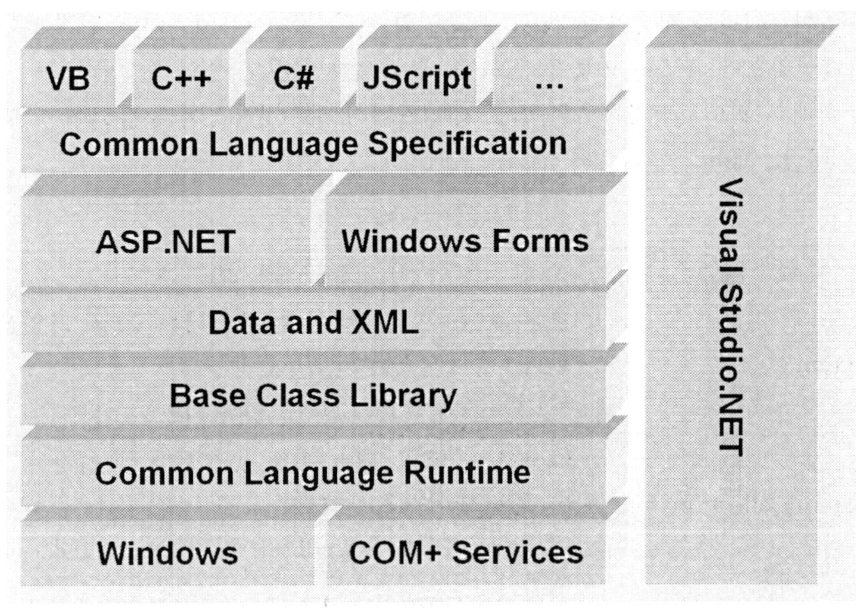

< .NET 프레임워크의 구조 >

.NET 프레임워크의 목적은 다음과 같이 요약할 수 있다.

- 개체 코드가 로컬로 저장 및 실행되거나, 로컬로 실행되지만 인터넷을 통해 분산되거나, 원격으로 실행되거나에 상관없이 일관된 개체 지향 프로그래밍 환경을 제공한다. 즉, 인터넷과 분산 응용 프로그램을 위한 새로운 개발 플랫폼을 제공한다.
- 소프트웨어 배포 및 버전 관리 충돌을 최소화하는 코드 실행 환경을 제공한다.
- 다른 프로그램들에 대한 안전한 실행을 보장하는 코드 실행 환경을 제공한다.
- 스크립트 또는 해석 환경의 비효율적인 문제를 제거하는 코드 실행 환경을 제공한다.
- 윈도우즈 기반 응용 프로그램 및 웹 기반 응용 프로그램 같은 다양한 형식의 응용 프로그램을 사용할 수 있도록 한다.
- .NET 프레임워크를 기반으로 하는 코드가 다른 모든 코드와 통합될 수 있도록 한다.

2.1.2 클래스 라이브러리와 네임스페이스

클래스 라이브러리는 다시 사용할 수 있는 형식의 광범위한 개체 지향 컬렉션으로서, 기존 명령줄 또는 GUI(그래픽 사용자 인터페이스) 응용 프로그램에서부터 ASP.NET에서 제공하는 웹 폼 및 XML 웹 서비스 같은 다양한 응용 프로그램을 개발하는 데 사용할 수 있다.

클래스 라이브러리를 사용하면 .NET 프레임워크 형식을 사용하기가 쉬워질 뿐만 아니라 .NET 프레임워크의 새로운 기능을 익히는 데 필요한 시간도 줄일 수 있다.

베이스 클래스 라이브러리는 기능별로 네임스페이스를 사용하여 분류되어 있으며, 자주 사용하는 네임스페이스는 다음과 같다.

네임스페이스	설 명
System	모든 응용 프로그램에서 사용되는 기본 타입을 포함한다. 예) Object, Buffer, Byte, Exception, Array, String
System.Collections	다양한 타입의 컬렉션을 생성하고 관리하는 클래스 및 인터페이스를 가진다. 예) ArrayList, SortedList, ICollection, IDictionary
System.Data	기본적인 데이터베이스를 관리하는 클래스를 포함한다. 예) DataView, DataRow, DataTable, DataSet
System.Data.SqlClient	MS SQL Server의 .NET 데이터 공급자를 구성하는 클래스로서 SQL Server에 연결하고 명령을 실행하고 결과를 읽을 수 있다. 예) SqlConnection, SqlDataAdapter, 　　SqlCommand, SqlDataReader
System.Data.OleDb	Access, Oracle DB 등 MS SQL Server 이외의 데이터베이스에 연결할 때는 OLE DB 계층을 통하여 접근한다. 예) OleDbConnection, OleDbDataAdapter, 　　OleDbCommand, OleDbDataReader
System.Diagnostics	응용 프로그램을 디버깅하고 실행 과정을 추적하는 클래스를 포함한다. 예) Debug, Trace, Process, EventLog
System.Drawing	GDI+의 기본 그래픽 기능을 처리하는 타입을 포함한다. 예) Graphics, Font, Icon, Image
System.Exception	발생하는 예외 처리를 위한 다양한 메소드를 제공한다. 예) Equals, GetBaseException, GetObjectData

네임스페이스	설 명
System.IO	파일이나 데이터 스트림에 대한 동기 및 비동기 읽기/쓰기가 가능한 타입을 포함한다. 예) Stream, FileStream, StreamReader
System.Reflection	어셈블리의 메타 데이터 내용을 검색하여 타입 정보를 구하고 동적으로 생성하는데 필요한 타입들을 포함한다. 예) Assembly, Binder, EventInfo, FieldInfo
System.Runtime.Remoting	관리형 원격 개체를 허용하는 타입을 가지고 있다. 예) ChannelServices, RemotingServices
System.Security	보안 기능을 제공하는 타입을 가지고 있다. 예) Permissions, Policy, Principal
System.Text	문자 인코딩, 문자 변환 및 문자열을 조작하는 내역을 포함한다. 예) Decoder, Encoder, StringBuilder
System.Windows.Forms	윈도우 기반 응용 프로그램을 위한 강력한 사용자 인터페이스를 제공한다. 예) Button, CheckBox, Form, ListBox, MainMenu, StatusBar
System.Web.Service	SOAP(Simple Object Access Protocol) 기반 웹 서비스를 위한 클라이언트 및 서버 측을 지원한다. 예) Configuration, Description, Protocols, WebService
System.Web.UI	웹 폼 페이지를 위한 기능을 제공한다. 예) GridView, HyperLink, ListBox, Panel, RadioButton, Table, BorderStyle
System.Xml	XML 처리를 위한 표준화된 지원을 한다. 예) Schema, NameTable, XmlEntity, XmlElement, XmlReader, XmlWriter

2.1.3 CLR(Common Language Runtime)

1) CLR(공통 언어 런타임)의 역할

.NET 프레임워크의 기초로서 응용 프로그램과 운영체제 및 하드웨어와 중재자의 역할을 하며 실행시 응용프로그램의 코드를 관리한다. 특정 언어로 인한 제약 사항을 해결하며 자바 가상 머신(JVM)과 기능상 유사하다.

2) CLR 실행 환경

형식 안정성 검사, 메모리 관리, 가비지 컬렉션, 예외 처리를 하며 공통 유형 시스템(CTS)을 제공하여 코드가 매우 안정적이다. 윈도우 API와 COM 상호 운영 서비스를 포함하여 시스템 자원에 대한 접근성을 제공하며 동일한 예외 처리와 언어간 디버깅과 같은 다중 언어 지원을 한다. CLR에 대한 컴파일 과정은 다음 그림과 같다.

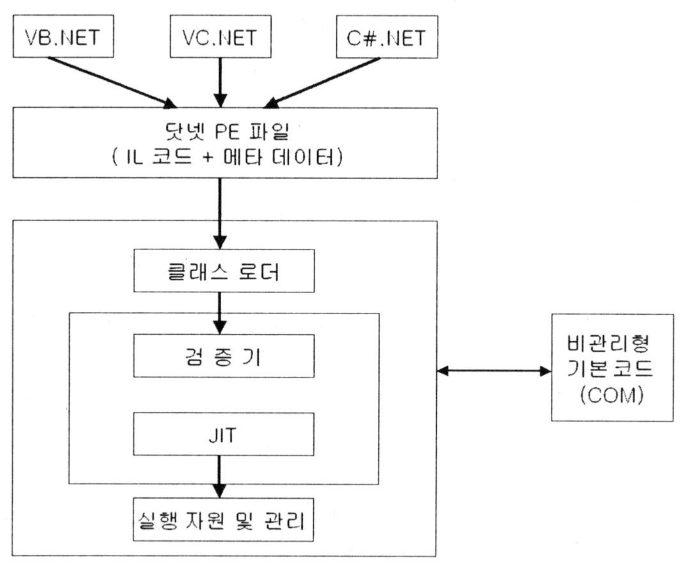

< CLR 컴파일 과정 >

- .NET PE(Portable Executable) 파일 : 코드의 형식에 관한 정보, 버전이나 외부 어셈블리에 대한 참조 정보에 관한 메타 데이터와 컴파일 결과인 IL(Intermediate Language)을 조합한 것이다.

- 클래스 로더 : 응용 프로그램이 실행되기 위해 필요한 정보를 메모리로 읽어 실행을 준비하는 부분이다.
- 검증기 : .NET 응용 프로그램이 실행될 때 문제가 발생할 부분이 있는지 확인하는 부분이다.
- JIT(Just In Time) 컴파일러 : .NET PE 파일을 기계 의존적인 코드로 컴파일 한다.
- 실행 자원 및 관리 : 가비지 컬렉션, 예외 처리, 보안 기능, 기존 언어 런타임 코드와의 호환성 등을 제공한다.

3) CLR 구조

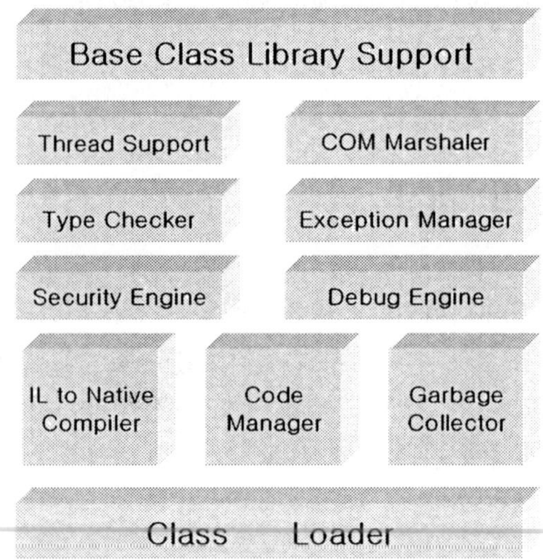

- 기본 클래스 라이브러리(Base Class Library) : 캡슐화된 기본적인 기능을 가진 클래스이다. Custom 클래스로 확장하여 사용하거나 그대로 사용한다.
- 스레드 지원(Thread Support) : 스레드 시스템을 지원한다. 하나의 프로그램 단위로 시스템을 운영하는 경우를 프로세스 시스템이라고 할 수 있고, 하나의 명령어 또는 하나의 문장 단위로 시스템을 운영하는 경우를 스레드 시스템이라 한다. 스레드 시스템은 시스템 부하를 크게 줄일 수 있다.
- COM 마샬러(COM Marshaler) : 하나의 프로세스에 포함된 개체에 의해서 노출된 인터페이스를 다른 프로세스에서 사용할 수 있도록 한다.
- 유형 검사기(Type Checker) : 클래스 형식, 인터페이스 형식, 배열 형식, 값 형식, 열거 형식 등의 Type 개체를 검사한다.

- 예외 관리자(Exception Manager) : 시스템에서 발생하는 여러 가지 예외 사항을 관리한다.
- 보안 엔진(Security Engine) : 보안을 관리하는 프로그램이다.
- 디버그 엔진(Debug Engine) : 프로그램 디버그를 관리하는 프로그램이다.
- MSIL-기본 코드 컴파일러(MicroSoft Intermediate Language to Native Compiler) : 적시(JIT: Just In Time) 컴파일러와 기존 방식의 컴파일러가 있다. JIT 컴파일러는 MSIL을 분석하고 기본 코드로 바꾸는 최적화된 컴파일러이다.
- 코드 관리자(Code Manager) : 각종 코드를 관리한다.
- 가비지 수집기(Garbage Collector) : 응용 프로그램의 메모리 할당 및 해제를 관리한다.
- 클래스 로더(Class Loader) : 메모리에 클래스를 로딩하고, 실행을 위해 준비하는 역할을 한다.

2.2 ADO.NET의 개요

ADO.NET은 기존의 데이터베이스 프로그램에서 사용되었던 ADO(Active-x Data Objects)를 개선한 .NET 환경에서의 데이터 처리 기술이다. 즉, ADO.NET은 .NET에서 데이터베이스 프로그래밍을 하기 위한 도구로서 .NET 플랫폼에서 비연결 시스템의 개발을 도와주는 새로운 데이터베이스 접근 체계이다. 이 ADO.NET은 MS SQL Server뿐만 아니라 Oracle 데이터베이스, MS Access 데이터베이스와 같은 다른 관계형 데이터베이스에도 손쉽게 접근할 수 있다.

ADO.NET은 기존의 ADO로부터 발전된 형태이긴 하지만 데이터를 처리하는 방식이 ADO와는 근본적으로 다르게 설계되었다. 기존의 클라이언트/서버 형태의 응용 프로그램에서 데이터를 처리하는 클라이언트 응용 프로그램은 프로그램이 수행하는 동안 항상 데이터베이스 서버와 연결을 유지하며 데이터를 처리하는 작업을 수행했다. 일반적인 클라이언트/서버 모델은 다음 그림과 같다.

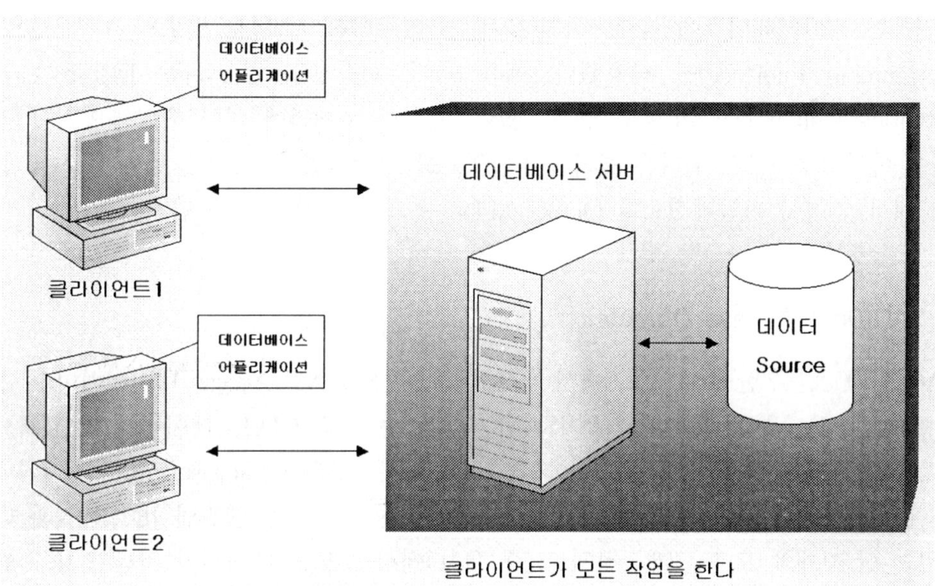

< 일반적인 클라이언트/서버 모델 >

일반적으로 데이터베이스 서버에서 관리하는 클라이언트와의 연결은 비교적 많은 서버의 자원을 사용하게 되므로 하나의 서버에서 지원하여 연결되는 클라이언트의 수는 제한적이다. 그러나 인터넷을 통하여 접속하는 사용자의 수는 클라이언트/서버 응용 프로그램과 비교할 수 없을 정도로 많다. 또한 웹 프로그램 특성상 웹 프로그램과 클라이언트는 항상 연결된 상태가 아니라 클라이언트가 서버에 연결을 요청할 때에만 그 연결이 이루어진다.

ADO.NET은 이와 같이 인터넷에 기반을 둔 데이터베이스 응용 프로그램을 효율적으로 지원하기 위해 설계되었다. ADO.NET은 기존의 ADO와는 달리 클라이언트와 데이터베이스 서버간의 연결을 항상 연결된 상태로 유지하는 것이 아니라 처음에 데이터베이스 서버로부터 클라이언트 메모리에 데이터를 가져올 때에만 서버와 연결하고, 데이터를 가져온 다음의 데이터 처리는 클라이언트 내부에서 독자적으로 처리가 가능하다. 또한 메모리에 가져온 데이터를 갱신할 필요가 있다면 갱신할 동안만 데이터베이스 서버와 연결하여 처리한다.

데이터 액세스에 있어서 ADO.NET을 최신 기술이라 본다면 그 이전에 개발되어 사용되고 있는 기술로는 ODBC, DAO, RDO, OLE DB, ADO 등과 같은 데이터를 저장하고 검색하는 다양한 기술들이 있다. 이러한 새로운 액세스 기술 발전을 통하여 기존의 여러 가지 문제를 해결해왔으며 그 내역은 다음과 같다.

1) ODBC(Open DataBase Connectivity)

예전에는 데이터베이스에 액세스하기 위해 각 데이터베이스별로 별도의 API(Application Programming Interface)를 사용했다. 예를 들어, MS SQL Server는 DBLib, Oracle은 OCI(Oracle Call Interface) 등을 들 수 있다. 이러한 문제점에 대한 해결책으로, 1990년도 초반에 마이크로소프트와 다른 회사들이 ODBC를 개발하였다. 이 기술로서 다중 데이터 소스에 대한 연결이 가능해졌으나 ODBC API로 초기 작업이 어려운 단점이 있다.

2) DAO(Data Access Objects)

DAO는 1992년 후반 Access 1.0에서 소개되었던 것으로 MS Access 데이터베이스, dBase, Paradox, FoxPro 등을 포함한 외부 ISAM 데이터베이스와 ODBC 데이터 소스에 액세스할 수 있는 JET 엔진에 의해 구현된 기술이다. VB 3.0은 DAO와 Microsoft JET 데이터베이스 엔진에 대한 지원을 제공하였다. DAO는 MS Access 데스크탑 엔진인 JET 엔진과 대화할 수 있는 단순 개체 모델을 제공하였다. 즉, DAO에서는 모든 데이터의 처리가 JET 엔진을 통해 이루어진다.

3) RDO(Remote Data Objects)

DAO는 ODBC 데이터 원본을 사용할 때에는 매우 느리다. 이것을 극복하기 위해서 1995년 32버전의 VB 4.0과 함께 배포되었다. 특히 ODBC API의 복잡한 구문을 사용하지 않고서도 MS SQL Server, Oracle 등과 같은 ODBC 데이터 소스에 접근이 가능하다. RDO의 개체 모델은 DAO에 기반을 두고 있다. DAO와 비교해 볼 때 RDO는 쿼리(SQL)와 결과 집합들을 빠르게 처리하며 오버헤드가 적다. 그러나 RDO 기술은 오래 사용되지 않고 곧바로 ADO에 의해 대치되었다.

4) OLE DB(Object Linking and Embedding for DataBases)

데이터 액세스 기술 세계에서 하나의 큰 획을 긋는 변화는 OLE DB의 배포라 할 수 있다. 구조상으로 OLE DB는 ODBC와 유사하다. MS의 범용 데이터 액세스를 위한 API로 COM(Component Object Model)을 사용해서 메인프레임 데이터를 포함한 관계형과 비관계형 데이터 소스의 통신이 가능하다. 이것은 1996년에 처음 소개되었고 ODBC의 모든 기능을 제공하나 공급자(Provider)와 소비자(Consumer)라는 두 개의 컴포넌트로 분리되어 있다. 공급자 컴포넌트는 COM 인터페이스 집합을 구현하며 데이터베이스와 연결하여 소비자에게 인터페이스를 노출시키고, 소비자 컴포넌트는 데이터를 사용한다. 코딩이 매우 어렵고 초기에는 C++ 개발자만 사용할 수 있었다.

5) ADO(Active-x Data Objects)

OLE DB의 복잡한 구문을 감추기 위해서 객체지향기술을 적용하였고 1996년에 처음 발표
되었다. ADO는 뛰어난 성능을 가지고 있으며 배우기 쉽다. 또한 가능한 적은 양의 네트워
크 트래픽을 위해 디자인되었다. ADO는 OLE DB의 모든 기능을 지원한다. 이것은 다양한
공급자로부터 저장된 데이터를 액세스 가능하다는 것을 의미한다. 이 모델은 데이터 소스에
연결되어 있는 단단하게 결합된(Tightly Copled) 시스템을 위해 설계되었지만, 데이터 소스
와 연결되지 않은(Loosely Copled) 시스템에서도 사용가능하다. Loosely Copled의 경우에
컴포넌트는 각자 독립적으로 동작할 수 있으며 필요할 때에만 통신한다.

2.3 ADO.NET의 구조

ADO.NET은 간단하게 두 개의 구조로 표현된다. 첫 번째는 데이터베이스 서버와의 연결
을 유지한 상태에서 데이터를 처리하는 .NET 데이터 공급자(Data Provider)이고 또 하나
는 그 반대의 경우로 데이터베이스 서버와 연결되지 않은 상태에서 데이터를 처리하는
DataSet 개체이다. .NET 데이터 공급자는 특정 데이터베이스에 대해서 서버와 연결을 맺
고, 명령을 수행하고, 명령의 결과로 데이터를 반환하는 역할을 수행한다. DataSet 개체는
데이터베이스에서 검색한 클라이언트 메모리 내의 데이터 캐시이다. 또한 .NET 데이터 공
급자를 독립적으로 사용하여 응용 프로그램의 로컬 데이터 또는 XML로부터 가져온 데이
터를 관리할 수 있다. 이 구조를 간단하게 도식하면 다음 그림과 같다.

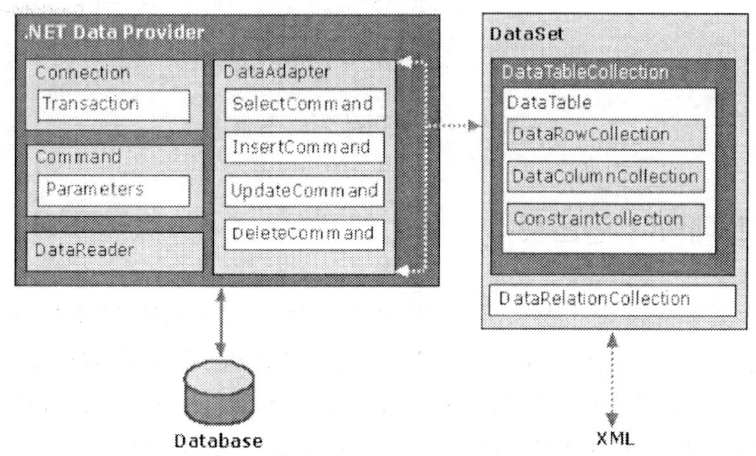

< ADO.NET의 구조 >

ADO.NET은 과거의 ADO(Active-x Data Objects)와는 달리 데이터베이스에 연결하는 방법으로 다음 두 가지가 많이 쓰인다. 하나는 DataReader를 사용하여 데이터베이스와 연결된 상태에서 하나의 레코드 단위로 데이터를 조회하는 방법이다. 이 방법은 데이터를 인터넷에서 조회할 때 유용하다. 다른 하나는 DataAdapter와 DataSet을 이용하여 초기에 데이터베이스에 연결하여 사용할 데이터를 DataSet에 저장한 후, 그 다음부터는 데이터베이스와 연결이 절단된 상태에서 DataSet 데이터를 한 테이블 단위로 조회, 수정, 입력 및 삭제하는 방법이다. DataSet은 클라이언트 메모리 캐시에 존재하고, 그 구조는 데이터베이스의 구조와 유사하다. DataSet 데이터는 XML 형태로 저장되어 처리되고, 프로그램에서 DataSet을 수정, 입력 및 삭제하게 되면 DataAdapter가 중간 매개 역할을 하여 데이터베이스 원본 데이터를 수정하게 된다. 또한 DataView는 DataSet 데이터를 편집, 정렬 및 필터링하는 역할을 담당한다. 다음은 이러한 ADO.NET의 데이터 처리 유형에 대한 그림이다.

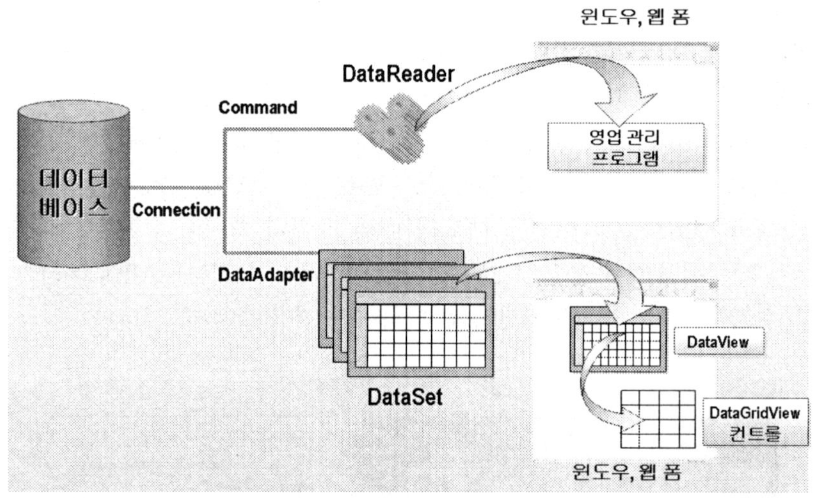

< ADO.NET의 데이터 처리 유형 >

2.3.1 .NET 데이터 공급자

.NET 데이터 공급자는 데이터베이스에 연결하고 명령을 실행하며 결과를 검색하는 데 사용된다. 이러한 결과는 직접 처리되거나, ADO.NET DataSet에 배치되어 임시적인 방법으로 사용자에게 제공된다. .NET 데이터 공급자는 간단하게 디자인되어 데이터 소스와 사용자 코드간의 계층이 거의 없기 때문에 성능을 향상시킨다. .NET 프레임워크에는 다음과 같이 SQL Server .NET 데이터 공급자(MS SQL Server 버전 7.0 이상에 사용)와 OLE DB .NET 데이터 공급자가 있다.

■ SQL Server .NET 데이터 공급자

SQL Server .NET 데이터 공급자를 사용하려면 Microsoft SQL Server 7.0 이상에 액세스해야 한다. SQL Server .NET 데이터 공급자는 OLE DB 또는 ODBC(Open DataBase Connectivity) 계층을 추가하지 않고 직접 MS SQL Server에 액세스하도록 최적화되어 있다. SQL Server .NET 데이터 공급자 클래스는 System.Data.SqlClient 네임스페이스에 위치한다.

■ OLE DB .NET 데이터 공급자

COM(Common Object Model)을 통해 기본 OLE DB를 사용하여 데이터 액세스를 활성화한다. SQL Server .NET 공급자를 사용할 수 없는 경우에 사용한다. 즉, MS SQL Server 7.0 이전 버전, MS Access 데이터베이스 또는 Oracle 데이터베이스 등의 타사 데이터베이스를 연결할 때 사용한다.

다음 그림은 .NET 데이터 공급자의 구조이다.

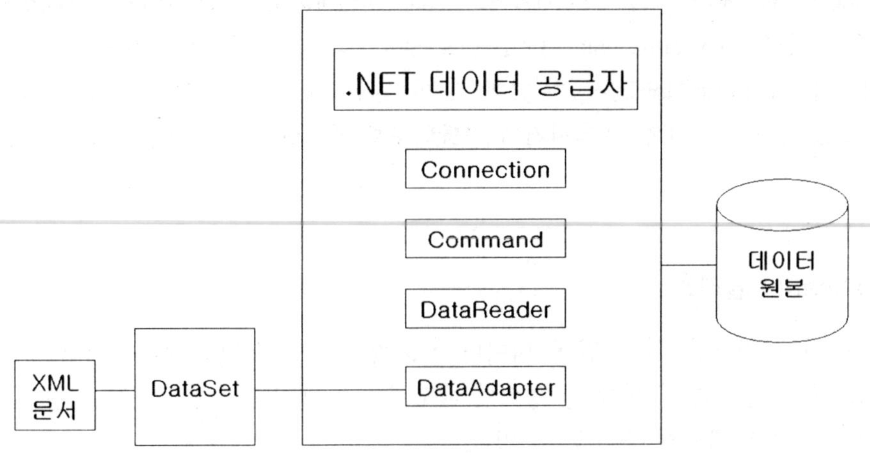

1) Connection(연결) 클래스

데이터 원본(데이터베이스)에 연결하는 데 사용된다. 연결(Connection) 클래스는 ADO의 Connection 개체와 유사하며, 연결 문자열(ConnectionString) 형태로 데이터 원본에 연결하는 데 필요한 정보를 저장한다. ConnectionString 속성은 사용자명, 패스워드, 연결하고자 하는 데이터 원본의 이름과 위치 등의 정보를 유지한다. 또한 연결 클래스는 연결을 열고 닫는 메소드와 트랜잭션을 시작하는 메소드도 가지고 있다. 트랜잭션은 단말기 사용자가 중앙처리 시스템에 서비스를 요구하는 일의 단위로서, 1회의 작업 요구 및 응답을 나타낸다. 트랜잭션 처리란 일련의 일을 수행하면서 한 가지라도 완수하지 못했을 경우 이전 상태로 즉, 시작부터 없던 일로 되돌리는 것(rollback)을 말한다. 금융거래 또는 여러 테이블에 걸쳐 수정, 입력, 삭제 작업 등을 할 때에 필요하다.

2) Command(명령) 클래스

데이터베이스의 데이터 소스에 대해 명령을 실행한다. 매개 변수를 제공하고 연결(Connection) 클래스의 트랜잭션 범위 내에서 실행한다. 또한 SQL 문을 실행하여 데이터베이스 또는 카탈로그의 스키마를 조작할 수 있으나, 쿼리(SQL)가 하는 것처럼 행을 반환하지 않는다. ADO Command 개체와 유사하게 CommandText 속성과 CommandType 속성을 가지고 있다. CommandText 속성은 데이터 원본에 대하여 실행될 명령의 텍스트를 포함하고 있고, CommandType 속성은 명령이 SQL문인지, 저장 프로시저 이름인지, 혹은 테이블 이름인지를 가리킨다. 테이블 이름은 OLE DB .NET 데이터 공급자에만 사용할 수 있고 SQL Server .NET 데이터 공급자에는 사용할 수 없다.

Command 클래스에는 세 종류의 메소드가 있다. DataReader를 반환하는 ExecuteReader, 단일 값을 반환하는 ExecuteScalar, UPDATE SQL문과 같이 쿼리에서 반환될 데이터가 없는 때 사용되는 ExecuteNonQuery가 있다. 또한 Connection 클래스들은 Parameters 컬렉션을 가지고 있다. 이것은 저장 프로시저에 전달되도록 매개변수를 나타내는 개체의 컬렉션이다.

3) DataReader 클래스

앞으로만 이동 가능한 읽기 전용 데이터 스트림을 데이터베이스에서 검색할 수 있다. DataReader를 사용하면 한 번에 한 행씩만 메모리에 있게 되므로 응용 프로그램 성능이 증가되고 시스템 오버헤드가 줄어들 수 있다.

DataReader 클래스는 ADO의 RecordSet과 유사하다. 그러나 DataReader는 RecordSet이 커서를 이용한 순/역방향 데이터 처리(읽기 및 업데이트)가 가능한 점과는 달리 순방향 읽기 전용으로 사용된다. 즉, 무작위로 이동할 수 없고, 데이터 원본을 업데이트 하는 데 사용될 수 없다. 그러므로 한 번만 통과하여 반복하고자 할 때 매우 빠른 데이터 액세스가 가능하며, 그러한 경우에는 DataSet보다는 DataReader를 사용하는 것이 더 효율적일 것이다. DataReader는 직접 개체화할 수 없고 Command 개체의 ExecuteReader 메소드에 대한 호출로써 개체화가 가능하다.

4) DataAdapter 클래스

DataSet 및 데이터 원본(데이터 소스)을 연결시키는 역할을 하며 데이터를 검색하고 저장하는 데 사용한다. 데이터 소스에 있는 데이터를 DataSet에 채워주는 Fill 메소드와 데이터 소스에 포함된 데이터를 변경하여 DataSet의 데이터와 일치하도록 하는 Update 메소드를 이용하여 이러한 연결을 제공한다.

DataAdapter는 데이터 소스와 DataSet 간의 통신에 실질적인 수단이며 응용 프로그램이 레코드를 검색하거나 업데이트 하고자 한다면 응용 프로그램은 SELECT, INSERT, UPDATE, DELETE 명령을 포함한 Command 개체를 참조하는 DataAdapter의 속성을 이용한다. 사용자의 요구에 따라 데이터를 조작하기 위해 데이터베이스와 직접 통신하는 것은 이렇게 참조된 Command 개체들이다.

2.3.2 데이터 집합(DataSet)

ADO.NET의 다른 주요 컴포넌트는 DataSet이다. ADO의 RecordSet과 유사하나 세 가지 측면에서 다르다. 첫째, DataSet은 항상 단절되어 있고, 그 결과 데이터가 어디에서 왔는지 상관하지 않는다는 것이다. 둘째, DataSet은 전통적인 데이터 원본이나 XML 문서로부터 데이터를 조작하기 위해 같은 방법으로 사용될 수 있다. 또한 DataSet을 데이터 원본에 연결하기 위해서 DataSet과 .NET 데이터 공급자 사이에 DataAdapter를 중개자로 사용해야 한다. 셋째, DataSet은 RecordSet이 하나의 테이블 단위로 데이터를 처리하는 것과 달리 하나의 데이터베이스(여러 개의 테이블) 단위로 데이터를 처리한다는 점이다.

DataSet 개체는 데이터베이스와 연결되지 않은 분산 데이터를 ADO.NET을 사용하여 지원하는 데 있어서 가장 중심적인 요소이다. DataSet은 데이터 소스에 관계없이 일관성 있는 관계형 프로그래밍 모델을 제공하는 메모리 상주형 데이터 표현이다. 이 개체는 다양한 여러 데이터 소스에 사용하거나 XML 데이터에 사용할 수 있으며 또한 이 개체를 사용하여 응용 프로그램의 로컬 데이터를 관리할 수 있다. DataSet은 데이터베이스에서와 같이 테이블(Tables), 행(Rows), 컬럼(Columns), 제약 사항(Constraints) 및 관계 컬렉션(Relations Collections)의 서로 다른 다섯 종류의 개체로 이루어져 있다. DataSet은 테이블을 포함하지 않을 수 있고, 하나 혹은 그 이상의 테이블을 가질 수 있다.

다음은 DataSet과 관계형 데이터베이스 모델의 연관성을 나타내는 그림이다.

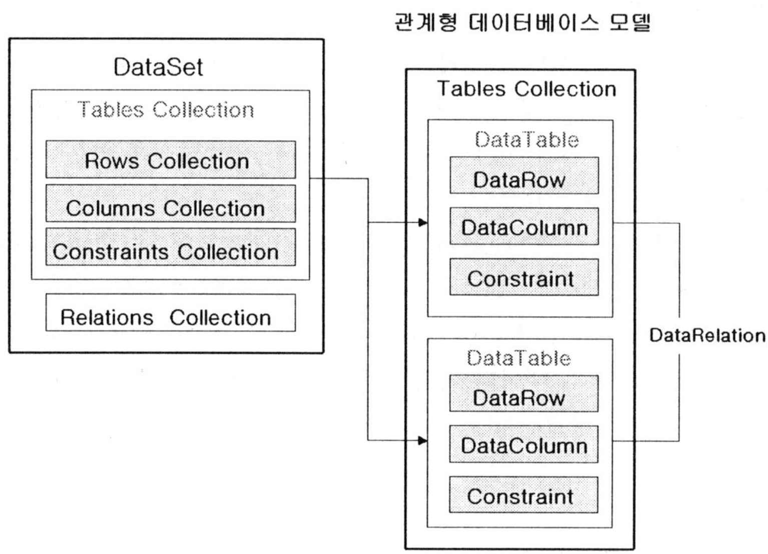

< DataSet과 관계형 데이터베이스 모델 >

2.4 메인 프로그램 작성

실습에 필요한 데이터베이스는 [해운정보서비스.bak] 데이터베이스를 복원하여 사용하고, [해운정보서비스] 데이터베이스의 [회원정보] 테이블을 이용한다. 메인 프로그램에서 회원 ID 및 비밀번호를 체크하여 해운회사에 등록된 회원이 확인되면 해운정보를 서비스를 받을 수 있다. 이 메인 프로그램 실습으로 알게 되는 요소 기술은 다음과 같다.

- 로그인 할 때 회원ID 및 비밀번호 체크 알고리즘
- 비밀번호 속성 지정

프로그램 명세서		
작성자 : 김 진 수	승인자 :	버　전 : 1.0
작성일 : 2009. 03. 17	승인일 :	페이지 : 1/3

프로그램명	메인

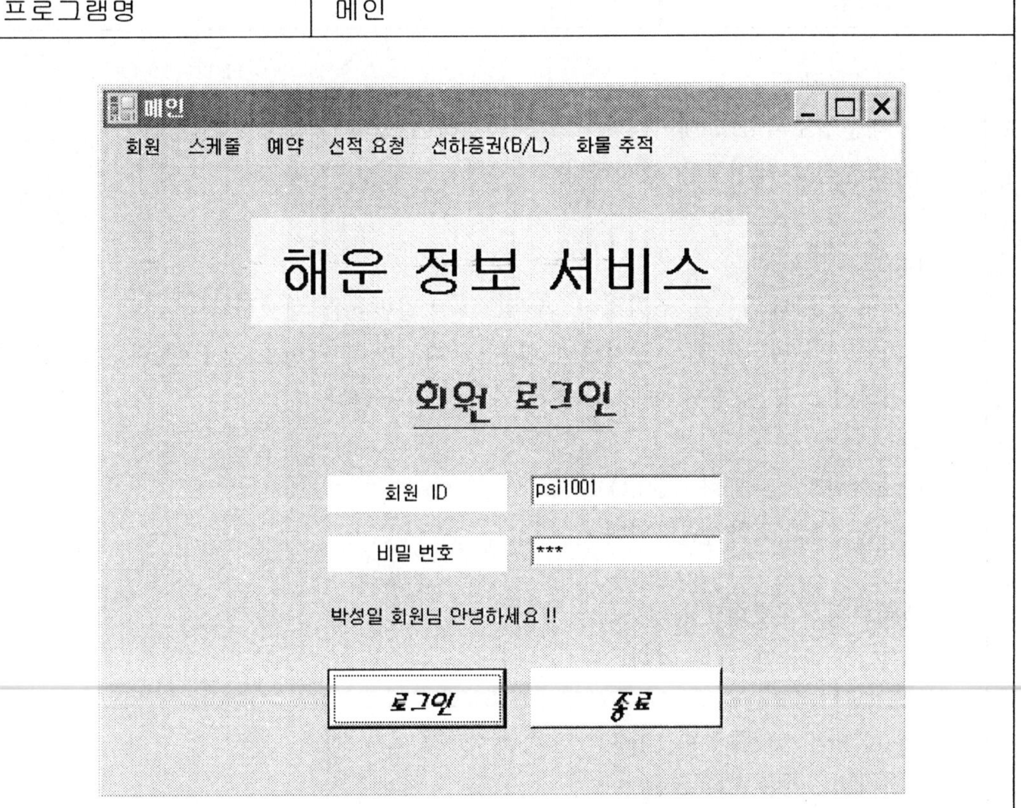

* 프로그램 개요
  - 해운 정보 서비스는 등록된 회원에 한해서 그 서비스를 제공하고 있다. 메인은
    회원 ID와 비밀번호를 입력하여 회원 등록 여부를 확인하는 프로그램이다.
  - 회원 ID와 비밀번호를 입력하고 [로그인] 명령 단추를 누르면 해당되는 회원정
    보를 검색하여 그 내용이 정확하면 인사 메시지가 나오면서 상단 메뉴를 쓸 수
    있다.
  - 상단 메뉴는 회원, 스케줄, 예약, 선적 요청, 선하증권(B/L), 화물 추적 등이 있
    다.

<table>
<tr><td colspan="3" align="center">프로그램 명세서</td></tr>
<tr><td>작성자 : 김 진 수</td><td>승인자 :</td><td>버 전 : 1.0</td></tr>
<tr><td>작성일 : 2009. 03. 17</td><td>승인일 :</td><td>페이지 : 2/3</td></tr>
</table>

프로그램명	메인

1. 메인_Load()
   - 해운정보서비스 데이터베이스를 연결하여 연다.
   - 회원정보 테이블을 생성한다.

2. btn로그인_Click()
   - 회원정보 테이블을 조회하여 회원ID와 비밀번호를 체크한다.
   - 회원ID와 비밀번호가 일치하면 회원ID, 회원명, 전화번호 및 FAX번호를 모듈에 저장하고 모든 상단 메뉴를 사용 가능하도록 한다.

3. mnu회원리스트조회_Click()
   - 회원리스트조회 폼을 연다.

4. mnu회원상세조회_Click()
   - 회원상세조회 폼을 연다.

5. mnu선박별스케줄조회_Click()
   - 선박별스케줄조회 폼을 연다.

6. mnu선박정보조회_Click()
   - 선박정보조회 폼을 연다.

7. mnu전체스케줄조회_Click()
   - 전체스케줄조회 폼을 연다.

8. mnu예약신청_Click()
   - 예약신청 폼을 연다.

<table>
<tr><td colspan="6" align="center">프로그램 명세서</td></tr>
<tr><td>작성자 : 김 진 수</td><td colspan="2">승인자 :</td><td colspan="3">버 전 : 1.0</td></tr>
<tr><td>작성일 : 2009. 03. 17</td><td colspan="2">승인일 :</td><td colspan="3">페이지 : 3/3</td></tr>
</table>

프로그램명	메인

9. mnu예약정보조회_Click()
 - 예약정보조회 폼을 연다.

10. mnu선적요청_Click()
 - 선적요청 폼을 연다.

11. mnu선하증권검색_Click()
 - 선하증권검색 폼을 연다.

12. mnu선하증권상세조회_Click()
 - 선하증권상세조회 폼을 연다.

13. mnu화물추적조회_Click()
 - 화물추적조회 폼을 연다.

14. btn종료_Click()
 - 폼을 닫고 프로그램을 끝낸다.

① 비주얼 스튜디오 .NET을 실행하고 [새 프로젝트]를 실행한다. 새 프로젝트 창에서 이름을 [해운정보서비스], 위치는 적절한 경로를 선택하고 [확인] 단추를 누른다.

② 솔루션 탐색기에서 [해운정보서비스] 프로젝트를 선택하고 우측 마우스 단추를 눌러 단축 메뉴를 표시한다. [추가/Windows Form]을 선택하여 새로운 폼을 만든다. 새로운 폼 이름은 [메인]으로 하고 Form1은 삭제한다. 이렇게 하는 이유는 새로 생성된 [메인] 폼이 프로그램 파일명, 폼명, 표제명이 똑같이 만들어져 Form1을 [이름 바꾸기] 하는 것보다 편리하고 오류가 적기 때문이다. 또한 프로젝트의 My Project를 더블클릭

하여 시작 폼을 [메인]으로 지정한다.

③ 다음 표를 참고로 폼을 디자인한다.

컨트롤	Name	Text	비 고
Form	메인	메인	
ToolStripMenuItem	mnu회원메뉴	회원	Top 메뉴
ToolStripMenuItem	mnu회원리스트조회	회원 리스트 조회	
ToolStripMenuItem	mnu회원상세조회	회원 상세 조회	
ToolStripMenuItem	mnu스케줄메뉴	스케줄	Top 메뉴
ToolStripMenuItem	mnu선박별스케줄조회	선박별 스케줄 조회	
ToolStripMenuItem	mnu선박정보조회	선박 정보 조회	
ToolStripMenuItem	mnu전체스케줄조회	전체 스케줄 조회	
ToolStripMenuItem	mnu예약메뉴	예약	Top 메뉴
ToolStripMenuItem	mnu예약신청	예약 신청	
ToolStripMenuItem	mnu예약정보조회	예약 정보 조회	
ToolStripMenuItem	mnu선적요청메뉴	선적 요청	Top 메뉴
ToolStripMenuItem	mnu선적요청	선적 요청	
ToolStripMenuItem	mnu선하증권메뉴	선하증권(B/L)	Top 메뉴
ToolStripMenuItem	mnu선하증권검색	선하증권 검색	
ToolStripMenuItem	mnu선하증권상세조회	선하증권 상세조회	
ToolStripMenuItem	mnu화물추적메뉴	화물 추적	Top 메뉴
ToolStripMenuItem	mnu화물추적조회	화물 추적 조회	
TextBox	txt회원ID		
TextBox	txt비밀번호		PasswordChar = *
Button	btn로그인	로그인	
Button	btn종료	종료	
Label	Label1	해운 정보 서비스	Font :굴림체, 27.5pt, style=Bold

컨트롤	Name	Text	비 고
Label	Label2	회원 로그인	Font :휴먼매직체, 24pt, style=Underline
Label	lblMessage		

* 일반 Label에 대한 내역은 생략한다.

④ 프로그램에 imports해야 할 네임스페이스와 [메인] 폼에 사용될 기본 개체를 설정하고, 폼의 빈곳에 더블 클릭하여 메인_Load 로직을 작성한다.

리스트 **2-1**

```
Imports System.Data
Imports System.Data.SqlClient
Imports System.IO

Public Class 메인

 Protected Conn As New SqlConnection()
 Protected Adt As New SqlDataAdapter()
 Protected Ds1 As New DataSet()
 Protected Cmd As SqlCommand
 Protected SQL As String = ""

Private Sub 메인_Load(ByVal sender As System.Object, ByVal e As _
        System.EventArgs) Handles MyBase.Load

  Conn.ConnectionString = "initial catalog=해운정보서비스; _
                integrated security=sspi"

  SQL = "select * from 회원정보"
  Cmd = New SqlCommand(SQL, Conn)
  Cmd.CommandType = CommandType.Text
  Adt.SelectCommand = Cmd

  Adt.Fill(Ds1, "회원정보")

End Sub
```

⑤ [로그인] 명령 단추에 대한 로직과 프로그램 사이에 데이터를 연결할 때 사용하는
Module을 작성하자.

리스트 **2-2**

```vb
Module Module1
    Public wkBL번호 As String
    Public wk선박코드 As String
    Public wk예약번호 As String
    Public wk회원 As String
    Public wk회원명 As String
    Public wk전화번호 As String
    Public wkFAX번호 As String
End Module
```

```vb
Private Sub btn로그인_Click(ByVal sender As System.Object, ByVal e As↙
        System.EventArgs) Handles btn로그인.Click

    Dim i As Integer

    For i = 0 To Ds1.Tables("회원정보").Rows.Count − 1 ·······························1

        If Ds1.Tables("회원정보").Rows(i)("회원ID").ToString = _
                                        txt회원ID.Text Then
            If Ds1.Tables("회원정보").Rows(i)("비밀번호").ToString = _
                                        txt비밀번호.Text Then
            wk회원ID = Ds1.Tables("회원정보").Rows(i)("회원ID").ToString
            wk회원명 = Ds1.Tables("회원정보").Rows(i)("회원명").ToString
            wk전화번호 = Ds1.Tables("회원정보").Rows(i)("전화번호").ToString
            wkFAX번호 = Ds1.Tables("회원정보").Rows(i)("FAX번호").ToString

            mnu회원메뉴.Enabled = True ···································································2
            mnu스케줄메뉴.Enabled = True
            mnu예약메뉴.Enabled = True
            mnu선적요청메뉴.Enabled = True
            mnu선하증권메뉴.Enabled = True
            mnu화물추적메뉴.Enabled = True

            lblMessage.Text = wk회원명 & " 회원님 안녕하세요 !!"

            Exit Sub
```

```
        Else
            lblMessage.Text = "비밀번호를 확인하세요!!"
            Exit Sub
        End If
    End If
  Next

  lblMessage.Text = "회원ID를 확인하세요!!"

End Sub
```

〈해설〉

1. [회원정보] 테이블을 처음부터 끝까지 읽어서 회원ID와 비밀번호를 체크하여 맞으면 회원ID, 회원명, 전화번호, FAX번호를 Module의 wk회원ID, wk회원명, wk전화번호, wkFAX번호에 저장한다.
2. 정상적으로 로그인이 되면, 스케줄메뉴 등의 모든 상단 메뉴를 Enable 시켜서 사용할 수 있도록 한다.

⑥ 모든 메뉴와 [종료] 명령 단추에 대한 로직을 작성하자.

리스트 **2-3**

```
Private Sub mnu회원리스트조회_Click(ByVal sender As System.Object, ↙
      ByVal e As System.EventArgs) Handles mnu회원리스트조회.Click

  Dim frm회원리스트조회 As New 회원리스트조회

  frm회원리스트조회.Show()

End Sub

Private Sub mnu회원상세조회_Click(ByVal sender As System.Object, ↙
      ByVal e As System.EventArgs) Handles mnu회원상세조회.Click

  Dim frm회원상세조회 As New 회원상세조회
```

```
    frm회원상세조회.Show()

End Sub

Private Sub mnu선박별스케줄조회_Click(ByVal sender As System.Object, ↙
    ByVal e As System.EventArgs) Handles mnu선박별스케줄조회.Click

  Dim frm선박별스케줄조회 As New 선박별스케줄조회
  frm선박별스케줄조회.Show()

End Sub

Private Sub mnu선박정보조회_Click(ByVal sender As System.Object, ↙
    ByVal e As System.EventArgs) Handles mnu선박정보조회.Click

  Dim frm선박정보조회 As New 선박정보조회
  frm선박정보조회.Show()

End Sub

Private Sub mnu전체스케줄조회_Click(ByVal sender As System.Object, ↙
    ByVal e As System.EventArgs) Handles mnu전체스케줄조회.Click

  Dim frm전체스케줄조회 As New 전체스케줄조회
  frm전체스케줄조회.Show()

End Sub

Private Sub mnu예약신청_Click(ByVal sender As System.Object, ByVal ↙
    e As System.EventArgs) Handles mnu예약신청.Click

  Dim frm예약신청 As New 예약신청
  frm예약신청.Show()

End Sub

Private Sub mnu예약정보조회_Click(ByVal sender As System.Object, ↙
    ByVal e As System.EventArgs) Handles mnu예약정보조회.Click

  Dim frm예약정보조회 As New 예약정보조회
  frm예약정보조회.Show()

End Sub
```

```
Private Sub mnu선적요청_Click(ByVal sender As System.Object, ↙
        ByVal e As System.EventArgs) Handles mnu선적요청.Click

  Dim frm선적요청 As New 선적요청
  frm선적요청.Show()

End Sub

Private Sub mnu선하증권검색_Click(ByVal sender As System.Object, ↙
        ByVal e As System.EventArgs) Handles mnu선하증권검색.Click

  Dim frm선하증권검색 As New 선하증권검색
  frm선하증권검색.Show()

End Sub

Private Sub mnu선하증권상세조회_Click(ByVal sender As  ByVal e As ↙
        System.EventArgs) Handles mnu선하증권상세조회.Click

  Dim frm선하증권상세조회 As New 선하증권상세조회
  frm선하증권상세조회.Show()

End Sub

Private Sub mnu화물추적조회_Click(ByVal sender As System.Object, ↙
        ByVal e As System.EventArgs) Handles mnu화물추적조회.Click

  Dim frm화물추적조회 As New 화물추적조회
  frm화물추적조회.Show()

End Sub

Private Sub btn종료_Click(ByVal sender As System.Object, ↙
        ByVal e As System.EventArgs) Handles btn종료.Click

  Me.Close()
  End

End Sub

End Class
```

2.5 회원 리스트 조회 프로그램 작성

회원 리스트 조회 프로그램은 [해운정보서비스] 데이터베이스의 [회원정보] 테이블을 이용한다. 이 프로그램 실습으로 알게 되는 요소 기술은 다음과 같다.

- LIKE 문을 이용한 유사 검색 방법
- DataGridView에서 사진 필드를 출력하는 방법
- DataGridView에서 특정 행을 선택하고 그 데이터를 이용하는 기술

프로그램 명세서		
작성자 : 김 진 수	승인자 :	버 전 : 1.0
작성일 : 2009. 03. 17	승인일 :	페이지 : 1/3

프로그램명	회원 리스트 조회
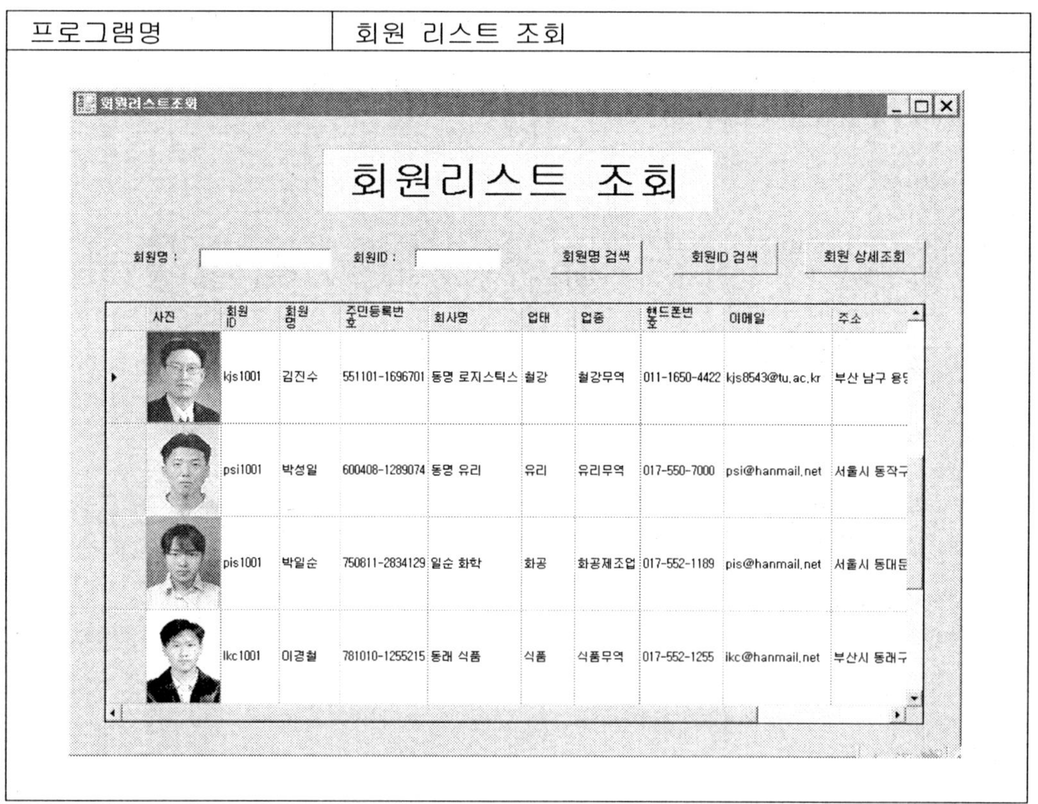	

프로그램 명세서

작성자 : 김 진 수	승인자 :	버 전 : 1.0
작성일 : 2009. 03. 17	승인일 :	페이지 : 2/3

프로그램명	회원 리스트 조회

* 프로그램 개요
  - 해운회사에 등록된 회원의 사진, 회원ID, 회원명, 주민등록번호, 회사명, 업태, 업종, 핸드폰번호, 이메일, 주소 등의 데이터를 리스트 형태로 조회하는 프로그램이다.
  - 회원명에 찾고자 하는 회원의 이름(일부)을 입력하고 [회원명 검색] 명령 단추를 누르면 해당되는 회원정보를 회원명 순으로 검색할 수 있다.
  - 회원ID에 찾고자 하는 회원의 ID(일부)를 입력하고 [회원ID 검색] 명령 단추를 누르면 해당되는 회원정보를 회원ID 순으로 검색할 수 있다.
  - RowHeader에서 특정 회원 데이터를 선택한 상태에서 [회원 상세조회] 명령 단추를 누르면 [회원 상세조회] 폼으로 연결되어 해당되는 회원에 대한 상세 정보를 조회할 수 있다.

1. 회원리스트조회_Load()
  - 해운정보서비스 데이터베이스를 연결하여 연다.
  - 회원검색정보 테이블을 초기 생성한다.

2. btn회원명검색_Click()
  - 회원검색정보 테이블을 지운다.
    - SQL = "SELECT 사진, 회원ID, 회원명, 주민등록번호, 회사명, 업태, 업종, 핸드폰번호, " & _
      "이메일, 주소 FROM 회원정보 whœ 회원명 LIKE '" & _
      txt검색회원명.Text & "%' " & "order by 회원명"

  - 위의 SQL 문을 이용하여 회원검색정보 테이블을 생성한다.
  - 회원검색정보 테이블을 DataGridView의 DataSource에 옮긴다.
  - 회원상세조회 명령 단추를 사용할 수 있도록 한다.

<table>
<tr><td colspan="5" align="center">프로그램 명세서</td></tr>
<tr><td>작성자 : 김 진 수</td><td colspan="2">승인자 :</td><td colspan="2">버　전 : 1.0</td></tr>
<tr><td>작성일 : 2009. 03. 17</td><td colspan="2">승인일 :</td><td colspan="2">페이지 : 3/3</td></tr>
</table>

프로그램명	회원 리스트 조회

3. btn회원ID검색_Click()
- 회원검색정보 테이블을 지운다.
    - SQL = "SELECT 사진, 회원ID, 회원명, 주민등록번호, 회사명,
        업태, 업종, 핸드폰번호, " & _
        "이메일, 주소 FROM 회원정보 where 회원ID LIKE '" & _
        txt검색회원ID.Text & "%' " & "order by 회원ID"
- 위의 SQL 문을 이용하여 회원검색정보 테이블을 생성한다.
- 회원검색정보 테이블을 DataGridView의 DataSource에 옮긴다.
- 회원상세조회 명령 단추를 사용할 수 있도록 한다.

4. btn회원상세조회_Click()
- DataGridView에서 선택된 행을 찾는다.
- 회원검색정보 테이블에서 선택된 행의 [회원ID]를 wk회원ID에 옮긴다.
- 회원상세조회 폼을 연다.

① 솔루션 탐색기에서 [해운정보서비스] 프로젝트를 선택하고 우측 마우스 단추를 눌러 단축 메뉴를 표시한다. [추가/Windows Form]을 선택하여 새로운 폼을 만든다. 새로운 폼 이름은 [회원리스트조회]로 한다.

② 다음 표를 참고로 폼을 디자인한다. DataGridView의 속성에서 AllowUserToAddRows는 DataGridView의 데이터에 대한 추가를 허용하는 여부, AllowUserToDeleteRows는 삭제를 허용하는 여부, AutoSizeColumnsMode(AutoSizeRowsMode)는 Column(Row)의 크기를 자동으로 설정하는 모드로서 AllCells는 각 항목에 출력되는 데이터를 기준으로 Column(Row) 크기를 조정하는 방법이다. ReadOnly 속성이 True이면 DataGridView의 모든 내역은 수정할 수 없다.

컨트롤	Name	Text	비 고
Form	회원리스트조회	회원리스트조회	
Label	Label1	회원리스트 조회	Font : 굴림32pt
TextBox	txt검색회원명		
TextBox	txt검색회원ID		
Button	btn회원명검색	회원명 검색	
Button	btn회원ID검색	회원ID 검색	
Button	btn회원상세조회	회원 상세조회	
DataGridView	DataGridView1	AllowUserToAddRows : False AllowUserToDeleteRows : False AutoSizeColumnsMode : AllCells AutoSizeRowsMode : AllCells ColumnHeadersHeightSizeMode : AutoSize ReadOnly : True	

③ 프로그램에 imports해야 할 네임스페이스와 회원리스트조회 폼에 사용될 기본 개체를
설정하고, 폼의 빈곳에 더블 클릭하여 회원리스트조회_Load 로직을 작성한다.

리스트 2-4

```
Imports System.Data
Imports System.Data.SqlClient ································································ 1
Imports System.IO

Public Class 회원리스트조회

    Protected Conn As New SqlConnection() ··········································· 2
    Protected Ds2 As New DataSet ···························································· 3
    Protected Adt1 As New SqlDataAdapter() ········································ 4
    Protected Cmd As SqlCommand
    Protected SQL As String = ""

    Private Sub 회원리스트조회_Load(ByVal sender As Object, ByVal e ↙
        As System.EventArgs) Handles Me.Load
```

```
  Try ─────────────────────────────────────────────────────────── 5
      Conn.ConnectionString = "SERVER=kjs;UID=sa;PWD=kjs; ↙
                              DATABASE=해운정보서비스" ─────────── 6

      SQL = "SELECT 사진, 회원ID, 회원명, 주민등록번호, 회사명, 업태, ↙
             업종, 핸드폰번호 FROM 회원정보 where 회원ID = ''"
                                                   ─────────────── 7
      Cmd = New SqlCommand(SQL, Conn)
      Cmd.CommandType = CommandType.Text
      Adt1.SelectCommand = Cmd ──────────────────────────────── 8
      Adt1.Fill(Ds2, "회원검색정보") ──────────────────────────── 9

  Catch ErrSQL As SqlException
      Dim colErrors As SqlErrorCollection = ErrSQL.Errors
      Dim i As Integer
      For i = 0 To colErrors.Count
        MessageBox.Show("오류 번호 : " & ErrSQL.Number & _
        "[" & ErrSQL.Source & "]" & ControlChars.CrLf & _
        "오류 내역 : " & ErrSQL.Message & ControlChars.CrLf & _
        "오류 행번호 : " & ErrSQL.StackTrace,"오류 메시지" & _
        "(" & i + 1 & ")")
      Next
  End Try

End Sub
```

〈해설〉

1. SQL Server의 .NET 데이터 공급자와 관련된 네임스페이스를 가져온다. 이 네임스페이스를 imports 하지 않으면 2와 같은 내용을 정의할 때 Ststem.Data.SqlClient.Sql Connection()과 같이 상위 네임스페이스 명을 기술해야 한다.

2. SqlConnection 클래스의 새로운 개체를 Conn으로 선언하고, 6에서 사용한다. SqlConnection 개체는 SQL Server 데이터베이스와 연결하기 위해 사용한다.

3. DataSet을 [Ds2]로 정의하여 사용한다.

4. SqlDataAdapter 클래스의 새로운 개체를 Adt1로 선언하고, 8, 9에서 사용한다. 이 클래스는 DataSet을 채우고 SQL Server 데이터베이스를 업데이트 하는 데 사용할 데이터 명령 집합과 데이터베이스 연결을 나타낸다.

5. Try 구문은 [Try ~ Catch ~ End Try] 형식으로 사용하며, 프로그램 수행 중 예외 사

항이 생기면 Catch에서 그 예외 사항 내역을 출력한다.

6. SqlConnection의 ConnectionString을 지정한다. 이는 SQL Server 데이터베이스를 여는 데 사용되는 문자열을 가져오거나 설정한다. 서버는 [kjs], 사용자 ID는 [sa], 사용자 암호는 [kjs], 데이터베이스 이름은 [해운정보서비스]이다.

7. 회원검색정보 테이블을 초기 생성하는데 사용되는 SQL문이다. 사실 이 SQL문의 결과는 한 건도 없다. 이는 프로그램 Load시 테이블 이름만을 생성해 놓고 나중에 검색 로직에서 그 테이블을 지우면서 사용하기 위한 목적으로 생성된 것이다.

8. SQL문과 SqlConnection(Conn)을 이용하여 새로운 SqlDataAdapter 개체(Adt1)를 생성한다.

9. SqlDataAdapter(Adt1)의 Fill 메소드를 이용하여 DataSet(Ds2)의 [회원정보검색] 테이블에 Adt1에서 정의된(7 ~ 8의 내역) 데이터를 채운다.

④ 디자인 폼에서 [회원명검색] 단추를 더블 클릭하여 회원명으로 데이터를 검색하는 로직을 작성한다.

리스트 **2-5**

```
Private Sub btn회원명검색_Click(ByVal sender As System.Object, ✓
        ByVal e As System.EventArgs) Handles btn회원명검색.Click

  Ds2.Tables("회원검색정보").Clear()

  SQL = "SELECT 사진, 회원ID, 회원명, 주민등록번호, 회사명, ✓
        업태, 업종, 핸드폰번호, " & _
        "이메일, 주소 FROM 회원정보 where 회원명 LIKE '" & _
        txt검색회원명.Text & "%' " & "order by 회원명" ················· 1

  Cmd = New SqlCommand(SQL, Conn)
  Cmd.CommandType = CommandType.Text
  Adt1.SelectCommand = Cmd
  Adt1.Fill(Ds2, "회원검색정보")

  DataGridView1.DataSource = Ds2.Tables("회원검색정보") ················· 2

  btn회원상세조회.Enabled = True ································· 3

End Sub
```

〈해설〉

1. 폼에 입력된 txt검색회원명을 이용하여 회원정보 테이블에서 사진, 회원ID, 회원명 등의 정보를 조회한다. 이는 LIKE 명령문을 이용하여 입력된 txt검색회원명과 회원정보 테이블의 회원명 필드와 유사한 데이터를 찾는 유사 검색 SQL문이다.
2. 회원검색정보 테이블을 DataGridView의 DataSource에 옮긴다.
3. 회원상세조회 명령 단추를 사용할 수 있도록 한다.

⑤ 디자인 폼에서 [회원ID검색] 단추를 더블 클릭하여 회원ID로 데이터를 검색하는 로직을 작성한다.

리스트 **2-6**

```
Private Sub btn회원ID검색_Click(ByVal sender As System.Object, ↙
        ByVal e As System.EventArgs) Handles btn회원ID검색.Click

  Ds2.Tables("회원검색정보").Clear()

  SQL = "SELECT 사진, 회원ID, 회원명, 주민등록번호, 회사명, ↙
        업태, 업종, 핸드폰번호, " & _
        "이메일, 주소 FROM 회원정보 where 회원ID LIKE '" & _
        txt검색회원ID.Text & "%' " & "order by 회원ID" ·················· 1

  Cmd = New SqlCommand(SQL, Conn)
  Cmd.CommandType = CommandType.Text
  Adt1.SelectCommand = Cmd
  Adt1.Fill(Ds2, "회원검색정보")

  DataGridView1.DataSource = Ds2.Tables("회원검색정보") ·············· 2
  btn회원상세조회.Enabled = True ······································ 3

End Sub
```

〈해설〉

1. 폼에 입력된 txt검색회원ID를 이용하여 회원정보 테이블에서 사진, 회원ID, 회원명 등의 정보를 조회한다. 이는 LIKE 명령문을 이용하여 입력된 txt검색회원ID와 회원정보 테

이블의 회원ID 필드와 유사한 데이터를 찾는 유사 검색 SQL문이다.
2. 회원검색정보 테이블을 DataGridView의 DataSource에 옮긴다.
3. 회원상세조회 명령 단추를 사용할 수 있도록 한다.

⑥ 디자인 폼에서 [회원상세조회] 단추를 더블 클릭하여 DataGridView에서 선택된 데이터에 대해 더 상세한 데이터를 조회하는 프로그램(회원 상세조회)으로 연결하는 로직을 작성한다.

리스트 2-7

```
Private Sub btn회원상세조회_Click(ByVal sender As System.Object, ↙
        ByVal e As System.EventArgs) Handles btn회원상세조회.Click

  Dim frm회원상세조회 As New 회원상세조회
  Dim selectRow As Integer

  selectRow = DataGridView1.SelectedCells(0).RowIndex ·················1

  wk회원ID = Ds2.Tables("회원검색정보").Rows(selectRow)("회원ID")
                                                    ·················2
  frm회원상세조회.Show() ·········································3

  End Sub

End Class
```

〈해설〉

1. DataGridView에서 첫 번째 선택된 행(SelectedCells(0))의 인덱스(RowIndex)를 찾아 selectRow에 옮긴다.
2. 회원검색정보 테이블에서 선택된 행(selectRow)의 [회원ID]를 wk회원ID에 옮긴다. 이 wk회원ID 변수는 module에 public으로 보관되고 회원상세조회 폼에서 사용한다.
3. 회원상세조회 폼을 연다.

2.6 회원 상세 조회 프로그램 작성

회원 상세 조회 프로그램은 [해운정보서비스] 데이터베이스의 [회원정보] 테이블을 이용한다. 이 프로그램 실습으로 알게 되는 요소 기술은 다음과 같다.

- BinaryWriter를 이용한 사진 비트맵 이미지 데이터의 조회 방법
- FileStream 함수 사용 방법
- Application.StartupPath 사용 방법
- 사진 데이터 garbage 처리(리소스 dispose) 방법

<table>
<tr><td colspan="3" align="center">프로그램 명세서</td></tr>
<tr><td>작성자 : 김 진 수</td><td>승인자 :</td><td>버 전 : 1.0</td></tr>
<tr><td>작성일 : 2009. 03. 17</td><td>승인일 :</td><td>페이지 : 1/3</td></tr>
</table>

<table>
<tr><td>프로그램명</td><td>회원 상세 조회</td></tr>
</table>

<table>
<tr><td colspan="3" align="center">프로그램 명세서</td><td>물류 데이터베이스 구축</td></tr>
<tr><td>작성자 : 김 진 수</td><td>승인자 :</td><td colspan="2">버　전 : 1.0</td></tr>
<tr><td>작성일 : 2009. 03. 17</td><td>승인일 :</td><td colspan="2">페이지 : 2/3</td></tr>
</table>

프로그램명	회원 상세 조회

* 프로그램 개요
  - 해운회사에 등록된 회원의 사진, 회원ID, 회원명, 회사명, 주민등록번호, 사업자 등록번호, 업태, 업종 등의 상세한 데이터를 조회하는 프로그램이다.
  - 회원ID에 찾고자 하는 회원ID를 입력하고 [조회] 명령 단추를 누르면 해당되는 회원정보를 검색할 수 있다.
  - [메인] 명령 단추를 누르면 메인 폼으로 연결된다.
  - [이전] 또는 [다음] 명령 단추를 누르면 이전 레코드 또는 다음 레코드를 조회할 수 있다.
  - [메인] 또는 [회원 리스트 조회] 폼에서 이 폼으로 연결된다.

1. 회원상세조회_Load()
  - 해운정보서비스 데이터베이스를 연결하여 연다.
  - 회원정보 테이블을 생성한다.
  - wk회원ID가 공백이 아니면 wk회원ID를 폼의 회원ID에 옮긴다.
  - 회원정보 테이블을 처음부터 읽어서 폼의 회원ID와 유시한 레코드를 찾아 그 행 번호를 저장한다.
  - 회원정보 테이블의 내용 중 위에서 찾은 행의 레코드와 현재 레코드 위치를 폼에 출력한다(DsToScreen)

2. DsToScreen()
  - 폼의 모든 내역을 지운다.
  - 회원정보 테이블에서 회원ID, 회원명, 회사명 등의 데이터를 폼에 출력한다.
  - 회원정보 테이블에서 사진 필드(binary)를 bmp 파일로 변환하여 폼에 출력한다(BinaryProc).

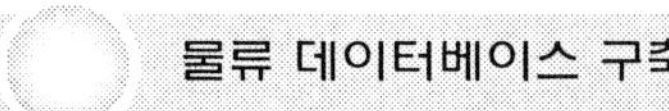

<table>
<tr><td colspan="5" align="center">프로그램 명세서</td></tr>
<tr><td>작성자 : 김 진 수</td><td colspan="2">승인자 :</td><td colspan="2">버 전 : 1.0</td></tr>
<tr><td>작성일 : 2009. 03. 17</td><td colspan="2">승인일 :</td><td colspan="2">페이지 : 3/3</td></tr>
</table>

프로그램명	회원 상세 조회

3. BinaryProc()
   - 회원정보 테이블의 사진 데이터를 binary에 옮긴다.
   - 사진 내역이 공백이 아니면 BinaryWriter를 이용하여 binary 사진 데이터를 비트맵 파일(bmp)로 바꾼다.
   - 바뀐 bmp 사진 데이터를 폼에 출력한다.

4. btn조회_Click()
   - 회원정보 테이블을 처음부터 읽어서 폼의 회원ID와 유사한 레코드를 찾아 그 행 번호를 저장한다.
   - 회원정보 테이블의 내용 중 위에서 찾은 행의 레코드와 현재 레코드 위치를 폼에 출력한다(DsToScreen)

5. btn이전_Click()
   - 현재 행이 0보다 크면 현재 행을 1 감소시켜서 그 내역을 폼에 출력하고 (DsToScreen), 아니면 오류메시지를 출력한다.

6. btn다음_Click()
   - 현재 행이 전체 레코드 건수보다 작으면 현재 행을 1 증가시켜서 그 내역을 폼에 출력하고(DsToScreen), 아니면 오류메시지를 출력한다.

7. btn메인_Click()
   - 폼의 사진 이미지가 공백이 아니면 그 이미지를 지우고, 할당된 공간을 해제(dispose)한다.
   - 폼을 닫는다.

① 솔루션 탐색기에서 [해운정보서비스] 프로젝트를 선택하고 우측 마우스 단추를 눌러
단축 메뉴를 표시한다. [추가/Windows Form]을 선택하여 새로운 폼을 만든다. 새로운
폼 이름은 [회원상세조회]로 한다.

② 다음 표를 참고로 폼을 디자인한다.

컨트롤	Name	Text	비 고
Form	회원상세조회	회원상세조회	
Label	Label1	회원 상세조회	Font : 굴림28pt
PictureBox	pic사진		
TextBox	txt회원ID		
TextBox	txt회원명		
TextBox	txt회사명		
TextBox	txt주민등록번호		
TextBox	txt사업자등록번호		
TextBox	txt업태		
TextBox	txt업종		
TextBox	txt이메일		
TextBox	txt우편번호		
TextBox	txt전화번호		
TextBox	txt핸드폰번호		
TextBox	txt주소		
Button	btn조회	조 회	
Button	btn메인	메 인	
Button	btn이전	이 전	
Button	btn다음	다 음	
Label	lblDisplay		

③ 프로그램에 imports해야 할 네임스페이스와 회원상세조회 폼에 사용될 기본 개체를 설
정하고, 폼의 빈곳을 더블 클릭하여 회원상세조회_Load 로직을 작성한다.

리스트 **2-8**

```vbnet
Imports System.Data
Imports System.Data.SqlClient
Imports System.IO

Public Class 회원상세조회

Protected Conn As New SqlConnection()
Protected Ds1 As New Ds해운정보()
Protected Adt1 As New SqlDataAdapter()
Protected Cmd As SqlCommand
Protected SQL As String = ""
Protected i As Integer
Protected CurrentRow As Integer
Protected FS As FileStream
Protected BW As BinaryWriter

Private Sub 회원상세조회_Load(ByVal sender As Object, ByVal e ↙
        As System.EventArgs) Handles Me.Load

  Try
     Conn.ConnectionString = "SERVER=kjs;UID=sa;PWD=kjs; ↙
                              DATABASE=해운정보서비스"

     SQL = "SELECT * FROM 회원정보"

     Cmd = New SqlCommand(SQL, Conn)
     Cmd.CommandType = CommandType.Text
     Adt1.SelectCommand = Cmd
     Adt1.Fill(Ds1, "회원정보")

     If wk회원ID <> "" Then ························································· 1
        txt회원ID.Text = wk회원ID
        wk회원ID = ""
     End If

     For i = 0 To Ds1.회원정보.Rows.Count - 1 ····················· 2
        If Ds1.회원정보.Rows(i)("회원ID").ToString Like _
                              txt회원ID.Text & "*" Then

           CurrentRow = i
           Exit For
        End If
     Next
```

```vb
      DsToScreen()

  Catch ErrSQL As SqlException
    Dim colErrors As SqlErrorCollection = ErrSQL.Errors
    Dim i As Integer
    For i = 0 To colErrors.Count
      MessageBox.Show("오류 번호 : " & ErrSQL.Number & _
      "[" & ErrSQL.Source & "]" & ControlChars.CrLf & _
      "오류 내역 : " & ErrSQL.Message & _
      ControlChars.CrLf & "오류 행번호 : " & _
      ErrSQL.StackTrace, "오류 메시지" & "(" & i + 1 & ")")
    Next
  End Try

End Sub

Public Sub DsToScreen()

  ScreenClear()

  With Ds1.회원정보
    txt회원ID.Text = .Rows(CurrentRow)("회원ID")
    txt회원명.Text = .Rows(CurrentRow)("회원명")
    txt회사명.Text = .Rows(CurrentRow)("회사명")
    txt주민등록번호.Text = .Rows(CurrentRow)("주민등록번호")
    txt사업자등록번호.Text = .Rows(CurrentRow)("사업자등록번호")
    txt업태.Text = .Rows(CurrentRow)("업태")
    txt업종.Text = .Rows(CurrentRow)("업종")
    txt이메일.Text = .Rows(CurrentRow)("이메일")
    txt우편번호.Text = .Rows(CurrentRow)("우편번호")
    txt전화번호.Text = .Rows(CurrentRow)("전화번호")
    txt핸드폰번호.Text = .Rows(CurrentRow)("핸드폰번호")
    txt주소.Text = .Rows(CurrentRow)("주소").ToString

    If .Rows(CurrentRow)("사진").ToString <> "" Then ················· 3
      BinaryProc()
    End If

    lblDisplay.Text = "현재 레코드  " + (CurrentRow + 1).ToString + _
                 " / " + .Rows.Count.ToString ················· 4
  End With

End Sub
```

```
Public Sub ScreenClear()

    txt회원ID.Text = ""
    txt회원명.Text = ""
    txt회사명.Text = ""
    txt주민등록번호.Text = ""
    txt사업자등록번호.Text = ""
    txt업태.Text = ""
    txt업종.Text = ""
    txt이메일.Text = ""
    txt우편번호.Text = ""
    txt전화번호.Text = ""
    txt핸드폰번호.Text = ""
    txt주소.Text = ""

    pic사진.Visible = False ························································· 5

End Sub

Private Sub BinaryProc() ···················································· 6

  Dim Temp_FileName As String = Application.StartupPath + _
                          "W..Wsample1.bmp" ························ 7
  Dim ByteBuffer() As Byte

  ByteBuffer = Ds1.회원정보.Rows(CurrentRow)("사진") ············ 8

  If Not ByteBuffer Is Nothing Then ································· 9

    If Not pic사진.Image Is Nothing Then ························ 10
      pic사진.Image.Dispose()
      pic사진.Image = Nothing
    End If

    Try
      BW = New BinaryWriter(New FileStream(Temp_FileName, _
          FileMode.Create, FileAccess.ReadWrite)) ············ 11

      BW.Write(ByteBuffer, 0, ByteBuffer.Length) ············ 12
      BW.Close() ················································· 13

      pic사진.Image = Image.FromFile(Temp_FileName) ········ 14

      pic사진.Visible = True ································· 15
```

```
    Catch Exp As Exception
        MessageBox.Show(Exp.ToString, "오류 메시지", _
                        MessageBoxButtons.OK, MessageBoxIcon.Error)
      End Try
    Else
      MessageBox.Show("해당 코드는 존재하지 않습니다'", "검색", _
                      MessageBoxButtons.OK, MessageBoxIcon.Exclamation)
    End If

End Sub
```

〈해설〉

1. wk회원ID가 공백이 아니면 wk회원ID를 폼의 회원ID에 옮긴다. 이 wk회원ID 변수는 module에 public으로 보관되어 있는 데이터이고, 회원리스트조회 폼에서 넘겨받은 데이터이다. 즉, wk회원ID가 공백이 아닌 경우는 회원리스트조회 폼에서 회원상세조회 폼으로 연결된 경우이다.

2. 회원정보 테이블에서 LIKE 명령문을 이용(유사 검색)하여 폼에 입력된 txt회원ID를 찾아 그 인덱스를 CurrentRow에 저장한다.

3. 사진 데이터는 공백인 경우 그대로 폼에 출력하면 오류가 생기므로, 체크하여 공백이 아닌 경우 폼에 출력하는 로직(BinaryProc)을 수행한다.

4. 현재 레코드가 전체 건수 중에서 몇 번째 인가를 레이블(lblDisplay)에 출력한다.

5. 사진 데이터가 보이지 않게 한다.

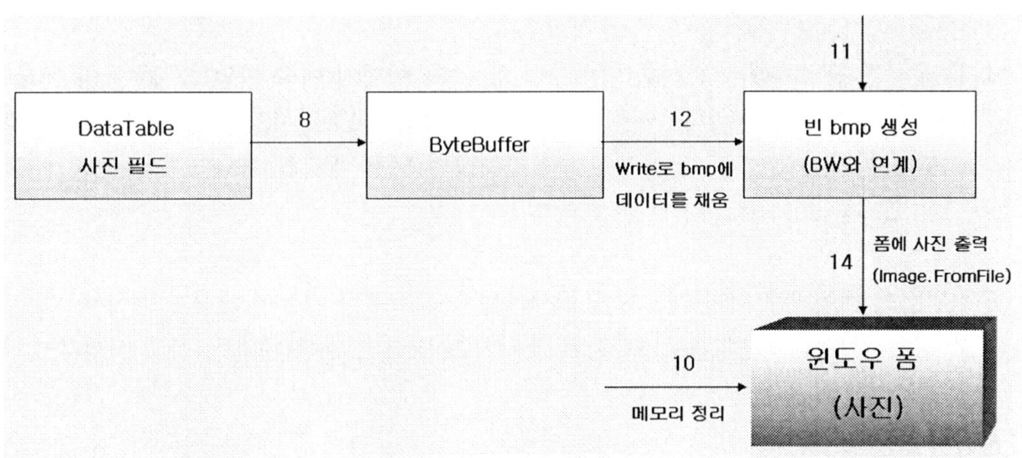

6. 사진 필드 데이터를 BinaryWriter를 이용하여 폼의 사진 필드 [image] 속성에 옮기는 프로시저이다. 이미지 처리는 여러 가지 오류가 발생할 가능성이 많은 로직이다.

7. VB.NET 2005에서 [Application.StartupPath]는 프로그램 수행 프로젝트의 [bin] 폴더 아래의 [Debug] 또는 [Release] 폴더 즉, [해운정보서비스\bin\Debug] 또는 [해운정보서비스\bin\Release] 폴더를 가리킨다. 프로그램 수행시 F5(Debug 시작)를 누르는 것이 전자에 해당되고, Ctrl + F5(Debug 없이 시작)를 누르는 것이 후자에 해당된다. 구 버전인 VB.NET에서는 [해운정보서비스\bin] 폴더를 가리킨다.

8. [해운정보서비스] 데이터베이스 [회원정보] 테이블의 현재 레코드 중에서 사진 필드를 ByteBuffer에 옮긴다.

9. ByteBuffer에 내용이 있으면 다음을 수행한다.

10. 폼의 사진 필드(pic사진.Image)가 공백이 아니면, 사진 필드가 가지고 있는 리소스를 해제(Dispose)한다. 이미지 등의 대용량 리소스를 해제하지 않으면 메모리 관련 오류가 발생한다.

11. BinaryWriter와 FileStream을 이용하여 새로운 BW(BinaryWriter)를 생성한다.
BinaryWriter 클래스는 기본 이진 형식을 스트림에 쓰고 특정 인코딩으로 된 문자열 쓰기를 지원한다. FileStream은 파일 시스템에 있는 파일뿐만 아니라 파일과 관련된 다른 운영 체제 핸들(파이프, 표준 입력, 표준 출력 등)을 읽고 쓰는 데도 유용하다. FileStream은 입력과 출력을 버퍼링하므로 성능이 향상된다.
FileStream 클래스는 4개의 인자를 가지는데, 옮길 파일명, 파일 처리 모드, 파일 접근 모드 및 파일 공유 모드이다. 여기 예에서는 3개의 인자만을 사용하였다. 참고로 파일 처리 모드는 Append, Create, CreateNew, Open, OpenOrCreate 등이 있다.

12. 8에서 이미지 데이터(사진)를 바이트 상태로 저장한 ByteBuffer를 Write 메소드를 이용하여 11에서 생성한 BW를 이용하여 Temp_FileName에 저장한다.

13. BinaryWriter를 닫는다.

14. Image 클래스는 래스터 이미지(비트맵)와 벡터 이미지(메타 파일)를 폼 등의 개체에 로드하는 방법을 제공한다. 사용 가능한 파일 타입은 BMP, ICON, GIF, JPEG, TIFF, WMF 등이다. FromFile 메소드는 파일로부터 이미지 개체를 만든다.

15. 사진 필드를 보이게 한다.

④ 회원ID의 데이터에 따라 레코드를 검색하는 [조회] 명령 단추와 레코드의 이전, 다음으로 이동시키거나 메인 프로그램으로 돌아가는 명령 단추에 대한 로직을 작성하자.

리스트 2-9

```vb
Private Sub btn조회_Click(ByVal sender As System.Object, ByVal e ↙
        As System.EventArgs) Handles btn조회.Click

  For i = 0 To Ds1.회원정보.Rows.Count - 1 ┈┈┈┈┈┈┈┈┈┈┈┈┈┈┈┈┈┈┈┈┈ 1
    If Ds1.회원정보.Rows(i)("회원ID").ToString Like _
                            txt회원ID.Text & "*" Then

      CurrentRow = i
      Exit For
    End If
  Next

  DsToScreen()

End Sub

Private Sub btn이전_Click(ByVal sender As System.Object, ByVal e ↙
        As System.EventArgs) Handles btn이전.Click

  Try
    If CurrentRow > 0 Then
      CurrentRow -= 1
      DsToScreen()
    Else
      MsgBox("이전 데이터가 없습니다 !")
    End If

  Catch Exp As Exception
    MessageBox.Show(Exp.ToString, "오류 메시지", _
              MessageBoxButtons.OK, MessageBoxIcon.Error)
  End Try

End Sub

Private Sub btn다음_Click(ByVal sender As System.Object, ByVal e ↙
        As System.EventArgs) Handles btn다음.Click
  Try
    If CurrentRow < Ds1.회원정보.Rows.Count - 1 Then
      CurrentRow += 1
      DsToScreen()
    Else
      MsgBox("다음 데이터가 없습니다 !")
    End If
```

```
    Catch Exp As Exception
      MessageBox.Show(Exp.ToString, "오류 메시지", _
                          MessageBoxButtons.OK, MessageBoxIcon.Error)
    End Try

  End Sub

  Private Sub btn메인_Click(ByVal sender As System.Object, ByVal e ↙
        As System.EventArgs) Handles btn메인.Click

    If Not pic사진.Image Is Nothing Then ┈┈┈┈┈┈┈┈┈┈┈┈┈┈┈┈┈┈┈ 2
      pic사진.Image.Dispose()
      pic사진.Image = Nothing
    End If

    Me.Close()

  End Sub

End Class
```

〈해설〉

1. 회원정보 테이블을 처음부터 읽어서 폼의 회원ID와 유사한 레코드를 찾아 그 행 번호를 저장한다.
2. 폼의 사진 이미지가 공백이 아니면 그 이미지를 지우고, 할당된 공간을 해제(dispose)한다.

제3장

스케줄 프로그램 작성

3.1 DataGridView 컨트롤

DataGridView 컨트롤은 데이터 소스의 정보를 표시하기 위해 특수하게 디자인 된 컨트롤이다. DataGridView 컨트롤에서는 데이터를 표 형식으로 표시하는 강력하고 유연한 방법을 제공한다. DataGridView 컨트롤은 양이 적은 데이터의 읽기 전용 뷰를 표시하는 데 사용할 수도 있고 컨트롤의 배율을 조정하여 매우 큰 데이터 집합의 편집 가능한 뷰를 표시할 수도 있다. DataSource나 DataMember 속성을 설정하여 디자인 타임 또는 런타임에 DataGrid View 컨트롤을 바인딩 한다.

3.1.1 DataGridView 컨트롤 개요

DataGridView 컨트롤은 윈도우즈 폼에서 사용하는 컨트롤이고, 웹 폼에서는 기능은 좀 적지만 이와 유사한 것으로 GridView를 사용한다. DataGridView 컨트롤은 일련의 행과 열에 데이터를 표시한다. 가장 간단한 경우는 관계를 포함하지 않은 단일 테이블을 가진 데이터 소스에 모눈이 바인딩 되는 경우이다. 이 경우 데이터는 스프레드시트에서와 같이 간단한 행 및 열에 표시된다.

DataGridView는 일반적으로 BindingSource 구성 요소에 바인딩한 다음 BindingSource 구성 요소를 다른 데이터 소스에 바인딩하거나 비즈니스 개체로 구성 요소를 채운다. BindingSource 구성 요소는 다양한 데이터 소스에 바인딩할 수 있고 많은 데이터 바인딩 문제를 자동으로 해결할 수 있기 때문에 데이터 소스로 많이 사용된다. DataGridView 컨트롤은 매우 다양하게 구성하고 확장할 수 있으며, 모양과 동작을 사용자가 지정할 수 있는 여러 가지 속성, 메소드 및 이벤트를 제공한다. 또한 DataGridView 컨트롤은 내부 데이터 저장소 없이 바인딩 되지 않은 모드에서도 사용할 수 있다.

DataGridView 컨트롤이 작동하려면 DataSource 및 DataMember 속성을 사용하여 데이터 소스에 바인딩 되어야 한다. 이렇게 바인딩 하면 DataGridView가 인스턴스화된 데이터 소스 개체(예: DataSet 또는 DataTable)를 가리키게 되고 DataGridView 컨트롤에는 해당 데이터에 수행된 작업 결과가 표시된다.

바인딩된 데이터 집합의 데이터가 어떤 메커니즘을 통해 업데이트되면 DataGridView 컨트롤이 변경 내용을 반영한다.

DataGridView의 데이터 소스로 사용할 수 있는 것은 DataTable 클래스, DataView 클래스, DataSet 클래스 등이 있다.

DataGridView 컨트롤은 단일 테이블 또는 테이블 집합간의 계층 관계를 표시하는 데 사용될 수 있다. DataGridView 컨트롤이 테이블을 표시하는 경우 기본적으로 열 머리글을 클릭해서 데이터를 다시 정렬할 수 있다. 또한 사용자가 행을 추가하고 셀을 편집할 수도 있다.

3.1.2 DataGridView 컨트롤의 기본 기능

DataGridView 컨트롤의 기본 기능은 다음과 같다(Microsoft MSDN 참조).
- 테이블을 세로로 스크롤할 때 계속 표시되는 열 머리글과 행 머리글을 자동으로 표시한다.
- 현재 행에 대한 선택 영역 표시기가 포함된 행 머리글이 있다.
- 첫 번째 셀에 선택 영역 표시 직사각형이 있다.
- 사용자가 열 구분선을 두 번 클릭하여 크기를 자동으로 조정할 수 있는 열이 있다.

또한 다음과 같이 DataGridView 컨트롤의 내용을 기본적으로 편집할 수 있다.
- 사용자가 셀에서 두 번 클릭하거나 F2 키를 누르면 해당 셀이 자동으로 편집 모드로 바뀌며 사용자가 입력하는 대로 셀의 내용이 업데이트된다.
- 사용자가 테이블 끝으로 스크롤하면 새 레코드를 추가하기 위한 행이 있음을 확인할 수 있다. 사용자가 이 행을 클릭하면 새 행이 기본값으로 DataGridView 컨트롤에 추가된다. 사용자가 Esc 키를 누르면 이 새 행이 사라진다.
- 사용자가 행 머리글을 클릭하면 전체 행이 선택된다.

DataGridView 컨트롤의 DataSource 속성을 설정하여 이 컨트롤을 데이터 소스에 바인딩하면 컨트롤에서는 다음과 같은 작업을 수행한다.
- 자동으로 데이터 소스의 열 이름을 열 머리글 텍스트로 사용한다.
- 컨트롤이 데이터 소스의 내용으로 채워진다. 데이터 소스의 각 열에 대해 DataGridView 열이 자동으로 만들어진다.
- 테이블에 표시되는 각 행에 대한 행을 만든다.
- 사용자가 열 머리글을 클릭하면 내부 데이터를 기준으로 행을 자동 정렬한다.

3.1.3 DataGridView 컨트롤의 열 형식

DataGridView 컨트롤은 여러 열 형식을 사용하여 해당 정보를 표시하고 사용자가 정보를 추가 또는 수정할 수 있게 해준다(Microsoft MSDN 참조).

DataGridView 컨트롤을 바인딩하고 AutoGenerateColumns속성을 true로 설정하면 바인딩된 데이터 소스에 포함된 데이터 형식에 적합한 기본 열 형식을 사용하여 열이 자동으로 생성된다.

또한 모든 열 클래스의 인스턴스를 사용자가 직접 만들 수 있으며 이 인스턴스를 Columns 속성에서 반환하는 컬렉션에 추가할 수 있다. 인스턴스를 만들어서 바인딩되지 않은 열로 사용할 수도 있고 이러한 인스턴스를 수동으로 바인딩할 수도 있다. 수동으로 바인딩된 열은 자동으로 생성된 형식 열을 다른 형식 열로 바꾸려는 경우에 유용하다.

다음 표에서는 DataGridView 컨트롤에 사용할 수 있는 다양한 열(Column) 클래스를 설명한다.

클 래 스	설 명
DataGridViewTextBoxColumn	텍스트 기반 값과 함께 사용된다. 숫자 및 문자열에 바인딩할 때 자동으로 생성된다.
DataGridViewCheckBoxColumn	Boolean 및 CheckState 값과 함께 사용된다. 이러한 형식의 값에 바인딩할 때 자동으로 생성된다.
DataGridViewImageColumn	이미지를 표시하는 데 사용된다. 바이트 배열, Image 개체 또는 Icon 개체에 바인딩할 때 자동으로 생성된다.
DataGridViewButtonColumn	셀에서 단추를 표시하는 데 사용된다. 바인딩할 때 자동으로 생성되지 않는다. 일반적으로 바인딩되지 않은 열로 사용된다.
DataGridViewComboBoxColumn	셀에서 드롭다운 목록을 표시하는 데 사용된다. 바인딩할 때 자동으로 생성되지 않는다. 일반적으로 수동으로 데이터 바인딩된다.
DataGridViewLinkColumn	셀에서 링크를 표시하는 데 사용된다. 바인딩할 때 자동으로 생성되지 않는다. 일반적으로 수동으로 데이터 바인딩된다.
사용자 지정 열 형식	DataGridViewColumn 클래스 또는 이 클래스의 파생 클래스를 상속하여 고유한 열 클래스를 만들면 사용자 지정 모양, 동작 또는 호스팅된 컨트롤을 제공할 수 있다.

3.1.4 DataGridView 컨트롤의 기본 열, 행 및 셀 기능

1) DataGridView 컨트롤에서 열 숨기기

DataGridView 컨트롤에서 경우에 따라 사용 가능한 열을 일부만 표시하는 경우가 있다. 데이터가 바인딩하는 동안 자동으로 생성되는 [비디오분류] 열을 숨기는 예는 다음 코드와 같다.

Me.DataGridView1.Columns("비디오분류").Visible = False

2) DataGridView 컨트롤에서 열 머리글 숨기기

DataGridView 컨트롤에서 ColumnHeadersVisible 속성 값은 열 머리글 표시 여부를 결정한다.

Me.DataGridView1.ColumnHeadersVisible = False

3) DataGridView 컨트롤에서 열 및 행 고정

DataGridView 컨트롤에서 특정 열을 고정할 필요성이 종종 있다. 예를 들어, 열(필드)이 많을 경우 가로로 스크롤하게 되면 왼편에 있는 기준 열이 보이지 않게 되므로 불편해진다. 열의 Frozen 속성을 이용하여 열이 표에서 항상 표시되는지 여부를 결정한다. 다음 코드는 [회원정보리스트] 폼에서 다른 열의 데이터는 좌우로 스크롤하더라도 [사진] 열은 고정시키는 예이다.

Me.DataGridView1.Columns("사진").Frozen = True

또한 다른 행의 데이터는 세로로 스크롤하더라도 첫 번째 행을 고정시키는 코드는 다음과 같다.

Me.DataGridView1.Rows(0).Frozen = True

4) DataGridView 컨트롤에서 행 추가 및 삭제 금지

DataGridView 컨트롤에서 사용자가 새 행을 입력하거나 기존 행을 삭제하지 못하게 할 필요가 있을 수 있다. AllowUserToAddRows 속성은 새 레코드의 행을 추가할 수 있는 여부를 나타내고, AllowUserToDeleteRows 속성은 기존 레코드를 삭제할 수 있는 여부를 나타낸다. 다음 코드는 레코드 추가, 삭제 및 변경을 못하게 하는 예이다.

```
Me.DataGridView1.AllowUserToAddRows = False
Me.DataGridView1.AllowUserToDeleteRows = False
Me.DataGridView1.ReadOnly = True
```

5) DataGridView 컨트롤에서 선택한 셀 및 행 데이터 가져오기

DataGridView 컨트롤에서 SelectedCells, SelectedRows 및 SelectedColumns 중 해당하는 속성을 이용하여 선택한 셀, 행 또는 열 데이터를 가져올 수 있다.

DataGridView 컨트롤에서 선택한 셀의 데이터를 가져오려면 SelectedCells 속성을 사용하고, SelectionMode 속성을 CellSelect 또는 RowHeaderSelect로 지정해야 한다. 이에 대해서 다섯 가지의 예를 살펴보자.

① 다음 코드는 SelectionMode 속성을 CellSelect로 지정한 상태에서 선택된 셀의 값과 RowIndex 및 ColumnIndex를 메시지로 출력하는 예이다.

```
Private Sub DataGridView1_CellClick(ByVal sender As Object, ByVal e ↙
            As System.Windows.Forms.DataGridViewCellEventArgs) ↙
            Handles DataGridView1.CellClick

    Dim selectedData As String
    Dim selectedRowIndex As Integer
    Dim selectedColumnIndex As Integer

    selectedData = DataGridView1.SelectedCells(0).Value
    selectedRowIndex = DataGridView1.SelectedCells(0).RowIndex
    selectedColumnIndex = DataGridView1.SelectedCells(0).ColumnIndex

    MsgBox("선택된 셀의 값 : " & selectedData)
    MsgBox("선택된 셀의 RowIndex : " & selectedRowIndex)
    MsgBox("선택된 셀의 ColumnIndex : " & selectedColumnIndex)

End Sub
```

② 다음 코드는 SelectionMode 속성을 RowHeaderSelect로 지정한 상태에서 선택된 셀의 RowIndex, ColumnIndex 및 값을 메시지로 출력하는 예이다.

```
Private Sub DataGridView1_CellClick(ByVal sender As Object, ByVal e ↙
          As System.Windows.Forms.DataGridViewCellEventArgs) ↙
          Handles DataGridView1.CellClick

    Dim selectedData As String
    Dim selectedRowIndex As Integer
    Dim selectedColumnIndex As Integer

    selectedRowIndex = DataGridView1.SelectedCells(0).RowIndex
    selectedColumnIndex = DataGridView1.SelectedCells(0).ColumnIndex
    selectedData = _
        DataGridView1.Item(selectedColumnIndex, selectedRowIndex).Value

    MsgBox("선택된 셀의 RowIndex : " & selectedRowIndex)
    MsgBox("선택된 셀의 ColumnIndex : " & selectedColumnIndex)
    MsgBox("선택된 셀의 데이터 : " & selectedData)
End Sub
```

DataGridView 컨트롤에서 현재 셀의 데이터를 가져오려면 CurrentCell 속성을 사용하고,
SelectionMode 속성을 CellSelect 또는 RowHeaderSelect로 지정해야 한다.

③ 다음 코드는 SelectionMode 속성을 CellSelect 또는 RowHeaderSelect로 지정한 상태에
   서 현재 셀의 값과 RowIndex 및 ColumnIndex를 메시지로 출력하는 예이다.

```
Private Sub btn현재셀_Click(ByVal sender As System.Object, ByVal e ↙
          As System.EventArgs) Handles btn현재셀.Click

    Dim currentCellData As String
    Dim currentCellRowIndex As Integer
    Dim currentCellColumnIndex As Integer

    currentCellData = DataGridView1.CurrentCell.Value
    currentCellRowIndex = DataGridView1.CurrentCell.RowIndex
    currentCellColumnIndex = DataGridView1.CurrentCell.ColumnIndex

    MsgBox("현재 셀의 값 : " & currentCellData)
    MsgBox("현재 셀의 RowIndex : " & currentCellRowIndex)
    MsgBox("현재 셀의 ColumnIndex : " & currentCellColumnIndex)
End Sub
```

DataGridView 컨트롤에서 선택한 행 데이터를 가져오려면 SelectedRows 속성을 사용하고, SelectionMode 속성을 FullRowSelect 또는 RowHeaderSelect로 지정해야 한다.

④ 다음 코드는 SelectionMode 속성을 FullRowSelect로 지정한 상태에서 선택된 행의 Index와 그 행에 소속된 필드(비디오번호)의 값을 메시지로 출력하는 예이다.

```vb
Private Sub DataGridView1_CellClick(ByVal sender As Object, ByVal e ↙
        As System.Windows.Forms.DataGridViewCellEventArgs) ↙
        Handles DataGridView1.CellClick

    Dim selectedRowIndex As Integer
    Dim selectedData As String

    selectedRowIndex = DataGridView1.SelectedRows(0).Index
    selectedData = DataGridView1.SelectedRows(0).Cells("비디오번호").Value

    MsgBox("선택된 행의 RowIndex : " & selectedRowIndex)
    MsgBox("선택된 행의 비디오 번호 : " & selectedData)
End Sub
```

⑤ 다음 코드는 SelectionMode 속성을 RowHeaderSelect로 지정한 상태에서 선택된 행의 Index와 그 행에 소속된 필드(비디오명)의 값을 메시지로 출력하는 예이다.

```vb
Private Sub DataGridView1_CellClick(ByVal sender As Object, ByVal e ↙
        As System.Windows.Forms.DataGridViewCellEventArgs) ↙
        Handles DataGridView1.CellClick

    Dim selectedData As String
    Dim selectedRowIndex As Integer

    selectedRowIndex = DataGridView1.SelectedCells(0).RowIndex
    selectedData = DataGridView1.Item("비디오명", selectedRowIndex).Value

    MsgBox("선택된 행의 RowIndex : " & selectedRowIndex)
    MsgBox("선택된 행의 비디오명 : " & selectedData)

End Sub
```

3.1.5 DataGridView 컨트롤의 기본 형식 및 스타일 지정

1) DataGridView 컨트롤의 기본 셀 스타일

DataGridView 컨트롤 내의 각 셀은 형식, 배경색, 전경색 및 글꼴과 같은 고유한 스타일을 가질 수 있다. 그러나 일반적으로는 여러 셀에서 특정한 스타일 특성을 공유한다. DataGridViewCellStyle 클래스에서 이러한 셀 스타일을 관리한다. 이 클래스에는 BackColor, ForeColor, SelectionBackColor, SelectionForeColor, Font, Format, Alignment 등의 속성이 있다. 그리고 DefaultCellStyle은 전체 컨트롤, 열 또는 행의 머리글 셀을 포함한 모든 셀에 사용되는 기본 스타일을 가져오거나 설정한다. 그러므로 DataGridView의 셀 스타일을 지정하는 일반적인 방법은 DefaultCellStyle을 지정하고 난 뒤 세부적인 별도의 셀 스타일을 지정한다. 다음은 셀 스타일을 지정하는 예이다.

```
Private Sub SetDefaultCellStyles()

    Dim highlightCellStyle As New DataGridViewCellStyle
    Dim currencyCellStyle As New DataGridViewCellStyle

    highlightCellStyle.BackColor = Color.Orange
    currencyCellStyle.ForeColor = Color.Blue

    ' DataGridView1 셀의 텍스트 맞춤을 중앙(MiddleCenter)으로 한다.
    DataGridView1.DefaultCellStyle.Alignment = _
                DataGridViewContentAlignment.MiddleCenter

    With Me.DataGridView1
        .DefaultCellStyle.BackColor = Color.Aqua
        .DefaultCellStyle.Font = New Font("굴림체", 9)
        .Rows(0).DefaultCellStyle = highlightCellStyle
        .Columns("비디오번호").DefaultCellStyle = currencyCellStyle
    End With
End Sub
```

2) DataGridView 컨트롤의 테두리 및 모눈선 스타일 변경

프로그램 방식으로 DataGridView 컨트롤의 모눈선 색, 테두리 스타일을 변경하는 방식은 다음과 같다.

모눈선 색을 변경하려면   DataGridView1.GridColor = Color.BlueViolet

전체 DataGridView 컨트롤의 테두리 스타일을 변경하려면

```
DataGridView1.BorderStyle = BorderStyle.Fixed3D
```

3) DataGridView 컨트롤의 데이터 형식 지정

DataGridView 컨트롤에서 통화 및 날짜 값의 형식을 지정하려면 DataGridViewCellStyle
의 Format 속성을 설정한다. 다음 코드는 그에 대한 예이다. 단가 필드는 현재 culture별 통
화 형식으로 나타내고, 등록일자 필드는 현재 culture별 간단한 날짜 형식으로 나타낸다.

```
Me.DataGridView1.Columns("단가").DefaultCellStyle.Format = "c"
Me.DataGridView1.Columns("등록일자").DefaultCellStyle.Format = "d"
```

3.1.6 DataGridView 컨트롤에서 데이터 표시

1) DataGridView 컨트롤의 데이터 디스플레이 모드

DataGridView 컨트롤은 바인딩되지 않은 모드, 바인딩된 모드 및 가상 모드의 세 가지 모
드로 데이터를 표시할 수 있다. 사용자 요구 사항에 따라 가장 알맞은 모드를 선택한다.

바인딩되지 않은 모드는 프로그래밍 방식으로 적은 양의 데이터를 표시하는 경우에 적합
하고, DataGridViewRowCollection.Add 등의 메소드를 이용하여 직접 컨트롤을 채워야 한
다.

바인딩된 모드는 데이터 저장소(DataSet)와의 자동 상호 작용을 사용하여 데이터를 관리
하는 경우 적합하다. 주로 아래의 예와 같이 DataSource 속성을 설정하여 DataGridView 컨
트롤을 해당 데이터 소스에 직접 연결할 수 있다.

```
Protected Ds1 As New DataSet()
Private Sub 비디오정보검색_Load(ByVal sender As System.Object, ↙
            ByVal e As System.EventArgs) Handles MyBase.Load

  ' --- 중간 생략
  SQL = "Select 비디오번호,비디오명,비디오분류,감독,주연배우 from ↙
                                            보유비디오"

  Cmd = New SqlCommand(SQL, Conn)
  Cmd.CommandType = CommandType.Text
  Adt.SelectCommand = Cmd


  Adt.Fill(Ds1, "비디오정보")
  DataGridView1.DataSource = Ds1.Tables("비디오정보")
End Sub
```

가상 모드에서는 바인딩된 열(필드)과 바인딩되지 않은 열을 별도로 유지 관리하는 사용자 데이터 관리 작업을 구현할 수 있다. 또한 대량의 데이터와 상호 작용할 때 성능이 최적화된다.

2) 자동으로 생성된 열을 DataGridView 컨트롤에서 제거

DataGridView 컨트롤이 해당 데이터 소스의 데이터를 기반으로 해서 해당 열을 자동으로 생성하도록 설정된 경우 필요에 따라 특정 열을 생략할 수 있다. 그 방법은 Columns 컬렉션의 Remove 메소드를 이용하거나, Visible 속성을 False로 지정하면 된다.

다음 코드 예제에서는 DataGridView1에 비디오관리 데이터베이스의 [보유비디오] 테이블을 바인딩할 때 자동으로 생성된 열 중 비디오번호를 제거한다.

```
Protected Ds1 As New DataSet()
Private Sub 비디오정보검색_Load(ByVal sender As System.Object, ↙
              ByVal e As System.EventArgs) Handles MyBase.Load

    ' --- 중간 생략

    SQL = "Select 비디오번호,비디오명,비디오분류,감독,주연배우 from ↙
                              보유비디오"

    Cmd = New SqlCommand(SQL, Conn)
    Cmd.CommandType = CommandType.Text
    Adt.SelectCommand = Cmd

    Adt.Fill(Ds1, "비디오정보")
    DataGridView1.DataSource = Ds1.Tables("비디오정보")

    ' 자동으로 생성된 열 중 비디오번호를 제거
    With DataGridView1
        .AutoGenerateColumns = True
        .Columns.Remove("비디오번호")
    End With
End Sub
```

3) DataGridView 컨트롤에서 열 순서 변경

DataGridView 컨트롤을 사용하여 데이터 소스의 데이터를 표시할 때 데이터 소스 스키마의 열(SQL 명령문의 필드 리스트)이 표시하려는 순서대로 나타나지 않는 경우가 있다.

DataGridViewColumn 클래스의 DisplayIndex 속성을 사용하여 표시된 열의 순서를 변경할 수 있다.

다음 코드 예제에서는 DataGridView1에 비디오관리 데이터베이스의 [보유비디오] 테이블에 바인딩할 때 자동으로 생성된 열 중 비디오번호는 숨기고, 나머지 열의 위치를 변경한다.

```
Protected Ds1 As New DataSet()
Private Sub 비디오정보검색_Load(ByVal sender As System.Object, ↙
             ByVal e As System.EventArgs) Handles MyBase.Load


    ' --- 중간 생략

    SQL = "Select 비디오번호,비디오명,비디오분류,감독,주연배우 from ↙
                                        보유비디오"

    Cmd = New SqlCommand(SQL, Conn)
    Cmd.CommandType = CommandType.Text
    Adt.SelectCommand = Cmd

    Adt.Fill(Ds1, "비디오정보")

    DataGridView1.DataSource = Ds1.Tables("비디오정보")

    ' 열 순서 변경 작업
    With DataGridView1
        .Columns("비디오번호").Visible = False
        .Columns("비디오명").DisplayIndex = 0
        .Columns("감독").DisplayIndex = 1
        .Columns("주연배우").DisplayIndex = 2
        .Columns("비디오분류").DisplayIndex = 3
    End With
End Sub
```

4) 데이터 바인딩된 DataGridView 컨트롤에 바인딩되지 않은 열 추가

DataGridView 컨트롤에 표시되는 데이터는 일반적으로 데이터베이스 원본에서 가져온 것이다. 이 원본에서 가져오지 않은 데이터 열을 표시할 때 이를 바인딩되지 않은 열이라고 한다.

다음 코드는 비디오 정보를 DataGridView에 출력하고, 각 행(레코드)별로 바인딩되지 않은 단추(Button)를 만드는 예제이다.

```
Protected Ds1 As New DataSet()
Private Sub 비디오정보검색_Load(ByVal sender As System.Object, ↙
            ByVal e As System.EventArgs) Handles MyBase.Load

    ' --- 중간 생략
    Adt.Fill(Ds1, "비디오정보")
    DataGridView1.DataSource = Ds1.Tables("비디오정보")

    '----- 바인딩되지 않은 열(단추)을 생성 -----
    ' button Column 초기화
    Dim buttonColumn As New DataGridViewButtonColumn

    With buttonColumn
        .HeaderText = "세부 사항"
        .Name = "Details"
        .DefaultCellStyle.BackColor = Color.LightGray ' button의 BackColor
        .Text = "상세 조회"

        ' button 자체에 대한 Text로서 각 셀의 값을 사용하는 것이 아니라
        ' 모든 셀에 대해 Text 속성을 사용
        .UseColumnTextForButtonValue = True
    End With

    ' DataGridView 컨트롤에 button Column 추가. 0은 삽입되는 열의 위치
    DataGridView1.Columns.Insert(0, buttonColumn)

End Sub
```

　이렇게 생성된 button Column을 사용하기 위해서는 다음 예와 같이 주로 CellClick 이벤트를 사용한다. 이 코드는 해당 행(레코드)에 대한 상세한 내역을 보여주는 [비디오정보 상세조회] 폼으로 연결된다. 이때 DataGridView 컨트롤의 SelectionMode 속성은 "CellSelect" 또는 "RowHeaderSelect"로 지정하는 것이 원만하다.

```
Private Sub DataGridView1_CellClick(ByVal sender As Object, ByVal e ↙
            As System.Windows.Forms.DataGridViewCellEventArgs) ↙
            Handles DataGridView1.CellClick

    Dim frm비디오정보상세조회 As New 비디오정보상세조회()
    Dim selectRow As Integer
```

```
If (DataGridView1.SelectedCells(0).ColumnIndex = 0) Then
    ' SelectedCells 속성은 SelectionMode가 RowHeaderSelect 또는
    ' CellSelect로 지정된 경우에 사용

    selectRow = DataGridView1.SelectedCells(0).RowIndex

    ' wkVideo_No는 Module에 Public으로 변수를 지정하여, 프로그램
    ' 사이에 그 값을 공유
    wkVideo_No = _
            DataGridView1.Rows(selectRow).Cells("비디오번호").Value

    frm비디오정보상세조회.Show()

    End If

End Sub
```

3.2 선박별 스케줄 조회 프로그램 작성

선박별 스케줄 조회 프로그램은 [해운정보서비스] 데이터베이스의 [선박별스케줄정보]와 [선박코드정보] 테이블을 이용한다. 이 프로그램 실습으로 알게 되는 요소 기술은 다음과 같다.

- INNER JOIN 명령어 사용 방법
- 데이터 테이블을 이용하여 콤보 상자에 목록 리스트를 채우는 방법
- 콤보 상자의 내역이 변경되었을 때의 이벤트 처리 방법
- 모듈의 public 변수를 이용하여 다른 프로그램과 데이터를 공유하는 방법

프로그램 명세서		물류 데이터베이스 구축
작성자 : 김 진 수	승인자 :	버 전 : 1.0
작성일 : 2009. 03. 17	승인일 :	페이지 : 1/3

프로그램명	선박별 스케줄 조회

* 프로그램 개요
  - 선박명, 선박 코드 등의 검색 조건을 이용하여 선박별 스케줄을 조회하는 프로그램이다.
  - [조회] 명령 단추를 누르면 입력된 선박 코드에 해당하는 선박별 스케줄 내역을 DataGridView에 조회한다.
  - [선박정보] 단추를 누르면 선박정보조회 폼으로 연결되어 해당 선박에 대한 상세 정보를 조회할 수 있다.

<table>
<tr><td colspan="5" align="center">프로그램 명세서</td></tr>
<tr><td>작성자 : 김 진 수</td><td>승인자 :</td><td>버　전 : 1.0</td></tr>
<tr><td>작성일 : 2009. 03. 17</td><td>승인일 :</td><td>페이지 : 2/3</td></tr>
</table>

프로그램명	선박별 스케줄 조회

1. 선박별스케줄조회_Load()
   - 해운정보서비스 데이터베이스를 연결하여 연다.
   - 선박별스케줄정보 테이블을 초기 생성한다.
   - 선박명List 테이블을 생성하고, 그 내용으로 선박명 콤보 상자의 목록을 채운다.

2. cbo선박명_SelectionChangeCommitted()
   - 폼의 선박코드를 지운다.

3. btn조회_Click()
   - 선박명List 테이블에서 cbo선박명과 같은 레코드를 찾아 해당 선박코드를 폼의 txt선박코드에 옮긴다.
   - 선박명스케줄정보 테이블을 지운다.
   - SQL = "SELECT 순번, 항차, 항구명, 도착시간, 정박시간, 출발시간
           FROM 선박별스케줄정보 WHERE 선박코드 = "'" & _
           txt선박코드.text & "'"
   - 위의 SQL문을 이용하여 선박별스케줄정보 테이블을 생성한다.
   - 선박별스케줄정보 테이블의 데이터를 DataGridView1에 옮긴다.

4. btn선박정보_Click()
   - 폼에 있는 선박코드를 wk선박코드에 옮긴다.
   - 선박정보조회 폼을 연다.

① 프로젝트는 이전에 작성한 [해운정보서비스] 프로젝트를 그대로 이용하고, [해운정보서비스] 프로젝트의 단축 메뉴에서 [추가/Windows Form] 기능을 이용하여 새 폼을 만든다. 새로운 폼 이름은 [선박별스케줄조회]로 한다.

② 다음 표를 참고로 폼을 디자인한다.

컨트롤	Name	Text	비 고
Form	선박별스케줄조회	선박별스케줄조회	
Label	Label1	선박별 스케줄 조회	Font : 굴림20pt
ComboBox	cbo선박명		
TextBox	txt선박코드		
Button	btn조회	조 회	
Button	btn선박정보	선박 정보	
DataGridView	DataGridView1		

③ 프로그램에 imports해야 할 네임스페이스와 선박별스케줄조회 폼에 사용될 기본 개체
를 설정하고, 폼의 빈곳에 더블 클릭하여 선박별스케줄조회_Load 로직을 작성한다.

리스트 **3-1**

```
Imports System.Data
Imports System.Data.SqlClient
Imports System.IO

Public Class 선박별스케줄조회

Protected Conn As New SqlConnection()
Protected Ds2 As New DataSet
Protected Adt1 As New SqlDataAdapter()
Protected Adt2 As New SqlDataAdapter()
Protected Adt3 As New SqlDataAdapter()
Protected Cmd As SqlCommand
Protected SQL As String = ""

Private Sub 선박별스케줄조회_Load(ByVal sender As Object, ByVal e ↙
        As System.EventArgs) Handles Me.Load

  Try
    Conn.ConnectionString = "SERVER=kjs;UID=sa;PWD=kjs; ↙
                    DATABASE=해운정보서비스"

    SQL = "SELECT 순번, 항차, 항구명, 도착시간, 정박시간, 출발시간 " & _
        "FROM 선박별스케줄정보 WHERE 항차 = ''"
```

```
    Adt1 = New SqlDataAdapter(SQL, Conn)
    Adt1.Fill(Ds2, "선박별스케줄정보") ·········································· 1

    SQL = "Select distinct BB.선박명, AA.선박코드 FROM " & _
          "선박별스케줄정보 AA INNER JOIN 선박코드정보 BB ON " & _
          "AA.선박코드 = BB.선박코드 ORDER BY BB.선박명"

    Adt2 = New SqlDataAdapter(SQL, Conn)
    Adt2.Fill(Ds2, "선박명list") ·················································· 2

    cbo선박명.DataSource = Ds2.Tables("선박명list")
    cbo선박명.DisplayMember = "선박명"
    cbo선박명.Text = ""

  Catch ErrSQL As SqlException
    Dim colErrors AsSqlErrorCollection = ErrSQL.Errors
    Dim i As Integer
    For i = 0 To colErrors.Count
      MessageBox.Show("오류 번호 : " & ErrSQL.Number & _
      "[" & ErrSQL.Source & "]" & ControlChars.CrLf & _
      "오류 내역 : " & ErrSQL.Message & ControlChars.CrLf & _
      "오류 행번호 : " & ErrSQL.StackTrace, _
      "오류 메시지" & "(" & i + 1 & ")")
    Next
  End Try

End Sub
```

〈해설〉

1. 선박별스케줄정보 테이블을 초기화한다. 이 때 데이터는 없고 이름만 만들어진다.
2. 선박명list 테이블은 선박명 콤보 상자의 목록을 구성할 때 이용한다.

④ 콤보 선박명의 선택된 내역이 바뀌었을 때의 로직 및 [조회] 명령 단추를 눌렀을 때의
   로직을 작성하자.

리스트 **3-2**

```
Private Sub cbo선박명_SelectionChangeCommitted(ByVal sender As ✓
        Object, ByVal e As System.EventArgs) Handles ✓
        cbo선박명.SelectionChangeCommitted

    txt선박코드.Text = "" ····················································································· 1

End Sub

Private Sub btn조회_Click(ByVal sender As System.Object, ByVal e ✓
        As System.EventArgs) Handles btn조회.Click

    Dim i As Integer

    For i = 0 To Ds2.Tables("선박명List").Rows.Count - 1
        If Ds2.Tables("선박명List").Rows(i)("선박명") = cbo선박명.Text Then
                                                   ················································· 2
            txt선박코드.Text = Ds2.Tables("선박명List").Rows(i)("선박코드")
            Exit For
        End If
    Next

    Ds2.Tables("선박별스케줄정보").Clear()

    SQL = "SELECT 순번, 항차, 항구명, 도착시간, 정박시간, 출발시간 " & _
        "FROM 선박별스케줄정보 WHERE 선박코드 = '" & _
        txt선박코드.Text & "'"

    Adt1 = New SqlDataAdapter(SQL, Conn)
    Adt1.Fill(Ds2, "선박별스케줄정보") ································································ 3

    DataGridView1.DataSource = Ds2.Tables("선박별스케줄정보")

End Sub
```

〈해설〉

1. 콤보 선박명에 대한 선택이 바뀌었을 때의 로직으로 새로운 선박명에 대한 선박코드를 다시 찾기 위해 그 내용을 공백으로 지운다.

2. 선박명List 테이블을 읽어서 콤보 선박명과 같은 레코드를 찾는다. 해당 레코드의 선박

코드를 폼의 선박코드에 옮긴다.

3. 선박별스케줄정보 테이블은 DataGridView1에 데이터를 출력하기 위해 필요한 정보로 구성된다.

⑤ 디자인 폼에서 선박정보 명령 단추를 클릭하여 선박에 대한 상세한 정보를 조회하는 로직을 작성하자.

리스트 **3-3**

```
Private Sub btn선박정보_Click(ByVal sender As System.Object, ByVal e
      As System.EventArgs) Handles btn선박정보.Click

   Dim frm선박정보조회 As New 선박정보조회

   wk선박코드 = txt선박코드.Text ·················································· 1
   frm선박정보조회.Show()

End Sub

End Class
```


〈해설〉

1. 폼에 있는 선박코드를 모듈의 공용 변수인 wk선박코드에 옮긴다. 이 wk선박코드는 선박정보조회 프로그램에서 연결하여 사용된다.

3.3 선박 정보 조회 프로그램 작성

실습에 필요한 데이터베이스는 [해운정보서비스.bak] 백업 데이터를 MS SQL Server에 복원하여 실습하도록 하고, [해운정보서비스] 데이터베이스의 [선박정보] 테이블을 이용한다. 이 프로그램은 메뉴를 통해 직접 수행할 수도 있고, 선박별 스케줄 조회 프로그램에서 연결도 가능한 프로그램이다.

이 프로그램 실습으로 알게 되는 요소 기술은 다음과 같다.

■ BinaryWriter를 이용한 사진 비트맵 이미지 데이터의 조회 방법

- 모듈에 지정한 public 변수를 통한 두 개 프로그램의 연결 방법
- Application.StartupPath 사용 방법
- 사진 데이터 garbage 처리(리소스 dispose) 방법

<table>
<tr><td colspan="3" align="center">프로그램 명세서</td></tr>
<tr><td>작성자 : 김 진 수</td><td>승인자 :</td><td>버 전 : 1.0</td></tr>
<tr><td>작성일 : 2009. 03. 17</td><td>승인일 :</td><td>페이지 : 1/3</td></tr>
</table>

프로그램명	선박 정보 조회

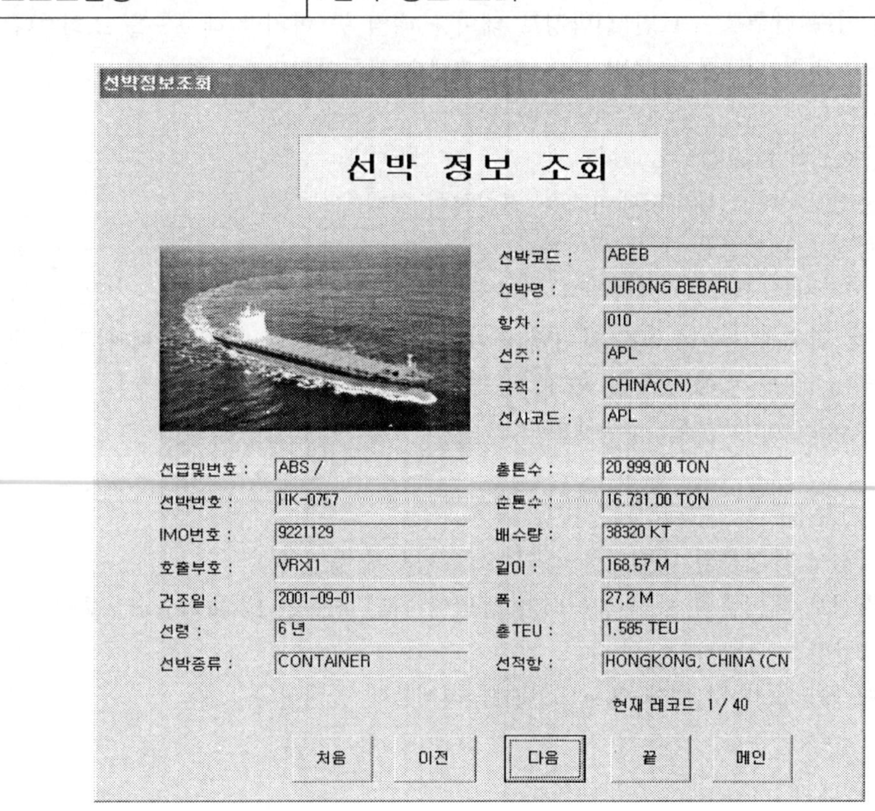

* 프로그램 개요
- 선박 코드, 선박명, 항차, 선주, 국적, 선사 코드 등의 선박에 대한 상세한 내역을 조회하는 프로그램이다.

<table>
<tr><td colspan="3" align="center">프로그램 명세서</td></tr>
<tr><td>작성자 : 김 진 수</td><td>승인자 :</td><td>버　전 : 1.0</td></tr>
<tr><td>작성일 : 2009. 03. 17</td><td>승인일 :</td><td>페이지 : 2/3</td></tr>
</table>

프로그램명	선박 정보 조회

- [처음] 명령 단추를 누르면 선박정보 테이블 내역 중 처음 레코드를 조회한다.
- [이전] 명령 단추를 누르면 현재 데이터의 이전 레코드를 조회한다.
- [다음] 명령 단추를 누르면 현재 데이터의 다음 레코드를 조회한다.
- [끝] 명령 단추를 누르면 선박정보 테이블 내역 중 마지막 레코드를 조회한다.
- [메인] 명령 단추를 누르면 메인 프로그램으로 돌아간다.

1. 선박정보조회_Load()
   - 해운정보서비스 데이터베이스를 연결하여 연다.
   - 선박정보 테이블을 초기 생성한다.
   - wk선박정보(선박별스케줄정보 폼에서 넘겨받은 데이터)가 'A'보다 작으면 현재 행 변수에 0을 옮기고, 아니면 선박정보 테이블에서 wk선박정보와 같은 레코드를 찾아 그 행 번호를 현재 행 변수에 옮긴다.
   - DsToScreen() 루틴을 수행한다.

2. DsToScreen()
   - 선박정보 테이블의 데이터를 폼의 모든 필드에 옮긴다.
   - 선박정보 테이블의 사진 데이터가 공백이 아닌 경우는 BinaryProc() 루틴을 수행한다.
   - 현재 레코드가 몇 번째 레코드인지를 레이블에 출력한다.

3. BinaryProc()
   - 선박정보 테이블의 사진 데이터를 binary에 옮긴다.
   - 사진 내역이 공백이 아니면 BinaryWriter를 이용하여 binary 사진 데이터를 비트맵 파일(bmp)로 바꾼다.
   - 바뀐 bmp 사진 데이터를 폼에 출력한다.

<table>
<tr><td colspan="3" align="center">프로그램 명세서</td><td></td></tr>
<tr><td>작성자 : 김 진 수</td><td>승인자 :</td><td>버   전 : 1.0</td></tr>
<tr><td>작성일 : 2009. 03. 17</td><td>승인일 :</td><td>페이지 : 3/3</td></tr>
</table>

프로그램명	선박 정보 조회

4. btn이전_Click()
   - 현재 행이 0보다 크면 현재 행을 1 감소시켜서 그 내역을 폼에 출력하고 (DsToScreen), 아니면 오류메시지를 출력한다.

5. btn다음_Click()
   - 현재 행이 전체 레코드 건수 - 1보다 작으면 현재 행을 1 증가시켜서 그 내역을 폼에 출력하고(DsToScreen), 아니면 오류메시지를 출력한다.

6. btn처음_Click()
   - 현재 행을 0으로 하고 DsToScreen() 루틴을 수행한다.

7. btn끝_Click()
   - 현재 행을 선박정보 레코드의 건수 - 1로 하고 DsToScreen() 루틴을 수행한다.

8. btn메인_Click()
   - 폼의 사진 이미지가 공백이 아니면 그 이미지를 지우고, 할당된 공간을 해제 (dispose)한다.
   - 폼을 닫는다.

① 프로젝트는 이전에 작성한 [해운정보서비스] 프로젝트를 그대로 이용하고, [해운정보서비스] 프로젝트의 단축 메뉴에서 [추가/Windows Form] 기능을 이용하여 새 폼을 만든다. 새로운 폼 이름은 [선박정보조회]로 한다.

② 다음 표를 참고로 폼을 디자인한다.

컨트롤	Name	Text	비 고
Form	선박정보조회	선박정보조회	
Label	Label1	선박 정보 조회	Font : 굴림20pt
PictureBox	pic사진		
TextBox	txt선박코드		ReadOnly: True
TextBox	txt선박명		ReadOnly: True
TextBox	txt항차		ReadOnly: True
TextBox	txt선주		ReadOnly: True
TextBox	txt국적		ReadOnly: True
TextBox	txt선사코드		ReadOnly: True
TextBox	txt선급및번호		ReadOnly: True
TextBox	txt총톤수		ReadOnly: True
TextBox	txt선박번호		ReadOnly: True
TextBox	txt순톤수		ReadOnly: True
TextBox	txtIMO번호		ReadOnly: True
TextBox	txt배수량		ReadOnly: True
TextBox	txt호출부호		ReadOnly: True
TextBox	txt길이		ReadOnly: True
TextBox	txt건조일		ReadOnly: True
TextBox	txt폭		ReadOnly: True
TextBox	txt선령		ReadOnly: True
TextBox	txt총TEU		ReadOnly: True
TextBox	txt선박종류		ReadOnly: True
TextBox	txt선적항		ReadOnly: True
Label	lblDisplay		레코드 정보
Button	btn처음	처음	
Button	btn이전	이전	
Button	btn다음	다음	
Button	btn끝	끝	
Button	btn메인	메인	

③ 프로그램에 imports해야 할 네임스페이스와 선박정보조회 폼에 사용될 기본 개체를 설정하고, 폼의 빈곳에 더블 클릭하여 선박정보조회_Load 로직을 작성한다.

리스트 **3-4**

```vb
Imports System.Data
Imports System.Data.SqlClient ·············································· 1
Imports System.IO

Public Class 선박정보조회

Protected Conn As New SqlConnection() ································ 2
Protected Ds1 As New DataSet
Protected Adt1 As New SqlDataAdapter() ····························· 3
Protected Cmd As SqlCommand ········································· 4
Protected SQL As String = "" ··············································· 5
Protected i As Integer = 0
Protected CurrentRow As Integer ····································· 6
Protected FS As FileStream
Protected BW As BinaryWriter

Private Sub 선박정보조회_Load(ByVal sender As System.Object, ByVal e ↙
        As System.EventArgs) Handles MyBase.Load

  Try ···················································································· 7
      Conn.ConnectionString = "SERVER=KJS;UID=sa;PWD=kjs; ↙
                          DATABASE=해운정보서비스" ·················· 8

    SQL = "SELECT AA.*, BB.선박명 FROM 선박정보 AA, " & _
        "선박코드정보 BB " & _
           "WHERE AA.선박코드 = BB.선박코드 ORDER BY AA.선박코드"

      Cmd = New SqlCommand(SQL, Conn) ····························· 9
      Cmd.CommandType = CommandType.Text ···················· 10
      Adt1.SelectCommand = Cmd ································· 11
      Adt1.Fill(Ds1, "선박정보") ································ 12

      If wk선박코드 〈 "A" Then ···································· 13
        CurrentRow = 0
      Else
        For i = 1 To Ds1.Tables("선박정보").Rows.Count − 1
          If Ds1.Tables("선박정보").Rows(i)("선박코드") = wk선박코드 Then
            CurrentRow = i
          End If
        Next
      End If
```

```
        DsToScreen() ················································································ 14

    Catch ErrSQL As SqlException
      Dim colErrors As SqlErrorCollection = ErrSQL.Errors
      Dim i As Integer
      For i = 0 To colErrors.Count
        MessageBox.Show("오류 번호 : " & ErrSQL.Number & _
         "[" & ErrSQL.Source & "]" & ControlChars.CrLf & _
          "오류 내역 : " & ErrSQL.Message & ControlChars.CrLf & _
          "오류 행번호 : " & ErrSQL.StackTrace, _
          "오류 메시지" & "(" & i + 1 & ")")
      Next
    End Try

  End Sub

  Public Sub DsToScreen()

    ScreenClear()

    With Ds1.Tables("선박정보")

      txt선박명.Text = .Rows(CurrentRow)("선박명").ToString
      txt선박코드.Text = .Rows(CurrentRow)("선박코드").ToString
      txt항차.Text = .Rows(CurrentRow)("항차").ToString
      txt선주.Text = .Rows(CurrentRow)("선주").ToString
      txt국적.Text = .Rows(CurrentRow)("국적").ToString
      txt선사코드.Text = .Rows(CurrentRow)("선사코드")

      txt선급및번호.Text = .Rows(CurrentRow)("선급및번호").ToString
      txt선박번호.Text = .Rows(CurrentRow)("선박번호").ToString
      txtIMO번호.Text = .Rows(CurrentRow)("IMO번호").ToString
      txt호출부호.Text = .Rows(CurrentRow)("호출부호").ToString
      txt건조일.Text = .Rows(CurrentRow)("건조일").ToString
      txt선령.Text = .Rows(CurrentRow)("선령").ToString

      txt총톤수.Text = .Rows(CurrentRow)("총톤수").ToString
      txt순톤수.Text = .Rows(CurrentRow)("순톤수").ToString
      txt배수량.Text = .Rows(CurrentRow)("배수량").ToString
      txt길이.Text = .Rows(CurrentRow)("길이").ToString
      txt폭.Text = .Rows(CurrentRow)("폭").ToString
      txt총TEU.Text = .Rows(CurrentRow)("총TEU").ToString
      txt선박종류.Text = .Rows(CurrentRow)("선박종류").ToString
      txt선적항.Text = .Rows(CurrentRow)("선적항").ToString
```

```
        If .Rows(CurrentRow)("사진").ToString <> "" Then
            BinaryProc() ································································· 15
        End If

        lblDisplay.Text = "현재 레코드  " + (CurrentRow + 1).ToString + _
                    " / " + .Rows.Count.ToString ··························· 16
    End With

End Sub

Public Sub ScreenClear()

    txt선박명.Text = ""
    txt선박코드.Text = ""
    txt항차.Text = ""
    txt선주.Text = ""
    txt국적.Text = ""
    txt선사코드.Text = ""
    txt선급및번호.Text = ""
    txt선박번호.Text = ""
    txtIMO번호.Text = ""
    txt호출부호.Text = ""
    txt건조일.Text = ""
    txt선령.Text = ""
    txt총톤수.Text = ""
    txt순톤수.Text = ""
    txt배수량.Text = ""
    txt길이.Text = ""
    txt폭.Text = ""
    txt총TEU.Text = ""
    txt선박종류.Text = ""
    txt선적항.Text = ""

    pic사진.Visible = False ··································································· 17

End Sub

Private Sub BinaryProc() ······················································ 18

    Dim Temp_FileName As String = Application.StartupPath + _ ·········· 19
                        "₩..₩sample1.bmp"
    Dim ByteBuffer() As Byte

    ByteBuffer = Ds1.Tables("선박정보").Rows(CurrentRow)("사진") ········· 20
```

```
    If Not ByteBuffer Is Nothing Then ·································· 21
      If Not pic사진.Image Is Nothing Then ························· 22
        pic사진.Image.Dispose()
        pic사진.Image = Nothing
      End If
      Try
        BW = New BinaryWriter(New FileStream(Temp_FileName, _
              FileMode.Create, FileAccess.ReadWrite)) ············ 23

        BW.Write(ByteBuffer, 0, ByteBuffer.Length) ················ 24
        BW.Close() ··············································· 25

        pic사진.Image = Image.FromFile(Temp_FileName) ············ 26
        pic사진.Visible = True ··································· 27

      Catch Exp As Exception
        MessageBox.Show(Exp.ToString, "오류 메시지", _
                  MessageBoxButtons.OK, MessageBoxIcon.Error)
      End Try
    End If

  End Sub
```

〈해설〉

1. SQL Server의 .NET 데이터 공급자와 관련된 네임스페이스를 가져온다. 이 네임스페이스를 imports 하지 않으면 2, 3, 4 등의 내용을 정의할 때 System.Data.SqlClient. SqlConnection()과 같이 상위 네임스페이스 명을 기술해야 한다.

2. SqlConnection 클래스의 새로운 개체를 Conn으로 선언하고, 8, 9에서 사용한다. SqlConnection 개체는 SqlDataAdapter 및 SqlCommand와 함께 사용하여 MS SQL Server 데이터베이스에 연결할 때 성능을 향상시킨다.

3. SqlDataAdapter 클래스의 새로운 개체를 Adt1으로 선언하고, 11, 12에서 사용한다. 이 클래스는 DataSet을 채우고 SQL Server 데이터베이스를 업데이트 하는 데 사용할 데이터 명령 집합과 데이터베이스 연결을 나타낸다.

4. SqlCommand 클래스를 Cmd로 선언하고, 9, 10에서 사용한다. 이 클래스는 SQL Server 데이터베이스에 대해 실행할 Transact-SQL 문이나 저장 프로시저를 나타낸다.

5. SQL 명령문을 작성하는데 사용하는 변수이다.

6. CurrentRow는 DataSet을 Read할 때 몇 번째 레코드인가를 저장하거나 지시하는 인덱

스로 사용하는 변수이다. ADO.NET의 DataSet은 ADO의 RecordSet과 같이 현재 레코드의 위치를 지정하는 커서 개념이 없다. 그러나 DataSet은 Client의 메모리에 저장되고, 그 내용의 어느 부분이라도 CurrentRow 변수를 이용하여 찾아갈 수 있으므로 오히려 더 편리하게 사용할 수 있다.

7. Try 구문은 [Try ~ Catch ~ End Try] 형식으로 사용하며, 프로그램 수행 중 예외 사항이 생기면 Catch에서 그 예외 사항 내역인 [ErrSQL]을 MessageBox로 출력한다.

8. SqlConnection의 ConnectionString을 지정한다. 이는 SQL Server 데이터베이스를 여는 데 사용되는 문자열을 가져오거나 설정한다. 서버는 [kjs], 사용자 ID는 [sa], 사용자 암호는 [kjs], 데이터베이스 이름은 [해운정보서비스]이다.

9. SQL 변수에 저장된 명령문과 SqlConnection(Conn)으로 SqlCommand 개체(Cmd)를 생성한다.

10. SqlCommand의 CommandType을 지정한다. 이 이 프로그램과 같이 일반 SQL 텍스트를 사용하려면 CommandType.Text, 저장 프로시저를 사용하려면 CommandType. StoredProcedure로 지정해야 한다. CommandType.TableDirect는 SQL Server .NET 데이터 공급자에는 지원되지 않고 OLE DB .NET 데이터 공급자에만 지원된다.

11. SqlDataAdapter 속성 중에서 데이터를 처리하는 속성은 SelectCommand, InsertCommand, UpdateCommand, DeleteCommand 등이 있는데 그 중에서 SelectCommand는 데이터 소스에서 레코드를 선택하는 데 사용하는 Transact-SQL 문이나 저장 프로시저를 가져오거나 설정한다.

12. SqlDataAdapter(Adt)의 Fill 메소드를 이용하여 [선박정보] 테이블에 Adt에서 정의된 데이터를 채운다.

13. wk선박코드가 'A'보다 작으면 CurrentRow를 0으로 지정한다. DataSet의 첫 번째 레코드의 인덱스는 0 이므로 그 첫 번째 레코드를 읽기 위해 그와 관련된 변수 CurrentRow를 0으로 하는 것이다. 그렇지 않으면 선박정보 테이블을 읽어서 wk선박코드와 같은 레코드를 찾아 그 인덱스를 CurrentRow에 옮긴다. 이 wk선박코드 변수는 모듈에 public 변수로 보관되어 있고 선박별스케줄정보 폼에서 넘겨받은 데이터이다. 즉, wk선박코드가 'A'보다 작은 경우는 선박별스케줄정보 폼에서 선박정보조회 폼으로 연결된 경우이다.

14. DsToScreen 프로시저를 수행한다. 이 프로시저는 데이터 테이블에 있는 데이터를 폼에 옮기는 로직이다.

15. 사진 데이터는 공백인 경우 그대로 폼에 출력하면 오류가 생기므로, 체크하여 공백이 아닌 경우 폼에 출력하는 로직(BinaryProc)을 수행한다.

16. 현재 레코드가 전체 건수 중에서 몇 번째 인가를 레이블(lblDisplay)에 출력한다.

17. 사진 데이터가 보이지 않게 한다.

18. 사진 필드 데이터를 BinaryWriter를 이용하여 폼의 사진 필드 [image] 속성에 옮기는 프로시저이다. 이미지 처리는 여러 가지 오류가 발생할 가능성이 많은 로직이므로 주의해야 한다.

19. VB.NET 2005에서 [Application.StartupPath]는 프로그램 수행 프로젝트의 [bin] 폴더 아래의 [Debug] 또는 [Release] 폴더 즉, [해운정보서비스\bin\Debug] 또는 [해운정보서비스\bin\Release] 폴더를 가리킨다. 프로그램 수행시 F5(Debug 시작)를 누르는 것이 전자에 해당되고, Ctrl + F5(Debug 없이 시작)를 누르는 것이 후자에 해당된다. 구 버전인 VB.NET에서는 모두 [해운정보서비스\bin] 폴더를 가리킨다.

20. [해운정보서비스] 데이터베이스 [선박정보] 테이블의 현재 레코드 중에서 사진 필드를 ByteBuffer에 옮긴다.

21. ByteBuffer에 내용이 공백이 아니면 다음을 수행한다.

22. 폼의 사진 필드(pic사진.Image)가 공백이 아니면, 사진 필드가 가지고 있는 리소스를 해제(Dispose)한다. 이미지 등의 대용량 리소스를 해제하지 않으면 메모리 관련 오류가 발생한다.

23. BinaryWriter와 FileStream을 이용하여 새로운 BW(BinaryWriter)를 생성한다.
   BinaryWriter 클래스는 기본 이진 형식을 스트림에 쓰고 특정 인코딩으로 된 문자열 쓰기를 지원한다. FileStream은 파일 시스템에 있는 파일뿐만 아니라 파일과 관련된 다른 운영 체제 핸들(파이프, 표준 입력, 표준 출력 등)을 읽고 쓰는 데도 유용하다. 또한 FileStream은 입력과 출력을 버퍼링하므로 성능이 향상된다.
   FileStream 클래스는 4개의 인자를 가지는데, 옮길 파일명, 파일 처리 모드, 파일 접근 모드 및 파일 공유 모드이다. 여기 예에서는 3개의 인자만을 사용하였다. 참고로 파일 처리 모드는 Append, Create, CreateNew, Open, OpenOrCreate 등이 있다.

24. 20에서 이미지 데이터(사진)를 바이트 상태로 저장한 ByteBuffer를 Write 메소드를 이용하여 23에서 생성한 BW를 이용하여 Temp_FileName에 저장한다.

25. BinaryWriter를 닫는다.

26. Image 클래스는 래스터 이미지(비트맵)와 벡터 이미지(메타 파일)를 폼 등의 개체에 로드하는 방법을 제공한다. 사용 가능한 파일 타입은 BMP, ICON, GIF, JPEG, TIFF, WMF 등이다. FromFile 메소드는 파일로부터 이미지 개체를 만든다.

27. 사진 필드를 보이게 한다.

④ 레코드를 이전, 다음, 처음 및 끝으로 이동시키는 명령 단추와 메인으로 되돌아가는 명령 단추에 대한 로직을 작성하자.

```
Private Sub btn이전_Click(ByVal sender As System.Object, ByVal e ↙
            As System.EventArgs) Handles btn이전.Click

    Try
        If CurrentRow > 0 Then ─────────────────────────────── 1
            CurrentRow -= 1
            DsToScreen()
        Else
            MsgBox("이전 데이터가 없습니다 !")
        End If
    Catch Exp As Exception
        MessageBox.Show(Exp.ToString, "오류 메시지", _
                        MessageBoxButtons.OK, MessageBoxIcon.Error)
    End Try

End Sub

Private Sub btn다음_Click(ByVal sender As System.Object, ByVal e ↙
            As System.EventArgs) Handles btn다음.Click

    Try
        If CurrentRow < Ds1.Tables("선박정보").Rows.Count - 1 Then
            CurrentRow += 1 ─────────────────────────────────── 2
            DsToScreen()
        Else
            MsgBox("다음 데이터가 없습니다 !")
        End If
    Catch Exp As Exception
        MessageBox.Show(Exp.ToString, "오류 메시지", _
                        MessageBoxButtons.OK, MessageBoxIcon.Error)
    End Try

End Sub

Private Sub btn처음_Click(ByVal sender As System.Object, ByVal e ↙
            As System.EventArgs) Handles btn처음.Click

    CurrentRow = 0 ──────────────────────────────────────────── 3
    DsToScreen()

End Sub
```

```
Private Sub btn끝_Click(ByVal sender As System.Object, ByVal e ↙
            As System.EventArgs) Handles btn끝.Click

    CurrentRow = Ds1.Tables("선박정보").Rows.Count − 1  ················· 4
    DsToScreen()

End Sub

Private Sub btn메인_Click(ByVal sender As System.Object, ByVal e ↙
            As System.EventArgs) Handles btn메인.Click

    If Not pic사진.Image Is Nothing Then  ···························· 5
        pic사진.Image.Dispose()
        pic사진.Image = Nothing
    End If

    Me.Close()

End Sub

End Class
```

〈해설〉

1. 현재 레코드의 행 변수(CurrentRow)가 0보다 큰 경우는 현재 레코드가 제일 처음에 있지 않다는 의미이므로 CurrentRow를 1 감소하여 현재 레코드를 만든다. 그렇지 않으면 오류메시지를 출력한다.

2. 현재 레코드의 행 변수(CurrentRow)가 선박정보 테이블의 레코드 건수 − 1 보다 작다는 것은 현재 레코드가 제일 마지막에 있지 않다는 의미이므로 CurrentRow를 1 증가시켜 현재 레코드를 만든다. 그렇지 않으면 오류메시지를 출력한다.

3. 현재 레코드의 행 변수(CurrentRow)를 0으로 지정한다. DataSet의 첫 번째 레코드의 인덱스는 0 이므로 그 첫 번째 데이터를 읽기 위해 그와 관련된 변수 CurrentRow를 0으로 한다.

4. 현재 레코드의 행 변수(CurrentRow)를 선박정보 테이블의 레코드 건수 − 1(제일 마지막 레코드의 인덱스)로 지정한다.

5. 폼에 있는 사진 필드가 공백이 아닌 경우 그 리소스를 해제하여 다른 프로그램을 수행할 때 오류가 없도록 한다.

3.4 전체 스케줄 조회 프로그램 작성

 실습에 필요한 데이터베이스는 [해운정보서비스.bak] 백업 데이터를 MS SQL Server에 복원하여 실습하도록 하고, [해운정보서비스] 데이터베이스의 [스케줄정보], [선박코드정보] 테이블을 이용한다. 이 프로그램 실습으로 알게 되는 요소 기술은 다음과 같다.

- 배열을 이용한 데이터 처리 기술
- DataColumn 및 DataRow 처리 기술
- DataGridView의 각종 속성 및 Frozen 처리 기술
- DataGridView에서 Column 및 Row에 대한 스크롤 고정 기술

프로그램 명세서		
작성자 : 김 진 수	승인자 :	버 전 : 1.0
작성일 : 2009. 03. 17	승인일 :	페이지 : 1/8

프로그램명	전체 스케줄 조회

선박명	COSCO BUSAN	COSCO HAMBURG	COSCO XIAMEN	HANJIN ATHENS	HANJIN BALTIMORE
항 차	010W	041W	024W	046W	020W
노 선	CAX	SEA	PNN	CAX	PSX
NEW YORK,NY	2007-08-05	2007-07-31	2007-08-12	2007-07-29	2007-08-09
BOSTON,MA					
BALTIMORE,MD	2007-08-05	2007-07-29	2007-08-12	2007-07-29	2007-08-09
NORFOLK,VA	2007-08-05	2007-07-30	2007-08-12	2007-07-29	2007-08-09
WILMINGTON,NC					
SAVANNAH,GA					
ATLANTA,GA	2007-08-05	2007-08-01	2007-08-12	2007-07-29	2007-08-09
CHARLESTON,SC			2007-08-13		
CHICAGO,IL	2007-08-08	2007-08-02	2007-08-14	2007-08-01	2007-08-12
COLUMBUS,OH	2007-08-08	2007-07-31	2007-08-14	2007-08-01	2007-08-12
DALLAS,TX	2007-08-08	2007-08-02	2007-08-14	2007-08-01	2007-08-12
HOUSTON,TX	2007-08-08	2007-08-02	2007-08-14	2007-08-01	2007-08-12
MEMPHIS,TN	2007-08-08	2007-08-02	2007-08-14	2007-08-01	2007-08-12
SAINT LOUIS,MO	2007-08-08	2007-08-02	2007-08-14	2007-08-01	2007-08-12
TORONTO,ON		2007-08-05	2007-08-15		
LONG BEACH,CA	2007-08-13	2007-08-06		2007-08-06	2007-08-17
LOS ANGELES,CA		2007-08-07	2007-08-17		
OAKLAND,CA	2007-08-14	2007-08-08		2007-08-07	2007-08-19
PORTLAND,OR			2007-08-20		

<table>
<tr><td colspan="3" align="center">프로그램 명세서</td></tr>
<tr><td>작성자 : 김 진 수</td><td>승인자 :</td><td>버　전 : 1.0</td></tr>
<tr><td>작성일 : 2009. 03. 17</td><td>승인일 :</td><td>페이지 : 2/8</td></tr>
</table>

프로그램명	전체 스케줄 조회

* 프로그램 개요
  - 선박의 출발일자, 도착일자 및 서비스 지역을 기준으로 한 전체 선박의 운항 스케줄을 클로스 탭 형식으로 조회하는 프로그램이다.
  - DataGridView의 위 3개의 행은 선박명, 항차 및 선박의 운행 노선을 나타낸다.
  - DataGridView의 왼편 첫째 열은 출발 및 도착하는 항구명을 나타내고, 둘째 열 이후는 각 선박에 대한 출발일자 및 도착일자이다.
  - 범례에서 보듯이 항구명의 색깔은 출발지는 옥색(Color.Aqua)으로 도착지는 오렌지색(Color.Orange)으로 나타낸다.
  - 선박의 출발일자, 도착일자 및 서비스 지역을 입력하고 [조회] 명령 단추를 누르면 해당 내역에 대한 선박의 스케줄을 조회할 수 있다.

1. 전체스케줄조회_Load()
  - 해운정보서비스 데이터베이스를 연결하여 연다.
  - SQL = "Select distinct BB.선박명, AA.항차, AA.노선 FROM " & _
                   "스케줄정보 AA INNER JOIN 선박코드정보 BB ON " & _
                   "AA.선박코드 = BB.선박코드 where AA.서비스지역코드 =
                   '01' " & "ORDER BY BB.선박명"
  - 위의 SQL 문을 이용하여 선박항차정보1 테이블(OutBound 내역)을 생성한다.

  - SQL = "Select distinct BB.선박명, AA.항차, AA.노선 FROM " & _
                   "스케줄정보 AA INNER JOIN 선박코드정보 BB ON " & _
                   "AA.선박코드 = BB.선박코드 where AA.서비스지역코드 =
                   '02' " & "ORDER BY BB.선박명"
  - 위의 SQL 문을 이용하여 선박항차정보2 테이블(InBound 내역)을 생성한다.
  - 항구별스케줄정보1 및 항구별스케줄정보2 테이블을 초기 생성한다.

<table>
<tr><td colspan="3" align="center">프로그램 명세서</td></tr>
<tr><td>작성자 : 김 진 수</td><td>승인자 :</td><td>버 전 : 1.0</td></tr>
<tr><td>작성일 : 2009. 03. 17</td><td>승인일 :</td><td>페이지 : 3/8</td></tr>
</table>

프로그램명	전체 스케줄 조회

- SQL = "Select distinct 항구명, 순번, 출발도착구분 FROM
  스케줄정보 " & "where (서비스지역코드 = '01') and
  (순번 >= '001') " & "and (순번 <= '02') ORDER BY 순번"
- 위의 SQL 문을 이용하여 항구명정보1 테이블(OutBound 내역)을 생성한다.

- SQL = "Select distinct 항구명, 순번, 출발도착구분 FROM
  스케줄정보 " & "where (서비스지역코드 = '02') and
  (순번 >= '216') " & "and (순번 <= '239') ORDER BY 순번"
- 위의 SQL 문을 이용하여 항구명정보2 테이블(InBound 내역)을 생성한다.
- DataGridView1의 속성을 지정한다.
- Table정보생성() 프로시저를 수행한다.

2. Table정보생성()
  - wk선박항차정보1 배열의 (0, 0), (1, 0) 및 (2, 0)에 "선박명", "항　차" 및
    "노　선"을 지정한다.
  - 선박항차정보1 테이블을 처음부터 읽어서(i 값은 레코드 Index)
    테이블의 선박명을 wk선박항차정보1(0, (i + 1))에,
    테이블의 항차를 wk선박항차정보1(1, (i + 1))에,
    테이블의 노선을 wk선박항차정보1(2, (i + 1))에 옮긴다.
  - 선박항차정보1 테이블을 처음부터 읽어서 Dt1 데이터 테이블을 생성한다.
    이 테이블은 OutBound용이고 집계데이터생성1() 프로시저에서 wk선박항차정
    보1 및 wk항구별스케줄정보1 배열 내역을 저장하고, 그 내역을 DataGridView1
    에 출력하는데 사용된다.
  - wk선박항차정보2 배열의 (0, 0), (1, 0) 및 (2, 0)에 "선박명", "항　차" 및
    "노　선"을 지정한다.

<table>
<tr><td colspan="3" align="center">프로그램 명세서</td></tr>
<tr><td>작성자 : 김 진 수</td><td>승인자 :</td><td>버　전 : 1.0</td></tr>
<tr><td>작성일 : 2009. 03. 17</td><td>승인일 :</td><td>페이지 : 4/8</td></tr>
</table>

프로그램명	전체 스케줄 조회

- 선박항차정보2 테이블을 처음부터 읽어서(i 값은 레코드 Index)
  테이블의 선박명을 wk선박항차정보2(0, (i + 1))에,
  테이블의 항차를 wk선박항차정보2(1, (i + 1))에,
  테이블의 노선을 wk선박항차정보2(2, (i + 1))에 옮긴다.
- 선박항차정보2 테이블을 처음부터 읽어서 Dt2 데이터 테이블을 생성한다.
  이 테이블은 InBound용이고 집계데이터생성2() 프로시저에서 wk선박항차정
  보2 및 wk항구별스케줄정보2 배열 내역을 저장하고, 그 내역을 DataGridView1
  에 출력하는데 사용된다.
- 항구명정보1 테이블을 처음부터 읽어서 테이블의 항구명을
  wk항구별스케줄정보1(i, 0)에 옮긴다(i 값은 레코드 Index).
- 항구명정보2 테이블을 처음부터 읽어서 테이블의 항구명을
  wk항구별스케줄정보2(i, 0)에 옮긴다(i 값은 레코드 Index).

3. btn조회_Click()
  - 폼의 출발일자가 "2007"보다 작거나, 도착일자가 "2007"보다 작거나, 서비스지
    역이 "A"보다 작으면 오류메시지를 출력하고 프로시저를 종료한다.
  - 폼에서 서비스지역이 OutBound인 경우는 다음 내역을 처리한다.
    · 항구별스케줄정보1 테이블의 내역을 지운다.
    · SQL = "Select BB.선박명, AA.항차, AA.항구명, AA.출발도착구분, "
    　　　　& "AA.출발도착일자 FROM 스케줄정보 AA INNER JOIN
    　　　　선박코드정보 " & "BB ON AA.선박코드 = BB.선박코드
    　　　　where (서비스지역코드 = '01') " & _
    　　　　"and (출발도착일자 >= '" & txt출발일자.Text & _
    　　　　"') and (출발도착일자 <= '" & txt도착일자.Text & _
    　　　　"') ORDER BY AA.선박코드, 항차, 순번"
    · 위의 SQL 문을 이용하여 항구별스케줄정보1 테이블을 생성한다.

프로그램 명세서		
작성자 : 김 진 수	승인자 :	버 전 : 1.0
작성일 : 2009. 03. 17	승인일 :	페이지 : 5/8

프로그램명	전체 스케줄 조회

- 항구별스케줄정보1 테이블을 처음부터 읽어서(i 값은 레코드 Index) 모든 데이터를 다음과 같이 처리한다.
  - wk항구별스케줄정보1(k, 0)이 항구별스케줄정보1 테이블의 항구명 필드 (i 번째)와 같으면, 선박항차정보1의 모든 데이터 중에서(m값을 변경하면서) wk선박항차정보1(0, m)이 항구별스케줄정보1의 i번째 선박명과 같으면 항구별스케줄정보1 테이블의 i 번째 출발도착일자를 wk항구별스케줄정보1(k, m)에 옮긴다.
  - 위의 로직은 항구별스케줄정보1 테이블을 항차별(가로), 항구별(세로)로 출발도착일자가 표시되는 크로스 탭을 출력하기 위해 배열을 만드는 것임
- 집계데이터생성1() 프로시저를 수행한다.
- DataGridView1의 DataSource에 집계데이터생성1() 프로시저에서 만들어진 Dt1 데이터 테이블을 옮긴다.
- DataGridView1의 첫 번째, 두 번째 및 세 번째 Row의 첫 번째 Cell에 "선박명", "항 차" 및 "노 선"을 옮긴다.
- wk항구별스케줄정보1(i, 0) 데이터를 DataGridView1.Row(i + 3).Cell(0)에 i값 변경에 따라(항구명정보1 테이블의 레코드 건수 −1 만큼) 옮긴다.

- 폼에서 서비스지역이 InBound인 경우는 다음 내역을 처리한다.
  - 항구별스케줄정보2 테이블의 내역을 지운다.
  - SQL = "Select BB.선박명, AA.항차, AA.항구명, AA.출발도착구분, "
    & "AA.출발도착일자 FROM 스케줄정보 AA INNER JOIN 선박코드정보 " & "BB ON AA.선박코드 = BB.선박코드 where (서비스지역코드 = '02') " & _
    "and (출발도착일자 >= '" & txt출발일자.Text & _
    "') and (출발도착일자 <= '" & txt도착일자.Text & _
    "') ORDER BY AA.선박코드, 항차, 순번"
  - 위의 SQL 문을 이용하여 항구별스케줄정보2 테이블을 생성한다.

프로그램 명세서		
작성자 : 김 진 수	승인자 :	버 전 : 1.0
작성일 : 2009. 03. 17	승인일 :	페이지 : 6/8

프로그램명	전체 스케줄 조회

- 항구별스케줄정보2 테이블을 처음부터 읽어서(i 값은 레코드 Index) 모든 데이터를 다음과 같이 처리한다.
  - wk항구별스케줄정보2(k, 0)가 항구별스케줄정보2 테이블의 항구명 필드 (i 번째)와 같으면, 선박항차정보2의 모든 데이터 중에서(m값을 변경하면서) wk선박항차정보2(0, m)가 항구별스케줄정보2의 i번째 선박명과 같으면 항구별스케줄정보2 테이블의 i 번째 출발도착일자를 wk항구별스케줄정보2(k, m)에 옮긴다.
  - 위의 로직은 항구별스케줄정보2 테이블을 항차별(가로), 항구별(세로)로 출발도착일자가 표시되는 크로스 탭을 출력하기 위해 배열을 만드는 것임
- 집계데이터생성2() 프로시저를 수행한다.
- DataGridView1의 DataSource에 집계데이터생성2() 프로시저에서 만들어진 Dt2 데이터 테이블을 옮긴다.
- DataGridView1의 첫 번째, 두 번째 및 세 번째 Row의 첫 번째 Cell에 "선박명", "항 차" 및 "노 선"을 옮긴다.
- wk항구별스케줄정보2(i, 0) 데이터를 DataGridView1.Row(i + 3).Cell(0)에 i값 변경에 따라(항구명정보2 테이블의 레코드 건수 -1 만큼) 옮긴다.

4. 집계데이터생성1()
  - Dt1 데이터 테이블의 내역을 지운다.
  - Dt1 데이터 테이블의 1, 2 및 3 NewRow는 선박명, 항차 및 노선 컬럼 헤더에 에 해당되는 데이터를 wk선박항차정보1 배열에서 다음과 같이 생성한다.
    - Dt1 데이터 테이블의 첫 번째 새로운 레코드(NewRow)에는 wk선박항차정보1(0, i+1), 그 다음 레코드는 wk선박항차정보1(1, i+1), 그 다음 레코드는 wk선박항차정보1(2, i+1)의 모든 배열 내역을 i 값의 변경에 따라 선박항차정보1 테이블의 건수 -1 만큼 순서대로 옮기고 각각 새로운 레코드를 생성한다.

<table>
<tr><td colspan="6" align="center">프로그램 명세서</td></tr>
<tr><td>작성자 : 김 진 수</td><td colspan="2">승인자 :</td><td colspan="2">버   전 : 1.0</td></tr>
<tr><td>작성일 : 2009. 03. 17</td><td colspan="2">승인일 :</td><td colspan="2">페이지 : 7/8</td></tr>
</table>

프로그램명	전체 스케줄 조회

- 항구명정보1 테이블의 데이터 건수 -1 만큼(i 값의 변화에 따라) 반복해서 Dt1 데이터 테이블에 다음과 같은 NewRow를 생성한다.
  - Dt1 데이터 테이블의 새로운 레코드(NewRow)에 wk항구별스케줄정보1(i, (k+1))의 모든 배열 내역을 k값의 변경에 따라 선박항차정보1 테이블의 건수 -1 만큼 순서대로 옮기고 새로운 레코드를 생성한다(k 값은 선박항차정보1의 레코드 Index).

  이것은 Column Headers(선박명, 항차 및 노선) 및 Row Headers(항구명)에 일치하는 출발도착일자를 저장하는 데이터 테이블 레코드를 만드는 것이다.

5. 집계데이터생성2()
   - Dt2 데이터 테이블의 내역을 지운다.
   - Dt2 데이터 테이블의 1, 2 및 3 NewRow는 선박명, 항차 및 노선 컬럼 헤더에 해당되는 데이터를 wk선박항차정보2 배열에서 다음과 같이 생성한다.
     - Dt2 데이터 테이블의 첫 번째 새로운 레코드(NewRow)에는 wk선박항차정보2(0, i+1), 그 다음 레코드는 wk선박항차정보2(1, i+1), 그 다음 레코드는 wk선박항차정보2(2, i+1)의 모든 배열 내역을 i 값의 변경에 따라 선박항차정보2 테이블의 건수 -1 만큼 순서대로 옮기고 각각 새로운 레코드를 생성한다.
   - 항구명정보2 테이블의 데이터 건수 -1 만큼(i 값의 변화에 따라) 반복해서 Dt2 데이터 테이블에 다음과 같은 NewRow를 생성한다. 이것은 Column(선박명, 항차 및 노선별) 및 Row(항구별)에 일치하는 출발도착일자를 저장하는 데이터 테이블 레코드를 만드는 것이다.
     - Dt2 데이터 테이블의 새로운 레코드(NewRow)에 wk항구별스케줄정보2(i, (k+1))의 모든 배열 내역을 k값의 변경에 따라 선박항차정보2 테이블의 건수 -1 만큼 순서대로 옮기고 새로운 레코드를 생성한다(k 값은 선박항차정보2의 레코드 Index).

<table>
<tr><td colspan="4" align="center">프로그램 명세서</td></tr>
<tr><td>작성자 : 김 진 수</td><td>승인자 :</td><td colspan="2">버 전 : 1.0</td></tr>
<tr><td>작성일 : 2009. 03. 17</td><td>승인일 :</td><td colspan="2">페이지 : 8/8</td></tr>
</table>

프로그램명	전체 스케줄 조회

6. DataGridView1_CellClick()
 - 폼에서 서비스지역이 OutBound인 경우는 다음 로직을 수행한다.
   txt선박항차.Text = wk선박항차정보1(0, wkIndex) & "   " & _
    wk선박항차정보1(1, wkIndex) & "   " & wk선박항차정보1(2, wkIndex)
   이 때 wkIndex는 DataGridView1에서 첫 번째 선택된 Column Index이다.
 - 폼에서 서비스지역이 InBound인 경우는 다음 로직을 수행한다.
   txt선박항차.Text = wk선박항차정보2(0, wkIndex) & "   " & _
    wk선박항차정보2(1, wkIndex) & "   " & wk선박항차정보2(2, wkIndex)
   이 때 wkIndex는 DataGridView1의 첫 번째 선택된 Column Index이다.

① 프로젝트는 이전에 작성한 [해운정보서비스] 프로젝트를 그대로 이용하고, [해운정보
 서비스] 프로젝트의 단축 메뉴에서 [추가/Windows Form] 기능을 이용하여 새 폼을
 만든다. 새로운 폼 이름은 [전체스케줄조회]로 한다.

② 다음 표를 참고로 폼을 디자인한다.

컨트롤	Name	Text	비 고
Form	전체스케줄조회	전체스케줄조회	
Label	Label1	전체 스케줄 조회	Font : 굴림20pt
TextBox	txt출발일자		
TextBox	txt도착일자		
Button	btn조회		
ComboBox	cbo서비스지역		
TextBox	txt선박항차		
DataGridView	DataGridView1		

③ 프로그램에 imports해야 할 네임스페이스와 전체스케줄조회 폼에 사용될 기본 개체를
   설정하고, 폼의 빈곳에 더블 클릭하여 전체스케줄조회_Load 로직을 작성한다.

리스트 **3-6**

```vb
Imports System.Data
Imports System.Data.SqlClient
Imports System.IO

Public Class 전체스케줄조회

Protected Conn As New SqlConnection()
Protected Dt1 As New DataTable("스케줄정렬정보1")
Protected Dt2 As New DataTable("스케줄정렬정보2")
Protected Ds2 As New DataSet
Protected Adt1 As New SqlDataAdapter()
Protected Adt2 As New SqlDataAdapter()
Protected Adt3 As New SqlDataAdapter()
Protected Adt4 As New SqlDataAdapter()
Protected Adt5 As New SqlDataAdapter()
Protected Adt6 As New SqlDataAdapter()
Protected Cmd As SqlCommand
Protected SQL As String = ""
Protected wk선박항차정보1(3, 20) As String
Protected wk선박항차정보2(3, 20) As String
Protected wk항구별스케줄정보1(80, 20) As String
Protected wk항구별스케줄정보2(80, 20) As String
Protected wk출발도착구분1(80) As String
Protected wk출발도착구분2(80) As String
Protected Column1 As DataColumn
Protected Row1 As DataRow


Private Sub 전체스케줄조회_Load(ByVal sender As Object, ByVal e ↙
        As System.EventArgs) Handles Me.Load


  Try
    Conn.ConnectionString = "SERVER=kjs;UID=sa;PWD=kjs; ↙
                          DATABASE=해운정보서비스"

    SQL = "Select distinct BB.선박명, AA.항차, AA.노선 FROM " & _
          "스케줄정보 AA INNER JOIN 선박코드정보 BB ON " & _
          "AA.선박코드 = BB.선박코드 where AA.서비스지역코드 = ↙
          '01' " & "ORDER BY BB.선박명"
```

```
        Adt1 = New SqlDataAdapter(SQL, Conn)
        Adt1.Fill(Ds2, "선박항차정보1") ················································ 1

        SQL = "Select distinct BB.선박명, AA.항차, AA.노선 FROM " & _
              "스케줄정보 AA INNER JOIN 선박코드정보 BB ON " & _
              "AA.선박코드 = BB.선박코드 where AA.서비스지역코드 = ✓
              '02' " & "ORDER BY BB.선박명"
        Adt2 = New SqlDataAdapter(SQL, Conn)
        Adt2.Fill(Ds2, "선박항차정보2") ················································ 2

        SQL = "Select BB.선박명, AA.항차, AA.항구명, AA.출발도착구분, " & _
              "AA.출발도착일자 FROM 스케줄정보 AA INNER JOIN _
              선박코드정보 " & "BB ON AA.선박코드 = BB.선박코드 _
              where 서비스지역코드 = '11'"
        Adt3 = New SqlDataAdapter(SQL, Conn)
        Adt3.Fill(Ds2, "항구별스케줄정보1") ············································ 3

        SQL = "Select BB.선박명, AA.항차, AA.항구명, AA.출발도착구분, " & _
              "AA.출발도착일자 FROM 스케줄정보 AA INNER JOIN ✓
              선박코드정보 " & "BB ON AA.선박코드 = BB.선박코드 ✓
              where 서비스지역코드 = '11'"
        Adt4 = New SqlDataAdapter(SQL, Conn)
        Adt4.Fill(Ds2, "항구별스케줄정보2") ············································ 4

        SQL = "Select distinct 항구명, 순번, 출발도착구분 FROM ✓
              스케줄정보 " & "where (서비스지역코드 = '01') and ✓
              (순번 >= '001') " & "and (순번 <= '072') ORDER BY 순번"

        Adt5 = New SqlDataAdapter(SQL, Conn)
        Adt5.Fill(Ds2, "항구명정보1") ················································ 5

        SQL = "Select distinct 항구명, 순번, 출발도착구분 FROM ✓
              스케줄정보 " & "where (서비스지역코드 = '02') and ✓
              (순번 >= '216') " & "and (순번 <= '279') ORDER BY 순번"

        Adt6 = New SqlDataAdapter(SQL, Conn)
        Adt6.Fill(Ds2, "항구명정보2") ················································ 6
        DataGridViewSet() ····························································· 7

        Table정보생성() ······························································· 8

    Catch ErrSQL As SqlException
        Dim colErrors AsSqlErrorCollection = ErrSQL.Errors
        Dim i As Integer
```

```
      For i = 0 To colErrors.Count
         MessageBox.Show("오류 번호 : " & ErrSQL.Number & _
         "[" & ErrSQL.Source & "]" & ControlChars.CrLf & "오류 내역 : ↵
         " & ErrSQL.Message & ControlChars.CrLf & "오류 행번호 : " ↵
         & ErrSQL.StackTrace, "오류 메시지" & "(" & i + 1 & ")")
      Next
   End Try


End Sub


Private Sub DataGridViewSet()

   ' DataGridView1 속성 지정
   DataGridView1.AllowUserToAddRows = False                           9
   DataGridView1.AllowUserToDeleteRows = False                        10
   DataGridView1.AllowUserToResizeColumns = False                     11
   DataGridView1.AllowUserToResizeRows = False                        12
   DataGridView1.AutoSizeColumnsMode = _                              13
               DataGridViewAutoSizeColumnsMode.AllCells
   DataGridView1.AutoSizeRowsMode = _                                14
               DataGridViewAutoSizeRowsMode.AllCells
   DataGridView1.ColumnHeadersDefaultCellStyle.Alignment = _         15
               DataGridViewContentAlignment.MiddleCenter
   DataGridView1.ColumnHeadersHeightSizeMode = _                     16
            DataGridViewColumnHeadersHeightSizeMode.DisableResizing
   DataGridView1.DefaultCellStyle.Alignment= _                       17
               DataGridViewContentAlignment.MiddleCenter
   DataGridView1.MultiSelect = False                                 18
   DataGridView1.ReadOnly = True                                     19
   DataGridView1.ColumnHeadersVisible = False                        20
   DataGridView1.RowHeadersVisible = True                            21
   DataGridView1.ScrollBars = ScrollBars.Both                        22
   DataGridView1.SelectionMode = DataGridViewSelectionMode.CellSelect
                                                                     23
End Sub

Private Sub Table정보생성()

   Dim i As Integer

   wk선박항차정보1(0, 0) = "선박명"                                    24
   wk선박항차정보1(1, 0) = "항  차"
   wk선박항차정보1(2, 0) = "노  선"
```

```
For i = 0 To Ds2.Tables("선박항차정보1").Rows.Count - 1 ·············· 25
    wk선박항차정보1(0, (i + 1)) = _
                    Ds2.Tables("선박항차정보1").Rows(i)("선박명")
    wk선박항차정보1(1, (i + 1)) = _
                    Ds2.Tables("선박항차정보1").Rows(i)("항차")
    wk선박항차정보1(2, (i + 1)) = _
                    Ds2.Tables("선박항차정보1").Rows(i)("노선")
Next

For i = 0 To Ds2.Tables("선박항차정보1").Rows.Count - 1
    Column1 = New DataColumn("항목" & i + 1, ↙ ·············· 26
                    Type.GetType("System.String"))
    Column1.MaxLength = 20 ···································· 27
    Dt1.Columns.Add(Column1) ································ 28
Next

wk선박항차정보2(0, 0) = "선박명"
wk선박항차정보2(1, 0) = "항  차"
wk선박항차정보2(2, 0) = "노  선"

For i = 0 To Ds2.Tables("선박항차정보2").Rows.Count - 1
    wk선박항차정보2(0, (i + 1)) = _
                    Ds2.Tables("선박항차정보2").Rows(i)("선박명")
    wk선박항차정보2(1, (i + 1)) = _
                    Ds2.Tables("선박항차정보2").Rows(i)("항차")
    wk선박항차정보2(2, (i + 1)) = _
                    Ds2.Tables("선박항차정보2").Rows(i)("노선")
Next

For i = 0 To Ds2.Tables("선박항차정보2").Rows.Count - 1
    Column1 = New DataColumn("항목" & i + 1, ↙
                    Type.GetType("System.String"))
    Column1.MaxLength = 20
    Dt2.Columns.Add(Column1)
Next

For i = 0 To Ds2.Tables("항구명정보1").Rows.Count - 1
    wk항구별스케줄정보1(i, 0) = _ ·························· 29
                    Ds2.Tables("항구명정보1").Rows(i)("항구명")
Next
```

```
For i = 0 To Ds2.Tables("항구명정보2").Rows.Count - 1
  wk항구별스케줄정보2(i, 0) = _
                      Ds2.Tables("항구명정보2").Rows(i)("항구명")
  Next

End Sub
```

〈해설〉

1. 선박명별 항차 및 노선에 대한 테이블을 생성한다. 이 때 서비스지역코드가 "01"인 것은 OutBound(TO ASIA VIA W/C PORTS)에 대한 데이터이다.

2. 선박명별 항차 및 노선에 대한 테이블을 생성한다. 이 때 서비스지역코드가 "02"인 것은 InBound(FROM ASIA TO N.AMERICA PORTS)에 대한 데이터이다.

3. 항구별스케줄정보1 테이블을 초기 생성한다. 이 때 서비스지역코드가 "11"인 데이터는 없기 때문에 이름만 가진 공백 테이블을 만든다.

4. 항구별스케줄정보2 테이블을 초기 생성한다. 이 때 서비스지역코드가 "11"인 데이터는 없기 때문에 이름만 가진 공백 테이블을 만든다.

5. 항구명정보1 테이블을 생성한다. 그 내역은 항구명, 순번, 출발도착구분 필드가 포함되고 OutBound 데이터 작업시 이용한다. SQL 문에서 순번이 "001"과 "072" 사이의 데이터를 선택한 것은 별다른 의미가 없고 다른 순번에는 중복된 데이터가 나타나기 때문에 그 데이터만을 선택한 것이다.

6. 항구명정보2 테이블을 생성한다. 그 내역은 항구명, 순번, 출발도착구분 필드가 포함되고 InBound 데이터 작업시 이용한다. SQL 문에서 순번이 "216"과 "279" 사이의 데이터를 선택한 것은 별다른 의미가 없고 다른 순번에는 중복된 데이터가 나타나기 때문에 그 데이터만을 선택한 것이다.

7. DataGridView1의 속성을 지정하는 프로시저를 수행한다.

8. Table정보생성() 프로시저를 수행한다.

9. DataGridView1의 Row(행)에 레코드 추가를 금지시킨다.

10. DataGridView1의 Row(행)에서 레코드 삭제를 금지시킨다.

11. DataGridView1에서 사용자가 Column(열)의 크기를 조정하는 것을 금지시킨다.

12. DataGridView1에서 사용자가 Row(행)의 크기를 조정하는 것을 금지시킨다.

13. Column(열)의 크기를 모든 출력 데이터에 맞게 자동 조정한다.

14. Row(행)의 크기를 모든 출력 데이터에 맞게 자동 조정한다.

15. DataGridView1에 출력되는 모든 ColumnHeaders의 기본적인 정렬을 MiddleCenter로 지정한다.

16. DataGridView1의 ColumnHeaders 높이를 조정할 수 없게 한다. 속성을 Enable Resizing으로 하면 ColumnHeaders의 높이를 조정할 수 있다.

17. DataGridView1에 출력되는 모든 데이터의 기본적인 정렬을 MiddleCenter로 지정한다. Alignment 속성은 컬럼의 텍스트 맞춤을 가져오거나 설정한다. 먼저 아래위 위치를 맞추는 기준으로 Top, Bottom 및 Middle로 나누어지고 그 각각에 대해 좌우를 맞추는 기준으로 Left, Center 및 Right의 속성이 있다.

18. DataGridView1에서 데이터를 다중 선택하지 못하게 한다.

19. DataGridView1의 모든 내역을 조회만 가능하도록 한다.

20. ColumnHeaders가 보이지 않게 한다.

21. RowHeaders가 보이게 한다.

22. 스크롤바는 가로, 세로 모두를 사용한다.

23. DataGridView1의 데이터 선택 모드를 CellSelect로 한다. 이에 대한 자세한 내역은 3.1.4를 참고한다.

24. wk선박항차정보1 배열은 항구별스케줄정보1 테이블의 내역을 정리하여 폼의 DataGridView1에 크로스 탭으로 데이터를 출력하기 위해 필요한 배열이다. 이 로직은 DataGridView1의 첫 번째, 두 번째 및 세 번째 Row의 첫 번째 Cell에 "선박명", "항차" 및 "노 선"을 옮길 때 이용하는 배열 내역을 만든다.

25. 선박항차정보1 테이블을 처음부터 읽어서(i 값은 레코드 Index)

테이블의 선박명을 wk선박항차정보1(0, (i + 1))에,

테이블의 항차를 wk선박항차정보1(1, (i + 1))에,

테이블의 노선을 wk선박항차정보1(2, (i + 1))에 옮긴다. 이 배열 데이터는 폼에서 DataGridView1의 선박명, 항차 및 노선 Column Headers를 출력하는 데 사용된다.

26. 새로운 DataColumn인 Column1에 대한 생성을 준비한다.

27. Column1의 최대 길이는 20바이트이다.

28. Dt1 데이터 테이블에 새로운 Column1을 추가한다.

29. 항구명정보1 테이블을 처음부터 읽어서 테이블의 항구명을 wk항구별스케줄정보1(i, 0)에 옮긴다(i 값은 레코드 Index). 이 배열 데이터는 폼에서 DataGridView1의 각 항구명에 대한 출발도착일자에 데이터를 출력하는 데 사용된다.

④ 폼의 출발일자, 도착일자 및 서비스 지역에 따라 데이터를 조회하는 [조회] 명령 단추에 대한 로직을 작성하자.

리스트 3-7

```vb
Private Sub btn조회_Click(ByVal sender As System.Object, ByVal e ↙
        As System.EventArgs) Handles btn조회.Click

    Dim i, k, m As Integer

    If (txt출발일자.Text < "2007") Or (txt도착일자.Text < "2007") Or _
        (cbo서비스지역.Text < "A") Then
        MsgBox("출발일자, 도착일자 및 서비스지역을 선택해야 데이터를 ↙
        조회할 수 있습니다. ")
        Exit Sub
    End If


    If cbo서비스지역.SelectedIndex = 0 Then ·································· 1

        Ds2.Tables("항구별스케줄정보1").Clear()

        SQL = "Select BB.선박명, AA.항차, AA.항구명, AA.출발도착구분," ↙
            & " AA.출발도착일자 FROM 스케줄정보 AA INNER JOIN ↙
            선박코드정보 " & "BB ON AA.선박코드 = BB.선박코드 ↙
            where (서비스지역코드 = '01') " & _
            "and (출발도착일자 >= '" & txt출발일자.Text & _
            "') and (출발도착일자 <= '" & txt도착일자.Text & _
            "') ORDER BY AA.선박코드, 항차, 순번"

        Adt3 = New SqlDataAdapter(SQL, Conn)

        Adt3.Fill(Ds2, "항구별스케줄정보1") ····························· 2

        For i = 0 To 79
            For k = 1 To 19
                wk항구별스케줄정보1(i, k) = ""
            Next
        Next

        For i = 0 To Ds2.Tables("항구별스케줄정보1").Rows.Count - 1
            For k = 0 To Ds2.Tables("항구명정보1").Rows.Count - 1

                If wk항구별스케줄정보1(k, 0) = _ ···················· 3
                    Ds2.Tables("항구별스케줄정보1").Rows(i)("항구명") Then
                    For m = 0 To Ds2.Tables("선박항차정보1").Rows.Count
```

```
                    If wk선박항차정보1(0, m) = Ds2.Tables("항구별스케줄 ↙
                            정보1").Rows(i)("선박명") Then
                        wk항구별스케줄정보1(k, m) = Ds2.Tables("항구별 ↙
                            스케줄정보1").Rows(i)("출발도착일자")
                        Exit For
                    End If
                Next
                Exit For
            End If
        Next
    Next


집계데이터생성1()

DataGridView1.DataSource = Dt1 ························································ 4

DataGridView1.Rows(0).Cells(0).Value = "선박명" ···························· 5
DataGridView1.Rows(1).Cells(0).Value = "항  차"
DataGridView1.Rows(2).Cells(0).Value = "노  선"

For i = 0 To Ds2.Tables("항구명정보1").Rows.Count - 1 ·············· 6
    DataGridView1.Rows(i + 3).Cells(0).Value = _
                            wk항구별스케줄정보1(i, 0)
Next

For i = 0 To 2 ··························································································· 7
    For k = 0 To Ds2.Tables("선박항차정보1").Rows.Count
        DataGridView1.Rows(i).Cells(k).Style.BackColor = _
                            Color.DodgerBlue
    Next
Next

For k = 0 To Ds2.Tables("항구명정보1").Rows.Count - 1 ·············· 8
    If Ds2.Tables("항구명정보1").Rows(k)("출발도착구분") = "L" Then
        DataGridView1.Rows(k + 3).Cells(0).Style.BackColor = ↙
                            Color.Aqua
    Else ·································································································· 9
        DataGridView1.Rows(k + 3).Cells(0).Style.BackColor = ↙
                            Color.Orange

    End If
Next


Else
```

```
Ds2.Tables("항구별스케줄정보2").Clear()

SQL = "Select BB.선박명, AA.항차, AA.항구명, AA.출발도착구분, " _
      & "AA.출발도착일자 FROM 스케줄정보 AA INNER JOIN _
      선박코드정보 " & "BB ON AA.선박코드 = BB.선박코드 where _
      (서비스지역코드 = '02') " & "and (출발도착일자 >= '" & _
      txt출발일자.Text & "') and (출발도착일자 <= '" & _
      txt도착일자.Text & "') ORDER BY AA.선박코드, 항차, 순번"

Adt4 = New SqlDataAdapter(SQL, Conn)
Adt4.Fill(Ds2, "항구별스케줄정보2") ································· 10

For i = 0 To 79
   For k = 1 To 19
      wk항구별스케줄정보2(i, k) = ""
   Next
Next

For i = 0 To Ds2.Tables("항구별스케줄정보2").Rows.Count - 1
   For k = 0 To Ds2.Tables("항구명정보2").Rows.Count - 1
      If wk항구별스케줄정보2(k, 0) = _
         Ds2.Tables("항구별스케줄정보2").Rows(i)("항구명") Then

         For m = 0 To Ds2.Tables("선박항차정보2").Rows.Count
            If wk선박항차정보2(0, m) = Ds2.Tables _
                  ("항구별스케줄정보2").Rows(i)("선박명") Then
               wk항구별스케줄정보2(k, m) = Ds2.Tables _
                  ("항구별스케줄정보2").Rows(i)("출발도착일자")

               Exit For
            End If
         Next

         Exit For
      End If
   Next
Next

집계데이터생성2()

DataGridView1.DataSource = Dt2

DataGridView1.Rows(0).Cells(0).Value = "선박명"
DataGridView1.Rows(1).Cells(0).Value = "항  차"
DataGridView1.Rows(2).Cells(0).Value = "노  선"
```

```
    For i = 0 To Ds2.Tables("항구명정보2").Rows.Count − 1
        DataGridView1.Rows(i + 3).Cells(0).Value = ↵
                                        wk항구별스케줄정보2(i, 0)
    Next

    For i = 0 To 2
        For k = 0 To Ds2.Tables("선박항차정보2").Rows.Count
            DataGridView1.Rows(i).Cells(k).Style.BackColor = ↵
                                            Color.DodgerBlue
        Next
    Next

    For k = 0 To Ds2.Tables("항구명정보2").Rows.Count − 1
        If Ds2.Tables("항구명정보2").Rows(k)("출발도착구분") = "L" Then
            DataGridView1.Rows(k + 3).Cells(0).Style.BackColor = ↵
                                            Color.Aqua
        Else
            DataGridView1.Rows(k + 3).Cells(0).Style.BackColor = ↵
                                            Color.Orange
        End If
    Next

    End If

    Me.DataGridView1.Rows(0).Frozen = True ·····························11
    Me.DataGridView1.Rows(1).Frozen = True
    Me.DataGridView1.Rows(2).Frozen = True

End Sub

Private Sub 집계데이터생성1()

    Dim NewRow As DataRow
    Dim i, k AsInteger

    Dt1.Clear()

    NewRow = Dt1.NewRow ·····································12
    For i = 0 To Ds2.Tables("선박항차정보1").Rows.Count − 1 ··········13
        NewRow("항목" & (i + 1)) = wk선박항차정보1(0, i + 1)
    Next
    Dt1.Rows.Add(NewRow)

    NewRow = Dt1.NewRow
```

```
   For i = 0 To Ds2.Tables("선박항차정보1").Rows.Count - 1 ···············14
      NewRow("항목" & (i + 1)) = wk선박항차정보1(1, i + 1)
   Next
   Dt1.Rows.Add(NewRow)


   NewRow = Dt1.NewRow
   For i = 0 To Ds2.Tables("선박항차정보1").Rows.Count - 1 ··············15
      NewRow("항목" & (i + 1)) = wk선박항차정보1(2, i + 1)
   Next
   Dt1.Rows.Add(NewRow)


   For i = 0 To Ds2.Tables("항구명정보1").Rows.Count - 1 ···············16
      NewRow = Dt1.NewRow
      For k = 0 To Ds2.Tables("선박항차정보1").Rows.Count - 1
         NewRow("항목" & (k + 1)) = wk항구별스케줄정보1(i, (k + 1))
      Next
      Dt1.Rows.Add(NewRow)
   Next


End Sub

Private Sub 집계데이터생성2()

   Dim NewRow As DataRow
   Dim i, k AsInteger

   Dt2.Clear()
   NewRow = Dt2.NewRow
   For i = 0 To Ds2.Tables("선박항차정보2").Rows.Count - 1
      NewRow("항목" & (i + 1)) = wk선박항차정보2(0, i + 1)
   Next
   Dt2.Rows.Add(NewRow)


   NewRow = Dt2.NewRow
   For i = 0 To Ds2.Tables("선박항차정보2").Rows.Count - 1
      NewRow("항목" & (i + 1)) = wk선박항차정보2(1, i + 1)
   Next
   Dt2.Rows.Add(NewRow)


   NewRow = Dt2.NewRow
   For i = 0 To Ds2.Tables("선박항차정보2").Rows.Count - 1
      NewRow("항목" & (i + 1)) = wk선박항차정보2(2, i + 1)
   Next
```

```
Dt2.Rows.Add(NewRow)

For i = 0 To Ds2.Tables("항구명정보2").Rows.Count - 1
    NewRow = Dt2.NewRow
    For k = 0 To Ds2.Tables("선박항차정보2").Rows.Count - 1
        NewRow("항목" & (k + 1)) = wk항구별스케줄정보2(i, (k + 1))
    Next
    Dt2.Rows.Add(NewRow)
Next

End Sub
```

〈해설〉

1. SelectedIndex가 0인 경우는 서비스지역이 OutBound인 경우이다.

2. 항구별스케줄정보1 테이블은 서비스지역코드가 "01"(OutBound)인 경우 항차, 항구명, 출발도착구분 및 출발도착일자를 저장하고, 이 테이블 내역을 편집하여 wk항구별스케줄정보1 배열에 저장하고, 이 배열을 이용하여 DataGridView1에 항구별 스케줄정보를 크로스 탭 형태로 출력한다.

3. wk항구별스케줄정보1(k, 0)이 항구별스케줄정보1 테이블의 항구명 필드 (i 번째)와 같으면, 선박항차정보1의 모든 데이터 중에서(m값을 변경하면서) wk선박항차정보1(0, m)이 항구별스케줄정보1의 i번째 선박명과 같으면 항구별스케줄정보1 테이블의 i 번째 출발도착일자를 wk항구별스케줄정보1(k, m)에 옮긴다. 위의 로직은 항구별스케줄정보1 테이블을 항차별(가로), 항구별(세로)로 출발도착일자가 표시되는 크로스 탭을 출력하기 위해 배열을 만드는 것이다. 또한 이 때 항구명정보1 테이블은 해당 항구명의 건수를 체크하기 위한 용도로 사용한다.

4. 집계데이터생성1() 프로시저에서 생성된 Dt1 데이터 테이블을 DataGridView1의 DataSource에 옮긴다.

5. DataGridView1의 첫 번째, 두 번째 및 세 번째 Row의 첫 번째 Cell에 "선박명", "항차" 및 "노 선"을 옮긴다. 이는 3행의 Column Headers를 출력하는 로직이다.

6. wk항구별스케줄정보1(i, 0) 배열 데이터를 DataGridView1.Row(i + 3).Cell(0)에 i값 변경에 따라(항구명정보1 테이블의 레코드 건수 -1 만큼) 옮긴다. 이는 항구명 Row Headers를 출력하는 로직이다.

DataGridView1은 위쪽 3행이 선박명, 항차 및 노선 Column Headers, 왼쪽의 1열이 항

구명 Row Headers, 행렬이 만나는 셀에는 출발도착일자로 구성된 크로스 탭 형태로 되어있다.

7. DataGridView1에서 위쪽 3행인 선박명, 항차 및 노선 Column Headers의 배경색(BackColor)을 옥수수빵파랑색(DodgerBlue)으로 지정한다.

8. 출발도착구분이 L(출발지)인 경우 DataGridView1의 1번째 Column의 배경색을 옥색(Aqua)으로 지정한다.

9. 출발도착구분이 L이 아닌 경우(도착지)인 경우 DataGridView1의 1번째 Column의 배경색을 오렌지색(Orange)으로 지정한다.

10. 항구별스케줄정보2 테이블은 서비스지역코드가 "02"(InBound)인 경우 항차, 항구명, 출발도착구분 및 출발도착일자를 저장하고, 이 테이블 내역을 편집하여 wk항구별스케줄정보2 배열에 저장하고, 이 배열을 이용하여 DataGridView1에 항구별 스케줄정보를 크로스 탭 형태로 출력한다.

11. DataGridView1에서 위쪽 3행인 선박명, 항차 및 노선 Column Headers를 스크롤되지 않도록 고정(Frozen)한다.

12. Dt1 데이터 테이블에 새로운 빈 레코드를 추가한다.

13. Dt1 데이터 테이블의 첫 번째 NewRow는 선박명에 해당되는 Column Header 데이터로서 wk선박항차정보1(0, i+1)의 모든 배열 내역을 i 값의 변경에 따라 선박항차정보1 테이블의 건수 -1 만큼 순서대로 옮기고 새로운 레코드를 생성한다.

14. Dt1 데이터 테이블의 두 번째 NewRow는 항차에 해당되는 Column Header 데이터로서 wk선박항차정보1(1, i+1)의 모든 배열 내역을 위의 13과 같이 새로운 레코드를 생성한다.

15. Dt1 데이터 테이블의 세 번째 NewRow는 노선에 해당되는 Column Header 데이터로서 wk선박항차정보1(2, i+1)의 모든 배열 내역을 위의 13과 같이 새로운 레코드를 생성한다.

16. 항구명정보1 테이블의 데이터 건수 -1 만큼(i 값의 변화에 따라) 반복해서 Dt1 데이터 테이블에 다음과 같은 NewRow를 생성한다.

    Dt1 데이터 테이블의 새로운 레코드(NewRow)에 wk항구별스케줄정보1(i, (k+1))의 모든 배열 내역을 k값의 변경에 따라 선박항차정보1 테이블의 건수 -1 만큼 순서대로 옮기고 새로운 레코드를 생성한다(k 값은 선박항차정보1의 레코드 Index).

    이것은 Column Headers(선박명, 항차 및 노선) 및 Row Headers(항구명)에 일치하는 출발도착일자를 저장하는 데이터 테이블 레코드를 만드는 것이다.

⑤ DataGridView1에서 어떤 셀(Cell)을 클릭했을 때 그 셀에 해당하는 선박항차 정보를
폼에 출력하는 로직을 작성하자.

리스트 **3-8**

```
Private Sub DataGridView1_CellClick(ByVal sender As Object, ↙
    ByVal e As System.Windows.Forms.DataGridViewCellEventArgs) ↙
    Handles DataGridView1.CellClick

  Dim wkIndex As Integer

  wkIndex = DataGridView1.SelectedCells(0).ColumnIndex ················1

  If wkIndex = 0 Then
     txt선박항차.Text = ""
     Exit Sub
  End If


  If cbo서비스지역.SelectedIndex = 0 Then ·······························2
     txt선박항차.Text = wk선박항차정보1(0, wkIndex) & "      " & _
     wk선박항차정보1(1, wkIndex) & "      " & _
     wk선박항차정보1(2, wkIndex)
  Else
     txt선박항차.Text = wk선박항차정보2(0, wkIndex) & "      " & _
     wk선박항차정보2(1, wkIndex) & "      " & _
     wk선박항차정보2(2, wkIndex)
  End If

 End Sub

End Class
```

〈해설〉

1. wkIndex는 DataGridView1에서 첫 번째 선택된 Column Index이다.

2. 서비스지역 콤보상자가 첫 번째 데이터가 선택된 경우는 OutBound이고, 그렇지 않은
   경우는 InBound이다.

제4장

예약 신청 프로그램 작성

4.1 예약 신청 프로그램 작성

실습에 필요한 데이터베이스는 [해운정보서비스.bak] 데이터를 복원해서 사용하고, [해운정보서비스] 데이터베이스의 [예약정보], [스케줄정보], [선박코드정보] 및 [항구코드정보] 테이블을 이용한다.

<table>
<tr><td colspan="6" align="center">프로그램 명세서</td></tr>
<tr><td colspan="2">작성자 : 김 진 수</td><td colspan="2">승인자 :</td><td colspan="2">버　전 : 1.0</td></tr>
<tr><td colspan="2">작성일 : 2009. 03. 17</td><td colspan="2">승인일 :</td><td colspan="2">페이지 : 1/13</td></tr>
</table>

프로그램명	예약 신청

이 프로그램 실습으로 알게 되는 요소 기술은 다음과 같다.

- List 목록의 선택이 변경되는 이벤트(SelectedIndexChanged) 처리 기술
- ComboBox의 목록 선택이 변경되는 이벤트(SelectionChangeCommitted) 처리 기술
- distinct를 사용하여 중복되지 않는 레코드를 출력하는 SQL문
- CheckBox의 각종 처리 기술
- Mid 함수를 이용하여 필드 내역 중 일부 데이터를 선택하는 방법
- TextBox의 SelectAll 메소드 사용 방법
- TextBox의 데이터가 변경되는 이벤트(TextChanged) 처리 기술
- Serial 번호를 수동으로 만드는 방법

프로그램 명세서		
작성자 : 김 진 수	승인자 :	버　전 : 1.0
작성일 : 2009. 03. 17	승인일 :	페이지 : 2/13

프로그램명	예약 신청

* 프로그램 개요
- 화주가 해운회사에서 제공되는 선박의 출항 스케줄을 조회하고 난 뒤 자기 회사의 선적할 화물에 대해 서비스 종류, 출발지, 도착지, 선박 스케줄 내역, 선적 품목 내역, 화물의 세부 내역, 컨테이너의 종류, 크기 및 수량, 내륙 운송 정보 등의 내역을 입력하여 선적 내용을 미리 예약(Booking)하는 프로그램이다.
- 회원ID, 회원명, 전화번호 및 FAX번호는 메인 폼에서 로그인할 때의 정보를 그대로 이용한다.
- [조회] 명령 단추를 이용하여 해당 회원ID에 대해 최근에 예약한 내역을 조회할 수 있다. 이 기능을 이용하면 새로운 화물을 예약할 때 비슷한 내역은 쉽게 입력할 수 있으므로 편리하게 예약 신청을 할 수 있다.
- 스케줄은 선박별 스케줄과 출발일 스케줄 필드가 있고, 스케줄(선박별) 콤보 상자를 선택하면 선적항과 선박 스케줄 데이터를 이용하여 출발일 스케줄은 자동으로 조회된다. 전체 선박 스케줄에 대해 조회하기를 원하면 [스케줄 조회] 단추를 누르면 된다.

<table>
<tr><td colspan="6" align="center">프로그램 명세서</td></tr>
<tr><td>작성자 : 김 진 수</td><td>승인자 :</td><td>버 전 : 1.0</td></tr>
<tr><td>작성일 : 2009. 03. 17</td><td>승인일 :</td><td>페이지 : 3/13</td></tr>
</table>

프로그램명	예약 신청

- 화물 세부 내역은 일반, 냉동, 위험 및 장척 화물로 구분된다. 그 세부 내역은 [화물 세부내역 관리] 프로그램으로 연결하여 관리한다.
- 컨테이너의 종류가 Reefer일 경우, 화물 세부 내역 중에서 냉동 화물에 대한 정보를 입력해야 한다. 또한 Open Top으로 화물 길이가 긴 경우는 화물 세부 내역 중에서 장척 화물에 대한 정보를 입력해야 한다.
- [예약] 명령 단추를 누르면 예약 내용이 저장되고, 예약번호가 부여된다.
- 예약된 내용을 수정할 때에는 [수정] 명령 단추를 이용한다.
- [취소] 명령 단추는 예약 내용을 취소하는 기능이 아니라, 현재 입력된 화면상의 데이터를 지우는 기능을 가진다. 실질적으로 예약을 취소하고 싶을 때에는 [품목]에 "예약취소"를 입력하고 [수정] 명령 단추를 누르면 예약이 취소된다. 이렇게 작업하는 이유는 예약 취소 후 같은 내역에 대해 다시 예약할 경우 쉽게 처리하기 위함이다.
- 항목 설명은 1장의 예약 신청 프로그램 설명서를 참고한다.

1. 예약신청_Load()
- 해운정보서비스 데이터베이스를 연결하여 연다.
- 전체 데이터를 대상으로 예약정보 테이블을 생성한다.
- SQL = "Select * from 예약정보 where 회원ID = '" & wk회원ID & _
        "' order by 예약일시 desc"
- 위의 SQL문을 이용하여 예약정보 테이블에서 wk회원ID(메인에서 로그인 할 때 저장된 값)를 검색하여 예약검색정보 테이블을 생성한다.

- SQL = "Select distinct (항구명 + ',' + 국가코드) as 출발지 from
        항구코드정보 where 항구명 > 'ZZZ'"
- 위의 SQL문을 이용하여 항구검색정보 테이블을 초기 생성한다.

<table>
<tr><td colspan="3" align="center">프로그램 명세서</td></tr>
<tr><td>작성자 : 김 진 수</td><td>승인자 :</td><td>버 전 : 1.0</td></tr>
<tr><td>작성일 : 2009. 03. 17</td><td>승인일 :</td><td>페이지 : 4/13</td></tr>
</table>

프로그램명	예약 신청

- SQL = "Select distinct AA.선박코드, 항차, (BB.선박명 + ' ' + 항차)
  as 선박명및항차 " & "from 스케줄정보 AA INNER JOIN
  선박코드정보 BB ON " & "AA.선박코드 = BB.선박코드
  where (항구명 = 'BUSAN') or " & _
  "(항구명 = 'KWANGYANG') ORDER BY 선박명및항차"

- 위의 SQL문을 이용하여 cbo스케줄리스트 테이블을 생성하고, 그 내역을
  cbo선박스케줄 콤보상자의 DataSource에 옮긴다.
- 스케줄정보 테이블을 이용하여 스케줄검색정보 테이블을 초기 생성한다.
- 예약정보 테이블을 이용하여 예약번호검색정보 테이블을 초기 생성한다.
- 모듈에 저장된 wk회원ID, wk회원명, wk전화번호, wkFAX번호를 폼에 옮긴다.
- 현재일자를 폼의 예약일시에 옮긴다.
- Reset() 프로시저를 수행한다.

2. Reset()
  - wk냉동온도, wk냉동온도단위, wk통풍구분, wk습도를 clear한다.
  - wk장척포장개수, wk장척총중량, wk장척순중량, wk장척품목, wk장척길이,
    wk장척폭, wk장척높이, wk장척비고를 clear한다.
  - wkUN위험번호(3), wk위험분류(3), wk인화점(3), wk패키지그룹(3),
    wk컨테이너종류(3), wk컨테이너크기(3), wk컨테이너수량(3) 배열을 인덱스 0
    에서 2까지 clear한다.

3. btn조회_Click()
  - 예약검색정보 테이블의 건수가 0보다 큰 경우는 CurrenrRow에 0을 옮기고
    DsToScreen()을 수행하고, 그렇지 않으면 "이전에 예약된 정보가 없습니다."
    라는 메시지를 출력한다.

<table>
<tr><td colspan="3" align="center">프로그램 명세서</td></tr>
<tr><td>작성자 : 김 진 수</td><td>승인자 :</td><td>버 전 : 1.0</td></tr>
<tr><td>작성일 : 2009. 03. 17</td><td>승인일 :</td><td>페이지 : 5/13</td></tr>
</table>

프로그램명	예약 신청

4. DsToScreen()

- ScreenClear()를 수행한다.
- 예약검색정보 테이블에 있는 출발지서비스, 도착지서비스, 출발지, 도착지, 선적항, 양하항, 선박스케줄, 출발일스케줄, 품목, 중량, 중량단위, 일반화물여부, 냉동화물여부, 위험화물여부, 장척화물여부, 컨테이너소유, 컨테이너종류1, 컨테이너크기1, 컨테이너수량1, 내륙운송사, 내륙운송작업자, 내륙운송담당자, 내륙운송작업자전화번호, 비고, 예약번호, 예약일시 등을 폼에 옮긴다.

- 예약검색정보 테이블에 있는 냉동온도, 냉동온도단위, 통풍구분, 습도 등을 모듈에 저장한다.
- 예약검색정보 테이블에 있는 UN위험번호1이 공백이 아니면, UN위험번호1, 위험분류1, 인화점1, 패키지그룹1 등을 모듈에 저장한다.
- 예약검색정보 테이블에 있는 UN위험번호2가 공백이 아니면, UN위험번호2, 위험분류2, 인화점2, 패키지그룹2 등을 모듈에 저장한다.
- 예약검색정보 테이블에 있는 UN위험번호3이 공백이 아니면, UN위험번호3, 위험분류3, 인화점3, 패키지그룹3 등을 모듈에 저장한다.

- 예약검색정보 테이블에 있는 장척포장개수가 공백이 아니면, 장척포장개수, 장척포장개수단위, 장척총중량, 장척총중량단위, 장척품목, 장척순중량, 장척순중량단위, 장척길이, 장척폭, 장척높이, 장척비고 등을 모듈에 저장한다.
- 예약검색정보 테이블에 있는 컨테이너수량2가 공백이 아니면 컨테이너종류2, 컨테이너크기2, 컨테이너수량2 등을 폼에 옮긴다.
- 예약검색정보 테이블에 있는 컨테이너수량3이 공백이 아니면 컨테이너종류3, 컨테이너크기3, 컨테이너수량3 등을 폼에 옮긴다.

<table>
<tr><td colspan="3" align="center">프로그램 명세서</td></tr>
<tr><td>작성자 : 김 진 수</td><td>승인자 :</td><td>버 전 : 1.0</td></tr>
<tr><td>작성일 : 2009. 03. 17</td><td>승인일 :</td><td>페이지 : 6/13</td></tr>
</table>

<table>
<tr><td>프로그램명</td><td>예약 신청</td></tr>
</table>

5. ScreenClear()
   - cbo선적항에 'BUSAN', cbo중량단위에 'KGS', cbo컨테이너소유에 '회사 컨테이너'를 지정한다.
   - cbo컨테이너종류1, cbo컨테이너종류2 및 cbo컨테이너종류3에 'Dry'를 지정한다.
   - cbo컨테이너크기1, cbo컨테이너크기2 및 cbo컨테이너크기3에 '40'을 지정한다.
   - 예약일시에 현재일자를 지정한다.
   - chk일반화물을 체크(true)하고, chk냉동화물, chk위험화물, chk장척화물은 체크하지 않는다(false).
   - 그 외의 필드는 공백으로 지운다.

6. btn예약_Click()
   - DataCheck()를 수행하고, 오류가 있으면 프로그램을 종료한다.
   - ScreenToNewRow()를 수행한다.
   - Ds1 DataSet의 예약정보 테이블을 Update한다.

7. DataCheck()
   - 다음의 필드가 공백인 경우 오류이다.
     cbo출발지서비스, cbo도착지서비스, txt출발지, cbo선적항, txt도착지, txt양하항, cbo선박스케줄, txt품목, txt중량, cbo중량단위, cbo컨테이너소유, txt컨테이너수량1, txt출발일스케줄
   - cbo출발지서비스가 'CFS'가 아닌 경우 다음의 필드가 공백인 경우 오류이다.
     cbo내륙운송사, txt내륙운송작업자, txt내륙운송담당자, txt내륙운송작업자전화번호
   - chk일반화물, chk냉동화물, chk위험화물, chk장척화물 중 하나도 체크되저 있지 않으면 오류이다.

<table>
<tr><td colspan="3" align="center">프로그램 명세서</td></tr>
<tr><td>작성자 : 김 진 수</td><td>승인자 :</td><td>버　전 : 1.0</td></tr>
<tr><td>작성일 : 2009. 03. 17</td><td>승인일 :</td><td>페이지 : 7/13</td></tr>
</table>

프로그램명	예약 신청

8. ScreenToNewRow()

- 예약정보 테이블에 새로운 공백 데이터(NewRow)를 추가한다.
- 예약번호생성() 프로시저를 수행한다.
- 모듈에 저장된 예약번호를 NewRow와 폼에 옮긴다.
- 폼에 있는 다음 필드 내역을 NewRow에 옮긴다.
  회원ID, 출발지서비스, 도착지서비스, 출발지, 도착지, 선적항, 양하항,
  선박스케줄, 출발일스케줄, 품목, 중량, 중량단위, 일반화물여부,
  냉동화물여부, 위험화물여부, 장척화물여부, 컨테이너소유, 컨테이너종류1,
  컨테이너크기1, 컨테이너수량1, 내륙운송사, 내륙운송작업자, 내륙운송담당자,
  내륙운송작업자전화번호, 비고, 예약일시
- 폼에 냉동화물여부가 체크되어 있으면, 모듈에 있는 냉동온도, 냉동온도단위,
  통풍구분, 습도 등을 NewRow에 옮긴다.
- 폼의 위험화물여부가 체크되어 있는 경우
  · 모듈의 UN위험번호1이 공백이 아니면, UN위험번호1, 위험분류1, 인화점1,
    패키지그룹1 등을 NewRow에 옮긴다.
  · 모듈의 UN위험번호2가 공백이 아니면, UN위험번호2, 위험분류2, 인화점2,
    패키지그룹2 등을 NewRow에 옮긴다.
  · 모듈의 UN위험번호3이 공백이 아니면, UN위험번호3, 위험분류3, 인화점3,
    패키지그룹3 등을 NewRow에 옮긴다.
- 폼의 장척화물여부가 체크되어 있으면, 모듈의 장척포장개수, 장척포장개수단위,
  장척총중량, 장척총중량단위, 장척품목, 장척순중량, 장척순중량단위, 장척길이,
  장척폭, 장척높이, 장척비고 등을 NewRow에 옮긴다.
- 폼의 컨테이너수량2가 공백이 아니면 컨테이너종류2, 컨테이너크기2,
  컨테이너수량2 등을 NewRow에 옮긴다.
- 폼의 컨테이너수량3이 공백이 아니면 컨테이너종류3, 컨테이너크기3,
  컨테이너수량3 등을 NewRow에 옮긴다.

프로그램 명세서

작성자 : 김 진 수	승인자 :	버 전 : 1.0
작성일 : 2009. 03. 17	승인일 :	페이지 : 8/13

프로그램명	예약 신청

- 예약정보 테이블에 NewRow를 추가한다.

9. 예약번호생성()
   - cbo스케줄리스트 테이블의 모든 레코드에서 선박명및항차 필드가 폼의
     cbo선박스케줄과 같으면 테이블의 선박코드와 항차를 모듈에 옮긴다.
   - 예약번호검색정보 테이블 내역을 지운다.
   - 모듈에 있는 선박코드와 항차를 합쳐서 wk선박코드및항차에 옮긴다.
   - SQL = "Select * from 예약정보 where 예약번호 like '" & _
                wk선박코드및항차 & '%' ORDER BY 예약번호 desc"
   - 위의 SQL문을 이용하여 예약번호검색정보 테이블을 생성한다.
   - 예약번호검색정보 테이블의 레코드 건수가 0보다 크면,
     예약번호의 10번째부터 4바이트를 wk순번에 옮기고, wk순번을 1
     증가시키고, wk순번을 스트링으로 변환하여 str순번에 옮긴다.
     레코드 건수가 0보다 크지 않으면, str순번에 '0001'을 옮긴다.
   - [wk선박코드및항차 & '-' & str순번]을 wk예약번호에 옮긴다.

10. btn수정_Click()
    - DataCheck()를 수행하고, 오류가 있으면 프로그램을 종료한다.
    - ScreenToDs()를 수행한다.
    - Ds1 DataSet의 예약검색정보 테이블을 Update한다.
    - Reset() 프로시저를 수행한다.

11. ScreenToDs()
    - 폼의 다음 필드 내역을 예약검색정보 테이블에 옮긴다.
      출발지서비스, 도착지서비스, 출발지, 도착지, 선적항, 양하항, 선박스케줄,
      출발일스케줄, 품목, 중량, 중량단위, 일반화물여부, 냉동화물여부,
      위험화물여부, 장척화물여부, 컨테이너소유, 컨테이너종류1, 컨테이너크기1,

프로그램 명세서		
작성자 : 김 진 수	승인자 :	버 전 : 1.0
작성일 : 2009. 03. 17	승인일 :	페이지 : 9/13

프로그램명	예약 신청

> 컨테이너수량1, 내륙운송사, 내륙운송작업자, 내륙운송담당자,
> 내륙운송작업자전화번호, 비고
> - 폼의 냉동화물여부가 체크되어 있으면, 모듈에 있는 냉동온도, 냉동온도단위,
>   통풍구분, 습도 등을 예약검색정보 테이블에 옮긴다.
> - 폼의 위험화물여부가 체크되어 있는 경우
>   · 모듈의 UN위험번호1이 공백이 아니면, UN위험번호1, 위험분류1, 인화점1,
>   패키지그룹1 등을 예약검색정보 테이블에 옮긴다.
>   · 모듈의 UN위험번호2가 공백이 아니면, UN위험번호2, 위험분류2, 인화점2,
>   패키지그룹2 등을 예약검색정보 테이블에 옮긴다.
>   · 모듈의 UN위험번호3이 공백이 아니면, UN위험번호3, 위험분류3, 인화점3,
>   패키지그룹3 등을 예약검색정보 테이블에 옮긴다.
> - 폼의 장척화물여부가 체크되어 있으면, 모듈의 장척포장개수, 장척포장개수단위,
>   장척총중량, 장척총중량단위, 장척품목, 장척순중량, 장척순중량단위, 장척길이,
>   장척폭, 장척높이, 장척비고 등을 예약검색정보 테이블에 옮긴다.
> - 폼의 컨테이너수량2가 공백이 아니면 컨테이너종류2, 컨테이너크기2,
>   컨테이너수량2 등을 예약검색정보 테이블에 옮긴다.
> - 폼의 컨테이너수량3이 공백이 아니면 컨테이너종류3, 컨테이너크기3,
>   컨테이너수량3 등을 예약검색정보 테이블에 옮긴다.
>
> 12. btn취소_Click()
>   - Reset() 프로시저를 수행한다.
>   - ScreenClear() 프로시저를 수행한다.
>
> 13. btn다음_Click()
>   - 현재 행(CurrentRow)이 예약검색정보 테이블의 레코드 건수 – 1 보다 작으면
>   현재 행을 1 증가시키고 Reset() 및 DsToScreen() 프로시저를 수행한다.
>   아니면 오류 메시지를 출력한다.

<table>
<tr><td colspan="6" align="center">프로그램 명세서</td></tr>
<tr><td>작성자 : 김 진 수</td><td>승인자 :</td><td>버 전 : 1.0</td></tr>
<tr><td>작성일 : 2009. 03. 17</td><td>승인일 :</td><td>페이지 : 10/13</td></tr>
</table>

프로그램명	예약 신청

14. btn스케줄조회_Click()
   - 전체스케줄조회 폼을 연다.

15. chk일반화물_Click()
   - 냉동화물, 위험화물 및 장척화물의 체크 상태를 False로 한다.

16. chk냉동화물_Click()
   - 일반화물 체크 상태를 False로 하고 냉동화물 체크 상태를 모듈에 저장한다.
   - 냉동화물이 체크되어 있으면 화물세부내역관리 폼을 연다.

17. chk위험화물_Click()
   - 일반화물 체크 상태를 False로 하고 위험화물 체크 상태를 모듈에 저장한다.
   - 위험화물이 체크되어 있으면 화물세부내역관리 폼을 연다.

18. chk장척화물_Click()
   - 일반화물 체크 상태를 False로 하고 장척화물 체크 상태를 모듈에 저장한다.
   - 장척화물이 체크되어 있으면 화물세부내역관리 폼을 연다.

19. btn화물세부내역_Click()
   - 냉동화물, 위험화물 및 장척화물 중 하나가 체크되어 있으면 그 모두의 상태를
     모듈에 저장하고 화물세부내역관리 폼을 연다.

20. btn출발지직접입력_Click()
   - 출발지직접입력 명령 단추의 Text가 "직접입력"이면 wk출발지직접입력SW에
     "ON", 출발지직접입력 명령 단추의 Text에 "선택"을 옮긴다.
     아니면 wk출발지직접입력SW에 "", 출발지직접입력 명령 단추의 Text에
     "직접입력"을 옮긴다.

<table>
<tr><td colspan="3" align="center">프로그램 명세서</td></tr>
<tr><td>작성자 : 김 진 수</td><td>승인자 :</td><td>버　전 : 1.0</td></tr>
<tr><td>작성일 : 2009. 03. 17</td><td>승인일 :</td><td>페이지 : 11/13</td></tr>
</table>

프로그램명	예약 신청

21. btn도착지직접입력_Click()
 - 도착지직접입력 명령 단추의 Text가 "직접입력"이면 wk도착지직접입력SW에 "ON", 도착지직접입력 명령 단추의 Text에 "선택"을 옮긴다.
 아니면 wk도착지직접입력SW에 "", 도착지직접입력 명령 단추의 Text에 "직접입력"을 옮긴다.

22. btn양하항직접입력_Click()
 - 양하항직접입력 명령 단추의 Text가 "직접입력"이면 wk양하항직접입력SW에 "ON", 양하항직접입력 명령 단추의 Text에 "선택"을 옮긴다.
 아니면 wk양하항직접입력SW에 "", 양하항직접입력 명령 단추의 Text에 "직접입력"을 옮긴다.

23. txt출발지_TextChanged()
 - txt출발지가 공백이면 프로시저를 종료한다.
 - wk출발지직접입력SW가 "ON"이면 프로시저를 종료한다.
 - wk출발지SW가 "ON"이면 공백으로 바꾸고 프로시저를 종료한다.
 - 항구검색정보 테이블의 내역을 지운다.
 - 출발지리스트 리스트 박스 내역을 지운다.
 - SQL = "Select distinct (항구명 + ',' + 국가코드) as 출발지 from
      항구코드정보 where 항구명 like '" & _
      txt출발지.Text & "%' order by 출발지"
 - 위의 SQL 문을 이용하여 항구검색정보 테이블을 생성한다.
 - 항구검색정보 테이블을 처음부터 읽어서 출발지 필드의 내역을 출발지리스트의 목록에 추가한다.

<table>
<tr><td colspan="3" align="center">프로그램 명세서</td></tr>
<tr><td>작성자 : 김 진 수</td><td>승인자 :</td><td>버　전 : 1.0</td></tr>
<tr><td>작성일 : 2009. 03. 17</td><td>승인일 :</td><td>페이지 : 12/13</td></tr>
</table>

<table>
<tr><td>프로그램명</td><td>예약 신청</td></tr>
</table>

24. txt도착지_TextChanged()
   - txt도착지가 공백이면 프로시저를 종료한다.
   - wk도착지직접입력SW가 "ON"이면 프로시저를 종료한다.
   - wk도착지SW가 "ON"이면 공백으로 바꾸고 프로시저를 종료한다.
   - 항구검색정보 테이블의 내역을 지운다.
   - 도착지리스트 리스트 박스 내역을 지운다.
   - SQL = "Select distinct (항구명 + ',' + 국가코드) as 도착지 from ✓
        항구코드정보 where 항구명 like '" & _
        txt도착지.Text & "%' order by 도착지"
   - 위의 SQL 문을 이용하여 항구검색정보 테이블을 생성한다.
   - 항구검색정보 테이블을 처음부터 읽어서 도착지 필드의 내역을 도착지리스트
     의 목록에 추가한다.

25. txt양하항_TextChanged()
   - txt양하항이 공백이면 프로시저를 종료한다.
   - wk양하항직접입력SW가 "ON"이면 프로시저를 종료한다.
   - wk양하항SW가 "ON"이면 공백으로 바꾸고 프로시저를 종료한다.
   - 항구검색정보 테이블의 내역을 지운다.
   - 양하항리스트 리스트 박스 내역을 지운다.
   - SQL = "Select distinct (항구명 + ',' + 국가코드) as 양하항 from ✓
        항구코드정보 where 항구명 like '" & _
        txt양하항.Text & "%' order by 양하항"
   - 위의 SQL 문을 이용하여 항구검색정보 테이블을 생성한다.
   - 항구검색정보 테이블을 처음부터 읽어서 양하항 필드의 내역을 양하항리스트
     의 목록에 추가한다.

<table>
<tr><td colspan="3" align="center">프로그램 명세서</td></tr>
<tr><td>작성자 : 김 진 수</td><td>승인자 :</td><td>버 전 : 1.0</td></tr>
<tr><td>작성일 : 2009. 03. 17</td><td>승인일 :</td><td>페이지 : 13/13</td></tr>
</table>

프로그램명	예약 신청

26. lst출발지리스트_SelectedIndexChanged()
 - wk출발지SW를 "ON"으로 지정한다.
 - txt출발지에 출발지리스트의 선택된 Text를 옮긴다.

27. lst도착지리스트_SelectedIndexChanged()
 - wk도착지SW를 "ON"으로 지정한다.
 - txt도착지에 도착지리스트의 선택된 Text를 옮긴다.

28. lst양하항리스트_SelectedIndexChanged()
 - wk양하항SW를 "ON"으로 지정한다.
 - txt양하항에 양하항리스트의 선택된 Text를 옮긴다.

29. cbo선적항_SelectionChangeCommitted()
 - txt출발일스케줄을 지운다.

30. cbo선박스케줄_SelectionChangeCommitted()
 - cbo스케줄리스트 테이블을 처음부터 읽어서 cbo선박스케줄의 Text가
   cbo스케줄리스트 테이블의 선박명및항차 필드 내역과 같으면
   테이블의 선박코드와 항차를 모듈에 저장한다.
 - 스케줄검색정보 테이블 내역을 지운다.
 - SQL = "Select * from 스케줄정보 where (선박코드 = '" & wk선박코드
     & "') and " & "(항차 = '" & wk항차 & "') and (항구명 = '" &
     cbo선적항.Text & "')"
 - 위의 SQL 문을 이용하여 스케줄검색정보 테이블을 생성한다.
 - 스케줄검색정보 테이블의 레코드 건수가 0보다 크면 테이블의 출발도착일자를
   폼의 출발일스케줄에 옮기고, 아니면 오류 메시지를 출력한다.

① 프로젝트는 이전에 작성한 [해운정보서비스] 프로젝트를 그대로 이용하고, [해운정보
서비스] 프로젝트의 단축 메뉴에서 [추가/Windows Form] 기능을 이용하여 새 폼을
만든다. 새로운 폼 이름은 [예약신청]으로 한다.

② 다음 표를 참고로 폼을 디자인한다.

컨트롤	Name	Text	비 고
Form	예약신청	예약신청	
Label	Label1	예 약 신 청	Font : 굴림32pt
TextBox	txt회원ID		ReadOnly : true
TextBox	txt회원명		ReadOnly : true
TextBox	txt전화번호		ReadOnly : true
TextBox	txtFAX번호		ReadOnly : true
ComboBox	cbo출발지서비스		
ComboBox	cbo도착지서비스		
TextBox	txt출발지		
Button	btn출발지직접입력	직접입력	
ListBox	lst출발지리스트		Visible : false
ComboBox	cbo선적항		
TextBox	txt도착지		
Button	btn도착지직접입력	직접입력	
ListBox	lst도착지리스트		Visible : false
TextBox	txt양하항		
Button	btn양하항직접입력	직접입력	
ListBox	lst양하항리스트		Visible : false
ComboBox	cbo선박스케줄		
Button	btn스케줄조회	스케줄 조회	
TextBox	txt출발일스케줄		ReadOnly : true
TextBox	txt품목		
TextBox	txt중량		
ComboBox	cbo중량단위		
Button	btn화물세부내역	화물 세부내역	

* 프로그램 코드와 상관없는 레이블 내역은 생략함

컨트롤	Name	Text	비 고
CheckBox	chk일반화물	일반	
CheckBox	chk냉동화물	냉동	
CheckBox	chk위험화물	위험	
CheckBox	chk장척화물	장척	
ComboBox	cbo컨테이너소유		
ComboBox	cbo컨테이너종류1		
ComboBox	cbo컨테이너크기1		
TextBox	txt컨테이너수량1		
ComboBox	cbo컨테이너종류2		
ComboBox	cbo컨테이너크기2		
TextBox	txt컨테이너수량2		
ComboBox	cbo컨테이너종류3		
ComboBox	cbo컨테이너크기3		
TextBox	txt컨테이너수량3		
TextBox	txt예약일시		ReadOnly : true
ComboBox	cbo내륙운송사		
TextBox	txt내륙운송작업자		
TextBox	txt내륙운송담당자		
TextBox	txt내륙운송작업자 전화번호		
TextBox	txt비고		
TextBox	txt예약번호		ReadOnly : true
Button	btn조회	조회	
Button	btn다음	다음	
Button	btn예약	예약	
Button	btn취소	취소	
Button	btn수정	수정	

③ 프로그램에 imports해야 할 네임스페이스와 예약신청 폼에 사용될 기본 개체를 설정하고, 폼의 빈곳에 더블 클릭하여 예약신청_Load 로직과 모듈의 내역을 작성한다. 이 때 모듈(Module1)에는 해운 정보 서비스 프로젝트에 전체적으로 사용할 공용 변수를 지정한다.

리스트 4-1

```
Module Module1

    Public wkBL번호 As String
    Public wk선박코드 As String
    Public wk예약번호 As String
    Public wk회원ID As String
    Public wk회원명 As String
    Public wk전화번호 As String
    Public wkFAX번호 As String

    Public wk냉동온도 As String
    Public wk냉동온도단위 As String
    Public wk통풍구분 As String
    Public wk습도 As String

    Public wkUN위험번호(3) As String
    Public wk위험분류(3) As String
    Public wk인화점(3) As String
    Public wk패키지그룹(3) As String

    Public wk장척포장개수 As String
    Public wk장척포장개수단위 As String
    Public wk장척총중량 As String
    Public wk장척총중량단위 As String
    Public wk장척순중량 As String
    Public wk장척순중량단위 As String
    Public wk장척품목 As String
    Public wk장척길이 As String
    Public wk장척폭 As String
    Public wk장척높이 As String
    Public wk장척비고 As String

    Public wk컨테이너종류(3) As String
    Public wk컨테이너크기(3) As String
    Public wk컨테이너수량(3) As String

    Public wk냉동화물chk As Boolean
    Public wk위험화물chk As Boolean
    Public wk장척화물chk As Boolean

End Module
```

```vb
Imports System.Data
Imports System.Data.SqlClient
Imports System.IO

Public Class 예약신청

    Protected Conn As New SqlConnection()
    Protected Adt1 As New SqlDataAdapter()
    Protected Adt2 As New SqlDataAdapter()
    Protected Adt3 As New SqlDataAdapter()
    Protected Adt4 As New SqlDataAdapter()
    Protected Adt5 As New SqlDataAdapter()
    Protected Adt6 As New SqlDataAdapter()
    Protected Adt7 As New SqlDataAdapter()
    Protected Adt8 As New SqlDataAdapter()
    Protected CmdBld1 As New SqlCommandBuilder()
    Protected CmdBld2 As New SqlCommandBuilder()
    Protected Ds1 As New DataSet()


    Protected Cmd As SqlCommand
    Protected SQL As String = ""
    Protected wkSQL As String = ""
    Protected wkCheck As String = ""
    Protected CurrentRow As Integer
    Protected i As Integer
    Protected wk출발지SW As String
    Protected wk도착지SW As String
    Protected wk양하항SW As String
    Protected wk출발지직접입력SW As String
    Protected wk도착지직접입력SW As String
    Protected wk양하항직접입력SW As String


    Private Sub 예약신청_Load(ByVal sender As Object, ByVal e As _
            System.EventArgs) Handles MyBase.Load

        Try
            Conn.ConnectionString = "SERVER=kjs;UID=sa;PWD=kjs;DATABASE= _
                        해운정보서비스"


            SQL = "Select * from 예약정보"
            Cmd = New SqlCommand(SQL, Conn)
```

```
Cmd.CommandType = CommandType.Text
Adt1.SelectCommand = Cmd
CmdBld1 = New SqlCommandBuilder(Adt1)
Adt1.Fill(Ds1, "예약정보")

SQL = "Select * from 예약정보 where 회원ID = '" & wk회원ID ↙
       & "' order by 예약일시 desc" ·························1

Cmd = New SqlCommand(SQL, Conn)
Cmd.CommandType = CommandType.Text
Adt2.SelectCommand = Cmd
CmdBld2 = New SqlCommandBuilder(Adt2)
Adt2.Fill(Ds1, "예약검색정보")

SQL = "Select distinct (항구명 + ',' + 국가코드) as 출발지 from ↙
       항구코드정보 where 항구명 > 'ZZZ'"

Cmd = New SqlCommand(SQL, Conn)
Cmd.CommandType = CommandType.Text
Adt4.SelectCommand = Cmd
Adt4.Fill(Ds1, "항구검색정보") ·························2

SQL = "Select distinct AA.선박코드, 항차, (BB.선박명 + ' ' + ↙
       항차) as 선박명및항차 " & _
       "from 스케줄정보 AA INNER JOIN 선박코드정보 BB ON " & _
       "AA.선박코드 = BB.선박코드 where (항구명 = 'BUSAN') or " & _
       "(항구명 = 'KWANGYANG') ORDER BY 선박명및항차"·········3

Cmd = New SqlCommand(SQL, Conn)
Cmd.CommandType = CommandType.Text
Adt5.SelectCommand = Cmd
Adt5.Fill(Ds1, "cbo스케줄리스트") ·························4

cbo선박스케줄.DataSource = Ds1.Tables("cbo스케줄리스트")
cbo선박스케줄.DisplayMember = "선박명및항차"
cbo선박스케줄.Text = ""

SQL = "Select * from 스케줄정보 where 선박코드 > 'ZZZ'"
Cmd = New SqlCommand(SQL, Conn)
Cmd.CommandType = CommandType.Text
```

```
            Adt6.SelectCommand = Cmd
            Adt6.Fill(Ds1, "스케줄검색정보") ·········································  5

            SQL = "Select 예약번호 from 예약정보 where 예약번호= ''"

            Cmd = New SqlCommand(SQL, Conn)
            Cmd.CommandType = CommandType.Text
            Adt8.SelectCommand = Cmd
            Adt8.Fill(Ds1, "예약번호검색정보") ···································  6

            txt회원ID.Text = wk회원ID
            txt회원명.Text = wk회원명
            txt전화번호.Text = wk전화번호
            txtFAX번호.Text = wkFAX번호
            txt예약일시.Text = Date.Now() ········································  7

            Reset() ·····················································································  8

    Catch ErrSQL As SqlException
        Dim colErrors AsSqlErrorCollection = ErrSQL.Errors
        Dim i As Integer
        For i = 0 To colErrors.Count
            MessageBox.Show("오류 번호 : " & ErrSQL.Number & "[" & _
            ErrSQL.Source & "]" & ControlChars.CrLf & "오류 내역 : " & _
            ErrSQL.Message & ControlChars.CrLf & "오류 행번호 : " & _
            ErrSQL.StackTrace, "오류 메시지" & "("& i + 1 & ")")
        Next
    End Try
End Sub

Public Sub Reset()

    wk냉동온도 = ""
    wk냉동온도단위 = ""
    wk통풍구분 = ""
    wk습도 = ""
    wk장척포장개수 = ""
    wk장척총중량 = ""
    wk장척순중량 = ""
    wk장척품목 = ""
    wk장척길이 = ""
    wk장척폭 = ""
```

```
    wk장척높이 = ""
    wk장척비고 = ""

    For i = 0 To 2
        wkUN위험번호(i) = ""
        wk위험분류(i) = ""
        wk인화점(i) = ""
        wk패키지그룹(i) = ""
        wk컨테이너종류(i) = ""
        wk컨테이너크기(i) = ""
        wk컨테이너수량(i) = ""
    Next

End Sub
```

〈해설〉

1. 예약검색정보 테이블을 생성하기 위한 SQL 문이다. wk회원ID는 메뉴 프로그램에서 로그인 할 때 모듈에 저장한 데이터이다.
2. 항구검색정보를 초기 생성한다.
3. cbo스케줄리스트 테이블을 생성하기 위한 SQL 문이다. 항구명이 'BUSAN' 또는 'KWANGYANG'인 데이터만을 선택한다. 그 이유는 이 프로젝트에서는 선적항이 'BUSAN' 또는 'KWANGYANG'이 포함된 스케줄만 처리하기 때문이다.
4. cbo선박스케줄의 목록을 채우기 위해 위 3의 SQL문을 이용하여 cbo스케줄리스트 테이블을 생성한다.
5. 스케줄검색정보 테이블을 초기 생성한다.
6. 예약번호검색정보 테이블을 초기 생성한다.
7. 현재일자를 폼의 예약일시에 옮긴다.
8. Reset() 프로시저를 수행한다. 이는 모듈에 저장된 공용 변수를 지우는 로직이다.

④ 회원ID에 따라 예전의 예약 내역을 조회하는 [조회] 명령 단추에 대한 로직을 작성하자. 이 기능은 사용자가 새로운 예약 신청을 할 때 현재 예약 내역이 예전과 유사할 때는 입력 내용을 줄여주어 편리하다.

리스트 **4-2**

```
Private Sub btn조회_Click(ByVal sender As System.Object, ByVal e ↙
        As System.EventArgs) Handles btn조회.Click

    If Ds1.Tables("예약검색정보").Rows.Count > 0 Then ·················· 1
        CurrentRow = 0
        DsToScreen()
    Else
        MsgBox("이전에 예약된 정보가 없습니다. ")
    End If

End Sub

Public Sub DsToScreen()

    ScreenClear()
    wk출발지SW = "ON" ················································· 2
    wk도착지SW = "ON"
    wk양하항SW = "ON"

    With Ds1.Tables("예약검색정보")
        cbo출발지서비스.Text = .Rows(CurrentRow)("출발지서비스").ToString
        cbo도착지서비스.Text = .Rows(CurrentRow)("도착지서비스").ToString
        txt출발지.Text = .Rows(CurrentRow)("출발지").ToString
        txt도착지.Text = .Rows(CurrentRow)("도착지").ToString
        cbo선적항.Text = .Rows(CurrentRow)("선적항").ToString
        txt양하항.Text = .Rows(CurrentRow)("양하항").ToString

        cbo선박스케줄.Text = .Rows(CurrentRow)("선박스케줄").ToString
        txt출발일스케줄.Text = .Rows(CurrentRow)("출발일스케줄").ToString
        txt품목.Text = .Rows(CurrentRow)("품목").ToString
        txt중량.Text = .Rows(CurrentRow)("중량").ToString
        cbo중량단위.Text = .Rows(CurrentRow)("중량단위").ToString

        chk일반화물.Checked = .Rows(CurrentRow)("일반화물여부")
        chk냉동화물.Checked = .Rows(CurrentRow)("냉동화물여부")
        chk위험화물.Checked = .Rows(CurrentRow)("위험화물여부")
        chk장척화물.Checked = .Rows(CurrentRow)("장척화물여부")

        wk냉동온도 = .Rows(CurrentRow)("냉동온도").ToString ·················· 3
        wk냉동온도단위 = .Rows(CurrentRow)("냉동온도단위").ToString
        wk통풍구분 = .Rows(CurrentRow)("통풍구분").ToString
        wk습도 = .Rows(CurrentRow)("습도").ToString
```

```
    If .Rows(CurrentRow)("UN위험번호1").ToString <> "" Then  ············4
       wkUN위험번호(0) = .Rows(CurrentRow)("UN위험번호1").ToString
       wk위험분류(0) = .Rows(CurrentRow)("위험분류1").ToString
       wk인화점(0) = .Rows(CurrentRow)("인화점1").ToString
       wk패키지그룹(0) = .Rows(CurrentRow)("패키지그룹1").ToString
    End If

    If .Rows(CurrentRow)("UN위험번호2").ToString <> "" Then
       wkUN위험번호(1) = .Rows(CurrentRow)("UN위험번호2").ToString
       wk위험분류(1) = .Rows(CurrentRow)("위험분류2").ToString
       wk인화점(1) = .Rows(CurrentRow)("인화점2").ToString
       wk패키지그룹(1) = .Rows(CurrentRow)("패키지그룹2").ToString
    End If

    If .Rows(CurrentRow)("UN위험번호3").ToString <> "" Then
       wkUN위험번호(2) = .Rows(CurrentRow)("UN위험번호3").ToString
       wk위험분류(2) = .Rows(CurrentRow)("위험분류3").ToString
       wk인화점(2) = .Rows(CurrentRow)("인화점3").ToString
       wk패키지그룹(2) = .Rows(CurrentRow)("패키지그룹3").ToString
    End If

    If .Rows(CurrentRow)("장척포장개수").ToString <> "" Then  ············5
       wk장척포장개수 = .Rows(CurrentRow)("장척포장개수").ToString
       wk장척포장개수단위 = .Rows(CurrentRow)("장척포장개수단위") ↙
                           .ToString
       wk장척총중량 = .Rows(CurrentRow)("장척총중량").ToString
       wk장척총중량단위 = .Rows(CurrentRow)("장척총중량단위") ↙
                         .ToString
       wk장척품목 = .Rows(CurrentRow)("장척품목").ToString
       wk장척순중량 = .Rows(CurrentRow)("장척순중량").ToString
       wk장척순중량단위 = .Rows(CurrentRow)("장척순중량단위") ↙
                         .ToString
       wk장척길이 = .Rows(CurrentRow)("장척길이").ToString
       wk장척폭 = .Rows(CurrentRow)("장척폭").ToString
       wk장척높이 = .Rows(CurrentRow)("장척높이").ToString
       wk장척비고 = .Rows(CurrentRow)("장척비고").ToString
    End If

    cbo컨테이너소유.Text = .Rows(CurrentRow)("컨테이너소유").ToString

    cbo컨테이너종류1.Text = .Rows(CurrentRow) ("컨테이너종류1") ↙
                          .ToString
    cbo컨테이너크기1.Text = .Rows(CurrentRow)("컨테이너크기1") ↙
                          .ToString
```

```
        txt컨테이너수량1.Text = .Rows(CurrentRow)("컨테이너수량1") ↙
                                                .ToString

        If .Rows(CurrentRow)("컨테이너수량2").ToString <> "" Then
            cbo컨테이너종류2.Text = .Rows(CurrentRow)("컨테이너종류2") ↙
                                                .ToString
            cbo컨테이너크기2.Text = .Rows(CurrentRow)("컨테이너크기2") ↙
                                                .ToString
            txt컨테이너수량2.Text = .Rows(CurrentRow)("컨테이너수량2") ↙
                                                .ToString
        End If

        If .Rows(CurrentRow)("컨테이너수량3").ToString <> "" Then
            cbo컨테이너종류3.Text = .Rows(CurrentRow)("컨테이너종류3") ↙
                                                .ToString
            cbo컨테이너크기3.Text = .Rows(CurrentRow)("컨테이너크기3") ↙
                                                .ToString
            txt컨테이너수량3.Text = .Rows(CurrentRow)("컨테이너수량3") ↙
                                                .ToString
        End If

        cbo내륙운송사.Text = .Rows(CurrentRow)("내륙운송사").ToString
        txt내륙운송작업자.Text = .Rows(CurrentRow)("내륙운송작업자") ↙
                                                .ToString
        txt내륙운송담당자.Text = .Rows(CurrentRow)("내륙운송담당자") ↙
                                                .ToString
        txt내륙운송작업자전화번호.Text = .Rows(CurrentRow) ↙
                        ("내륙운송작업자전화번호").ToString
        txt비고.Text = .Rows(CurrentRow)("비고").ToString

        txt예약번호.Text = .Rows(CurrentRow)("예약번호").ToString
        txt예약일시.Text = .Rows(CurrentRow)("예약일시").ToString

    End With

End Sub

Public Sub ScreenClear()

    cbo출발지서비스.Text = ""
    cbo도착지서비스.Text = ""
    txt출발지.Text = ""
    txt도착지.Text = ""
```

```
    cbo선적항.Text = "BUSAN"
    txt양하항.Text = ""
    cbo선박스케줄.Text = ""

    txt출발일스케줄.Text = ""
    txt품목.Text = ""
    txt중량.Text = ""
    cbo중량단위.Text = "KGS"

    chk일반화물.Checked = True
    chk냉동화물.Checked = False
    chk위험화물.Checked = False
    chk장척화물.Checked = False
    cbo컨테이너소유.Text = "회사 컨테이너"

    cbo컨테이너종류1.Text = "Dry"
    cbo컨테이너크기1.Text = "40"
    txt컨테이너수량1.Text = ""
    cbo컨테이너종류2.Text = "Dry"
    cbo컨테이너크기2.Text = "40"
    txt컨테이너수량2.Text = ""
    cbo컨테이너종류3.Text = "Dry"
    cbo컨테이너크기3.Text = "40"
    txt컨테이너수량3.Text = ""

    cbo내륙운송사.Text = ""
    txt내륙운송작업자.Text = ""
    txt내륙운송담당자.Text = ""
    txt내륙운송작업자전화번호.Text = ""
    txt비고.Text = ""
    txt예약번호.Text = ""
    txt예약일시.Text = Date.Now()

End Sub
```

〈해설〉

1. 예약검색정보 테이블의 레코드 건수가 0보다 큰 경우 다음 로직을 수행한다. 예약검색
   정보 테이블은 리스트 4-1의 1과 같이 로그인한 회원ID에 대한 예전의 예약정보를 검색
   한 데이터이다.

2. lst출발지리스트의 목록에 대한 선택이 변경되거나 txt출발지의 텍스트를 Display할 때 wk출발지SW가 'ON'으로 바뀐다. 이 SW 변수를 사용하는 이유는 txt출발지_TextChanged() 이벤트를 수행할 때 위와 같은 이벤트에는 수행하지 않고 사용자가 순수하게 txt출발지 값을 변경한 경우에만 이 이벤트를 수행하고자 함이다.

3. 화물세부 내역(냉동 화물)에 대한 데이터는 모듈의 공용 변수에 저장해 두었다가 나중에 화물세부내역관리 폼에서 그 데이터를 이용한다.

4. 위험물에 대한 데이터 관리에서 UN위험번호1이 공백이 아니면 위험물과 연관되는 UN위험번호1, 위험분류1, 인화점1 및 패키지그룹1의 데이터를 모듈의 공용 배열에 저장해 두었다가 나중에 화물세부내역관리 폼에서 그 데이터를 이용한다.

5. 장척포장개수가 공백이 아니면 장척화물과 연관되는 장척포장개수단위, 장척총중량 등의 데이터를 모듈의 공용 변수에 저장해 두었다가 나중에 화물세부내역관리 폼에서 그 데이터를 이용한다.

⑤ 디자인 폼에서 [예약] 명령 단추를 더블 클릭하여 새로운 예약 내역을 신청하는 로직을 작성하자.

리스트 **4-3**

```
Private Sub btn예약_Click(ByVal sender As System.Object, ByVal e ↙
                As System.EventArgs) Handles btn예약.Click

  Try
     wkCheck = ""
     DataCheck() ·················································································· 1

     If wkCheck <> "OK" Then ······················································· 2
        Exit Sub
     End If

     ScreenToNewRow() ······································································· 3
     Adt1.Update(Ds1, "예약정보") ·················································· 4
     MsgBox(" 예약 신청이 완료되었습니다. ")

  Catch Exp As Exception
     MessageBox.Show(Exp.ToString, "오류 메시지", ↙
                     MessageBoxButtons.OK, MessageBoxIcon.Error)
  End Try
End Sub
```

```
Public Sub DataCheck()

    If cbo출발지서비스.Text = "" Then
        MsgBox("출발지 서비스를 선택하세요. ")
        cbo출발지서비스.Focus()
        Exit Sub
    End If
    If cbo도착지서비스.Text = "" Then
        MsgBox("도착지 서비스를 선택하세요. ")
        cbo도착지서비스.Focus()
        Exit Sub
    End If

    If txt출발지.Text = "" Then
        MsgBox("출발지를 선택하세요. ")
        txt출발지.Focus()
        Exit Sub
    End If
    If cbo선적항.Text = "" Then
        MsgBox("선적항을 선택하세요. ")
        cbo선적항.Focus()
        Exit Sub
    End If
    If txt도착지.Text = "" Then
        MsgBox("도착지를 선택하세요. ")
        txt도착지.Focus()
        Exit Sub
    End If

    If txt양하항.Text = "" Then
        MsgBox("양하항을 선택하세요. ")
        txt양하항.Focus()
        Exit Sub
    End If
    If cbo선박스케줄.Text = "" Then
        MsgBox("선박스케줄을 선택하세요. ")
        cbo선박스케줄.Focus()
        Exit Sub
    End If
    If txt품목.Text = "" Then
        MsgBox("품목을 입력하세요. ")
        txt품목.Focus()
        Exit Sub
    End If
```

```
If txt중량.Text = "" Then
   MsgBox("중량을 입력하세요. ")
   txt중량.Focus()
   Exit Sub
End If

If cbo중량단위.Text = "" Then
   MsgBox("중량구분을 선택하세요. ")
   cbo중량단위.Focus()
   Exit Sub
End If

If cbo컨테이너소유.Text = "" Then
   MsgBox("켄테이너 소유를 선택하세요. ")
   cbo컨테이너소유.Focus()
   Exit Sub
End If

If txt컨테이너수량1.Text = "" Then
   MsgBox("컨테이너 수량1을 입력하세요. ")
   txt컨테이너수량1.Focus()
   Exit Sub
End If

If cbo출발지서비스.Text <> "CFS" Then ·····························  5

   If cbo내륙운송사.Text = "" Then
      MsgBox("내륙 운송사를 선택하세요. ")
      cbo내륙운송사.Focus()
      Exit Sub
   End If

   If txt내륙운송작업자.Text = "" Then
      MsgBox("내륙운송작업자를 입력하세요. ")
      txt내륙운송작업자.Focus()
      Exit Sub
   End If

   If txt내륙운송담당자.Text = "" Then
      MsgBox("내륙운송담당자를 입력하세요. ")
      txt내륙운송담당자.Focus()
      Exit Sub
   End If
```

```
        If txt내륙운송작업자전화번호.Text = "" Then
            MsgBox("내륙운송작업자 전화번호를 입력하세요. ")
            txt내륙운송작업자전화번호.Focus()
            Exit Sub
        End If

    End If

    If txt출발일스케줄.Text = "" Then
        MsgBox("선박 스케줄 정보와 선적항을 정확한지 확인하세요!")
        Exit Sub
    End If

    If (chk일반화물.Checked) Or (chk냉동화물.Checked) Or _
        (chk위험화물.Checked) Or (chk장척화물.Checked) Then
    Else
        MsgBox("화물의 종류 중 하나를 체크해 주세요!")
        Exit Sub
    End If

    wkCheck = "OK"

End Sub

Public Sub ScreenToNewRow()

Dim NewRow As DataRow

NewRow = Ds1.Tables("예약정보").NewRow
```

예약번호생성() ·· 6
```
NewRow("예약번호") = wk예약번호
txt예약번호.Text = wk예약번호

NewRow("회원ID") = txt회원ID.Text
NewRow("출발지서비스") = cbo출발지서비스.Text
NewRow("도착지서비스") = cbo도착지서비스.Text
NewRow("출발지") = txt출발지.Text
NewRow("도착지") = txt도착지.Text
NewRow("선적항") = cbo선적항.Text
NewRow("양하항") = txt양하항.Text
NewRow("선박스케줄") = cbo선박스케줄.Text
NewRow("출발일스케줄") = txt출발일스케줄.Text
```

```
NewRow("품목") = txt품목.Text
NewRow("중량") = txt중량.Text
NewRow("중량단위") = cbo중량단위.Text
NewRow("일반화물여부") = chk일반화물.Checked
NewRow("냉동화물여부") = chk냉동화물.Checked
NewRow("위험화물여부") = chk위험화물.Checked
NewRow("장척화물여부") = chk장척화물.Checked

If chk냉동화물.Checked Then ·······················································  7
    NewRow("냉동온도") = wk냉동온도
    NewRow("냉동온도단위") = wk냉동온도단위
    NewRow("통풍구분") = wk통풍구분
    NewRow("습도") = wk습도
End If

If chk위험화물.Checked Then ·······················································  8

    If wkUN위험번호(0) <> "" Then
        NewRow("UN위험번호1") = wkUN위험번호(0)
        NewRow("위험분류1") = wk위험분류(0)
        NewRow("인화점1") = wk인화점(0)
        NewRow("패키지그룹1") = wk패키지그룹(0)
    End If

    If wkUN위험번호(1) <> "" Then
        NewRow("UN위험번호2") = wkUN위험번호(1)
        NewRow("위험분류2") = wk위험분류(1)
        NewRow("인화점2") = wk인화점(1)
        NewRow("패키지그룹2") = wk패키지그룹(1)
    End If

    If wkUN위험번호(2) <> "" Then
        NewRow("UN위험번호3") = wkUN위험번호(2)
        NewRow("위험분류3") = wk위험분류(2)
        NewRow("인화점3") = wk인화점(2)
        NewRow("패키지그룹3") = wk패키지그룹(2)
    End If
End If

If chk장척화물.Checked Then ·······················································  9
    NewRow("장척포장개수") = wk장척포장개수
    NewRow("장척포장개수단위") = wk장척포장개수단위
    NewRow("장척총중량") = wk장척총중량
    NewRow("장척총중량단위") = wk장척총중량단위
```

```
            NewRow("장척품목") = wk장척품목
            NewRow("장척순중량") = wk장척순중량
            NewRow("장척순중량단위") = wk장척순중량단위
            NewRow("장척길이") = wk장척길이
            NewRow("장척폭") = wk장척폭
            NewRow("장척높이") = wk장척높이
            NewRow("장척비고") = wk장척비고
        End If

        NewRow("컨테이너소유") = cbo컨테이너소유.Text
        NewRow("컨테이너종류1") = cbo컨테이너종류1.Text
        NewRow("컨테이너크기1") = cbo컨테이너크기1.Text
        NewRow("컨테이너수량1") = txt컨테이너수량1.Text

        If txt컨테이너수량2.Text <> "" Then
            NewRow("컨테이너종류2") = cbo컨테이너종류2.Text
            NewRow("컨테이너크기2") = cbo컨테이너크기2.Text
            NewRow("컨테이너수량2") = txt컨테이너수량2.Text
        End If

        If txt컨테이너수량3.Text <> "" Then
            NewRow("컨테이너종류3") = cbo컨테이너종류3.Text
            NewRow("컨테이너크기3") = cbo컨테이너크기3.Text
            NewRow("컨테이너수량3") = txt컨테이너수량3.Text
        End If

        NewRow("내륙운송사") = cbo내륙운송사.Text
        NewRow("내륙운송작업자") = txt내륙운송작업자.Text
        NewRow("내륙운송담당자") = txt내륙운송담당자.Text
        NewRow("내륙운송작업자전화번호") = txt내륙운송작업자전화번호.Text
        NewRow("비고") = txt비고.Text

        NewRow("예약일시") = txt예약일시.Text
        Ds1.Tables("예약정보").Rows.Add(NewRow)


    End Sub


    Public Sub 예약번호생성()

        Dim wk선박코드 As String
        Dim wk항차 As String
        Dim wk선박코드및항차 As String
        Dim wk순번 As Integer
        Dim str순번 As String
```

```
For i = 0 To Ds1.Tables("cbo스케줄리스트").Rows.Count - 1
    If cbo선박스케줄.Text = Ds1.Tables("cbo스케줄리스트").Rows(i) ↙
                          ("선박명및항차") Then ························· 10

        wk선박코드 = Ds1.Tables("cbo스케줄리스트").Rows(i)("선박코드")
        wk항차 = Ds1.Tables("cbo스케줄리스트").Rows(i)("항차")
        Exit For
    End If
Next

wk선박코드및항차 = wk선박코드 & wk항차

Ds1.Tables("예약번호검색정보").Clear()

SQL = "Select 예약번호 from 예약정보 where 예약번호 like '" & _
      wk선박코드및항차 & "%' ORDER BY 예약번호 desc"

Cmd = New SqlCommand(SQL, Conn)
Cmd.CommandType = CommandType.Text
Adt8.SelectCommand = Cmd
Adt8.Fill(Ds1, "예약번호검색정보") ································· 11

If Ds1.Tables("예약번호검색정보").Rows.Count > 0 Then

    wk순번 = Val(Mid(Ds1.Tables("예약번호검색정보").Rows(0) ↙
              ("예약번호"), 10, 4)) ································· 12

    wk순번 = wk순번 + 1 ················································ 13
    str순번 = wk순번.ToString("0000") ································ 14
Else
    str순번 = "0001" ·················································· 15
End If

wk예약번호 = wk선박코드및항차 & "-" & str순번 ···················· 16

End Sub
```

〈해설〉

1. 예약 내역을 처리하기 위한 데이터 체크 로직을 수행한다.

2. 위 1의 DataCheck() 프로시저에서 오류가 없으면 wkCheck 값이 "OK"이다. 즉, 데이터

체크 로직을 수행 후 오류가 있으면 프로시저를 종료한다.

3. 예약정보 테이블에 새로운 예약정보 레코드를 추가하는 로직을 수행한다.

4. 예약정보 테이블을 Update 시킨다. Update 메소드를 수행해야 비로소 메모리에 있는 데이터 테이블의 내역을 보조디스크의 원본 데이터베이스의 테이블을 수정한다.

5. 출발지서비스가 "CFS"인 경우는 내륙운송에 대한 처리를 해주므로 내륙운송 관련 데이터를 별도로 입력할 필요가 없고, 그 외의 경우는 내륙운송 관련 데이터를 입력해야 한다.

6. 새로운 예약번호는 예약정보 테이블에서 해당 선박코드 및 항차를 기준으로 해서 최종 예약번호를 찾아, 그 번호에서 1을 증가시켜서 생성한다.

7. 냉동화물 체크박스가 선택된 경우는 모듈에 저장되어 있는 냉동화물 관련 데이터를 새로운 레코드에 입력한다.

8. 위험화물 체크박스가 선택된 경우는 모듈에 저장되어 있는 위험화물 관련 데이터를 새로운 레코드에 입력한다.

9. 장척화물 체크박스가 선택된 경우는 모듈에 저장되어 있는 장척화물 관련 데이터를 새로운 레코드에 입력한다.

10. cbo스케줄리스트 테이블의 선박명및항차 필드와 폼의 선박스케줄 콤보 상자의 값과 같은 레코드를 찾아 테이블의 선박코드 및 항차를 변수에 저장한다.

11. 예약번호검색정보 테이블은 새로운 예약번호를 생성하기 위해 해당 선박코드 및 항차에 대해 최종 예약번호를 추출하는데 사용된다.

12. 예약번호검색정보 테이블의 예약번호에서 끝 4자리인 순번을 추출한다. 이 때 Mid 함수는 String 값의 일부분을 추출하는데 사용하고, Val 함수는 String을 숫자로 변환하는데 사용한다.

13. 새로운 예약번호를 생성하기 기존의 최종 순번에서 1을 증가시킨다.

14. wk순번을 String으로 변환한다. ("0000")은 String으로 변환시 앞자리를 0으로 채울 때 사용한다.

15. 예약번호검색정보 테이블의 해당 조건의 데이터가 한 건도 없을 경우 순번을 "0001"로 한다.

16. 선박코드, 항차, "–" 및 순번을 합쳐서 새로운 예약번호를 만든다.

⑥ 예약 신청된 내역을 수정, 취소하는 명령 단추와 예약 조회된 데이터의 다음 내역을 조회하는 [다음] 명령 단추에 대한 로직을 작성하자.

리스트 4-4

```vb
Private Sub btn수정_Click(ByVal sender As System.Object, ByVal e ✓
                As System.EventArgs) Handles btn수정.Click

    Try
        wkCheck = ""
        DataCheck()

        If wkCheck <> "OK" Then ·········································· 1
            Exit Sub
        End If

        ScreenTOds() ···················································· 2
        Adt2.Update(Ds1, "예약검색정보")
        MsgBox("레코드가 수정되었습니다.")

        Reset() ························································· 3

    Catch Exp As Exception
        MessageBox.Show(Exp.ToString, "오류 메시지", ✓
                        MessageBoxButtons.OK, MessageBoxIcon.Error)
    End Try

End Sub

Public Sub ScreenTOds()

    With Ds1.Tables("예약검색정보")
        .Rows(CurrentRow)("출발지서비스") = cbo출발지서비스.Text
        .Rows(CurrentRow)("도착지서비스") = cbo도착지서비스.Text
        .Rows(CurrentRow)("출발지") = txt출발지.Text
        .Rows(CurrentRow)("도착지") = txt도착지.Text
        .Rows(CurrentRow)("선적항") = cbo선적항.Text
        .Rows(CurrentRow)("양하항") = txt양하항.Text
        .Rows(CurrentRow)("선박스케줄") = cbo선박스케줄.Text
        .Rows(CurrentRow)("출발일스케줄") = txt출발일스케줄.Text
        .Rows(CurrentRow)("품목") = txt품목.Text
        .Rows(CurrentRow)("중량") = txt중량.Text
        .Rows(CurrentRow)("중량단위") = cbo중량단위.Text
        .Rows(CurrentRow)("일반화물여부") = chk일반화물.Checked
        .Rows(CurrentRow)("냉동화물여부") = chk냉동화물.Checked
        .Rows(CurrentRow)("위험화물여부") = chk위험화물.Checked
        .Rows(CurrentRow)("장척화물여부") = chk장척화물.Checked
```

```
    If chk냉동화물.Checked Then ························································ 4
        .Rows(CurrentRow)("냉동온도") = wk냉동온도
        .Rows(CurrentRow)("냉동온도단위") = wk냉동온도단위
        .Rows(CurrentRow)("통풍구분") = wk통풍구분
        .Rows(CurrentRow)("습도") = wk습도
    End If

    If chk위험화물.Checked Then ········································· 5
        If wkUN위험번호(0) <> "" Then
            .Rows(CurrentRow)("UN위험번호1") = wkUN위험번호(0)
            .Rows(CurrentRow)("위험분류1") = wk위험분류(0)
            .Rows(CurrentRow)("인화점1") = wk인화점(0)
            .Rows(CurrentRow)("패키지그룹1") = wk패키지그룹(0)
        End If

        If wkUN위험번호(1) <> "" Then
            .Rows(CurrentRow)("UN위험번호2") = wkUN위험번호(1)
            .Rows(CurrentRow)("위험분류2") = wk위험분류(1)
            .Rows(CurrentRow)("인화점2") = wk인화점(1)
            .Rows(CurrentRow)("패키지그룹2") = wk패키지그룹(1)
        End If

        If wkUN위험번호(2) <> "" Then
            .Rows(CurrentRow)("UN위험번호3") = wkUN위험번호(2)
            .Rows(CurrentRow)("위험분류3") = wk위험분류(2)
            .Rows(CurrentRow)("인화점3") = wk인화점(2)
            .Rows(CurrentRow)("패키지그룹3") = wk패키지그룹(2)
        End If

    End If

    If chk장척화물.Checked Then ········································· 6
        .Rows(CurrentRow)("장척포장개수") = wk장척포장개수
        .Rows(CurrentRow)("장척포장개수단위") = wk장척포장개수단위
        .Rows(CurrentRow)("장척총중량") = wk장척총중량
        .Rows(CurrentRow)("장척총중량단위") = wk장척총중량단위
        .Rows(CurrentRow)("장척품목") = wk장척품목
        .Rows(CurrentRow)("장척순중량") = wk장척순중량
        .Rows(CurrentRow)("장척순중량단위") = wk장척순중량단위
        .Rows(CurrentRow)("장척길이") = wk장척길이
        .Rows(CurrentRow)("장척폭") = wk장척폭
        .Rows(CurrentRow)("장척높이") = wk장척높이
        .Rows(CurrentRow)("장척비고") = wk장척비고
    End If
```

```
        .Rows(CurrentRow)("컨테이너소유") = cbo컨테이너소유.Text

        .Rows(CurrentRow)("컨테이너종류1") = cbo컨테이너종류1.Text
        .Rows(CurrentRow)("컨테이너크기1") = cbo컨테이너크기1.Text
        .Rows(CurrentRow)("컨테이너수량1") = txt컨테이너수량1.Text

        If txt컨테이너수량2.Text <> "" Then
            .Rows(CurrentRow)("컨테이너종류2") = cbo컨테이너종류2.Text
            .Rows(CurrentRow)("컨테이너크기2") = cbo컨테이너크기2.Text
            .Rows(CurrentRow)("컨테이너수량2") = txt컨테이너수량2.Text
        End If

        If txt컨테이너수량3.Text <> "" Then
            .Rows(CurrentRow)("컨테이너종류3") = cbo컨테이너종류3.Text
            .Rows(CurrentRow)("컨테이너크기3") = cbo컨테이너크기3.Text
            .Rows(CurrentRow)("컨테이너수량3") = txt컨테이너수량3.Text
        End If

        .Rows(CurrentRow)("내륙운송사") = cbo내륙운송사.Text
        .Rows(CurrentRow)("내륙운송작업자") = txt내륙운송작업자.Text
        .Rows(CurrentRow)("내륙운송담당자") = txt내륙운송담당자.Text
        .Rows(CurrentRow)("내륙운송작업자전화번호") = _
                          txt내륙운송작업자전화번호.Text
        .Rows(CurrentRow)("비고") = txt비고.Text

    End With

End Sub

Private Sub btn취소_Click(ByVal sender As System.Object, ByVal e _
        As System.EventArgs) Handles btn취소.Click

    Reset()
    ScreenClear()

End Sub

Private Sub btn다음_Click(ByVal sender As System.Object, ByVal e _
        As System.EventArgs) Handles btn다음.Click

    Try
        If CurrentRow < Ds1.Tables("예약검색정보").Rows.Count - 1 Then
        CurrentRow += 1
```

```
        Reset()
        DsToScreen()
    Else
        MsgBox("다음 데이터가 없습니다 !")
    End If

  Catch Exp As Exception
    MessageBox.Show(Exp.ToString, "오류 메시지",  ↙
                    MessageBoxButtons.OK, MessageBoxIcon.Error)
    End Try
End Sub
```

〈해설〉

1. DataCheck() 프로시저에서 오류가 없으면 wkCheck 값이 "OK"이다. 즉, 데이터 체크
   로직을 수행 후 오류가 있으면 프로시저를 종료한다.
2. 폼에 있는 데이터를 예약정보 테이블에 해당 레코드에 옮기는 프로시저를 수행한다.
3. 모듈에 모든 변수를 공백으로 만든다.
4. 냉동화물 체크박스가 선택된 경우는 모듈에 저장되어 있는 냉동화물 관련 데이터를 예
   약정보 테이블의 해당 레코드에 옮긴다.
5. 위험화물 체크박스가 선택된 경우는 모듈에 저장되어 있는 위험화물 관련 데이터를 예
   약정보 테이블의 해당 레코드에 옮긴다.
6. 장척화물 체크박스가 선택된 경우는 모듈에 저장되어 있는 장척화물 관련 데이터를 예
   약정보 테이블의 해당 레코드에 옮긴다.

⑦ 폼 중간에 있는 [스케줄조회] 명령 단추와 냉동 화물, 위험 화물, 장척 화물 체크 박스
   가 선택되었을 때의 로직 및 [화물 세부내역] 명령 단추에 대한 로직을 작성하자.

리스트 **4-5**

```
Private Sub btn스케줄조회_Click(ByVal sender As System.Object,  ↙
        ByVal e As System.EventArgs) Handles btn스케줄조회.Click

    Dim frm전체스케줄조회 As New 전체스케줄조회()
```

```
    frm전체스케줄조회.Show()
End Sub

Private Sub chk일반화물_Click(ByVal sender As Object, ByVal e As ↙
            System.EventArgs) Handles chk일반화물.Click

    chk냉동화물.Checked = False ·································································· 1
    chk위험화물.Checked = False
    chk장척화물.Checked = False

End Sub

Private Sub chk냉동화물_Click(ByVal sender As Object, ↙
        ByVal e As System.EventArgs) Handles chk냉동화물.Click

    Dim frm화물세부내역관리 As New 화물세부내역관리()

    chk일반화물.Checked = False ·································································· 2
    wk냉동화물chk = chk냉동화물.Checked

    If chk냉동화물.Checked Then
        frm화물세부내역관리.Show()
    End If

End Sub

Private Sub chk위험화물_Click(ByVal sender As Object, ↙
        ByVal e As System.EventArgs) Handles chk위험화물.Click

    Dim frm화물세부내역관리 As New 화물세부내역관리()

    chk일반화물.Checked = False
    wk위험화물chk = chk위험화물.Checked

    If chk위험화물.Checked Then
        frm화물세부내역관리.Show()
    End If
End Sub

Private Sub chk장척화물_Click(ByVal sender As Object, ↙
        ByVal e As System.EventArgs) Handles chk장척화물.Click

    Dim frm화물세부내역관리 As New 화물세부내역관리()
```

```
    chk일반화물.Checked = False
    wk장척화물chk = chk장척화물.Checked

    If chk장척화물.Checked Then
        frm화물세부내역관리.Show()
    End If

End Sub

Private Sub btn화물세부내역_Click(ByVal sender As System.Object, ↙
        ByVal e As System.EventArgs) Handles btn화물세부내역.Click

    Dim frm화물세부내역관리 As New 화물세부내역관리()

    If (chk냉동화물.Checked) Or (chk위험화물.Checked) Or _
    (chk장척화물.Checked) Then ·································································· 3

        wk냉동화물chk = chk냉동화물.Checked
        wk위험화물chk = chk위험화물.Checked
        wk장척화물chk = chk장척화물.Checked

        frm화물세부내역관리.Show()
    End If

End Sub
```

〈해설〉

1. 일반화물 체크 박스를 선택하면 그 이전에 체크했던 냉동화물, 위험화물 및 장척화물
   체크 박스의 체크 내역을 지운다.
2. 냉동화물 체크 박스를 선택하면 그 이전에 체크했던 일반화물 체크 박스의 체크 내역을
   지운다.
3. 냉동화물, 위험화물 및 장척화물 체크 박스 중에서 하나 이상 체크되었을 경우에만 이
   프로시저를 수행한다.

⑧ 출발지, 도착지 및 양하항을 직접 입력하는 로직과 그 각각의 텍스트가 변경되었을 때
   생기는 이벤트에 대한 로직을 작성하자.

리스트 **4-6**

```
Private Sub btn출발지직접입력_Click(ByVal sender As System.Object, ↙
        ByVal e As System.EventArgs) Handles btn출발지직접입력.Click

    If btn출발지직접입력.Text = "직접입력" Then ················································ 1
       wk출발지직접입력SW = "ON"
       btn출발지직접입력.Text = "선택"
       txt출발지.Focus()
    Else
       wk출발지직접입력SW = ""
       btn출발지직접입력.Text = "직접입력"
       txt출발지.Focus()
       txt출발지.SelectAll() ················································ 2
    End If

End Sub

Private Sub btn도착지직접입력_Click(ByVal sender As System.Object, ↙
        ByVal e As System.EventArgs) Handles btn도착지직접입력.Click

    If btn도착지직접입력.Text = "직접입력" Then
       wk도착지직접입력SW = "ON"
       btn도착지직접입력.Text = "선택"
       txt도착지.Focus()
    Else
       wk도착지직접입력SW = ""
       btn도착지직접입력.Text = "직접입력"
       txt도착지.Focus()
       txt도착지.SelectAll()
    End If

End Sub

Private Sub btn양하항직접입력_Click(ByVal sender As System.Object, ↙
        ByVal e As System.EventArgs) Handles btn양하항직접입력.Click

    If btn양하항직접입력.Text = "직접입력" Then
       wk양하항직접입력SW = "ON"
       btn양하항직접입력.Text = "선택"
       txt양하항.Focus()
    Else
       wk양하항직접입력SW = ""
       btn양하항직접입력.Text = "직접입력"
```

```
        txt양하항.Focus()
        txt양하항.SelectAll()
    End If

End Sub

Private Sub txt출발지_TextChanged(ByVal sender As Object, ByVal e ↙
        As System.EventArgs) Handles txt출발지.TextChanged

    If txt출발지.Text < "A" Then ·························································· 3
        Exit Sub
    End If

    If wk출발지직접입력SW = "ON" Then ······················································ 4
        Exit Sub
    End If

    If wk출발지SW = "ON" Then ····························································· 5
        wk출발지SW = ""
        Exit Sub
    End If

    Ds1.Tables("항구검색정보").Clear()
    lst출발지리스트.Items.Clear()

    SQL = "Select distinct (항구명 + ',' + 국가코드) as 출발지 from ↙
        항구코드정보 where 항구명 like '" & _
        txt출발지.Text & "%' order by 출발지" ··············································· 6
    Cmd = New SqlCommand(SQL, Conn)

    Cmd.CommandType = CommandType.Text
    Adt4.SelectCommand = Cmd

    Adt4.Fill(Ds1, "항구검색정보")

    For i = 0 To Ds1.Tables("항구검색정보").Rows.Count - 1
        lst출발지리스트.Items.Add(Ds1.Tables("항구검색정보").Rows(i) ↙
                                ("출발지")) ················································ 7
    Next

    lst출발지리스트.Visible = True
    txt출발지.SelectAll()

End Sub
```

```
Private Sub txt도착지_TextChanged(ByVal sender As Object, ByVal e
        As System.EventArgs) Handles txt도착지.TextChanged

    If txt도착지.Text < "A" Then
        Exit Sub
    End If

    If wk도착지직접입력SW = "ON" Then
        Exit Sub
    End If

    If wk도착지SW = "ON" Then
        wk도착지SW = ""
        Exit Sub
    End If

    Ds1.Tables("항구검색정보").Clear()
    lst도착지리스트.Items.Clear()

    SQL = "Select distinct (항구명 + ',' + 국가코드) as 도착지 from
        항구코드정보 where 항구명 like '" & _
        txt도착지.Text & "%' order by 도착지"
    Cmd = New SqlCommand(SQL, Conn)

    Cmd.CommandType = CommandType.Text
    Adt4.SelectCommand = Cmd
    Adt4.Fill(Ds1, "항구검색정보")

    For i = 0 To Ds1.Tables("항구검색정보").Rows.Count - 1
        lst도착지리스트.Items.Add(Ds1.Tables("항구검색정보").Rows(i)
                                ("도착지"))
    Next

    lst도착지리스트.Visible = True
    txt도착지.SelectAll()

End Sub

Private Sub txt양하항_TextChanged(ByVal sender As Object, ByVal e
        As System.EventArgs) Handles txt양하항.TextChanged

    If txt양하항.Text < "A" Then
        Exit Sub
    End If
```

```
        If wk양하항직접입력SW = "ON" Then
            Exit Sub
        End If


        If wk양하항SW = "ON" Then
            wk양하항SW = ""
            Exit Sub
        End If

        Ds1.Tables("항구검색정보").Clear()
        lst양하항리스트.Items.Clear()

        SQL = "Select distinct (항구명 + ',' + 국가코드) as 양하항 from  ↙
            항구코드정보 where 항구명 like '" & _
            txt양하항.Text & "%' order by 양하항"
        Cmd = New SqlCommand(SQL, Conn)

        Cmd.CommandType = CommandType.Text
        Adt4.SelectCommand = Cmd
        Adt4.Fill(Ds1, "항구검색정보")

        For i = 0 To Ds1.Tables("항구검색정보").Rows.Count - 1
            lst양하항리스트.Items.Add(Ds1.Tables("항구검색정보").Rows(i) ↙
                                    ("양하항"))
        Next

        lst양하항리스트.Visible = True
        txt양하항.SelectAll()

    End Sub
```

〈해설〉

1. 출발지직접입력 명령 단추의 값이 "직접입력"이면 wk출발지직접입력SW를 "ON"으로
   한다. 이렇게 하는 이유는 직접 입력시에는 txt출발지_TextChanged 이벤트가 작동되
   지 않도록 하기 위함이다.
2. txt출발지의 데이터를 모두 선택한다. 이는 해당 데이터의 수정 및 취소를 용이하게 한
   다.
3. txt출발지의 값이 "A"보다 작은 경우 즉, 공백이거나 숫자인 경우이다. 항구명은 영문
   자로 시작하기 때문에 영문자 이외에는 수행하지 않도록 한다.

4. wk출발지직접입력SW가 "ON"이면 프로시저를 종료한다. 이는 btn출발지직접입력 _Click 이벤트 수행시 지정해 놓아 직접 입력시에는 txt출발지_TextChanged 이벤트 가 작동되지 않도록 한다.

5. lst출발지리스트의 목록에 대한 선택이 변경되거나 txt출발지의 텍스트를 Display할 때 wk출발지SW가 'ON'으로 바뀐다. 이 SW 변수를 사용하는 이유는 txt출발지 _TextChanged() 이벤트를 수행할 때 위와 같은 이벤트에는 수행하지 않고 사용자가 순수하게 txt출발지 값을 변경한 경우에만 이 이벤트를 수행하고자 함이다.

6. 항구검색정보 테이블은 lst출발지리스트 리스트 박스의 목록을 채울 때 사용된다. 이 항 구검색정보 테이블을 생성하기 위한 SQL문으로서 항구코드정보 테이블에서 항구명이 txt출발지와 같은 레코드의 항구명과 국가코드를 조회한다.

7. 생성된 항구검색정보 테이블의 모든 레코드의 출발지 필드를 lst출발지리스트 리스트 박스의 목록에 채운다.

⑨ 출발지리스트, 도착지리스트 및 양하항리스트 리스트 박스의 선택이 바뀌었을 때의 로 직과 선적항 및 선박스케줄 콤보 상자의 선택이 바뀌었을 때의 로직을 작성하자.

리스트 4-7

```
Private Sub lst출발지리스트_SelectedIndexChanged(ByVal sender As ↙
          Object, ByVal e As System.EventArgs) Handles ↙
          lst출발지리스트.SelectedIndexChanged

   wk출발지SW = "ON" ·················································································· 1
   txt출발지.Text = lst출발지리스트.Text
   txt출발지.Focus()
   lst출발지리스트.Visible = False

End Sub

Private Sub lst도착지리스트_SelectedIndexChanged(ByVal sender As ↙
        Object, ByVal e As System.EventArgs) Handles ↙
        lst도착지리스트.SelectedIndexChanged


   wk도착지SW = "ON"
   txt도착지.Text = lst도착지리스트.Text
   txt도착지.Focus()
   lst도착지리스트.Visible = False
End Sub
```

```
Private Sub lst양하항리스트_SelectedIndexChanged(ByVal sender As ↙
          Object, ByVal e As System.EventArgs) Handles ↙
          lst양하항리스트.SelectedIndexChanged

   wk양하항SW = "ON"
   txt양하항.Text = lst양하항리스트.Text
   txt양하항.Focus()
   lst양하항리스트.Visible = False

End Sub

Private Sub cbo선적항_SelectionChangeCommitted(ByVal sender ↙
        As Object, ByVal e As System.EventArgs) Handles ↙
        cbo선적항.SelectionChangeCommitted

   txt출발일스케줄.Text = ""

End Sub

Private Sub cbo선박스케줄_SelectionChangeCommitted(ByVal sender ↙
        As Object, ByVal e As System.EventArgs) Handles ↙
        cbo선박스케줄.SelectionChangeCommitted

   Dim wk선박코드 As String
   Dim wk항차 As String

   For i = 0 To Ds1.Tables("cbo스케줄리스트").Rows.Count − 1
      If cbo선박스케줄.Text = Ds1.Tables("cbo스케줄리스트").Rows(i) ↙
                                ("선박명및항차") Then
      ............................................................. 2
         wk선박코드 = Ds1.Tables("cbo스케줄리스트").Rows(i)("선박코드")
         wk항차 = Ds1.Tables("cbo스케줄리스트").Rows(i)("항차")
         Exit For
      End If
   Next

   Ds1.Tables("스케줄검색정보").Clear()

   SQL = "Select * from 스케줄정보 where (선박코드 = '" & _
         wk선박코드 & "') and " & "(항차 = '" & wk항차 & _
         "') and (항구명 = '" & cbo선적항.Text & "')"

   Cmd = New SqlCommand(SQL, Conn)
   Cmd.CommandType = CommandType.Text
```

```
    Adt6.SelectCommand = Cmd

    Adt6.Fill(Ds1, "스케줄검색정보") ································································ 3

    txt출발일스케줄.Text = ""

    If Ds1.Tables("스케줄검색정보").Rows.Count > 0 Then
        txt출발일스케줄.Text = Ds1.Tables("스케줄검색정보").Rows(0) ↙
                            ("출발도착일자") ································· 4
    Else
        MsgBox("선적항에 해당하는 스케줄이 없습니다. 정확한 ↙
                선박 스케줄을 선택하세요 !!! ")
    End If

  End Sub

End Class
```

〈해설〉

1. lst출발지리스트의 목록에 대한 선택이 변경되거나 txt출발지의 텍스트를 Display할 때 wk출발지SW가 'ON'으로 바뀐다. 이 SW 변수를 사용하는 이유는 txt출발지 _TextChanged() 이벤트를 수행할 때 위와 같은 이벤트에는 수행하지 않고 사용자가 순수하게 txt출발지 값을 변경한 경우에만 이 이벤트를 수행하고자 함이다.

2. cbo스케줄리스트 테이블은 cbo선박스케줄의 목록을 생성하기 위한 것이다. cbo스케줄 리스트 테이블의 선박명및항차 필드와 cbo선박스케줄이 같으면 테이블의 선박코드와 항차를 변수에 저장한다. 이 변수는 스케줄검색정보 테이블을 생성하는데 사용한다.

3. 스케줄검색정보 테이블은 폼의 출발일스케줄의 값을 생성하는데 사용된다.

4. 스케줄검색정보 테이블의 건수가 0보다 크면 즉, 선박코드, 항차, 선적항 등의 검색 조건에 맞는 데이터가 있으면 테이블의 출발도착일자를 폼의 출발일스케줄에 옮긴다.

4.2 화물 세부 내역 관리 프로그램 작성

이 프로그램은 독자적으로 수행되지 않고 이전의 [예약 신청] 폼과 연계된 폼으로 냉동, 위험 및 장척 화물에 대한 세부 내역을 입력 및 수정하는 프로그램이다.

프로그램 명세서		
작성자 : 김 진 수	승인자 :	버 전 : 1.0
작성일 : 2009. 03. 17	승인일 :	페이지 : 1/6

프로그램명	화물 세부 내역 관리

프로그램 명세서		
작성자 : 김 진 수	승인자 :	버 전 : 1.0
작성일 : 2009. 03. 17	승인일 :	페이지 : 2/6

프로그램명	화물 세부 내역 관리

* 프로그램 개요
  - 이 프로그램은 [예약 신청] 폼에서 화물세부내역 명령 단추를 누르거나 냉동, 위험 및 장척 체크 박스를 눌렀을 때 연결되는 폼으로 냉동, 위험 및 장척 화물에 대한 세부 내역을 입력 및 수정하는 프로그램이다.
  - [입력] 명령 단추를 누르면 폼에서 입력된 데이터를 모듈의 변수에 저장한다. [예약 신청] 폼에서는 이 모듈에 저장된 데이터를 이용하여 냉동, 위험 및 장척 화물에 대한 세부 내역을 실제로 입력하게 된다.
  - [취소] 명령 단추를 누르면 폼에 입력된 데이터와 모듈에 저장된 데이터를 모두 지운다.
  - [이전] 명령 단추를 누르면 [예약 신청] 폼으로 되돌아간다.
  - 항목 설명은 1장의 화물 세부 내역 관리 프로그램 설명서를 참고한다.

1. 화물세부내역관리_Load()
  - DsToScreen() 프로시저를 수행한다.
  - 냉동화물, 위험화물 및 장척화물 그룹박스를 Disable 시킨다.
  - 예약 신청 프로그램에서 모듈에 저장한 wk냉동화물chk, wk위험화물chk 및 wk장척화물chk의 값이 True이면 그에 해당하는 그룹박스를 Enable 시킨다.

2. DsToScreen()
  - 모듈에 저장된 wk냉동온도의 값이 공백이 아니면 wk냉동온도, wk냉동온도단위, wk통풍구분 및 wk습도의 값을 폼에 옮긴다.
  - 모듈에 있는 wkUN위험번호(0)이 공백이 아니면, wkUN위험번호(0), wk위험분류(0), wk인화점(0), wk패키지그룹(0) 및 위험분류내역을 폼에 옮긴다.
  - 모듈에 있는 wkUN위험번호(1)이 공백이 아니면, wkUN위험번호(1), wk위험분류(1), wk인화점(1), wk패키지그룹(1) 및 위험분류내역을 폼에 옮긴다.
  - 모듈에 있는 wkUN위험번호(2)가 공백이 아니면, wkUN위험번호(2), wk위험

<table>
<tr><td colspan="3" align="center">프로그램 명세서</td></tr>
<tr><td>작성자 : 김 진 수</td><td>승인자 :</td><td>버 전 : 1.0</td></tr>
<tr><td>작성일 : 2009. 03. 17</td><td>승인일 :</td><td>페이지 : 3/6</td></tr>
</table>

프로그램명	화물 세부 내역 관리

분류(2), wk인화점(2), wk패키지그룹(2) 및 위험분류내역을 폼에 옮긴다.
- 모듈에 있는 wk장척포장개수가 공백이 아니면 wk장척포장개수, wk장척포장개수단위, wk장척총중량, wk장척총중량단위, wk장척품목, wk장척순중량, wk장척순중량단위, wk장척길이, wk장척폭, wk장척높이, wk장척비고 등을 폼에 옮긴다.

3. btn입력_Click()
 - DataCheck() 프로시저를 수행한다.
 - DataCheck() 수행 후 오류가 없으면 ScreenToWkdata() 프로시저를 수행한다.

4. DataCheck()
 - 모듈에 저장된 wk냉동화물chk가 True인 경우, txt냉동온도, cbo냉동온도단위, cbo통풍구분, txt습도 등의 필드가 공백이면 오류이다.
 - 모듈에 저장된 wk위험화물chk가 True인 경우
   - txtUN위험번호1, cbo위험분류1 등의 필드가 공백이면 오류이다.
   - txtUN위험번호1의 자리수가 4자리가 아니면 오류이다.
   - txtUN위험번호2가 공백이 아닌 경우, 그 자리수가 4자리가 아니거나 cbo위험분류2가 공백이면 오류이다.
   - txtUN위험번호3가 공백이 아닌 경우, 그 자리수가 4자리가 아니거나 cbo위험분류3이 공백이면 오류이다.
 - 모듈에 저장된 wk장척화물chk가 True인 경우
   - txt장척포장개수, cbo장척포장개수단위, txt장척총중량, txt장척품목, txt장척길이, txt장척폭, txt장척높이 등의 필드가 공백이면 오류이다.
   - txt장척품목의 자리수가 30자리보다 크면 오류이다.
   - txt장척비고의 자리수가 50자리보다 크면 오류이다.

<table>
<tr><td colspan="5" align="center">프로그램 명세서</td></tr>
<tr><td>작성자 : 김 진 수</td><td>승인자 :</td><td>버 전 : 1.0</td></tr>
<tr><td>작성일 : 2009. 03. 17</td><td>승인일 :</td><td>페이지 : 4/6</td></tr>
</table>

프로그램명	화물 세부 내역 관리

5. ScreenToWkdata()
 - 모듈에 저장된 wk냉동화물chk가 True인 경우 txt냉동온도, cbo냉동온도단위, cbo통풍구분, txt습도 등의 값을 모듈에 옮긴다.
 - 모듈에 저장된 wk위험화물chk가 True인 경우
   · txtUN위험번호1, cbo위험분류1, txt인화점1, cbo패키지그룹1 등의 값을 모듈의 배열에 옮긴다.
   · txtUN위험번호2가 공백이 아니면 txtUN위험번호2, cbo위험분류2, txt인화점2, cbo패키지그룹2 등의 값을 모듈의 배열에 옮긴다.
   · txtUN위험번호3이 공백이 아니면 txtUN위험번호3, cbo위험분류3, txt인화점3, cbo패키지그룹3 등의 값을 모듈의 배열에 옮긴다.
 - 모듈에 저장된 wk장척화물chk가 True인 경우
   · txt장척포장개수, cbo장척포장개수단위, txt장척총중량, cbo장척총중량단위, txt장척품목, txt장척순중량, cbo장척순중량단위, txt장척길이, txt장척폭, txt장척높이, txt장척비고 등의 값을 모듈에 옮긴다.

6. btn취소_Click()

 - ScreenClear() 프로시저를 수행한다.
 - Reset() 프로시저를 수행한다.

7. ScreenClear()
 - 모듈에 저장된 wk냉동화물chk가 True인 경우 txt냉동온도, txt습도 등의 값을 공백으로 하고, cbo냉동온도단위는 "섭씨", cbo통풍구분은 "Full Close"로 기본 값을 지정한다.
 - 모듈에 저장된 wk위험화물chk가 True인 경우

<table>
<tr><td colspan="3" align="center">프로그램 명세서</td></tr>
<tr><td>작성자 : 김 진 수</td><td>승인자 :</td><td>버　전 : 1.0</td></tr>
<tr><td>작성일 : 2009. 03. 17</td><td>승인일 :</td><td>페이지 : 5/6</td></tr>
</table>

프로그램명	화물 세부 내역 관리

- txtUN위험번호1, cbo위험분류1, txt위험분류내역1, txt인화점1 등의 값을 공백으로 하고, cbo패키지그룹1은 "None"으로 기본 값을 지정한다.
- txtUN위험번호2, cbo위험분류2, txt위험분류내역2, txt인화점2 등의 값을 공백으로 하고, cbo패키지그룹2는 "None"으로 기본 값을 지정한다.
- txtUN위험번호3, cbo위험분류3, txt위험분류내역3, txt인화점3 등의 값을 공백으로 하고, cbo패키지그룹3은 "None"으로 기본 값을 지정한다.

- 모듈에 저장된 wk장척화물chk가 True인 경우
  - txt장척포장개수, txt장척총중량, txt장척품목, txt장척순중량, txt장척길이, txt장척폭, txt장척높이, txt장척비고 등의 값을 공백으로 한다.
  - cbo장척포장개수단위, cbo장척총중량단위, cbo장척순중량단위 등의 필드는 "KGS"로 기본 값을 지정한다.

8. Reset()
 - 모듈에 저장된 wk냉동화물chk가 True인 경우 wk냉동온도, wk습도 등의 값을 공백으로 하고, wk냉동온도단위는 "섭씨", wk통풍구분은 "Full Close"로 기본 값을 지정한다.
 - 모듈에 저장된 wk위험화물chk가 True인 경우
   - wkUN위험번호(3), wk위험분류(3), wk인화점(3) 등의 배열 값을 모두 공백으로 하고, wk패키지그룹(3) 배열 값은 모두 "None"으로 기본 값을 지정한다.
 - 모듈에 저장된 wk장척화물chk가 True인 경우
   - wk장척포장개수, wk장척총중량, wk장척품목, wk장척순중량, wk장척길이, wk장척폭, wk장척높이, wk장척비고 등의 값을 공백으로 한다.
   - wk장척포장개수단위, wk장척총중량단위, wk장척순중량단위 등의 변수는 "KGS"로 기본 값을 지정한다.

<table>
<tr><td colspan="3" align="center">프로그램 명세서</td></tr>
<tr><td>작성자 : 김 진 수</td><td>승인자 :</td><td>버 전 : 1.0</td></tr>
<tr><td>작성일 : 2009. 03. 17</td><td>승인일 :</td><td>페이지 : 6/6</td></tr>
</table>

프로그램명	화물 세부 내역 관리

9. btn이전_Click()
 - 현재 화면을 닫는다.

10. cbo위험분류1_SelectedIndexChanged()
 - cbo위험분류1의 값에 해당하는 위험분류내역을 txt위험분류내역1에 출력한다.

11. cbo위험분류2_SelectedIndexChanged()
 - cbo위험분류2의 값에 해당하는 위험분류내역을 txt위험분류내역2에 출력한다.

12. cbo위험분류3_SelectedIndexChanged()
 - cbo위험분류3의 값에 해당하는 위험분류내역을 txt위험분류내역3에 출력한다.

① 프로젝트는 이전에 작성한 [해운정보서비스] 프로젝트를 그대로 이용하고, [해운정보서비스] 프로젝트의 단축 메뉴에서 [추가/Windows Form] 기능을 이용하여 새 폼을 만든다. 새로운 폼 이름은 [화물세부내역관리]로 한다.

② 다음 표를 참고로 폼을 디자인하고, 프로그램 코드와 상관없는 레이블 내역은 생략한다.

컨트롤	Name	Text	비 고
Form	화물세부내역관리	화물세부내역관리	
Label	Label1	화물 세부내역 관리	Font : 굴림32pt
GroupBox	grp냉동화물	냉동 화물 (Reefer Cargo)	
TextBox	txt냉동온도		
ComboBox	cbo냉동온도단위		

컨트롤	Name	Text	비 고
ComboBox	cbo통풍구분		
TextBox	txt습도		
GroupBox	grp위험화물	위험 화물(Dangerous Cargo)	
TextBox	txtUN위험번호1		
ComboBox	cbo위험분류1		
TextBox	txt위험분류내역1		ReadOnly : true
TextBox	txt인화점1		
ComboBox	cbo패키지그룹1		
TextBox	txtUN위험번호2		
ComboBox	cbo위험분류2		
TextBox	txt위험분류내역2		ReadOnly : true
TextBox	txt인화점2		
ComboBox	cbo패키지그룹2		
TextBox	txtUN위험번호3		
ComboBox	cbo위험분류3		
TextBox	txt위험분류내역3		ReadOnly : true
TextBox	txt인화점3		
ComboBox	cbo패키지그룹3		
GroupBox	grp장척화물	장척 화물 (Awkward Cargo)	
TextBox	txt장척포장개수		
ComboBox	cbo장척포장개수단위		
TextBox	txt장척총중량		
ComboBox	cbo장척총중량단위		
TextBox	txt장척품목		
TextBox	txt장척순중량		
ComboBox	cbo장척순중량단위		
TextBox	txt장척길이		
TextBox	txt장척폭		
TextBox	txt장척높이		
TextBox	txt장척비고		
Button	btn입력	입력	
Button	btn취소	취소	
Button	btn이전	이전	

③ 프로그램에 imports해야 할 네임스페이스와 화물세부내역관리 폼에 사용될 기본 개체를 설정하고, 폼의 빈곳에 더블 클릭하여 화물세부내역관리_Load 로직을 작성한다. 모듈에 사용되는 공용 변수는 리스트 4-1을 참고한다.

리스트 **4-8**

```
Imports System.Data
Imports System.Data.SqlClient
Imports System.IO

Public Class 화물세부내역관리

Protected wkCheck As String
Protected i As Integer
Protected sv위험분류 As String
Protected sv위험분류내역 As String

Private Sub 화물세부내역관리_Load(ByVal sender As Object, ByVal e ↙
          As System.EventArgs) Handles MyBase.Load

  DsToScreen()

  grp냉동화물.Enabled = False ·········································································· 1
  grp위험화물.Enabled = False
  grp장척화물.Enabled = False

  If wk냉동화물chk = True Then ········································································· 2
      grp냉동화물.Enabled = True
  End If

  If wk위험화물chk = True Then
      grp위험화물.Enabled = True
  End If

  If wk장척화물chk = True Then
      grp장척화물.Enabled = True
  End If

End Sub

Public Sub DsToScreen()

  If wk냉동온도 <> "" Then
      txt냉동온도.Text = wk냉동온도
      cbo냉동온도단위.Text = wk냉동온도단위
      cbo통풍구분.Text = wk통풍구분
      txt습도.Text = wk습도
  End If
```

```
    If wkUN위험번호(0) <> "" Then
        txtUN위험번호1.Text = wkUN위험번호(0)
        cbo위험분류1.Text = wk위험분류(0)
        txt인화점1.Text = wk인화점(0)
        cbo패키지그룹1.Text = wk패키지그룹(0)
        sv위험분류 = cbo위험분류1.Text
        위험분류내역_Display() ···································································· 3
        txt위험분류내역1.Text = sv위험분류내역
    End If

    If wkUN위험번호(1) <> "" Then
        txtUN위험번호2.Text = wkUN위험번호(1)
        cbo위험분류2.Text = wk위험분류(1)
        txt인화점2.Text = wk인화점(1)
        cbo패키지그룹2.Text = wk패키지그룹(1)
        sv위험분류 = cbo위험분류2.Text
        위험분류내역_Display()
        txt위험분류내역2.Text = sv위험분류내역
    End If

    If wkUN위험번호(2) <> "" Then
        txtUN위험번호3.Text = wkUN위험번호(2)
        cbo위험분류3.Text = wk위험분류(2)
        txt인화점3.Text = wk인화점(2)
        cbo패키지그룹3.Text = wk패키지그룹(2)
        sv위험분류 = cbo위험분류3.Text
        위험분류내역_Display()
        txt위험분류내역3.Text = sv위험분류내역
    End If

    If wk장척포장개수 <> "" Then
        txt장척포장개수.Text = wk장척포장개수
        cbo장척포장개수단위.Text = wk장척포장개수단위
        txt장척총중량.Text = wk장척총중량
        cbo장척총중량단위.Text = wk장척총중량단위
        txt장척품목.Text = wk장척품목
        txt장척순중량.Text = wk장척순중량
        cbo장척순중량단위.Text = wk장척순중량단위
        txt장척길이.Text = wk장척길이
        txt장척폭.Text = wk장척폭
        txt장척높이.Text = wk장척높이
        txt장척비고.Text = wk장척비고
    End If
End Sub
```

〈해설〉

1. 냉동화물 그룹 박스를 Disable 시킨다.
2. 모듈에 저장된 wk냉동화물chk가 True이면 냉동화물 그룹 박스를 Enable 시킨다. 모듈의 공용 변수 데이터는 예약신청과 화물세부내역관리 프로그램을 연계하는 데 사용된다.
3. 위험분류에 따라 위험분류 내역을 지정하는 프로시저이다.

④ [입력] 명령 단추에 대한 로직을 작성하자. 이 명령 단추를 누르면 폼에서 입력된 데이터를 모듈의 변수에 저장한다. [예약 신청] 폼에서는 이 모듈에 저장된 데이터를 이용하여 냉동, 위험 및 장척 화물에 대한 세부 내역을 실제로 입력 처리하게 된다.

리스트 **4-9**

```
Private Sub btn입력_Click(ByVal sender As System.Object, ByVal e ↙
              As System.EventArgs) Handles btn입력.Click

  wkCheck = ""

  DataCheck()

  If wkCheck = "OK" Then ············································································ 1
     ScreenToWkdata()
     MsgBox(" 입력한 레코드가 추가되었습니다.")
  End If

End Sub

Public Sub DataCheck()

  If wk냉동화물chk = True Then ······························································· 2

     If txt냉동온도.Text = "" Then
        MsgBox("냉동온도를 입력하세요. ")
        txt냉동온도.Focus()
        Exit Sub
     End If
```

```
        If cbo냉동온도단위.Text = "" Then
            MsgBox("냉동온도단위를 선택하세요. ")
            cbo냉동온도단위.Focus()
            Exit Sub
        End If

        If cbo통풍구분.Text = "" Then
            MsgBox("통풍구분을 선택하세요. ")
            cbo통풍구분.Focus()
            Exit Sub
        End If

        If txt습도.Text = "" Then
            MsgBox("습도를 입력하세요. ")
            txt습도.Focus()
            Exit Sub
        End If
    End If

    If wk위험화물chk = True Then
        If txtUN위험번호1.Text = "" Then
            MsgBox("UN위험번호1을 입력하세요. ")
            txtUN위험번호1.Focus()
            Exit Sub
        End If

        If Len(txtUN위험번호1.Text) <> 4 Then
            MsgBox("UN위험번호는 4자리 입니다. ")
            txtUN위험번호1.Focus()
            Exit Sub
        End If

        If cbo위험분류1.Text = "" Then
            MsgBox("위험분류1을 선택하세요. ")
            cbo위험분류1.Focus()
            Exit Sub
        End If

        If txtUN위험번호2.Text <> "" Then                                    ⋯ 3
            If Len(txtUN위험번호2.Text) <> 4 Then
                MsgBox("UN위험번호는 4자리 입니다. ")
                txtUN위험번호2.Focus()
                Exit Sub
            End If
```

```
        If cbo위험분류2.Text = "" Then
            MsgBox("위험분류2를 선택하세요. ")
            cbo위험분류2.Focus()
            Exit Sub
        End If
    End If

    If txtUN위험번호3.Text <> "" Then

        If Len(txtUN위험번호3.Text) <> 4 Then
            MsgBox("UN위험번호는 4자리 입니다. ")
            txtUN위험번호3.Focus()
            Exit Sub
        End If
        If cbo위험분류3.Text = "" Then
            MsgBox("위험분류3을 선택하세요. ")
            cbo위험분류3.Focus()
            Exit Sub
        End If
    End If
End If

End If

If wk장척화물chk = True Then

    If txt장척포장개수.Text = "" Then
        MsgBox("장척포장개수를 입력하세요. ")
        txt장척포장개수.Focus()
        Exit Sub
    End If

    If cbo장척포장개수단위.Text = "" Then
        MsgBox("장척포장개수단위를 선택하세요. ")
        cbo장척포장개수단위.Focus()
        Exit Sub
    End If

    If txt장척총중량.Text = "" Then
        MsgBox("장척총중량을 입력하세요. ")
        txt장척총중량.Focus()
        Exit Sub
    End If
```

```
        If txt장척품목.Text = "" Then
            MsgBox("장척품목을 입력하세요. ")
            txt장척품목.Focus()
            Exit Sub
        End If

        If Len(txt장척품목.Text) > 30 Then
            MsgBox("장척품목의 길이는 30자 이내 입니다. ")
            txt장척품목.Focus()
            Exit Sub
        End If

        If txt장척길이.Text = "" Then
            MsgBox("장척길이를 입력하세요. ")
            txt장척길이.Focus()
            Exit Sub
        End If

        If txt장척폭.Text = "" Then
            MsgBox("장척폭을 입력하세요. ")
            txt장척폭.Focus()
            Exit Sub
        End If

        If txt장척높이.Text = "" Then
            MsgBox("장척높이를 입력하세요. ")
            txt장척높이.Focus()
            Exit Sub
        End If

        If Len(txt장척비고.Text) > 50 Then
            MsgBox("장척비고의 길이는 50자 이내 입니다. ")
            txt장척비고.Focus()
            Exit Sub
        End If

    End If

    wkCheck = "OK"

End Sub
```

```vb
Public Sub ScreenToWkdata()

    If  wk냉동화물chk = True Then
        wk냉동온도 = txt냉동온도.Text
        wk냉동온도단위 = cbo냉동온도단위.Text
        wk통풍구분 = cbo통풍구분.Text
        wk습도 = txt습도.Text
    End If

    If  wk위험화물chk = True Then
        wkUN위험번호(0) = txtUN위험번호1.Text
        wk위험분류(0) = cbo위험분류1.Text
        wk인화점(0) = txt인화점1.Text
        wk패키지그룹(0) = cbo패키지그룹1.Text

        If  txtUN위험번호2.Text <> "" Then
            wkUN위험번호(1) = txtUN위험번호2.Text
            wk위험분류(1) = cbo위험분류2.Text
            wk인화점(1) = txt인화점2.Text
            wk패키지그룹(1) = cbo패키지그룹2.Text
        End If

        If  txtUN위험번호3.Text <> "" Then
            wkUN위험번호(2) = txtUN위험번호3.Text
            wk위험분류(2) = cbo위험분류3.Text
            wk인화점(2) = txt인화점3.Text
            wk패키지그룹(2) = cbo패키지그룹3.Text
        End If
    End If

    If  wk장척화물chk = True Then
        wk장척포장개수 = txt장척포장개수.Text
        wk장척포장개수단위 = cbo장척포장개수단위.Text
        wk장척총중량 = txt장척총중량.Text
        wk장척총중량단위 = cbo장척총중량단위.Text
        wk장척품목 = txt장척품목.Text
        wk장척순중량 = txt장척순중량.Text
        wk장척순중량단위 = cbo장척순중량단위.Text
        wk장척길이 = txt장척길이.Text
        wk장척폭 = txt장척폭.Text
        wk장척높이 = txt장척높이.Text
        wk장척비고 = txt장척비고.Text
    End If

End Sub
```

〈해설〉

1. DataCheck() 프로시저에서는 입력 데이터의 오류를 체크한다. 데이터의 오류가 없으면 wkCheck에 "OK"가 지정된다. 즉, 입력 데이터에 오류가 없으면 ScreenToWkdata() 프로시저를 수행한다. 이 로직에서는 폼에서 입력된 데이터를 모듈의 공용 변수에 저장한다. [예약 신청] 폼에서는 이 모듈에 저장된 데이터를 이용하여 냉동, 위험 및 장척 화물에 대한 세부 내역을 실제로 입력 처리하게 된다.
2. 모듈에 저장된 wk냉동화물chk가 True이면 다음 로직을 처리한다. 모듈의 공용 변수 데이터는 예약신청과 화물세부내역관리 프로그램을 연계하는 데 사용된다.
3. txtUN위험번호2가 공백이 아닌 경우, 그 자리수가 4자리가 아니면 오류이다. Len 함수를 이용하여 String의 길이를 알 수 있다.

⑤ [취소] 및 [이전] 명령 단추에 대한 로직을 작성하자. [취소] 명령 단추는 실제로 입력된 데이터를 취소하는 것이 아니라 폼에 입력된 데이터와 모듈에 저장된 데이터를 지우는 역할을 한다. [이전] 명령 단추를 누르면 예약 신청 폼으로 되돌아간다.

리스트 **4-10**

```
Private Sub btn취소_Click(ByVal sender As System.Object, ByVal e ↙
          As System.EventArgs) Handles btn취소.Click

    ScreenClear() ·················································································· 1
    Reset() ·························································································· 2

End Sub

Public Sub ScreenClear()

  If wk냉동화물chk = True Then
     txt냉동온도.Text = ""
     cbo냉동온도단위.Text = "섭씨"
     cbo통풍구분.Text = "Full Close"
     txt습도.Text = ""
  End If

  If wk위험화물chk = True Then
     txtUN위험번호1.Text = ""
```

```
        cbo위험분류1.Text = ""
        txt위험분류내역1.Text = ""
        txt인화점1.Text = ""
        cbo패키지그룹1.Text = "None"

        txtUN위험번호2.Text = ""
        cbo위험분류2.Text = ""
        txt위험분류내역2.Text = ""
        txt인화점2.Text = ""
        cbo패키지그룹2.Text = "None"

        txtUN위험번호3.Text = ""
        cbo위험분류3.Text = ""
        txt위험분류내역3.Text = ""
        txt인화점3.Text = ""
        cbo패키지그룹3.Text = "None"

    End If

    If wk장척화물chk = True Then
        txt장척포장개수.Text = ""
        cbo장척포장개수단위.Text = "KGS"
        txt장척총중량.Text = ""
        cbo장척총중량단위.Text = "KGS"

        txt장척품목.Text = ""
        txt장척순중량.Text = ""
        cbo장척순중량단위.Text = "KGS"
        txt장척길이.Text = ""
        txt장척폭.Text = ""
        txt장척높이.Text = ""
        txt장척비고.Text = ""
    End If

End Sub

Public Sub Reset()

    If wk냉동화물chk = True Then
        wk냉동온도 = ""
        wk냉동온도단위 = "섭씨"
        wk통풍구분 = "Full Close"
        wk습도 = ""
    End If
```

```
    If wk위험화물chk = True Then
        For i = 0 To 2
            wkUN위험번호(i) = ""
            wk위험분류(i) = ""
            wk인화점(i) = ""
            wk패키지그룹(i) = "None"
        Next
    End If


    If wk장척화물chk = True Then
        wk장척포장개수 = ""
        wk장척포장개수단위 = "KGS"
        wk장척총중량 = ""
        wk장척총중량단위 = "KGS"
        wk장척품목 = ""
        wk장척순중량 = ""
        wk장척순중량단위 = "KGS"
        wk장척길이 = ""
        wk장척폭 = ""
        wk장척높이 = ""
        wk장척비고 = ""
    End If

End Sub

Private Sub btn이전_Click(ByVal sender As System.Object, ByVal e
            As System.EventArgs) Handles btn이전.Click

    Me.Close()

End Sub
```

〈해설〉

1. 폼에 입력한 데이터를 공백으로 한다.
2. 모듈의 공용 변수에 저장된 데이터를 지운다.

⑤ 위험분류1, 위험분류2 및 위험분류3 콤보 박스의 선택된 값이 변동되었을 때의 로직을
  작성하자. 위험분류의 값이 바뀌면 그에 따라 위험분류내역이 바뀐다.

리스트 **4-11**

```
Private Sub cbo위험분류1_SelectedIndexChanged(ByVal sender As ↙
            Object, ByVal e As System.EventArgs) Handles ↙
            cbo위험분류1.SelectedIndexChanged

    sv위험분류 = cbo위험분류1.Text
    위험분류내역_Display() ·········································································· 1
    txt위험분류내역1.Text = sv위험분류내역

End Sub

Private Sub 위험분류내역_Display()

    Select Case sv위험분류
        Case "Class 1"
                sv위험분류내역 = "화약류(Explosives)"
        Case "Class 2"
                sv위험분류내역 = "가스(Gases)"
        Case "Class 3"
                sv위험분류내역 = "인화성 액체(Flammable Liquids)"
        Case "Class 4"
                sv위험분류내역 = "가연성 고체(Flammable Solids)"
        Case "Class 5"
                sv위험분류내역 = "산화성 물질 및 유기과산화물"
        Case "Class 6"
                sv위험분류내역 = "독극물 및 전염성 물질"
        Case "Class 7"
                sv위험분류내역 = "방사성 물질(Radioactive Substances)"
        Case "Class 8"
                sv위험분류내역 = "부식성 물질(Corrosives)"
        Case "Class 9"
                sv위험분류내역 = _
                    "유해성 물질(Micellaneous Dangerous Substances)"
    End Select

End Sub

Private Sub cbo위험분류2_SelectedIndexChanged(ByVal sender As ↙
            Object, ByVal e As System.EventArgs) Handles ↙
            cbo위험분류2.SelectedIndexChanged

    sv위험분류 = cbo위험분류2.Text
    위험분류내역_Display()
```

```
    txt위험분류내역2.Text = sv위험분류내역

End Sub

Private Sub cbo위험분류3_SelectedIndexChanged(ByVal sender As ↙
            Object, ByVal e As System.EventArgs) Handles ↙
            cbo위험분류3.SelectedIndexChanged

  sv위험분류 = cbo위험분류3.Text

  위험분류내역_Display()

  txt위험분류내역3.Text = sv위험분류내역

End Sub

End Class
```

〈해설〉

1. 새로운 위험분류에 따라 위험분류내역을 지정하는 로직이다.

제5장

선하증권 출력 프로그램 작성

5.1 Visual Studio.NET 크리스탈 레포트

5.2 선하증권 출력 프로그램 작성

5.1 Visual Studio.NET 크리스탈 레포트

크리스탈 레포트는 보고서 작성 도구를 제공하는 상용 프로그램으로 현재 11(XI) 버전까지 출시되어 있다. 1993년 Visual Studio의 통합 개발 환경에 처음 포함되었으며 지금의 Visual Studio.NET에 포함된 버전은 9 또는 10에 기반을 두고 있다. 이후부터는 단순히 크리스탈 레포트라고 하면 상용 프로그램이 아닌 Visual Studio.NET의 크리스탈 레포트를 의미한다. 크리스탈 레포트의 최근 버전은 하위 보고서(포함된 보고서) 기능 및 SelectionFormula 속성을 이용하여 조건식을 연결하는 기능(15.6 참고)을 제공하고 있다. 이러한 기능을 이용하면 이전보다 손쉽게 프로그램을 작성할 수 있을 것이다.

Visual Basic.NET의 통합 개발 환경(IDE: Integrated Development Environment)에서 프로젝트 항목으로 크리스탈 레포트를 추가하면 크리스탈 레포트 디자이너가 실행되고 기존에 작성되어 있는 보고서를 불러들이거나 새로운 보고서를 작성할 수도 있다. 크리스탈 레포트 디자이너는 참조할 데이터베이스의 특정 테이블이 지정되면 그 테이블의 필드를 이용해서 보고서를 디자인한다. 그리고 최근에는 SQL 2005에서도 Reporting Services를 제공하고 있다. 이 서비스를 이용하면 테이블 등 일부 기능은 크리스탈 레포트보다 편리하다.

5.1.1 크리스탈 레포트의 개요

크리스탈 레포트는 보고서 작성 도구로서 복잡한 전문가 수준의 보고서를 손쉽게 작성할 수 있다. 코딩하는 대신 크리스탈 레포트 디자이너(Crystal Report Designer) 인터페이스를 사용하여 필요한 보고서를 만들고 서식을 지정할 수 있다.

크리스탈 레포트는 크게 크리스탈 레포트 디자이너와 보고서 엔진, 크리스탈 레포트 뷰어로 구성되어 있다. 크리스탈 레포트 디자이너는 보고서 원본을 디자인하기 위한 디자인 환경을 제공한다. 그리고 강력한 보고서 엔진은 보고서 엔진 개체 모델을 제공하며 사용자가 지정하는 서식, 그룹화 및 차트 기준을 처리한다. 또한 크리스탈 레포트 뷰어는 보고서 엔진에서 생성된 보고서를 표시하는 역할을 한다.

크리스탈 레포트를 사용하면 많은 특징을 제공한다. 그 특징은 다음과 같다.

① 쉽게 크리스탈 레포트 디자이너를 액세스 할 수 있다.
② 다양한 데이터 원본을 사용할 수 있고 데이터 원본을 보고서 원본에 코딩을 하지 않고 마우스를 이용하여 구현할 수 있다.
③ 보고서 출력은 서비스할 환경에 따라 윈도우 폼 크리스탈 레포트 뷰어와 웹 폼 크리스

탈 레포트 뷰어를 사용할 수 있다.

④ 수식 편집기, SQL식 편집기 등의 크리스탈 레포트에 내장된 도구들을 사용하기 용이하다.

⑤ 크리스탈 레포트 뷰어는 개발자가 제공해야 할 인쇄 및 페이지 표시 기능을 도구 모음으로 내장되어 구현하기 편리하다.

⑥ [보고서 마법사]를 이용하면 크로스탭, 우편물 레이블 등을 쉽게 작성할 수 있다.

5.1.2 크리스탈 레포트를 이용한 보고서 작성의 일반적 단계

크리스탈 레포트의 형식은 정의가 되어 있지 않지만, 크게 3가지 단계로 구성되어 있다. 먼저 데이터베이스 원본에 연결을 하고, 다음에 크리스탈 레포트를 디자인을 한다. 마지막으로 작성한 크리스탈 레포트에 대한 배포를 한다.

1) 데이터 원본 연결

크리스탈 레포트에서 보고서가 참조할 데이터 원본을 선택한다. 보고서에서 둘 이상의 데이터 원본을 사용할 수 있다. 그런 다음 보고서에서 사용할 데이터베이스 테이블을 선택한다. 크리스탈 레포트에서 자동으로 테이블을 링크하거나 사용자가 직접 테이블 링크 방법을 지정할 수 있다. 데이터베이스 테이블은 한 데이터베이스의 레코드가 다른 데이터베이스의 관련 레코드와 일치하도록 연결된다. 다음의 표는 크리스탈 레포트에서 사용할 수 있는 데이터베이스 원본의 종류이다.

접근 기술	액세스 가능한 데이터의 원본
ADO.NET	관리되는 공급자가 있는 모든 데이터베이스
OLEDB	OLEDB 공급자가 있는 모든 데이터베이스
ODBC	ODBC 드라이버가 있는 모든 데이터베이스
Access/Excel	MS Access 데이터베이스와 Excel 통합 문서

2) 보고서 원본 디자인

보고서 원본은 보고서의 형태를 결정하는 역할을 한다. 보고서 원본 디자인에는 두 가지 방법을 제공한다. 하나는 [새 항목 추가]이고, 또 다른 하나는 [기존 항목 추가]이다. [새 항목 추가] 방법은 처음부터 사용자가 직접 만들 때 사용하는 방법이고, [기존 항목 추가] 경우에는 외부에서 작성되어진 보고서나 다른 프로젝트에서 만들어진 보고서를 가지고 와

서 [기본 항목 추가] 대화 상자에서 지정하는 방법이다. 이렇게 데이터 원본이 연결되면 크리스탈 레포트 디자인을 하면 된다. 크리스탈 레포트 디자인을 쉽게 하기 위해서 많은 도구들이 제공된다.

3) 보고서 배포

크리스탈 레포트는 작성된 보고서 원본으로부터 생성된 보고서를 배포하는데 두 가지의 방법을 제공한다. 하나는 [윈도우 폼 뷰어]이고, 또 다른 하나는 [웹 폼 뷰어]이다. 크리스탈 레포트 뷰어에는 생성된 보고서에 대해서 사용자가 조작할 수 있도록 많은 사용자 인터페이스 요소가 제공된다.

5.1.3 크리스탈 레포트 디자인 환경과 도구들

보고서 원본 디자인에서 잠시 언급을 하였듯이, 사용자를 위해서 크리스탈 레포트에서는 수많은 도구들과 사용자 인터페이스를 제공한다. 예를 들어 복잡한 계산식 및 차트와 같은 사용자가 구현하기 어려운 도구들이 있다. 이 때 보고서 원본을 디자인하는 크리스탈 레포트의 디자인 환경 및 레이아웃을 크리스탈 레포트 디자이너라고 한다.

이러한 크리스탈 레포트 디자이너는 그림과 같이 필드 탐색기, 보고서 디자이너 및 크리스탈 레포트 도구 모음으로 구성된다.

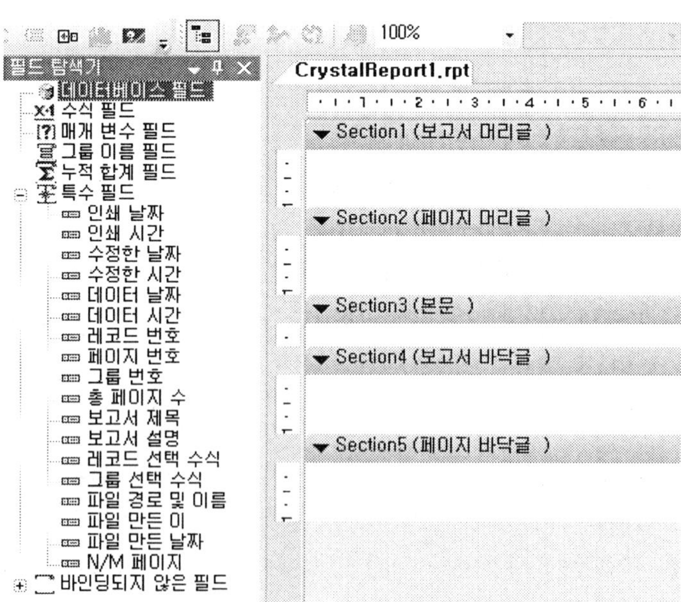

1) 보고서 디자이너

보고서를 만들 때 실제 보고서의 디자인이 나타나는 부분이다. 보고서 디자인에는 보고서 머리글, 페이지 머리글, 본문, 보고서 바닥글, 페이지 바닥글이 기본으로 되어 있다. 여기에서 사용자가 디자인을 하다가 그룹별로 표현하고 싶으면 그룹을 추가하거나 새로운 페이지 바닥글 등을 추가할 수가 있다.

① 보고서 머리글
- 보고서 맨 처음에 한번만 인쇄된다. 일반적으로 보고서 제목과 사용자가 보고서 맨 처음에만 나타내기 원하는 기타 정보를 포함한다.
- 수식이 배치될 경우 보고서가 시작될 때 한번만 계산된다.
- 차트와 크로스탭이 포함될 경우 전체 보고서에 대한 데이터가 포함된다.

② 페이지 머리글
- 보고서의 새 페이지가 시작될 때마다 인쇄된다. 사용자가 각 페이지의 맨 위에 표시하려는 정보가 포함된다.
- 장 이름, 문서 이름 또는 기타 유사한 정보에 대한 텍스트 필드를 포함할 수 있다.
- 수식은 새 페이지마다 한 번씩 계산된다.

③ 본문
- 보고서 전체의 데이터를 포함한다. 보고서가 실행될 때 각 레코드에 대해 본문 섹션이 반복되어 인쇄된다.
- 수식은 각 레코드에 대해 한 번씩 계산된다.

④ 보고서 바닥글
- 보고서 끝에 한 번 인쇄된다. 총합처럼 사용자가 보고서 끝에 한 번만 나타내려는 정보를 포함한다.
- 차트와 크로스탭이 포함될 경우 전체 보고서에 대한 데이터가 포함된다.
- 수식은 보고서가 끝날 때 한번 계산된다.

⑤ 페이지 바닥글
- 각 페이지의 맨 아래에 인쇄된다. 페이지 번호 및 사용자가 각 페이지의 맨 아래에 표시하려는 기타 정보가 포함된다.
- 수식은 새 페이지마다 한 번씩 계산된다.

⑥ 그룹 머리글
- 새 그룹이 시작될 때마다 인쇄된다.
- 그룹 이름 필드가 들어 있으며, 해당 그룹에 특정 데이터를 포함하는 차트나 크로스탭을 표시하는 데 사용될 수 있다.
- 수식은 새 그룹마다 한 번씩 계산된다.

⑦ 그룹 바닥글
- 각 그룹의 끝에 인쇄된다. 요약 값이 있는 경우 요약 값을 보유하며, 차트나 크로스탭을 표시하는 데 사용될 수 있다.
- 수식은 그룹마다 한 번씩 그룹이 끝날 때 계산된다.

2) 필드 탐색기

필드 탐색기를 사용하여 보고서에 필드를 삽입, 수정, 또는 삭제할 수 있다. 크리스탈 레포트의 일부분인 필드 탐색기는 보고서에 추가할 수 있는 데이터베이스 필드와 특수 필드의 트리 뷰를 제공한다. 또한 보고서에서 정의한 수식, 매개 변수, 그룹 이름, 누적 합계 필드를 보여 준다. 필드 탐색기는 이미 보고서에 직접 추가한 필드 옆과, 참조했거나 다른 필드 및 계산(수식 필드, 그룹, 누적 합계, 요약 등)에서 사용한 필드 옆에 확인 표시를 나타낸다.

3) 크리스탈 레포트 도구 모음

보고서 원본을 만들거나 수정하게 되면 크리스탈 레포트 도구 모음이 자동으로 나타나게 된다. 만약 나타나지 않을 경우 [보기] 메뉴에서 [도구 모음]을 선택하고 [Crystal Reports-삽입]과 [Crystal Reports-주]를 선택하면 된다.

전자는 삽입 도구 모음을 의미하는 것으로 요약, 그룹, 하위 보고서, 차트, 그림 삽입 등의 도구 모음이며, 후자는 주 도구 모음을 의미하는 것으로 선택 전문가, 그룹 정렬 전문가, 레코드 정렬 전문가 등의 도구 모음이다.

도구 모음을 이용하면 레포트 디자인시 새로운 차트 등의 개체를 추가하는데 도움이 되며, 텍스트 개체나 데이터베이스 필드들에 대한 서식을 지정하는 데에도 아주 유용하게 사용될 수 있고, 하위 보고서를 이용하면 주 보고서와 하위 보고서를 동시에 만들 수 있다. 또한 디자이너에 추가되는 개체에 대한 속성을 쉽게 바꿀 수 있다는 장점이 있다.

4) 보고서 마법사

보고서 마법사를 이용하면 크로스탭, 우편물 레이블 등을 마법사를 이용하여 쉽게 작성할 수 있다.

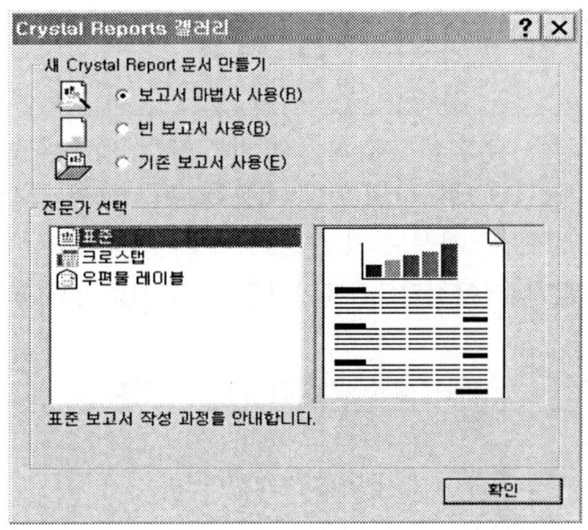

① 표준 보고서

- 데이터 소스를 선택하고 데이터베이스 테이블을 연결하는 작업을 도와준다.
- 필드를 추가하거나, 그룹화, 요약(합계) 및 정렬 기준을 지정할 수 있다.
- 차트를 만들고 레코드를 선택하는 작업을 도와준다.

② 크로스탭 보고서

- 데이터가 크로스탭 개체로 표시되는 보고서를 만드는 과정을 도와준다.
- 특수한 세 개의 탭, 즉, 크로스탭, 스타일, 스타일 사용자 지정 탭은 크로스탭을 만들고 서식을 설정하는 것을 도와준다.

③ 우편물 레이블

- 서식이 설정된 보고서를 만들어 모든 크기의 우편물 레이블에 인쇄할 수 있다.
- 레이블 탭을 사용하여 상업용 레이블 유형을 선택하거나 여러 열 스타일 보고서의 행과 열 레이아웃을 정의할 수 있다.

5.2 선하증권 출력 프로그램 작성

[선하증권] 출력 프로그램 작성 순서는 보고서 원본 생성, 데이터 원본 연결, 하위 보고서 (포함된 보고서) 작성, 연결된 데이터 원본을 이용한 주 보고서 작성, 수식 추가, 크리스탈 뷰어를 이용한 보고서 출력 폼 작성 등의 순으로 이루어진다. 실습에 필요한 데이터베이스 는 [해운정보서비스] 데이터베이스의 [컨테이너정보] 및 [BL정보] 테이블을 이용한다.

이 프로그램 실습으로 알게 되는 요소 기술은 다음과 같다.

- 크리스탈 레포트를 이용한 보고서 프로그래밍 기술
- 하위 보고서(포함된 보고서) 작성 기술
- 매개 변수 필드를 이용한 보고서 작성 기술
- 보고서의 레코드 선택 수식(RecordSelectFormula) 속성을 이용한 수식 작성 및 연결 방법
- ADO.NET 데이터 집합(DataSet)을 하위 보고서에 연결시키는 기술
- 연속된 양식 보고서를 출력하는 방법

<table>
<tr><td colspan="3" align="center">프로그램 명세서</td></tr>
<tr><td>작성자 : 김 진 수</td><td>승인자 :</td><td>버 전 : 1.0</td></tr>
<tr><td>작성일 : 2009. 06. 15</td><td>승인일 :</td><td>페이지 : 1/5</td></tr>
</table>

프로그램명	선하증권 출력

* 프로그램 개요
  - 선하증권출력 프로그램은 Crystal Report Viewer를 이용하여 선하증권 보고서 를 출력하는 프로그램이다.
  - 이 프로그램은 독자적으로 수행되는 것이 아니라 선하증권검색, 선하증권상세 조회 등의 프로그램에서 연결되어 실행된다.
  - [다음 페이지] 명령 단추를 누르면 선하증권이 여러 페이지일 경우 다음 페이 지로 넘어간다.
  - [이전] 명령 단추를 누르면 이전 폼으로 되돌아간다.

<table>
<tr><td colspan="3" align="center">프로그램 명세서</td></tr>
<tr><td>작성자 : 김 진 수</td><td>승인자 :</td><td>버 전 : 1.0</td></tr>
<tr><td>작성일 : 2009. 06. 15</td><td>승인일 :</td><td>페이지 : 2/5</td></tr>
</table>

<table>
<tr><td>프로그램명</td><td>선하증권 출력</td></tr>
</table>

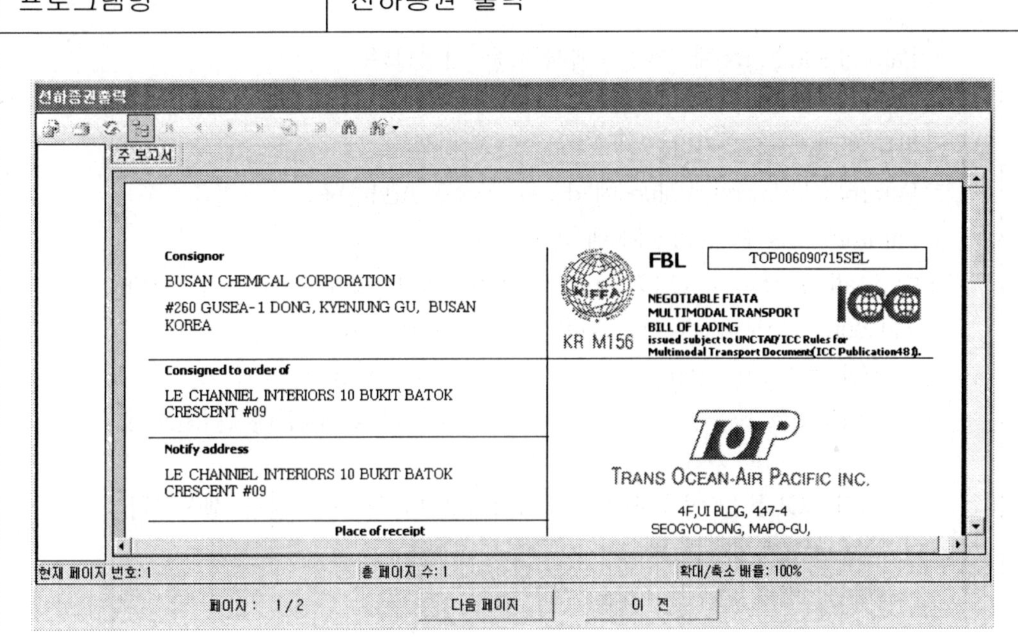

1. 선하증권출력_Load()
   - 해운정보서비스 데이터베이스를 연결하여 연다.
   - 컨테이너정보 테이블에서 모듈에 저장된 wkBL번호를 검색 조건으로 하여 선하증권컨테이너정보 데이터 테이블을 생성한다.
   - 선하증권컨테이너정보 테이블의 레코드 건수를 wkCount에 저장한다.
   - 선하증권컨테이너정보 테이블의 레코드 5건씩을 1 페이지로 처리하여 그 페이지 수를 wkTotPage에 저장한다.
   - wkPage에 1, wk컨테이너번호에 "A"를 지정하고 컨테이너정보생성() 프로시저를 수행한다.
   - ReportBinding() 프로시저를 수행한다.

2. 컨테이너정보생성()

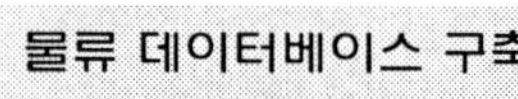

<table>
<tr><td colspan="3" align="center">프로그램 명세서</td></tr>
<tr><td>작성자 : 김 진 수</td><td>승인자 :</td><td>버　전 : 1.0</td></tr>
<tr><td>작성일 : 2009. 06. 15</td><td>승인일 :</td><td>페이지 : 3/5</td></tr>
</table>

프로그램명	선하증권 출력

- ParamField.Name에 "@연속메시지"를 지정한다.
- wkCount가 5보다 크면 discreteval.Value에 "TO BE CONTINUED "를 옮기고 아니면 공백을 옮긴다.
- ParamField.CurrentValues에 discreteval을 Add한다.
- ParamField를 ParamFields에 Add한다.
- CrystalReportViewer1.ParameterFieldInfo에 ParamFields를 지정한다.
- wkCount가 5보다 큰 경우 다음 로직을 수행한다.
  - SQL = "select top 5 * from 컨테이너정보 where (BL번호 = '" & _
    wkBL번호 & "') and (컨테이너번호 >= '" & wk컨테이너번호 & _
    "') order by 컨테이너번호"
  - 위의 SQL문을 이용하여 컨테이너정보 데이터 테이블을 생성한다.
  - wkCount에서 5를 뺀다.
  - [다음] 명령 단추를 Enable시킨다.
- wkCount가 5보다 작은 경우 다음 로직을 수행한다.
  - SQL = "select * from 컨테이너정보 where (BL번호 = '" & _
    wkBL번호 & "') and (컨테이너번호 >= '" & wk컨테이너번호 & "')"
  - 위의 SQL문을 이용하여 컨테이너정보 데이터 테이블을 생성한다.
  - [다음] 명령 단추를 Disable시킨다.

3. ReportBinding()
- 선하증권1을 rpt선하증권1로 선언한다.
- 선하증권2를 rpt선하증권2로 선언한다.
- 보고서(rpt)는 3개로 구성된다. 선하증권1.rpt는 기본적인 선하증권을 출력할 때 사용하고, 선하증권2.rpt는 선하증권의 매수가 2장이 넘을 때 연속해서 출력할 때 사용한다. 또한 Sub선하증권.rpt는 선하증권1.rpt 및 선하증권2.rpt에 공통으

<table>
<tr><td colspan="6" align="center">프로그램 명세서</td></tr>
<tr><td colspan="2">작성자 : 김 진 수</td><td colspan="2">승인자 :</td><td colspan="2">버 전 : 1.0</td></tr>
<tr><td colspan="2">작성일 : 2009. 06. 15</td><td colspan="2">승인일 :</td><td colspan="2">페이지 : 4/5</td></tr>
</table>

프로그램명	선하증권 출력

로 사용되고 선하증권의 세부적인 품목 내역을 출력하는 하위 보고서(포함된 보고서)이다.

- mySelectFormula를 String로 선언하고 초기값으로 "{BL정보.BL번호} = '" & wkBL번호 & "'"를 지정한다.
- rpt선하증권1.RecordSelectionFormula에 mySelectFormula를 지정한다.
- rpt선하증권1.OpenSubreport("Sub선하증권.rpt").SetDataSource(Ds1.Tables("컨테이너정보")) 명령을 수행한다.
- rpt선하증권2.RecordSelectionFormula에 mySelectFormula를 지정한다.
- rpt선하증권2.OpenSubreport("Sub선하증권.rpt").SetDataSource(Ds1.Tables("컨테이너정보")) 명령을 수행한다.
- 페이지 수가 2보다 작으면 CrystalReportViewer1.ReportSource에 rpt선하증권1을 지정하고, 아니면 rpt선하증권2를 지정한다.

4. btn다음_Click()

- 컨테이너정보 테이블의 내역을 지운다.
- Ds1.Tables("선하증권컨테이너정보").Rows(wkPage * 5)("컨테이너번호")를 wk컨테이너번호에 지정한다.
- wkPage를 1 증가시킨다.
- 컨테이너정보생성() 프로시저를 수행한다.
- ReportBinding() 프로시저를 수행한다.

5. btn이전_Click()

- 현재 화면을 닫는다.

프로그램 명세서		
작성자 : 김 진 수	승인자 :	버 전 : 1.0
작성일 : 2009. 06. 15	승인일 :	페이지 : 5/5

프로그램명	선하증권 출력(보고서)

Consignor

SAMKOUNG CHEMICAL CORPORATION

#310 YEONSAN-1 DONG, YEONJE GU, BUSAN
KOREA

FBL TOP006090800SEL

**NEGOTIABLE FIATA
MULTIMODAL TRANSPORT
BILL OF LADING**
issued subject to UNCTAD/ICC Rules for
Multimodal Transport Document(ICC Publication481).

KR M156

Consigned to order of

LE CHANNIEL INTERIORS 10 BUKIT BATOK
CRESCENT #09

Notify address

LE CHANNIEL INTERIORS 10 BUKIT BATOK
CRESCENT #09

Place of receipt
BUSAN, KOREA

Ocean vessel
JURONG BEBARU

Port of loading
BUSAN, KOREA

Port of discharge
XINGANG, CHINA

Place of delivery
XINGANG, CHINA

TRANS OCEAN-AIR PACIFIC INC.

4F,UI BLDG, 447-4
SEOGYO-DONG, MAPO-GU,
SEOUL, KOREA
E-mail:seoul@topkor.co.kr
TEL:82-2-773-0400
FAX:82-2-756-0660

Marks and numbers	Number and kind of packages	Description of goods	Gross weight	Measurement
APLS2463461 6885624	DRY 15 CNTS	CHEMICAL MATERIALS (CHLORINE)	24000 KGS	CBM
BPLS2463509 6885689	DRY 13 CNTS	CHEMICAL MATERIALS (CHLORINE)	24000 KGS	CBM
BPLS2463519 6885690	DRY 17 CNTS	CHEMICAL MATERIALS (CHLORINE)	24000 KGS	CBM
BPLS2463529 6885691	DRY 17 CNTS	CHEMICAL MATERIALS (CHLORINE)	24000 KGS	CBM
BPLS2463538 6885692	DRY 20 CNTS	CHEMICAL MATERIALS (CHLORINE)	24000 KGS	CBM

"FREIGHT PREPAID"   CFS / DOOR

SAY : (82) CARTONS ONLY

ON BOARD DATE :
2007-10-28

according to the declaration of the consignor

**Declaration of Interest of the consignor
in timely delivery(Clause6.2.)**

**Declared value for ad valorem rate according to
the declaration of the consignor(Clauses7 and 8).**

The goods and instructions are accepted and dealt with subject to the Standard Conditions printed overleaf.
Taken in charge in apparent good order and condition,unless otherwise noted herein, at the place of receipt for transport and delivery as mentioned
above. One of these Multimodal Transport Bills of Lading must be surrendered duly endorsed in exchange for the goods. In Witness whereof the
original Multimodal Transport Bills of Lading all of this tenor and date have been signed in the number stated below, one of which being accomplished
the other(s) to be void.

Freight amount AS ARRANGED	Freight payable at SEOUL, KOREA	Place and date of issue SEOUL, KOREA 2007-11-01
Cargo insurance through the undersigned ☐ not covered ☐ Covered according to attached policy	**Number of Original FBL's** THREE(3)	**Stamp and signature**

For delivery of goods please apply to:

CTG LOGISTICS (A DIVISION OF CHARTER TRADE GLOBAL)
P.O. BOX 29680, XINGANG, CHINA TEL : 04-2682030

ACTING AS A CARRIER

TRANS OCEAN-AIR PACIFIC INC.

5.2.1 보고서 원본 생성 및 데이터 원본 연결

보고서 프로그램은 윈도우 폼 프로그램 작성 방법 중에서 각 필드를 바인딩하는 방법과 유사하다. 각 필드를 데이터베이스 테이블 또는 뷰에 바인딩하기 위해서는 데이터 원본 연결 작업이 선행되어야 한다. 그런 다음에 이 데이터 원본과 보고서 원본을 연결하여 프로그램을 작성한다.

보고서 원본(Crystal Report)으로서 3개(선하증권1.rpt, 선하증권2.rpt, Sub선하증권.rpt)의 보고서를 생성한다. 선하증권1.rpt, 선하증권2.rpt는 주 보고서로서 사용하고 Sub선하증권.rpt는 주 보고서내의 포함된 보고서(하위 보고서)로 사용된다. 선하증권1.rpt, 선하증권2.rpt는 모양은 유사하나 선하증권1.rpt는 보고서 첫 페이지를 출력할 때 이용하고 선하증권2.rpt는 연속된 페이지를 출력할 때 이용한다.

① 솔루션 탐색기에서 [해운정보서비스] 프로젝트를 선택하고 우측 마우스 단추를 눌러 단축 메뉴를 표시한다. 새 항목(Crystal Report)을 추가하여 이름을 [선하증권1.rpt]로 한다.

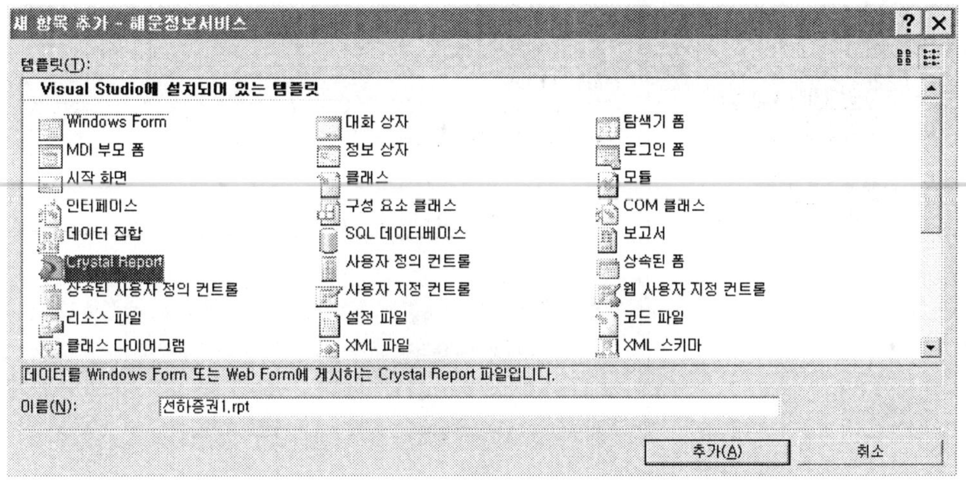

② [Crystal Report 갤러리] 창에서 [빈 보고서 사용]을 선택하고 [확인] 단추를 누른다. [보고서 마법사 사용]은 크로스탭, 우편 레이블 등을 작성할 때 사용하면 편리하다.

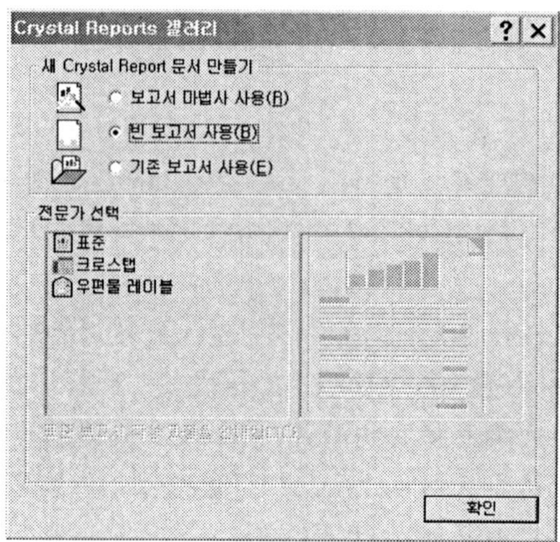

[선하증권1.rpt] 빈 보고서가 나타나고, 솔루션 탐색기에 [선하증권1.rpt]가 생긴다. 이로써 보고서 원본은 생성되었다.

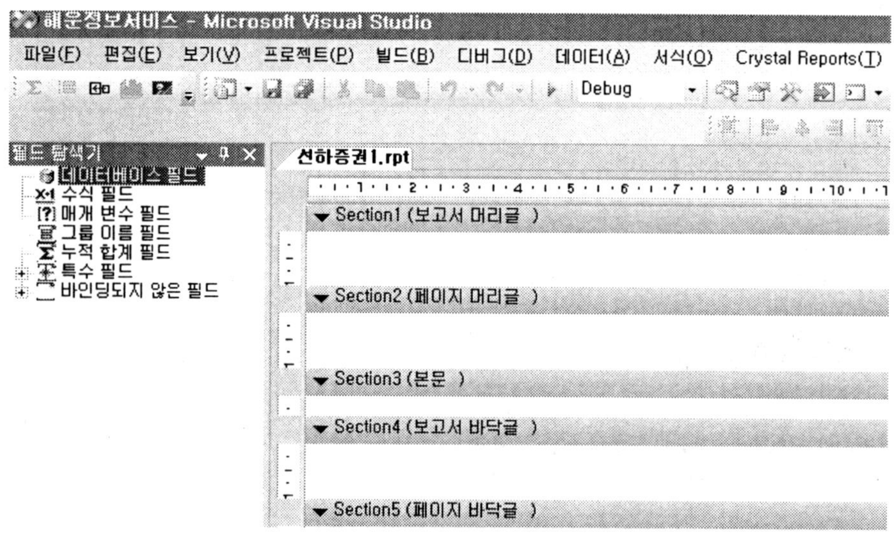

③ 데이터 원본을 연결하기 위해 메뉴의 Crystal Reports에서 [데이터베이스/데이터베이스 전문가]를 선택한다. 또는 [필드 탐색기]에서 [데이터베이스/데이터베이스 전문가]를 선택한다. Crystal Reports 메뉴가 잘 나타나지 않으면 보고서(rpt)의 빈 공간을 누르면 된다.

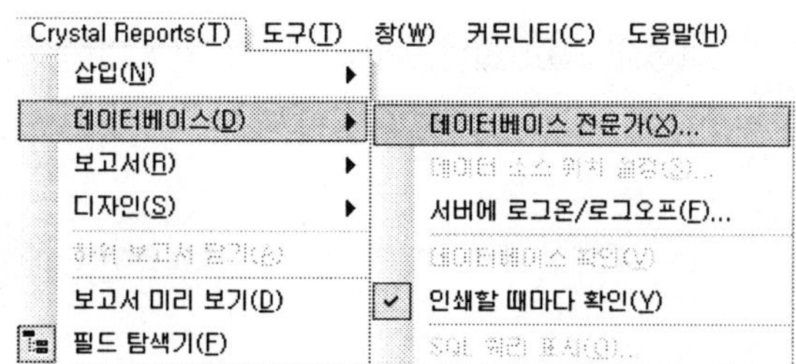

데이터베이스 전문가 창에서 [새 연결 만들기/OLE DB (ADO)]를 선택하면 [OLE DB (ADO)] 창이 나온다. 그 창에서 [Microsoft OLE DB Provider for SQL Server]를 선택하고 다음 단추를 누른다.

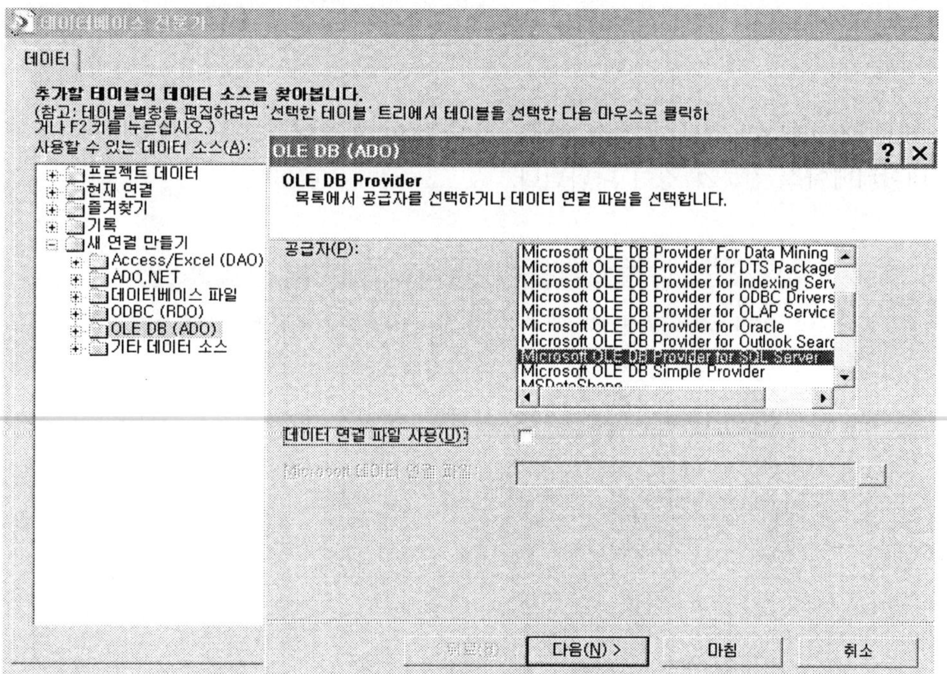

OLE DB (ADO) 창에서 서버(S) 이름은 본인의 서버 이름(KJS)을 입력하고 통합 보안을 체크하고 나서 데이터베이스는 [해운정보서비스]를 선택하고 다음 단추를 누른다.

물류 데이터베이스 구축

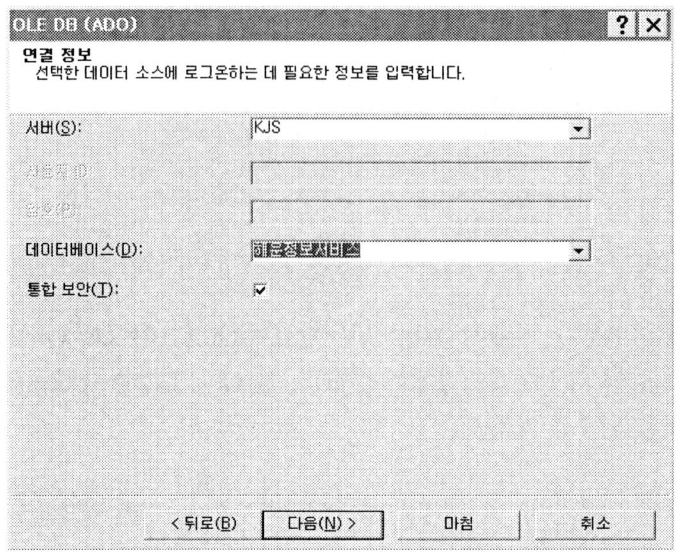

OLE DB (ADO) 창에서 속성 내역을 검토하여 이상이 없으면 [마침] 단추를 누르면 데이터베이스 전문가 창이 나타난다.

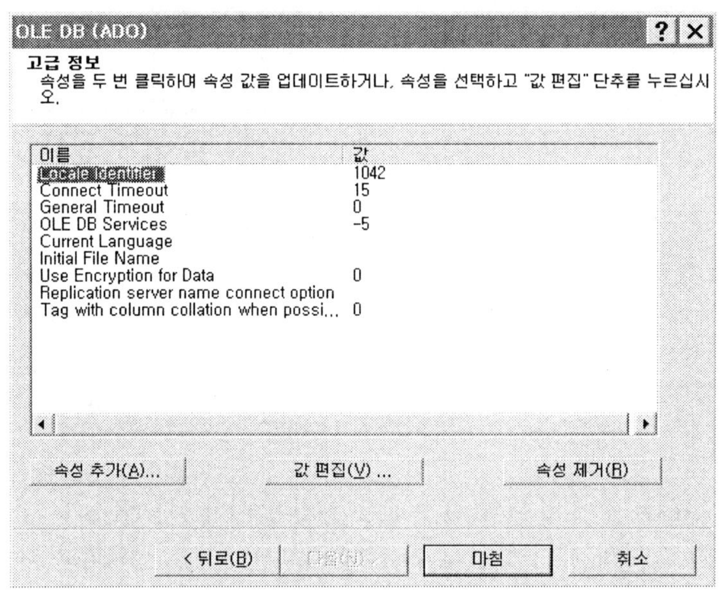

데이터베이스 전문가 창의 해운정보서비스 데이터베이스에서 BL정보, 선박코드정보, 예약정보 및 회원정보 테이블을 선택하여 [선택한 테이블]로 보낸다.

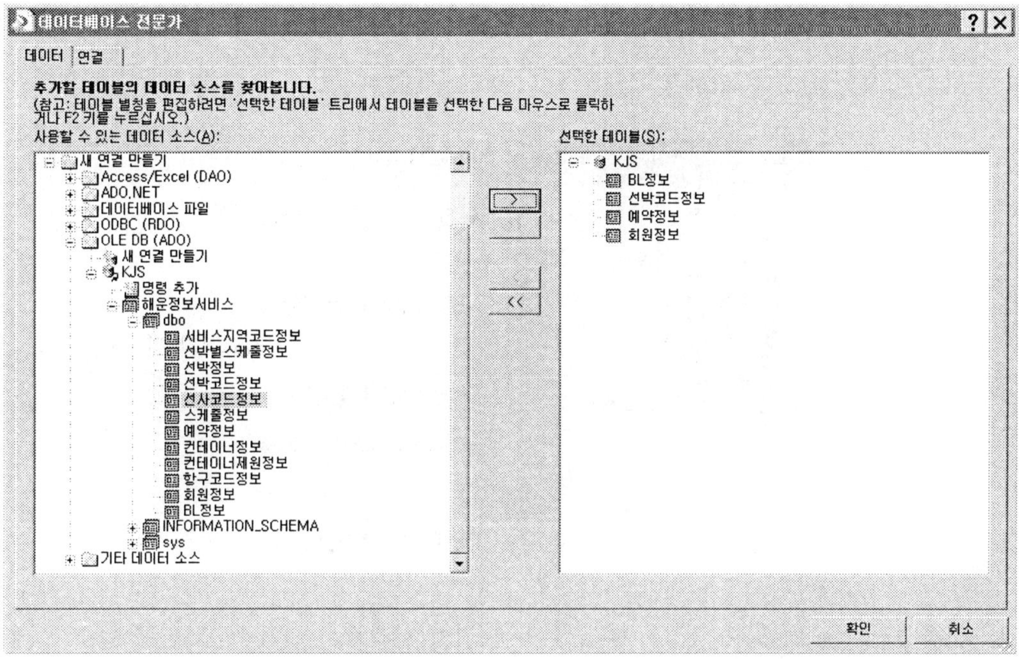

데이터베이스 [연결] 탭에서 다음 그림과 같이 보고서에 추가한 테이블을 키 필드로
연결하고 [확인] 단추를 누른다.

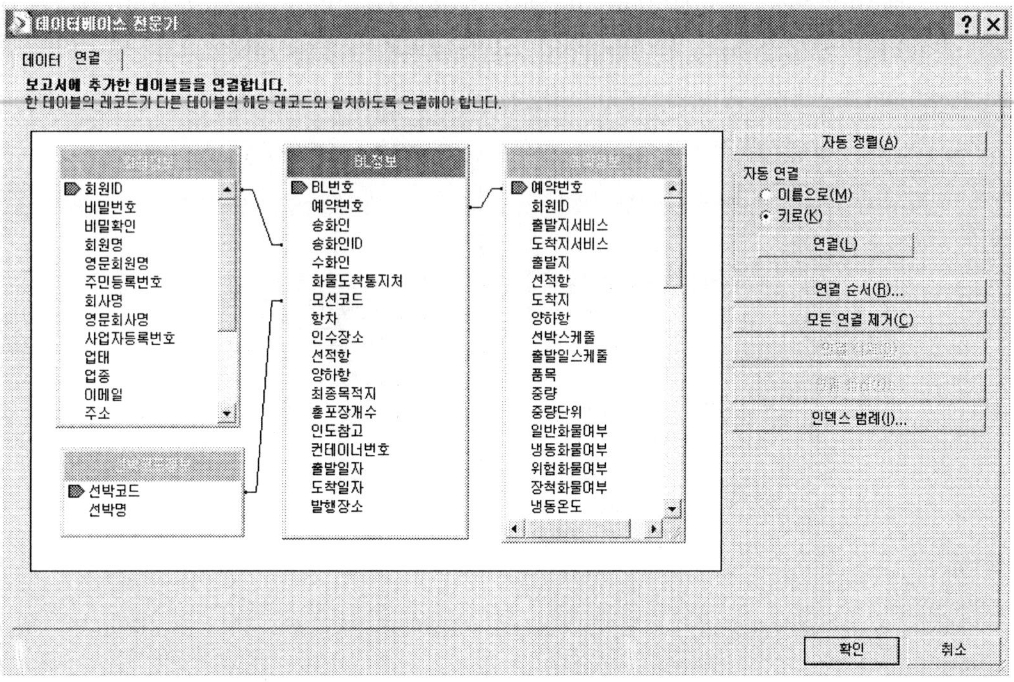

④ 데이터 원본이 제대로 연결되었는가의 여부는 [필드 탐색기]의 [데이터베이스 필드]에서 확인한다.

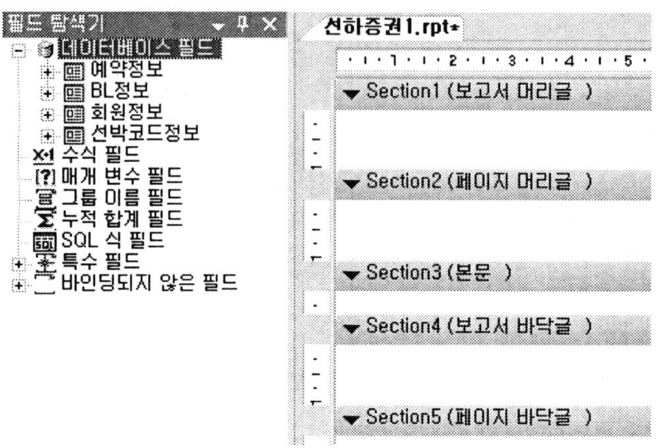

⑤ 선하증권2.rpt 보고서도 ① ~ ④의 절차를 거쳐서 새로운 선하증권2.rpt를 만들고 데이터베이스 원본을 연결한다.

⑥ 데이터베이스의 소스 위치를 바꾸려면 보고서 디자인 화면의 단축 메뉴에서 [데이터베이스/데이터 소스 위치 설정]을 선택한다. 그리고 [데이터 소스 위치 설정] 창에서 [바꿀 데이터 소스]를 다시 선택하고 업데이트 단추를 누르면 된다.

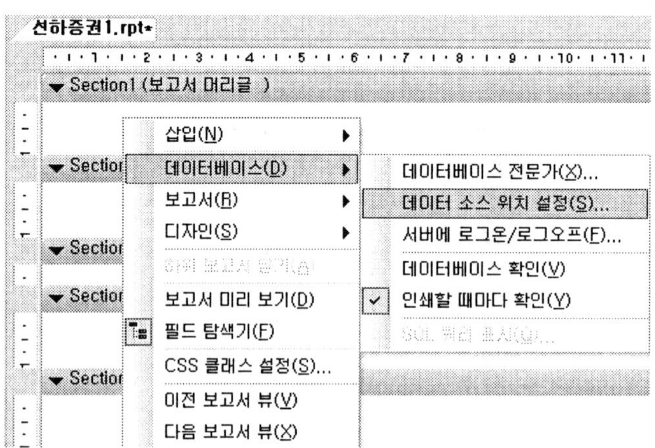

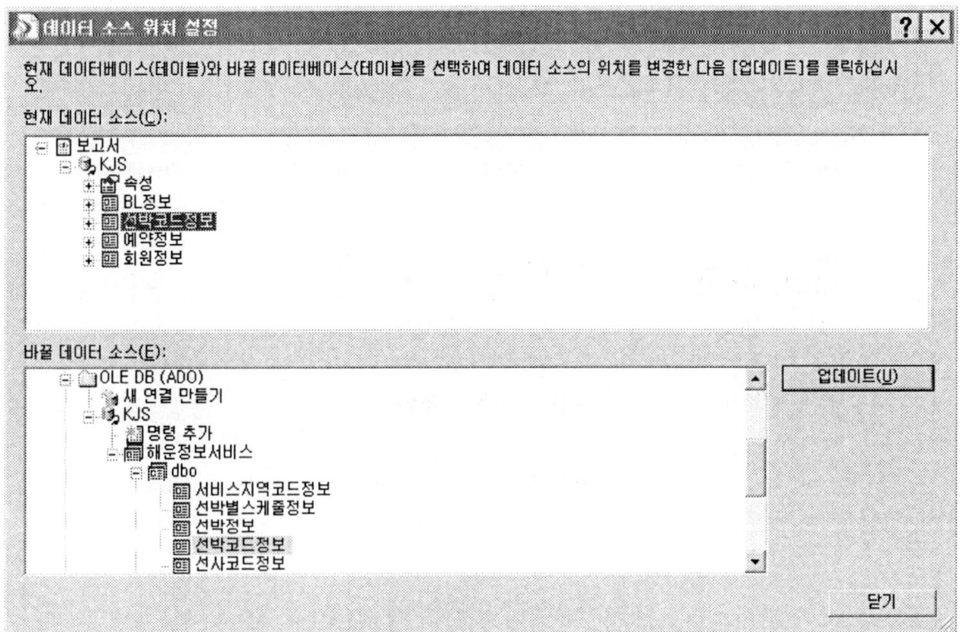

⑦ 이번에는 선하증권1.rpt 및 선하증권2.rpt 보고서에 공통으로 사용되는 포함된 보고서 (하위 보고서)인 Sub선하증권.rpt 보고서를 작성하도록 하자. 솔루션 탐색기에서 [해운 정보서비스] 프로젝트를 선택하고 우측 마우스 단추를 눌러 단축 메뉴를 표시한다. 새 항목(Crystal Report)을 추가하여 이름을 [Sub선하증권.rpt]로 한다. [Crystal Report 갤러리] 창이 나타나면 [빈 보고서 사용]을 선택하고 [확인] 단추를 누른다.

[Sub선하증권.rpt] 빈 보고서가 나타나고, 솔루션 탐색기에 [Sub선하증권.rpt]가 생긴다.

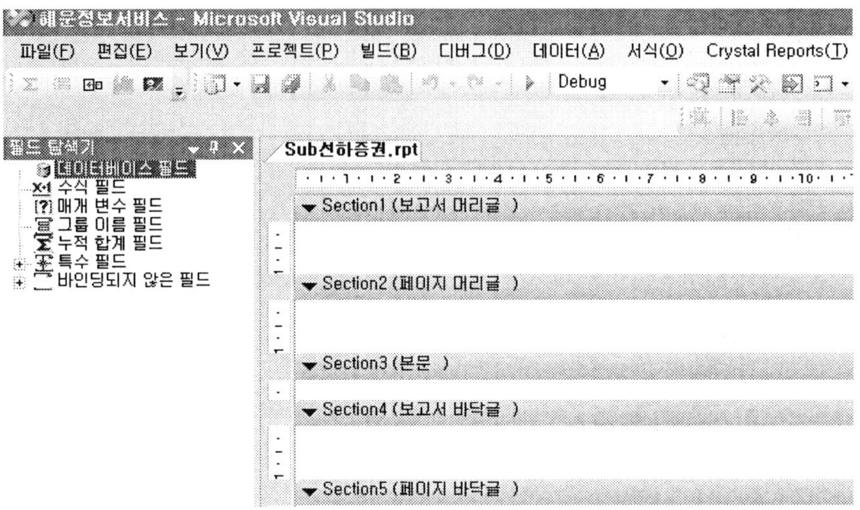

⑧ 데이터원본을 생성하기 위한 사전 작업으로 [해운정보서비스] 프로젝트의 단축 메뉴에서 새 항목(데이터 집합)을 추가하여 이름을 [Ds해운정보.xsd]로 하고 추가 단추를 누른다. 이 데이터 집합이 미리 만들어져 있으면 이러한 절차는 필요가 없다.

빈 xsd가 생성되면 [서버 탐색기/데이터 연결]의 단축 메뉴에서 [연결 추가]를 누르면 연결 추가 창이 나타난다. 서버 이름을 실습하는 컴퓨터의 데이터베이스 서버 이름(예를 들어, KJS), 데이터베이스 이름은 [해운정보서비스]를 입력하고 확인 단추를 누른

다. 단, 데이터 연결에 [해운정보서비스] 데이터베이스가 이미 연결되어 있으면 이러한
절차는 필요가 없다.

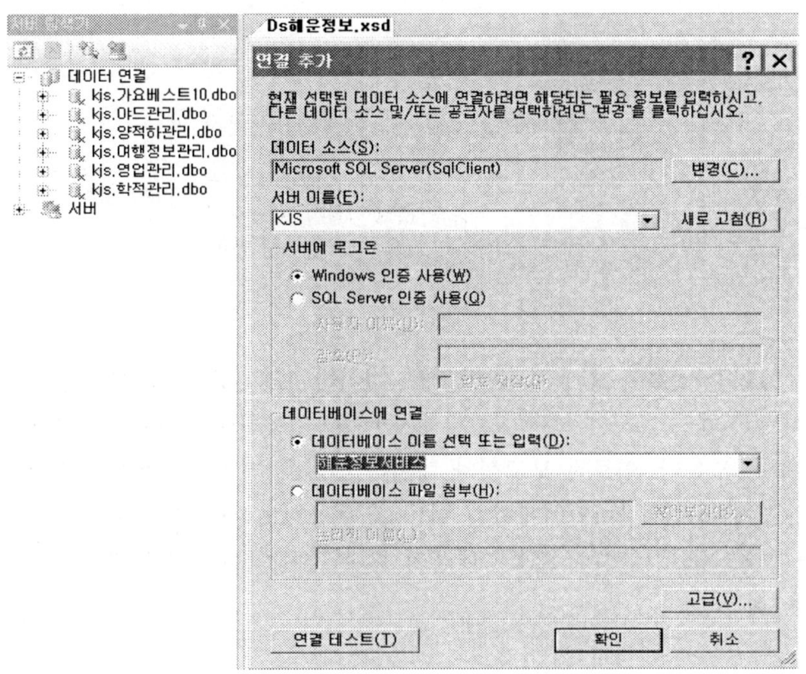

서버 탐색기에서 [해운정보서비스.dbo] 데이터베이스를 선택하고 컨테이너정보 테이
블을 다음 화면과 같이 xsd 폼에 가져온다.

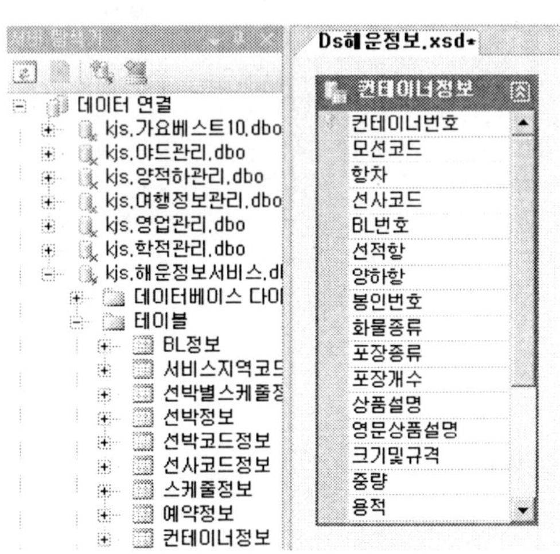

⑨ Sub선하증권.rpt가 열린 상태에서 데이터 원본을 연결하기 위해 메뉴의 Crystal Reports에서 [데이터베이스/데이터베이스 전문가]를 선택한다. 또는 [필드 탐색기]에서 [데이터베이스/데이터베이스 전문가]를 선택한다.

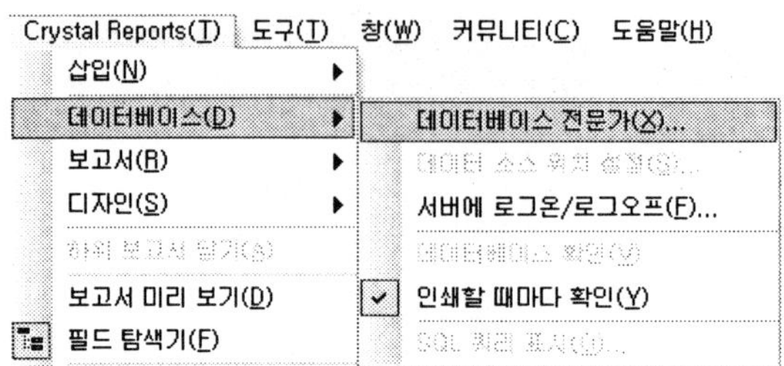

데이터베이스 전문가 창에서 [프로젝트 데이터/ADO.NET 데이터 집합]에서 [해운정보서비스.Ds해운정보]를 선택하고 ">>" 단추를 이용하여 선택한 테이블로 이동하고 확인 단추를 누른다. 이로써 보고서와 데이터 원본은 연결이 되었다. 연결이 잘되었는가는 [필드 탐색기]의 [데이터베이스 필드]를 이용하여 확인하면 된다.

 또한 ADO.NET 데이터 집합의 내용이 잘 나타나지 않을 경우에는 단축 메뉴의 새로고침을 하면 된다.

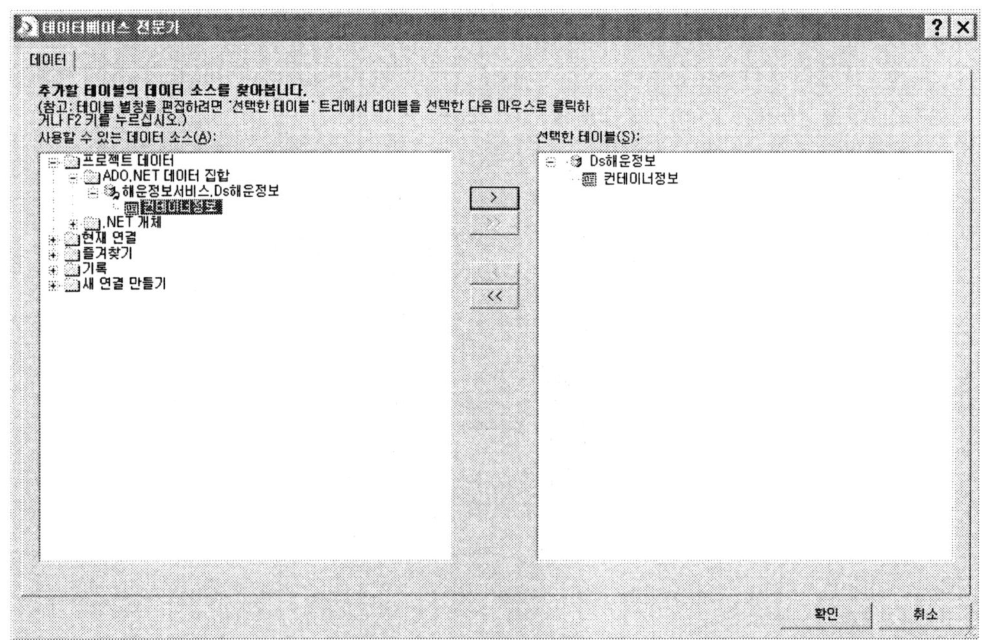

5.2.2 선하증권 보고서 작성

작성할 보고서는 3개(선하증권1.rpt, 선하증권2.rpt, Sub선하증권.rpt)이다. 선하증권1, 선하증권2는 주 보고서로서 사용하고 Sub선하증권은 주 보고서내의 포함된 보고서(하위 보고서)로 사용된다. 선하증권1, 선하증권2는 모양은 유사하나 선하증권1은 보고서 첫 페이지를 출력할 때 이용하고 선하증권2는 연속된 페이지를 출력할 때 이용한다.

① 크리스탈 레포트의 디자인 작업을 수행하기 전에 보고서 디자인에 대한 기본 설정을 해두면 편리하다. 필드들에 대한 설정과 데이터베이스의 표현 형태에 대한 설정, 글꼴 등을 미리 설정해둠으로써 추후의 디자인 편집 과정을 줄일 수 있다. [선하증권1] 디자인 폼의 빈 공간에 오른쪽 마우스 단추를 누르면 단축 메뉴가 나타난다. [디자인/기본 설정]을 선택한다.

[옵션] 창에서 [데이터베이스] 탭을 선택한 뒤 설정의 내역을 확인한다. 저장 프로시저를 사용할 경우 [저장 프로시저(P)]를 체크한다. 필드, 글꼴 등에 대한 내역도 하나하나 확인하도록 한다.

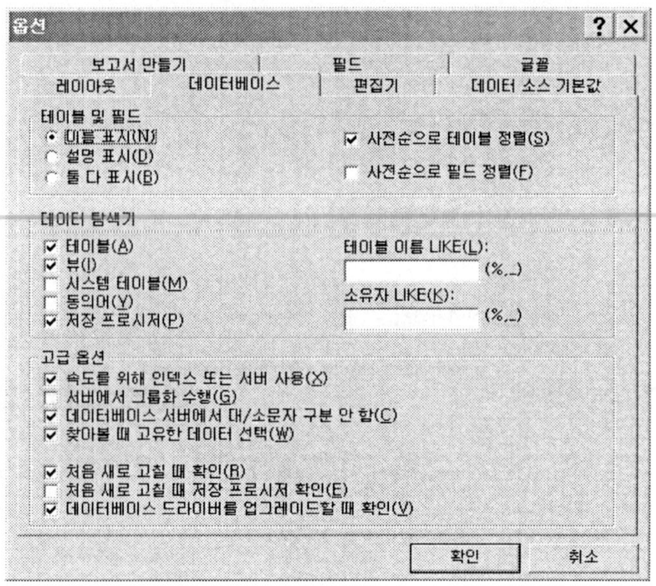

다음 그림은 우리가 작성할 보고서의 크리스탈 레포트 디자이너 화면이다. 디자이너에서 보는 내역과 실제 뷰어를 통해서 실행되었을 경우에 보이는 보고서의 모습에는 다소 차이가 있을 수 있다.

선하증권1.rpt

· I · I · 1 · I · 2 · I · 3 · I · 4 · I · 5 · I · 6 · I · 7 · I · 8 · I · 9 · I · 10 · I · 11 · I · 12 · I · 13 · I · 14 · I · 15 · I · 16 · I · 17 · I · 18 · I · 19 · I

▼ Section1 (보고서 머리글)

▼ Section2 (페이지 머리글)

Consignor	FBL	BL번호
영문회사명		
영문주소	NEGOTIABLE FIATA MULTIMODAL TRANSPORT BILL OF LADING	

KR M156 issued subject to UNCTAD/ICC Rules for Multimodal Transport Documents(ICC Publication 481).

Consigned to order of
수화인

Notify address
화물도착통지처

Place of receipt
인수장소

Ocean vessel
선박명

Port of loading
선적항

Port of discharge
양하항

Place of delivery
최종목적지

TRANS OCEAN-AIR PACIFIC INC.

4F,UI BLDG, 447-4
SEOGYO-DONG, MAPO-GU,
SEOUL, KOREA
E-mail:seoul@topkor.co.kr
TEL:82-2-773-0400
FAX:82-2-756-0660

Marks and numbers	Number and kind of packages	Description of goods	Gross weight	Measurement

Sub선하증권.rpt

"FREIGHT PREPAID" 출발지도착지서비스   ?@연속메시지   ON BOARD DATE :
SAY : (개수) CARTONS ONLY   출발일자
according to the declaration of the consignor

Declaration of Interest of the consignor
in timely delivery(Clause 6.2.)

Declared value for ad valorem rate according to
the declaration of the consignor (Clauses7 and 8).

The goods and instructions are accepted and dealt with subject to the Standard Conditions printed overleaf.
Taken in charge in apparent good order and condition,unless otherwise noted herein, at the place of receipt for transport and delivery as mentioned
above. One of these Multimodal Transport Bills of Lading must be surrendered duly endorsed in exchange for the goods. In Witness whereof the
original Multimodal Transport Bills of Lading all of this tenor and date have been signed in the number stated below, one of which being accomplished
the other(s) to be void.

Freight amount	Freight payable at	Place and date of issue	
AS ARRANGED	발행장소	발행장소	인쇄 날짜

Cargo insurance through the undersigned	Number of Original FBL's	Stamp and signature
☐ not covered ☐ Covered according to attached policy	THREE(3)	

For delivery of goods please apply to:
인도참고

ACTING AS A CARRIER

TRANS OCEAN-AIR PACIFIC INC.

▼ Section3 (본문)

선하증권2.rpt

▼ Section1 (보고서 머리글)

▼ Section2 (페이지 머리글)

| Consignor | | FBL | BL번호 |

KIFFA

KR M156

NEGOTIABLE FIATA MULTIMODAL TRANSPORT BILL OF LADING
issued subject to UNCTAD/ICC Rules for
Multimodal Transport Documents(ICC Publication 481).

ICC

Consigned to order of

Notify address

TOP

TRANS OCEAN-AIR PACIFIC INC.

4F,UI BLDG, 447-4
SEOGYO-DONG, MAPO-GU,
SEOUL, KOREA
E-mail:seoul@topkor.co.kr
TEL:82-2-773-0400
FAX:82-2-756-0660

Place of receipt

Ocean vessel | Port of loading

Port of discharge | Place of delivery

| Marks and numbers | Number and kind of packages | Description of goods | Gross weight | Measurement |

Sub선하증권.rpt

"FREIGHT PREPAID" 출발지/도착지서비스   ?@연속메시지   ON BOARD DATE :
SAY : (개수) CARTONS ONLY   출발일자
according to the declaration of the consignor

Declaration of Interest of the consignor
in timely delivery(Clause 6.2.)

Declared value for ad valorem rate according to
the declaration of the consignor (Clauses7 and 8).

The goods and instructions are accepted and dealt with subject to the Standard Conditions printed overleaf.
Taken in charge in apparent good order and condition,unless otherwise noted herein, at the place of receipt for transport and delivery as mentioned
above. One of these Multimodal Transport Bills of Lading must be surrendered duly endorsed in exchange for the goods. In Witness whereof the
original Multimodal Transport Bills of Lading all of this tenor and date have been signed in the number stated below, one of which being accomplished
the other(s) to be void.

| Freight amount | Freight payable at | Place and date of issue |
| AS ARRANGED | 발행장소 | 발행장소   인쇄 날짜 |

| Cargo insurance through the undersigned | Number of Original FBL's | Stamp and signature |
| ☐ not covered ☐ Covered according to attached policy | THREE(3) | |

For delivery of goods please apply to:
인도 참고

ACTING AS A CARRIER

TRANS OCEAN-AIR PACIFIC INC.

▼ Section3 (본문)

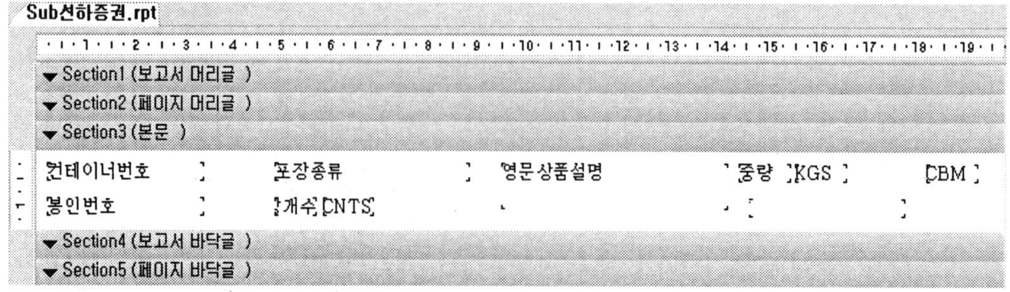

② 데이터베이스와 연결되는 필드를 디자인하기 위해 [필드 탐색기/데이터베이스 필드]
의 해당 필드를 위의 디자인 화면과 같이 선하증권1.rpt, 선하증권2.rpt 및 Sub선하증
권.rpt의 페이지 머리글 및 본문에 가져온다. 한 페이지에 디자인된 양식을 출력하므로
데이터가 페이지 머리글 또는 본문 어디에 위치해도 상관이 없다.

선하증권1.rpt, 선하증권2.rpt는 선하증권 양식을 디자인하여 그 안에 텍스트 개체(예를
들어, Font가 "Tahoma"인 Consignor 또는 Consigned to order of)로써 레이블을 나타
내고, 데이터베이스 연결 개체(예를 들어, Font가 "바탕"인 영문회사명, 영문주소 또는
수화인)는 필드 탐색기의 데이터베이스 필드에서 가져온다.

레이블을 나타내는 개체는 TextObject이고, 데이터베이스 연결 필드를 나타내는 개체
는 FieldObject이다.

③ 선하증권1.rpt, 선하증권2.rpt에 Sub선하증권.rpt를 연결하기 위해서 선하증권1.rpt 또는
선하증권2.rpt가 열린 상태에서 메뉴의 Crystal Reports에서 [삽입/하위 보고서]를 선
택한다.

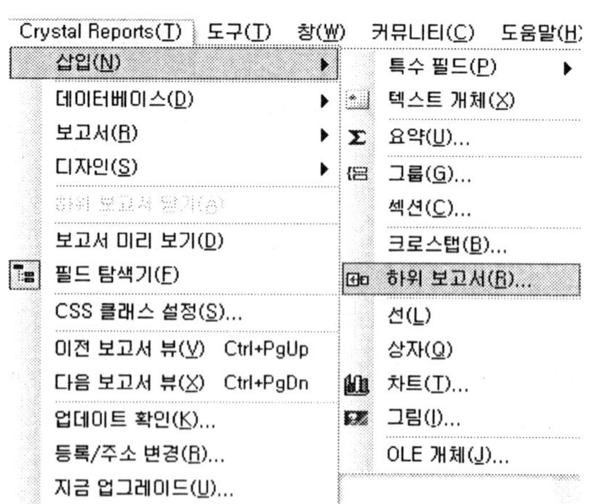

하위 보고서 삽입 창의 하위 보고서 탭에서 보고서 이름으로 [Sub선하증권.rpt]를 선택하고, 연결 탭에서는 BL정보.BL번호를 연결할 필드로 설정한다.

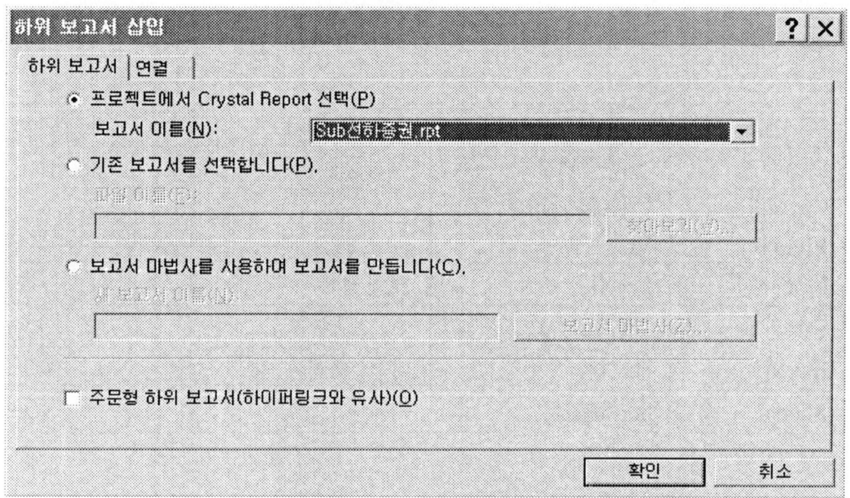

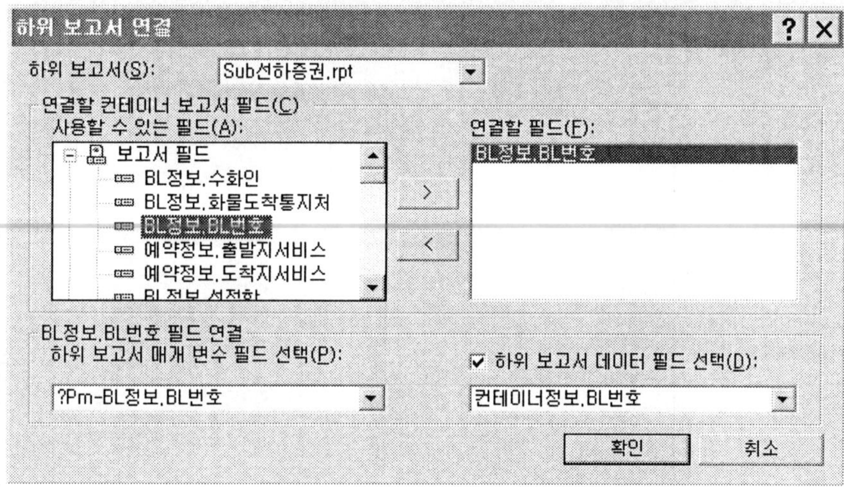

5.2.3 크리스탈 레포트 뷰어를 이용한 보고서 출력

보고서 작성이 완료되면 그 내용(rpt 파일)을 출력하기 위해 크리스탈 뷰어를 이용한 윈도우 폼을 디자인하고 또한 그에 따른 프로그램 로직을 작성한다.

① 프로젝트의 단축 메뉴에서 [추가/Windows Form]을 선택하고, 이름은 [선하증권출력.vb]로 한다. 다음 표를 참고로 폼을 디자인한다. 일반적인 경우는 [Crystal Report 선택] 창에서 컨트롤에 사용할 Crystal 보고서를 지정한다. 그러나 이 프로그램은 Crystal 보고서를 프로그램 로직 안에서 연결하기 때문에 이 과정은 필요가 없다.

컨트롤	Name	Text	비 고
Form	선하증권출력	선하증권출력	
CrystalReport Viewer	CrystalReport Viewer1		
Label	Label1	페이지 :	
Label	lblPage		
Button	btn다음	다음 페이지	
Button	btn이전	이 전	

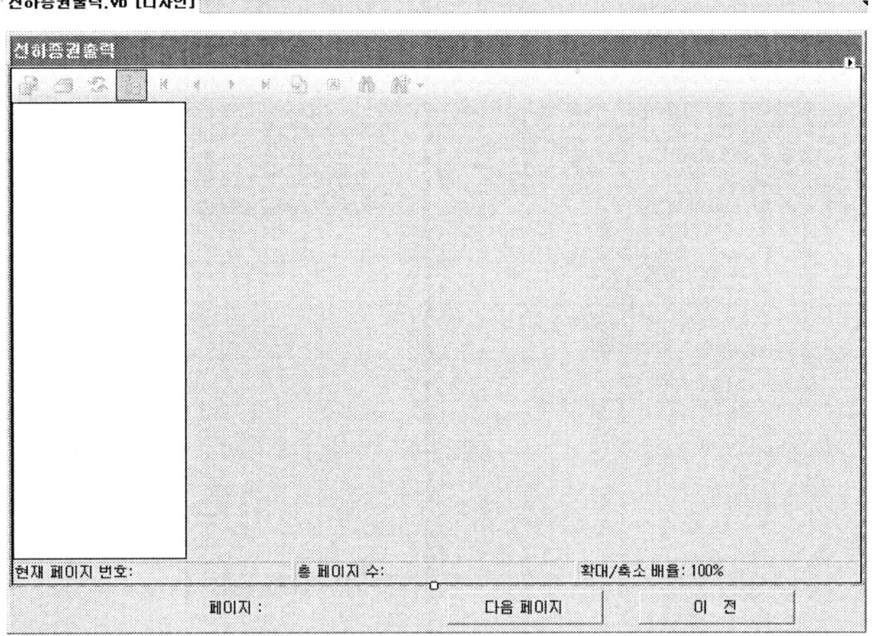

② 프로그램에 imports해야 할 네임스페이스와 선하증권출력 폼에 사용될 기본 개체를 설정하고, 폼의 빈곳에 더블 클릭하여 선하증권출력_Load 로직을 작성한다.

리스트 **5-1**

```
Imports System.Data
Imports System.Data.SqlClient
Imports System.IO
Imports CrystalDecisions.Shared

Public Class 선하증권출력

 Protected Conn As New SqlConnection()
 Protected Ds1 As New Ds해운정보
 Protected Adt1 As New SqlDataAdapter()
 Protected Adt2 As New SqlDataAdapter()
 Protected Cmd As SqlCommand
 Protected SQL As String = ""
 Protected wkSQL As String = ""
 Protected wk컨테이너번호 As String
 Protected i, wkCount, wkPage, wkTotPage As Integer
 Protected ParamFields As New ParameterFields()
 Protected ParamField As New ParameterField()
 Protected discreteval As New ParameterDiscreteValue()

 Private Sub 선하증권출력_Load(ByVal sender As Object, ByVal e As ↙
         System.EventArgs) Handles Me.Load

     Conn.ConnectionString = "SERVER=kjs;UID=sa;PWD=kjs; ↙
                     DATABASE=해운정보서비스"

     SQL = "select * from 컨테이너정보 where BL번호 = '" & _
                             wkBL번호 & "'"
     Cmd = New SqlCommand(SQL, Conn)
     Cmd.CommandType = CommandType.Text
     Adt1.SelectCommand = Cmd
     Adt1.Fill(Ds1, "선하증권컨테이너정보")

     wkCount = Ds1.Tables("선하증권컨테이너정보").Rows.Count

     wkTotPage = (wkCount - wkCount Mod 5) / 5 ················· 1
     If (wkCount Mod 5) > 0 Then
         wkTotPage = wkTotPage + 1
     End If

     wkPage = 1 ················································· 2
     wk컨테이너번호 ="A" ········································· 3
```

```
    컨테이너정보생성() ·································································· 4

    ReportBinding() ····································································· 5

End Sub

Private Sub 컨테이너정보생성()

  ParamField.Name = "@연속메시지" ·············································· 6

  If wkCount > 5 Then ···························································· 7
      discreteval.Value = "TO BE CONTINUED "
  Else
      discreteval.Value = " "
  End If

  ParamField.CurrentValues.Add(discreteval) ···································· 8
  ParamFields.Add(ParamField)
  CrystalReportViewer1.ParameterFieldInfo = ParamFields

  If wkCount > 5 Then ···························································· 9

      SQL = "select top 5 * from 컨테이너정보 where (BL번호 = '" & _
          wkBL번호 & "') and (컨테이너번호 >= '" & _
          wk컨테이너번호 & "') order by 컨테이너번호"

      Cmd = New SqlCommand(SQL, Conn)
      Cmd.CommandType = CommandType.Text
      Adt2.SelectCommand = Cmd
      Adt2.Fill(Ds1, "컨테이너정보") ··········································· 10

      wkCount = wkCount - 5
      btn다음.Enabled = True

  Else

      SQL = "select * from 컨테이너정보 where (BL번호 = '" & _
        wkBL번호 & "') and (컨테이너번호 >= '" & wk컨테이너번호 & "')"

      Cmd = New SqlCommand(SQL, Conn)
      Cmd.CommandType = CommandType.Text
      Adt2.SelectCommand = Cmd
      Adt2.Fill(Ds1, "컨테이너정보")
```

```
        btn다음.Enabled = False

    End If

    lblPage.Text = wkPage & " / " & wkTotPage ··························· 11

End Sub

Private Sub ReportBinding()

    Dim rpt선하증권1 As New 선하증권1
    Dim rpt선하증권2 As New 선하증권2

    Dim mySelectFormula As String = "{BL정보.BL번호} = '" & _
                              wkBL번호 & "'" ···························· 12

    rpt선하증권1.RecordSelectionFormula = mySelectFormula ·············· 13
    rpt선하증권1.OpenSubreport("Sub선하증권.rpt").SetDataSource ↙
                        (Ds1.Tables("컨테이너정보")) ·············· 14

    rpt선하증권2.RecordSelectionFormula = mySelectFormula
    rpt선하증권2.OpenSubreport("Sub선하증권.rpt").SetDataSource ↙
                        (Ds1.Tables("컨테이너정보"))

    If wkPage < 2 Then ········································ 15
        CrystalReportViewer1.ReportSource = rpt선하증권1
    Else
        CrystalReportViewer1.ReportSource = rpt선하증권2
    End If

End Sub
```

〈해설〉

1. 선하증권컨테이너정보 테이블의 레코드 5건씩을 1 페이지로 처리하여 그 페이지 수를
   wkTotPage에 저장한다. 또한 wkCount를 5로 나누어 그 나머지가 0보다 클 때에는
   wkTotPage를 1증가시킨다. 이 때 wkCount는 선하증권컨테이너정보 테이블의 레코드
   건수이다.
2. 첫 페이지에서 시작하므로 wkPage에 1을 지정한다.
3. wk컨테이너번호에 "A"를 지정하는 것은 컨테이너번호가 공백보다 크면서 제일 작은
   번호를 지정하기 위함이다.

4. 컨테이너정보생성() 프로시저를 수행한다. 이 프로시저에서는 Sub선하증권에 출력되는 컨테이너에 대한 정보를 생성한다. 한 페이지에 5건 이하의 레코드를 지정한다.

5. ReportBinding() 프로시저에서는 선하증권1.rpt 및 선하증권2.rpt에 BL정보 테이블을 연결한다. 또한 Sub선하증권.rpt에 컨테이너정보 테이블을 연결한다.

6. ParamField.Name에 "@연속메시지"를 지정한다. 이 필드는 선하증권1.rpt 및 선하증권2.rpt에서 다음에 연속된 페이지가 있는 경우 "TO BE CONTINUED"라는 메시지를 출력하기 위해 사용된다.

7. wkCount가 5보다 크면 discreteval.Value에 "TO BE CONTINUED "를 옮기고 아니면 공백을 옮긴다.

8. 위 7에서 지정된 discreteval을 ParamField.CurrentValues에 Add한다. 이 내역은 CrystalReportViewer1.ParameterFieldInfo의 값으로 연결되며 보고서에 데이터베이스 필드와 자동으로 연결된 값이 아닌 임의의 변수 값을 지정해서 출력하는 방법으로 이용된다.

9. wkCount가 5보다 큰 경우 컨테이너정보 테이블의 조건에 맞는 레코드 중에서 처음 5건만을 선택한다.

10. 컨테이너정보 데이터 테이블은 컨테이너정보 테이블에서 BL번호가 wkBL번호와 같고 컨테이너번호가 wk컨테이너번호보다 같거나 큰 5건의 레코드를 선택하여 생성한다. wkBL번호는 모듈의 공용 변수로서 선하증권검색 또는 선하증권상세조회 프로그램의 BL출력 명령 단추를 누를 때 넘겨준 값이다. 또한 wk컨테이너번호는 한 페이지에 5건의 레코드를 출력하기 위해 관리되는 변수이다.

11. "현재 페이지 / 총 페이지"를 lblPage에 출력한다.

12. "BL정보 테이블의 BL번호가 wkBL번호와 같다"는 수식을 mySelectFormula에 지정한다.

13. rpt선하증권1.RecordSelectionFormula에 위 12에서 생성한 수식인 mySelectFormula를 지정한다. 이렇게 지정함으로써 rpt선하증권1 보고서에 BL정보 테이블 전체가 연결되지 않고 BL번호가 사용자가 지정한 wkBL번호와 같은 레코드만 연결된다.

14. rpt선하증권1의 포함된 보고서인 Sub선하증권.rpt에 컨테이너정보 테이블을 선택해서 연결한다.

15. 보고서의 페이지 수가 2보다 작으면 CrystalReportViewer1.ReportSource에 선하증권1.rpt를 지정하고, 아니면 선하증권2.rpt를 지정한다.

③ [다음] 및 [이전] 명령 단추에 대한 로직을 작성하자. 다음 명령 단추는 선하증권이 여러 페이지일 경우 다음 페이지의 내역을 CrystalReportViewer에 출력한다. 또한 이전 명령 단추는 이전 폼으로 되돌아간다.

리스트 **5-2**

```
Private Sub btn다음_Click(ByVal sender As System.Object, ByVal e ↙
        As System.EventArgs) Handles btn다음.Click

   Ds1.Tables("컨테이너정보").Clear()

   wk컨테이너번호 = Ds1.Tables("선하증권컨테이너정보").Rows ↙
                    (wkPage * 5)("컨테이너번호") ·················· 1
   wkPage = wkPage + 1 ·········································· 2

   컨테이너정보생성()

   ReportBinding()

End Sub

Private Sub btn이전_Click(ByVal sender As System.Object, ByVal e ↙
        As System.EventArgs) Handles btn이전.Click

   Me.Close()

End Sub

End Class
```

⟨해설⟩

1. Ds1.Tables("선하증권컨테이너정보").Rows(wkPage * 5)("컨테이너번호")를 wk컨테이너번호에 지정한다. 이렇게 한 페이지에 5건씩의 레코드를 출력하기 위해 wk컨테이너번호를 관리한다.
2. wkPage를 1 증가시킨다.

제6장

화물추적 조회 웹 프로그램 작성

6.1 ASP.NET 개요 및 웹 응용 프로그램

ASP.NET(Active Server Pages Dot Network)은 웹 서버용 응용 프로그램을 개발하고 실행하기 위한 플랫폼으로서, 디자인 타입과 실행 개체 타입으로 구성되어 있다. ASP.NET은 .NET 프레임워크의 일부이므로 이 프레임워크의 모든 기능에 대한 액세스를 제공한다. 즉, ASP.NET은 어떤 독자적인 영역이 존재하는 것이 아니라, 아래 그림과 같은 .NET 프레임워크 내에서 작성할 수 있는 모든 언어를 사용하여 구현할 수 있다. 또한 ADO.NET (Active-x Data Objects Dot Network)을 사용하여 데이터에 액세스하고, .NET 프레임워크 클래스를 사용하여 운영 체제 서비스에 액세스할 수 있다. ASP.NET 웹 응용 프로그램은 인터넷 정보 서비스로 구성된 웹 서버에서 실행된다.

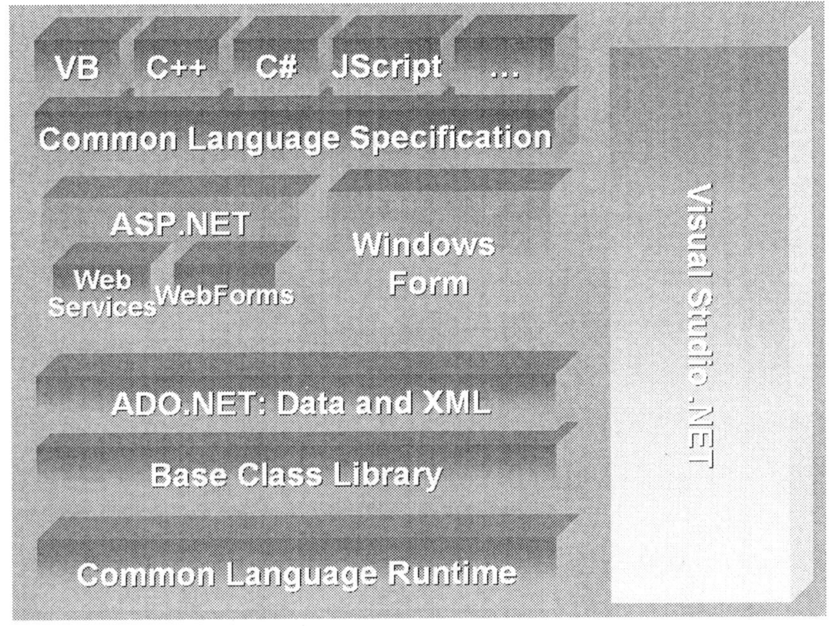

6.1.1 ASP.NET 개요 및 특징

ASP.NET은 단순히 ASP의 다음 버전이 아니다. 이것은 엔터프라이즈 수준의 웹 응용 프로그램을 구축하는 개발자에게 필요한 서비스를 제공하는 통합 웹 개발 플랫폼이다. ASP.NET에 있는 대부분의 구문이 ASP와 호환되지만 ASP.NET은 안전하고, 확장할 수 있으며 안정적인 응용 프로그램을 위한 새로운 프로그래밍 모델과 인프라를 제공한다.

ASP.NET 응용 프로그램을 만들 때 웹 폼 또는 웹 서비스 중 하나를 선택하거나 필요에 따라 이 두 가지 기능을 조합하여 사용할 수 있다. 이들은 각각 동일한 인프라에 의해 지원되는데, 이 인프라에서는 인증 스키마를 사용할 수 있으며, 자주 사용하는 데이터를 캐싱하거나 응용 프로그램 구성을 사용자 지정할 수도 있다.

웹 폼을 사용하여 강력한 폼 기반 웹 페이지를 구축할 수 있다. 이러한 페이지를 구축할 때 ASP.NET 서버 컨트롤을 사용하여 공통 사용자 인터페이스 요소를 만들고 공통 작업을 위해 프로그래밍 할 수 있다. 이러한 컨트롤을 사용하면 재사용 할 수 있는 기본 제공 또는 사용자 지정 구성 요소를 사용하여 페이지의 코드를 단순화함으로써 신속하게 웹 폼을 구축할 수 있다.

1) ASP.NET의 기본적인 특징

- ASP.NET은 .NET 프레임워크 내에 ASP.NET 서비스 객체가 통합되어 있기 때문에 별도로 컴포넌트를 작성하지 않아도 페이지 내부에서 모든 윈도우에서 제공하는 서비스 객체를 활용할 수 있으며, 일반 어플리케이션처럼 객체 지향 프로그래밍이 가능하다.

- ASP.NET은 ASP와 같이 VBScript에 의한 스크립트 개발 방식이 아니라, VB.NET, C#.NET, Managed C++ 등과 같은 하나의 프로젝트 개발 방식이다. 즉, ASP는 프로그래밍 코드, 클라이언트 측 스크립트, HTML 태그 등이 함께 섞여 있는 형태였지만 ASP.NET에서는 사용자 인터페이스와 비즈니스 로직을 완벽하게 별도의 파일로 분리해서 개발할 수 있다. 이를 코드 비하인드(Code Behind)라고 한다. 사용자 인터페이스를 담당하는 페이지의 확장자는 *.aspx이고 코드 페이지의 확장자는 *.vb이다.

- ASP.NET의 코드는 컴파일러에 의해 수행이 되므로 빠른 수행을 한다. 즉, 모든 페이지는 사용자로부터 최초의 요청을 받을 때 자동으로 컴파일되어 바이너리 형태로 저장됨으로써 이전의 스크립트 방식의 단점인 인터프리팅의 제한을 극복하였다.

- ASP.NET에서는 기존에 폼의 Submit에 한정되었던 클라이언트와 서버사이의 한계에서 벗어나 각각의 HTML의 폼 컨트롤들을 서버 컨트롤로 제공하여 프로퍼티의 제어와 각각의 기본적인 메소드 및 이벤트를 활용한다. 이로써 보다 확장성 있는 윈도우 프로그래밍의 일반적인 방식인 이벤트 기반 프로그래밍 모델을 제공한다.

- ASP.NET 웹 응용 프로그램에 필요한 권한 관리 및 인증 방식을 기본적으로 제공하여 보안이 가능하다.

- ASP.NET에서는 개발자가 데이터베이스에 있는 자료를 쉽게 접근해 적절한 형태

로 웹 페이지를 구현할 수 있다.

- ASP.NET은 다수의 클라이언트 타입을 지원한다. 즉, 클라이언트의 타입을 파악하여 클라이언트에 적합한 결과를 생성해서 전송하므로 웹 브라우저 호환성에 대한 코드를 개발자가 직접 입력할 필요가 없다. 인터넷 익스플로러와 같은 브라우저는 물론이고 PDA(Personal Digital Assistant, 개인 휴대용 정보 단말기)용 웹 브라우저에 맞는 형태로 페이지를 렌더링 해 줄뿐만 아니라 휴대폰 같은 무선통신기기로의 WML(Wireless Markup Language, 무선 마크업 언어) 렌더링도 자동으로 이루어진다.

- ASP.NET은 기존의 ASP에서 발생했던 서버 리소스의 누수, 어플리케이션의 결함이나 메모리 부하와 같은 성능저하 현상을 개선하여 보다 쾌적한 웹 어플리케이션 환경을 제공한다.

- ASP.NET은 기존의 ASP에서 한 대의 서버에 한정되었던 세션(Session)의 범위를 여러 대의 서버 즉, 웹 팜(Web Farms)과 웹 가든(Web Garden) 범위에서 지원한다.

2) ASP.NET 플랫폼 아키텍처와 페이지의 첫 번째 요청시 처리

- ASP.NET 플랫폼 아키텍처

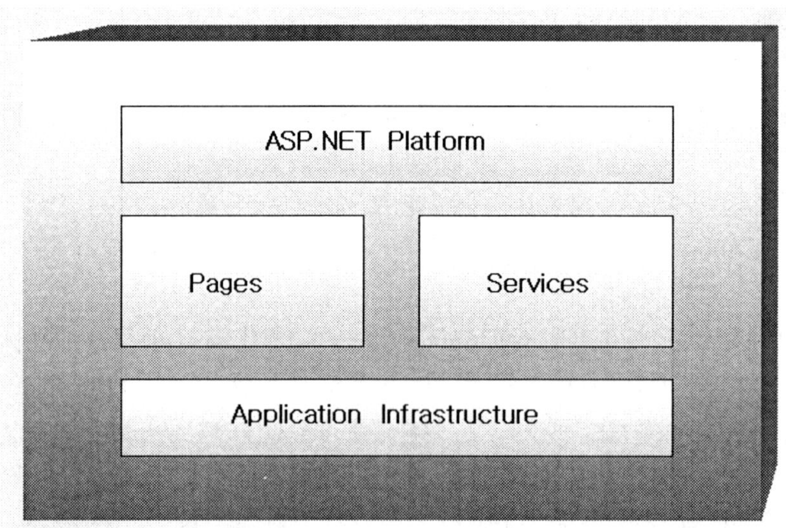

- ASP.NET은 페이지의 첫 번째 요청이 다음 그림과 같이 이루어진다. 페이지 클래

스는 System.Web.UI.Page 클래스로부터 상속받아서 만들어진 것이고, 실행 파일은
새롭게 생성된 페이지 클래스이다.

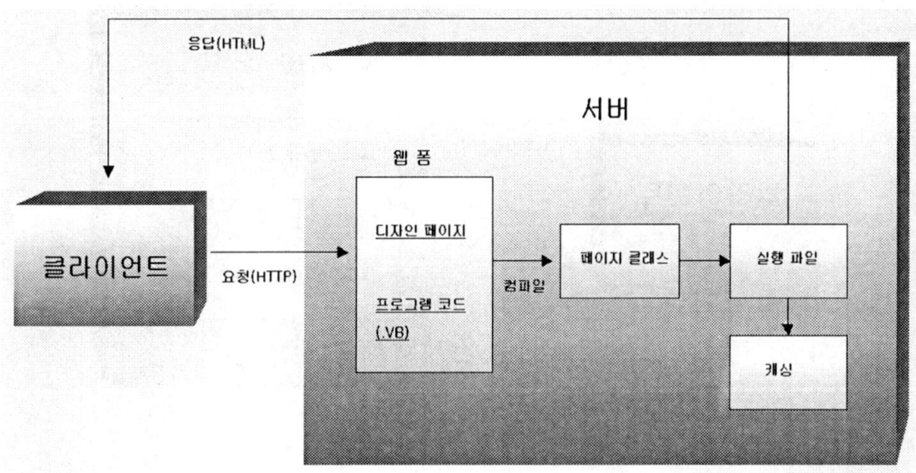

- ASP.NET의 실행 모델

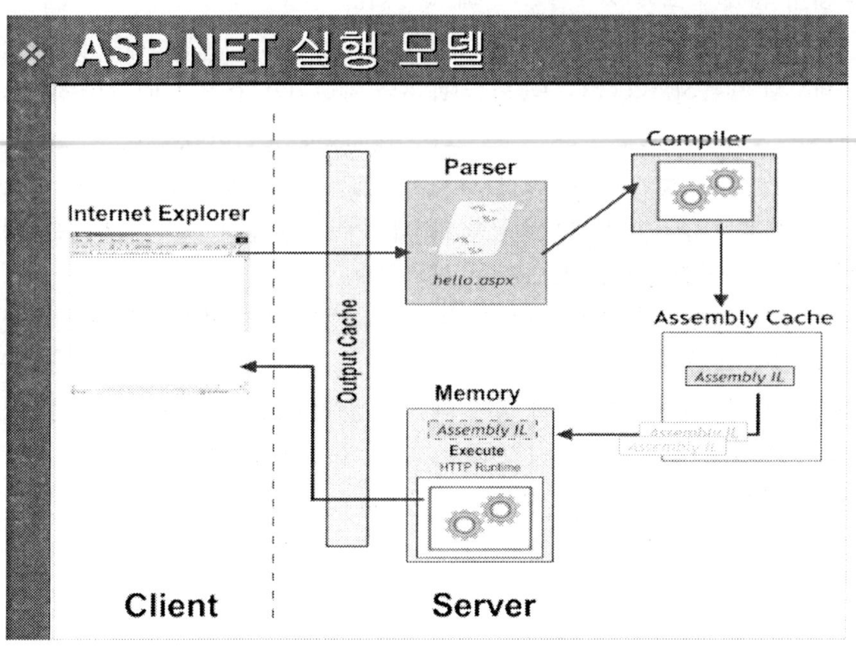

3) 같은 페이지를 두 번 이상 요청하는 경우

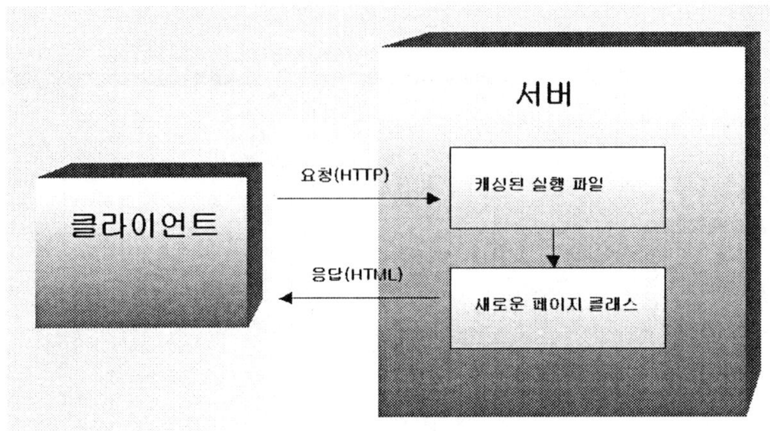

- 서버 이벤트 값은 상태가 필요한 요소들이 많이 있지만, 이 정보는 페이지에 있지 않고 클라이언트의 폼 요소에 그 상태에 관한 정보를 저장한다.
- 클라이언트의 HTML(HyperText Markup Language) 폼이 가지고 있는 정보는 컨트롤의 상태에 관한 정보들도 함께 제공된다.
- ASP.NET은 페이지를 만들 때 모든 페이지를 System.Web.UI.Page 클래스로부터 상속받아서 만들어진다. 이 상속된 클래스는 페이지가 요청될 때 서버에서 실행되어 HTML 코드로 만들고, 그것을 스트리밍 형식으로 클라이언트 브라우저에 보낸다.
- ASP는 이미 만들어져 있는 HTML을 바탕으로 거기에 프로그램적인 요소를 가미하고, 그것을 클라이언트가 요청할 때 파싱 작업을 통해 코드 부분을 처리한 다음, 컴파일하여 완전한 HTML 코드를 제공한다.
- ASP.NET은 ASP와 달리 미리 정의된 웹 폼에서 파싱 작업을 통해 컴파일하고, 그것을 실행 파일로 두게 된다.
- 사용자 요청시 이미 만들어진 실행 파일을 통해 새로운 페이지 클래스를 만든다. 사용자에게 이 클래스를 통한 HTML을 만들어서 보내주게 된다.
- 페이지들을 클래스로 만들 때 자동으로 클래스의 이름을 붙인다.
   Test.aspx(페이지 파일) → Test_ASPX(클래스)

4) ASP.NET의 서비스 종류

① 웹 어플리케이션(Web Application)

웹 어플리케이션 서버에 있는 HTTP(HyperText Transfer Protocol)의 가상 디렉토리에서 실행할 수 있는 파일, 페이지, 핸들러, 모듈 그리고 실행 코드들의 묶음을 말한다. 웹 사이트를 예로 든다면, Web Forms, Global.asax, Web Config 등으로 구성된다.

② 웹 폼(Web Form)

웹 폼은 폼을 기반으로 웹 페이지를 작성하는 기능이다. 윈도우 프로그램처럼 웹 폼에서 제공하는 컨트롤을 사용하여 작성한다. 즉, 웹 폼에는 HTML, 웹 폼 페이지 등 많은 기능을 제공한다. 웹 폼은 두 가지의 주요 부분인 디자인 페이지(.aspx)와 프로그램 코드부(.vb)로 이루어진다.

③ 웹 서비스(Web Service)

표준 인터넷 프로토콜을 사용하여 액세스할 수 있는 프로그램이 가능한 응용 프로그램이다. 웹 서비스는 구성 요소 기반 개발과 웹의 장점을 결합한 것이다. ADO.NET에서 웹 서비스를 이용하는 것을 그림으로 표시하면 다음과 같다.

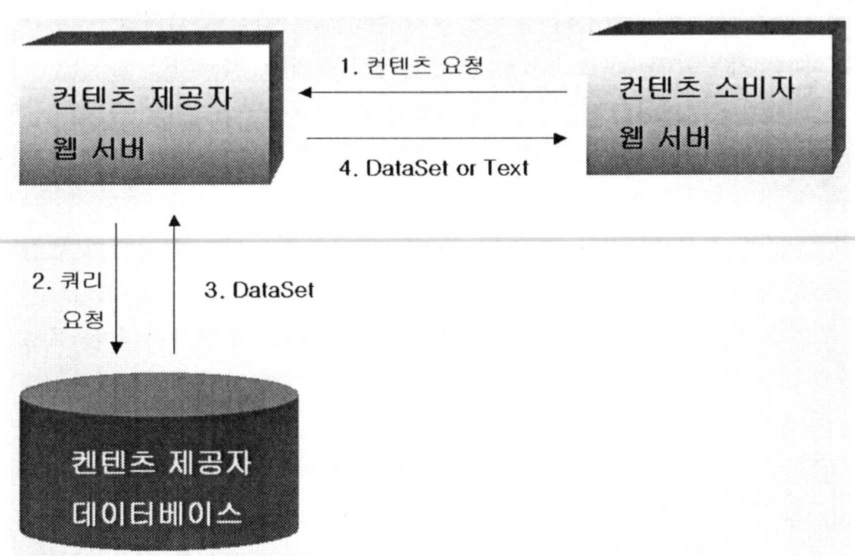

- 웹 서비스는 웹 프로토콜을 통해서 접근할 수 있는 프로그램적인 로직이다. 이 웹 프로토콜을 SOAP(Simple Object Access Protocol)라고 한다.
- SOAP는 XML(eXtensible Markup Language)방식으로 데이터를 정의하고 HTTP를 통해 데이터를 전송한다.

6.1.2 Visual Studio ASP.NET 웹 응용 프로그램

Visual Studio 웹 응용 프로그램은 ASP.NET을 기반으로 만들어진다. ASP.NET은 웹 서버용 응용 프로그램을 개발하고 실행하기 위한 플랫폼으로서, 디자인 타임 개체 및 컨트롤과 런타임 실행 컨텍스트를 포함하고 있다.

ASP.NET은 .NET 프레임워크의 일부이므로 이 프레임워크의 모든 기능에 대한 액세스를 제공한다. 예를 들면 Visual Basic, C#, Managed Extensions for C++ 및 그 외 많은 .NET 프로그래밍 언어와 .NET 디버깅 기능을 사용하여 ASP.NET 웹 응용 프로그램을 만들 수 있다. ADO.NET을 사용하여 데이터에 액세스하고, .NET 프레임워크 클래스를 사용하여 운영 체제 서비스에 액세스할 수 있다.

ASP.NET 웹 응용 프로그램은 Microsoft IIS(Internet Information Service, 인터넷 정보 서비스)로 구성된 웹 서버에서 실행된다. 그러나 IIS를 직접 작업할 필요는 없다. ASP.NET 클래스를 사용하여 IIS 기능을 프로그래밍 할 수 있으며, Visual Studio에서는 필요시 IIS 응용 프로그램을 만들거나 웹 응용 프로그램을 IIS에 배포하는 방법을 제공하는 등 파일 관리 작업을 처리한다.

Visual Studio를 사용하는 경우의 장점은 보다 빠르고 간편하며 신뢰할 수 있는 방식으로 응용 프로그램을 개발할 수 있는 도구를 제공한다는 것이다. 제공되는 도구는 다음과 같다.

- 구문 검사 기능을 갖춘 코드 뷰(HTML 뷰)와 컨트롤 끌어서 놓기 기능을 제공하는 웹 페이지용 비주얼 디자이너
- 문 완성, 구문 검사 및 기타 지능(Intelligence) 기능을 갖춘 코드 인식 편집기
- 통합된 컴파일 및 디버깅
- 응용 프로그램을 로컬 또는 원격 서버에 배포하는 것을 포함하여 응용 프로그램 파일을 만들고 관리하기 위한 프로젝트 관리 기능

이러한 기능들은 이전 버전 Visual Basic 및 Visual C++에서 응용 프로그램을 만들 때 사용하던 기능과 유사하므로 이전에 Visual Studio를 사용해 본 프로그래머에게는 익숙할 것이다. Visual Studio.NET에서 이러한 기능을 사용하여 ASP.NET 웹 응용 프로그램을 만들 수 있다.

6.1.3 ASP.NET 웹 응용 프로그램의 요소

ASP.NET(Active Server Pages Dot Network) 웹 응용 프로그램을 만들려면 다른 데스크 톱 응용 프로그램이나 클라이언트/서버 응용 프로그램에서 사용하는 것과 같은 요소에 대한 작업이 필요하다. 필요한 작업은 다음과 같다.

- 프로젝트 관리 기능 : ASP.NET 웹 응용 프로그램을 만들 때는 컴파일할 파일과 배포할 파일을 구분하여 프로젝트에 필요한 파일을 추적해야 한다.
- 사용자 인터페이스 : 응용 프로그램에서는 대개 사용자에게 정보를 표시한다. ASP.NET 웹 응용 프로그램에서는 출력을 브라우저로 전송하여 사용자 인터페이스가 웹 폼 페이지에 나타난다. 이동 통신이나 다른 웹 응용 프로그램에 맞게 구성된 출력을 만들 수도 있다.
- 구성 요소 : 대부분의 응용 프로그램에는 특정 작업을 수행하는 코드를 포함하는 재사용이 가능한 요소가 들어 있다. 웹 응용 프로그램에서는 이러한 구성 요소를 XML(eXtensible Markup Language) 웹 서비스(Web Service)로 만들 수 있다. 그러면 웹 응용 프로그램, 다른 XML 웹 서비스 또는 윈도우즈 폼에서 웹을 통해 이러한 구성 요소를 호출할 수 있다.
- 데이터 : 대부분의 응용 프로그램에서는 어떤 형식이든 데이터 액세스가 필요하다. ASP.NET 웹 응용 프로그램에서는 데이터 액세스를 위해 ADO.NET(Active-x Data Objects Dot Network)을 사용할 수 있다. ADO.NET은 .NET 프레임워크의 일부로 제공되는 데이터 서비스이다.
- 보안, 성능 및 기타 인프라 기능 : 다른 응용 프로그램과 마찬가지로 ASP.NET 웹 응용 프로그램에서도 무단 사용을 방지하기 위한 보안을 구현하고, 테스트와 디버그를 수행하고 성능을 최적화하며 응용 프로그램의 주 기능과 직접 관련되지 않은 기타 작업을 수행해야 한다.

아래 다이어그램은 ASP.NET 웹 응용 프로그램의 구성 요소들이 어떻게 상호 연결되며 좀 더 폭넓은 .NET 프레임워크의 컨텍스트와 연결되는지 이해하는 데 도움이 될 것이다.

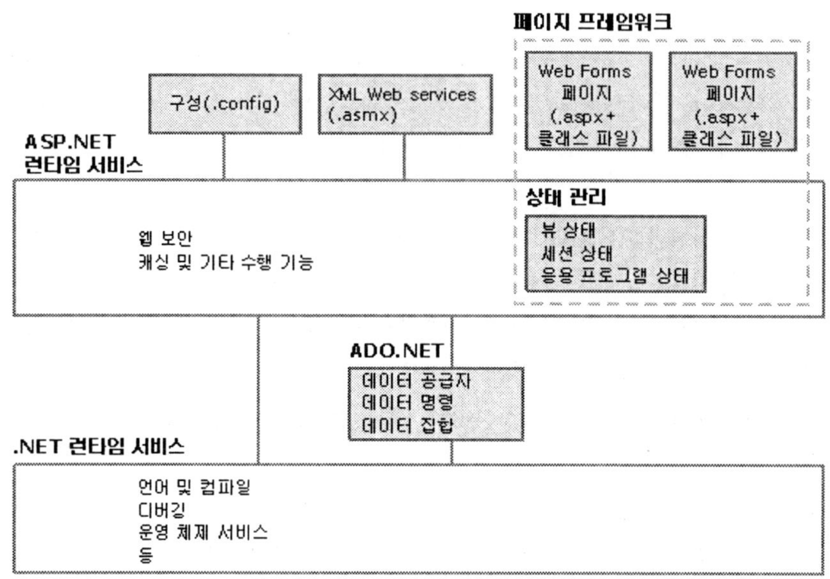

6.2 웹 폼

웹 응용 프로그램의 사용자 인터페이스를 만드는 데 사용할 수 있는 ASP.NET 기능이다. 웹 폼 페이지를 이용하면 친숙한 RAD(Rapid Application Development) 기술을 사용하는 강력하고 이해하기 쉬운 프로그래밍 모델을 통해 웹 사용 가능한 사용자 인터페이스를 만들 수 있다. 웹 폼 페이지에서는 브라우저 또는 클라이언트 장치를 통해 사용자에게 정보를 표시하며 서버 측 코드를 사용하여 응용 프로그램 논리를 구현한다. 웹 폼 페이지의 출력에는 HTML, XML 및 스크립트(VBScript, JavaScript) 같은 언어를 비롯하여 HTTP를 사용할 수 있는 거의 모든 언어가 포함될 수 있다.

6.2.1 웹 폼의 특징

① 호환성

웹 폼은 서버에서 실행되는 코드에서 웹 페이지 출력을 동적으로 생성하여 브라우저나 클라이언트 장치로 보낸다. 그래서 모든 브라우저나 모바일 장치와 호환이 잘된다.

② CLR(Common Language Runtime) 기반 언어사용

Microsoft Visual Basic, Microsoft Visual C# 및 Microsoft JScript .NET을 비롯하여
.NET 공용 언어 런타임에서 지원하는 모든 언어와 호환이 된다. 그리고 Microsoft
.NET 프레임워크를 기반으로 하여, 관리되는 환경, 형식 안전성 및 상속 등 프레임워
크의 모든 이점을 제공한다.

③ 개발 도구 지원

Visual Studio에서는 웹 폼 페이지를 지원하며, 폼을 디자인 및 프로그래밍 하는 데 사
용할 수 있는 강력한 RAD(Rapid Application Development) 도구를 제공한다. 그래서
웹 개발을 위한 RAD 기능을 제공하는 컨트롤을 사용하여 확장 가능하므로 다양한 사
용자 인터페이스를 쉽게 만들 수 있다.

④ 사용자가 만든 컨트롤이나 타사 컨트롤을 추가할 수 있으므로 유연성이 뛰어나다.

6.2.2 웹 폼 페이지의 수명 주기

일반적으로 웹 폼 페이지의 수명 주기는 서버에서 실행되는 웹 프로세스의 경우와 유사하
다. HTTP 프로토콜을 통해 전달되는 정보, 웹 페이지의 상태 비저장 특성 같은 웹 처리의
몇 가지 특징은 대부분의 웹 응용 프로그램에 적용되듯이 웹 폼 페이지에도 적용된다.

그러나 ASP.NET 페이지 프레임워크는 많은 웹 응용 프로그램 서비스를 제공한다. 예를
들어, ASP.NET 페이지 프레임워크는 웹 폼 페이지와 함께 게시된 정보를 캡처하여 관련
값을 추출한 다음 개체 속성을 통해 정보에 액세스할 수 있도록 해준다.

웹 폼 페이지가 처리될 때 발생하는 이벤트의 순서를 이해하고 있으면 웹 폼 페이지와 웹
응용 프로그램을 보다 효과적으로 프로그래밍 할 수 있다.

1) 라운드 트립

페이지를 처리할 때 페이지 내부에서 수행되는 작업에 대해 자세히 알려면 웹 폼 페이지
가 웹 응용 프로그램에서 작동하는 방식에 대한 근본적인 특징을 이해하는 것이 좋다.

가장 먼저 이해해야 할 사항은 웹 폼 페이지 내에서의 작업 분산이다. 브라우저에 폼이 표
시되면 사용자는 폼과 상호 작용하여 폼이 서버에 다시 게시되도록 한다. 그러나 서버 구성
요소와의 상호 작용은 서버에서 수행되어야 하므로 처리해야 하는 각 동작에 대해 폼이 서
버에 게시되어 처리된 후 브라우저로 반환되어야 한다. 이러한 이벤트 순서를 라운드 트립

이라고 한다.

사용자가 장바구니에서 주문을 추가할 경우, 그 주문에 대한 재고량이 충분한지 확인하기 위해 응용 프로그램에서 사용자의 주문 입력 프로세스의 적절한 시점에 서버에 페이지를 게시하는 비즈니스 프로그램을 가정해 보자. 이 경우 서버 프로세스에서는 주문을 검사하고, 재고량을 조사하며, 비즈니스 논리(예: 오류를 표시하도록 페이지 수정)에 정의된 동작을 수행한 다음 페이지를 브라우저에 반환하여 사용자가 작업을 계속할 수 있도록 한다.

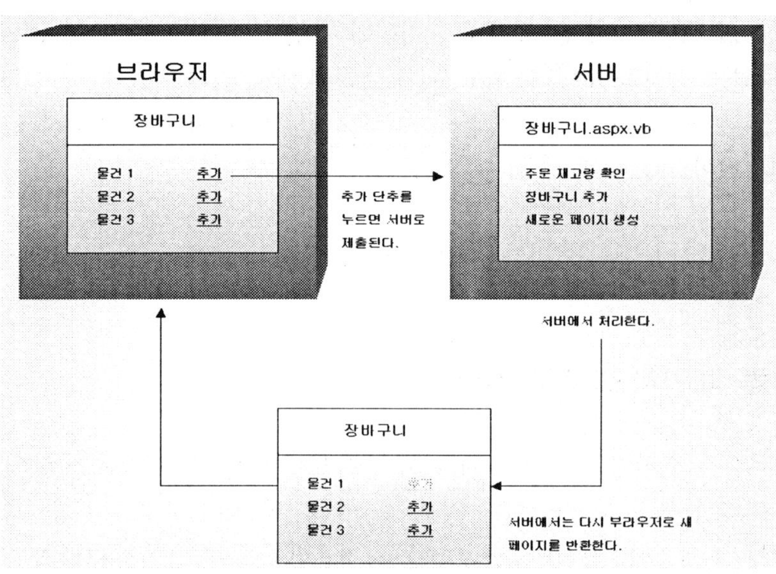

웹 폼에서 명령 단추 클릭과 같은 대부분의 사용자 동작에 의해 라운드 트립이 발생한다. 따라서 ASP.NET 서버 컨트롤에서 사용할 수 있는 이벤트는 대개 클릭 형식의 이벤트로 제한된다. 대부분의 서버 컨트롤은 명시적 사용자 동작이 필요한 클릭 이벤트를 노출한다.

마찬가지로 OnMouseOver처럼 자주 발생하는 이벤트의 경우, 이벤트가 발생할 때마다 또 다른 라운드 트립이 서버로 보내지므로 폼의 응답 시간이 상당히 느려지기 때문에 서버 컨트롤에서는 이러한 이벤트를 제공하지 않는다.

2) 페이지 다시 만들기(뷰 상태 및 상태 관리)

모든 웹 프로그램에서는 라운드 트립마다 페이지가 다시 만들어진다. 서버에서는 처리를 끝낸 페이지를 브라우저로 전송하자마자 페이지 정보를 삭제한다. 웹 응용 프로그램은 각 요청 이후에 서버 리소스를 비움으로써 수많은 동시 사용자를 지원할 수 있다. 다음에 페이지가 게시될 때 서버에서는 페이지를 만들어 처리하는 과정을 다시 시작하므로 웹 페이지는 상태 비저장이라고 한다. 상태 비저장이란 페이지의 변수 값과 컨트롤 값이 서버에 보존되지 않는다는 의미이다.

기존의 웹 응용 프로그램에서 서버에 있는 폼 관련 정보는 사용자가 폼의 컨트롤에 추가한 정보뿐이다. 왜냐하면 폼이 게시될 때 그 정보가 서버로 전송되기 때문이다. 변수 값이나 속성 설정 같은 기타 정보는 삭제된다.

ASP.NET은 이 같은 한계를 다음 방법으로 해결한다.

- 라운드 트립간에 페이지와 컨트롤 속성을 저장한다. 즉, 컨트롤의 뷰 상태를 저장하는 것이다.
- 상태 관리 기능을 제공하여 사용자가 라운드 트립간에 가변적인 응용 프로그램 또는 세션 관련 정보를 저장할 수 있도록 한다.
- ASP.NET은 [Page.IsPostBack] 속성을 이용하여 폼이 처음 요청된 경우와 다시 게시된 경우를 구분하여 인식할 수 있으므로 프로그래머가 각 상황에 따라 프로그래밍 할 수 있다.

3) 이벤트 구동 모델과 선형 처리 모델의 이점 비교

ASP(Active Server Pages) 사용 경험이 있는 경우에는 ASP가 선형 처리 모델이라는 사실을 알 것이다. ASP 페이지는 내림차순으로 처리된다. ASP 코드 및 정적 HTML의 각 행은 파일에 나타나는 순서대로 처리된다. 사용자의 동작에 의해 페이지가 라운드 트립에서 서버에 게시된다. 이 동작으로 라운드 트립이 발생하기 때문에 서버에서는 페이지를 다시 만들어야 한다. 다시 생성된 페이지는 전과 마찬가지로 내림차순으로 처리되므로 이 페이지는 진정한 이벤트 구동 동작을 보여 주지 않는다.

이와 비교해 볼 때, 이벤트 구동 모델은 기존의 Visual Basic 응용 프로그램에서와 마찬가지로 폼에서 초기화되어 표시되는 프로그래밍 가능한 요소를 포함한다. 사용자는 이벤트를 발생시켜 이벤트 처리기를 호출하는 요소와 상호 작용한다. 이 모델은 진정한 이벤트 구동 동작을 지원하므로 디자인에 따라서는 매우 다양한 어셈블링이 가능한 사용자 인터페이스를 사용할 수 있을 뿐 아니라 이를 지원하는 데 필요한 코드의 복잡성도 줄일 수 있다.

ASP.NET은 이벤트 구동 모델의 동작을 에뮬레이션 함으로써 ASP의 선형 처리 모델을 대신한다. ASP.NET 페이지 프레임워크는 이벤트와 이벤트 처리기를 암시적으로 연결하기 위해 제공된다. 페이지 프레임워크를 사용하면 사용자 동작에 반응하는 사용자 인터페이스를 쉽게 만들 수 있다.

6.2.3 웹 폼 처리 단계

ASP.NET 페이지 프레임워크는 별도의 단계에서 웹 폼 페이지를 처리한다. 웹 폼 처리의 각 단계에서는 이벤트가 발생할 수 있으며 그 경우 해당 이벤트 처리기가 실행된다. 이 메소드는 웹 폼 페이지의 내용을 업데이트할 수 있는 진입점을 제공한다.

다음은 페이지 처리의 가장 일반적인 단계로서 페이지 처리가 수행될 때 발생하는 이벤트 및 각 단계의 일반적인 용도에 대한 내역이다. 페이지 처리 단계는 폼이 요청되거나 게시될 때마다 반복된다. Page.IsPostBack 속성을 사용하면 페이지가 처음 처리되는지 여부를 테스트할 수 있다.

① ASP.NET 페이지 프레임워크 초기화
- 페이지의 Page_Init 이벤트가 발생하고 페이지 및 컨트롤 뷰 상태가 복원된다.
- 이 이벤트가 발생하면 ASP.NET 페이지 프레임워크는 컨트롤 속성 및 다시 게시된 데이터를 복원한다.

② 사용자 코드 초기화
- 페이지의 Page_Load 이벤트가 발생한다.
- 이전에 저장한 값을 읽고 복원한다.
  - Page.IsPostBack 속성을 사용하여 페이지가 처음으로 처리되는 것인지 여부를 확인한다.
  - 페이지가 처음으로 처리되는 것이면 첫 데이터 바인딩을 수행한다. 그렇지 않으면 컨트롤 값을 복원한다.
  - 컨트롤 속성을 읽고 업데이트한다.

③ 유효성 검사
- 웹 서버 컨트롤의 Validate 메소드가 호출되어 지정된 유효성 검사를 수행한다.
- 이 단계에서는 사용자가 간섭할 수 없다. 이벤트 처리기에서 유효성 검사의 결과를 테스트할 수 있다.

④ 이벤트 처리
- 폼 이벤트에 대한 응답으로 페이지가 호출되면 해당 이벤트 처리기가 이 단계에서 호출된다.
- 응용 프로그램별 처리 과정을 수행한다.

- 발생한 특정 이벤트를 처리한다.
- 페이지에 ASP.NET 서버 컨트롤의 유효성 검사 형식이 포함되어 있으면 페이지와 각 유효성 검사 컨트롤의 IsValid 속성을 검사한다.
- 직접 관리하고 있는 페이지 변수의 상태를 수동으로 저장한다.
- 페이지나 각 유효성 검사 컨트롤의 IsValid 속성을 검사한다.
- 페이지에 동적으로 추가된 컨트롤의 상태를 수동으로 저장한다.

⑤ 정리
- 페이지가 렌더링을 완료하여 삭제될 준비가 되었으므로 Page_Unload 이벤트가 호출된다.
- 파일 닫기, 데이터베이스 연결 종료, 개체 삭제 등과 같은 최종 정리 작업을 수행한다.

6.2.4 웹 폼 컨트롤

웹 폼 컨트롤은 크게 HTML 서버 컨트롤, 웹 서버 컨트롤, 유효성 검사 서버 컨트롤, 사용자 컨트롤로 나눌 수 있다.

① HTML 서버 컨트롤(HTML Server Control)
ASP.NET에서 HTML 태그를 프로그램에서 직접적으로 다룰 수 있게 하며 서버에서도 프로그램이 가능하도록 제공하는 컨트롤이다.

② 웹 서버 컨트롤(Web Server Control)
HTML 서버 컨트롤보다 기본 제공 기능이 더 많은 컨트롤이다. 웹 서버 컨트롤에는 단추와 텍스트 상자 같은 폼 형식의 컨트롤 뿐 아니라 특수 용도의 컨트롤도 포함된다. 웹 서버 컨트롤은 해당 개체 모델이 HTML 구문을 반드시 반영하지는 않는다는 점에서 HTML 서버 컨트롤보다 더 추상적이다.

③ 유효성 검사 서버 컨트롤(Validation Server Control)
논리를 포함하여 사용자의 입력을 테스트할 수 있는 컨트롤이다. 유효성 검사 서버 컨트롤을 통해 필수 필드를 확인하고, 특정 값이나 문자 패턴을 테스트하며, 값이 범위 내에 있는지 등을 확인할 수 있다.

④ 사용자 컨트롤(User Control)

웹 폼 페이지로 만드는 컨트롤이다. 다른 웹 폼 페이지에 웹 폼 사용자 정의 컨트롤을 포함시켜 메뉴, 도구 모음 및 기타 다시 사용할 수 있는 요소를 쉽게 만들 수 있다.

6.3 ASP.NET 페이지의 기본 구조

6.3.1 ASP.NET 웹 페이지의 특성

ASP.NET 페이지는 정적인 HTML 웹 페이지 즉, 서버-기반의 처리를 포함하지 않는 페이지와 비슷한 방법으로 생성된다. 그러나 페이지가 실행될 때 ASP.NET이 인식하고 처리하는 추가적인 요소를 포함한다. ASP.NET 웹 페이지를 정적인 HTML 또는 다른 페이지들로부터 구별하는 특성은 다음과 같다.

① 파일 이름이 .htm, .html 또는 다른 확장자 대신 .aspx 확장자를 갖는다. 파일 이름 확장자 .aspx은 파일을 ASP.NET에 의해서 처리되도록 한다. 파일 이름 확장자의 ASP.NET에 대한 매핑은 IIS에서 이루어진다.
② ASP.NET을 위해서 올바르게 구성된 폼 요소를 포함한다. 폼 요소는 오직 페이지가 처리 과정에서 사용하고자 하는 값을 위한 컨트롤을 포함할 때만 필요하다.
③ 웹 서버 컨트롤이 사용될 수 있다.
④ 개발자가 페이지에 자신의 코드를 추가한다면 서버 코드가 포함된다.

6.3.2 ASP.NET 지시자

지시자들은 페이지 또는 사용자 컨트롤 컴파일러가 ASP.NET 웹 폼 페이지나 사용자 컨트롤을 처리할 때 컴파일러에 의해서 사용될 설정을 포함한다. ASP.NET은 명시적인 지시자 이름을 포함하고 있지 않은 지시자 블록(<%@ %>)은 모두 @Page 또는 @Control 지시자로 취급한다.

ASP.NET 페이지는 대개 페이지의 속성과 구성 정보를 지정할 수 있게 해주는 지시자를 포함하며 지시자는 ASP.NET에 의해서 페이지를 어떻게 처리할 것인지에 대한 지침으로 사용된다. 그러나 브라우저에 마크업으로 반환되지는 않는다.

다시 말해, ASP.NET 지시자는 페이지에 개성과 능력을 주는 것을 도와준다. 지시자를 이용해서 어떤 페이지는 어떤 양식으로 행동하게 하는 반면에, 다른 페이지는 전혀 다른 방법으로 반응하도록 할 수 있다. 즉, 어떤 페이지는 어떤 종류의 기능과 기술을 가지는 반면에 다른 페이지는 전혀 다른 종류의 기능을 가질 수 있다. 지시자는 이러한 능력을 부여한다. 다음 도표는 가장 보편적으로 많이 사용되는 지시자를 보여준다.

지시자	설 명
@Page	ASP.NET 페이지에서 사용되는 페이지 특유의 속성을 정의한다.
@Control	ASP.NET 사용자 컨트롤에서 사용되는 컨트롤 특유의 속성을 정의한다.
@Import	페이지 또는 사용자 컨트롤에서 명시적으로 네임스페이스를 Import 한다.

<ASP.NET 페이지에서 사용되는 지시자>

1) @Page

제일 먼저, ASP.NET 컴파일러에게 페이지를 컴파일하기 위해 필요한 정보를 제공하는 페이지 지시자가 있다. 다음의 예에서는 ASP.NET 코드가 VB.NET 언어를 사용하여 작성된다는 것과 디버깅 기능이 작동된다는 정보 및 코드-비하인드(code-behind) 소스 파일명이 "FreightTraceReq.aspx.vb"이라는 정보를 컴파일러에게 알려주고 있다.

```
<%@ Page Language="VB" debug="true" AutoEventWireup="false"
    CodeFile="FreightTraceReq.aspx.vb" Inherits="FreightTraceReq" %>
```

가장 보편적으로 사용되는 지시자인 @Page 지시자는 다음과 같은 많은 페이지에 대한 구성 옵션을 지정하도록 해준다.

① 페이지에서 코드를 위해서 사용될 서버 프로그래밍 언어
② 페이지 안에 직접 서버 코드를 가지고 있는 단일 파일 페이지인가 또는 코드-비하인드 라고 불리는 별도의 클래스 파일에 코드를 포함하고 있는 페이지인가의 여부
③ 디버깅과 추적 옵션 여부
④ 페이지가 연계된 마스터 페이지를 가지고 있고 따라서 컨텐트 페이지로 처리되어야 하는지 여부

페이지에 @Page 지시자를 포함하지 않거나 또는 지시자가 특별한 설정을 포함하지 않는다면 웹 응용 프로그램에 대한 구성파일(Web.config 파일) 또는 사이트 구성파일(Machine.config 파일)로부터 상속받는다.

@Page 지시자는 .aspx 확장자를 갖는 ASP.NET 페이지에 직접적인 영향을 주는 속성을 설정하도록 한다. 그 중에서 많이 사용되는 속성은 다음과 같다.

속 성	설 명
AutoEventWireup	true/false (기본값=true): ASP.NET 페이지의 이벤트가 이벤트 처리 함수에 자동으로 연결되는지 여부를 나타내는 값을 가져오거나 설정한다.
Buffer	true/false (기본값=true): 버퍼를 작동시키거나 시키지 않는다.
CodeFile	컨트롤에 대해 참조된 코드 숨김 파일의 경로를 지정한다. 이 특성은 Inherits 특성과 함께 사용되어 코드-비하인드 소스 파일을 사용자 정의 컨트롤과 연결한다. 이 특성은 컴파일된 컨트롤에만 유효하다.
Debug	true/false (기본값=true): 디버그 기호를 사용하여 컨트롤을 컴파일할지 여부를 나타낸다. 이 설정은 성능에 영향을 주므로 개발하는 동안에만 이 특성을 true로 설정해야 한다.
EnableViewState	true/false (기본값=true): 페이지 요구 사이에 ViewState를 유지할 것인가를 지정한다.
Explicit	true/false (기본값=true): 페이지에 있는 모든 변수가 반드시 선언되어야 하는가를 지정한다.
Inherits	코드-비하인드 페이지에서 상속할 클래스를 지정한다.
Language	(기본값=VB): ASP.NET 페이지에서 사용되는 언어를 지정한다.
Src	코드-비하인드 페이지에서 컨트롤에 링크된 코드를 포함하는 소스 파일의 경로를 지정한다. 링크된 소스 파일에서 컨트롤에 대한 프로그래밍 논리를 클래스 또는 코드 선언 블록에 포함하도록 선택할 수 있다.
Trace	true/false (기본값=true): 추적을 작동시킬 것인지 아닌지를 지정한다. 추적은 ASP.NET 페이지에 대한 진단과 디버깅에 관한 정보를 볼 수 있게 해주는 디버깅 기능이다.

<Page 지시자의 속성들>

2) @Control

@Control 지시자는 ASP.NET 사용자 컨트롤에서 사용되는 컨트롤의 특성을 정의한다. @Control 지시자는 사용자 컨트롤에 대해서만 사용된다는 점을 제외하고는 @Page 지시자

와 같은 방법으로 작동한다. 또한, Buffer, EnableSessionState, Trace를 제외한 모든 속성을 포함한다. 이들 세 속성은 페이지 전체에 영향을 주는 것이므로 사용자 컨트롤과 같이 일부분에만 적용될 수 없음은 당연하다.

3) @Import

@Import 지시자는 페이지 안에서 네임스페이스(즉, 클래스 객체들의 그룹)를 Import하여 거기에 포함된 모든 클래스를 사용할 수 있게 한다. 기존의 .NET Framework의 네임스페이스 또는 사용자 정의에 의하여 새로 생성된 네임스페이스를 Import하기 위해서 이 지시자를 사용할 수 있다. 다음은 System.Data라고 불리는 .NET Framework 네임스페이스를 Import하는 예를 보여준다.

```
<%@ Import Namespace="System.Data" %>
```

그러나 다음과 같은 네임스페이스들은 자동으로 페이지에 Import되므로 명시적으로 Import하지 않고도 이들 네임스페이스에 존재하는 모든 클래스 객체들을 사용할 수 있다.

System, System.Collections, System.Configuration, System.IO, System.Text
System.Web, System.Web.Caching, System.Web.Security, System.Web.SessionState
System.Web.UI, System.Web.UI.HtmlControls, System.Web.UI.Webcontrols

6.3.3 코드 선언 블록

코드 선언 블록은 <script runat="server">로 시작한다. 페이지 지시자 다음에 있는 페이지의 나머지 부분은 크게 두 부분으로 나뉘어져 있다. 즉, 코드 선언 블록이라고 불리는 <script> 블록과 프리젠테이션 블록이라고 불리는 <html> 블록으로 구분되어 있다. 코드 선언 블록에서는 페이지에 관해 필요한 변수나 서브루틴에 대한 선언을 하며, 특히 이를 강조하기 위해서 코드 선언 블록이라고 부르며 이 외의 다른 코드는 사용할 수 없다. 코드 선언 블록은 아무 곳에서 올 수 있으나 보통 <html> 앞에 놓인다.

코드 선언 블록은 <script> 태그에 runat="server"를 사용하여 서버에서 처리되어야 할 서버 측 스크립트임을 표시한다. 또한 대부분의 ASP.NET 페이지는 페이지가 처리될 때 서버에서 실행되는 코드를 포함한다. ASP.NET은 C#, Visual Basic, J#, Jscript 등 많은 언어를 지원한다.

ASP.NET은 웹 페이지에서 서버 코드를 작성하기 위한 두 개의 모델을 지원한다. 단일 파일 모델에서 페이지의 코드는 runat="server" 속성을 포함하고 있는 script 요소 안에 포함된다. 다른 방법으로는 페이지의 코드를 코드-비하인드라고 부르는 별도의 클래스 파일에 생성할 수 있다. 이 경우에는 ASP.NET 웹 페이지는 일반적으로 서버 코드를 포함하지 않으며 대신 @Page 지시자가 .aspx 페이지를 연계된 코드-비하인드 파일에 연결하기 위한 정보를 포함한다.

코드 선언 블록의 예는 다음과 같다.

```
코드 선언 블록:

<script runat="server">

   ...

'이 프로시저는 호출된 페이지가 로드될 때 시스템에 의해 자동적으로 발생
'하는 Page_Load 이벤트를 처리하기 위한 것이다.

    Protected Sub Page_Load(ByVal sender As Object, ByVal e As ↙
                System.EventArgs) Handles Me.Load

      If  (Page.IsPostBack <> True) Then
           ...
        End If

    End Sub

'이 프로시저는 사용자가 검색 명령 단추를 눌렀을 때 발생하는 이벤트를
'처리하기 위한 것이다.

    Private Sub btn검색_Click(ByVal sender As System.Object, ByVal ↙
                e As System.EventArgs) Handles btn조회.Click

      ...

    End Sub

   ...

</script>
```

코드 선언 블록에서는 페이지에서 사용되는 전역변수의 선언과 이벤트 핸들러인 서브루틴이 정의된다. 이 외에 서버 측 주석이 포함될 수 있다.

1) 서버 측 주석

서버 측 주석은 페이지 개발자가(서버 컨트롤을 포함하여) 특정 서버 코드 또는 정적인 내용을 실행되고 렌더링 되는 것으로부터 방지할 수 있도록 한다. 즉, <%--와 --%> 사이에 있는 것은 모두 걸러지며 단지 원래의 서버 파일에서만 나타날 뿐이다.

스크립트 블록에서 사용할 수 있는 주석은 다음의 예와 같이 두 가지가 있다.

① ' 이것은 한 줄의 주석을 삽입할 때 편리한 방법이다.
　' 여러 줄의 주석도 이렇게 각 줄의 앞에 붙여주어 사용하면 편리하다.
② <%--
　　　여기에는 여러 줄의 주석을 삽입할 수 있다.
　　--%>

2) 이벤트 핸들러

코드 선언 블록 안에는 서브루틴이 정의되어 있으며 이들은 페이지에서 일어나는 이벤트를 처리하기 위한 것으로 이벤트 핸들러라고 한다. 서버 컨트롤을 사용하는 이점의 하나는 응용 프로그램의 코드를 클라이언트에서 일어나는 이벤트에 연결할 수 있다는 것이다. 다시 말하면 이벤트 핸들러는 <script> 코드 선언 블록 내에 있는 프로시저로서 Page_Load나 버튼 컨트롤의 Click 이벤트와 같은 페이지나 서버 컨트롤의 이벤트를 처리한다. 예제 페이지에는 Page_Load()와 btn검색_Click() 이벤트 핸들러가 있다.

① Page_Load(): 페이지가 로드될 때 시스템에 의해서 자동적으로 발생하는 이벤트를 처리하기 위한 프로시저이다.

② btn검색_Click(): 사용자가 검색 명령 단추를 눌렀을 때 발생하는 이벤트를 처리하기 위한 프로시저이다.

6.3.4 프리젠테이션 블록

프리젠테이션 블록은 <html> ... </html>로 구성된다. 다음 <html> 블록은 페이지의 내용 또는 프리젠테이션을 담당하는 부분으로 HTML 기본 태그와 함께 서버 컨트롤을 사용할 수 있다. <body> 태그 안에는 사용자로부터 정보를 받아들일 수 있는 폼이 있다. 특히 runat="server" 속성을 갖는 폼을 웹 폼이라 하며 이는 서버에서 처리되는 폼이므로 서버에서 프로그래밍하기에 편리하다. 입력 양식의 설계는 보통 <table> 태그를 사용하여 이루어진다. 실제로 사용자가 데이터를 입력하는 것은 <td> 태그 안에 놓인 서버 컨트롤을 통해서이며 <table> 태그를 이용하면 편리하게 화면 설계를 할 수 있다.

프리젠테이션 블록에는 몇 가지 중요한 요소가 포함되어 있다. 즉, 웹 폼, 서버 컨트롤, 유효성 검사(Validation) 컨트롤, 주석 등이 그것이다. 예제 페이지를 예로 들어 각각 살펴보기로 한다.

```
프리젠테이션 블록:

<html xmlns="http://www.w3.org/1999/xhtml" >
<head runat="server">
    <title>화물추적조회웹</title>
</head>
<body>
    <form id="form1" runat="server">
    <div>
        <br />
        <asp:Label ID="Label1" runat="server" Font-Size="XX-Large"
            ForeColor="Blue" Height="16px" Text="화물 추적 조회웹"
            Width="255px"></asp:Label>
        <br />
        <asp:Label ID="Label2" runat="server" Height="20px" Text="항 차"
            Width="49px"></asp:Label>
        <asp:DropDownList ID="ddl검색항차" runat="server" Width="137px"
            DataSourceID="SqlDataSource1" DataTextField="항차"
            DataValueField="항차"></asp:DropDownList>
```

```
<asp:SqlDataSource ID="SqlDataSource1"  runat="server" ConnectionString="
    <%$ ConnectionStrings:해운정보서비스ConnectionString %>"
    SelectCommand="SELECT DISTINCT [항차] FROM [컨테이너정보]">
    </asp:SqlDataSource>
<asp:Label ID="Label3" runat="server" Height="20px" Text="B/L 번호"
    Width="90px"></asp:Label>
<asp:TextBox ID="txt검색BL번호" runat="server" Width="129px">
    </asp:TextBox>
<asp:Button ID="btn조회" runat="server" Text="조 회" Width="61px" />
<asp:Label ID="Label5" runat="server" Height="20px" Text="컨테이너
    번호" Width="124px"></asp:Label>
<asp:TextBox ID="txt검색컨테이너번호" runat="server" Width="336px">
    </asp:TextBox>
<br />
<asp:GridView ID="GridView1" runat="server" Height="281px"
    Width="1000px" AllowPaging="True"> </asp:GridView>
<asp:Label ID="lblMessage" runat="server"
    Width="657px"></asp:Label>
    </div>
    </form>
</body>
</html>
```

1) 웹 폼

웹 폼의 기본 구성은 <form runat="server"> ... </form>로 구성된다. HTML 폼은 사용자 인터페이스를 만드는 요소들로 구성되어 있다. 사용자는 이런 요소를 이용하여 데이터를 입력하고 서버에 데이터를 전송하는 폼을 제출한다. HTML 폼은 완전한 클라이언트 기반 요소이다. 서버는 클라이언트 브라우저의 능력을 알지 못하며, 무엇을 하려고 하는지 클라이언트의 행동을 전혀 예측할 수 없다.

웹 폼(Web Form)은 HTML 폼과 비슷하지만 HTML의 <form> 태그에 runat="server" 속성을 추가한 것으로 서버 기반이라는 것이 큰 차이점이다. 즉, 사용자의 인터페이스 요소를 서버에서 생성한다는 것이다. 그러므로 서버는 인터페이스가 무엇이며, 어떤 일을 할 수 있는지, 어떤 데이터가 올 것인지 등의 완벽한 정보를 가지고 있다. ASP.NET이 서버에 존재하는 객체를 사용해 사용자 인터페이스에서 프로그래밍에 의한 조작을 할 수 있도록 하는 수단이다. 웹 폼 안에는 사용자로부터 정보를 입력받을 수 있는 입력양식이 포함되며 웹 폼에는 HTML 표준 태그 외에 서버 컨트롤이 함께 사용될 수 있다. 웹 서버 컨트롤은 페이지의 기능을 풍부하게 함으로써 복잡한 사용자 인터페이스를 보다 용이하게 개발할 수 있도록 한다.

ASP.NET에서 웹 폼은 매우 중요한 역할을 하며 한 페이지에 단 하나의 웹 폼만 존재할 수 있기 때문에 웹 폼은 흔히 ASP.NET 페이지를 의미하기도 한다. 만일 사용자가 페이지와 상호작용하고 페이지를 제출하는 것을 허용하려 한다면 그 페이지는 반드시 폼 요소를 포함해야 한다. 폼 요소를 사용하기 위한 규칙은 다음과 같다.

① 페이지는 오직 하나의 폼 요소만을 포함할 수 있다.
② 폼 요소는 서버로 설정된 runat 속성(즉, runat="server")을 포함해야 한다. 이 속성은 서버 코드에서 페이지에 있는 폼과 컨트롤을 프로그래밍적으로 참조할 수 있게 해준다.
③ 포스트백 즉, 서버로의 왕복여행을 수행하는 서버 컨트롤을 폼 요소 안에 포함되어야 한다.
④ <form> 태그는 action 속성을 포함해서는 안 된다. ASP.NET은 이 속성에 어떤 설정을 하든지 페이지가 처리될 때 동적으로 이 속성 값을 덮어쓰기 때문이다.

2) ASP.NET 서버 컨트롤

ASP.NET 페이지에서 웹 폼과 함께 사용되는 중요한 요소는 서버 컨트롤들이다. 서버 컨트롤들은 페이지가 실행될 때 ASP.NET이 인식할 수 있는 특별한 구분을 사용한다. 다음의 코드는 전형적인 웹 서버 컨트롤을 보여 준다.

```
<asp:TextBox ID="txt검색BL번호" runat="server" Width="129px"></asp:TextBox>
```

ASP.NET 서버 컨트롤의 태그 이름은 접두어 "asp:"로 시작한다. 접두어는 컨트롤이 .NET 프레임워크의 일부분이 아니라면 다를 수도 있다. ASP.NET 서버 컨트롤은 또한 runat="server" 속성을 포함하며 옵션으로 서버 코드에서 컨트롤을 참조하기 위하여 사용될 수 있는 ID 속성을 가지고 있다.

페이지가 실행될 때 서버 컨트롤을 식별하고 이에 연계된 코드를 실행한다. 대부분의 컨트롤들은 HTML 또는 마크업을 페이지로 반환한다.

① Label 컨트롤

```
<asp:Label ID="Label2" runat="server" Height="20px" Text="항 차"
    Width="49px"></asp:Label>
```

Label 컨트롤은 원하는 장소에 원하는 문자열을 출력시키고자 할 때 사용되는 컨트롤이다. 즉, 이벤트 핸들러에서 ID 속성을 사용하여 원하는 Label 컨트롤의 Text 속성에 원하는 문자열을 설정하면 이벤트 핸들러가 호출될 때 그 문자열이 출력된다.

② TextBox 컨트롤

```
<asp:TextBox ID="txt검색컨테이너번호" runat="server" Width="336px">
    </asp:TextBox>
```

텍스트 박스 웹 컨트롤(<asp:TextBox runat="server">)은 ID를 입력하기 위한 텍스트 박스를 만들어 주는 컨트롤이며 textmode 속성에는 single, multiline, password의 세 가지 종류가 있다. single 모드가 기본 값으로 한 줄로 표기되는 표준 텍스트 박스이며, multiline 모드는 여러 줄의 텍스트 박스로서 HTML 의 <textarea>에 해당하며, password 모드는 암호를 처리하기 위한 특별한 텍스트 박스이다.

③ Button 컨트롤

```
<asp:Button ID="btn조회" runat="server" Text="조 회" Width="61px" />
```

버튼 컨트롤은 OnClick 이벤트가 있으며 여기서 스크립트 블록에서 정의된 해당 이벤트 핸들러의 이름을 설정한다. 사용자가 버튼을 누를 때 그에 해당하는 로직을 연결하는 데 편리한 컨트롤이다.

④ GridView 컨트롤

```
<asp:GridView ID="GridView1" runat="server" Height="281px"
    Width="1000px" AllowPaging="True"> </asp:GridView>
```

GridView 컨트롤은 데이터베이스 테이블 또는 그와 유사한 데이터를 표 형식으로 출력하는 데 유용한 기능을 제공한다.

6.4 화물추적 조회 웹 프로그램 작성

실습에 필요한 데이터베이스는 [해운정보서비스.bak] 데이터베이스를 복원하여 사용하고, [해운정보서비스] 데이터베이스의 [컨테이너정보] 및 [BL정보] 테이블을 이용한다.

이 프로그램 실습으로 알게 되는 요소 기술은 다음과 같다.

- ASP.NET을 이용한 웹 폼 처리 기술
- 웹 폼에서의 GridView 처리 및 데이터 바인딩 기술
- DropDownList의 목록을 생성하는 기술
- 웹 폼에서의 메시지 처리 기술

<table>
<tr><td colspan="3" align="center">프로그램 명세서</td></tr>
<tr><td>작성자 : 김 진 수</td><td>승인자 :</td><td>버 전 : 1.0</td></tr>
<tr><td>작성일 : 2009. 07. 13</td><td>승인일 :</td><td>페이지 : 1/3</td></tr>
</table>

프로그램명	화물추적 조회 웹

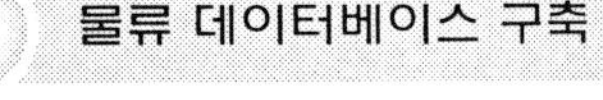

컨테이너번호	BL번호	항차	화물종류	포장종류	중량	크기및규격	선적항	양하항	출발일자	도착일자
APHU6295630	TOP006090267SEL	ABEB-010	일반	Dry	24000	42G1	BUSAN	XINGANG	2007-08-29	2007-09-02
APHU6296771	TOP006090267SEL	ABEB-010	일반	Dry	24000	42G1	BUSAN	XINGANG	2007-08-29	2007-09-02
APHU6405744	TOP006090267SEL	ABEB-010	일반	Dry	17000	42G1	BUSAN	XINGANG	2007-08-29	2007-09-02
APHU6435054	TOP006090267SEL	ABEB-010	일반	Dry	24000	42G1	BUSAN	XINGANG	2007-08-29	2007-09-02
APHU6587822	TOP006090267SEL	ABEB-010	일반	Dry	24000	42G1	BUSAN	XINGANG	2007-08-29	2007-09-02
APLS2463461	TOP006090800SEL	ABEB-010	위험물	DRY	24000	42G1	BUSAN	XINGANG	2007-10-28	2007-11-01
APLS2463482	TOP006090267SEL	ABEB-010	일반	DRY	24000	42G1	BUSAN	XINGANG	2007-08-29	2007-09-02
APLS2463492	TOP006090267SEL	ABEB-010	일반	DRY	24000	42G1	BUSAN	XINGANG	2007-08-29	2007-09-02
APLS2463503	TOP006090267SEL	ABEB-010	일반	DRY	24000	42G1	BUSAN	XINGANG	2007-08-29	2007-09-02
APLS2463511	TOP006090715SEL	ABEB-010	냉동	Reefer	24000	42R1	BUSAN	XINGANG	2007-10-28	2007-11-01

1 2 3 4 5 6 7 8

프로그램 명세서

작성자 : 김 진 수	승인자 :	버 전 : 1.0
작성일 : 2009. 07. 13	승인일 :	페이지 : 2/3

프로그램명	화물추적 조회 웹

* 프로그램 개요
  - 폼에 데이터 검색 조건인 항차, BL번호 및 컨테이너번호를 입력하고 [조회]
    명령 단추를 누르면 해당 조건에 따라 컨테이너번호, BL번호, 항차, 화물종류,
    포장종류, 중량, 크기및규격 등의 내역을 GridView에 출력하는 프로그램이다.
  - 한 페이지에 10건씩의 데이터를 출력한다. 또한 페이지 인덱스가 바뀌면 새로운
    페이지에 대한 10건의 데이터를 출력한다.

1. Page_Load()
   - 해운정보서비스 데이터베이스를 연결하여 연다.
   - Page.IsPostBack이 True가 아니면 즉, 현재 페이지가 처음으로 로드되면 다음
     과 같은 로직을 수행한다.
     · SQL = "SELECT AA.컨테이너번호, AA.BL번호, AA.항차, ↙
                     화물종류, 포장종류, 중량, 크기및규격, AA.선적항, " & _
                     "AA.양하항, BB.출발일자, BB.도착일자 FROM 컨테이너정보 ↙
                     AA INNER JOIN BL정보 BB ON " & _
                     "AA.BL번호 = BB.BL번호 WHERE AA.항차 = 'ABEB-010'"
     · 위의 SQL문을 이용하여 화물추적정보 데이터 테이블을 생성한다.
     · GridView1의 PageIndex를 0으로 지정한다.
     · GridView1_DataBind() 프로시저를 수행한다.

2. GridView1_DataBind()
   - GridView1의 DataSource에 화물추적정보 데이터 테이블을 지정한다.
   - GridView1을 DataBind 한다.

3. btn조회_Click()
   - DataSet_Create() 프로시저를 수행한다.

<table>
<tr><td colspan="3" align="center">프로그램 명세서</td></tr>
<tr><td>작성자 : 김 진 수</td><td>승인자 :</td><td>버　전 : 1.0</td></tr>
<tr><td>작성일 : 2009. 07. 13</td><td>승인일 :</td><td>페이지 : 3/3</td></tr>
</table>

<table>
<tr><td>프로그램명</td><td>화물추적 조회 웹</td></tr>
</table>

- GridView1의 PageIndex를 0으로 지정한다.
- GridView1_DataBind() 프로시저를 수행한다.

4. DataSet_Create()
- 해운정보서비스 데이터베이스를 연결하여 연다.
- SQL = "SELECT AA.컨테이너번호, AA.BL번호, AA.항차, 화물종류, ✓
　　　　포장종류, 중량, 크기및규격, AA.선적항, " & _
　　"AA.양하항, BB.출발일자, BB.도착일자 FROM 컨테이너정보 ✓
　　AA INNER JOIN BL정보 BB ON " & _
　　"AA.BL번호 = BB.BL번호 WHERE (AA.BL번호 LIKE '" & _
　　txt검색BL번호.Text & "%') and " & _
　　"(AA.컨테이너번호 LIKE '" & txt검색컨테이너번호.Text & _
　　"%') and " & _
　　"(AA.항차 LIKE '" & ddl검색항차.Text & "%')"
- 위의 SQL문을 이용하여 화물추적정보 데이터 테이블을 생성한다.

5. GridView1_PageIndexChanging()
- DataSet_Create() 프로시저를 수행한다.
- GridView1의 PageIndex에 새로운 페이지 인덱스를 지정한다.
- 새로운 페이지 인덱스를 Session("CurrentPageIndex")에 지정한다.
- GridView1_DataBind() 프로시저를 수행한다.

① 새로운 웹 프로젝트를 만들어 이름을 [ShippingWebSite]로 하고, 새로운 웹 폼 이름은 [FreightTraceReq]로 한다.

② 다음 표를 참고로 폼을 디자인한다.

컨트롤	Name	Text	비 고
Form	FreightTraceReq	화물추적조회웹	
Label	Label1	화물 추적 조회웹	Font : 굴림32pt
DropDownList	ddl검색항차		
TextBox	txt검색BL번호		
TextBox	txt검색컨테이너번호		
Button	btn조회	조 회	
GridView	GridView1		

* 일반적인 레이블 내역은 생략함

③ 항차 DropDownList의 목록을 생성하기 위해서 DropDownList를 웹 폼에 디자인할 때
[데이터 소스 선택]을 클릭하면 데이터 소스 구성 마법사 창이 나타난다.

데이터 소스 선택에서 <새 데이터 소스>를 선택하면 데이터 소스 구성 마법사-데이터 소스 형식 선택 창이 나타난다. 응용 프로그램이 데이터를 가져오는 위치를 [데이터베이스]로 지정하고 데이터 소스의 ID 지정에는 [SqlDataSource1]을 입력하고 확인 단추를 누른다. 데이터 소스 구성-SqlDataSource1-데이터 연결 선택 창이 나타나면 [새 연결] 단추를 누른다.

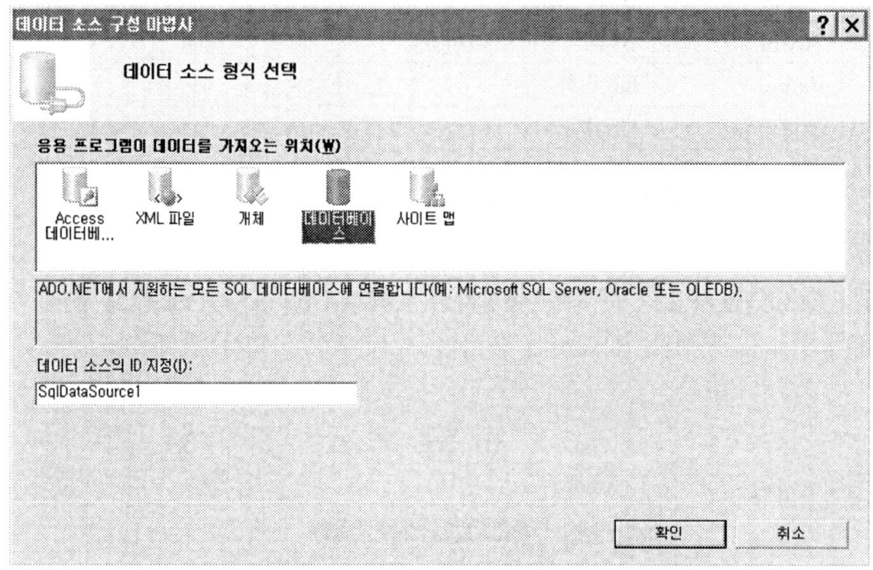

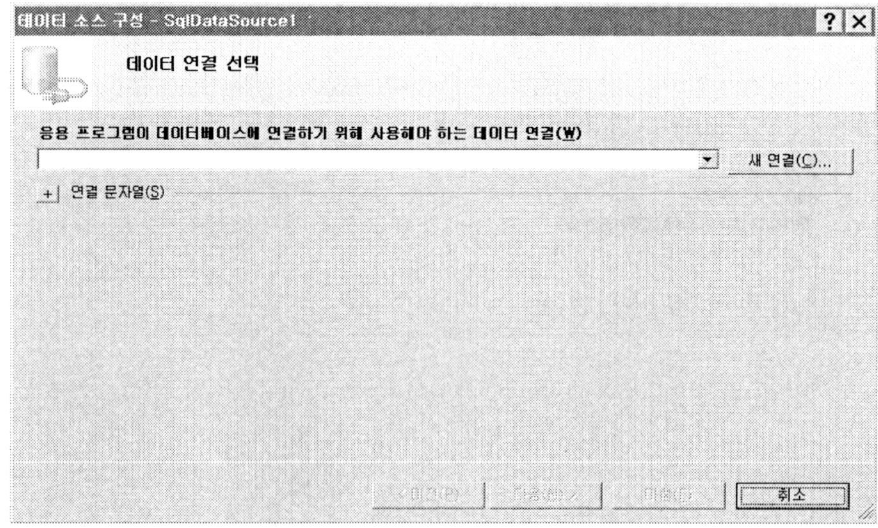

연결 추가 창이 나타나면 서버 이름은 자기의 서버 이름(예를 들어, KJS), 데이터베이스 이름은 [해운정보서비스]를 선택하고 확인 단추를 누른다.

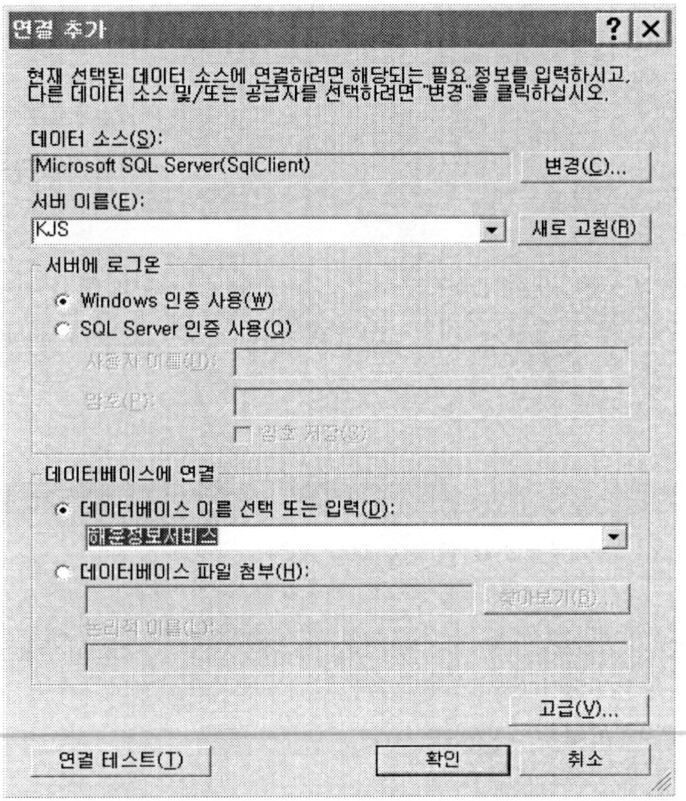

연결이 잘되면 kjs.해운정보서비스.dbo가 데이터 연결되었다고 나타난다. [데이터 소스 구성-SqlDataSource1-데이터 연결 선택] 창에서 다음 단추를 누르면 [데이터 소스 구성-SqlDataSource1-응용 프로그램 구성 파일에 연결 문자열 저장] 창이 나타난다. 이 창에서 연결을 [해운정보서비스ConnectionString1]으로 지정하고 다음 단추를 누른다.

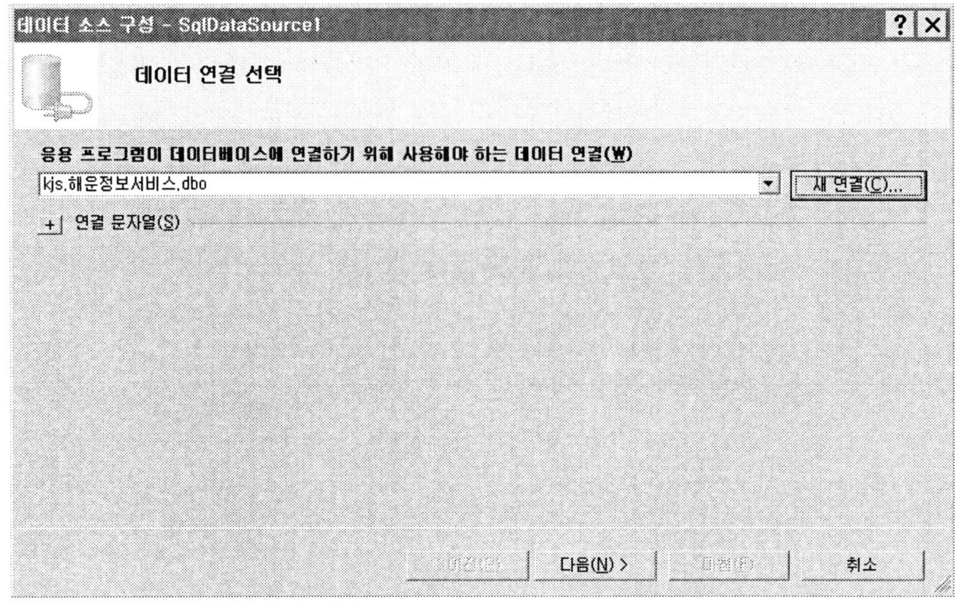

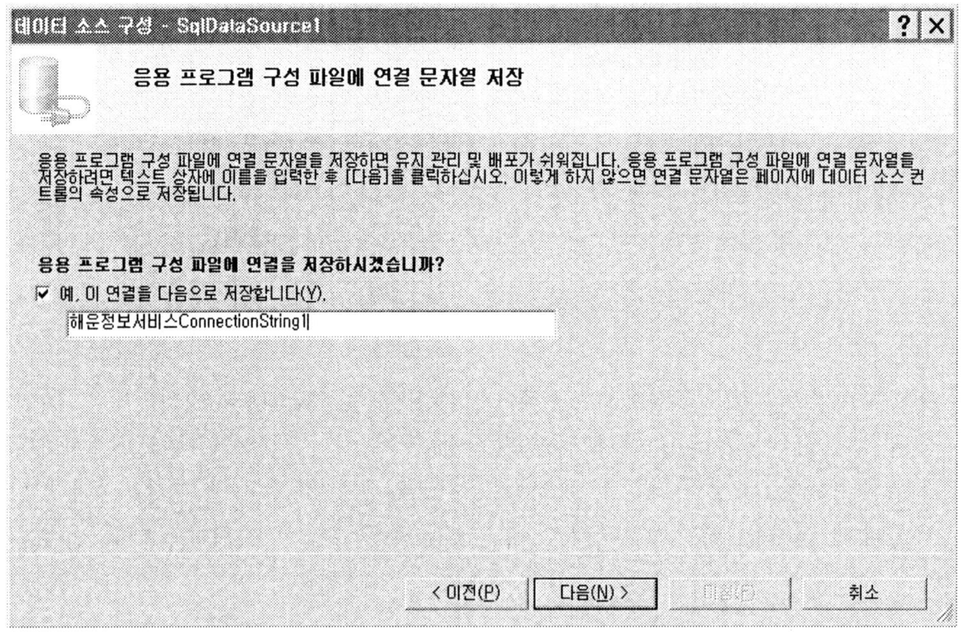

[데이터 소스 구성-SqlDataSource1-Select 문 구성] 창이 나타나면 테이블 이름을 [컨테이너정보], 열을 [항차]로 지정하고, 고유한 행만 반환 체크 리스트를 체크하면 Select문이 "SELECT DISTINCT [항차] FROM [컨테이너정보]"로 생성된다. 다음

단추를 누르면 [데이터 소스 구성-SqlDataSource1-쿼리 테스트] 창이 나타난다. [쿼리 테스트] 단추를 누르면 항차 DropDownList의 사용될 목록 내역이 나타나고, 오류가 없으면 마침 단추를 누른다.

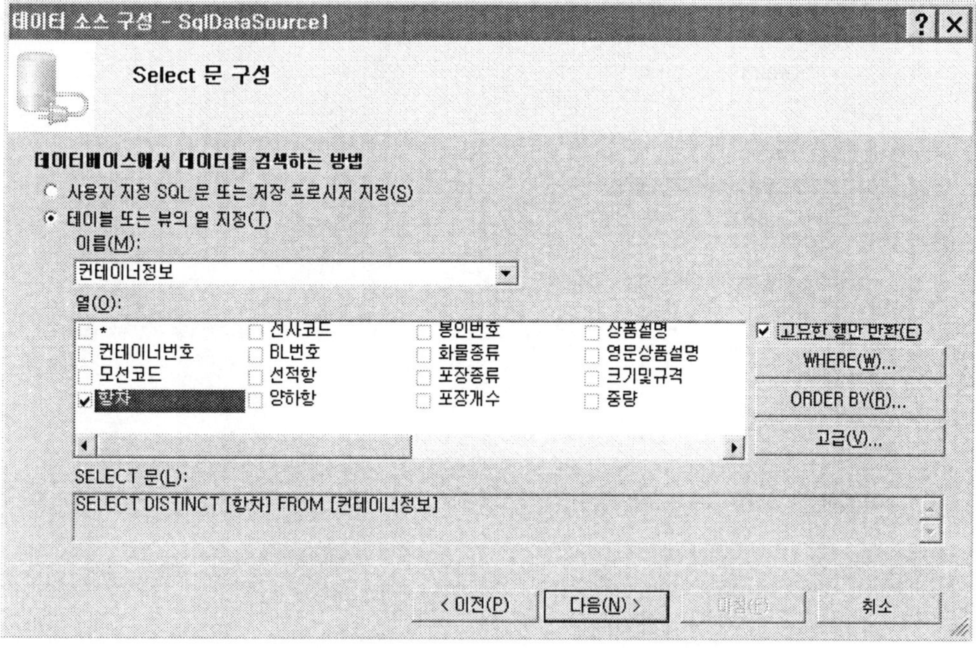

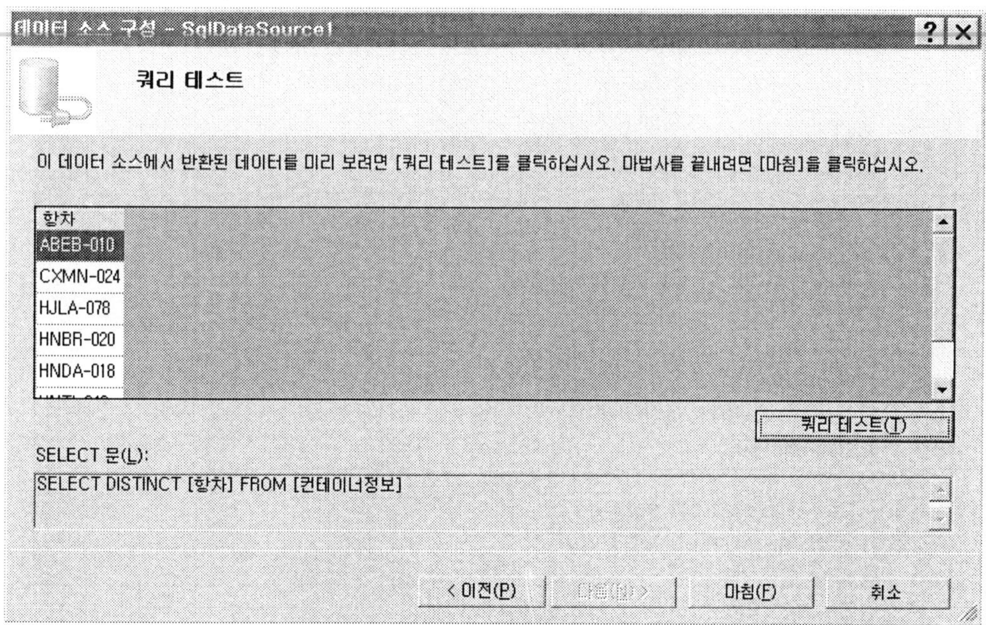

[데이터 소스 구성 마법사-데이터 소스 선택] 창이 나타나고 DropDownList에 표시할 데이터 필드를 [항차], DropDownList의 값에 대한 데이터 필드를 [항차]로 지정하고 확인 단추를 누르면 항차 DropDownList에 대한 목록 생성 작업이 완료된다.

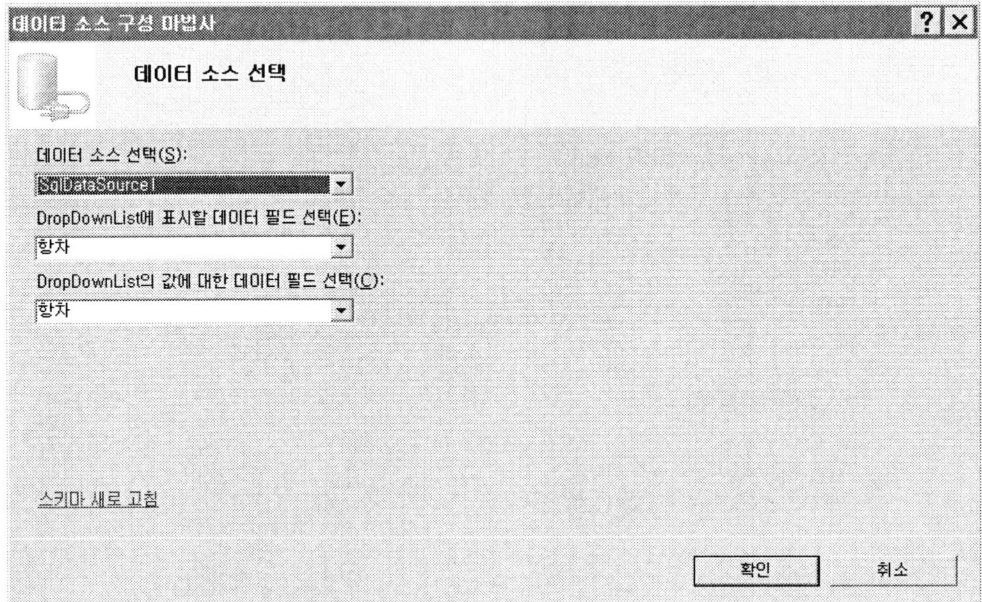

④ 프로그램에 imports해야 할 네임스페이스와 FreightTraceReq 폼에 사용될 기본 개체를 설정하고, 페이지가 처음 로드될 때의 로직인 Page_Load를 작성한다.

리스트 **6-1**

```
Imports System.Web
Imports System.Web.UI
Imports System.Web.UI.WebControls

Imports System
Imports System.Data
Imports System.Data.SqlClient
Imports System.IO

Partial Class FreightTraceReq
  Inherits System.Web.UI.Page
```

```
Protected Conn As New SqlConnection()
Protected Ds1 As New DataSet()
Protected Adt1 As New SqlDataAdapter()
Protected Adt2 As New SqlDataAdapter()
Protected SQL As String = ""

Protected Sub Page_Load(ByVal sender As Object, ByVal e As ↙
            System.EventArgs) Handles Me.Load

    Try
        If (Page.IsPostBack <> True) Then ················································ 1
        Conn.ConnectionString = _
            "SERVER=kjs;UID=sa;PWD=kjs;DATABASE=해운정보서비스"

        SQL = "SELECT AA.컨테이너번호, AA.BL번호, AA.항차, ↙
            화물종류, 포장종류, 중량, 크기및규격, AA.선적항, " & _
            "AA.양하항, BB.출발일자, BB.도착일자 FROM ↙
            컨테이너정보 AA INNER JOIN BL정보 BB ON " & _
            "AA.BL번호 = BB.BL번호 WHERE AA.항차 = 'ABEB-010'"

        Adt2 = New SqlDataAdapter(SQL, Conn)
        Adt2.Fill(Ds1, "화물추적정보")

        GridView1.PageIndex = 0 ························································· 2

        GridView1_DataBind()

        End If

    Catch Exp As Exception ································································ 3
        lblMessage.Text = Exp.Message + "<BR><BR>" + Exp.StackTrace
    End Try

End Sub

Protected Sub GridView1_DataBind()

    lblMessage.Text = ""

    GridView1.DataSource = Ds1.Tables("화물추적정보") ·························· 4
    GridView1.DataBind() ··························································· 5

End Sub
```

〈해설〉

1. [Page.IsPostBack] 속성은 클라이언트에서 다시 게시함으로써 페이지가 로드되고 있는지 여부나 이 페이지가 처음으로 로드되어 액세스되는지 여부를 나타내는 값을 가져온다. 클라이언트에서 다시 게시함으로써 페이지가 로드되면 true이고, 그렇지 않으면 false이다. 이 기능은 ASP.NET에 새로 추가된 기능으로 웹 상에서 페이지가 로드될 때마다 데이터베이스를 로드시켜야 하는 단점을 보완해준다.

2. GridView1의 PageIndex를 0으로 지정한다. GridView는 AllowPaging 속성을 True로 하고 PageSize 속성에서 한 페이지 당 출력할 레코드 건수를 지정하면 출력되는 데이터 건수에 따라 페이지 인덱스가 자동으로 생성된다.

3. 예외가 발생된 내용을 lblMessage 레이블에 옮긴다. 웹 프로그램에서는 MsgBox 함수를 사용할 수 없다. Exp.StackTrace는 오류가 발생했을 스택 데이터를 추적하여 볼 때 이용한다.

4. 화물추적정보 데이터 테이블을 GridView1의 DataSource에 옮긴다.

5. 위의 4에서 지정된 데이터를 GridView1에 바인딩시킨다.

⑤ 디자인 폼에서 [조회] 명령 단추를 더블 클릭하여 항차, BL번호 및 컨테이너번호 조건에 맞는 내역을 검색하는 로직을 작성하자. 이 때 해당 검색 조건이 공백일 경우는 그 조건은 체크하지 않는다.

리스트 6-2

```
Private Sub btn조회_Click(ByVal sender As System.Object, ByVal ↵
                e As System.EventArgs) Handles btn조회.Click

    DataSet_Create()

    GridView1.PageIndex = 0

    GridView1_DataBind()

End Sub

Protected Sub DataSet_Create()

    Conn.ConnectionString = _
        "SERVER=kjs;UID=sa;PWD=kjs;DATABASE=해운정보서비스"
```

```
    SQL = "SELECT AA.컨테이너번호, AA.BL번호, AA.항차, 화물종류, ↙
        포장종류, 중량, 크기및규격, AA.선적항, " & _
        "AA.양하항, BB.출발일자, BB.도착일자 FROM 컨테이너정보 ↙
         AA INNER JOIN BL정보 BB ON " & _
        "AA.BL번호 = BB.BL번호 WHERE (AA.BL번호 LIKE '" & _
        txt검색BL번호.Text & "%') and " & _
        "(AA.컨테이너번호 LIKE '" & txt검색컨테이너번호.Text & _
        "%') and " & _
        "(AA.항차 LIKE '" & ddl검색항차.Text & "%')"

    Adt2 = New SqlDataAdapter(SQL, Conn)
    Adt2.Fill(Ds1, "화물추적정보")  ················································· 1

End Sub
```

〈해설〉

1. 컨테이너 테이블의 BL번호가 txt검색BL번호와 유사하고, 테이블의 컨테이너번호가 txt
   검색컨테이너번호와 유사하고 테이블의 항차가 ddl검색항차와 유사한 데이터를 검색하
   는 SQL문이다.

⑥ GridView1에서 Page Index가 변경될 때의 로직을 작성하자.

리스트 6-3

```
Protected Sub GridView1_PageIndexChanging(ByVal sender As Object, ↙
    ByVal e As System.Web.UI.WebControls.GridViewPageEventArgs) ↙
    Handles GridView1.PageIndexChanging

    DataSet_Create()

    GridView1.PageIndex = e.NewPageIndex  ································· 1
    Session("CurrentPageIndex") = e.NewPageIndex  ····················· 2

    GridView1_DataBind()

    End Sub
End Class
```

〈해설〉

1. GridView1에서 선택된 새로운 페이지 인덱스를 GridView1의 페이지 인덱스로 지정한다.

2. GridView1에서 선택된 새로운 페이지 인덱스를 세션의 현재 페이지 인덱스로 지정한다. 세션 객체는 사용자의 현재 세션에 대한 정보를 저장한다. 즉, 사용자 개인 정보를 서버의 일정한 위치에 저장할 수 있도록 해주는 것이다. 사용자가 사이트를 방문한 시점을 세션(Session)이라 한다. 사용자가 사이트를 방문했을 때 시스템은 사용자의 정보를 넣을 수 있는 사물함을 할당한다. 사용자가 일단 그 사이트를 떠나면 사물함은 버려지고 정보는 없어지며 세션은 종료된다.

제Ⅱ부

컨테이너 야드 관리 프로젝트

제 7 장 : 컨테이너 야드 관리 프로젝트 계획

제 8 장 : 컨테이너 프로그램 작성

제 9 장 : 야드 작업 관리 프로그램 작성

제 10 장 : 야드 MAP 및 블록 MAP

프로그램 작성

제 11 장 : 선사코드 검색 및 컨테이너 조회

웹 프로그램 작성

제7장

컨테이너 야드 관리 프로젝트 계획

7.1 업무 분석

7.1.1 프로젝트 개요

수입, 수출, 환적 등에 의거해 입고와 출고가 이루어지는 과정 중간에 야드에 컨테이너가 잠시 혹은 장시간 머무는 곳을 컨테이너 터미널이라고 하며 컨테이너 터미널 중 컨테이너가 일정한 형식에 따라 컨테이너 수도(인수/인도) 및 보관을 하는 장소를 야드라고 부른다. 즉, 광의로는 마샬링 야드를 포함한 컨테이너 수도 및 보관을 하는 장소를 말하나, 협의로는 공 컨테이너 및 화물이 내장된 컨테이너의 보관 집적과 컨테이너 수도를 내륙 측과 수행하는 장소이다.

야드는 크게 마샬링 야드(Marshalling Yard)와 컨테이너 야드(CY: Container Yard)로 나눌 수 있다. 마샬링 야드는 컨테이너선으로부터 또는 컨테이너에 직접 선적하거나 양륙하기 위하여 컨테이너를 정렬시켜 놓은 넓은 공간을 말한다. 즉, 컨테이너선이 입항하기 전에 사전 계획에 따라 선적예정 컨테이너를 도착지에서 하역할 순서대로 정렬하거나 항구에 입항한 컨테이너선으로부터 양륙할 컨테이너를 언제든지 화주의 요구에 부응할 수 있도록 정렬하는데 필요한 공간을 말한다. 따라서 마샬링 야드는 에이프런과 인접해 있는 경우가 많으며 야드 트랙터, 스트래들 캐리어 등의 터미널 이송장비 들이 방해받지 않고 움직일 수 있을 정도의 공간이 필요하다.

컨테이너 야드는 마샬링 야드의 뒤쪽에 배치되어 있으며 마샬링 야드에 양륙한 컨테이너들을 컨테이너 야드에 일정한 법칙에 따라 정렬하거나 컨테이너선이 출항하기 전 계획에 따라 컨테이너를 마샬링 야드로 보내놓는다.

야드 운영 시스템은 초기에는 통제실에서 무선에 의한 음성으로 컴퓨터 화면에 나타난 작업 내용을 지시하고 결과를 즉시 또는 일괄적으로 처리하였으나, 요즈음의 선진화된 터미널에서는 T/C(Transfer Crane)의 위치제어 시스템인 Automatic Position Indication System 등을 이용하여 야드 장비에 설치된 컴퓨터로 직접 작업할 정보와 작업결과를 처리한다. 이러한 자동화 시스템은 컨테이너 반출입 차량에 부착된 RF-ID 카드와 연계되어 동작된다.

컨테이너 터미널의 업무 시스템은 본선 작업, 부두이송 작업, 컨테이너 야드(CY) 작업, 화물인수/인도 작업 및 컨테이너 장치장(CFS: Container Freight Station) 작업의 5가지로 구성되어 있다. 이 중에서 CY 작업은 컨테이너 반입, 반출 및 구내 이적으로 구성된다.

7.1.2 업무 처리 내역

1) CY(Container Yard)와 CFS(Container Freight Station)

컨테이너 야드(CY)란 보세장치장을 이르는 말로 컨테이너(공 컨테이너 및 FCL 화물)를 보관할 수 있는 넓은 장소를 말한다. 넓게는 CFS, Marshalling Yard(부두의 선적 대기장), 에이프런(Apron)까지도 포함한다. CY는 On-dock CY와 Off-dock CY로 나누어지는데 PECT(신선대 컨테이너 터미널), BCTOC(부산 컨테이너 터미널 운영공사) 등의 컨테이너 터미널 내에 있는 CY를 On-dock CY라 하고, 컨테이너 터미널과 떨어져 있는 수영, 감만 등지의 사설 CY들을 Off-dock CY(OD CY)라 한다.

CFS는 일명 컨테이너 화물 장치장으로서 LCL(Less then Container Load) 화물(일명 CFS 화물)을 모아서 FCL(Full Container Load) 화물(일명 CY 화물)로 만드는 LCL 화물 정거장을 의미한다. 즉, LCL 화물을 컨테이너에 채워 넣거나(수출화물 vanning) 꺼내는 작업(수입화물 devanning)을 하는 장소이다.

LCL은 20 피트 또는 40피트 컨테이너 1대에 채울만한 물량이 되지 못하기 때문에 공 컨테이너의 Door운송 과정이 필요 없이 일반화물(Loose Cargo) 상태로 트럭에 실려 포워더가 지정한 부산지역의 CFS로 운송된다. 보통 LCL은 화주가 직접 일반차량을 수배하여 CY/CFS까지 운송하고 있으며, 경우에 따라서는 운임상의 혜택과 동일 지역행 소량화물의 혼재를 용이하게 하기 위하여 포워더를 이용하고 있다.

LCL을 적재한 화물자동차는 각 화물들의 최종목적지에 따라 부산지역에 위치한 여러 CFS를 순회하며 화물의 입고지(CY/CFS)로 운송한다. 이곳에서 수출통관을 필한 LCL은 목적지별로 혼재 작업되어 FCL로 단위화 된다. FCL로 단위화된 화물은 사전에 예약된 선박 스케줄에 맞추어 마샬링 야드(Marshalling Yard)에서 선적을 기다리게 된다.

이 프로젝트에서는 CY에 중점을 두고 있고, CFS 관련 내역은 제외한다.

2) 컨테이너 야드의 야적 공간 표시 방법

컨테이너 야드 장치장은 여러 개의 블록(Block)으로 이루어져 있다. 블록 내에는 20피트 컨테이너 치수에 맞추어 바닥에 바둑판과 같은 눈금으로 구획선이 그어져 있는데 이 눈금을 슬롯(Slot)이라 한다. 이 슬롯에는 번지가 부여되며, 이 번지를 부여하는 방법은 터미널의 특성에 따라 지정하고 있으며, 번지는 장치장내 재고 관리 정보처리에 중요한 역할을 한다.

번지는 일반적으로 관리하기 쉽도록 8자리 이내의 문자와 숫자로 표현한다. 대부분의 국내 터미널은 장치장을 크게 구획한 블록, 블록을 20피트 컨테이너의 길이만큼 등분한 베이

(Bay), 베이를 컨테이너의 폭 만큼 등분한 열(Row), 열을 포개어 쌓는 높이를 표시하는 단(Tier)으로 표시하여 "블록(2)/베이(2)/열(1)/단(1)"으로 구성되어 6자리로 표시한다. 예를 들어 장치 위치가 "A10314"로 표시된 경우 "A1 블록, 03번 베이, 1열, 4단"을 지칭한다.

3) 야드 장비

야드에서 컨테이너를 이송하는 장비로는 스트래들 캐리어, 트랜스퍼 크레인, 야드 트랙터, 리치스택커, 지게차, AGV(Automatic Guided Vehicle) 등이 있다.

- 스트래들 캐리어(Straddle Carrier: S/C) : 컨테이너를 마샬링 야드로부터 에이프런 또는 CY지역으로 운반 및 적재하며 샤시 위에 이적하는데도 사용한다. 적은 양(3단 1열)의 컨테이너 적재에도 사용되며 우리나라에서는 자성대부두에서 최근까지 사용하였으나, 현재는 사용하지 않고 있다. 대만 유럽 등에서는 많이 사용한다.

- 트랜스퍼 크레인(Transfer Crane: T/C) : 교각형의 기둥과 일정한 간격을 가지고 설치된 두 개의 주행각 하부에 이동할 수 있는 바퀴를 가지고 기둥의 상하로 컨테이너를 감아올려 적재, 인수 및 인도를 수행하는 야드 크레인으로서, CY에서 샤시, 트레일러 등의 컨테이너를 상하차할 때 사용한다. 많은 양(5단6열)의 컨테이너를 적재할 수 있어 컨테이너 야드의 활용도가 높은 장비로서 레일식과 타이어식이 있다. T/C는 RMGC(Rail Mounted Gantry Crane), RTGC(Rubber Tired Gantry Crane) 두 종류가 있어 부두 운영자가 시스템 특성에 따라 채택 사용하며 우리나라의 컨테이너부두에서 많이 사용하고 있다.

- OHBC(Over Head Bridge Crane) : 트랜스퍼 크레인의 한 종류로서 싱가포르의 KME사가 개발했다. 건물 내부 또는 기둥이 있는 야드에 설치되어 운반되어진 컨테이너를 적재 또는 반출하는 작업에 사용되는 장비이다. 43.6m 스팬에 높이 28m로서 19열 9단적이 가능하다.

- 야드 트랙터(Yard Tractor)와 야드 샤시(Yard Chassis) : 야드 트랙터는 컨테이너 부두 내에서만 운행할 수 있도록 제작되어 야드 샤시와 조합 견인하여 안벽과 야드 사이에서 컨테이너를 운반하는 장비이다. 일반적인 트랙터와 다른 점은, 작업의 간소화를 위하여 샤시의 랜딩 기어를 올리고 내릴 적마다 운전사가 하차하지 않아도 된다는 점이다. 샤시 연결 후에는 유압으로 샤시의 앞부분을 약간 올려서 주행한다. 정차, 분리시에는 자동적으로 분리할 수 있는 장치를 가지고 있다.

- 리치스택커(R/S, Reach Stacker) : 안벽 또는 야드의 좁은 공간 내에서 컨테이너를 직접 운반·적재하거나 반출하는데 사용되는 장비로서 신축형 붐을 이용하여 높이를 조절할 수 있으며 야드에 풀 컨테이너를 최대 5단4열까지 적재가 가능하다. 장비의 회전 없이 붐에 달린 스프레더만을 회전하여 작업할 수 있는 특수 기능을 가지고 있다. 공 컨테이너용 장비도 있다.

- 지게차(Top-handler/Fork Lift) : Top-handler는 컨테이너 터미널에서 트럭이나 Flat Car로부터 컨테이너를 적하 및 양하하는 차량이다. 대형지게차(7~15톤)는 포크를 이용하여 공 컨테이너를 정리하는 작업에 사용되며 소형지게차(2~3톤)는 컨테이너 자체(내부)의 화물을 적재 또는 반출작업 용도로 사용하는 장비이다. Fork Lift(Side Picker)는 주로 공 컨테이너를 취급하는 장비로서 사양에 따라서 7~8단 정도까지 고단적이 가능하다.

- AGV(Automatic Guided Vehicle) : Q/C(Quay Crane)와 장치장간의 무인 컨테이너 이송장비로서, 무인자동화 터미널의 핵심적인 장비로 현재 실질적으로 ECT(Europe Container Terminals)에서 운용하고 있다. AGV는 관제소의 PCS(Process Control System)로부터 목적지와 계획된 통로를 통보 받아 자동항법 장치를 이용하여 목적지까지 이동한다.

- ATC(Auto Transfer Crane) : 자동화 터미널에서 AGV 등으로부터 운반된 컨테이너를 무인으로 야드에 적재 또는 AGV 등에 적제·반출하여 주는 장비이다.

4) 장치장 계획

본선작업과 단지 간접적으로 관련이 있는 장치장의 작업 스케줄의 범위를 간단히 살펴보면 다음과 같다.

(1) 장치장의 작업 범위

가. CFS로부터 또는 CFS까지의 이동

컨테이너 야드의 수입 블록으로부터 화물을 적출하기 위해 수입된 LCL 컨테이너를 CFS로 이동, CFS에서 적입된 컨테이너를 수출 블록으로 이동, CFS에서/까지 공 컨테이너의 이동에 관련된 정보는 다양한 곳으로부터 온다. 예를 들면 본선 운항자는 적출된 LCL 컨테이너의 명세를 제공하고, 적절한 시간에 컨테이너들이 특정 시간까지 이동되어지도록 요청하는 특수 용역 요구서 (SSR : Special Service Request)를 발행한다. SSR의 서식은 단지 컨테이너와 항차 및 적절한 작업 내용이 표시되도록 요구하면서 관계되는 다양한 사용을 위해 제공한다.

나. 검사지역으로부터/까지의 이동

세관, 검역소 그리고 다른 검사 지역으로부터 컨테이너의 이동을 통제하는 데 비슷한 절차가 필요하다. 세관원과 검역소 직원들은 이동에 대해 SSR을 차례로 발행하는 선박 운항자의 필수적인 요구가 있는 경우에 이동에 대한 시간을 언급하면서, 검사하는 컨테이너의 수를 결정할 수 있다.

다. 장치장에서 인수/인도 작업

컨테이너의 인수/인도와 관련된 대부분의 터미널 활동은 본선작업, 부두이송 및 다양한 종류의 터미널 내의 이동이 스케줄 될 수 있는 것과 같이 완전히 스케줄될 수는 없다. 만약 엄격한 자동차 예약 제도가 운영되지 않으면 도로용 자동차는 계획되지 않은 시간에 도착하는 경향이 있다. 만약 다양한 작업을 계획한 사람들이 CY지역의 작업을 위해 충분히 장비를 할당하였다면, 요구되는 모든 것을 자동차 도착의 통지와 관련된 컨테이너의 이동이 즉각적으로 컨트롤 센터에 보고되는 것이다. 그래서 지시사항은 적절한 이송을 위한 장비를 위해 통제자에 의해 이루어진다.

라. 장치내역 내의 이동

최종적으로 컨테이너 야드의 한 장치 위치와 다른 장치 위치 간에 컨테이너를 이동하는 것이 필요한 데에는 다음과 같은 여러 가지 이유가 있다.

- 수출 컨테이너의 양하항의 변경 혹은 항차의 변경이 있을 수 있다.
- 수입 컨테이너 이송 경로의 변경 혹은 목적지의 변경이 있을 수 있다.
- 다른 많은 장치 위치에 일시적으로 장치된 컨테이너들을 모으기 위해 적당한 공간이 비어져 있을 수 있다.
- 일부 터미널에서 본선이 도착하기 전이나 하루 전에 입구나 교환지역 가까이 있는 블록에 수출 컨테이너를 장치하는 것이 관행이다. 그리고 그들의 장치 위치가 배정이 된 때, 그 선박의 선석 위치 가까이 있는 적절한 장치 위치로 이를 모두 이송한다.

이러한 모든 장치장 내 이동은 적절하게 계획되어야 하고 계획부서는 컨테이너 번호,

컨테이너의 크기/형태 코드와 총중량, 그들의 현재 장치 위치 그리고 그들의 예정된 목적지의 장치장소가 들어있는 적절한 이동 혹은 장치장내의 이동표를 준비한다. 이들 컨테이너 야드의 활동은 통상적으로 컨트롤 센터에서 조직되고 감독된다. 그리고 일반적으로 본선작업과 관련된 최우선의 작업에 가능하면 적게 방해가 되도록 스케줄이 짜여야 한다.

(2) 장치장의 운영 계획

가. 장치장의 운영 절차

- 선적 예약서(Booking Prospect)를 접수한다.
- 선적 예약서 접수 후 적하 장치장을 할당한다.
- 양하 Profile 접수 후 컨테이너 크레인 배정, 양하계획 수립 후 양하 장치장 할당을 한다.
- 양하 장치장 할당시 장치장의 이용률이 최대가 될 수 있도록 심층 분석 후 장치장을 할당한다.
- 모선 관련 세관 분류별로 장치장을 할당한다.
- 모선 접안 선석 및 양하 자료를 감안하여 장치장소를 할당한다.
- 본선작업의 시간당 작업 수량 및 물량을 감안하여 일정시간별로 재할당한다.

나. 장치장 할당시 고려사항

- 선적 예약서의 모선별, 양하항, 컨테이너의 형태(Type), 적 컨테이너 및 공 컨테이너, 특수화물을 고려 할당한다.
- 장치장 할당시 터미널의 각 해운 항로별 도착 분포를 고려하여 할당하는 것이 좋다.
- 장치장 할당시 양하항, 컨테이너의 형태, 적 컨테이너 및 공 컨테이너별, 각 블록별로 분할 적재한다.
- 냉동화물의 경우 온도 기입분에 대해서는 냉동 블록에 적재한다.
- 위험물의 경우 최초 위험물 리스트 접수 후 IMDG CODE 1.2.7류는 직반입, 반출을 원칙으로 하고 나머지 위험물은 위험물 담당자가 CODE 입력 후 위험물 블록에 적재한다.
- 장척 화물 또는 벌크 화물은 직반입을 원칙으로 한다.
- 장치장 할당시 재배치가 최소화 되도록 플래너는 각 선사의 항로 특성을 고려해서 할당한다.
- 장치장 할당시 접안선석에 가깝도록 장치장을 할당한다.

- 20피트는 1 Slot, 40피트는 2 Slot, 45피트는 3 Slot을 차지함을 고려하여 장치장을 할당한다.
- 20피트 컨테이너는 되도록 장치장 끝단에 장치를 하지 않는 것이 좋다.
- 장치장 할당시 트랜스퍼 크레인(T/C)의 1~3번 열(Row)은 중량 컨테이너를 그 외는 경량 컨테이너를 적재한다.

5) 컨테이너 야드(CY) 작업

컨테이너 야드 작업은 보관 작업, 양하 작업시의 CY 작업, 선적 작업시의 CY 작업, 구내 이적 작업 등이 있다.

(1) 보관 작업 절차

컨테이너 보관 관련 업무는 대체로 단순하고 피동적인 업무이다. 단지, 컨테이너를 안전하게, 그리고 정확하게 보관하기만 하면 된다. CY 작업 중 보관 작업은 장치장에 장치(Stacking), 장치된 컨테이너를 상차하기 위해 꺼냄(Unstacking), 하적단의 컨테이너를 꺼내는 작업, 단적 위치 조정 작업 등으로 이루어진다.

(2) 양하 작업시의 CY 작업 절차

- 본선접안 전 플래너실로부터 양하 장치장에 할당된 장치 현황도 접수 및 야드 상태를 재점검한다.
- 양하 순서 접수, 야드 양하 적재 위치 재확인 및 작업 업무 흐름을 파악한다.
- 본선 양하 작업순으로 장치장 적재 순에 따른 장비배차 요청 및 야드를 확보한다.
- 트랜스퍼 크레인(T/C) 기사는 화면을 통해 컨테이너 적재위치의 현황을 점검한다.
- 게이트(Gate)에서 양하 물량 관련 반출 정보를 입수 후 반출을 요청한다.
- 야드 컨트롤 센터는 게이트 통과 후 지정 차량 장치 위치에 차량 진행사항 확인 및 트랜스퍼 크레인 기사 대기 상태를 확인한다.
- 트랜스퍼 크레인 기사는 상차시 요청 컨테이너와 실작업 컨테이너 번호 확인 및 화면상의 컨테이너 상태에 대한 입력 정확성 여부를 확인한다.
- 외부 차량 상차후 게이트에서 나간다.

(3) 선적 작업시의 CY 작업 절차

- 플래너실에서 선사로부터 관련 서류 접수 후 속성별로 장치장을 할당한다.
- 본선접안 전 플래너실로부터 양하 장치장에 할당된 장치 현황도 접수 및 야드 상태를 재점검한다.
- 장치장 할당 후 해당 모선에 반입이 가능하다.
- 선사 또는 운송사로부터 반입 컨테이너 자료를 EDI(Electronic Data Interchange)로 접수한다. (반입정보 : 컨테이너 번호, 차량번호, 양하항, 컨테이너의 형태, 크기 및 중량)
- 게이트에서 운전수의 ID 카드에 의해 자동적으로 게이트 인 슬립(Gate in Slip)을 발행한다.
- 게이트 인 슬립이 표시된 장치위치 차량을 유도한다.
- 반입 컨테이너 적재 외부 차량 진입상황 및 진행상황을 파악한다.
- 해당 장치장에 순서별로 장치(T/C에서 화면으로 장치위치를 입력)하고 비정상 장치를 확인한다.
- 하차 완료된 외부 차량은 게이트에서 나간다.
- 플래너실에서 적하 순서표 접수 후 장비 현황을 파악하고 수배한다.
- 본선작업을 한다.
- 본선작업 완료 후 선적 취소분 및 기타 잔량에 대한 구내이적을 요청한다.

(4) 구내이적 작업

구내이적은 컨테이너를 터미널 내에서 이동하는 작업이다. 이 작업에는 수입 컨테이너의 해체를 위해 CFS 구역으로 이동, 해체 완료된 공 컨테이너를 공 컨테이너 장치장에 반환, 수출 컨테이너의 적입을 위해 공 컨테이너를 CFS 지역으로 운송, CFS에서 적입 완료된 컨테이너를 CY 구역으로 이송, 손상된 컨테이너를 정비 구역으로 이송, 정비 완료된 컨테이너를 장치 구역에 반환 등의 작업이 있다.

6) 프로젝트 설계시 제한 사항

- 컨테이너 관련 정보는 미리 구축되어 있다고 간주한다.
- 장치장 관리는 별도로 구현하지 않는다.
- 장치계획수립정보 등의 일부 자료저장소는 구현하지 않는다.
- 전체 프로젝트 내용은 되도록 실 업무와 유사하게 구현하려고 노력하였으나, 실 업무와 동일하게 하려면 그 내역이 방대하므로 업무 범위 및 절차를 축소 구현하였고, 또한 일부 생략된 부분은 독자 여러분의 실습에 맡긴다.

7.1.3 업무 절차 프로토타입

업무 절차 프로토타입			
작성자 : 김 진 수	승인자 :		버　전 : 1.0
작성일 : 2009. 03. 10	승인일 :		페이지 : 1/5
기능명 : 컨테이너 야드관리		서브기능명 : 야드 작업관리(반입관리)	

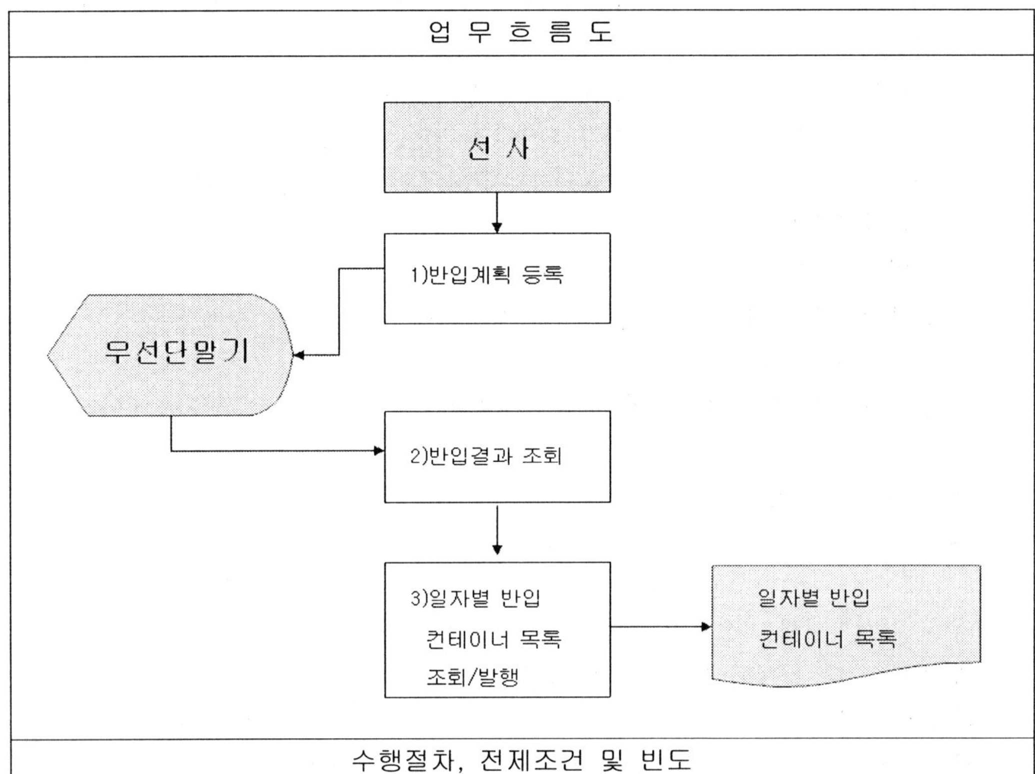

수행절차, 전제조건 및 빈도

1. 수행절차
   1) 선사에서 제공된 장치 컨테이너 목록 자료를 이용하여 컨테이너의 반입 계획을 입력/수정/삭제/조회하고 반입 지시 내역을 무선단말기로 전송한다.
   2) 반입 작업이 종료된 장비에서 입력되어진 반입 결과를 조회한다.
   3) 일자별로 발생된 반입 컨테이너 목록을 조회 및 발행한다.
2. 전제조건 및 빈도
   1) 반입관리는 컨테이너 야드의 게이트 작업(RF-ID 인식작업)과 연계하여 수행한다.

업무 절차 프로토타입		
작성자 : 김 진 수	승인자 :	버 전 : 1.0
작성일 : 2009. 03. 10	승인일 :	페이지 : 2/5
기능명 : 컨테이너 야드관리	서브기능명 : 야드 작업관리(반출관리)	

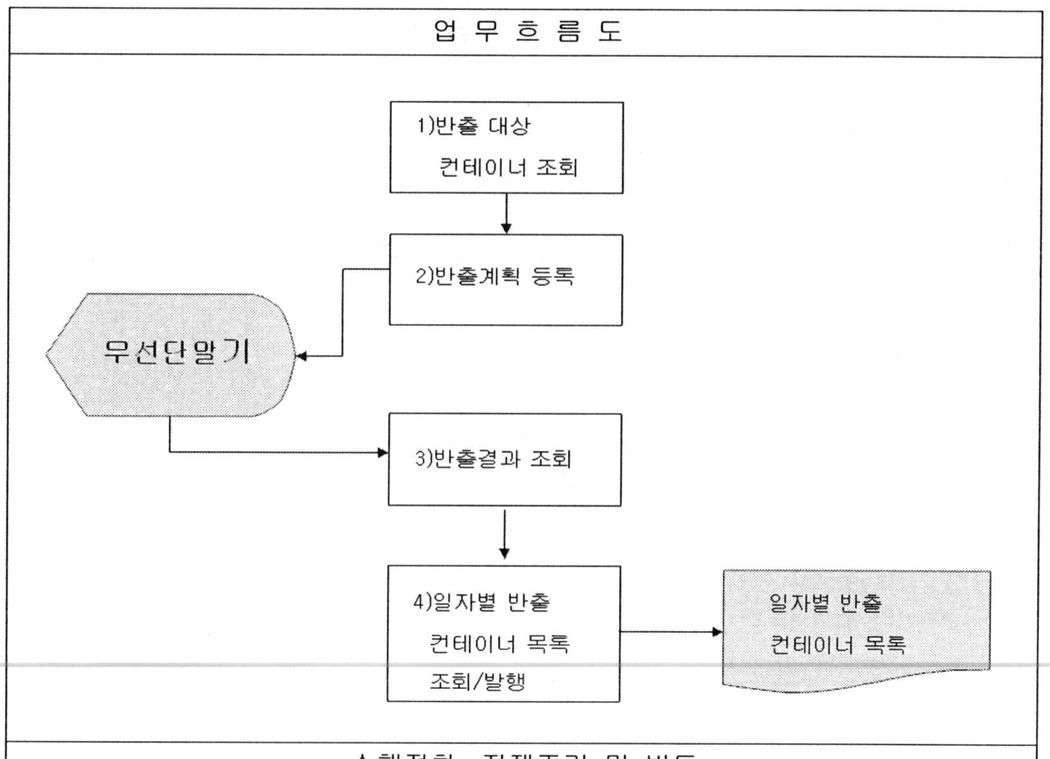

수행절차, 전제조건 및 빈도

1. 수행절차
   1) 반출 대상 컨테이너 내역을 조회한다.
   2) 컨테이너의 반출 계획을 입력/수정/삭제/조회하고 반출 지시 내역을 무선단말기로 전송한다.
   3) 반출 작업이 종료된 장비에서 입력되어진 반출 결과를 조회한다.
   4) 일자별로 발생된 반출 컨테이너 목록을 조회 및 발행한다.
2. 전제조건 및 빈도
   1) 반출 계획을 등록할 때 정상적인 양하후 반출과 재작업, 선사의 요청 등에 의한 반출을 구분하여 사후관리에 반영되어야 한다.

업무 절차 프로토타입		
작성자 : 김 진 수	승인자 :	버　전 : 1.0
작성일 : 2009. 03. 10	승인일 :	페이지 : 3/5
기능명 : 컨테이너 야드관리	서브기능명 : 야드 작업관리(구내이적)	

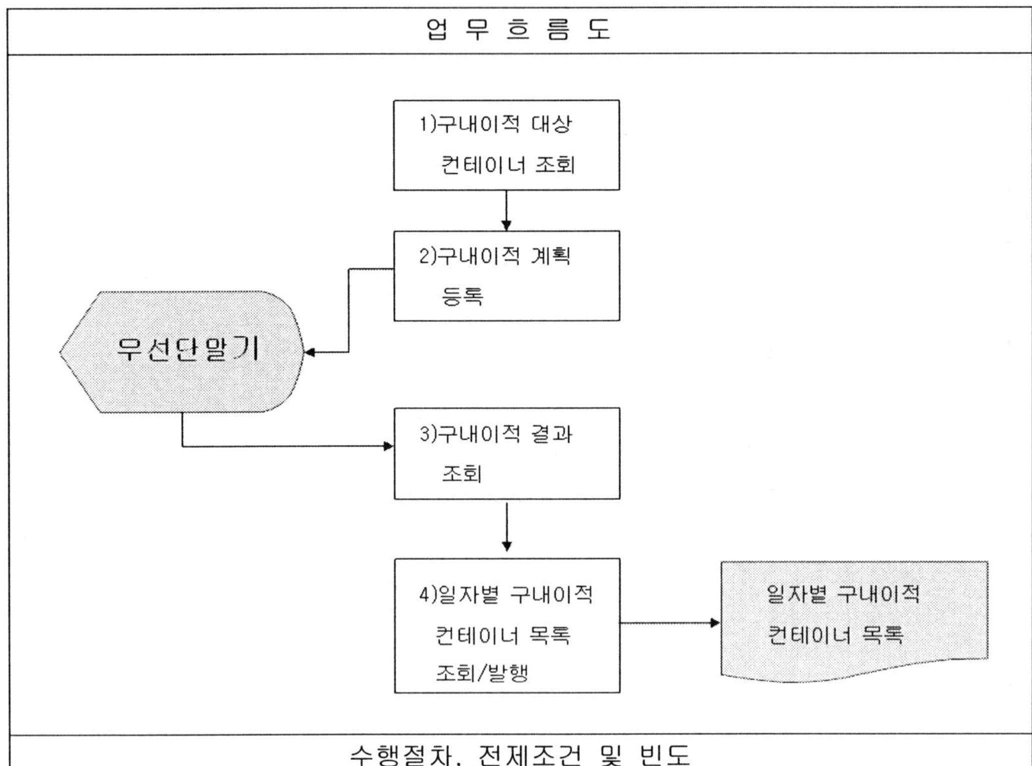

수행절차, 전제조건 및 빈도

1. 수행절차
   1) 검사 등을 위해 입력된 구내이적 대상 컨테이너 내역을 조회한다.
   2) 컨테이너의 구내이적 계획을 입력/수정/삭제/조회하고 구내이적 지시
      내역을 무선단말기로 전송한다.
   3) 구내이적 작업이 종료된 장비에서 입력되어진 구내이적 결과를 조회한다.
   4) 일자별로 발생된 구내이적 컨테이너 목록을 조회 및 발행한다.
2. 전제조건 및 빈도
   1) 구내이적 관리는 리마샬링 작업과 동일한 업무처리 절차를 수행한다.
   2) 구내이적 계획을 등록할 때 리마샬링과 선사의 요청 등에 의한 구내이적
      을 구분하여 사후관리에 반영되어야 한다.

업무 절차 프로토타입		
작성자 : 김 진 수	승인자 :	버　전 : 1.0
작성일 : 2009. 03. 10	승인일 :	페이지 : 4/5
기능명 : 컨테이너 야드관리	서브기능명 : 컨테이너 정보관리	

업 무 흐 름 도

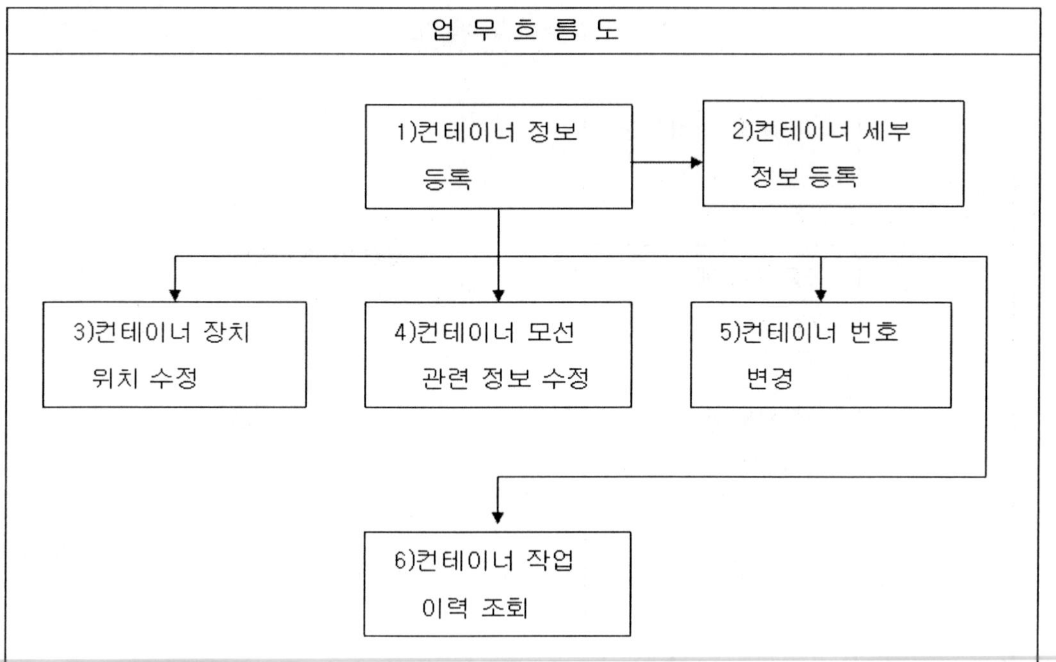

수행절차, 전제조건 및 빈도

1. 수행절차
   1) 컨테이너 정보를 입력/수정/삭제/조회한다.
   2) 컨테이너 세부정보를 입력/수정/삭제/조회한다.
   3) 입항모선, 항차별로 컨테이너 장치위치를 수정한다.
   4) 입항모선, 항차별로 컨테이너 모선 관련 정보를 수정한다.
   5) 잘못 전송되어진 컨테이너 번호를 수정한다.
   6) 입항모선, 항차별, 컨테이너별로 작업이력을 조회한다.
2. 전제조건 및 빈도
   1) 컨테이너 정보관리는 게이트 담당자, 야드센터 등에 의해서 수행이 가능
      하고, 업무구분에 따라 사용권한을 입력가능 및 조회전용으로 구분한다.
   2) 컨테이너의 선적완료 여부에 대해서는 무선단말기를 통한 작업내역의
      입수를 통하여 시스템에서 이루어진다.

<table>
<tr><td colspan="4" align="center">업무 절차 프로토타입</td></tr>
<tr><td>작성자 : 김 진 수</td><td>승인자 :</td><td colspan="2">버 전 : 1.0</td></tr>
<tr><td>작성일 : 2009. 03. 10</td><td>승인일 :</td><td colspan="2">페이지 : 5/5</td></tr>
<tr><td colspan="2">기능명 : 컨테이너 야드관리</td><td colspan="2">서브기능명 : 야드 작업관제</td></tr>
</table>

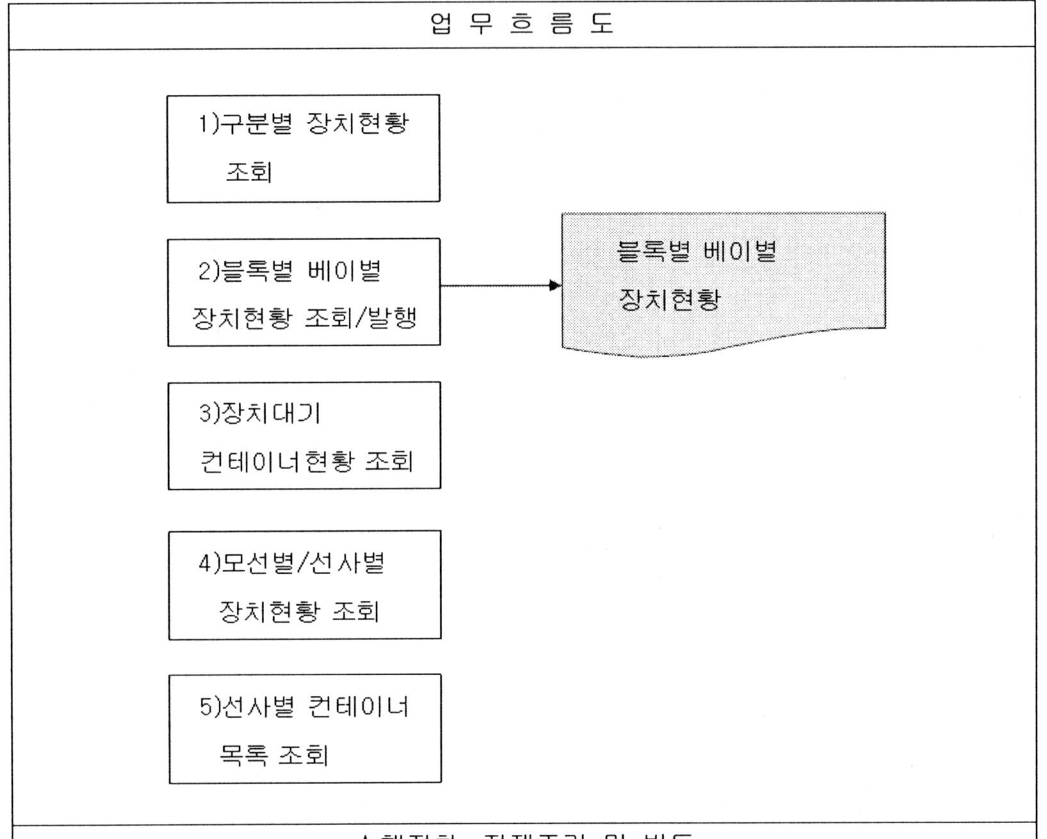

수행절차, 전제조건 및 빈도

1. 수행절차
  1) 구분별로 컨테이너 장치현황을 조회한다.
  2) 블록별 베이별 컨테이너 장치현황을 조회/발행한다.
  3) 반입되어 장치대기 중인 장치장 대기 컨테이너 현황을 조회한다.
  4) 모선별 또는 선사별 컨테이너 장치현황을 조회한다.
  5) 선사별로 컨테이너 반출입 및 장치목록을 조회한다.
2. 전제조건 및 빈도
  1) 정확한 장치현황의 제공을 위하여 각 장비에 설치된 무선단말기를 통하여
    모든 작업내역이 전송되어 데이터베이스에 반영되어야 한다.

7.1.4 자료 흐름도(DFD)

<table>
<tr><td colspan="3" align="center">자료 흐름도</td></tr>
<tr><td>작성자 : 김 진 수</td><td>승인자 :</td><td>버　전 : 1.0</td></tr>
<tr><td>작성일 : 2009. 03. 13</td><td>승인일 :</td><td>페이지 : 1/4</td></tr>
</table>

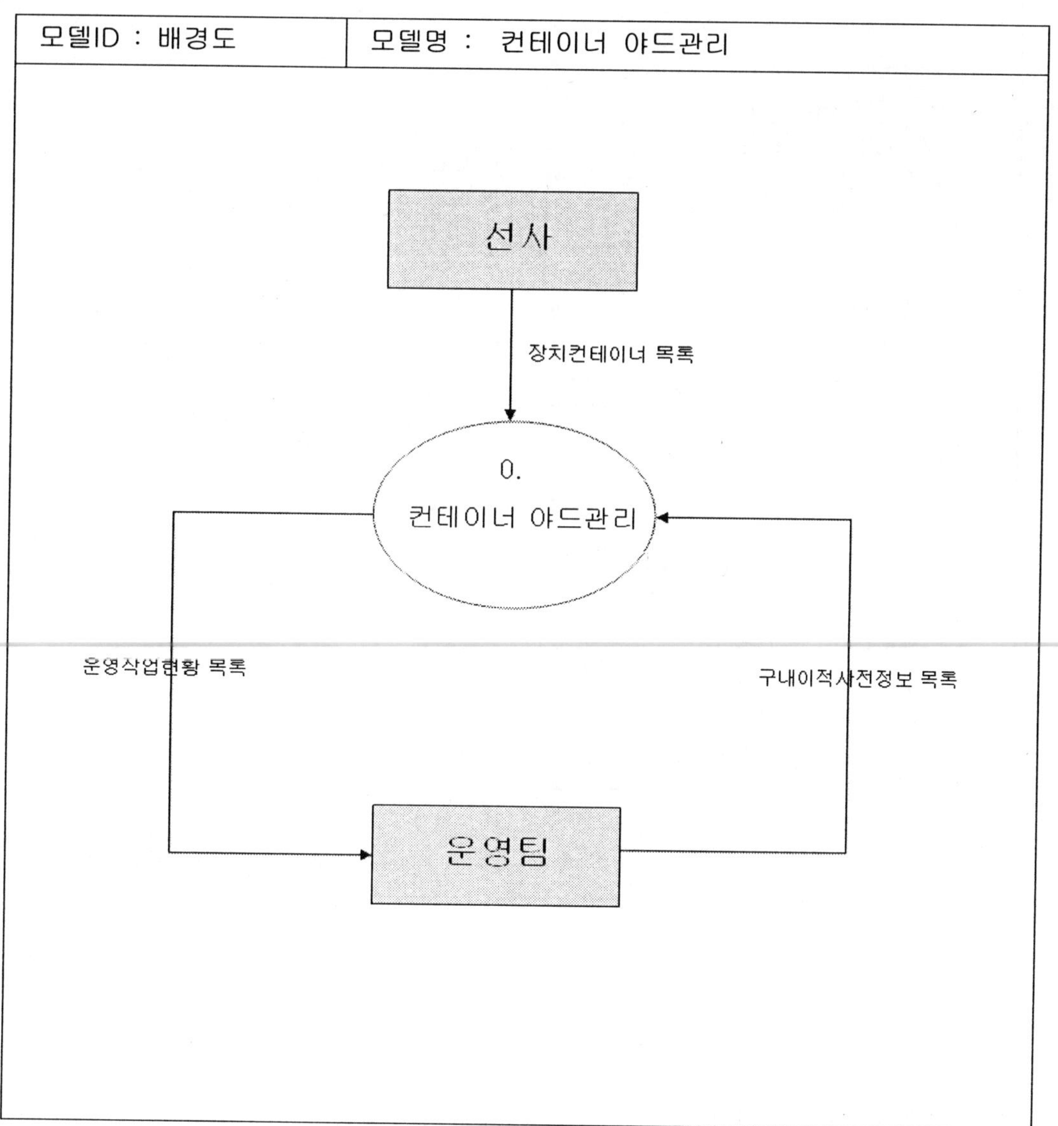

자료 흐름도		
작성자 : 김 진 수	승인자 :	버 전 : 1.0
작성일 : 2009. 03. 13	승인일 :	페이지 : 2/4

모델ID : DFD 0	모델명 : 컨테이너 야드 관리

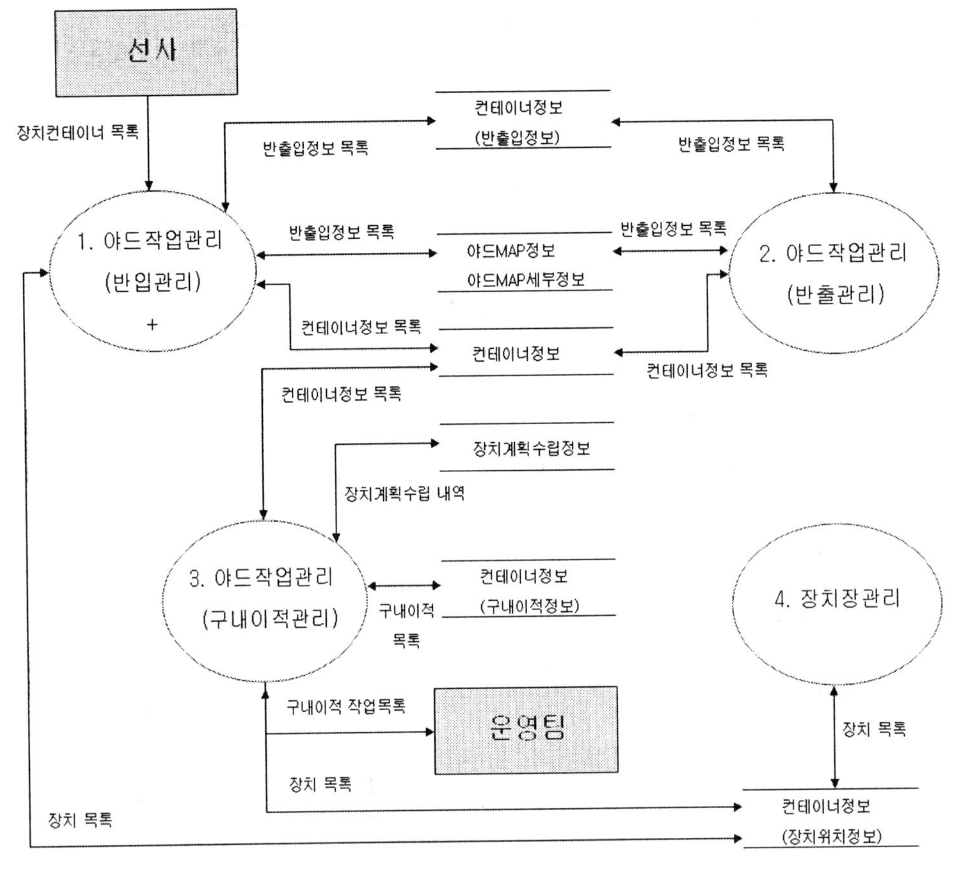

* 이 프로젝트에서 구현되지 않은 내용 : 프로세스(4. 장치장관리), 자료저장소(장치계획
수립정보)

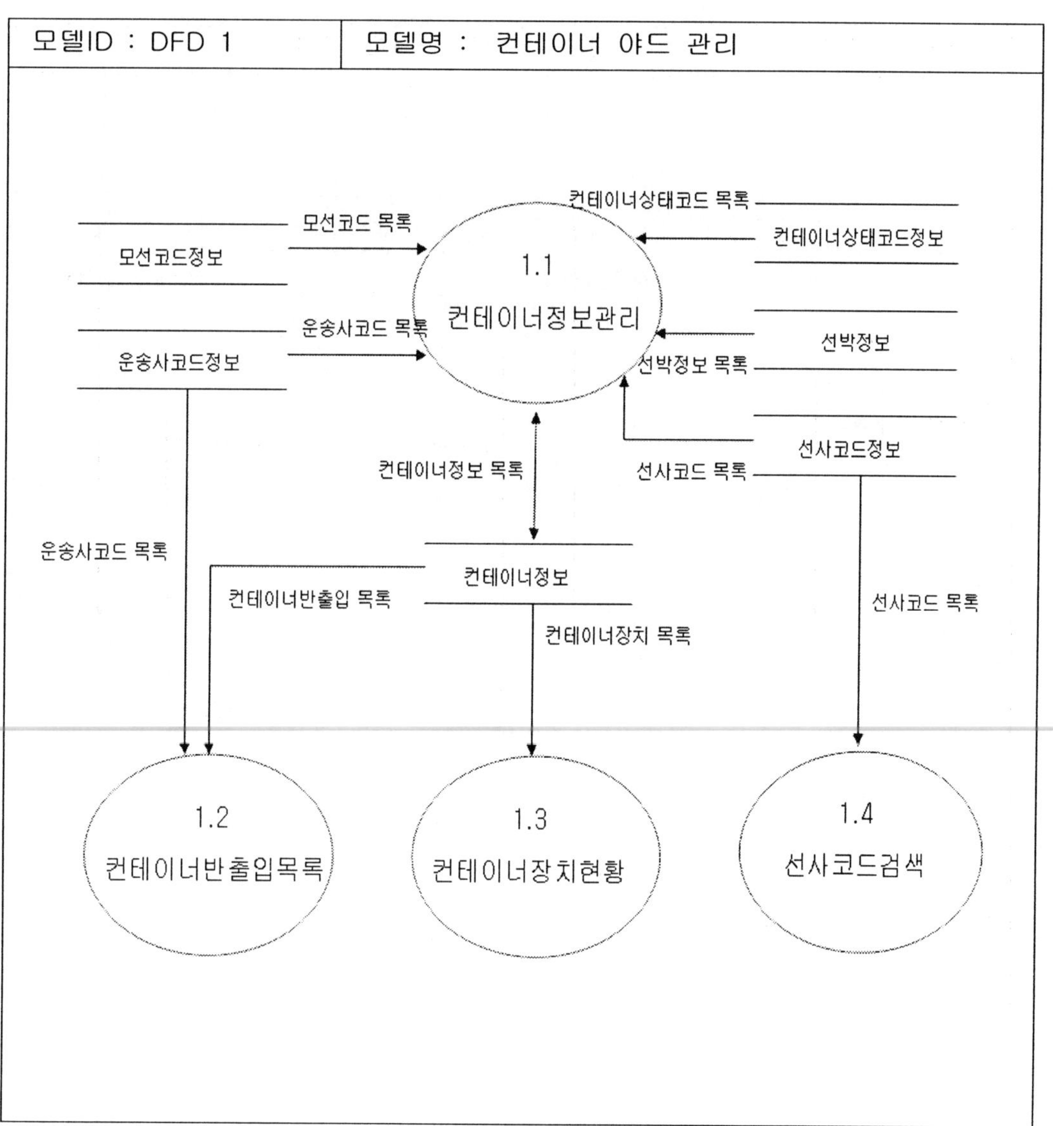

* 이 프로젝트에서 구현되지 않은 내용 : 자료저장소(선박정보)

자료 흐름도		
작성자 : 김 진 수	승인자 :	버 전 : 1.0
작성일 : 2009. 03. 13	승인일 :	페이지 : 4/4

모델ID : DFD 1	모델명 : 컨테이너 야드 관리

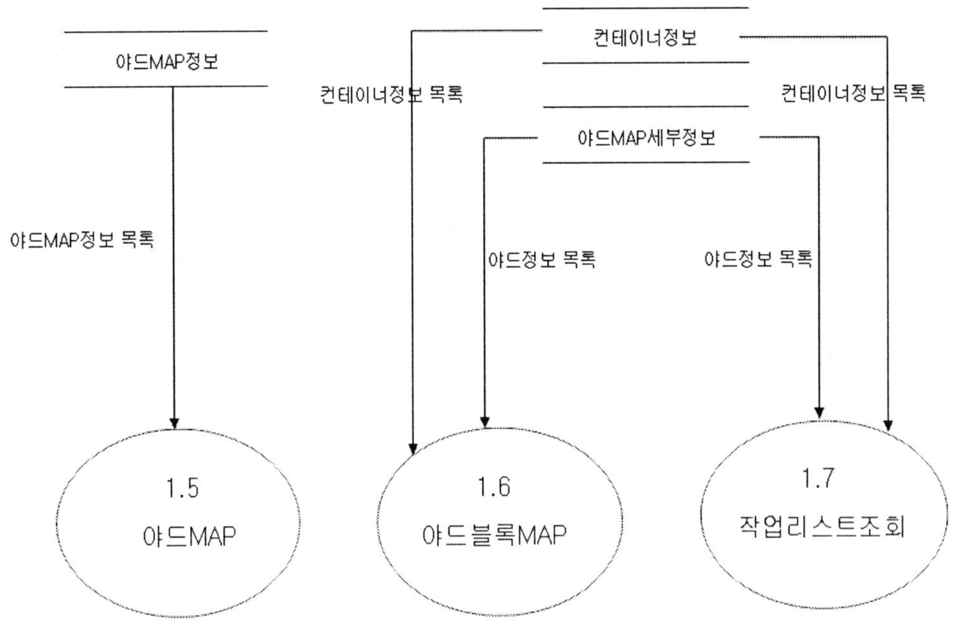

7.2 데이터베이스 설계

7.2.1 데이터베이스 다이어그램

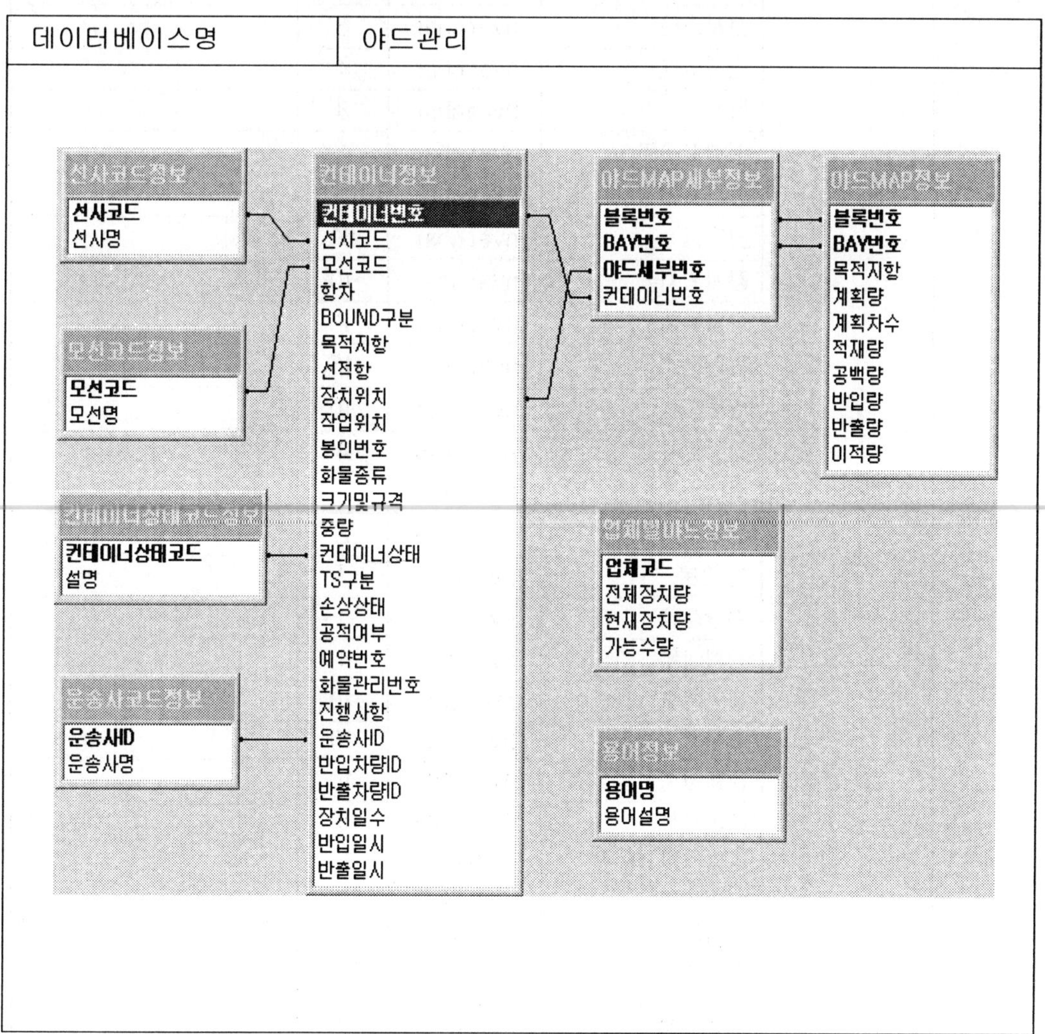

7.2.2 테이블 설계

앞에서 기술한 업무 내역을 근거로 하여 테이블을 계획한다. 기본적인 테이블은 컨테이너 정보, 야드MAP정보, 야드MAP세부정보, 선사코드정보, 모선코드정보, 컨테이너상태코드정보, 운송사코드정보, 업체별야드정보, 용어정보 테이블이다. 이 테이블에 필요한 필드를 검토하고 데이터 형식을 설정한다. 다음 표는 테이블의 설계 세부 내역이다.

테이블명	필드 이름	데이터 형식	크기	비 고
컨테이너정보	컨테이너번호	nvarchar	11	Primary Key
	선사코드	nvarchar	3	
	모선코드	nvarchar	4	
	항차	nvarchar	8	
	BOUND구분	nvarchar	1	
	목적지항	nvarchar	20	
	선적항	nvarchar	50	
	장치위치	nvarchar	10	
	작업위치	nvarchar	2	
	봉인번호	nvarchar	15	
	화물종류	nvarchar	10	
	크기및규격	nvarchar	4	
	중량	nvarchar	5	
	컨테이너상태	nvarchar	2	
	TS구분	nvarchar	1	
	손상상태	nvarchar	1	
	공적여부	nvarchar	1	
	예약번호	nvarchar	15	
	화물관리번호	nvarchar	20	
	진행사항	nvarchar	10	
	운송사ID	nvarchar	8	
	반입차량ID	nvarchar	8	
	반출차량ID	nvarchar	8	
	장치일수	nvarchar	3	
	반입일시	nvarchar	20	
	반출일시	nvarchar	20	

테이블명	필드 이름	데이터 형식	크기	비 고
야드MAP정보	블록번호	nvarchar	2	Primary Key1
	BAY번호	nvarchar	2	Primary Key2
	목적지항	nvarchar	20	
	계획량	int		
	계획차수	int		
	적재량	int		
	공백량	int		
	반입량	int		
	반출량	int		
	이적량	int		
야드MAP 세부정보	블록번호	nvarchar	2	Primary Key1
	BAY번호	nvarchar	2	Primary Key2
	야드세부번호	nvarchar	2	Primary Key3
	컨테이너번호	nvarchar	11	
업체별 야드정보	업체코드	nvarchar	16	Primary Key
	전체장치량	int		
	현재장치량	int		
	가능수량	int		
선사코드정보	선사코드	nvarchar	5	Primary Key
	선사명	nvarchar	50	
모선코드정보	모선코드	nvarchar	4	Primary Key
	모선명	nvarchar	50	
운송사 코드정보	운송사ID	nvarchar	10	Primary Key
	운송사명	nvarchar	20	
컨테이너 상태코드정보	컨테이너상태코드	nvarchar	2	Primary Key
	설명	nvarchar	50	
용어정보	용어명	nvarchar	20	Primary Key
	용어설명	nvarchar	250	

7.3 프로그램 설계

7.3.1 프로그램 목록

프로그램 목록		
작성자 : 김 진 수	승인자 :	버 전 : 1.0
작성일 : 2009. 03. 13	승인일 :	페이지 : 1/1
시스템명	컨테이너 야드관리	

프로그램명	설 명
메인	컨테이너정보 관리, 컨테이너 반출입 목록, 컨테이너 장치 현황, 야드 작업 관리, 야드 MAP, 선사코드 검색, 야드 용어 검색 등의 프로그램으로 연결한다.
컨테이너정보관리	컨테이너 정보를 조회, 검색, 수정하는 프로그램이다.
컨테이너반출입 목록	반입 일시, 운송사명, 공적 여부, 선사 코드, 모선 코드, 작업 위치 등의 검색 조건을 이용하여 컨테이너 반출입 목록을 검색하는 프로그램이다.
컨테이너장치현황	모선 코드, 작업 위치, 선사 코드 등의 검색 조건을 이용하여 컨테이너 장치 현황을 조회하는 프로그램이다.
컨테이너조회(웹)	모선 코드, 선사 코드 등의 검색 조건을 이용하여 컨테이너 정보를 웹에서 조회하는 프로그램이다.
야드작업관리	야드로의 컨테이너 반입, 외부로 컨테이너 반출 및 컨테이너의 구내 이적을 처리하는 프로그램이다.
작업리스트조회	야드 블록 번호 및 야드 BAY 번호를 이용하여 장치 위치, 컨테이너번호, 선사코드, 항차 등의 작업 리스트 내역을 조회하는 프로그램이다.
야드MAP	야드 검색 블록을 입력하여 해당 블록에 대한 BAY별 계획량, 적재량 및 공백량 집계 내역을 조회하는 프로그램이다.
야드블록MAP	야드 검색 블록과 BAY번호를 입력하여 해당 블록 및 BAY에 대한 야드 적재 내역을 조회하는 프로그램이다.
선사코드검색(웹)	선사 코드에 대한 선사명을 웹에서 검색하는 프로그램이다.
야드용어검색	항만 물류에서 사용되는 각종 용어에 대한 조회 프로그램이다.

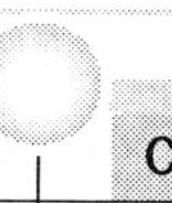

7.3.2 프로그램 구성도

프로그램 구성도		
작성자 : 김 진 수	승인자 :	버 전 : 1.0
작성일 : 2009. 03. 13	승인일 :	페이지 : 1/1

시스템명	컨테이너 야드관리

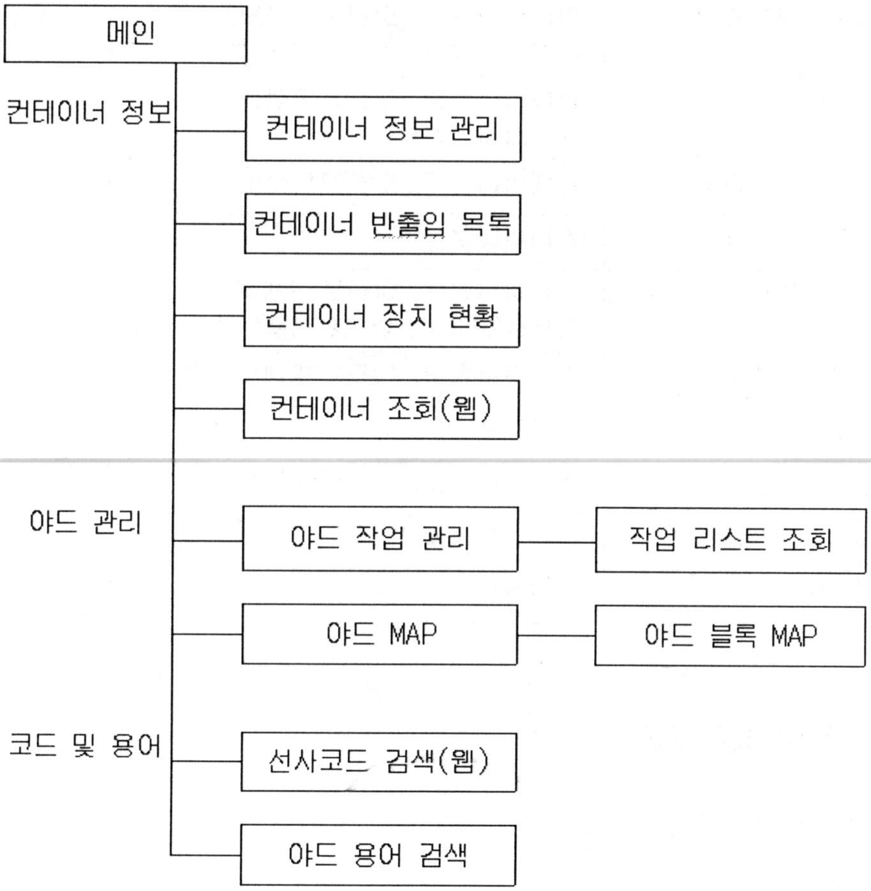

7.3.3 프로그램 및 관련 테이블 목록

프로그램 및 관련 테이블 목록		
작성자 : 김 진 수	승인자 :	버 전 : 1.0
작성일 : 2009. 03. 13	승인일 :	페이지 : 1/1
시스템명	컨테이너 야드관리	

프로그램명	관련 테이블	비 고
메인	회원정보	
컨테이너정보관리	컨테이너정보, 모선코드정보, 선사코드정보	
컨테이너반출입목록	컨테이너정보, 모선코드정보, 운송사코드정보	
컨테이너장치현황	컨테이너정보, 모선코드정보	
컨테이너조회(웹)	컨테이너정보	
야드작업관리	컨테이너정보, 야드MAP세부정보, 야드MAP정보, 야드블록MAP정렬정보	
작업리스트조회	컨테이너정보, 야드MAP세부정보	
야드MAP	야드MAP정보, 야드MAP세부정보	
야드블록MAP	컨테이너정보, 야드MAP세부정보	
선사코드검색(웹)	선사코드정보	
야드용어검색	용어정보	

7.3.4 프로그램 설명서

1) 컨테이너 정보 관리

프로그램 설명서		
작성자 : 김 진 수	승인자 :	버 전 : 1.0
작성일 : 2009. 03. 13	승인일 :	페이지 : 1/4

프로그램명	컨테이너 정보 관리

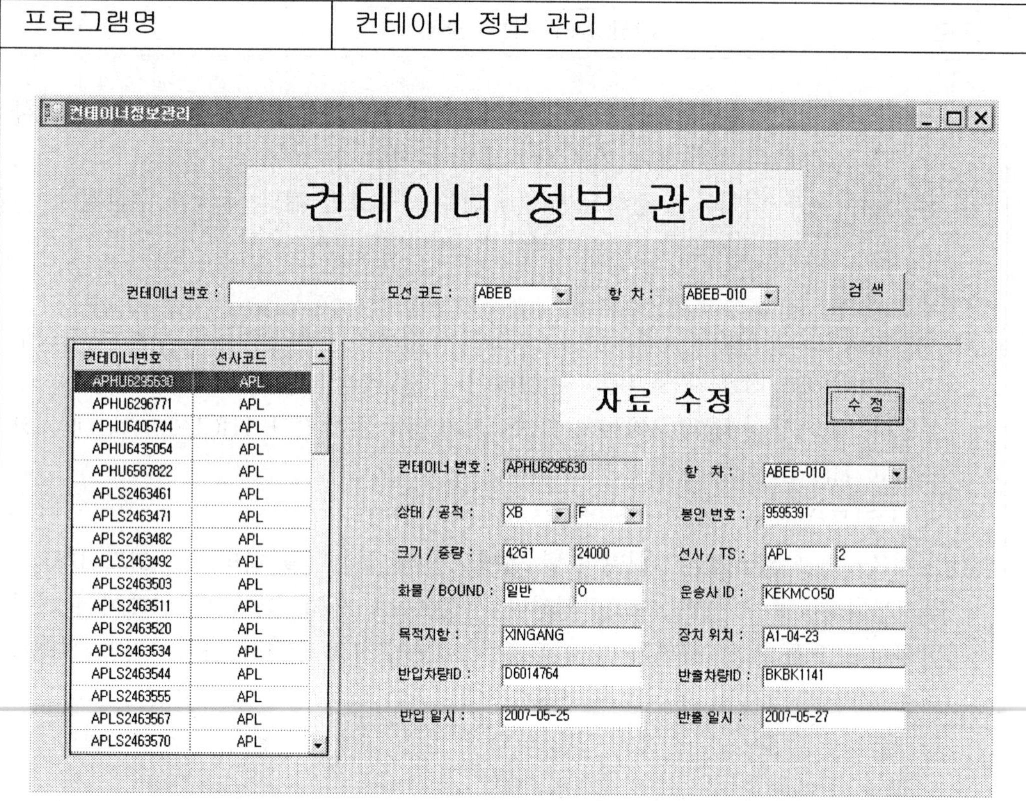

1. 컨테이너 야드에서 컨테이너 정보를 조회 및 수정 관리하는 프로그램이다. 원시 데이터는 각 해운 회사에서 입력된 자료를 이용하기 때문에 입력 작업은 별도로 필요하지 않고 수정 작업을 위주로 한다.

2. 메인 및 야드블록MAP 폼에서 이 프로그램으로 연결된다.

3. [검색] 단추를 누르면 입력된 컨테이너 번호, 모선 코드 및 항차를 이용하여 검색 조건에 해당하는 컨테이너 번호 및 선사코드를 검색하여 DataGridView에 조회하고, 그 중 첫 번째 컨테이너 내용은 우측의 세부 내용으로 조회한다. 이때 입력된 컨테이너 번호, 모선 코드 및 항차가 모두 공백일 경우는 전체 내역을 DataGrid View에 조회한다.

<table>
<tr><td colspan="6" align="center">프로그램 설명서</td></tr>
<tr><td>작성자 : 김 진 수</td><td colspan="2">승인자 :</td><td colspan="2">버 전 : 1.0</td></tr>
<tr><td>작성일 : 2009. 03. 13</td><td colspan="2">승인일 :</td><td colspan="2">페이지 : 2/4</td></tr>
</table>

프로그램명	컨테이너 정보 관리

4. DataGridView에 조회된 내역 중에서 특정 컨테이너 번호를 선택하면 그에 해당하는 내용을 우측의 컨테이너 세부 내용으로 조회할 수 있다.

5. 컨테이너 세부 내역을 수정하고 [수정] 단추를 누르면 해당 내역이 수정된다.

6. 항목 설명

1) 컨테이너번호 : 주민등록번호와 같이 각각의 컨테이너에 주어지는 부호로 자릿수는 11자리이고, 소유자 표시(4) + 컨테이너 일련번호(6) + 체크 디지트(1)로 구성된다. 예를 들어 HJCU2463461, HDMU2463570 등과 같다. HJCU는 한진해운 코드이고, HDMU는 현대상선 코드이다.

2) 모선 코드(Vessel Code) : 선박 코드로서 4자리이다.

3) 항차(Voyage Number) : 선박이 몇 번째로 항해 하느냐를 나타내는 코드이다. 모선코드(4) + '-' + 순번(3)로 구성된다. 일반적으로 해운 회사 및 컨테이너 터미널에서는 모든 운영 관리가 항차 위주로 이루어진다. 당연한 사실이지만 선박에 대한 계약금, 정박료, 보험료 등 모든 부대비용이 항차 기준으로 발생하기 때문이다. 항차는 각 회사의 운영 방식에 따라 조금씩 달리 지정된다. 모선코드(4) + 년도(4) + 순번(2)로 구성되는 경우도 있다.

4) 컨테이너 상태 코드(2자리)의 코드 구성은 다음과 같다.
   - 상태 코드 앞자리
     I : Import   X : Export   M : On-Dock 업무용
   - 상태 코드 뒷자리
     B : Booking Y : Yard P : Pickup G : Gate D : Delivery O: On-Chassis
   - 수입(Import)의 상태 코드 변화 : IB → IO → IY → IP → IG → ID
   - IB : 양하예정 컨테이너
   - IO : 안벽크레인(Q/C: Quay Crane)에서 양하 컨테이너를 야드 트랙터(Y/T: Yard Tractor) 상차후 트랜스퍼 크레인(T/C: Transfer Crane) 쪽으로 보냄

<table>
<tr><td colspan="5" align="center">프로그램 설명서</td></tr>
<tr><td>작성자 : 김 진 수</td><td>승인자 :</td><td>버 전 : 1.0</td></tr>
<tr><td>작성일 : 2009. 03. 13</td><td>승인일 :</td><td>페이지 : 3/4</td></tr>
</table>

프로그램명	컨테이너 정보 관리

- IY : 양하예정 컨테이너를 본선에서 내려 야드에 장치시킴
- IP : 양하된 컨테이너를 Gate에서 반출 요청
- IG : T/C가 반출 요청한 트랙터에 상차 완료하여 Gate로 보냄
- ID : 양하 컨테이너를 Gate에서 반출 완료
- 수출(Export)의 상태 코드 변화 : XB → XG → XY → XO → XD
- XB : 적하예정 컨테이너
- XG : 적하될 컨테이너가 Gate에서 반입
- XY : 반입된 컨테이너를 T/C가 야드에 장치시킴
- XO : 적하될 컨테이너를 T/C가 Y/T에 상차하여 Q/C 측으로 보냄
- XD : 적하 컨테이너를 Q/C가 본선에 적하 완료

5) 공적 여부 : 컨테이너에 화물이 적재되어 있는지 여부를 나타낸다. F(Full), M(Empty) 및 L(LCL)로 표시하고, Empty를 E로 표기하는 경우도 있으나 E와 F가 비슷한 글자여서 M을 주로 이용한다. LCL(Less than Container Load)은 컨테이너 내부에 화물이 가득차지 않은 화물이다.

6) 봉인 번호 : 컨테이너에 화물을 적재하고 난 뒤 뒷문에 봉인 장치(일회용 자물쇠)로 봉인을 한다. 이 봉인 장치는 한 번 잠그면 열 수 없고 화물이 도착지에 도착하면 강철 절단기로 절단하여 문을 연다. 이 봉인 장치에 각 회사별로 부여한 봉인번호가 있고 화물 적재 및 봉인 작업시 각 컨테이너별 봉인번호를 저장하고 화물의 봉인을 해제할 때 그 번호를 확인하여 화물의 손실 여부를 체크한다. 최근에는 장거리에서도 봉인 여부를 알 수 있고 보안 및 테러에 대처하는 RFID 봉인 시스템이 국제 표준화되고 있다.

7) 크기및규격 : 컨테이너 규격 분류(ISO 6346) 코드로써 길이(1) + 폭과 높이(1) + 용도 분류(2)로 이루어져 있다.
- 길이 코드(1자리)
  2 : 20피트, 4 : 40피트, H : 43피트, L : 45피트

<table>
<tr><td colspan="6" align="center">프로그램 설명서</td></tr>
<tr><td>작성자 : 김 진 수</td><td>승인자 :</td><td>버　전 : 1.0</td></tr>
<tr><td>작성일 : 2009. 03. 13</td><td>승인일 :</td><td>페이지 : 4/4</td></tr>
</table>

프로그램명	컨테이너 정보 관리

- 폭과 높이 코드(1자리)

　　0 : 높이 8피트 폭 2438mm, 2 : 높이 8피트 6인치 폭 2438mm

　　4 : 높이 9피트 폭 2438mm, 5 : 높이 9피트 6인치 폭 2438mm

　　L : 높이 8피트 6인치 폭 2500mm, M : 높이 9피트 폭 2500mm

- 용도 분류 코드(2자리)

　　G0 ~ G3 : 일반 용도 컨테이너(표준형). 즉, Dry(General) Container

　　V0 ~ V2 : 환기구가 있는 일반 용도 컨테이너(Ventilated Container). 과일, 야채, 식료품 중에서 냉장할 필요는 없으나 환기가 요구되는 화물 운송에 필요한 컨테이너

　　P0 ~ P5 : 플랫폼 컨테이너(Platform Container). 상부(roof) 및 측벽(side wall)을 떼어 낸 형체와 단벽(end wall)까지 떼어내어 네 구석의 형체단이 있는 컨테이너. 측면 또는 상방에서 자유로이 화물을 수납할 수 있으므로 자동차, 기타 중량물의 운송에 사용

　　T0 ~ T9 : 탱크 컨테이너(Tank Container). 술, 기름, 화학 약품 등의 액체 화물 운송에 사용

　　B0 ~ B6 : 드라이 벌크 컨테이너(Dry Bulk Container). 가축사료 등의 분말 화물 수송에 주로 이용

　　R0 ~ R3 : 기기 부착형 서멀 컨테이너(Thermal Container). 일반적인 냉동 컨테이너로 일정한 온도가 필요한 화물에 주로 이용

8) TS구분 : 환적(TransShipment) 구분 코드로서, 1은 자부두 환적, 2는 타부두 환적이다.

9) 화물 종류 : 일반, 냉동, 위험 및 장척 화물로 구분된다.

10) BOUND 구분 : INBOUND 또는 OUTBOUND 구분 코드로서, I 또는 O

11) 장치 위치 : 컨테이너 야드의 위치로서 블록번호(2) + BAY번호(2) + 열단번호(Row Tier Number)(2)로 구성된다.

12) 반입차량ID 또는 반출차량ID : 차량의 RF-ID 카드 번호이다.

2) 컨테이너 반출입 목록

<table>
<tr><td colspan="5" align="center">프로그램 설명서</td></tr>
<tr><td>작성자 : 김 진 수</td><td>승인자 :</td><td>버　전 : 1.0</td></tr>
<tr><td>작성일 : 2009. 03. 13</td><td>승인일 :</td><td>페이지 : 1/1</td></tr>
</table>

프로그램명	컨테이너 반출입 목록

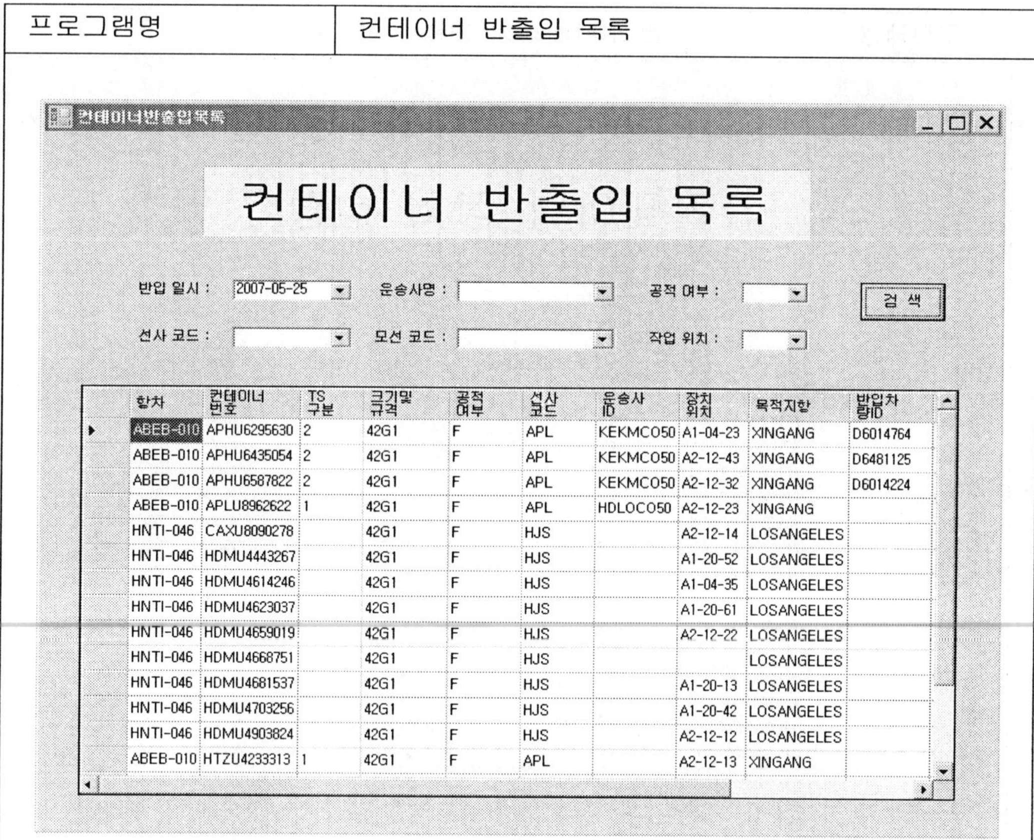

합차	컨테이너 번호	TS 구분	크기및 규격	공적 여부	선사 코드	운송사 ID	장치 위치	목적지항	반입차량ID
ABEB-010	APHU6295630	2	42G1	F	APL	KEKMCO50	A1-04-23	XINGANG	D6014764
ABEB-010	APHU6435054	2	42G1	F	APL	KEKMCO50	A2-12-43	XINGANG	D6481125
ABEB-010	APHU6587822	2	42G1	F	APL	KEKMCO50	A2-12-32	XINGANG	D6014224
ABEB-010	APLU8962622	1	42G1	F	APL	HDLOCO50	A2-12-23	XINGANG	
HNTI-046	CAXU8090278		42G1	F	HJS		A2-12-14	LOSANGELES	
HNTI-046	HDMU4443267		42G1	F	HJS		A1-20-52	LOSANGELES	
HNTI-046	HDMU4614246		42G1	F	HJS		A1-04-35	LOSANGELES	
HNTI-046	HDMU4623037		42G1	F	HJS		A1-20-61	LOSANGELES	
HNTI-046	HDMU4659019		42G1	F	HJS		A2-12-22	LOSANGELES	
HNTI-046	HDMU4668751		42G1	F	HJS			LOSANGELES	
HNTI-046	HDMU4681537		42G1	F	HJS		A1-20-13	LOSANGELES	
HNTI-046	HDMU4703256		42G1	F	HJS		A1-20-42	LOSANGELES	
HNTI-046	HDMU4903824		42G1	F	HJS		A2-12-12	LOSANGELES	
ABEB-010	HTZU4233313	1	42G1	F	APL		A2-12-13	XINGANG	

1. 반입 일시, 운송사명, 공적 여부, 선사 코드, 모선 코드, 작업 위치 등의 검색 조건을 이용하여 컨테이너 반출입 목록을 검색하는 프로그램이다.
2. [검색] 단추를 누르면 입력된 반입 일시, 운송사명, 공적 여부, 선사 코드, 모선 코드, 작업 위치 등의 검색 조건에 해당하는 컨테이너 내역을 DataGridView에 조회한다. 이때 입력된 검색 조건이 모두 공백일 경우는 전체 내역을 조회한다.
3. 항목 설명은 컨테이너 정보 관리의 설명서를 참고한다.

3) 컨테이너 장치 현황

<table>
<tr><td colspan="3" align="center">프로그램 설명서</td></tr>
<tr><td>작성자 : 김 진 수</td><td>승인자 :</td><td>버 전 : 1.0</td></tr>
<tr><td>작성일 : 2009. 03. 13</td><td>승인일 :</td><td>페이지 : 1/1</td></tr>
</table>

프로그램명	컨테이너 장치 현황

BOUND구분	컨테이너 번호	선사코드	크기및규격	작업위치	장치위치	공적여부	목적지항	반입일시
0	APHU6295630	APL	42G1		A1-04-23	F	XINGANG	2007-05-25
0	APHU6296771	APL	42G1	B2	B2-02-11	F	XINGANG	2007-08-17
0	APHU6405744	APL	42G1	B1	B1-02-13	F	XINGANG	2007-08-16
0	APHU6435054	APL	42G1		A2-12-43	F	XINGANG	2007-05-25
0	APHU6587822	APL	42G1		A2-12-32	F	XINGANG	2007-05-25
0	APLS2463461	APL	42G1		A1-04-11	F	XINGANG	2007-08-14
0	APLS2463471	APL	42G1		A1-04-12	F	XINGANG	2007-08-14
0	APLS2463482	APL	42G1		A1-04-13	F	XINGANG	2007-08-14
0	APLS2463492	APL	42G1		A1-04-14	F	XINGANG	2007-08-14
0	APLS2463503	APL	42G1		A1-04-15	F	XINGANG	2007-08-14
0	APLS2463511	APL	42R1		A1-04-21	F	XINGANG	2007-08-14
0	APLS2463520	APL	42R1		A1-04-22	F	XINGANG	2007-08-14
0	APLS2463534	APL	42R1		A1-04-23	F	XINGANG	2007-08-14
0	APLS2463544	APL	42R1		A1-04-24	F	XINGANG	2007-08-14
0	APLS2463555	APL	42R1		A1-04-25	F	XINGANG	2007-08-14

1. 모선 코드, 작업 위치, 선사 코드 등의 검색 조건을 이용하여 컨테이너 장치 현황을 조회하는 프로그램이다.
2. [조회] 단추를 누르면 입력된 모선 코드, 작업 위치, 선사 코드 등의 검색 조건에 해당하는 컨테이너 내역을 DataGridView에 조회한다. 이때 입력된 검색 조건이 모두 공백일 경우는 전체 내역을 조회한다.
3. 항목 설명은 컨테이너 정보 관리의 설명서를 참고한다.

4) 컨테이너 조회(웹)

<table>
<tr><td colspan="6" align="center">프로그램 설명서</td></tr>
<tr><td>작성자 : 김 진 수</td><td colspan="2">승인자 :</td><td colspan="2">버 전 : 1.0</td></tr>
<tr><td>작성일 : 2009. 03. 13</td><td colspan="2">승인일 :</td><td colspan="2">페이지 : 1/1</td></tr>
</table>

프로그램명	컨테이너 조회(웹)

컨테이너 조회웹

모선 코드 : ABEB   선사 코드 : APL   조회

컨테이너번호	항차	모선코드	선사코드	크기및규격	장치위치	공적여부	운송사ID	목적지항	반입일시
APHU6295630	ABEB-010	ABEB	APL	42G1	A1-04-23	F	KEKMCO50	XINGANG	2007-05-25
APHU6296771	ABEB-010	ABEB	APL	42G1	B2-02-11	F	KEKMCO50	XINGANG	2007-08-17
APHU6405744	ABEB-010	ABEB	APL	42G1	B1-02-13	F	KEKMCO50	XINGANG	2007-08-16
APHU6435054	ABEB-010	ABEB	APL	42G1	A2-12-43	F	KEKMCO50	XINGANG	2007-05-25
APHU6587822	ABEB-010	ABEB	APL	42G1	A2-12-32	F	KEKMCO50	XINGANG	2007-05-25
APLS2463461	ABEB-010	ABEB	APL	42G1	A1-04-11	F	KEKMCO50	XINGANG	2007-08-14
APLS2463471	ABEB-010	ABEB	APL	42G1	A1-04-12	F	KEKMCO50	XINGANG	2007-08-14
APLS2463482	ABEB-010	ABEB	APL	42G1	A1-04-13	F	KEKMCO50	XINGANG	2007-08-14
APLS2463492	ABEB-010	ABEB	APL	42G1	A1-04-14	F	KEKMCO50	XINGANG	2007-08-14
APLS2463503	ABEB-010	ABEB	APL	42G1	A1-04-15	F	KEKMCO50	XINGANG	2007-08-14

1234567

1. 모선 코드, 선사 코드 등의 검색 조건을 이용하여 컨테이너번호, 항차, 모선코드, 선사코드, 크기및규격, 장치위치, 공적여부, 운송사ID, 목적지항, 반입일시 등의 컨테이너 데이터를 조회하는 프로그램이다.
2. 한 페이지에 10건씩의 데이터를 출력한다. 또한 페이지 인덱스가 바뀌면 새로운 페이지에 대한 10건의 데이터를 출력한다.
3. 항목 설명은 컨테이너 정보 관리의 설명서를 참고한다.

5) 야드 작업 관리

<table>
<tr><td colspan="3" align="center">프로그램 설명서</td></tr>
<tr><td>작성자 : 김 진 수</td><td>승인자 :</td><td>버　전 : 1.0</td></tr>
<tr><td>작성일 : 2009. 03. 13</td><td>승인일 :</td><td>페이지 : 1/2</td></tr>
</table>

<table>
<tr><td>프로그램명</td><td>야드 작업 관리</td></tr>
</table>

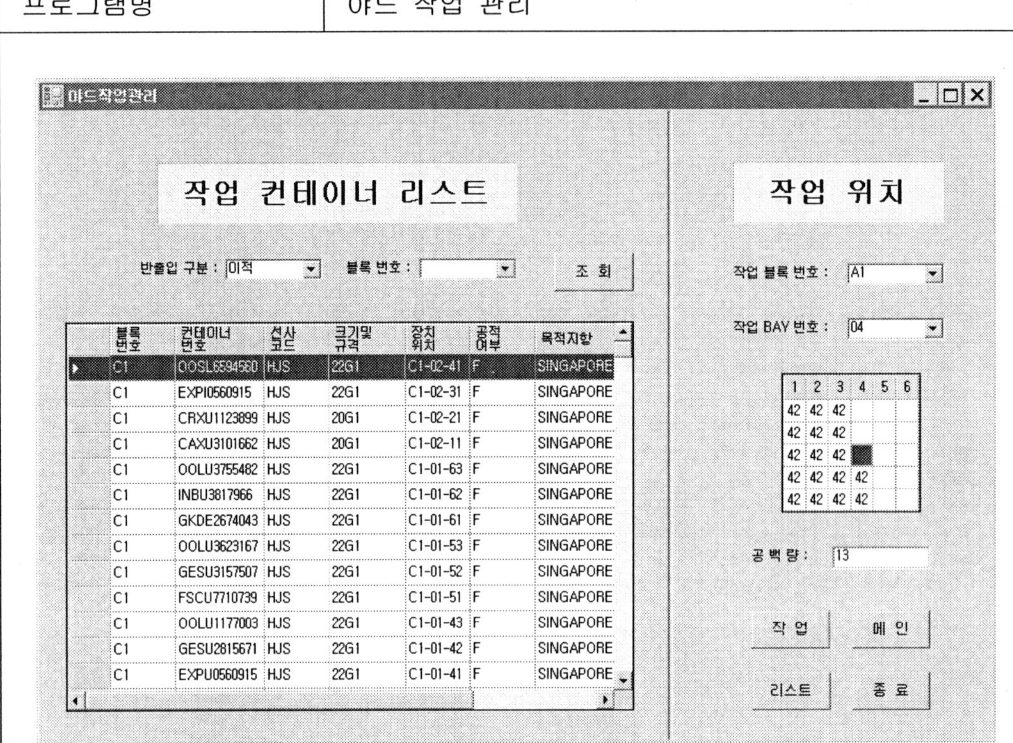

1. 야드로의 컨테이너 반입, 외부로 컨테이너 반출 및 컨테이너의 구내 이적을 처리
   하는 프로그램이다.
2. 메인 폼에서 이 프로그램으로 연결된다.
3. 폼은 작업 컨테이너 리스트와 작업 위치의 두 부분으로 나누어진다. 작업 컨테이
   너 리스트는 반출입 구분(반입, 반출 및 구내 이적)별로 해당 야드 블록의 컨테이
   너 리스트를 조회하는 부분이고, 작업 위치는 조회된 컨테이너를 옮기는 장소를
   지정하는 부분이다. 다만, 반출시에는 작업 위치를 지정할 필요가 없다.

<table>
<tr><td colspan="3" align="center">프로그램 설명서</td></tr>
<tr><td>작성자 : 김 진 수</td><td>승인자 :</td><td>버 　 전 : 1.0</td></tr>
<tr><td>작성일 : 2009. 03. 13</td><td>승인일 :</td><td>페이지 : 2/2</td></tr>
</table>

프로그램명	야드 작업 관리

4. 작업 위치에서는 야드의 작업 블록번호 및 작업 BAY번호에 대한 컨테이너 적재도와 공백량을 조회한다.

5. 반출입구분이 반입인 경우는 외부에서 반입된 컨테이너를 해당 야드에 적재할 때 이용하고, 이때는 블록번호가 공백인 경우이다.

6. 반출입구분이 반출인 경우는 야드에 적재되어 있는 컨테이너를 외부로 반출할 때 이용한다. 이때는 블록번호가 공백이 아닌 경우이고, 작업 위치와는 무관하다.

7. 반출입구분이 이적인 경우는 야드에 적재되어 있는 컨테이너를 다른 장소로 이적할 때 이용하고, 이때는 블록번호가 공백이 아닌 경우이다.

8. [작업] 명령 단추의 이용

　－ 작업 컨테이너 리스트에서 반출입 구분이 반입 및 이적인 경우는 작업 컨테이너 리스트에서 반입 및 이적할 컨테이너를 선택하고, 작업 위치에서는 컨테이너 적재도에서 야드에서 적재할 위치를 선정한 뒤 [작업] 단추를 누르면 해당 야드로 반입 및 이적된다. 이때 작업 개수가 일치해야 한다.

　－ 반출입 구분이 반출인 경우는 작업 위치는 지정할 필요가 없이 반출 작업만 수행된다.

9. [리스트] 명령 단추를 누를 경우, 작업 위치의 컨테이너 적재도에 대한 세부적인 작업 리스트 내역을 조회할 수 있다.

6) 작업 리스트 조회

프로그램 설명서		
작성자 : 김 진 수	승인자 :	버 전 : 1.0
작성일 : 2009. 03. 13	승인일 :	페이지 : 1/1

프로그램명	작업 리스트 조회

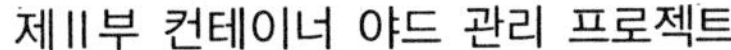

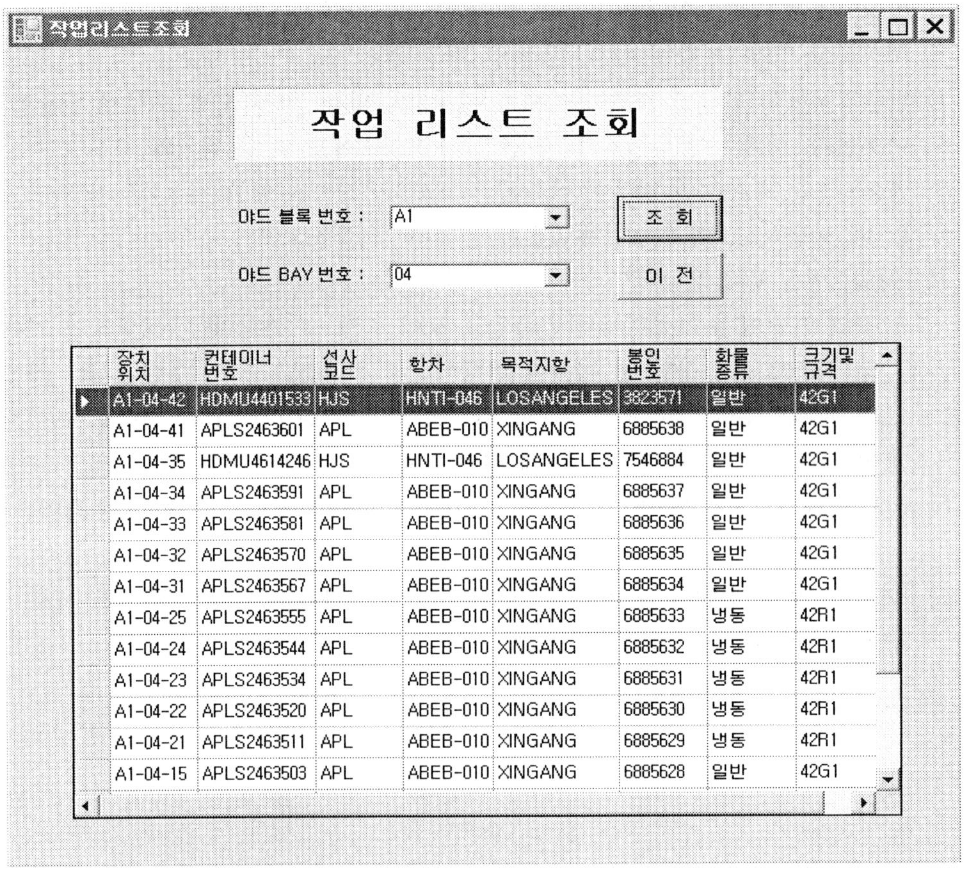
작업리스트조회
작업 리스트 조회
야드 블록 번호 : A1
야드 BAY 번호 : 04
조 회
이 전
장치위치 | 컨테이너번호 | 선사코드 | 항차 | 목적지항 | 봉인번호 | 화물종류 | 크기및규격
A1-04-42 | HDMU4401533 | HJS | HNTI-046 | LOSANGELES | 3823571 | 일반 | 42G1
A1-04-41 | APLS2463601 | APL | ABEB-010 | XINGANG | 6885638 | 일반 | 42G1
A1-04-35 | HDMU4614246 | HJS | HNTI-046 | LOSANGELES | 7546884 | 일반 | 42G1
A1-04-34 | APLS2463591 | APL | ABEB-010 | XINGANG | 6885637 | 일반 | 42G1
A1-04-33 | APLS2463581 | APL | ABEB-010 | XINGANG | 6885636 | 일반 | 42G1
A1-04-32 | APLS2463570 | APL | ABEB-010 | XINGANG | 6885635 | 일반 | 42G1
A1-04-31 | APLS2463567 | APL | ABEB-010 | XINGANG | 6885634 | 일반 | 42G1
A1-04-25 | APLS2463555 | APL | ABEB-010 | XINGANG | 6885633 | 냉동 | 42R1
A1-04-24 | APLS2463544 | APL | ABEB-010 | XINGANG | 6885632 | 냉동 | 42R1
A1-04-23 | APLS2463534 | APL | ABEB-010 | XINGANG | 6885631 | 냉동 | 42R1
A1-04-22 | APLS2463520 | APL | ABEB-010 | XINGANG | 6885630 | 냉동 | 42R1
A1-04-21 | APLS2463511 | APL | ABEB-010 | XINGANG | 6885629 | 냉동 | 42R1
A1-04-15 | APLS2463503 | APL | ABEB-010 | XINGANG | 6885628 | 일반 | 42G1

1. 야드 블록 번호 및 야드 BAY 번호를 이용하여 장치 위치, 컨테이너번호, 선사코드, 항차, 목적지항 등의 작업 리스트 내역을 조회하는 프로그램이다.

7) 야드 MAP

<table>
<tr><td colspan="3" align="center">프로그램 설명서</td></tr>
<tr><td>작성자 : 김 진 수</td><td>승인자 :</td><td>버　전 : 1.0</td></tr>
<tr><td>작성일 : 2009. 03. 13</td><td>승인일 :</td><td>페이지 : 1/1</td></tr>
</table>

프로그램명	야드 MAP

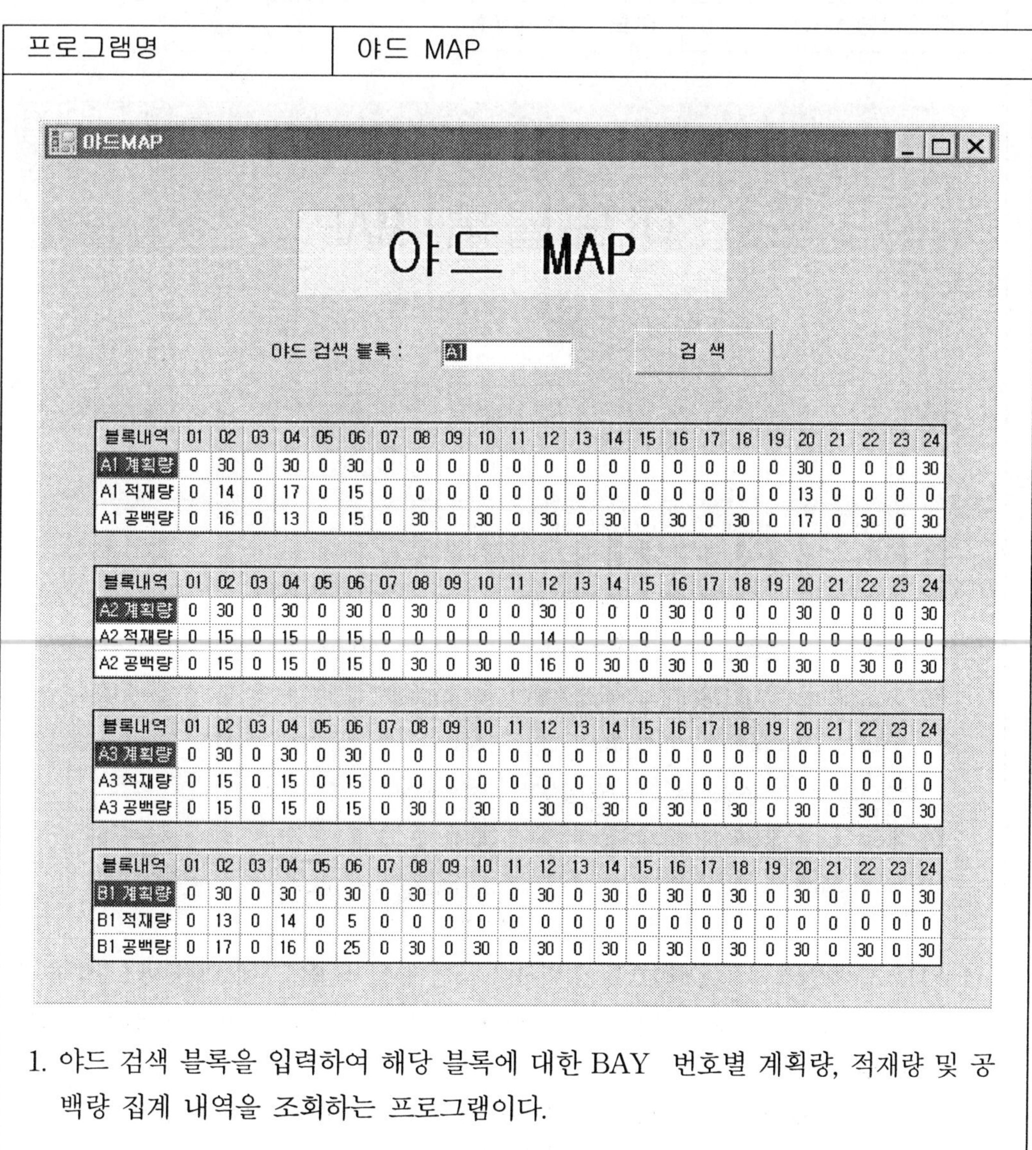

블록내역	01	02	03	04	05	06	07	08	09	10	11	12	13	14	15	16	17	18	19	20	21	22	23	24
A1 계획량	0	30	0	30	0	30	0	0	0	0	0	0	0	0	0	0	0	0	0	30	0	0	0	30
A1 적재량	0	14	0	17	0	15	0	0	0	0	0	0	0	0	0	0	0	0	0	13	0	0	0	0
A1 공백량	0	16	0	13	0	15	0	30	0	30	0	30	0	30	0	30	0	30	0	17	0	30	0	30

블록내역	01	02	03	04	05	06	07	08	09	10	11	12	13	14	15	16	17	18	19	20	21	22	23	24
A2 계획량	0	30	0	30	0	30	0	30	0	0	0	30	0	0	0	30	0	0	0	30	0	0	0	30
A2 적재량	0	15	0	15	0	15	0	0	0	0	0	14	0	0	0	0	0	0	0	0	0	0	0	0
A2 공백량	0	15	0	15	0	15	0	30	0	30	0	16	0	30	0	30	0	30	0	30	0	30	0	30

블록내역	01	02	03	04	05	06	07	08	09	10	11	12	13	14	15	16	17	18	19	20	21	22	23	24
A3 계획량	0	30	0	30	0	30	0	0	0	0	0	0	0	0	0	0	0	0	0	0	0	0	0	0
A3 적재량	0	15	0	15	0	15	0	0	0	0	0	0	0	0	0	0	0	0	0	0	0	0	0	0
A3 공백량	0	15	0	15	0	15	0	30	0	30	0	30	0	30	0	30	0	30	0	30	0	30	0	30

블록내역	01	02	03	04	05	06	07	08	09	10	11	12	13	14	15	16	17	18	19	20	21	22	23	24
B1 계획량	0	30	0	30	0	30	0	30	0	0	0	30	0	30	0	30	0	30	0	30	0	0	0	30
B1 적재량	0	13	0	14	0	5	0	0	0	0	0	0	0	0	0	0	0	0	0	0	0	0	0	0
B1 공백량	0	17	0	16	0	25	0	30	0	30	0	30	0	30	0	30	0	30	0	30	0	30	0	30

1. 야드 검색 블록을 입력하여 해당 블록에 대한 BAY 번호별 계획량, 적재량 및 공백량 집계 내역을 조회하는 프로그램이다.

8) 야드 블록 MAP

<table>
<tr><td colspan="3" align="center">프로그램 설명서</td></tr>
<tr><td>작성자 : 김 진 수</td><td>승인자 :</td><td>버 전 : 1.0</td></tr>
<tr><td>작성일 : 2009. 03. 13</td><td>승인일 :</td><td>페이지 : 1/1</td></tr>
</table>

프로그램명	야드 블록 MAP

야드블록MAP

야드블록 MAP

블록번호/BAY번호 : A1 02   검 색

APLS2463644 ABEB-010 APL 42G1	APLS2463691 ABEB-010 APL 42G1	APLS2463736 ABEB-010 APL 42G1			
APLS2463633 ABEB-010 APL 42G1	APLS2463681 ABEB-010 APL 42G1	APLS2463728 ABEB-010 APL 42G1			
APLS2463622 ABEB-010 APL 42G1	APLS2463671 ABEB-010 APL 42G1	APLS2463713 ABEB-010 APL 42G1	APLS2463751 ABEB-010 APL 42G1		
APLS2463612 ABEB-010 APL 42G1	APLS2463660 ABEB-010 APL 42G1	APLS2463702 ABEB-010 APL 42G1	APLS2463745 ABEB-010 APL 42G1		

1. 야드 검색 블록과 BAY번호를 입력하여 해당 블록 및 BAY에 대한 야드 적재 내역(Row/Tier별 컨테이너번호, 항차, 선사코드 및 크기및규격 필드 내역)을 조회하는 프로그램이다.
2. 열단(Row/Tier) 텍스트 박스를 더블 클릭하면 컨테이너정보관리 폼으로 연결되어 해당 컨테이너번호에 대한 세부 내역을 볼 수 있다.

9) 선사 코드 검색(웹)

프로그램 설명서		
작성자 : 김 진 수	승인자 :	버　전 : 1.0
작성일 : 2009. 03. 13	승인일 :	페이지 : 1/1

프로그램명	선사 코드 검색(웹)

1. 선사 코드에 대한 선사명을 검색하는 프로그램이다.
2. 검색하는 방법은 선사 코드 중 일부를 입력하고 [검색] 단추를 누르거나, A에서부터 Z까지 중에 적절한 단추를 누르면 해당 선사 코드를 검색할 수 있다.

10) 야드 용어 검색

<table>
<tr><td colspan="3" align="center">프로그램 설명서</td></tr>
<tr><td>작성자 : 김 진 수</td><td>승인자 :</td><td>버 전 : 1.0</td></tr>
<tr><td>작성일 : 2009. 03. 13</td><td>승인일 :</td><td>페이지 : 1/1</td></tr>
</table>

프로그램명	야드 용어 검색

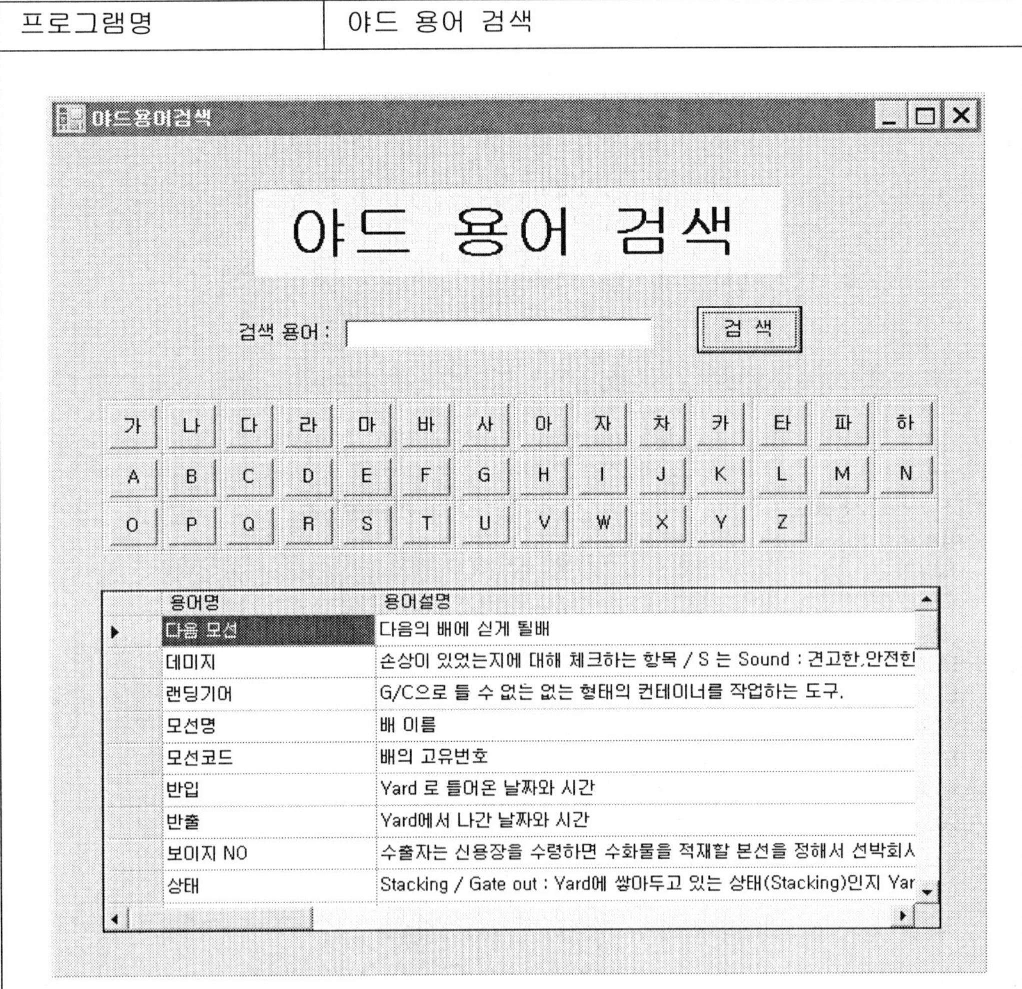

1. 항만 물류에서 사용되는 각종 용어에 대한 조회 프로그램이다.
2. 검색하는 방법은 검색 용어 중 일부를 입력하고 [검색] 단추를 누르거나, 가에서 부터 Z까지 중에 적절한 단추를 누르면 해당 용어를 검색할 수 있다.

제8장

컨테이너 프로그램 작성

8.1 컨테이너 정보 관리 프로그램 작성

실습에 필요한 데이터베이스는 [야드관리.bak] 데이터베이스를 복원하여 사용하고, [야드관리] 데이터베이스의 [컨테이너정보], [모선코드정보] 및 [선사코드정보] 테이블을 이용한다. 이 프로그램 실습으로 알게 되는 요소 기술은 다음과 같다.

- DataGridView의 속성 정의 및 DataGridView 선택 내역을 변경할 때의 알고리즘
- Copy 메소드를 이용한 테이블 복사
- 데이터 체크 알고리즘

프로그램 명세서		
작성자 : 김 진 수	승인자 :	버 전 : 1.0
작성일 : 2009. 03. 13	승인일 :	페이지 : 1/5

프로그램명	컨테이너 정보 관리

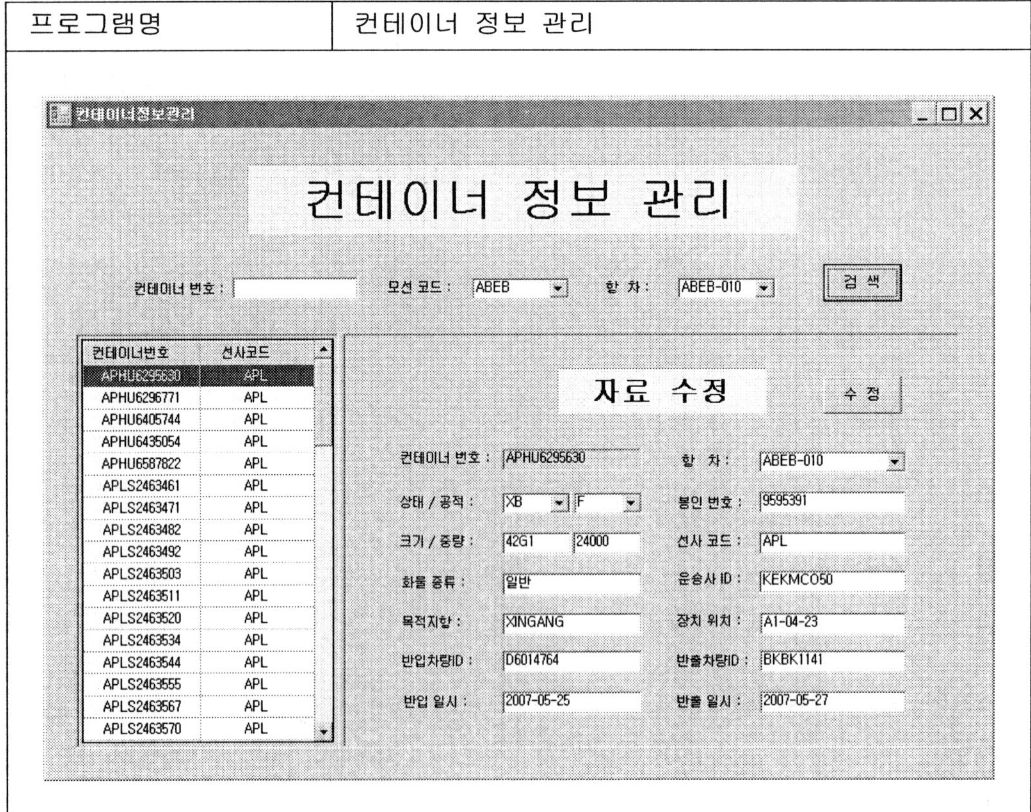

<table>
<tr><td colspan="6" align="center">프로그램 명세서</td></tr>
<tr><td>작성자 : 김 진 수</td><td>승인자 :</td><td>버 전 : 1.0</td></tr>
<tr><td>작성일 : 2009. 03. 13</td><td>승인일 :</td><td>페이지 : 2/5</td></tr>
</table>

프로그램명	컨테이너 정보 관리

* 프로그램 개요
  - 컨테이너 야드에서 컨테이너 정보를 조회 및 수정 관리하는 프로그램이다. 원시 데이터는 각 해운 회사에서 입력된 자료를 이용하기 때문에 입력 작업은 별도로 필요하지 않고 수정 작업을 위주로 한다.
  - 메인 및 야드블록MAP 폼에서 이 프로그램으로 연결된다.
  - [검색] 단추를 누르면 입력된 컨테이너 번호, 모선 코드 및 항차를 이용하여 검색 조건에 해당하는 컨테이너 번호 및 선사코드를 DataGridView1에서 조회하고, 그 중 첫 번째 컨테이너 내용은 우측의 세부 내용으로 조회한다. 이때 입력된 컨테이너 번호, 모선코드 및 항차가 모두 공백일 경우는 DataGridView1에 전체 내역을 조회한다.
  - DataGridView1에 조회된 내역 중에서 특정 컨테이너 번호를 선택하면 그에 해당하는 내용을 우측의 컨테이너 세부 내용으로 조회한다.
  - 컨테이너 세부 내역을 수정하고 [수정] 단추를 누르면 해당 내역이 수정된다.

1. 컨테이너정보관리_Load()
   - 야드관리 데이터베이스를 연결하여 연다.
   - 컨테이너장치정보1, 컨테이너장치정보2 테이블을 초기 생성한다.
   - 모선코드List 테이블을 생성하여 그 내역으로 검색모선코드 콤보상자의 내용을 채운다.
   - 항차List 테이블을 생성하여 그 내역으로 검색항차 콤보상자의 내용을 채운다.
   - 선사코드정보 테이블을 생성한다.
   - DataGridView1의 속성을 지정한다.

2. btn검색_Click()
   - 컨테이너장치정보1, 컨테이너장치정보2 테이블을 지운다.

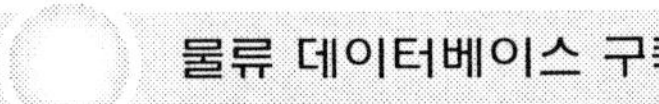

프로그램 명세서

작성자 : 김 진 수	승인자 :	버 전 : 1.0
작성일 : 2009. 03. 13	승인일 :	페이지 : 3/5

프로그램명	컨테이너 정보 관리

- SQL = "SELECT 컨테이너번호, 선사코드 FROM 컨테이너정보 where ✓ (컨테이너번호 LIKE '" & txt검색컨테이너번호.Text & "%') and " _ & "(모선코드 LIKE '" & cbo검색모선코드.Text & "%') and " _ & "(항차 LIKE '" & cbo검색항차.Text & "%')"
- 위의 SQL문을 이용하여 컨테이너장치정보1 테이블을 생성한다.
- 컨테이너장치정보1 테이블을 DataGridView1의 DataSource에 옮긴다.
- SQL = "SELECT * FROM 컨테이너정보 where (컨테이너번호 LIKE '" & _ txt검색컨테이너번호.Text & "%') and " & "(모선코드 LIKE '" & _ cbo검색모선코드.Text & "%') and " & "(항차 LIKE '" & _ cbo검색항차.Text & "%')"
- 위의 SQL문을 이용하여 컨테이너장치정보2 테이블을 생성한다.
- DataDisplay() 루틴을 수행한다.

3. DataDisplay()
  - 화면 내역을 지우고, 컨테이너장치정보2 테이블의 데이터(컨테이너번호, 항차, 컨테이너상태, 공적여부, 봉인번호, 크기및규격, 중량, 선사코드, TS구분, 화물종류, BOUND구분, 운송사ID, 목적지항, 장치위치, 반입차량ID, 반출차량ID, 반입일시, 반출일시 등)를 폼에 옮긴다.

4. DataGridView1_SelectionChanged()
  - DataGridView1의 선택된 레코드 건수가 0보다 크면 선택된 레코드 중 첫 번째 레코드에 대해서 DataDisplay() 루틴을 수행한다.

5. btn수정_Click()
  - DataCheck() 루틴을 수행한다.
  - 데이터가 오류가 있으면 프로그램을 종료한다.

<table>
<tr><td colspan="3" align="center">프로그램 명세서</td></tr>
<tr><td>작성자 : 김 진 수</td><td>승인자 :</td><td>버　전 : 1.0</td></tr>
<tr><td>작성일 : 2009. 03. 13</td><td>승인일 :</td><td>페이지 : 4/5</td></tr>
</table>

<table>
<tr><td>프로그램명</td><td>컨테이너 정보 관리</td></tr>
</table>

- 폼에 입력된 데이터(컨테이너번호, 항차, 컨테이너상태, 공적여부 등)를
  컨테이너장치정보2 테이블에 옮긴다.
- 컨테이너장치정보2 테이블을 수정 처리한다.

6. DataCheck()
   - 항차 필드의 값이 "A"보다 작거나 자리수가 8자리보다 크면 오류이다.
   - 컨테이너상태 필드의 값이 "A"보다 작거나 자리수가 2자리보다 크면 오류이다.
   - 공적여부 필드의 값이 "F", "M" 및 "L"이 아니면 오류이다.
   - 봉인번호 필드의 자리수가 10자리보다 크면 오류이다.
   - 크기및규격 필드의 자리수가 4자리보다 크면 오류이다.
   - 중량 필드의 자리수가 5자리보다 크면 오류이다.
   - DataView를 이용하여 선사코드정보 테이블에서 선사코드를 체크하여 없으면
     오류이다.
   - TS구분 필드의 값이 "1", "2" 및 ""가 아니면 오류이다.
   - 화물종류 필드의 자리수가 10자리보다 크면 오류이다.
   - BOUND구분 필드의 값이 "I" 또는 "O"가 아니면 오류이다.
   - 운송사ID 필드의 자리수가 8자리보다 크면 오류이다.
   - 목적지항 필드의 자리수가 20자리보다 크면 오류이다.
   - 장치위치 필드의 자리수가 8자리보다 크면 오류이다.
   - 반입차량ID 필드의 자리수가 8자리보다 크면 오류이다.
   - 반출차량ID 필드의 자리수가 8자리보다 크면 오류이다.

* 각 필드의 내역 : 각 필드의 세부적인 설명은 7장의 프로그램 설명서를 참고한다.
1) 컨테이너 규격 분류(ISO 6346 코드) : 길이(1) + 폭과 높이(1) + 용도 분류(2)
   - 길이 코드(1자리)
     2 : 20피트, 4 : 40피트, H : 43피트, L : 45피트

<table>
<tr><td colspan="4" align="center">프로그램 명세서</td></tr>
<tr><td>작성자 : 김 진 수</td><td>승인자 :</td><td colspan="2">버　전 : 1.0</td></tr>
<tr><td>작성일 : 2009. 03. 13</td><td>승인일 :</td><td colspan="2">페이지 : 5/5</td></tr>
</table>

프로그램명	컨테이너 정보 관리

- 폭과 높이 코드(1자리)
- 용도 분류 코드(2자리)

2) 화물 종류 : 일반, 냉동, 위험 및 장척 화물로 구분된다.

3) 컨테이너 상태 코드(2자리)의 코드 구성은 다음과 같다.
- 상태 코드 앞자리

  I : Import　　X : Export　　M : On-Dock 업무용
- 상태 코드 뒷자리

  B : Booking　Y : Yard　P : Pickup　G : Gate　D : Delivery　O: On-Chassis
- 수입(Import)의 상태 코드 변화 : IB → IO → IY → IP → IG → ID
- 수출(Export)의 상태 코드 변화 : XB → XG → XY → XO → XD

① 비주얼 스튜디오 .NET을 실행하고 [새 프로젝트]를 실행한다. 새 프로젝트 창에서 이름을 [야드관리], 위치는 적절한 경로를 선택하고 [확인] 단추를 누른다.

② 솔루션 탐색기에서 [야드관리] 프로젝트를 선택하고 우측 마우스 단추를 눌러 단축 메뉴를 표시한다. [추가/Windows Form]을 선택하여 새로운 폼을 만든다. 새로운 폼 이름은 [컨테이너정보관리]로 하고 Form1은 삭제한다. 또한 프로젝트의 My Project를 더블클릭하여 시작 폼을 [컨테이너정보관리]로 지정한다.

③ 다음 표를 참고로 폼을 디자인한다.

컨트롤	Name	Text	비 고
Form	컨테이너정보관리	컨테이너정보관리	
TextBox	txt검색컨테이너번호		

컨트롤	Name	Text	비 고
ComboBox	cbo검색모선코드		
ComboBox	cbo검색항차		
DataGridView	DataGridView1		
Button	btn검색	검 색	
Button	btn수정	수 정	
Label	Label1	컨테이너 정보 관리	Font : 굴림32pt
Label	Label2	자료 수정	Font : 굴림20pt
TextBox	txt컨테이너번호		ReadOnly: True
ComboBox	cbo항차		
ComboBox	cbo컨테이너상태		
ComboBox	cbo공적여부		
TextBox	txt봉인번호		
TextBox	txt크기및규격		
TextBox	txt중량		
TextBox	txt선사코드		
TextBox	txtTS구분		
TextBox	txt화물종류		
TextBox	txtBOUND구분		
TextBox	txt운송사ID		
TextBox	txt목적지항		
TextBox	txt장치위치		
TextBox	txt반입차량ID		
TextBox	txt반출차량ID		
TextBox	txt반입일시		
TextBox	txt반출일시		

* 일반적인 레이블 내역은 생략함

④ 프로그램에 imports해야 할 네임스페이스와 컨테이너정보관리 폼에 사용될 기본 개체
를 설정하고, 폼의 빈곳에 더블 클릭하여 컨테이너정보관리_Load 로직을 작성한다.

리스트 **8-1**

```
Imports System.Data
Imports System.Data.SqlClient
Imports System.IO

Public Class 컨테이너정보관리

Protected Conn As New SqlConnection()
Protected Ds2 As New DataSet
Protected Dt11 As New DataTable
Protected Adt1 As New SqlDataAdapter()
Protected Adt2 As New SqlDataAdapter()
Protected Adt3 As New SqlDataAdapter()
Protected Adt4 As New SqlDataAdapter()
Protected Adt5 As New SqlDataAdapter()
Protected cmdBld2 As New SqlCommandBuilder()
Protected Cmd As SqlCommand
Protected SQL As String = ""
Protected wkOK As String = ""
Protected CurrentRow As Integer

Private Sub 컨테이너정보관리_Load(ByVal sender As Object, ByVal e ↙
        As System.EventArgs) Handles Me.Load

  Try
      Conn.ConnectionString = "SERVER=kjs;UID=sa;PWD=kjs; ↙
                      DATABASE=야드관리"

      SQL = "SELECT 컨테이너번호, 선사코드 FROM 컨테이너정보 ↙
          WHERE 모선코드 = ' '" ................................................ 1
      Adt1 = New SqlDataAdapter(SQL, Conn)
      Adt1.Fill(Ds2, "컨테이너장치정보1")

      SQL = "SELECT * FROM 컨테이너정보 WHERE 모선코드 = ' '"
      Adt2 = New SqlDataAdapter(SQL, Conn) ................................ 2
      Adt2.Fill(Ds2, "컨테이너장치정보2")

      Adt3 = New SqlDataAdapter("Select distinct 모선코드 from ↙
          모선코드정보 order by 모선코드", Conn) ................... 3
      Adt3.Fill(Ds2, "모선코드List")
```

```
        cbo검색모선코드.DataSource = Ds2.Tables("모선코드List")
        cbo검색모선코드.DisplayMember = "모선코드"
        cbo검색모선코드.Text = ""

        Adt4 = New SqlDataAdapter("Select distinct 항차 from ↙
            컨테이너정보 " & "where 항차 > ' ' order by 항차", Conn)
        Adt4.Fill(Ds2, "항차List") ·················································· 4

        cbo검색항차.DataSource = Ds2.Tables("항차List")
        cbo검색항차.DisplayMember = "항차"
        cbo검색항차.Text = ""

        Dt11 = Ds2.Tables("항차List").Copy ·································· 5
        cbo항차.DataSource = Dt11
        cbo항차.DisplayMember = "항차"
        cbo항차.Text = ""

        SQL = "SELECT * FROM 선사코드정보"
        Adt5 = New SqlDataAdapter(SQL, Conn)
        Adt5.Fill(Ds2, "선사코드정보")

        DataGridView1Set()

        If wk컨테이너번호 <> "" Then ·································· 6
            txt검색컨테이너번호.Text = Trim(wk컨테이너번호)

            데이터검색()
            wk컨테이너번호 = ""
        End If

    Catch ErrSQL As SqlException
        Dim colErrors AsSqlErrorCollection = ErrSQL.Errors
        Dim i As Integer
        For i = 0 To colErrors.Count
            MessageBox.Show("오류 번호 : " & ErrSQL.Number & "[" & _
            ErrSQL.Source & "]" & ControlChars.CrLf & "오류 내역 : " & _
            ErrSQL.Message & ControlChars.CrLf & "오류 행번호 : " & _
            ErrSQL.StackTrace, "오류 메시지" & "(" & i + 1 & ")")
        Next
    End Try

End Sub
```

```
Public Sub DataGridViewSet()

    DataGridView1.AllowUserToAddRows = False                                    7
    DataGridView1.AllowUserToDeleteRows = False                                 8
    DataGridView1.AllowUserToResizeColumns = False                             9
    DataGridView1.AllowUserToResizeRows = False                                10
    DataGridView1.AutoSizeColumnsMode = _
                DataGridViewAutoSizeColumnsMode.Fill                           11
    DataGridView1.AutoSizeRowsMode = _
                DataGridViewAutoSizeRowsMode.AllCells                          12

    DataGridView1.ColumnHeadersDefaultCellStyle.Alignment = _
                DataGridViewContentAlignment.MiddleCenter                      13

    DataGridView1.ColumnHeadersHeightSizeMode = _                              14
                DataGridViewColumnHeadersHeightSizeMode.DisableResizing

    DataGridView1.DefaultCellStyle.Alignment = _                               15
                DataGridViewContentAlignment.MiddleCenter

    DataGridView1.MultiSelect = False                                          16

    DataGridView1.ReadOnly = True                                              17
    DataGridView1.RowHeadersVisible = False                                    18
    DataGridView1.ScrollBars = ScrollBars.Vertical                             19
    DataGridView1.SelectionMode = _
                DataGridViewSelectionMode.FullRowSelect                        20

End Sub
```

〈해설〉

1. 컨테이너장치정보1 테이블을 초기 생성하기 위한 SQL문이다. 이렇게 이름만을 생성하
   는 이유는 리스트 8-2의 데이터검색() 로직에서 컨테이너장치정보1 테이블의 내역을
   먼저 지우고 새롭게 생성하는 알고리즘을 구현하기 위해서이다.
2. 컨테이너장치정보2 테이블을 초기 생성하기 위한 SQL문이다. 이렇게 이름만을 생성하
   는 이유는 위의 1과 같다.
3. 모선코드List 테이블을 생성하기 위한 명령문이다. 이 때 distinct는 중복된 레코드를 제
   거할 때 사용한다. 모선코드List 테이블은 cbo검색모선코드 콤보상자의 내역을 생성하
   기 위해 사용된다.

4. 항차List 테이블을 생성하기 위한 명령문이다. 이 때 distinct는 중복된 레코드를 제거할 때 사용한다. 항차List 테이블은 cbo검색항차 콤보상자의 내역을 생성하기 위해 사용된다.

5. 항차List 테이블을 Dt11 데이터 테이블에 복사한다. Dt11 데이터 테이블은 cbo항차 콤보상자의 내역을 생성하기 위해 사용된다.

6. wk컨테이너번호는 module1에 정의된 공용 변수이다. 야드블록MAP 프로그램에서 연결될 때 사용하는 변수이다. wk컨테이너번호가 공백이 아닌 경우는 야드블록MAP 프로그램에서 연결된 경우이므로 그 컨테이너번호에 맞는 내역을 출력하고, 그렇지 않으면 정상적인 로직을 수행한다.

7. DataGridView1의 Row(행)에 레코드 추가를 금지시킨다.

8. DataGridView1의 Row(행)에서 레코드 삭제를 금지시킨다.

9. 열(Columns)의 크기를 재지정하지 못하게 한다.

10. 행(Rows)의 크기를 재지정하지 못하게 한다.

11. 열의 모드를 Fill로 지정한다. Fill은 DataGridView의 전체 크기를 기준해서 모든 열(필드)의 크기를 균등 배분하여 꼭 맞게 맞춘다.

12. Row(행)의 크기를 모든 출력 데이터에 맞게 자동 조정한다.

13. ColumnHeader의 정렬(Alignment)을 중앙(MiddleCenter)에 맞춘다.

14. ColumnHeader의 높이(Height)를 재지정하지 못하게 한다.

15. DataGridView1에 출력되는 모든 데이터의 기본적인 정렬을 MiddleCenter로 지정한다.

16. DataGridView1에서 동시에 여러 개의 데이터를 선택할 수 없도록 한다.

17. DataGridView1을 조회만 가능하도록 한다.

18. DataGridView1의 행머리(RowHeader)를 보이지 않게 한다.

19. 스크롤바는 수직(Vertical) 스크롤바만 표시한다.

20. DataGridView1의 셀의 선택 모드를 FullRowSelect로 지정한다. 셀의 선택 모드는 주로 CellSelect, FullRowSelect 및 RowHeaderSelect를 사용한다. CellSelect는 각 셀을 선택할 때 사용하고, FullRowSelect는 전체 행을 선택할 때 사용하고, RowHeaderSelect는 RowHeader를 선택할 때 사용한다. 세부적인 내역은 3.1을 참고한다.

⑤ 디자인 폼에서 [검색] 명령 단추를 더블 클릭하여 txt검색컨테이너번호, cbo검색모선코드, cbo검색항차의 조건에 맞는 내역을 검색하는 로직을 작성하자. 이 때 이 세 가지 검색 조건이 모두 공백인 경우는 전체 레코드를 조회하도록 한다.

리스트 **8-2**

```vbnet
Private Sub btn검색_Click(ByVal sender As System.Object, ByVal e ↙
                As System.EventArgs) Handles btn검색.Click

    데이터검색()

End Sub

Private Sub 데이터검색()

    Ds2.Tables("컨테이너장치정보1").Clear()
    Ds2.Tables("컨테이너장치정보2").Clear()

    SQL = "SELECT 컨테이너번호, 선사코드 FROM 컨테이너정보 where ↙
        (컨테이너번호 LIKE '" & txt검색컨테이너번호.Text & "%') and " _
        & "(모선코드 LIKE '" & cbo검색모선코드.Text & "%') and " _
        & "(항차 LIKE '" & cbo검색항차.Text & "%')" ················· 1

    Adt1 = New SqlDataAdapter(SQL, Conn)
    Adt1.Fill(Ds2, "컨테이너장치정보1")

    DataGridView1.DataSource = Ds2.Tables("컨테이너장치정보1")

    SQL = "SELECT * FROM 컨테이너정보 where (컨테이너번호 LIKE '" _
        & txt검색컨테이너번호.Text & "%') and " & _
        "(모선코드 LIKE '" & cbo검색모선코드.Text & "%') and " & _
        "(항차 LIKE '" & cbo검색항차.Text & "%')" ················· 2

    Adt2 = New SqlDataAdapter(SQL, Conn)
    cmdBld2 = New SqlCommandBuilder(Adt2) ··························· 3
    Adt2.Fill(Ds2, "컨테이너장치정보2")

    CurrentRow = 0
    DataDisplay()
End Sub

Private Sub DataDisplay()

    ScreenClear()

    If Ds2.Tables("컨테이너장치정보2").Rows.Count > 0 Then ········· 4
        With Ds2.Tables("컨테이너장치정보2")
            txt컨테이너번호.Text = .Rows(CurrentRow)("컨테이너번호")
```

```
            cbo항차.Text = .Rows(CurrentRow)("항차").ToString
            cbo컨테이너상태.Text = .Rows(CurrentRow)("컨테이너상태")
            cbo공적여부.Text = .Rows(CurrentRow)("공적여부").ToString
            txt봉인번호.Text = .Rows(CurrentRow)("봉인번호").ToString
            txt크기및규격.Text = .Rows(CurrentRow)("크기및규격").ToString
            txt중량.Text = .Rows(CurrentRow)("중량").ToString
            txt선사코드.Text = .Rows(CurrentRow)("선사코드").ToString
            txtTS구분.Text = .Rows(CurrentRow)("TS구분").ToString
            txt화물종류.Text = .Rows(CurrentRow)("화물종류").ToString
            txtBOUND구분.Text = .Rows(CurrentRow)("BOUND구분")
            txt운송사ID.Text = .Rows(CurrentRow)("운송사ID").ToString
            txt목적지항.Text = .Rows(CurrentRow)("목적지항").ToString
            txt장치위치.Text = .Rows(CurrentRow)("장치위치").ToString
            txt반입차량ID.Text = .Rows(CurrentRow)("반입차량ID").ToString
            txt반출차량ID.Text = .Rows(CurrentRow)("반출차량ID").ToString
            txt반입일시.Text = .Rows(CurrentRow)("반입일시").ToString
            txt반출일시.Text = .Rows(CurrentRow)("반출일시").ToString
        End With
    End If
End Sub

Private Sub ScreenClear()

    txt컨테이너번호.Text = ""
    cbo항차.Text = ""
    cbo컨테이너상태.Text = ""
    cbo공적여부.Text = ""
    txt봉인번호.Text = ""
    txt크기및규격.Text = ""
    txt중량.Text = ""
    txt선사코드.Text = ""
    txtTS구분.Text = ""
    txt화물종류.Text = ""
    txtBOUND구분.Text = ""
    txt운송사ID.Text = ""
    txt목적지항.Text = ""
    txt장치위치.Text = ""
    txt반입차량ID.Text = ""
    txt반출차량ID.Text = ""
    txt반입일시.Text = ""
    txt반출일시.Text = ""
End Sub
```

〈해설〉

1. 컨테이너장치정보1 테이블을 생성하기 위한 SQL문이다. 이 테이블은 DataGridView1 컨테이너 정보 데이터를 검색할 때 사용한다. where 조건에서 LIKE는 %와 같이 유사 조건을 검색할 때 사용한다. 이 때 컨테이너번호의 앞 일부만을 입력해도 검색할 수 있고, 또한 공백인 경우는 모든 컨테이너번호를 조회한다.

2. 컨테이너장치정보2 테이블을 생성하기 위한 SQL문이다. 이 테이블은 DataGridView1 에서 선택된 컨테이너 정보 데이터를 조회 및 수정할 때 사용한다.

3. 데이터를 수정할 때는 조회할 때와 달리 SqlCommandBuilder를 SqlDataAdapter에 연결해야 한다.

4. 데이터 건수가 0보다 크다는 것은 검색 결과가 있는 경우이다.

⑥ 프로그램 코드 창에서 DataGridView1 및 SelectionChanged 이벤트를 선택하여 DataGridView1의 선택된 내역이 바뀐 경우의 로직을 작성하자. 또한 디자인 폼에서 [수정] 명령 단추를 더블 클릭하여 항차, 컨테이너 상태, 공백 여부, 봉인번호 등의 컨테이너 정보를 수정하는 로직을 작성하자.

리스트 **8-3**

```
Private Sub DataGridView1_SelectionChanged(ByVal sender As Object, ↙
          ByVal e As System.EventArgs) Handles ↙
          DataGridView1.SelectionChanged

  If DataGridView1.SelectedRows.Count > 0 Then  ·························· 1
     CurrentRow = DataGridView1.SelectedRows(0).Index
     DataDisplay()
  End If

End Sub

Private Sub btn수정_Click(ByVal sender As System.Object, ByVal e ↙
          As System.EventArgs) Handles btn수정.Click

  DataCheck()

  If wkOK <> "OK" Then  ·············································· 2
     Exit Sub
```

```
    Else
        wkOK = ""
    End If

    If Ds2.Tables("컨테이너장치정보2").Rows.Count > 0 Then
        With Ds2.Tables("컨테이너장치정보2")
            .Rows(CurrentRow)("모선코드") = Mid(cbo항차.Text, 1, 4)
                                                          ...................................... 3
            .Rows(CurrentRow)("항차") = cbo항차.Text
            .Rows(CurrentRow)("컨테이너상태") = cbo컨테이너상태.Text
            .Rows(CurrentRow)("공적여부") = cbo공적여부.Text
            .Rows(CurrentRow)("봉인번호") = txt봉인번호.Text
            .Rows(CurrentRow)("크기및규격") = txt크기및규격.Text
            .Rows(CurrentRow)("중량") = txt중량.Text
            .Rows(CurrentRow)("선사코드") = txt선사코드.Text
            .Rows(CurrentRow)("TS구분") = txtTS구분.Text
            .Rows(CurrentRow)("화물종류") = txt화물종류.Text
            .Rows(CurrentRow)("BOUND구분") = txtBOUND구분.Text
            .Rows(CurrentRow)("운송사ID") = txt운송사ID.Text
            .Rows(CurrentRow)("목적지항") = txt목적지항.Text
            .Rows(CurrentRow)("장치위치") = txt장치위치.Text
            .Rows(CurrentRow)("반입차량ID") = txt반입차량ID.Text
            .Rows(CurrentRow)("반출차량ID") = txt반출차량ID.Text
            .Rows(CurrentRow)("반입일시") = txt반입일시.Text
            .Rows(CurrentRow)("반출일시") = txt반출일시.Text
        End With
    End If

    Adt2.Update(Ds2, "컨테이너장치정보2")
    MsgBox("수정처리 되었습니다. ")

End Sub

Private Sub DataCheck()

    Dim dv1 As DataView
    Dim rowIndex As Integer

    If cbo항차.Text < "A" Then
        MsgBox("항차를 입력하세요. ")
        cbo항차.Focus()
        Exit Sub
    Else
```

```
        If Len(cbo항차.Text) > 8 Then                              4
            MsgBox("항차의 최대 크기는 8자리입니다. ")
            cbo항차.Focus()                                        5
            Exit Sub
        End If
    End If

    If cbo컨테이너상태.Text < "A" Then
        MsgBox("컨테이너 상태를 선택하세요. ")
        cbo컨테이너상태.Focus()
        Exit Sub
    End If

    If Len(cbo컨테이너상태.Text) > 2 Then
        MsgBox("컨테이너상태의 최대 크기는 2자리입니다. ")
        cbo컨테이너상태.Focus()
        Exit Sub
    End If

    If (cbo공적여부.Text <> "F") And (cbo공적여부.Text <> "M") _
                            And (cbo공적여부.Text <> "L") Then
        MsgBox("공적여부는 F. M 및 L만 가능합니다. ")
        cbo공적여부.Focus()
        Exit Sub
    End If

If Len(txt봉인번호.Text) > 10 Then
    MsgBox("봉인번호의 최대 크기는 10자리입니다. ")
    txt봉인번호.Focus()
    Exit Sub
End If

  If Len(txt크기및규격.Text) > 4 Then
      MsgBox("크기및규격 필드의 최대 크기는 4자리입니다. ")
      txt크기및규격.Focus()
      Exit Sub
  End If

  If Len(txt중량.Text) > 5 Then
      MsgBox("중량 필드의 최대 크기는 5자리입니다. ")
      txt중량.Focus()
      Exit Sub
  End If
```

```
dv1 = New DataView(Ds2.Tables("선사코드정보"), "", "선사코드", ↙
          DataViewRowState.CurrentRows)
rowIndex = dv1.Find(txt선사코드.Text)

If rowIndex = -1 Then
    MsgBox("입력한 선사코드가 존재하지 않습니다. ")
    txt선사코드.Focus()
    Exit Sub
End If

If (txtTS구분.Text <> "1") And (txtTS구분.Text <> "2") _
                        And (txtTS구분.Text <> "") Then
    MsgBox("TS구분은 1, 2 및 ""만 가능합니다. ")
    txtTS구분.Focus()
    Exit Sub
End If

If Len(txt화물종류.Text) > 10 Then
    MsgBox("화물종류의 최대 크기는 10자리입니다. ")
    txt화물종류.Focus()
    Exit Sub
End If

If (txtBOUND구분.Text <> "I") And (txtBOUND구분.Text <> "O") Then
    MsgBox("BOUND구분은 I와 O만 가능합니다. ")
    txtBOUND구분.Focus()
    Exit Sub
End If

If Len(txt운송사ID.Text) > 8 Then
    MsgBox("운송사ID의 최대 크기는 8자리입니다. ")
    txt운송사ID.Focus()
    Exit Sub
End If

If Len(txt목적지항.Text) > 20 Then
    MsgBox("목적지항의 최대 크기는 20자리입니다. ")
    txt목적지항.Focus()
    Exit Sub
End If

If Len(txt장치위치.Text) > 8 Then
    MsgBox("장치위치의 최대 크기는 8자리입니다. ")
```


물류 데이터베이스 구축

```
        txt장치위치.Focus()
      Exit Sub
    End If

    If Len(txt반입차량ID.Text) > 8 Then
       MsgBox("반입차량ID의 최대 크기는 8자리입니다. ")
       txt반입차량ID.Focus()
       Exit Sub
    End If

    If Len(txt반출차량ID.Text) > 8 Then
       MsgBox("반출차량ID의 최대 크기는 8자리입니다. ")
       txt반출차량ID.Focus()
       Exit Sub
    End If

    ' 컨테이너상태 등의 세부적인 데이터 체크는 생략함

    wkOK = "OK"  ·······················································  6

  End Sub

End Class
```

〈해설〉

1. DataGridView1의 선택된 레코드 건수가 0보다 크면 첫 번째 선택된 행의 인덱스를
   CurrentRow에 옮기고, DataDisplay()를 수행한다.
2. wkOK가 "OK"가 아니면, 즉 DataCheck() 로직을 수행해서 오류가 있으면 프로시저를
   종료한다.
3. cbo항차의 첫 번째 바이트부터 4바이트를 컨테이너장치정보2 테이블의 모선코드에 옮
   긴다. 이 때 Mid는 String의 일부 데이터를 가져오는 함수이다.
4. cbo항차 필드의 자리수가 8보다 큰 경우를 체크한다. 이 때 Len은 데이터의 길이를 반
   환하는 함수이다.
5. cbo항차 필드에 커서를 옮긴다.
6. 데이터를 체크해서 오류가 있으면 중간에 프로시저를 종료하고, 오류가 없으면 wkOK
   변수에 "OK"를 옮긴다.

8.2 컨테이너 반출입 목록 프로그램 작성

실습에 필요한 데이터베이스는 [야드관리.bak] 데이터베이스를 복원하여 사용하고, [야드관리] 데이터베이스의 [컨테이너정보], [모선코드정보] 및 [운송사코드정보] 테이블을 이용한다. 이 프로그램 실습으로 알게 되는 요소 기술은 다음과 같다.

- Left Outer Join을 이용한 SQL문 작성 방법

프로그램 명세서		
작성자 : 김 진 수	승인자 :	버　전 : 1.0
작성일 : 2009. 03. 13	승인일 :	페이지 : 1/2

프로그램명	컨테이너 반출입 목록

컨테이너 반출입 목록

반입 일시 : 2007-05-25　　운송사명 :　　공적 여부 :　　검 색

선사 코드 :　　모선 코드 :　　작업 위치 :

함차	컨테이너 번호	TS 구분	크기및 규격	공적 여부	섬상 코드	운송사 ID	장치 위치	목적지항	밥입차 량ID
ABEB-010	APHU6295630	2	42G1	F	APL	KEKMCO50	A1-04-23	XINGANG	D6014764
ABEB-010	APHU6435054	2	42G1	F	APL	KEKMCO50	A2-12-43	XINGANG	D6481125
ABEB-010	APHU6587822	2	42G1	F	APL	KEKMCO50	A2-12-32	XINGANG	D6014224
ABEB-010	APLU8962622	1	42G1	F	APL	HDLOCO50	A2-12-23	XINGANG	
HNTI-046	CAXU8090278		42G1	F	HJS		A2-12-14	LOSANGELES	
HNTI-046	HDMU4443267		42G1	F	HJS		A1-20-52	LOSANGELES	
HNTI-046	HDMU4614246		42G1	F	HJS		A1-04-35	LOSANGELES	
HNTI-046	HDMU4623037		42G1	F	HJS		A1-20-61	LOSANGELES	
HNTI-046	HDMU4659019		42G1	F	HJS		A2-12-22	LOSANGELES	
HNTI-046	HDMU4668751		42G1	F	HJS			LOSANGELES	
HNTI-046	HDMU4681537		42G1	F	HJS		A1-20-13	LOSANGELES	
HNTI-046	HDMU4703256		42G1	F	HJS		A1-20-42	LOSANGELES	
HNTI-046	HDMU4903824		42G1	F	HJS		A2-12-12	LOSANGELES	
ABEB-010	HTZU4233313	1	42G1	F	APL		A2-12-13	XINGANG	

<table>
<tr><td colspan="3" align="center">프로그램 명세서</td></tr>
<tr><td>작성자 : 김 진 수</td><td>승인자 :</td><td>버 전 : 1.0</td></tr>
<tr><td>작성일 : 2009. 03. 13</td><td>승인일 :</td><td>페이지 : 2/2</td></tr>
</table>

프로그램명	컨테이너 반출입 목록

* 프로그램 개요
  - 반입 일시, 운송사명, 공적 여부, 선사 코드, 모선 코드, 작업 위치 등의 검색 조건을 이용하여 컨테이너 반출입 목록을 검색하는 프로그램이다.
  - [검색] 단추를 누르면 입력된 검색 조건에 해당하는 항차, 컨테이너번호, TS구분, 크기및규격, 공적여부 등의 컨테이너 내역을 DataGridView1에 조회한다.

1. 컨테이너정보관리_Load()
   - 야드관리 데이터베이스를 연결하여 연다.
   - 컨테이너장치정보 테이블을 초기 생성한다.
   - 반입일시List 테이블, 운송사명List 테이블, 선사코드List 테이블, 모선코드List 테이블 및 작업위치List 테이블을 생성하여 그 내역으로 반입일시 콤보상자, 운송사명 콤보상자, 선사코드 콤보상자, 모선코드 콤보상자 및 작업위치 콤보상자의 목록을 채운다.

2. btn검색_Click()
   - 컨테이너장치정보 테이블을 지운다.
   - SQL = "SELECT 항차, 컨테이너번호, TS구분, 크기및규격, 공적여부, ↙
         선사코드, AA.운송사ID, " & _
         "장치위치, 목적지향, 반입차량ID, 반출차량ID, 반입일시, ↙
         반출일시 FROM 컨테이너정보 AA LEFT OUTER JOIN " & _
         "운송사코드정보 BB ON AA.운송사ID = BB.운송사ID WHERE ↙
         (반입일시 LIKE '" & cbo반입일시.Text & _
         "%') and (BB.운송사명 LIKE '" & cbo운송사명.Text & _
         "%') and (공적여부 LIKE '" & cbo공적여부.Text & _
         "%') and (선사코드 LIKE '" & cbo선사코드.Text & _
         "%') and (모선코드 LIKE '" & cbo모선코드.Text & _
         "%') and (작업위치 LIKE '" & cbo작업위치.Text & "%')"
   - 위의 SQL문을 이용하여 컨테이너장치정보 테이블을 생성한다.
   - 컨테이너장치정보 테이블의 데이터를 DataGridView1에 옮긴다.

① 8.1에서 실습한 [야드관리] 프로젝트를 그대로 이용한다. 솔루션 탐색기에서 [야드관리] 프로젝트를 선택하고 우측 마우스 단추를 눌러 단축 메뉴를 표시한다. [추가/Windows Form]을 선택하여 새로운 폼을 만든다. 새로운 폼 이름은 [컨테이너반출입목록]으로 한다.

② 다음 표를 참고로 폼을 디자인한다.

컨트롤	Name	Text	비 고
Form	컨테이너반출입목록	컨테이너반출입목록	
Label	Label1	컨테이너 반출입 목록	Font : 굴림32pt
ComboBox	cbo반입일시		
ComboBox	cbo운송사명		
ComboBox	cbo공적여부		
ComboBox	cbo선사코드		
ComboBox	cbo모선코드		
ComboBox	cbo작업위치		
Button	btn검색	검 색	
DataGridView	DataGridView1		

* 일반적인 레이블 내역은 생략함

③ 프로그램에 imports해야 할 네임스페이스와 컨테이너반출입목록 폼에 사용될 기본 개체를 설정하고, 컨테이너반출입목록_Load 로직을 작성한다.

리스트 **8-4**

```
Imports System.Data
Imports System.Data.SqlClient
Imports System.IO

Public Class 컨테이너반출입목록

  Protected Conn As New SqlConnection()
  Protected Ds2 As New DataSet
  Protected Adt1 As New SqlDataAdapter()
  Protected Adt2 As New SqlDataAdapter()
```

```
Protected Adt3 As New SqlDataAdapter()
Protected Adt4 As New SqlDataAdapter()
Protected Adt5 As New SqlDataAdapter()
Protected Adt6 As New SqlDataAdapter()
Protected Cmd AsSqlCommand
Protected SQL As String = ""

Private Sub 컨테이너반출입목록_Load(ByVal sender As Object, ↙
        ByVal e As System.EventArgs) Handles Me.Load

    Conn.ConnectionString = "SERVER=kjs;UID=sa;PWD=kjs; ↙
                        DATABASE=야드관리"

    SQL = "SELECT 항차, 컨테이너번호, TS구분, 크기및규격, 공적여부, ↙
        선사코드, 운송사ID, " & _
        "장치위치, 목적지항, 반입차량ID, 반출차량ID, 반입일시, ↙
        반출일시 FROM 컨테이너정보 WHERE 모선코드 = ' '"
    ----------------------------------------------------------------1
    Adt1 = New SqlDataAdapter(SQL, Conn)
    Adt1.Fill(Ds2, "컨테이너장치정보")

    Adt2 = New SqlDataAdapter("Select distinct 반입일시 from
      컨테이너정보 " & "where 반입일시 > ' ' order by 반입일시", Conn)

    Adt2.Fill(Ds2, "반입일시List") ---------------------------------2

    cbo반입일시.DataSource = Ds2.Tables("반입일시List")
    cbo반입일시.DisplayMember = "반입일시"
    cbo반입일시.Text = ""

    Adt3 = New SqlDataAdapter("Select distinct 운송사명 from ↙
                        운송사코드정보 order by 운송사명", Conn)
    Adt3.Fill(Ds2, "운송사명List") -------------------------------3
    cbo운송사명.DataSource = Ds2.Tables("운송사명List")
    cbo운송사명.DisplayMember = "운송사명"
    cbo운송사명.Text = ""

    Adt4 = New SqlDataAdapter("Select distinct 선사코드 from ↙
      컨테이너정보 " & "where 선사코드 > ' ' order by 선사코드", Conn)
    Adt4.Fill(Ds2, "선사코드List") -------------------------------4
    cbo선사코드.DataSource = Ds2.Tables("선사코드List")
    cbo선사코드.DisplayMember = "선사코드"
    cbo선사코드.Text = ""
```

```
    Adt5 = New SqlDataAdapter("Select distinct 모선코드 from ↙
                        모선코드정보 order by 모선코드", Conn)
    Adt5.Fill(Ds2, "모선코드List") ················································· 5

    cbo모선코드.DataSource = Ds2.Tables("모선코드List")
    cbo모선코드.DisplayMember = "모선코드"
    cbo모선코드.Text = ""

    Adt6 = New SqlDataAdapter("Select distinct 작업위치 from ↙
      컨테이너정보 " & "where 작업위치 > ' ' order by 작업위치", Conn)
    Adt6.Fill(Ds2, "작업위치List")

    cbo작업위치.DataSource = Ds2.Tables("작업위치List")
    cbo작업위치.DisplayMember = "작업위치"
    cbo작업위치.Text = ""

End Sub
```

〈해설〉

1. 컨테이너장치정보 테이블을 공백으로 생성하기 위한 SQL문이다. 이렇게 이름만을 생성하는 이유는 리스트 8-5의 검색 로직에서 컨테이너장치정보 테이블의 내역을 먼저 지우고 새롭게 생성하는 알고리즘을 구현하기 위해서이다.
2. 반입일시List 테이블을 생성하기 위한 명령문이다. 이 때 distinct는 중복된 데이터를 제거할 때 사용한다. 반입일시List 테이블은 cbo반입일시 콤보상자의 내역을 생성하기 위해 사용된다.
3. 운송사명List 테이블을 생성하기 위한 명령문이다. 운송사명List 테이블은 cbo운송사명 콤보상자의 내역을 생성하기 위해 사용된다.
4. 선사코드List 테이블을 생성하기 위한 명령문이다. 선사코드List 테이블은 cbo선사코드 콤보상자의 내역을 생성하기 위해 사용된다.
5. 모선코드List 테이블을 생성하기 위한 명령문이다. 모선코드List 테이블은 cbo모선코드 콤보상자의 내역을 생성하기 위해 사용된다.

④ 디자인 폼에서 [검색] 명령 단추를 더블 클릭하여 cbo반입일시, cbo운송사명, cbo공적여부, cbo선사코드, cbo모선코드, cbo작업위치의 조건에 맞는 내역을 검색하는 로직을 작성하자. 이 때 이 여섯 가지 검색 조건이 모두 공백인 경우는 전체 레코드를 조회하도록 한다.

리스트 **8-5**

```
Private Sub btn검색_Click(ByVal sender As System.Object, ByVal e
            As System.EventArgs) Handles btn검색.Click

    Ds2.Tables("컨테이너장치정보").Clear()

    SQL = "SELECT 항차, 컨테이너번호, TS구분, 크기및규격, 공적여부,
           선사코드, AA.운송사ID, " & _
           "장치위치, 목적지항, 반입차량ID, 반출차량ID, 반입일시,
           반출일시 FROM 컨테이너정보 AA LEFT OUTER JOIN " & _
           "운송사코드정보 BB ON AA.운송사ID = BB.운송사ID WHERE
           (반입일시 LIKE '" & cbo반입일시.Text & _
           "%') and (BB.운송사명 LIKE '" & cbo운송사명.Text & _
           "%') and (공적여부 LIKE '" & cbo공적여부.Text & _
           "%') and (선사코드 LIKE '" & cbo선사코드.Text & _
           "%') and (모선코드 LIKE '" & cbo모선코드.Text & _
           "%') and (작업위치 LIKE '" & cbo작업위치.Text & "%')"
                                                                ............1
    Cmd = New SqlCommand(SQL, Conn)
    Cmd.CommandType = CommandType.Text
    Adt1.SelectCommand = Cmd
    Adt1.Fill(Ds2, "컨테이너장치정보")

    DataGridView1.DataSource = Ds2.Tables("컨테이너장치정보")

 End Sub

End Class
```

〈해설〉

1. 컨테이너장치정보 테이블을 생성하기 위한 SQL문이다. 이 테이블은 DataGridView1 컨
   테이너 정보 데이터를 검색할 때 사용한다. where 조건에서 LIKE는 %와 같이 유사 조
   건을 검색할 때 사용한다. 이 때 여섯 가지 항목의 검색 조건의 앞 일부만을 입력해도
   검색할 수 있고, 또한 공백인 경우는 모든 데이터를 조회한다.
   이때 컨테이너정보 테이블과 운송사코드정보 테이블을 운송사ID 항목으로 LEFT
   OUTER JOIN하므로 검색 조건에 맞는 컨테이너정보 내역은 모든 레코드를 출력하고,
   운송사코드정보 테이블 내역은 검색 조건에 맞는 레코드 중에서 운송사ID 항목이 컨테
   이너정보 테이블과 동일한 것만을 출력한다.

제9장

야드 작업 관리 프로그램 작성

9.1 프로그램 개요 및 명세서

9.2 야드 작업 관리 프로그램 작성

9.1 프로그램 개요 및 명세서

 실습에 필요한 데이터베이스는 [야드관리.bak] 데이터베이스를 복원하여 사용하고, [야드관리] 데이터베이스의 [컨테이너정보], [야드MAP정보], [야드MAP세부정보] 및 [야드블록MAP정렬정보] 테이블을 이용한다. 이 프로그램 실습으로 알게 되는 요소 기술은 다음과 같다.

- DataView를 이용한 데이터 검색 방법
- DataGridView에서 선택된 행(Row) 및 셀(Cell)에 대한 데이터 처리 기술
- SelectedIndexChanged 이벤트의 효율적인 사용 방법

프로그램 명세서		
작성자 : 김 진 수	승인자 :	버 전 : 1.0
작성일 : 2009. 05. 13	승인일 :	페이지 : 1/12

프로그램명	야드 작업 관리

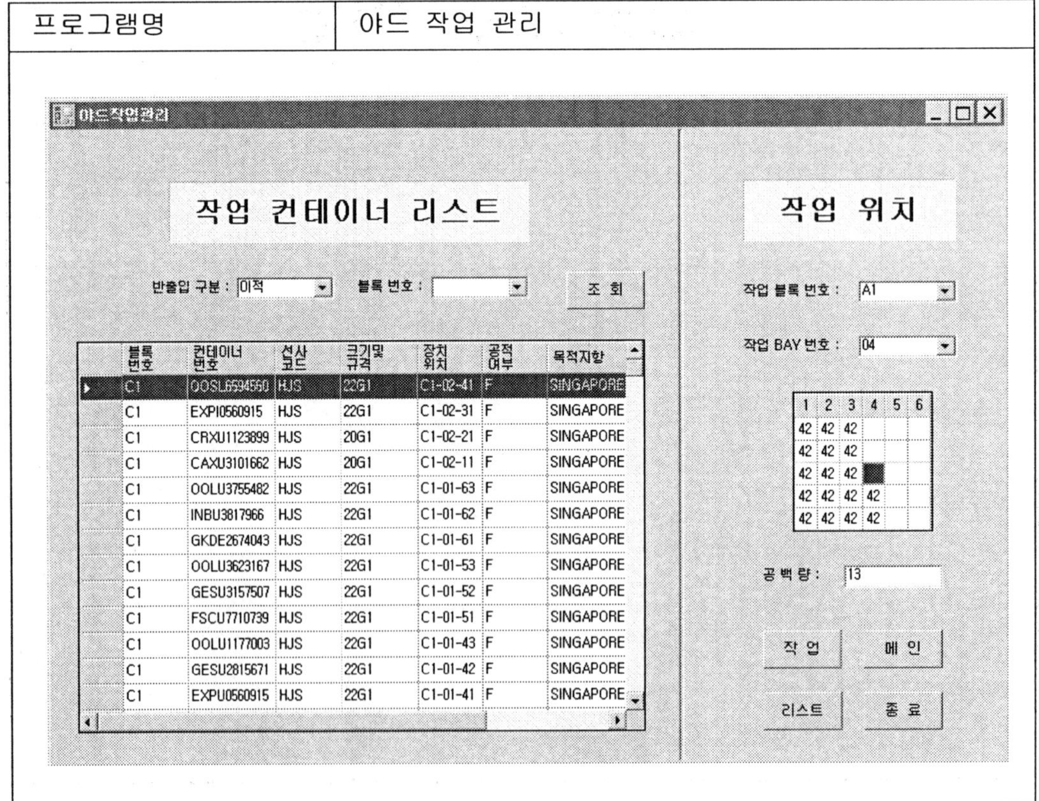

<table>
<tr><td colspan="6" align="center">프로그램 명세서</td></tr>
<tr><td>작성자 : 김 진 수</td><td>승인자 :</td><td>버 전 : 1.0</td></tr>
<tr><td>작성일 : 2009. 05. 13</td><td>승인일 :</td><td>페이지 : 2/12</td></tr>
</table>

프로그램명	야드 작업 관리

* 프로그램 개요
 - 외부에서 야드로 컨테이너 반입, 야드에서 외부로 컨테이너 반출 및 컨테이너의 구내 이적을 처리하는 프로그램이다.
 - 메인 폼에서 이 프로그램으로 연결된다.
 - 폼은 작업 컨테이너 리스트와 작업 위치의 두 부분으로 나누어진다. [작업 컨테이너 리스트]는 반출입구분(반입, 반출 및 이적)별로 해당 야드 블록의 컨테이너 리스트를 조회하는 부분이고, [작업 위치]는 조회된 컨테이너를 옮기는 장소를 지정하는 부분이다. 다만, 반출시에는 작업 위치를 지정할 필요가 없다.
 - 작업 위치에서는 야드의 작업 블록번호 및 BAY번호에 대한 컨테이너 적재도와 공백량을 조회한다.
 - 반출입구분이 반입인 경우는 외부에서 반입된 컨테이너를 해당 야드에 적재할 때 이용하고, 이때는 블록번호를 지정할 필요가 없다.
 - 반출입구분이 반출인 경우는 야드에 적재되어 있는 컨테이너를 외부로 반출할 때 이용한다. 이때는 블록번호를 지정해야 하고, 작업 위치와는 무관하다.
 - 반출입구분이 이적인 경우는 야드에 적재되어 있는 컨테이너를 다른 장소로 이적할 때 이용하고, 이때는 블록번호를 지정해야 한다.
 - [작업] 명령 단추의 이용
   • 작업 컨테이너 리스트에서 반출입구분이 반입 및 이적인 경우는 작업 컨테이너 리스트에서 반입 및 이적할 컨테이너를 선택하고, 작업 위치에서는 컨테이너 적재도에서 야드에서 적재할 위치를 선정한 뒤 [작업] 단추를 누르면 해당 야드로 반입 및 이적된다. 이때 작업 개수가 일치해야 한다. 단, 반출 및 이적인 경우는 한 번에 한건씩만 처리할 수 있다.
   • 반출입구분이 반출인 경우는 작업 위치는 지정할 필요가 없이 반출 작업만 수행된다.
 - [리스트] 명령 단추를 누를 경우, 작업 위치의 컨테이너 적재도에 대한 세부적인 작업 리스트 내역을 조회할 수 있다.

프로그램 명세서		
작성자 : 김 진 수	승인자 :	버 전 : 1.0
작성일 : 2009. 05. 13	승인일 :	페이지 : 3/12

프로그램명	야드 작업 관리

1. 야드작업관리_Load()
   - 야드관리 데이터베이스를 연결하여 연다.
   - 작업컨테이너정보, 야드세부정보, 야드블록MAP정렬정보 테이블을 초기 생성한다.
   - 블록번호List 테이블을 생성하여 그 내역으로 블록번호 콤보상자의 목록을 채운다.
   - 작업블록번호List 테이블을 생성하여 그 내역으로 작업블록번호 콤보상자의 목록을 채운다.
   - 테이블 전체 내역을 대상으로 하여 야드MAP정보, 야드MAP세부정보, 컨테이너정보 테이블을 생성한다.
   - DataGridView2의 속성을 지정한다.

2. btn조회_Click()
   - 반출입구분 콤보상자의 값이 공백이 아니면 작업리스트조회() 프로시저를 수행한다.

3. 작업리스트조회()
   - 작업컨테이너정보 테이블의 내역을 지운다.
   - 반출입구분의 값이 "반입"인 경우
     SQL = "SELECT BB.블록번호, AA.컨테이너번호, 선사코드,
             크기및규격, 장치위치, 공적여부, " & _
             "목적지향, 반입일시 FROM 컨테이너정보
             AA LEFT OUTER JOIN " & _
             "야드MAP세부정보 BB ON AA.컨테이너번호 =
             BB.컨테이너번호 " & _
             "WHERE 반입일시 = '' ORDER BY AA.컨테이너번호"

<table>
<tr><td colspan="5" align="center">프로그램 명세서</td></tr>
<tr><td>작성자 : 김 진 수</td><td>승인자 :</td><td>버 전 : 1.0</td></tr>
<tr><td>작성일 : 2009. 05. 13</td><td>승인일 :</td><td>페이지 : 4/12</td></tr>
</table>

프로그램명	야드 작업 관리

- 폼에서 블록번호 값이 공백이고, 반출입구분의 값이 "반출" 및 "이적"인 경우

  SQL = "SELECT BB.블록번호, AA.컨테이너번호, 선사코드,
  크기및규격, 장치위치, 공적여부, " & _
  "목적지향, 반입일시, 반출일시 FROM 컨테이너정보
  AA LEFT OUTER JOIN " & _
  "야드MAP세부정보 BB ON AA.컨테이너번호 =
  BB.컨테이너번호 WHERE 반입일시 > '' " & _
  "ORDER BY 장치위치 DESC"

- 폼에서 블록번호 값이 공백이 아니고, 반출입구분의 값이 "반출" 및 "이적"인 경우

  SQL = "SELECT BB.블록번호, AA.컨테이너번호, 선사코드,
  크기및규격, 장치위치, 공적여부, " & _
  "목적지향, 반입일시, 반출일시 FROM 컨테이너정보
  AA LEFT OUTER JOIN 야드MAP세부정보 BB " & _
  "ON AA.컨테이너번호 = BB.컨테이너번호
  WHERE (블록번호 LIKE '" & _
  cbo블록번호.Text & "%') and (반입일시> '')
  ORDER BY 장치위치 DESC"

- 위의 SQL문을 이용하여 작업컨테이너정보 테이블을 생성한다.
- 작업컨테이너정보 테이블을 DataGridView1의 DataSource에 옮긴다.

4. btn작업_Click()
   - 반출입구분 콤보상자의 값이 공백인 경우 오류메시지를 출력하고 프로시저를 종료한다.
   - 반입, 반출 및 이적 작업할 DataGridView1의 선택된 RowCount를 저장한다.
   - 반입 및 이적 작업할 장소(DataGridView2)의 선택된 CellCount를 저장한다.
   - 선택된 RowCount가 1보다 작은 경우 오류메시지를 출력하고 프로시저를 종료한다.

프로그램 명세서		
작성자 : 김 진 수	승인자 :	버 전 : 1.0
작성일 : 2009. 05. 13	승인일 :	페이지 : 5/12

프로그램명	야드 작업 관리

- 반출입구분 콤보상자의 값이 "반출"인 경우 반출DataCheck() 프로시저를 수행하고, 그렇지 않으면 반입이적DataCheck() 프로시저를 수행한다.
- DataCheck() 프로시저 수행 후 오류가 없으면, 반출입구분 콤보상자의 값에 따라 반입작업(), 반출작업() 및 이적작업() 프로시저를 수행한다.
- 작업리스트조회() 프로시저를 수행한다.
- 반출입구분 콤보상자의 값이 "반출"이 아니면 데이터생성() 및 공백량조회() 프로시저를 수행한다.

5. 반입이적DataCheck()
  - 반출입구분 콤보상자의 값이 "반입"인 경우의 데이터 체크
    · DataGridView1에서 선택된 행(Row)의 반입일시 필드가 공백이 아니면 "선택된 컨테이너가 벌써 반입처리 되었습니다. "라는 오류메시지를 출력하고 프로시저를 종료한다.
    · DataGridView1에서 선택된 행의 크기및규격 필드의 첫 자리가 "4"이고 작업블록번호 콤보상자의 값이 "B3"보다 크면 "40피트 컨테이너는 A1-B3 블록에만 반입처리됩니다. "라는 오류메시지를 출력하고 프로시저를 종료한다. 이 내역은 프로젝트 설계상 이미 정해 놓은 사항이다.
    · DataGridView1에서 선택된 행의 크기및규격 필드의 첫 자리가 "4"가 아니고 작업블록번호 콤보상자의 값이 "C1"보다 작으면 "20피트 컨테이너는 C1-C3 블록에만 반입처리됩니다. "라는 오류메시지를 출력하고 프로시저를 종료한다. 이 내역은 프로젝트 설계상 이미 정해 놓은 사항이다.

  - 반출입구분 콤보상자의 값이 "이적"인 경우의 데이터 체크
    · DataGridView1에서 선택된 행(Row)의 건수가 1보다 크면 "이적인 경우는 한 건씩만 처리됩니다. "라는 오류메시지를 출력하고 프로시저를 종료한다.

<table>
<tr><td colspan="3" align="center">프로그램 명세서</td></tr>
<tr><td>작성자 : 김 진 수</td><td>승인자 :</td><td>버 전 : 1.0</td></tr>
<tr><td>작성일 : 2009. 05. 13</td><td>승인일 :</td><td>페이지 : 6/12</td></tr>
</table>

프로그램명	야드 작업 관리

- DataGridView1에서 선택된 행의 장치위치 필드의 첫 2자리를 sv블록번호, 4번째부터 2자리를 svBAY번호, 7번째부터 2자리를 sv야드세부번호1, sv야드세부번호1에서 두 번째 자리(Tier번호)를 1 증가시켜서 sv야드세부번호2에 저장한 뒤, 그 내역을 이용하여 현재 이적할 컨테이너 위에 다른 컨테이너가 있는지 여부를 체크한다.
- DataGridView1에서 선택된 행의 반입일시 필드가 공백이면 "아직 반입 처리가 되지 않은 컨테이너입니다. "라는 오류메시지를 출력하고 프로시저를 종료한다.
- DataGridView1에서 선택된 행의 크기및규격 필드에서 첫 자리가 "4"이고 작업블록번호 콤보상자의 값이 "B3"보다 크면 "40피트 컨테이너는 A1-B3 블록에서만 이적 처리됩니다. "라는 오류메시지를 출력하고 프로시저를 종료한다. 이 내역은 프로젝트 설계상 이미 정해 놓은 사항이다.
- DataGridView1에서 선택된 행의 크기및규격 필드에서 첫 자리가 "4"가 아니고 작업블록번호 콤보상자의 값이 "C1"보다 작으면 "20피트 컨테이너는 C1-C3 블록에서만 이적 처리됩니다. "라는 오류메시지를 출력하고 프로시저를 종료한다. 이 내역은 프로젝트 설계상 이미 정해 놓은 사항이다.

- 작업블록번호 콤보상자와 작업BAY번호 콤보상자의 값이 공백인 경우 오류메시지를 출력하고 프로시저를 종료한다.
- 선택된 행 건수(DataGridView1)와 셀 건수(DataGridView2)가 일치하지 않으면 오류메시지를 출력하고 프로시저를 종료한다.
- DataGridView2에서 선택된 셀의 값이 공백보다 크면 "선택된 작업 위치에 현재 컨테이너가 적재되어 있습니다. "라는 오류메시지를 출력하고 프로시저를 종료한다.
- 같은 작업블록번호 및 작업BAY번호에 이적할 경우 이적할 컨테이너 위치가 작업할 컨테이너 위치보다 상단(Row번호는 동일하고 Tier번호가 큰 경우)에 있으면 오류메시지를 출력하고 프로시저를 종료한다.

<table>
<tr><td colspan="6" align="center">프로그램 명세서</td></tr>
<tr><td>작성자 : 김 진 수</td><td>승인자 :</td><td>버 전 : 1.0</td></tr>
<tr><td>작성일 : 2009. 05. 13</td><td>승인일 :</td><td>페이지 : 7/12</td></tr>
</table>

프로그램명	야드 작업 관리

6. 반출DataCheck()
 - DataGridView1에서 선택된 행(Row)의 건수가 1보다 크면 "반출인 경우는 한 건씩만 처리됩니다. "라는 오류메시지를 출력하고 프로시저를 종료한다.
 - DataGridView1에서 선택된 행(Row)의 반입일시 필드 값이 공백이면 "아직 반입 처리가 되지 않은 컨테이너입니다. "라는 오류메시지를 출력하고 프로시저를 종료한다.
 - 작업할 컨테이너 위치를 체크하여 작업 위치의 상단에 다른 컨테이너가 존재하면 오류메시지를 출력하고 프로시저를 종료한다.

7. 반입작업()
 - 선택된 모든 행에 대해 아래의 작업을 반복하여 수행한다.
 - DataGridView1에서 선택된 행(Row)의 반입일시 필드 값이 공백보다 크면 "현재 반입된 상태이므로 반입 처리할 수 없습니다. "라는 오류메시지를 출력하고 해당 내역은 반입처리하지 않는다.
 - 폼의 작업블록번호와 작업BAY번호를 야드MAP정보 테이블에서 블록번호와 BAY번호가 같은 레코드를 찾아 야드MAP정보 테이블의 적재량과 반입량을 1 증가시키고, 공백량을 1 감소시킨다.
 - 야드MAP세부정보 테이블에서 다음과 같이 한 건의 새로운 레코드를 추가한다.
   · 작업블록번호 콤보상자의 값을 테이블의 블록번호에 옮긴다.
   · 작업BAY번호 콤보상자의 값을 테이블의 BAY번호에 옮긴다.
   · 선택된 셀의 야드세부번호를 테이블의 야드세부번호에 옮긴다.
   · 변수에 저장된 컨테이너번호를 테이블의 컨테이너번호에 옮긴다.
   · 야드MAP세부정보 테이블에 한 건의 데이터를 추가하고 Update한다.
 - 컨테이너정보 테이블의 내역을 다음과 같이 수정한다.
   · 변수에 저장된 컨테이너번호를 컨테이너정보 테이블에서 찾는다.

<table>
<tr><td colspan="3" align="center">프로그램 명세서</td></tr>
<tr><td>작성자 : 김 진 수</td><td>승인자 :</td><td>버 전 : 1.0</td></tr>
<tr><td>작성일 : 2009. 05. 13</td><td>승인일 :</td><td>페이지 : 8/12</td></tr>
</table>

프로그램명	야드 작업 관리

- wk장치위치(폼의 작업블록번호 + "-" + 폼의 작업BAY번호 + "-" + 선택된 셀의 야드세부번호)를 테이블의 장치위치에 옮긴다.
- 작업블록번호 콤보상자의 값을 테이블의 작업위치에 옮긴다.
- 현재 일자(Now().Date)의 처음부터 10바이트를 테이블의 반입일시에 옮긴다.
- 컨테이너정보 테이블을 Update한다.

8. 반출작업()
- DataGridView1에서 선택된 행(Row)의 반출일시 필드 값이 공백보다 크면 "현재 반출된 상태이므로 반출 처리할 수 없습니다. "라는 오류메시지를 출력하고 프로시저를 종료한다.
- DataGridView1에서 선택된 행의 컨테이너번호 필드 값을 wk컨테이너번호에 옮긴다.
- DataGridView1에서 선택된 행의 장치위치 필드 값의 첫 2바이트를 wk블록번호에 옮긴다.
- DataGridView1에서 선택된 행의 장치위치 필드 값의 4번째부터 2바이트를 wkBAY번호에 옮긴다.
- DataGridView1에서 선택된 행(Row)의 장치위치 필드 값이 공백이면 "장치위치가 없는 컨테이너는 반출할 수 없습니다. "라는 오류메시지를 출력하고 프로시저를 종료한다.
- wk블록번호와 wkBAY번호를 야드MAP정보 테이블에서 블록번호와 BAY번호가 같은 레코드를 찾아 야드MAP정보 테이블의 적재량을 1 감소시키고, 공백량과 반출량을 1 증가시킨다.
- 야드MAP세부정보 테이블에서 컨테이너번호가 wk컨테이너번호와 같은 레코드를 삭제한다.

<table>
<tr><td colspan="3" align="center">프로그램 명세서</td></tr>
<tr><td>작성자 : 김 진 수</td><td>승인자 :</td><td>버　전 : 1.0</td></tr>
<tr><td>작성일 : 2009. 05. 13</td><td>승인일 :</td><td>페이지 : 9/12</td></tr>
</table>

프로그램명	야드 작업 관리

- 컨테이너정보 테이블의 내역을 다음과 같이 수정한다.
  - wk컨테이너번호를 컨테이너정보 테이블에서 찾는다.
  - 테이블의 장치위치와 작업위치를 공백으로 한다.
  - 현재 일자(Now().Date)의 처음부터 10바이트를 테이블의 반출일시에 옮긴다.
  - 컨테이너정보 테이블을 Update한다.

9. 이적작업()
  - DataGridView1에서 선택된 행의 컨테이너번호 필드 값을 wk컨테이너번호에 옮긴다.
  - DataGridView1에서 선택된 행의 장치위치 필드 값의 첫 2바이트를 wk블록번호에 옮긴다.
  - DataGridView1에서 선택된 행의 장치위치 필드 값의 4번째부터 2바이트를 wkBAY번호에 옮긴다.
  - DataGridView1에서 선택된 행(Row)의 장치위치 필드 값이 공백이면 "장치위치가 없는 컨테이너는 이적할 수 없습니다."라는 오류메시지를 출력하고 프로시저를 종료한다.
  - 폼의 작업블록번호와 작업BAY번호를 야드MAP정보 테이블에서 블록번호와 BAY번호가 같은 레코드를 찾아 야드MAP정보 테이블의 적재량과 반입량을 1 증가시키고, 공백량을 1 감소시킨다.
  - wk블록번호와 wkBAY번호를 야드MAP정보 테이블에서 블록번호와 BAY번호가 같은 레코드를 찾아 야드MAP정보 테이블의 적재량을 1 감소시키고, 공백량과 이적량을 1 증가시킨다.
  - 야드MAP세부정보 테이블에서 컨테이너번호가 wk컨테이너번호와 같은 레코드를 삭제한다.
  - 야드MAP세부정보 테이블에서 다음과 같이 한 건의 새로운 레코드를 추가한다.

<table>
<tr><td colspan="3" align="center">프로그램 명세서</td></tr>
<tr><td>작성자 : 김 진 수</td><td>승인자 :</td><td>버 전 : 1.0</td></tr>
<tr><td>작성일 : 2009. 05. 13</td><td>승인일 :</td><td>페이지 : 10/12</td></tr>
</table>

<table>
<tr><td>프로그램명</td><td>야드 작업 관리</td></tr>
</table>

- 작업블록번호 콤보상자의 값을 테이블의 블록번호에 옮긴다.
- 작업BAY번호 콤보상자의 값을 테이블의 BAY번호에 옮긴다.
- 선택된 셀의 야드세부번호를 테이블의 야드세부번호에 옮긴다.
- wk컨테이너번호를 테이블의 컨테이너번호에 옮긴다.
- 야드MAP세부정보 테이블에 한 건의 데이터를 추가하고 Update한다.
- 컨테이너정보 테이블의 내역을 다음과 같이 수정한다.
  - wk컨테이너번호를 컨테이너정보 테이블에서 찾는다.
  - wk장치위치(폼의 작업블록번호 + "-" + 폼의 작업BAY번호 + "-" + 선택된 셀의 야드세부번호)를 테이블의 장치위치에 옮긴다.
  - 작업블록번호 콤보상자의 값을 테이블의 작업위치에 옮긴다.
  - 컨테이너정보 테이블을 Update한다.

10. cbo작업블록번호_SelectedIndexChanged()
   - 폼의 작업BAY번호와 공백량의 값을 공백으로 한다.
   - 작업BAY번호 콤보상자의 목록을 지우고 다시 생성한다. 이 때 작업블록번호 콤보상자의 값이 "A1"보다 크거나 같고 "B3"보다 작거나 같으면 작업BAY번호 콤보상자의 해당 목록에 "02"~"24"(짝수만)를 추가하고, 그렇지 않으면 "01"~"24"를 추가한다.

11. cbo작업BAY번호_SelectedIndexChanged()
   - 공백량조회() 프로시저를 수행한다.
   - 데이터생성() 프로시저를 수행한다.

12. 공백량조회()
   - 폼의 작업블록번호와 작업BAY번호를 야드MAP정보 테이블에서 블록번호와 BAY번호가 같은 레코드를 찾아 테이블의 공백량을 폼의 공백량에 옮긴다.

<table>
<tr><td colspan="5" align="center">프로그램 명세서</td></tr>
<tr><td>작성자 : 김 진 수</td><td colspan="2">승인자 :</td><td colspan="2">버 전 : 1.0</td></tr>
<tr><td>작성일 : 2009. 05. 13</td><td colspan="2">승인일 :</td><td colspan="2">페이지 : 11/12</td></tr>
</table>

프로그램명	야드 작업 관리

13. 데이터생성()
   - 폼의 작업블록번호가 공백이면 오류메시지를 출력하고 프로시저를 종료한다.
   - 야드세부정보 테이블 내역을 지운다.
   - SQL = "SELECT 블록번호, BAY번호, 야드세부번호, AA.컨테이너번호,
        BB.크기및규격 " & _
        "FROM 야드MAP세부정보 AA INNER JOIN 컨테이너정보 BB ON
        AA.컨테이너번호 = BB.컨테이너번호 " & _
        "WHERE (블록번호 = '" & cbo작업블록번호.Text & "') and
        (BAY번호 = '" & cbo작업BAY번호.Text & "')"

   - 위의 SQL 문을 이용하여 야드세부정보 테이블을 생성한다.
   - 야드세부정보 테이블을 읽어서 야드세부번호의 2번째부터 1바이트를 wkIndex1
     에 야드세부번호의 1번째부터 1바이트를 wkIndex2에 옮긴다. 또한 크기및규격
     을 wk야드정렬(wkIndex1, wkIndex2)에 옮긴다. (야드세부정보 테이블의 모든
     레코드에 대해서 각각 수행한다.)

   - 야드블록MAP정렬정보 테이블 내역을 지운다.
   - DataTable생성() 프로시저를 수행한다(i값이 5, 4, 3, 2, 1인 경우 각각).
   - 야드블록MAP정렬정보 테이블을 DataGridView2의 DataSource에 옮긴다.

14. DataTable생성()
   - wk야드정렬(i, 1) ~ wk야드정렬(i, 6)을 NewRow("1") ~ NewRow("6")에
     옮기고 야드블록MAP정렬정보에 새로운 레코드를 추가한다.

15. btn작업리스트_Click()
   - 작업블록번호와 작업BAY번호 콤보상자의 값이 공백이면 오류메시지를 출력하

프로그램 명세서		
작성자 : 김 진 수	승인자 :	버 전 : 1.0
작성일 : 2009. 05. 13	승인일 :	페이지 : 12/12

프로그램명	야드 작업 관리

고, 아니면 작업블록번호와 작업BAY번호 콤보상자의 값을 sv블록번호 및 svBAY번호에 저장하고 작업리스트조회 폼을 연다.

16. btn메인_Click()
  - 현재 화면을 종료한다.

17. btn종료_Click()
  - 현재 화면을 종료하고, 프로그램을 종료한다.

9.2 야드 작업 관리 프로그램 작성

① 비주얼 스튜디오 .NET을 실행하고 [새 프로젝트]를 실행한다. 새 프로젝트 창에서 이름을 [야드관리], 위치는 적절한 경로를 선택하고 [확인] 단추를 누른다.

② 솔루션 탐색기에서 [야드관리] 프로젝트를 선택하고 우측 마우스 단추를 눌러 단축 메뉴를 표시한다. [추가/Windows Form]을 선택하여 새로운 폼을 만든다. 새로운 폼 이름은 [야드작업관리]로 하고 Form1은 삭제한다. 또한 프로젝트의 My Project를 더블클릭하여 시작 폼을 [야드작업관리]로 지정한다.

③ 다음 표를 참고로 폼을 디자인한다.

컨트롤	Name	Text	비 고
Form	야드작업관리	야드작업관리	
Label	Label1	작업 컨테이너 리스트	Font : 굴림32pt
ComboBox	cbo반출입구분		
ComboBox	cbo블록번호		
Button	btn조회	조 회	
DataGridView	DataGridView1		
Label	Label2	작업 위치	Font : 굴림32pt
ComboBox	cbo작업블록번호		
ComboBox	cbo작업BAY번호		
DataGridView	DataGridView2		
TextBox	txt공백량		
Button	btn작업	작 업	
Button	btn메인	메 인	
Button	btn작업리스트	리스트	
Button	btn종료	종 료	

＊ 일반적인 레이블 내역은 생략함

④ 프로그램에 imports해야 할 네임스페이스와 야드작업관리 폼에 사용될 기본 개체를 설정하고, 폼의 빈곳에 더블 클릭하여 야드작업관리_Load 로직을 작성한다.

리스트 **9-1**

```
Imports System.Data
Imports System.Data.SqlClient
Imports System.IO

Public Class 야드작업관리

    Protected Conn As New SqlConnection()
    Protected Ds2 As New DataSet
    Protected Dv1 As DataView
    Protected NewRow As DataRow
    Protected Adt1 As New SqlDataAdapter()
```

```
Protected Adt2 As New SqlDataAdapter()
Protected Adt3 As New SqlDataAdapter()
Protected Adt4 As New SqlDataAdapter()
Protected Adt5 As New SqlDataAdapter()
Protected Adt6 As New SqlDataAdapter()
Protected Adt7 As New SqlDataAdapter()
Protected Adt8 As New SqlDataAdapter()
Protected cmdBld4 As New SqlCommandBuilder()
Protected cmdBld5 As New SqlCommandBuilder()
Protected cmdBld6 As New SqlCommandBuilder()
Protected Cmd As SqlCommand

Protected wk야드정렬(6, 7) As String
Protected wk야드정렬2(6, 7) As String
Protected wk야드세부번호(,) As String = {{"15", "25", "35", "45", ↙
        "55", "65"}, {"14", "24", "34", "44", "54", "64"}, _
        {"13", "23", "33", "43", "53", "63"}, _
        {"12", "22", "32", "42", "52", "62"}, _
        {"11", "21","31", "41", "51", "61"}}
Protected selected야드세부번호(30) As String
Protected selectedRowIndex(30) As Integer
Protected selectedColumnIndex(30) As Integer
Protected rowIndex As Integer
Protected selectedRowCount As Integer
Protected selectedCellCount As Integer
Protected wk컨테이너번호 As String
Protected wk장치위치 As String
Protected SQL As String = ""
Protected wkOK As String = ""
Protected wkSW As String = ""
Protected i, j, k As Integer

Private Sub 야드작업관리_Load(ByVal sender As Object, ByVal e As ↙
        System.EventArgs) Handles Me.Load

  Try
    Conn.ConnectionString = "SERVER=kjs;UID=sa;PWD=kjs; ↙
                        DATABASE=야드관리"

    SQL = "SELECT BB.블록번호, AA.컨테이너번호, 선사코드, ↙
          크기및규격, 장치위치, 공적여부, " & _
          "목적지항, 반입일시, 반출일시 FROM 컨테이너정보 ↙
          AA LEFT OUTER JOIN 야드MAP세부정보 BB " & _
          "ON AA.컨테이너번호 = BB.컨테이너번호 WHERE 블록번호 = ' '"
```

```
Adt1 = New SqlDataAdapter(SQL, Conn)
Adt1.Fill(Ds2, "작업컨테이너정보") ························································· 1

Adt2 = New SqlDataAdapter("Select distinct 블록번호 from ↙
          야드MAP정보 order by 블록번호", Conn)
Adt2.Fill(Ds2, "블록번호List") ···························································· 2

cbo블록번호.DataSource = Ds2.Tables("블록번호List")
cbo블록번호.DisplayMember = "블록번호"
cbo블록번호.Text = ""

wkSW = "ON" ················································································ 3
Adt3 = New SqlDataAdapter("Select distinct 블록번호 from ↙
          야드MAP정보 order by 블록번호", Conn)
Adt3.Fill(Ds2, "작업블록번호List") ······················································· 4
cbo작업블록번호.DataSource = Ds2.Tables("작업블록번호List")
cbo작업블록번호.DisplayMember = "블록번호"
cbo작업블록번호.Text = ""

wkSW = ""

Adt4 = New SqlDataAdapter("Select * from 야드MAP정보", Conn)
cmdBld4 = New SqlCommandBuilder(Adt4)
Adt4.Fill(Ds2, "야드MAP정보") ···························································· 5

Adt5 = New SqlDataAdapter("Select * from 야드MAP세부정보", Conn)
cmdBld5 = New SqlCommandBuilder(Adt5)
Adt5.Fill(Ds1, "야드MAP세부정보") ······················································ 6

Adt6 = New SqlDataAdapter("Select * from 컨테이너정보", Conn)
cmdBld6 = New SqlCommandBuilder(Adt6)
Adt6.Fill(Ds2, "컨테이너정보") ·························································· 7

SQL = "SELECT 블록번호, BAY번호, 야드세부번호, AA.컨테이너번호, ↙
      BB.크기및규격 " & _
      "FROM 야드MAP세부정보 AA INNER JOIN 컨테이너정보 BB " & _
      "ON AA.컨테이너번호 = BB.컨테이너번호 WHERE 블록번호 = ' '"

Adt7 = New SqlDataAdapter(SQL, Conn)
Adt7.Fill(Ds2, "야드세부정보") ·························································· 8

Adt8 = New SqlDataAdapter("Select * from 야드블록MAP정렬정보", ↙
                                                      Conn)
Adt8.Fill(Ds2, "야드블록MAP정렬정보") ·················································· 9
```

```
    DataGridView2Set()


Catch ErrSQL As SqlException
    Dim colErrors As SqlErrorCollection = ErrSQL.Errors
    Dim i As Integer
    For i = 0 To colErrors.Count
        MessageBox.Show("오류 번호 : " & ErrSQL.Number & "[" & _
        ErrSQL.Source & "]" & ControlChars.CrLf & "오류 내역 : " & _
        ErrSQL.Message & ControlChars.CrLf & "오류 행번호 : " & _
        ErrSQL.StackTrace, "오류 메시지" & "("& i + 1 & ")")
    Next
End Try

End Sub


Private Sub DataGridView2Set()

    DataGridView2.AllowUserToAddRows = False
    DataGridView2.AllowUserToDeleteRows = False
    DataGridView2.AllowUserToResizeColumns = False
    DataGridView2.AllowUserToResizeRows = False

    DataGridView2.AutoSizeColumnsMode = _
                DataGridViewAutoSizeColumnsMode.AllCells
    DataGridView2.AutoSizeRowsMode = _
                DataGridViewAutoSizeRowsMode.AllCells
    DataGridView2.ColumnHeadersDefaultCellStyle.Alignment = _
                DataGridViewContentAlignment.MiddleCenter

    DataGridView2.ColumnHeadersHeightSizeMode = _
                DataGridViewColumnHeadersHeightSizeMode.DisableResizing
    DataGridView2.DefaultCellStyle.Alignment = _
                DataGridViewContentAlignment.MiddleCenter

    DataGridView2.MultiSelect = True
    DataGridView2.ReadOnly = True
    DataGridView2.RowHeadersVisible = False
    DataGridView2.ScrollBars = ScrollBars.None
    DataGridView2.SelectionMode = DataGridViewSelectionMode.CellSelect

End Sub
```

〈해설〉

1. 작업컨테이너정보 테이블을 초기 생성한다. 이렇게 이름만을 생성하는 이유는 리스트 9-2의 작업리스트조회() 프로시저에서 작업컨테이너정보 테이블의 내역을 먼저 지우고 새롭게 생성하는 알고리즘을 구현하기 위해서이다.

2. 블록번호 콤보상자의 목록을 채우기 위해 블록번호List 테이블을 생성한다.

3. wkSW는 cbo작업블록번호_SelectedIndexChanged() 프로시저에 사용되고, 처음 폼 LOAD시에는 이 이벤트를 수행 하지 않게 한다. SelectedIndexChanged 이벤트는 작동은 잘되나 초기 LOAD 로직에서 [cbo작업블록번호.DisplayMember = "블록번호"] 및 [cbo작업블록번호.Text = ""] 명령 수행시에 이벤트가 작동되는 단점이 있다. 반면에 cbo작업블록번호_SelectionChangeCommitted 이벤트는 위의 명령이 수행될 때 이벤트가 작동되지 않는 장점이 있으나 간혹 이벤트 작동이 원활하지 못한 경우가 있다.

4. 작업블록번호 콤보상자의 목록을 채우기 위해 작업블록번호List 테이블을 생성한다.

5. 테이블 전체 내역을 대상으로 하여 야드MAP정보 테이블을 생성한다.

6. 테이블 전체 내역을 대상으로 하여 야드MAP세부정보 테이블을 생성한다.

7. 테이블 전체 내역을 대상으로 하여 컨테이너정보 테이블을 생성한다.

8. 야드세부정보 테이블을 초기 생성한다.

9. 야드블록MAP정렬정보 테이블을 초기 생성한다.

⑤ 디자인 폼에서 [조회] 명령 단추를 더블 클릭하여 cbo반출입구분, cbo블록번호의 조건에 맞는 내역을 조회하는 로직을 작성하자.

리스트 9-2

```
Private Sub btn조회_Click_1(ByVal sender As System.Object, ✓
        ByVal e As System.EventArgs) Handles btn조회.Click

  If cbo반출입구분.Text = "" Then
      MsgBox("반출입구분을 입력하여야 작업을 할 수 있습니다. ")
  Else
      작업리스트조회()
  End If

End Sub
```

```
Private Sub 작업리스트조회()  ·········································································· 1

    Ds2.Tables("작업컨테이너정보").Clear()

    If cbo반출입구분.Text = "반입" Then
        SQL = "SELECT BB.블록번호, AA.컨테이너번호, 선사코드, ↙
               크기및규격, 장치위치, 공적여부, " & _
               "목적지항, 반입일시 FROM 컨테이너정보 ↙
               AA LEFT OUTER JOIN 야드MAP세부정보 BB " & _
               "ON AA.컨테이너번호 = BB.컨테이너번호 ↙
               WHERE 반입일시 = '' " & "ORDER BY AA.컨테이너번호"
                                                               ·········· 2

        cbo블록번호.Text = ""  ·········································· 3

    Else  ················································································ 4
        If cbo블록번호.Text = "" Then
            SQL = "SELECT BB.블록번호, AA.컨테이너번호, 선사코드, ↙
                   크기및규격, 장치위치, 공적여부, " & _
                   "목적지항, 반입일시, 반출일시 FROM 컨테이너정보 ↙
                   AA LEFT OUTER JOIN " & _
                   "야드MAP세부정보 BB ON AA.컨테이너번호 = ↙
                   BB.컨테이너번호 WHERE 반입일시 > '' " & _
                   "ORDER BY 장치위치 DESC"

        Else
            SQL = "SELECT BB.블록번호, AA.컨테이너번호, 선사코드, ↙
                   크기및규격, 장치위치, 공적여부, " & _
                   "목적지항, 반입일시, 반출일시 FROM 컨테이너정보 ↙
                   AA LEFT OUTER JOIN 야드MAP세부정보 BB " & _
                   "ON AA.컨테이너번호 = BB.컨테이너번호 ↙
                   WHERE (블록번호 LIKE '" & _
                   cbo블록번호.Text & "%') and (반입일시 > '') ↙
                   ORDER BY 장치위치 DESC"
        End If
    End If

    Adt1 = New SqlDataAdapter(SQL, Conn)
    Adt1.Fill(Ds2, "작업컨테이너정보")

    DataGridView1.DataSource = Ds2.Tables("작업컨테이너정보")

End Sub
```

〈해설〉

1. 작업리스트조회() 프로시저는 반출입구분 콤보상자가 "반입", "반출" 및 "이적"인 경우에 대한 로직이다. 이 중에서 "반출" 및 "이적"은 업무 내역이 비슷하므로 같은 알고리즘을 사용한다.

2. 반출입구분이 반입일 경우 아직 반입되지 않은 컨테이너를 찾아야 하므로 반입일시가 공백인 데이터를 찾는다.

3. 반출입구분이 반입일 경우 아직 반입되지 않은 컨테이너를 처리하므로 블록번호가 아직 없다. 그래서 블록번호에 데이터를 입력할 필요가 없다. 그러므로 공백으로 처리한다.

4. 반출입구분이 "반출" 및 "이적"인 경우를 처리하는 로직이다.

⑥ 디자인 폼에서 [작업] 명령 단추를 더블 클릭하여 "반입", "반출" 및 "이적"에 대한 로직을 작성하자.

리스트 **9-3**

```
Private Sub btn작업_Click(ByVal sender As System.Object, ByVal e ↙
            As System.EventArgs) Handles btn작업.Click

    Dim response As VariantType

    If cbo반출입구분.Text = "" Then
        MsgBox("반출입구분을 입력하세요 !!!")
        Exit Sub
    End If

    response = MsgBox("***** " & cbo반출입구분.Text & " 작업을 ↙
            하시겠습니까? ", MsgBoxStyle.YesNo)

    If response = MsgBoxResult.No Then
        MsgBox(cbo반출입구분.Text & " 작업 취소 !!!")
        Exit Sub
    End If

    selectedRowCount = DataGridView1.SelectedRows.Count ·············· 1
```

```
    selectedCellCount = DataGridView2.SelectedCells.Count ·············· 2

    If selectedRowCount < 1 Then
        MsgBox("작업 컨테이너 리스트를 선택해야 작업할 수 있습니다.")
        Exit Sub
    End If


    wkOK = ""

    If cbo반출입구분.Text = "반출" Then ································· 3
        반출DataCheck()
    Else
        반입이적DataCheck()
    End If

    If wkOK = "OK" Then ··············································· 4
        If cbo반출입구분.Text = "반입" Then
            반입작업()
        End If

        If cbo반출입구분.Text = "반출" Then
            반출작업()
        End If

        If cbo반출입구분.Text = "이적" Then
            이적작업()
        End If
    Else
        Exit Sub
    End If

    작업리스트조회() ··················································· 5

    If cbo반출입구분.Text <> "반출" Then

        데이터생성()

        공백량조회()

    End If

End Sub
```

```vbnet
Private Sub 반입이적DataCheck()

    Dim x, y As Integer
    Dim wkCheck As String
    Dim sv블록번호 As String
    Dim svBAY번호 As String
    Dim sv야드세부번호1 As String
    Dim sv야드세부번호2 As String

    If cbo반출입구분.Text = "반입" Then
        For i = 0 To selectedRowCount - 1
            If DataGridView1.SelectedRows(i).Cells("반입일시").Value _
                                            > " " Then

                MsgBox("선택된 컨테이너가 벌써 반입처리 되었습니다. ")
                Exit Sub
            End If

            If Mid(DataGridView1.SelectedRows(i).Cells("크기및규격") _
                                        .Value, 1, 1) = "4" Then
                If cbo작업블록번호.Text > "B3" Then  ················· 6
                    MsgBox("40 피드 컨테이너는A1-B3 블록에만 반입 _
                        처리됩니다. ")
                    Exit Sub
                End If
            Else
                If cbo작업블록번호.Text < "C1" Then  ················· 7
                    MsgBox("20 피드 컨테이너는C1-C3 블록에만 반입 _
                        처리됩니다. ")
                    Exit Sub
                End If
            End If
        Next
    End If

    If cbo반출입구분.Text = "이적" Then
        If selectedRowCount > 1 Then
            MsgBox("이적인 경우는 한 건씩만 처리됩니다. ")
            Exit Sub
        End If

        sv블록번호 = Mid(DataGridView1.SelectedRows(0).Cells _
                ("장치위치").Value, 1, 2)  ················ 8
        svBAY번호 = Mid(DataGridView1.SelectedRows(0).Cells _
                ("장치위치").Value, 4, 2)
```

```
            sv야드세부번호1 = Mid(DataGridView1.SelectedRows(0).Cells ↙
                        ("장치위치").Value, 7, 2) --------------------- 9
            sv야드세부번호2 = Mid(sv야드세부번호1, 1, 1) & ↙
                        (Val(Mid(sv야드세부번호1, 2, 1)) + 1).ToString

        For k = 0 To Ds1.야드MAP세부정보.Rows.Count - 1
          If (Ds1.야드MAP세부정보.Rows(k)("블록번호") = sv블록번호) And _
             (Ds1.야드MAP세부정보.Rows(k)("BAY번호") = svBAY번호) And _
             (Ds1.야드MAP세부정보.Rows(k)("야드세부번호") = ↙
                        sv야드세부번호2) Then ------------------- 10

                MsgBox("작업할 컨테이너 위에 다른 컨테이너가 있어서 ↙
                        이적할 수 없습니다. ")
                Exit Sub
            End If
        Next

        If DataGridView1.SelectedRows(0).Cells("반입일시").Value ↙
                                <= " " Then -------------------- 11
            MsgBox("아직 반입 처리가 되지 않은 컨테이너입니다. ")
            Exit Sub
        End If

        If Mid(DataGridView1.SelectedRows(0).Cells("크기및규격") ↙
                        .Value, 1, 1) = "4" Then --------------- 12
            If cbo작업블록번호.Text > "B3" Then
                MsgBox("40 피드 컨테이너는A1-B3 블록에만 이적 처리됩니다.")
                Exit Sub
            End If
        Else
            If cbo작업블록번호.Text < "C1" Then --------------- 13
                MsgBox("20 피드 컨테이너는C1-C3 블록에만 이적 처리됩니다.")
                Exit Sub
            End If
        End If

        End If

        If (cbo작업블록번호.Text = "") Or (cbo작업BAY번호.Text = "") Then
            MsgBox("작업 블록번호와 작업 BAY번호를 입력하여야 반입 및 이적↙
                        처리가 가능합니다!!!")
            Exit Sub
        End If
```

```
    If selectedRowCount <> selectedCellCount Then
        MsgBox("작업할 컨테이너 개수가 일치하지 않습니다. ")
        Exit Sub
    End If

    For i = 0 To selectedCellCount - 1                              14
        If DataGridView2.SelectedCells(i).Value > " " Then
            MsgBox("선택된 작업 위치에 현재 컨테이너가 적재되어 ↙
                    있습니다. ")
            Exit Sub
        End If
    Next

    For i = 0 To 5                                                  15
        For k = 0 To 6
            wk야드정렬2(i, k) = wk야드정렬(i, k)
        Next
    Next

    For i = 0 To 29
        selectedRowIndex(i) = 0
        selectedColumnIndex(i) = 0
    Next

    For i = 0 To 29
        selected야드세부번호(i) = " "
    Next

    If (cbo반출입구분.Text = "이적") And (cbo작업블록번호.Text = ↙
        sv블록번호) And (cbo작업BAY번호.Text = svBAY번호) Then
                                                                   16
        sv야드세부번호1 = Mid(DataGridView1.SelectedRows(0).Cells ↙
                        ("장치위치").Value, 7, 2)
        x = Mid(sv야드세부번호1, 2, 1)
        y = Mid(sv야드세부번호1, 1, 1)

        wk야드정렬2(x, y) = ""
    End If

    For i = 0 To selectedCellCount - 1
        selectedRowIndex(i) = DataGridView2.SelectedCells(i).RowIndex
        selectedColumnIndex(i) = _                                 17
                DataGridView2.SelectedCells(i).ColumnIndex
```

```
            selected야드세부번호(i) = wk야드세부번호(selectedRowIndex(i), ↵
                                    selectedColumnIndex(i))

        x = Val(Mid(selected야드세부번호(i), 2, 1))
        y = Val(Mid(selected야드세부번호(i), 1, 1))

        wk야드정렬2(x, y) = "C" ·················································· 18
    Next

    For k = 1 To 6
        wkCheck = ""
        For i = 1 To 5 ···················································· 19
            If(wk야드정렬2(i, k) <> "") And (wkCheck = "B") Then
                MsgBox("작업할 컨테이너 위치가 잘못되었습니다. ")
                Exit Sub
            End If
            If wk야드정렬2(i, k) = "" Then
                wkCheck = "B"
            End If
        Next
    Next

    wkOK = "OK"

End Sub

Private Sub 반출DataCheck()

    Dim sv블록번호 As String
    Dim svBAY번호 As String
    Dim sv야드세부번호1 As String
    Dim sv야드세부번호2 As String

    If selectedRowCount > 1 Then
        MsgBox("반출인 경우는 한 건씩만 처리됩니다. ")
        Exit Sub
    End If

    If DataGridView1.SelectedRows(0).Cells("반입일시").Value ↵
                                            <= " " Then
        MsgBox("아직 반입 처리가 되지 않은 컨테이너입니다. ")
        Exit Sub
    End If
```

```
    sv블록번호 = Mid(DataGridView1.SelectedRows(0).Cells ↙
                    ("장치위치").Value, 1, 2)
    svBAY번호 = Mid(DataGridView1.SelectedRows(0).Cells ↙
                    ("장치위치").Value, 4, 2)
    sv야드세부번호1 = Mid(DataGridView1.SelectedRows(0).Cells ↙
                    ("장치위치").Value, 7, 2)
    sv야드세부번호2 = Mid(sv야드세부번호1, 1, 1) & _
            (Val(Mid(sv야드세부번호1, 2, 1)) + 1).ToString


  For k = 0 To Ds1.야드MAP세부정보.Rows.Count - 1
    If (Ds1.야드MAP세부정보.Rows(k)("블록번호") = sv블록번호) And _
      (Ds1.야드MAP세부정보.Rows(k)("BAY번호") = svBAY번호) And _
      (Ds1.야드MAP세부정보.Rows(k)("야드세부번호") = ↙
                        sv야드세부번호2) Then
        MsgBox("작업할 컨테이너 위에 다른 컨테이너가 있어서
                반출할 수 없습니다. ")
        Exit Sub
    End If
  Next


  wkOK = "OK"
End Sub

Private Sub 반입작업()

  For i = 0 To selectedRowCount - 1
    If DataGridView1.SelectedRows(i).Cells("반입일시").Value
                  .ToString > " " Then
        MsgBox("컨테이너 번호 *** " & DataGridView1 ↙
            .SelectedRows(i).Cells("컨테이너번호").Value.ToString & _
        " *** 현재 반입된 상태이므로 반입 처리할 수 없습니다. ")

    Else
        wk컨테이너번호 = DataGridView1.SelectedRows(i).Cells ↙
                    ("컨테이너번호").Value

        '----- 야드MAP정보 테이블의 집계 데이터 수정 -------

        For k = 0 To Ds2.Tables("야드MAP정보").Rows.Count - 1
          If (Ds2.Tables("야드MAP정보").Rows(k)("블록번호") = ↙
                            cbo작업블록번호.Text) And _
            (Ds2.Tables("야드MAP정보").Rows(k)("BAY번호") = ↙
                            cbo작업BAY번호.Text) Then
```

```
                Ds2.Tables("야드MAP정보").Rows(k)("적재량") = _
                        Ds2.Tables("야드MAP정보").Rows(k)("적재량") + 1
                Ds2.Tables("야드MAP정보").Rows(k)("공백량") = _
                        Ds2.Tables("야드MAP정보").Rows(k)("공백량") − 1
                Ds2.Tables("야드MAP정보").Rows(k)("반입량") = _
                        Ds2.Tables("야드MAP정보").Rows(k)("반입량") + 1
                Adt4.Update(Ds2, "야드MAP정보")
                Exit For
            End If
        Next


        '───── 야드MAP세부정보 테이블의 컨테이너번호 데이터 추가

        NewRow = Ds1.야드MAP세부정보.New야드MAP세부정보Row
        NewRow("블록번호") = cbo작업블록번호.Text
        NewRow("BAY번호") = cbo작업BAY번호.Text
        NewRow("야드세부번호") = selected야드세부번호(i)
        NewRow("컨테이너번호") = wk컨테이너번호

        Ds1.야드MAP세부정보.Add야드MAP세부정보Row(NewRow)
        Adt5.Update(Ds1, "야드MAP세부정보") ·············· 22

        '───── 컨테이너정보 테이블의 장치위치 및 반입일시 수정

        Dv1 = New DataView(Ds2.Tables("컨테이너정보"), "", ↙
                "컨테이너번호", DataViewRowState.CurrentRows)
        rowIndex = Dv1.Find(wk컨테이너번호) ·············· 23

        wk장치위치 = cbo작업블록번호.Text & "−" & _ ·············· 24
            cbo작업BAY번호.Text& "−" & selected야드세부번호(i)

        Ds2.Tables("컨테이너정보").Rows(rowIndex)("장치위치") = ↙
                            wk장치위치
        Ds2.Tables("컨테이너정보").Rows(rowIndex)("작업위치") = ↙
                            cbo작업블록번호.Text
        Ds2.Tables("컨테이너정보").Rows(rowIndex)("반입일시") = ↙
                            Mid(Now().Date, 1, 10) ·············· 25
        Adt6.Update(Ds2, "컨테이너정보")
    End If
  Next


  MsgBox("반입처리 OK ")
End Sub
```

```
Private Sub 반출작업()

    If DataGridView1.SelectedRows(0).Cells("반출일시").Value  ↙
                            .ToString 〉 "" Then ················· 26

        MsgBox("컨테이너 번호 *** " & DataGridView1.SelectedRows(i) ↙
            .Cells("컨테이너번호").Value.ToString & _
            " *** 현재 반출된 상태이므로 반출 처리할 수 없습니다. ")
        Exit Sub
    End If

    wk컨테이너번호 = DataGridView1.SelectedRows(0).Cells  ↙ ············· 27
                            ("컨테이너번호").Value
    wk블록번호 = Mid(DataGridView1.SelectedRows(0).Cells  ↙
                            ("장치위치").Value, 1, 2)
    wkBAY번호 = Mid(DataGridView1.SelectedRows(0).Cells  ↙
                            ("장치위치").Value, 4, 2)

    If DataGridView1.SelectedRows(0).Cells("장치위치").Value 〈 " " Then
        MsgBox("컨테이너 번호 *** " & wk컨테이너번호 & _
            " *** 장치위치가 없는 컨테이너는 반출할 수 없습니다.")
        Exit Sub
    End If

    '————— 야드MAP정보 테이블의 집계 데이터 수정 —————————

    For k = 0 To Ds2.Tables("야드MAP정보").Rows.Count − 1
        If (Ds2.Tables("야드MAP정보").Rows(k)("블록번호") = wk블록번호)↙
                                    And _
            (Ds2.Tables("야드MAP정보").Rows(k)("BAY번호") = ↙
                            wkBAY번호) Then ·················· 28
            Ds2.Tables("야드MAP정보").Rows(k)("적재량") = ↙
                Ds2.Tables("야드MAP정보").Rows(k)("적재량") − 1

            Ds2.Tables("야드MAP정보").Rows(k)("공백량") = ↙
                Ds2.Tables("야드MAP정보").Rows(k)("공백량") + 1

            Ds2.Tables("야드MAP정보").Rows(k)("반출량") = ↙
                Ds2.Tables("야드MAP정보").Rows(k)("반출량") + 1

            Adt4.Update(Ds2, "야드MAP정보")
            Exit For
        End If
    Next
```

```
'----- 야드MAP세부정보 테이블의 컨테이너번호 데이터 삭제

For k = 0 To Ds1.야드MAP세부정보.Rows.Count - 1 ················· 29
    If Ds1.야드MAP세부정보.Rows(k)("컨테이너번호") = ↙
                            wk컨테이너번호 Then
        Ds1.야드MAP세부정보.Rows(k).Delete()

        Adt5.Update(Ds1, "야드MAP세부정보")
        Exit For
    End If
Next


'----- 컨테이너정보 테이블의 장치위치 및 반출일시 수정

Dv1 = New DataView(Ds2.Tables("컨테이너정보"), "", "컨테이너번호", ↙
                        DataViewRowState.CurrentRows)
rowIndex = Dv1.Find(wk컨테이너번호) ························· 30

Ds2.Tables("컨테이너정보").Rows(rowIndex)("장치위치") = " "
Ds2.Tables("컨테이너정보").Rows(rowIndex)("작업위치") = " "
Ds2.Tables("컨테이너정보").Rows(rowIndex)("반출일시") = _
                        Mid(Now().Date, 1, 10)
Adt6.Update(Ds2, "컨테이너정보")

MsgBox("반출처리 OK ")

End Sub

Private Sub 이적작업()

    wk컨테이너번호 = ↙
        DataGridView1.SelectedRows(0).Cells("컨테이너번호").Value
    wk블록번호 = ↙
        Mid(DataGridView1.SelectedRows(0).Cells("장치위치").Value, 1, 2)

    wkBAY번호 = ↙
        Mid(DataGridView1.SelectedRows(0).Cells("장치위치").Value, 4, 2)

    If DataGridView1.SelectedRows(0).Cells("장치위치").Value < " " Then
        MsgBox("컨테이너 번호 *** " & wk컨테이너번호 & " *** ↙
            장치위치가 없는 컨테이너는 이적할 수 없습니다. ")
        Exit Sub
    End If
```

```
'----- 야드MAP정보 테이블의 집계 데이터 수정

For k = 0 To Ds2.Tables("야드MAP정보").Rows.Count - 1
  If (Ds2.Tables("야드MAP정보").Rows(k)("블록번호") = ↙
                      cbo작업블록번호.Text) And _
     (Ds2.Tables("야드MAP정보").Rows(k)("BAY번호") = ↙
                      cbo작업BAY번호.Text) Then
                                                          ┄┄┄ 31

       Ds2.Tables("야드MAP정보").Rows(k)("적재량") = ↙
              Ds2.Tables("야드MAP정보").Rows(k)("적재량") + 1
       Ds2.Tables("야드MAP정보").Rows(k)("공백량") = ↙
              Ds2.Tables("야드MAP정보").Rows(k)("공백량") - 1
       Ds2.Tables("야드MAP정보").Rows(k)("반입량") = ↙
              Ds2.Tables("야드MAP정보").Rows(k)("반입량") + 1

       Adt4.Update(Ds2, "야드MAP정보")
       Exit For
    End If
Next

For k = 0 To Ds2.Tables("야드MAP정보").Rows.Count - 1
  If (Ds2.Tables("야드MAP정보").Rows(k)("블록번호") = ↙
                      wk블록번호) And _
     (Ds2.Tables("야드MAP정보").Rows(k)("BAY번호") = ↙
                      wkBAY번호) Then            ┄┄┄ 32

       Ds2.Tables("야드MAP정보").Rows(k)("적재량") = ↙
              Ds2.Tables("야드MAP정보").Rows(k)("적재량") - 1
       Ds2.Tables("야드MAP정보").Rows(k)("공백량") = ↙
              Ds2.Tables("야드MAP정보").Rows(k)("공백량") + 1
       Ds2.Tables("야드MAP정보").Rows(k)("이적량") = ↙
              Ds2.Tables("야드MAP정보").Rows(k)("이적량") + 1

       Adt4.Update(Ds2, "야드MAP정보")
       Exit For
    End If
Next

'--- 야드MAP세부정보 테이블의 컨테이너번호 데이터 추가 및 삭제

For k = 0 To Ds1.야드MAP세부정보.Rows.Count - 1 ┄┄┄ 33
  If Ds1.야드MAP세부정보.Rows(k)("컨테이너번호") = ↙
                           wk컨테이너번호 Then
    Ds1.야드MAP세부정보.Rows(k).Delete()
```

```
        Adt5.Update(Ds1, "야드MAP세부정보")
        Exit For
    End If
Next

NewRow = Ds1.야드MAP세부정보.New야드MAP세부정보Row
NewRow("블록번호") = cbo작업블록번호.Text
NewRow("BAY번호") = cbo작업BAY번호.Text
NewRow("야드세부번호") = selected야드세부번호(0)
NewRow("컨테이너번호") = wk컨테이너번호

Ds1.야드MAP세부정보.Add야드MAP세부정보Row(NewRow)
Adt5.Update(Ds1, "야드MAP세부정보")

'----- 컨테이너정보 테이블의 장치위치 및 작업위치 수정

Dv1 = New DataView(Ds2.Tables("컨테이너정보"), "", "컨테이너번호", ↙
    DataViewRowState.CurrentRows)
rowIndex = Dv1.Find(wk컨테이너번호)

wk장치위치 = cbo작업블록번호.Text & "-" & cbo작업BAY번호.Text & _
        "-" & selected야드세부번호(0) ·············· 34

Ds2.Tables("컨테이너정보").Rows(rowIndex)("장치위치") = wk장치위치
Ds2.Tables("컨테이너정보").Rows(rowIndex)("작업위치") = ↙
                cbo작업블록번호.Text
Adt6.Update(Ds2, "컨테이너정보")

MsgBox("이적처리 OK ")

End Sub
```

〈해설〉

1. DataGridView1의 선택된 RowCount를 selectedRowCount에 저장한다. DataGridView1
   은 반입, 반출 및 이적 작업할 컨테이너에 대한 리스트를 조회하는 DataGridView이다.
2. DataGridView2의 선택된 CellCount를 selectedCellCount에 저장한다. DataGridView2는
   DataGridView1에 있는 컨테이너를 DataGridView2로 반입 및 이적 작업할 컨테이너 위
   치에 대한 정보를 관리하는 DataGridView이다.

3. cbo반출입구분의 값이 "반출"인 경우 반출DataCheck() 프로시저를 수행하고, 그렇지 않으면 반입이적DataCheck() 프로시저를 수행한다. 반입과 이적은 데이터 체크 로직이 유사하다.

4. wkOK가 "OK"이면 위 3의 데이터 체크에서 오류가 없다는 의미이다.

5. 작업리스트조회() 프로시저를 수행한다. 이 프로시저에서는 cbo반출입구분의 값이 반입, 반출 및 이적에 따라 작업할 컨테이너 정보를 선택하여 새로운 [작업컨테이너정보] 데이터 테이블을 생성한다.

6. DataGridView1에서 선택된 행의 크기및규격 필드의 첫 자리가 "4"이고 cbo작업블록번호의 값이 "B3"보다 크면 "40피트 컨테이너는 A1-B3 블록에만 반입 처리됩니다. "라는 오류메시지를 출력하고 프로시저를 종료한다. 이 내역은 프로젝트 설계상 이미 정해 놓은 사항이다.

7. DataGridView1에서 선택된 행의 크기및규격 필드의 첫 자리가 "4"가 아니고 cbo작업블록번호의 값이 "C1"보다 작으면 "20피트 컨테이너는 C1-C3 블록에만 반입 처리됩니다. "라는 오류메시지를 출력하고 프로시저를 종료한다. 이 내역은 프로젝트 설계상 이미 정해 놓은 사항이다.

8. DataGridView1의 선택된 행에서 장치위치 필드의 첫 2자리를 sv블록번호에 저장한다.

9. DataGridView1의 선택된 행에서 장치위치 필드의 7번째부터 2자리를 sv야드세부번호1, sv야드세부번호1에서 두 번째 자리를 1 증가시켜서 sv야드세부번호2에 저장한다.

10. 위에서 저장된 sv블록번호, svBAY번호 및 sv야드세부번호2(현재 적재할 야드세부번호 즉, sv야드세부번호1의 한 단 위의 위치번호)를 야드MAP세부정보 테이블의 블록번호, BAY번호 및 야드세부번호와 상호 체크하여 있으면 현재 이적할 컨테이너 위에 다른 컨테이너가 있으므로 오류이다.

11. DataGridView1에서 선택된 행의 반입일시 필드가 공백이면 아직 반입 처리되지 않은 컨테이너이다.

12. DataGridView1에서 선택된 행의 크기및규격 필드에서 첫 자리가 "4"이고 cbo작업블록번호의 값이 "B3"보다 크면 "40피트 컨테이너는 A1-B3 블록에서만 이적 처리됩니다. "라는 오류메시지를 출력하고 프로시저를 종료한다. 이 내역은 프로젝트 설계상 이미 정해 놓은 사항이다.

13. DataGridView1에서 선택된 행의 크기및규격 필드에서 첫 자리가 "4"가 아니고 cbo작업블록번호의 값이 "C1"보다 작으면 "20피트 컨테이너는 C1-C3 블록에서만 이적 처리됩니다. "라는 오류메시지를 출력하고 프로시저를 종료한다. 이 내역은 프로젝트 설계상 이미 정해 놓은 사항이다.

14. DataGridView에서 선택된 셀의 값이 공백이면 "선택된 작업 위치에 현재 컨테이너가

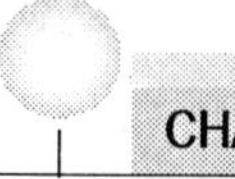

적재되어 있지 않습니다. "라는 오류메시지를 출력하고 프로시저를 종료한다.

15. wk야드정렬() 배열을 wk야드정렬2() 배열에 복사한다. [wk야드정렬2 = wk야드정렬] 명령을 사용하면 복사가 아니라 Link가 된다.

16. cbo반출입구분의 값이 "이적"이고 cbo작업블록번호와 cbo작업BAY번호(컨테이너를 이적할 작업 위치번호)가 저장해 놓은 sv블록번호 및 svBAY번호(이적할 컨테이너의 현재 위치번호)와 같은 경우 즉, 같은 블록번호 및 BAY번호에 이적할 경우 DataGridView1의 선택된 셀에서 장치위치 값의 7번째부터 2바이트를 sv야드세부번호 1(Row & Tier 번호)에 저장하고, wk야드정렬2(x, y)를 공백으로 지운다. 이 때 x는 Tier번호, y는 Row번호이다. DataGridView1은 작업 컨테이너 리스트를 조회하는 DataGridView이다. 저장된 wk야드정렬2(x, y) 배열 정보는 19에서 이용한다.

17. 선택된 셀의 RowIndex 및 ColumnIndex를 배열에 저장한다.

18. DataGridView2에서 선택된 셀의 야드세부번호를 selected야드세부번호() 배열에 저장하고, wk야드정렬2(x, y)에 "C"를 옮긴다. 이 때 x는 Tier번호, y는 Row번호이다. DataGridView2는 컨테이너를 이적할 작업 위치를 나타내는 DataGridView이다. 저장된 wk야드정렬2(x, y) 배열 정보는 19에서 이용한다.

19. 같은 블록번호 및 BAY번호에 이적할 경우, 이적할 컨테이너의 현재 위치번호(Tier번호, Row번호)와 컨테이너를 이적할 작업 위치번호(Tier번호, Row번호)를 비교해서 Row번호는 동일하고 컨테이너를 이적할 작업 위치번호(Tier번호)가 이적할 컨테이너의 현재 위치번호(Tier번호)의 상단에 존재하면 컨테이너가 허공에 뜨게 되므로 오류이다.

20. DataGridView1에서 선택된 행(Row)의 반입일시 필드 값이 공백보다 크면 "현재 반입된 상태이므로 반입 처리할 수 없습니다. "라는 오류메시지를 출력하고 해당 내역은 반입처리하지 않는다.

21. 폼의 작업블록번호와 작업BAY번호를 야드MAP정보 테이블에서 블록번호와 BAY번호가 같은 레코드를 찾아 야드MAP정보 테이블의 적재량과 반입량을 1 증가시키고, 공백량을 1 감소시킨다.

22. 야드MAP세부정보 테이블에 cbo작업블록번호, cbo작업BAY번호, 선택된 야드세부번호, wk컨테이너번호 등의 데이터를 이용하여 한 건의 새로운 레코드를 추가한다.

23. 컨테이너정보 테이블에서 wk컨테이너번호를 찾는다. wk컨테이너번호는 DataGridView1.SelectedRows(i).Cells("컨테이너번호").Value 즉, DataGridView1에서 선택된 셀의 컨테이너번호이다.

24. (cbo작업블록번호 + "-" + cbo작업BAY번호 + "-" + 선택된 셀의 야드세부번호)를 wk장치위치에 옮긴다.

25. 현재 일자(Now().Date)의 처음부터 10바이트를 컨테이너정보 테이블의 반입일시에 옮긴다.

26. DataGridView에서 선택된 행(Row)의 반출일시 필드 값이 공백보다 크면 "현재 반출된 상태이므로 반출 처리할 수 없습니다."라는 오류메시지를 출력하고 프로시저를 종료한다.

27. DataGridView1에서 선택된 행의 컨테이너번호 필드 값을 wk컨테이너번호에 옮긴다.

28. wk블록번호와 wkBAY번호를 야드MAP정보 테이블에서 블록번호와 BAY번호가 같은 레코드를 찾아 야드MAP정보 테이블의 적재량을 1 감소시키고, 공백량과 반출량을 1 증가시킨다.

29. 해당 컨테이너를 반출했으므로 야드MAP세부정보 테이블에서 컨테이너번호가 wk컨테이너번호와 같은 레코드를 삭제한다.

30. 컨테이너정보 테이블에서 wk컨테이너번호를 찾는다. wk컨테이너번호는 DataGridView1.SelectedRows(0).Cells("컨테이너번호").Value 즉, DataGridView1에서 첫 번째로 선택된 셀의 컨테이너번호이다.

31. cbo작업블록번호와 cbo작업BAY번호를 야드MAP정보 테이블에서 블록번호와 BAY번호가 같은 레코드를 찾아 야드MAP정보 테이블의 적재량과 반입량을 1증가시키고, 공백량을 1 감소시킨다.

32. wk블록번호와 wkBAY번호를 야드MAP정보 테이블에서 블록번호와 BAY번호가 같은 레코드를 찾아 야드MAP정보 테이블의 적재량을 1 감소시키고, 공백량과 이적량을 1 증가시킨다. wk블록번호와 wkBAY번호는 DataGridView1에서 첫 번째로 선택된 셀의 장치위치에서 뽑아낸 데이터이다.

33. 해당 컨테이너를 이적했으므로 야드MAP세부정보 테이블에서 컨테이너번호가 wk컨테이너번호와 같은 레코드를 삭제한다.

34. (cbo작업블록번호 + "-" + cbo작업BAY번호 + "-" + 선택된 셀의 야드세부번호)를 wk장치위치에 옮긴다.

⑦ 작업블록번호 콤보상자의 값이 변경될 때의 로직을 작성하자. 작업블록번호 콤보상자의 값이 바뀌면 그에 따라 작업BAY번호 콤보상자의 목록 값을 그에 맞게 변경해야 한다.

리스트 9-4

```
Private Sub cbo작업블록번호_SelectedIndexChanged(ByVal sender As ↙
      Object, ByVal e As System.EventArgs) Handles ↙
      cbo작업블록번호.SelectedIndexChanged

  If wkSW = "ON" Then ·················································································· 1
      Exit Sub
  End If

  cbo작업BAY번호.Text = ""
  txt공백량.Text = ""

  cbo작업BAY번호.Items.Clear()

  If (cbo작업블록번호.Text >= "A1") And (cbo작업블록번호.Text ↙
                              <= "B3") Then ···················································· 2
      cbo작업BAY번호.Items.Add("02")
      cbo작업BAY번호.Items.Add("04")
      cbo작업BAY번호.Items.Add("06")
      cbo작업BAY번호.Items.Add("08")
      cbo작업BAY번호.Items.Add("10")
      cbo작업BAY번호.Items.Add("12")
      cbo작업BAY번호.Items.Add("14")
      cbo작업BAY번호.Items.Add("16")
      cbo작업BAY번호.Items.Add("18")
      cbo작업BAY번호.Items.Add("20")
      cbo작업BAY번호.Items.Add("22")
      cbo작업BAY번호.Items.Add("24")
  Else
      cbo작업BAY번호.Items.Add("01")
      cbo작업BAY번호.Items.Add("02")
      cbo작업BAY번호.Items.Add("03")
      cbo작업BAY번호.Items.Add("04")
      cbo작업BAY번호.Items.Add("05")
      cbo작업BAY번호.Items.Add("06")
      cbo작업BAY번호.Items.Add("07")
      cbo작업BAY번호.Items.Add("08")
      cbo작업BAY번호.Items.Add("09")
      cbo작업BAY번호.Items.Add("10")
      cbo작업BAY번호.Items.Add("11")
      cbo작업BAY번호.Items.Add("12")
      cbo작업BAY번호.Items.Add("13")
      cbo작업BAY번호.Items.Add("14")
```

```
        cbo작업BAY번호.Items.Add("15")
        cbo작업BAY번호.Items.Add("16")
        cbo작업BAY번호.Items.Add("17")
        cbo작업BAY번호.Items.Add("18")
        cbo작업BAY번호.Items.Add("19")
        cbo작업BAY번호.Items.Add("20")
        cbo작업BAY번호.Items.Add("21")
        cbo작업BAY번호.Items.Add("22")
        cbo작업BAY번호.Items.Add("23")
        cbo작업BAY번호.Items.Add("24")
    End If

End Sub
```

〈해설〉

1. 리스트 9-1의 3에서 wkSW를 "ON"으로 지정한다. 이렇게 하는 이유는 폼 LOAD 로직 중에서 [cbo작업블록번호.DisplayMember = "블록번호"] 및 [cbo작업블록번호.Text = ""] 로직을 수행하면 자동적으로 cbo작업블록번호_SelectedIndexChanged 이벤트 가 수행되므로 LOAD시에는 이 이벤트를 수행하지 않도록 하기 위해서이다.

   SelectedIndexChanged 이벤트는 작동은 잘되나 초기 LOAD 프로시저에서 [cbo블록번호. DisplayMember = "블록번호"] 및 [cbo블록번호.Text = ""] 명령 수행시에 자동적으로 작동되는 단점이 있다. 반면에 cbo작업블록번호_SelectionChangeCommitted 이벤트는 위의 명령이 수행될 때 작동되지 않는 장점이 있으나 때에 따라 이벤트 작동이 원활하지 못한 경우가 있다.

2. cbo작업블록번호의 값이 "A1"보다 크거나 같고 "B3"보다 작거나 같으면 cbo작업BAY 번호의 목록에 "02"~"24"(짝수만)를 추가하고, 그렇지 않으면 "01"~"24"를 추가한다.

⑧ 작업BAY번호 콤보상자의 값이 변경될 때의 로직을 작성하자. 작업BAY번호 콤보상자 의 값이 바뀌면 해당 작업BAY번호에 컨테이너를 적재할 수 있는 공백량을 출력하고, DataGridView2에 현재 적재된 컨테이너 현황을 조회한다.

리스트 **9-5**

```
Private Sub cbo작업BAY번호_SelectedIndexChanged(ByVal sender ↙
        As Object, ByVal e As System.EventArgs) Handles ↙
        cbo작업BAY번호.SelectedIndexChanged

    공백량조회()
    데이터생성()
End Sub

Private Sub 공백량조회()

    Dim Dv1 As DataView = New DataView(Ds2.Tables("야드MAP정보"))

    Dv1.RowFilter = "(블록번호 = '" & cbo작업블록번호.Text & _
        "') and (BAY번호 = '" & cbo작업BAY번호.Text & "')" ················ 1

    If Dv1.Count > 0 Then ······················································· 2
        txt공백량.Text = Dv1.Item(0)("공백량")
    End If

End Sub

Private Sub 데이터생성()

    Dim wkIndex1, wkIndex2 As Integer

    If cbo작업블록번호.Text = "" Then
        MsgBox("작업 블록 번호를 선택하세요!!!!")
        Exit Sub
    End If

    Ds2.Tables("야드세부정보").Clear()

    SQL = "SELECT 블록번호, BAY번호, 야드세부번호, AA.컨테이너번호, ↙
        BB.크기및규격 FROM 야드MAP세부정보 AA INNER JOIN " & _
        "컨테이너정보 BB ON AA.컨테이너번호 = BB.컨테이너번호 " & _
        "WHERE (블록번호 = '" & cbo작업블록번호.Text & _
        "') and (BAY번호 = '" & cbo작업BAY번호.Text & "')"

    Adt7 = New SqlDataAdapter(SQL, Conn)
    Adt7.Fill(Ds2, "야드세부정보")
```

```
For i = 0 To 5
   For k = 0 To 6
      wk야드정렬(i, k) = ""
   Next
Next

For i = 0 To Ds2.Tables("야드세부정보").Rows.Count - 1
   wkIndex1 = Val(Mid(Ds2.Tables("야드세부정보").Rows(i) _
            ("야드세부번호"), 2, 1))                         3

   wkIndex2 = Val(Mid(Ds2.Tables("야드세부정보").Rows(i) _
            ("야드세부번호"), 1, 1))                         4
   wk야드정렬(wkIndex1, wkIndex2) = _                         5
            Mid(Ds2.Tables("야드세부정보").Rows(i)("크기및규격"), 1, 2)
Next

Ds2.Tables("야드블록MAP정렬정보").Clear()

For i = 5 To 1 Step -1
   DataTable생성()                                           6
Next

DataGridView2.DataSource = Ds2.Tables("야드블록MAP정렬정보")
                                                            7
For i = 0 To 5
   Me.DataGridView2.Columns(i).SortMode = _
      DataGridViewColumnSortMode.NotSortable                8
Next

End Sub

Private Sub DataTable생성()

NewRow = Ds2.Tables("야드블록MAP정렬정보").NewRow

NewRow("1") = wk야드정렬(i, 1)
NewRow("2") = wk야드정렬(i, 2)
NewRow("3") = wk야드정렬(i, 3)
NewRow("4") = wk야드정렬(i, 4)
NewRow("5") = wk야드정렬(i, 5)
NewRow("6") = wk야드정렬(i, 6)
Ds2.Tables("야드블록MAP정렬정보").Rows.Add(NewRow)

End Sub
```

〈해설〉

1. DataView(Dv1)의 필터링 내역을 지정한다. 즉, 야드MAP정보 테이블에서 블록번호가 cbo작업블록번호와 같고 BAY번호가 cbo작업BAY번호와 같은 레코드만을 선택한다.

2. 위 1에서 필터링한 레코드의 건수가 0보다 크면 즉, 해당 레코드가 있으면 DataView의 첫 번째 레코드의 공백량을 폼의 txt공백량에 옮긴다.

3. 야드세부정보 테이블에서 야드세부번호의 2번째부터 1바이트(Tier번호)를 wkIndex1에 옮긴다.

4. 야드세부정보 테이블에서 야드세부번호의 1번째부터 1바이트(Row번호)를 wkIndex2에 옮긴다.

5. 야드세부정보 테이블에서 크기및규격 필드의 첫 2바이트를 wk야드정렬(wkIndex1, wkIndex2) 배열에 옮긴다. 이 배열은 DataGridView2에 데이터를 출력하기 위해 사용된다.

6. DataTable생성() 프로시저는 wk야드정렬() 배열에 저장된 데이터를 야드블록MAP정렬정보 테이블에 한 건씩 추가하는 로직이다.

7. 위의 6에서 만들어진 야드블록MAP정렬정보 테이블은 DataGridView2에 데이터를 출력하기 위해 별도로 만들어진 테이블이다. 이 테이블은 Update 메소드를 수행하지 않으므로 데이터베이스 원본에 직접 저장되지 않고 프로그램 수행시만 그 데이터를 이용하다가 종료시에는 자동으로 소멸된다.

8. DataGridView에는 원래 각 데이터에 대한 정렬 기능이 제공된다. 이 로직은 그 기본으로 제공되는 정렬 기능을 제거한다.

⑨ 작업리스트 명령 단추를 눌렀을 때의 로직을 작성하자. 또한 메인 및 종료 명령 단추를 눌렀을 때의 로직을 작성하자.

> ### 리스트 **9-6**

```
Private Sub btn작업리스트_Click(ByVal sender As System.Object, ↙
        ByVal e As System.EventArgs) Handles btn작업리스트.Click

    Dim frm작업리스트조회 As New 작업리스트조회

    If (cbo작업블록번호.Text = "") Or (cbo작업BAY번호.Text = "") Then
        MsgBox("야드블록번호와 야드BAY번호를 선택하여야 작업리스트를 ↙
            조회할 수 있습니다. ")
```

```
    Else
        sv블록번호 = cbo작업블록번호.Text ·······································1
        svBAY번호 = cbo작업BAY번호.Text

        frm작업리스트조회.Show()
    End If

End Sub

Private Sub btn메인_Click(ByVal sender As System.Object, ByVal e ↙
            As  System.EventArgs) Handles btn메인.Click

    Me.Close()

End Sub

Private Sub btn종료_Click(ByVal sender As System.Object, ByVal e ↙
            As System.EventArgs) Handles btn종료.Click

    Me.Close()
    End

End Sub

End Class
```

〈해설〉

1. 폼의 작업블록번호를 sv블록번호에 옮긴다. sv블록번호와 svBAY번호는 모듈에 Public
   으로 지정된 변수이다. 이 변수는 야드작업관리 프로그램의 데이터를 작업리스트조회
   프로그램에 연계하기 위해 사용된다.

제10장

야드 MAP 및 블록 MAP 프로그램 작성

10.1 야드 MAP 프로그램 작성

실습에 필요한 데이터베이스는 [야드관리.bak] 데이터베이스를 복원하여 사용하고, [야드관리] 데이터베이스의 [야드MAP정보] 및 [야드MAP정렬정보] 테이블을 이용한다.

프로그램 명세서		
작성자 : 김 진 수	승인자 :	버 전 : 1.0
작성일 : 2009. 07. 13	승인일 :	페이지 : 1/5

프로그램명	야드 MAP

야드 MAP

야드 검색 블록 :　A1　　　　　검 색

블록내역	01	02	03	04	05	06	07	08	09	10	11	12	13	14	15	16	17	18	19	20	21	22	23	24
A1 계획량	0	30	0	30	0	30	0	0	0	0	0	0	0	0	0	0	0	0	0	30	0	0	0	30
A1 적재량	0	14	0	17	0	15	0	0	0	0	0	0	0	0	0	0	0	0	0	13	0	0	0	0
A1 공백량	0	16	0	13	0	15	0	30	0	30	0	30	0	30	0	30	0	30	0	17	0	30	0	30

블록내역	01	02	03	04	05	06	07	08	09	10	11	12	13	14	15	16	17	18	19	20	21	22	23	24
A2 계획량	0	30	0	30	0	30	0	30	0	0	0	30	0	0	0	30	0	0	0	30	0	0	0	30
A2 적재량	0	15	0	15	0	15	0	0	0	0	0	14	0	0	0	0	0	0	0	0	0	0	0	0
A2 공백량	0	15	0	15	0	15	0	30	0	30	0	16	0	30	0	30	0	30	0	30	0	30	0	30

블록내역	01	02	03	04	05	06	07	08	09	10	11	12	13	14	15	16	17	18	19	20	21	22	23	24
A3 계획량	0	30	0	30	0	30	0	0	0	0	0	0	0	0	0	0	0	0	0	0	0	0	0	0
A3 적재량	0	15	0	15	0	15	0	0	0	0	0	0	0	0	0	0	0	0	0	0	0	0	0	0
A3 공백량	0	15	0	15	0	15	0	30	0	30	0	30	0	30	0	30	0	30	0	30	0	30	0	30

블록내역	01	02	03	04	05	06	07	08	09	10	11	12	13	14	15	16	17	18	19	20	21	22	23	24
B1 계획량	0	30	0	30	0	30	0	30	0	0	0	30	0	30	0	30	0	30	0	30	0	0	0	30
B1 적재량	0	13	0	14	0	5	0	0	0	0	0	0	0	0	0	0	0	0	0	0	0	0	0	0
B1 공백량	0	17	0	16	0	25	0	30	0	30	0	30	0	30	0	30	0	30	0	30	0	30	0	30

이 프로그램 실습으로 알게 되는 요소 기술은 다음과 같다.

- Clone 메소드를 이용한 DataTable 복제 방법
- 임시 DataTable을 생성하여 DataGridView에 데이터를 효율적으로 출력하는 방법
- DataGridView에서 선택된 행(Row) 및 셀(Cell)에 대한 데이터 처리 기술

<table>
<tr><td colspan="3" align="center">프로그램 명세서</td></tr>
<tr><td>작성자 : 김 진 수</td><td>승인자 :</td><td>버 전 : 1.0</td></tr>
<tr><td>작성일 : 2009. 07. 13</td><td>승인일 :</td><td>페이지 : 2/5</td></tr>
</table>

프로그램명	야드 MAP

* 프로그램 개요
  - 야드 검색 블록을 입력하고 [검색] 명령 단추를 누르면 해당 블록에 대한 BAY
    별 계획량, 적재량 및 공백량 집계 내역을 보여주는 프로그램이다.
  - 메인 및 야드블록MAP 폼에서 이 프로그램으로 연결된다.
  - DataGridView1 ~ DataGridView4를 더블 클릭하면 야드블록MAP 프로그램으
    로 연결되어 그에 해당되는 세부 내역을 볼 수 있다.

1. 야드MAP_Load()
  - 블록배열()에 {"A1", "A2", "A3", "B1", "B2", "B3", "C1", "C2", "C3"}을 지정
    한다.
  - 야드MAP정렬정보1 ~ 야드MAP정렬정보4 테이블을 모듈의 Dt1 ~ Dt4로 지
    정한다.
  - 야드관리 데이터베이스를 연결하여 연다.
  - 테이블 전체 내역을 대상으로 하여 야드MAP정보, 야드MAP정렬정보 테이블
    을 생성한다.
  - 야드MAP정렬정보 데이터 테이블을 Dt1, Dt2, Dt3 및 Dt4 데이터 테이블에
    복제(Clone)한다.
  - 데이터생성() 프로시저를 수행한다.
  - 화면출력() 프로시저를 수행한다.

<table>
<tr><td colspan="3" align="center">프로그램 명세서</td></tr>
<tr><td>작성자 : 김 진 수</td><td>승인자 :</td><td>버　전 : 1.0</td></tr>
<tr><td>작성일 : 2009. 07. 13</td><td>승인일 :</td><td>페이지 : 3/5</td></tr>
</table>

프로그램명	야드 MAP

2. 데이터생성()
  - 야드검색블록 텍스트가 공백이면 "A1"을 지정한다.
  - 야드검색블록 텍스트가 "C1", "C2" 또는 "C3"이면 "B3"을 지정한다. 이렇게 하는 이유는 폼에 4개씩의 블록 데이터를 출력하기 때문이다.
  - 4개씩의 블록 데이터를 출력하기 때문에 블록배열()을 이용하여 폼에 입력된 야드검색블록의 값에 따라 from블록번호, to블록번호, 블록번호1, 블록번호2, 블록번호3 및 블록번호4를 생성한다.
  - 계획량(25), 적재량(25) 및 공백량(25) 배열을 공백으로 한다.
  - 야드MAP정보 테이블에서 블록번호가 from블록번호보다 크거나 같고 to블록번호보다 작은 같은 레코드를 찾는다.
    - 위의 레코드에서 테이블의 블록번호가 sv블록번호와 같지 않고 "00"이 아니면 DataTable생성() 프로시저를 수행하고, 계획량(25), 적재량(25) 및 공백량(25) 배열을 공백으로 한다.
    - 테이블의 블록번호를 sv블록번호에 옮긴다.
    - 테이블의 계획량, 적재량 및 공백량을 각각 해당 배열에 옮긴다.
  - DataTable생성() 프로시저를 수행한다.

3. DataTable생성()
  - sv블록번호의 값에 따라 새로운 NewRow(Dt1 ~ Dt4)를 지정한다.
  - sv블록번호 & " 계획량"을 NewRow("블록내역")에 옮긴다.
  - 계획량(1) ~ 계획량(24)을 NewRow("01") ~ NewRow("24")에 옮긴다.
  - sv블록번호의 값에 따라 NewRow(Dt1 ~ Dt4)를 Add하고 새로운 NewRow(Dt1 ~ Dt4)를 지정한다.
  - sv블록번호 & " 적재량"을 NewRow("블록내역")에 옮긴다.
  - 적재량(1) ~ 적재량(24)을 NewRow("01") ~ NewRow("24")에 옮긴다.

<table>
<tr><td colspan="6" align="center">프로그램 명세서</td></tr>
<tr><td>작성자 : 김 진 수</td><td colspan="2">승인자 :</td><td colspan="3">버 전 : 1.0</td></tr>
<tr><td>작성일 : 2009. 07. 13</td><td colspan="2">승인일 :</td><td colspan="3">페이지 : 4/5</td></tr>
</table>

프로그램명	야드 MAP

- sv블록번호의 값에 따라 NewRow(Dt1 ~ Dt4)를 Add하고 새로운 NewRow(Dt1 ~ Dt4)를 지정한다.
- sv블록번호 & " 공백량"을 NewRow("블록내역")에 옮긴다.
- 공백량(1) ~ 공백량(24)을 NewRow("01") ~ NewRow("24")에 옮긴다.
- sv블록번호의 값에 따라 NewRow(Dt1 ~ Dt4)를 Add한다.

4. 화면출력()
   - Dt1 ~ Dt4를 DataGridView1 ~ DataGridView4의 DataSource에 옮긴다.
   - sv블록번호에 "00"을 지정한다.

5. btn검색_Click()
   - Dt1 ~ Dt4 데이터 테이블의 내역을 지운다.
   - 데이터생성() 프로시저를 수행한다.
   - 화면출력() 프로시저를 수행한다.

6. DataGridView1_CellDoubleClick()
   - 폼의 야드검색블록 텍스트를 모듈의 wk블록번호에 옮긴다.
   - DataGridView1.CurrentCell.ColumnIndex.ToString을 모듈의 wkBAY번호에 옮긴다.
   - wkBAY번호가 "00"보다 크면 야드블록MAP 폼을 연다.

7. DataGridView2_CellDoubleClick()
   - 폼의 야드검색블록과 블록배열(i)이 같은 경우 블록배열(i+1)을 모듈의 wk블록번호에 옮긴다.
   - DataGridView2.CurrentCell.ColumnIndex.ToString을 모듈의 wkBAY번호에

<table>
<tr><td colspan="3" align="center">프로그램 명세서</td></tr>
<tr><td>작성자 : 김 진 수</td><td>승인자 :</td><td>버　전 : 1.0</td></tr>
<tr><td>작성일 : 2009. 07. 13</td><td>승인일 :</td><td>페이지 : 5/5</td></tr>
</table>

프로그램명	야드 MAP

옮긴다.
 - wkBAY번호가 "00"보다 크면 야드블록MAP 폼을 연다.

8. DataGridView3_CellDoubleClick()
 - 폼의 야드검색블록과 블록배열(i)이 같은 경우 블록배열(i+2)을 모듈의
   wk블록번호에 옮긴다.
 - DataGridView3.CurrentCell.ColumnIndex.ToString을 모듈의 wkBAY번호에
   옮긴다.
 - wkBAY번호가 "00"보다 크면 야드블록MAP 폼을 연다.

9. DataGridView4_CellDoubleClick()
 - 폼의 야드검색블록과 블록배열(i)이 같은 경우 블록배열(i+3)을 모듈의
   wk블록번호에 옮긴다.
 - DataGridView4.CurrentCell.ColumnIndex.ToString을 모듈의 wkBAY번호에
   옮긴다.
 - wkBAY번호가 "00"보다 크면 야드블록MAP 폼을 연다.

① 비주얼 스튜디오 .NET을 실행하고 [새 프로젝트]를 실행한다. 새 프로젝트 창에서 이름을 [야드관리], 위치는 적절한 경로를 선택하고 [확인] 단추를 누른다.

② 솔루션 탐색기에서 [야드관리] 프로젝트를 선택하고 우측 마우스 단추를 눌러 단축 메뉴를 표시한다. [추가/Windows Form]을 선택하여 새로운 폼을 만든다. 새로운 폼 이름은 [야드MAP]으로 하고 Form1은 삭제한다.

③ 다음 표를 참고로 폼을 디자인한다.

컨트롤	Name	Text	비 고
Form	야드MAP	야드MAP	
Label	Label1	야드 MAP	Font : 굴림32pt
TextBox	txt야드검색블록		
Button	btn검색	검 색	
DataGridView	DataGridView1		
DataGridView	DataGridView2		
DataGridView	DataGridView3		
DataGridView	DataGridView4		

　　* 일반적인 레이블 내역은 생략함

④ 프로그램에 imports해야 할 네임스페이스와 야드MAP 폼에 사용될 기본 개체를 설정하고, 폼의 빈곳에 더블 클릭하여 야드MAP_Load 로직을 작성한다. 또한 프로그램에 공통으로 사용할 변수를 Module에 지정한다.

리스트 **10-1**

```
Module Module1

    Public Ds1 As New Ds야드MAP()
    Public Dt1 As New DataTable("야드MAP정렬정보1")
    Public Dt2 As New DataTable("야드MAP정렬정보2")
    Public Dt3 As New DataTable("야드MAP정렬정보3")
    Public Dt4 As New DataTable("야드MAP정렬정보4")

    Public wk블록번호 As String
    Public wkBAY번호 As String

End Module
```

```
Imports System.Data
Imports System.Data.SqlClient
Imports System.IO

Public Class 야드MAP
```

```
Protected Conn As New SqlConnection()
Protected Adt1 As New SqlDataAdapter()
Protected Cmd1 As SqlCommand
Protected SQL1 As String = ""
Protected Adt2 As New SqlDataAdapter()
Protected Cmd2 As SqlCommand
Protected SQL2 As String = ""
Protected wkSQL As String = ""
Protected wkLoad As String = ""
Protected i As Integer
Protected k As Integer

Protected sv블록번호 As String = "00"
Protected 블록번호1 As String = ""
Protected 블록번호2 As String = ""
Protected 블록번호3 As String = ""
Protected 블록번호4 As String = ""
Protected 블록배열() As String = {"A1", "A2", "A3", "B1", "B2", ↙
                                  "B3", "C1", "C2", "C3"}

Protected 계획량(25) As Integer
Protected 적재량(25) As Integer
Protected 공백량(25) As Integer

Private Sub 야드MAP_Load(ByVal sender As Object, ByVal e As ↙
         System.EventArgs) Handles Me.Load

  Try
      Conn.ConnectionString = "SERVER=kjs;UID=sa;PWD=kjs; ↙
                        DATABASE=야드관리"

      SQL1 = "Select * from 야드MAP정보"
      Cmd1 = New SqlCommand(SQL1, Conn)
      Cmd1.CommandType = CommandType.Text
      Adt1.SelectCommand = Cmd1

      Adt1.Fill(Ds1, "야드MAP정보")

      SQL2 = "Select * from 야드MAP정렬정보"
      Cmd2 = New SqlCommand(SQL2, Conn)

      Cmd2.CommandType = CommandType.Text
      Adt2.SelectCommand = Cmd2

      Adt2.Fill(Ds1, "야드MAP정렬정보")
```

```
        Dt1 = Ds1.야드MAP정렬정보.Clone ─────────────────────────── 1
        Dt2 = Ds1.야드MAP정렬정보.Clone
        Dt3 = Ds1.야드MAP정렬정보.Clone
        Dt4 = Ds1.야드MAP정렬정보.Clone

        wkLoad = "OK"

        데이터생성() ───────────────────────────────────── 2
        화면출력() ─────────────────────────────────────── 3


    Catch ErrSQL As SqlException
        Dim colErrors As SqlErrorCollection = ErrSQL.Errors
        Dim i As Integer
        For i = 0 To colErrors.Count
            MessageBox.Show("오류 번호 : " & ErrSQL.Number & "[" & _
            ErrSQL.Source & "]" & ControlChars.CrLf & "오류 내역 : " & _
            ErrSQL.Message & ControlChars.CrLf & "오류 행번호 : " & _
            ErrSQL.StackTrace, "오류 메시지" & "("& i + 1 & ")")
        Next
    End Try

End Sub

Private Sub 데이터생성()

    Dim from블록번호 As String
    Dim to블록번호 As String

    If (wkLoad = "") Or (txt야드검색블록.Text = "") Then
        txt야드검색블록.Text = "A1"
    End If

    If txt야드검색블록.Text = "" Then
        MsgBox("검색하고자 하는 블록을 입력하세요 !")
        Exit Sub
    End If

    If (txt야드검색블록.Text = "C1") Or (txt야드검색블록.Text = "C2") ↙
                            Or (txt야드검색블록.Text = "C3") Then
        txt야드검색블록.Text = "B3" ─────────────────────────── 4
    End If

    For i = 0 To 8 ─────────────────────────────────────── 5
        If txt야드검색블록.Text = 블록배열(i) Then
```

```
            from블록번호 = 블록배열(i)
            to블록번호 = 블록배열(i + 3)
            블록번호1 = 블록배열(i)
            블록번호2 = 블록배열(i + 1)
            블록번호3 = 블록배열(i + 2)
            블록번호4 = 블록배열(i + 3)
            GoTo 100
        End If
    Next

    MsgBox("검색하고자 하는 데이터가 없습니다 !")
    Exit Sub

100:

    For k = 0 To 25
        계획량(k) = 0
        적재량(k) = 0
        공백량(k) = 0
    Next

    For i = 0 To Ds1.야드MAP정보.Rows.Count - 1
        If (Ds1.야드MAP정보.Rows(i)("블록번호") >= from블록번호) And _
        (Ds1.야드MAP정보.Rows(i)("블록번호") <= to블록번호) Then                    6

            If (Ds1.야드MAP정보.Rows(i)("블록번호") <> sv블록번호) And _
                        (sv블록번호 <> "00") Then

                DataTable생성()

                For k = 0 To 25
                    계획량(k) = 0
                    적재량(k) = 0
                    공백량(k) = 0
                Next

            End If

            sv블록번호 = Ds1.야드MAP정보.Rows(i)("블록번호")

            계획량(Val(Ds1.야드MAP정보.Rows(i)("BAY번호"))) = ↙
                        Ds1.야드MAP정보.Rows(i)("계획량")              7
            적재량(Val(Ds1.야드MAP정보.Rows(i)("BAY번호"))) = ↙
                        Ds1.야드MAP정보.Rows(i)("적재량")
```

```
            공백량(Val(Ds1.야드MAP정보.Rows(i)("BAY번호"))) = ↙
                            Ds1.야드MAP정보.Rows(i)("공백량")


      End If
   Next

   DataTable생성() ·································································· 8

End Sub

Private Sub DataTable생성()

   Dim NewRow AsDataRow

   SelectCase sv블록번호 ···························································· 9
      Case 블록번호1
         NewRow = Dt1.NewRow
      Case 블록번호2
         NewRow = Dt2.NewRow
      Case 블록번호3
         NewRow = Dt3.NewRow
      Case 블록번호4
         NewRow = Dt4.NewRow
   End Select

   NewRow("블록내역") = sv블록번호 & " 계획량"
   NewRow("01") = 계획량(1)
   NewRow("02") = 계획량(2)
   NewRow("03") = 계획량(3)
   NewRow("04") = 계획량(4)
   NewRow("05") = 계획량(5)
   NewRow("06") = 계획량(6)
   NewRow("07") = 계획량(7)
   NewRow("08") = 계획량(8)
   NewRow("09") = 계획량(9)
   NewRow("10") = 계획량(10)
   NewRow("11") = 계획량(11)
   NewRow("12") = 계획량(12)
   NewRow("13") = 계획량(13)
   NewRow("14") = 계획량(14)
   NewRow("15") = 계획량(15)
   NewRow("16") = 계획량(16)
   NewRow("17") = 계획량(17)
   NewRow("18") = 계획량(18)
```

```
    NewRow("19") = 계획량(19)
    NewRow("20") = 계획량(20)
    NewRow("21") = 계획량(21)
    NewRow("22") = 계획량(22)
    NewRow("23") = 계획량(23)
    NewRow("24") = 계획량(24)

    SelectCase sv블록번호 ·································································· 10
       Case 블록번호1
           Dt1.Rows.Add(NewRow)
           NewRow = Dt1.NewRow
       Case 블록번호2
           Dt2.Rows.Add(NewRow)
           NewRow = Dt2.NewRow
       Case 블록번호3
           Dt3.Rows.Add(NewRow)
           NewRow = Dt3.NewRow
       Case 블록번호4
           Dt4.Rows.Add(NewRow)
           NewRow = Dt4.NewRow
    End Select

    NewRow("블록내역") = sv블록번호 & " 적재량"
    NewRow("01") = 적재량(1)
    NewRow("02") = 적재량(2)
    NewRow("03") = 적재량(3)
    NewRow("04") = 적재량(4)
    NewRow("05") = 적재량(5)
    NewRow("06") = 적재량(6)
    NewRow("07") = 적재량(7)
    NewRow("08") = 적재량(8)
    NewRow("09") = 적재량(9)
    NewRow("10") = 적재량(10)
    NewRow("11") = 적재량(11)
    NewRow("12") = 적재량(12)
    NewRow("13") = 적재량(13)
    NewRow("14") = 적재량(14)
    NewRow("15") = 적재량(15)
    NewRow("16") = 적재량(16)
    NewRow("17") = 적재량(17)
    NewRow("18") = 적재량(18)
    NewRow("19") = 적재량(19)
    NewRow("20") = 적재량(20)
    NewRow("21") = 적재량(21)
```

```
        NewRow("22") = 적재량(22)
        NewRow("23") = 적재량(23)
        NewRow("24") = 적재량(24)

        Select Case sv블록번호
            Case 블록번호1
                Dt1.Rows.Add(NewRow)
                NewRow = Dt1.NewRow
            Case 블록번호2
                Dt2.Rows.Add(NewRow)
                NewRow = Dt2.NewRow
            Case 블록번호3
                Dt3.Rows.Add(NewRow)
                NewRow = Dt3.NewRow
            Case 블록번호4
                Dt4.Rows.Add(NewRow)
                NewRow = Dt4.NewRow
        End Select

        NewRow("블록내역") = sv블록번호 & " 공백량"
        NewRow("01") = 공백량(1)
        NewRow("02") = 공백량(2)
        NewRow("03") = 공백량(3)
        NewRow("04") = 공백량(4)
        NewRow("05") = 공백량(5)
        NewRow("06") = 공백량(6)
        NewRow("07") = 공백량(7)
        NewRow("08") = 공백량(8)
        NewRow("09") = 공백량(9)
        NewRow("10") = 공백량(10)
        NewRow("11") = 공백량(11)
        NewRow("12") = 공백량(12)
        NewRow("13") = 공백량(13)
        NewRow("14") = 공백량(14)
        NewRow("15") = 공백량(15)
        NewRow("16") = 공백량(16)
        NewRow("17") = 공백량(17)
        NewRow("18") = 공백량(18)
        NewRow("19") = 공백량(19)
        NewRow("20") = 공백량(20)
        NewRow("21") = 공백량(21)
        NewRow("22") = 공백량(22)
        NewRow("23") = 공백량(23)
        NewRow("24") = 공백량(24)
```

```
    SelectCase sv블록번호
      Case 블록번호1
          Dt1.Rows.Add(NewRow)
      Case 블록번호2
          Dt2.Rows.Add(NewRow)
      Case 블록번호3
          Dt3.Rows.Add(NewRow)
      Case 블록번호4
          Dt4.Rows.Add(NewRow)
    End Select
End Sub


Private Sub 화면출력()

  DataGridView1.DataSource = Dt1
  DataGridView2.DataSource = Dt2
  DataGridView3.DataSource = Dt3
  DataGridView4.DataSource = Dt4
  sv블록번호 = "00"


  For i = 0 To 24
    Me.DataGridView1.Columns(i).SortMode = _ ················································ 11
                        DataGridViewColumnSortMode.NotSortable
    Me.DataGridView2.Columns(i).SortMode = _
                        DataGridViewColumnSortMode.NotSortable
    Me.DataGridView3.Columns(i).SortMode = _
                        DataGridViewColumnSortMode.NotSortable
    Me.DataGridView4.Columns(i).SortMode = _
                        DataGridViewColumnSortMode.NotSortable
    Next
End Sub
```

〈해설〉

1. 야드MAP정렬정보 데이터 테이블을 Dt1, Dt2, Dt3 및 Dt4 데이터 테이블에 복사한다.
   데이터 테이블을 복사하기 위해서 Clone 메소드를 이용한다.

2. 데이터생성() 프로시저를 수행한다. 이 프로시저에서는 4개의 DataGridView에 블록 데
   이터를 화면에 출력하기 위한 준비 작업을 수행한다.

3. 화면출력() 프로시저를 수행한다. 이 프로시저에서는 Dt1 ~ Dt4 데이터 테이블을
   DataGridView1 ~ DataGridView4의 DataSource에 옮긴다.

4. 한 번에 4개씩의 야드 블록을 출력하기 때문에 마지막에서 4번째 블록인 "B3"을 출력

시작 블록으로 지정한다.

5. 4개씩의 블록 데이터를 출력하기 때문에 블록배열()을 이용하여 폼에 입력된 야드검색 블록의 값에 따라 from블록번호, to블록번호, 블록번호1, 블록번호2, 블록번호3 및 블록 번호4를 생성한다.

6. 야드MAP정보 테이블에서 블록번호가 from블록번호보다 크거나 같고 to블록번호보다 작은 같은 레코드를 찾는다. 위에서 찾은 레코드 중에서 테이블의 블록번호가 sv블록번 호와 같지 않고 "00"이 아니면 DataTable생성() 프로시저를 수행하고, 계획량(25), 적 재량(25) 및 공백량(25) 배열을 공백으로 한다.

7. 테이블의 계획량을 계획량(테이블의 BAY번호) 배열에 옮긴다. Val 함수는 String을 Integer로 변환하는 함수이다.

8. DataTable생성() 프로시저를 수행한다. 이 프로시저에서는 sv블록번호의 값에 따라 NewRow(Dt1 ~ Dt4)를 생성한다.

9. sv블록번호의 값에 따라 새로운 NewRow(Dt1 ~ Dt4)를 지정한다.

10. sv블록번호의 값에 따라 NewRow(Dt1 ~ Dt4)를 Add하고 새로운 NewRow(Dt1 ~ Dt4)를 지정한다.

11. DataGridView는 기본적으로 각 필드별 정렬 기능이 제공된다. NotSortable 기능은 이 러한 기본 기능을 제거한다.

⑤ 디자인 폼에서 [검색] 명령 단추를 더블 클릭하여 txt야드검색블록의 조건에 맞는 내 역을 검색하는 로직을 작성하자. 또한 DataGridView1 ~ DataGridView4를 더블 클릭 했을 때의 로직을 작성하자.

리스트 **10-2**

```
Private Sub btn검색_Click(ByVal sender As System.Object, ByVal e As ↙
        System.EventArgs) Handles btn검색.Click

    Dt1.Clear()
    Dt2.Clear()
    Dt3.Clear()
    Dt4.Clear()

    데이터생성()
    화면출력()
End Sub
```

```
Private Sub DataGridView1_CellDoubleClick(ByVal sender As Object,
        ByVal e As System.Windows.Forms.DataGridViewCellEventArgs)
        Handles DataGridView1.CellDoubleClick

    Dim frm야드블록MAP As New 야드블록MAP()

    wk블록번호 = txt야드검색블록.Text

    If DataGridView1.CurrentCell.ColumnIndex 〈 10 Then  ················· 1
        wkBAY번호 = "0" & DataGridView1.CurrentCell.ColumnIndex.ToString
    Else
        wkBAY번호 = DataGridView1.CurrentCell.ColumnIndex.ToString
    End If

    If wkBAY번호 〉 "00" Then
        frm야드블록MAP.Show()
    End If

End Sub

Private Sub DataGridView2_CellDoubleClick(ByVal sender As Object,
        ByVal e As System.Windows.Forms.DataGridViewCellEventArgs)
        Handles DataGridView2.CellDoubleClick

    Dim frm야드블록MAP As New 야드블록MAP()

    For i = 0 To 8  ·················································· 2
        If txt야드검색블록.Text = 블록배열(i) Then
            wk블록번호 = 블록배열(i + 1)
            Exit For
        End If
    Next

    If DataGridView2.CurrentCell.ColumnIndex 〈 10 Then
        wkBAY번호 = "0" & DataGridView2.CurrentCell.ColumnIndex.ToString
    Else
        wkBAY번호 = DataGridView2.CurrentCell.ColumnIndex.ToString
    End If

    If wkBAY번호 〉 "00" Then
        frm야드블록MAP.Show()
    End If

End Sub
```

```vb
Private Sub DataGridView3_CellDoubleClick(ByVal sender As Object, ↙
        ByVal e As System.Windows.Forms.DataGridViewCellEventArgs)↙
        Handles DataGridView3.CellDoubleClick

    Dim frm야드블록MAP As New 야드블록MAP()

    For i = 0 To 8
      If txt야드검색블록.Text = 블록배열(i) Then
        wk블록번호 = 블록배열(i + 2)
        Exit For
      End If
    Next

    If DataGridView3.CurrentCell.ColumnIndex < 10 Then
      wkBAY번호 = "0" & DataGridView3.CurrentCell.ColumnIndex.ToString
    Else
      wkBAY번호= DataGridView3.CurrentCell.ColumnIndex.ToString
    End If

    If wkBAY번호 > "00" Then
      frm야드블록MAP.Show()
    End If

End Sub

Private Sub DataGridView4_CellDoubleClick(ByVal sender As Object,  ↙
        ByVal e As System.Windows.Forms.DataGridViewCellEventArgs)↙
        Handles DataGridView4.CellDoubleClick

    Dim frm야드블록MAP As New 야드블록MAP()

    For i = 0 To 8
      If txt야드검색블록.Text = 블록배열(i) Then
        wk블록번호 = 블록배열(i + 3)
        Exit For
      End If
    Next

    If DataGridView4.CurrentCell.ColumnIndex < 10 Then
      wkBAY번호 = "0" & DataGridView4.CurrentCell.ColumnIndex.ToString
    Else
      wkBAY번호 = DataGridView4.CurrentCell.ColumnIndex.ToString
    End If
```

```
   If wkBAY번호 > "00" Then
       frm야드블록MAP.Show()
   End If

   End Sub

End Class
```

〈해설〉

1. DataGridView1의 현재 셀의 컬럼 인덱스를 wkBAY번호에 옮긴다. 단, 인덱스가 10보다 작으면 앞자리 "0"을 붙인다.
2. 블록배열()을 이용하여 txt야드검색블록 필드 값의 다음 값을 찾아서 wk블록번호에 옮긴다.

10.2 야드 블록 MAP 프로그램 작성

실습에 필요한 데이터베이스는 [야드관리.bak] 데이터베이스를 복원하여 사용하고, [야드관리] 데이터베이스의 [컨테이너정보] 및 [야드MAP세부정보] 테이블을 이용한다.

이 프로그램 실습으로 알게 되는 요소 기술은 다음과 같다.

- Control Character 사용 방법
- Color 지정 방법
- Mid 함수 사용 방법

프로그램 명세서		
작성자 : 김 진 수	승인자 :	버 전 : 1.0
작성일 : 2009. 07. 13	승인일 :	페이지 : 1/3

프로그램명	야드 블록 MAP

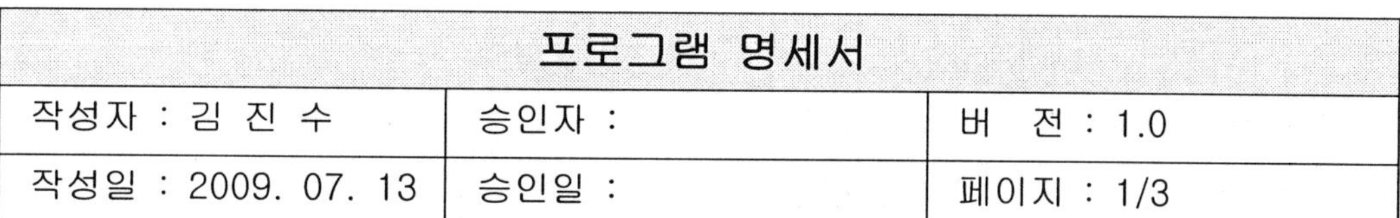

* 프로그램 개요

- 야드 검색 블록과 BAY번호 등의 검색 조건을 이용하여 해당 블록 및 BAY에 대한 야드 적재 내역(Row/Tier별 컨테이너번호, 항차, 선사코드 및 크기및규격 필드 내역)을 조회하는 프로그램이다.
- 열단(Row/Tier) 텍스트 박스를 더블 클릭하면 컨테이너정보관리 폼으로 연결되어 해당 컨테이너번호에 대한 세부 내역을 볼 수 있다.

<table>
<tr><td colspan="3" align="center">프로그램 명세서</td></tr>
<tr><td>작성자 : 김 진 수</td><td>승인자 :</td><td>버　전 : 1.0</td></tr>
<tr><td>작성일 : 2009. 07. 13</td><td>승인일 :</td><td>페이지 : 2/3</td></tr>
</table>

프로그램명	야드 블록 MAP

1. 야드블록MAP_Load()
   - 모듈에 저장된 wk블록번호가 공백이 아니면 다음 로직을 수행한다.
     이 wk블록번호는 야드MAP 프로그램에서 모듈에 저장한 데이터이다.
     · wk블록번호 및 wkBAY번호를 폼에 옮긴다.
     · 화면Clear() 프로시저를 수행한다.
     · 내역조회() 프로시저를 수행한다.
     · 야드블록MAP정보 데이터 테이블의 내역을 지운다.
     · wk블록번호 및 wkBAY번호를 공백으로 한다.

2. btn검색_Click()
   - 화면Clear() 프로시저를 수행한다.
   - 내역조회() 프로시저를 수행한다.
   - 야드블록MAP정보 데이터 테이블의 내역을 지운다.

3. 내역조회()
   - 야드관리 데이터베이스를 연결하여 연다.
     - SQL = "SELECT 야드세부번호, AA.컨테이너번호, 항차, 선사코드,
             크기및규격 FROM 컨테이너정보 AA " & _
             "INNER JOIN 야드MAP세부정보 BB ON AA.컨테이너번호 =
             BB.컨테이너번호 " & _
             "WHERE (BB.블록번호 = '" & txt검색블록번호.Text & "')
             and (BB.BAY번호 = '" & txt검색BAY번호.Text & "')"
   - 위의 SQL문을 이용하여 야드블록MAP정보 데이터 테이블을 생성한다.
   - 야드블록MAP정보 테이블을 처음부터 끝까지 읽어서 다음 로직을 수행한다.
     · 컨테이너번호, 항차, 선사코드 및 크기및규격 필드를 wkData에 옮긴다.
     · 테이블의 야드세부번호에 따라 wkData를 해당 열단(Row/tier)에 옮긴다.

<table>
<tr><td colspan="3" align="center">프로그램 명세서</td></tr>
<tr><td>작성자 : 김 진 수</td><td>승인자 :</td><td>버 전 : 1.0</td></tr>
<tr><td>작성일 : 2009. 07. 13</td><td>승인일 :</td><td>페이지 : 3/3</td></tr>
</table>

프로그램명	야드 블록 MAP

4. txt열단11_DoubleClick()
- txt열단11 데이터의 처음부터 11바이트를 모듈의 wk컨테이너번호에 옮긴다.
- wk컨테이너번호가 "00"보다 크면 txt열단11의 배경색(BackColor)을 Aquamarine으로 하고 컨테이너정보관리 폼을 연다.

* txt열단21_DoubleClick() ~ txt열단65_DoubleClick() 이벤트 프로시저의 로직은 txt열단11_DoubleClick()의 로직과 유사하므로 생략한다.

① 비주얼 스튜디오 .NET을 실행하고 [새 프로젝트]를 실행한다. 새 프로젝트 창에서 이름을 [야드관리], 위치는 적절한 경로를 선택하고 [확인] 단추를 누른다.

② 솔루션 탐색기에서 [야드관리] 프로젝트를 선택하고 우측 마우스 단추를 눌러 단축 메뉴를 표시한다. [추가/Windows Form]을 선택하여 새로운 폼을 만든다. 새로운 폼 이름은 [야드블록MAP]으로 하고 Form1은 삭제한다. 또한 프로젝트의 My Project를 더블클릭하여 시작 폼을 [야드블록MAP]으로 지정한다.

③ 다음 표를 참고로 폼을 디자인한다.

컨트롤	Name	Text	비 고
Form	야드블록MAP	야드블록MAP	
Label	Label1	야드블록 MAP	Font : 굴림32pt
TextBox	txt검색블록번호		
TextBox	txt검색BAY번호		
Button	btn검색	검 색	
TableLayoutPanel	TableLayoutPanel1		ColumnCount : 6 RowCount : 5

컨트롤	Name	Text	비 고
TextBox	txt열단11		
TextBox	txt열단21		
TextBox	txt열단31		
TextBox	txt열단41		
TextBox	txt열단51		
TextBox	txt열단61		

* 일반적인 레이블 내역은 생략한다. 또한 txt열단12 ~ txt열단62, txt열단13 ~ txt열단63, txt열단14 ~ txt열단64, txt열단15 ~ txt열단65 텍스트 박스 내역은 txt열단11 ~ txt열단61과 유사하므로 생략한다.

④ 프로그램에 imports해야 할 네임스페이스와 야드블록MAP 폼에 사용될 기본 개체를 설정하고, 폼의 빈곳에 더블 클릭하여 야드블록MAP_Load 로직을 작성한다.

리스트 10-3

```
Imports System.Data
Imports System.Data.SqlClient
Imports System.IO

Public Class 야드블록MAP

Protected Conn As New SqlConnection()
Protected Adt As New SqlDataAdapter()
Protected Cmd As SqlCommand
Protected SQL As String = ""
Dim wkData As String = ""
Protected i As Integer

Private Sub 야드블록MAP_Load(ByVal sender As Object, ByVal e As ↙
        System.EventArgs) Handles Me.Load

 If wk블록번호 <> "" Then ·················································· 1
    txt검색블록번호.Text = wk블록번호
    txt검색BAY번호.Text = wkBAY번호

    화면Clear()
    내역조회()
```

```
        Ds1.Tables("야드블록MAP정보").Clear()

      wk블록번호 = ""
      wkBAY번호 = ""
    End If

End Sub

Private Sub btn검색_Click(ByVal sender As System.Object, ByVal e As _
    System.EventArgs) Handles btn검색.Click

  화면Clear()
  내역조회()

  Ds1.Tables("야드블록MAP정보").Clear()

End Sub

Private Sub 내역조회()

  Conn.ConnectionString = "SERVER=kjs;UID=sa;PWD=kjs; _
                          DATABASE=야드관리"

  SQL = "SELECT 야드세부번호, AA.컨테이너번호, 항차, 선사코드, _
        크기및규격 FROM 컨테이너정보 AA " & _
        "INNER JOIN 야드MAP세부정보 BB ON AA.컨테이너번호 = _
        BB.컨테이너번호 " & _
        "WHERE (BB.블록번호 = '" & txt검색블록번호.Text & "') _
        and (BB.BAY번호 = '" & txt검색BAY번호.Text & "')"

  Cmd = New SqlCommand(Sql, Conn)
  Cmd.CommandType = CommandType.Text
  Adt.SelectCommand = Cmd

  Adt.Fill(Ds1, "야드블록MAP정보") ·········································· 2

  For i = 0 To Ds1.Tables("야드블록MAP정보").Rows.Count - 1

    wkData생성() ································································ 3

    Select Case Ds1.Tables("야드블록MAP정보").Rows(i)("야드세부번호")
    Case "11" ······································································ 4
          txt열단11.Text = wkData
```

```
            Case "21"
                txt열단21.Text = wkData
            Case "31"
                txt열단31.Text = wkData
            Case "41"
                txt열단41.Text = wkData
            Case "51"
                txt열단51.Text = wkData
            Case "61"
                txt열단61.Text = wkData

        ' Case "12" ~ Case "65"까지의 로직은 내용이 유사하므로 생략함
        End Select
    Next

End Sub

Private Sub 화면Clear()

    txt열단11.Text = ""
    txt열단21.Text = ""
    txt열단31.Text = ""
    txt열단41.Text = ""
    txt열단51.Text = ""
    txt열단61.Text = ""


    ' txt열단12.Text ~ txt열단65.Text의 내용을 공백으로 하는
        로직은 내용이 유사하므로 생략함

End Sub

Private Sub wkData생성()

    wkData = ""
    wkData = Ds1.Tables("야드블록MAP정보").Rows(i)("컨테이너번호") ↙
            + " " + ControlChars.CrLf ------------------------------------ 5
    wkData = wkData + Ds1.Tables("야드블록MAP정보").Rows(i)("항차") ↙
            + ControlChars.CrLf
    wkData = wkData + Ds1.Tables("야드블록MAP정보").Rows(i)("선사코드")↙
            + ControlChars.CrLf
    wkData = wkData + ↙
            Ds1.Tables("야드블록MAP정보").Rows(i)("크기및규격")

End Sub
```

〈해설〉

1. 모듈에 저장된 wk블록번호가 공백이 아니면 wk블록번호 및 wkBAY번호를 폼에 옮긴다. 이 wk블록번호 및 wkBAY번호는 야드MAP 프로그램에서 모듈에 저장한 데이터이다.

2. 야드블록MAP정보 데이터 테이블을 생성한다. 이 테이블은 txt검색블록번호 및 txt검색BAY번호를 검색 조건으로 생성되었으며 txt열단11 ~ txt열단65까지의 데이터를 출력하기 위한 기초 자료로 이용된다.

3. wkData에는 컨테이너번호, 항차, 선사코드 및 크기및규격 필드가 포함되며 txt열단11 ~ txt열단65에 출력되는 데이터이다.

4. 야드블록MAP정보 데이터 테이블의 야드세부번호에 따라 wkData를 해당 열단(Row/tier)에 옮긴다.

5. (컨테이너번호 + " " + 다음 라인으로 이동하는 컨트롤 문자)를 wkData에 옮긴다.

⑤ txt열단11 ~ txt열단65 텍스트 박스를 더블 클릭했을 때의 로직을 작성하자. 텍스트 박스를 더블 클릭하면 컨테이너정보관리 폼으로 연결되어 텍스트 박스에 대한 세부적인 내용을 볼 수 있다.

리스트 10-4

```
Private Sub txt열단11_DoubleClick(ByVal sender As Object, ByVal e As
        System.EventArgs) Handles txt열단11.DoubleClick

  Dim frm컨테이너정보관리 As New 컨테이너정보관리()

  wk컨테이너번호 = Mid(txt열단11.Text, 1, 11) ································· 1

  If wk컨테이너번호 > "00" Then ·········································· 2

     txt열단11.BackColor = Color.Aquamarine
     frm컨테이너정보관리.Show()

  End If

End Sub
```

```
Private Sub txt열단21_DoubleClick(ByVal sender As Object, ByVal e As ↙
        System.EventArgs) Handles txt열단21.DoubleClick

  Dim frm컨테이너정보관리 As New 컨테이너정보관리()

  wk컨테이너번호 = Mid(txt열단21.Text, 1, 11)

  If wk컨테이너번호 > "00" Then
     txt열단21.BackColor = Color.Aquamarine
     frm컨테이너정보관리.Show()
  End If

End Sub

* txt열단31_DoubleClick  ~  txt열단61_DoubleClick,
  txt열단12_DoubleClick  ~  txt열단62_DoubleClick,
  txt열단13_DoubleClick  ~  txt열단63_DoubleClick,
  txt열단14_DoubleClick  ~  txt열단64_DoubleClick 및
  txt열단15_DoubleClick  ~  txt열단65_DoubleClick 로직은 위의 로직과
  유사하므로 생략함
```

〈해설〉

1. txt열단11 데이터의 처음부터 11바이트를 wk컨테이너번호에 옮긴다.

2. wk컨테이너번호가 "00"보다 크면 txt열단11의 배경색(BackColor)을 Aquamarine으로
   하고 컨테이너정보관리 폼을 연다.

제11장

선사코드 검색 및 컨테이너 조회 웹 프로그램 작성

11.1 선사코드 검색 웹 프로그램 작성

실습에 필요한 데이터베이스는 [야드관리.bak] 데이터베이스를 복원하여 사용하고, [야드관리] 데이터베이스의 [선사코드정보] 테이블을 이용한다.

<table>
<tr><td colspan="3" align="center">프로그램 명세서</td></tr>
<tr><td>작성자 : 김 진 수</td><td>승인자 :</td><td>버　전 : 1.0</td></tr>
<tr><td>작성일 : 2009. 07. 13</td><td>승인일 :</td><td>페이지 : 1/3</td></tr>
</table>

프로그램명	선사코드 검색 웹

이 프로그램 실습으로 알게 되는 요소 기술은 다음과 같다.

- ASP.NET을 이용한 웹 폼 처리 기술
- 웹 폼에서의 GridView 처리 및 데이터 바인딩 기술
- Cache Key 이용 기술

프로그램 명세서		
작성자 : 김 진 수	승인자 :	버 전 : 1.0
작성일 : 2009. 07. 13	승인일 :	페이지 : 2/3

프로그램명	선사코드 검색 웹

* 프로그램 개요
  - 폼에 데이터 검색 조건인 검색 선사코드를 입력하고 [검색] 명령 단추를 누르거
    나 A ~ Z 명령 단추를 누르면 그 해당 조건에 따라 선사코드 및 선사명을 검색
    하는 프로그램이다.
  - 한 페이지에 10건씩의 데이터를 출력한다. 또한 페이지 인덱스가 바뀌면 새로운
    페이지에 대한 10건의 데이터를 출력한다.

1. btn검색_Click()
   - 용어검색() 프로시저를 수행한다.

2. 용어검색()
   - DataSet_Create() 프로시저를 수행한다.
   - 선사코드정보 테이블을 새로운 DataView(Dv1)에 지정한다.
   - Dv1의 RowFilter에 ["선사코드 LIKE '" & txt검색선사코드.Text & "%'"]를
     지정한다.
   - GridView1의 PageIndex에 0을 지정한다.
   - GridView1의 DataSource에 Dv1을 지정한다.
   - GridView1을 DataBind 한다.

3. DataSet_Create()
   - Cache(Key)가 Nothing이면 다음 로직을 수행한다.

<table>
<tr><td colspan="5" align="center">프로그램 명세서</td></tr>
<tr><td>작성자 : 김 진 수</td><td colspan="2">승인자 :</td><td colspan="2">버 전 : 1.0</td></tr>
<tr><td>작성일 : 2009. 07. 13</td><td colspan="2">승인일 :</td><td colspan="2">페이지 : 3/3</td></tr>
</table>

프로그램명	선사코드 검색 웹

- 야드관리 데이터베이스를 연결하여 연다.
- SQL = "SELECT * FROM 선사코드정보"
- 위의 SQL문을 이용하여 선사코드정보 데이터 테이블을 생성한다.
- Cache에 DataSet(Ds1)을 추가한다.
- Cache(Key)가 Nothing이 아니면 Cache(Key)를 DataSet(Ds1)에 옮긴다.

4. btnA_Click()
   - txt검색선사코드에 "A"를 옮긴다.
   - 용어검색() 프로시저를 수행한다.

 * btnB_Click()부터 btnZ_Click()까지는 btnA_Click() 로직과 유사하므로 생략한다.

5. GridView1_PageIndexChanging()
   - GridView1의 PageIndex에 새로운 페이지 인덱스를 지정한다.
   - 새로운 페이지 인덱스를 Session("CurrentPageIndex")에 지정한다.
   - Cache(Key)를 DataSet(Ds1)에 옮긴다.
   - 선사코드정보 테이블을 새로운 DataView(Dv1)에 지정한다.
   - Dv1의 RowFilter에 ["선사코드 LIKE '" & txt검색선사코드.Text & "%'"]를 지정한다.
   - GridView1의 DataSource에 Dv1을 지정한다.
   - GridView1을 DataBind 한다.

① 새로운 웹 프로젝트를 만들어 이름을 [YardWebSite]로 하고, 새로운 웹 폼 이름은 [ShipCompCode]로 한다.

② 다음 표를 참고로 폼을 디자인한다.

컨트롤	Name	Text	비 고
Form	ShipCompCode	선사코드검색웹	
Label	Label1	선사코드 검색웹	Font : 굴림32pt
TextBox	txt검색선사코드		
Button	btn검색	검 색	
Button	btnA	A	
GridView	GridView1		
Label	lblMessage		

* 일반적인 레이블 내역과 btnB ~ btnZ까지의 명령 단추는 유사하므로 생략함

③ 프로그램에 imports해야 할 네임스페이스와 ShipCompCode 폼에 사용될 기본 개체를
설정한다.

리스트 11-1

```
Imports System.Web
Imports System.Web.UI
Imports System.Web.UI.WebControls

Imports System
Imports System.Data
Imports System.Data.SqlClient
Imports System.IO

Partial Class ShipCompCode
  Inherits System.Web.UI.Page

  Protected Conn As New SqlConnection()
  Protected Adt1 As New SqlDataAdapter()
  Protected SqlCmd As SqlCommand
  Protected Key As String = "선사코드정보"
  Protected SQL As String = ""
  Protected Ds1 As New DataSet()
  Protected Dv1 As DataView
```

④ 디자인 폼에서 [검색] 명령 단추를 더블 클릭하여 검색 선사코드 조건에 맞는 내역을 검색하는 로직을 작성하자. 또한 [A] ~ [Z] 명령 단추를 눌렀을 때의 로직을 작성하자.

리스트 **11-2**

```
Private Sub btn검색_Click(ByVal sender As System.Object, ByVal e ↙
            As System.EventArgs) Handles btn검색.Click

    용어검색()

End Sub

Private Sub 용어검색()

  DataSet_Create()

  Dv1 = New DataView(Ds1.Tables("선사코드정보")) ················· 1
  Dv1.RowFilter = "선사코드 LIKE '" & txt검색선사코드.Text & "%'"
                                                     ················· 2
  GridView1.PageIndex = 0 ································· 3
  GridView1.DataSource = Dv1 ································· 4
  GridView1.DataBind() ································· 5

End Sub

Protected Sub DataSet_Create()

  If (Cache(Key) Is Nothing) Then ························· 6
    Conn.ConnectionString = _
            "SERVER=kjs;UID=sa;PWD=kjs;DATABASE=야드관리"

    SQL = "SELECT * FROM 선사코드정보"
    SqlCmd = New SqlCommand(SQL, Conn)
    Adt1 = New SqlDataAdapter(SQL, Conn)
    Adt1.Fill(Ds1, "선사코드정보")

    Cache.Insert(Key, Ds1) ································· 7
  Else
    Ds1 = Cache(Key) ································· 8
  End If

End Sub
```

```
Private Sub btnA_Click(ByVal sender As System.Object, ByVal e As ↙
            System.EventArgs) Handles btnA.Click

   txt검색선사코드.Text = "A"
   용어검색()
End Sub

' btnB_Click() ~ btnZ_Click()은 btnA_Click() 로직과 유사하므로
생략한다.
```

〈해설〉

1. 선사코드정보 데이터 테이블을 이용하여 DataView(Dv1)를 지정한다.

2. 선사코드가 txt검색선사코드와 유사한 데이터를 필터링하도록 DataView의 RowFilter 를 지정한다.

3. GridView1의 PageIndex를 0으로 지정한다. GridView는 AllowPaging 속성을 True로 하고 PageSize 속성에서 한 페이지 당 출력할 레코드 건수를 지정하면 출력되는 데이터 건수에 따라 페이지 인덱스가 자동으로 생성된다.

4. Dv1을 GridView1의 DataSource에 옮긴다.

5. 위의 4에서 지정된 데이터를 GridView1에 바인딩시킨다.

6. Cache(Key)가 공백이면 다음 내역을 수행한다. 캐시(Cache)는 빠른 데이터 처리를 위 해 이미 처리된 데이터를 임시적으로 저장해 두는 장소를 말한다. 웹 프로그램에서는 윈도우 프로그램과 달리 프로그램 수행 중에 변수에 데이터를 적재할 수 없기 때문에 캐시를 많이 이용한다. ASP.NET 2.0에서 캐시 기능은 페이지 캐싱과 데이터 캐싱으로 구분된다. 이 프로그램에서 구현된 내용은 후자의 내용으로 이는 사용자가 생성한 데이 터 자체를 저장하는 캐싱 기법이며, 데이터 캐시에 저장된 데이터는 웹 사이트 전체에 서 사용될 수 있다. 이 데이터 캐싱은 키/값 쌍을 사용하여 임의의 데이터를 프로그래 밍 방식으로 메모리에 저장하고 참조한다.

7. Ds1의 내역을 Cache에 추가한다.

8. Cache에 저장된 내역을 Ds1에 옮긴다.

⑤ GridView1에서 Page Index가 변경될 때의 로직을 작성하자.

리스트 **11-3**

```
Protected Sub GridView1_PageIndexChanging(ByVal sender As Object, ↙
    ByVal e As System.Web.UI.WebControls.GridViewPageEventArgs) ↙
    Handles GridView1.PageIndexChanging

    GridView1.PageIndex = e.NewPageIndex ·················································· 1
    Session("CurrentPageIndex") = e.NewPageIndex ····························· 2

    Ds1 = Cache(Key)

    Dv1 = New DataView(Ds1.Tables("선사코드정보"))

    Dv1.RowFilter = "선사코드 LIKE '" & txt검색선사코드.Text & "%'"

    GridView1.DataSource = Dv1
    GridView1.DataBind()

End Sub
```

〈해설〉

1. GridView1에서 선택된 새로운 페이지 인덱스를 GridView1의 페이지 인덱스로 지정한다.

2. GridView1에서 선택된 새로운 페이지 인덱스를 세션의 현재 페이지 인덱스로 지정한다. 세션 객체는 사용자의 현재 세션에 대한 정보를 저장한다. 즉, 사용자 개인 정보를 서버의 일정한 위치에 저장할 수 있도록 해주는 것이다. 사용자가 사이트를 방문한 시점을 세션(Session)이라 한다. 사용자가 사이트를 방문했을 때 시스템은 사용자의 정보를 넣을 수 있는 사물함을 할당한다. 사용자가 일단 그 사이트를 떠나면 사물함은 버려지고 정보는 없어지며 세션은 종료된다.

11.2 컨테이너 조회 웹 프로그램 작성

실습에 필요한 데이터베이스는 [야드관리.bak] 데이터베이스를 복원하여 사용하고, [야드관리] 데이터베이스의 [컨테이너정보] 테이블을 이용한다.

이 프로그램 실습으로 알게 되는 요소 기술은 다음과 같다.

- ASP.NET을 이용한 웹 폼 처리 기술
- 웹 폼에서의 GridView 처리 및 데이터 바인딩 기술
- DropDownList의 목록을 생성하는 기술
- Cache Key 이용 기술

프로그램 명세서		
작성자 : 김 진 수	승인자 :	버 전 : 1.0
작성일 : 2009. 07. 13	승인일 :	페이지 : 1/3

프로그램명	컨테이너 조회 웹

☆ ☆ ◈ 컨테이너조회웹

컨테이너 조회웹

모선 코드 : ABEB ▾   선사 코드 : APL ▾   조회

컨테이너번호	항차	모선코드	선사코드	크기및규격	장치위치	공적여부	운송사ID	목적지향	반입일시
APHU6295630	ABEB-010	ABEB	APL	42G1	A1-04-23	F	KEKMCO50	XINGANG	2007-05-25
APHU6296771	ABEB-010	ABEB	APL	42G1	B2-02-11	F	KEKMCO50	XINGANG	2007-08-17
APHU6405744	ABEB-010	ABEB	APL	42G1	B1-02-13	F	KEKMCO50	XINGANG	2007-08-16
APHU6435054	ABEB-010	ABEB	APL	42G1	A2-12-43	F	KEKMCO50	XINGANG	2007-05-25
APHU6587822	ABEB-010	ABEB	APL	42G1	A2-12-32	F	KEKMCO50	XINGANG	2007-05-25
APLS2463461	ABEB-010	ABEB	APL	42G1	A1-04-11	F	KEKMCO50	XINGANG	2007-08-14
APLS2463471	ABEB-010	ABEB	APL	42G1	A1-04-12	F	KEKMCO50	XINGANG	2007-08-14
APLS2463482	ABEB-010	ABEB	APL	42G1	A1-04-13	F	KEKMCO50	XINGANG	2007-08-14
APLS2463492	ABEB-010	ABEB	APL	42G1	A1-04-14	F	KEKMCO50	XINGANG	2007-08-14
APLS2463503	ABEB-010	ABEB	APL	42G1	A1-04-15	F	KEKMCO50	XINGANG	2007-08-14

1 2 3 4 5 6 7

<table>
<tr><td colspan="3" align="center">프로그램 명세서</td></tr>
<tr><td>작성자 : 김 진 수</td><td>승인자 :</td><td>버　전 : 1.0</td></tr>
<tr><td>작성일 : 2009. 07. 13</td><td>승인일 :</td><td>페이지 : 2/3</td></tr>
</table>

프로그램명	컨테이너 조회 웹

* 프로그램 개요
  - 폼에 데이터 검색 조건인 모선코드 및 선사코드를 입력하고 [조회] 명령 단추를 누르면 그 해당 조건에 따라 컨테이너번호, 항차, 모선코드, 선사코드, 크기및규격, 장치위치, 공적여부, 운송사ID, 목적지항, 반입일시 등의 데이터를 조회하는 프로그램이다.
  - 한 페이지에 10건씩의 데이터를 출력한다. 또한 페이지 인덱스가 바뀌면 새로운 페이지에 대한 10건의 데이터를 출력한다.

1. btn조회_Click()
   - DataSet_Create() 프로시저를 수행한다.
   - GridView1의 PageIndex에 0을 지정한다.
   - GridView1_DataBind() 프로시저를 수행한다.

2. DataSet_Create()
   - Cache(Key)가 Nothing이면 다음 로직을 수행한다.
     · 야드관리 데이터베이스를 연결하여 연다.
     · SQL = "SELECT 컨테이너번호, 항차, 모선코드, 선사코드, 크기및규격, 장치위치, 공적여부, 운송사ID, 목적지항, 반입일시 FROM 컨테이너정보"
     · 위의 SQL문을 이용하여 컨테이너정보 데이터 테이블을 생성한다.
     · Cache에 DataSet(Ds1)을 추가한다.
   - Cache(Key)가 Nothing이 아니면 Cache(Key)를 DataSet(Ds1)에 옮긴다.

3. GridView1_DataBind()
   - Cache(Key)를 DataSet(Ds1)에 옮긴다.
   - 컨테이너정보 테이블을 새로운 DataView(Dv컨테이너정보)에 지정한다.

<table>
<tr><td colspan="5" align="center">프로그램 명세서</td></tr>
<tr><td>작성자 : 김 진 수</td><td colspan="2">승인자 :</td><td colspan="2">버 전 : 1.0</td></tr>
<tr><td>작성일 : 2009. 07. 13</td><td colspan="2">승인일 :</td><td colspan="2">페이지 : 3/3</td></tr>
</table>

프로그램명	컨테이너 조회 웹

> - Dv컨테이너정보의 RowFilter에 ["(모선코드 LIKE '" & ddl모선코드.Text & "%') and " & "(선사코드 LIKE '" & ddl선사코드.Text & "%')"]를 지정한다.
> - GridView1의 DataSource에 Dv컨테이너정보를 지정한다.
> - GridView1을 DataBind 한다.
>
> 4. GridView1_PageIndexChanging()
>   - GridView1의 PageIndex에 새로운 페이지 인덱스를 지정한다.
>   - 새로운 페이지 인덱스를 Session("CurrentPageIndex")에 지정한다.
>   - GridView1_DataBind() 프로시저를 수행한다.

① 새로운 웹 프로젝트를 만들어 이름을 [YardWebSite]로 하고, 새로운 웹 폼 이름은 [ConInqWeb]으로 한다.

② 다음 표를 참고로 폼을 디자인한다.

컨트롤	Name	Text	비 고
Form	ConInqWeb	컨테이너조회웹	
Label	Label1	컨테이너 조회웹	Font : 굴림32pt
DropDownList	ddl모선코드		
DropDownList	ddl선사코드		
Button	btn조회	조 회	
GridView	GridView1		

* 일반적인 레이블 내역은 생략함

③ 모선코드 DropDownList의 목록을 생성하기 위해서 DropDownList를 웹 폼에 디자인할
때 [데이터 소스 선택]을 클릭하면 데이터 소스 구성 마법사 창이 나타난다.

데이터 소스 선택에서 <새 데이터 소스>를 선택하면 [데이터 소스 구성 마법사-데이터
소스 형식 선택] 창이 나타난다. 응용 프로그램이 데이터를 가져오는 위치를 [데이터베
이스]로 지정하고 데이터 소스의 ID 지정에는 [SqlDataSource1]을 입력하고 확인 단추
를 누른다. [데이터 소스 구성-SqlDataSource1-데이터 연결 선택] 창이 나타나면 [새
연결] 단추를 누른다.

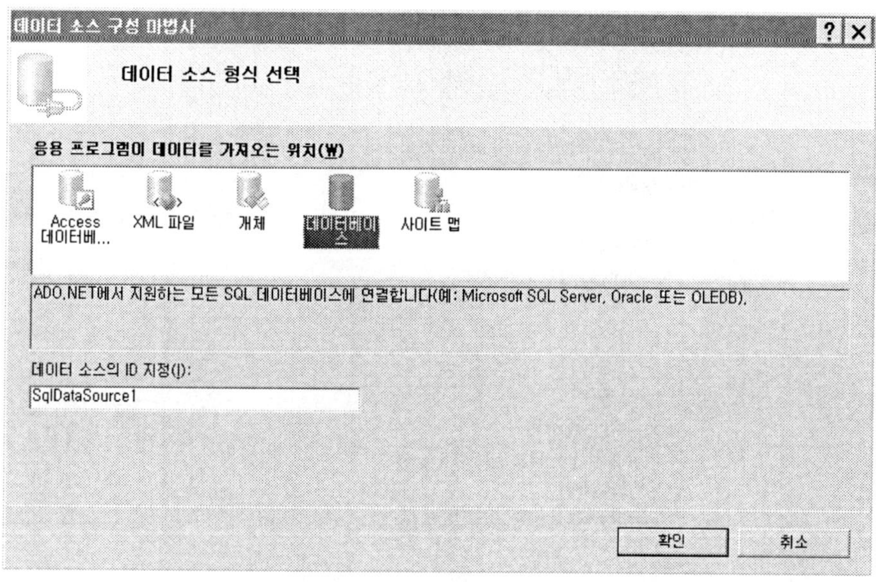

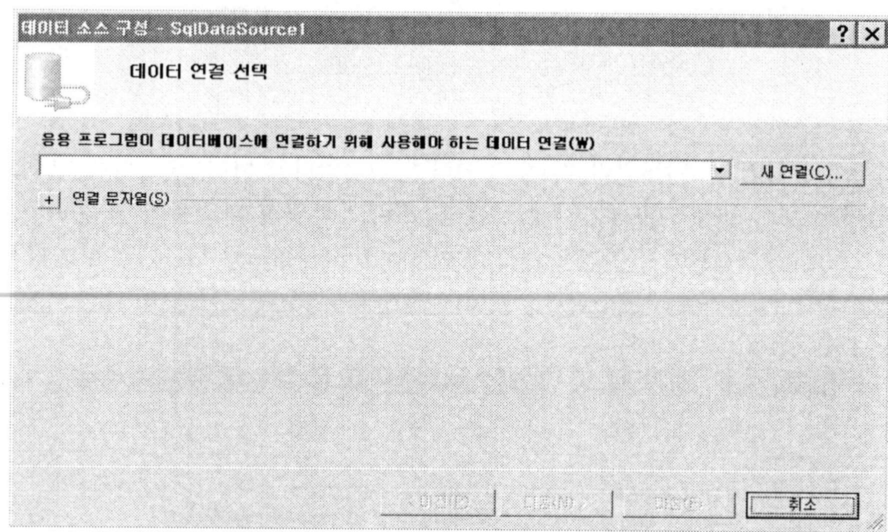

연결 추가 창이 나타나면 서버 이름은 자기의 서버 이름(예를 들어, KJS), 데이터베이스 이름은 [야드관리]를 선택하고 확인 단추를 누른다.

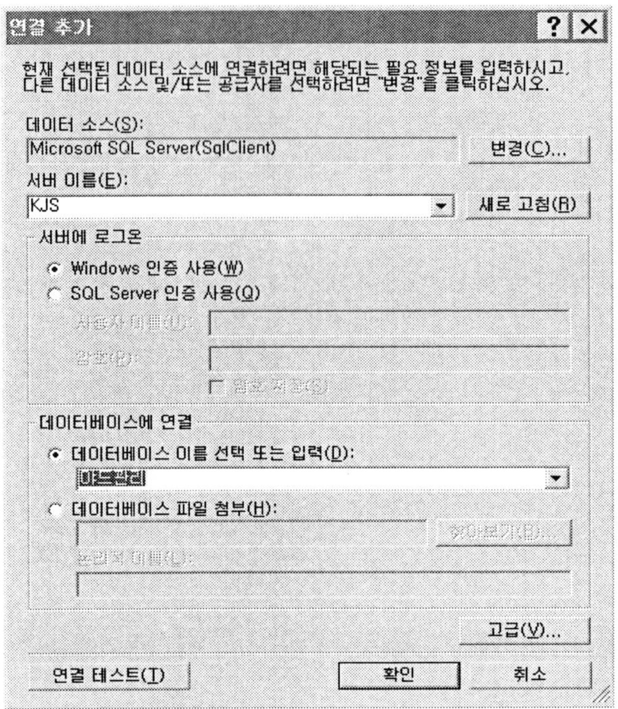

연결이 잘되면 kjs.야드관리.dbo가 데이터 연결되었다고 나타난다. 다음 단추를 누르면 [데이터 소스 구성-SqlDataSource1-응용 프로그램 구성 파일에 연결 문자열 저장] 창이 나타난다. 이 창에서 연결을 [야드관리ConnectionString]으로 지정하고 다음 단추를 누른다.

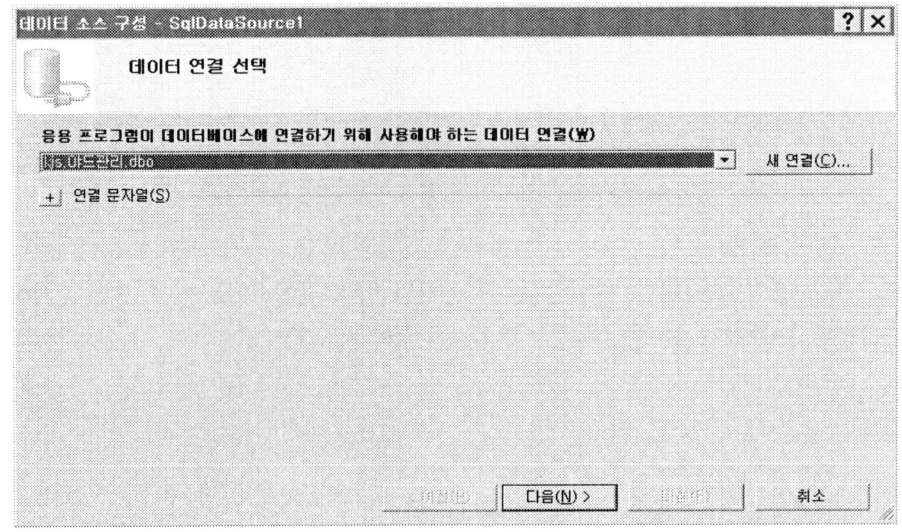

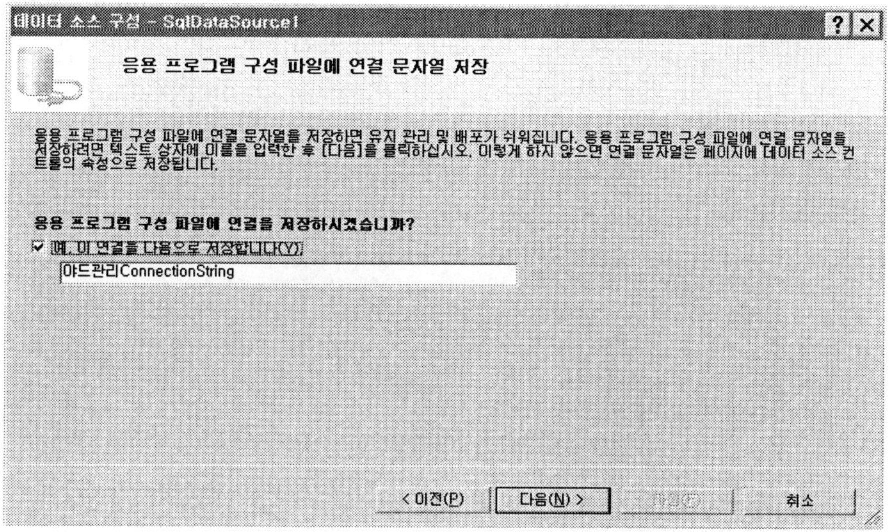

[데이터 소스 구성-SqlDataSource1-Select 문 구성] 창이 나타나면 테이블 이름을 [모선코드정보], 열을 [모선코드]로 지정하고, 고유한 행만 반환 체크 박스를 체크하면 Select문이 "SELECT DISTINCT [모선코드] FROM [모선코드정보]"로 생성된다. 다음 단추를 누르면 [데이터 소스 구성-SqlDataSource1-쿼리 테스트] 창이 나타난다. [쿼리 테스트] 단추를 누르면 항차 DropDownList의 사용될 목록 내역이 나타나고, 오류가 없으면 마침 단추를 누른다.

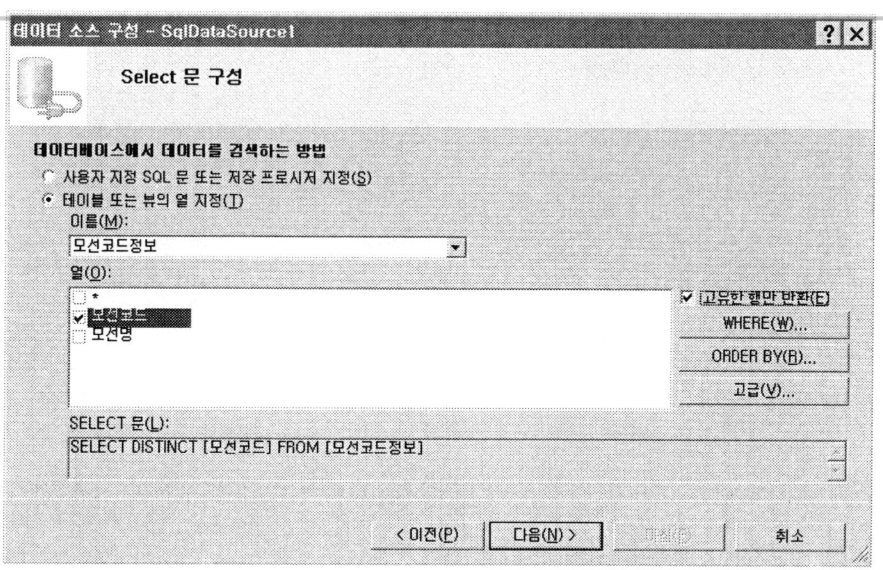

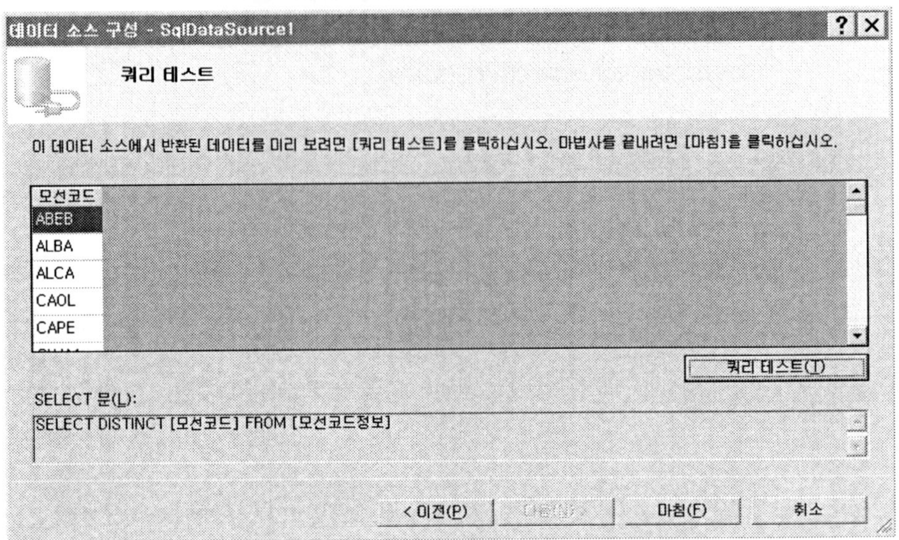

[데이터 소스 구성 마법사-데이터 소스 선택] 창이 나타나고 DropDownList에 표시할 데이터 필드를 [모선코드], DropDownList의 값에 대한 데이터 필드를 [모선코드]로 지정하고 확인 단추를 누르면 항차 DropDownList에 대한 목록 생성 작업이 완료된다.

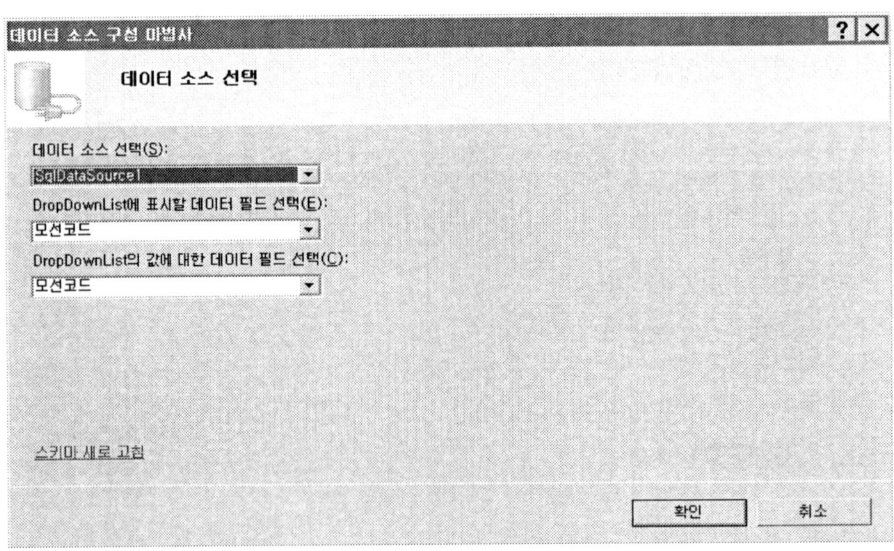

④ 프로그램에 imports해야 할 네임스페이스와 ConInqWeb 폼에 사용될 기본 개체를 설정한다.

리스트 **11-4**

```
Imports System.Web
Imports System.Web.UI
Imports System.Web.UI.WebControls

Imports System
Imports System.Data
Imports System.Data.SqlClient
Imports System.IO

Partial Class ConInqWeb
  Inherits System.Web.UI.Page

  Protected Conn As New SqlConnection()
  Protected Adt1 As New SqlDataAdapter()
  Protected SqlCmd As SqlCommand
  Protected Key As String = "컨테이너정보01"
  Protected SQL As String
  Protected Ds1 As New DataSet()
```

⑤ 디자인 폼에서 [조회] 명령 단추를 더블 클릭하여 모선코드 및 선사코드 조건에 맞는
  내역을 검색하는 로직을 작성하자. 이 때 해당 검색 조건이 공백일 경우는 모든 데이터
  를 찾는다.

리스트 **11-5**

```
Protected Sub btn조회_Click(ByVal sender As Object, ByVal e As ↙
              System.EventArgs) Handles btn조회.Click

  DataSet_Create()

  GridView1.PageIndex = 0 ·····························································1
  GridView1_DataBind()

End Sub

Protected Sub DataSet_Create()

  If (Cache(Key) Is Nothing) Then ···················································2
```

```vb
        Conn.ConnectionString = _
                "SERVER=kjs;UID=sa;PWD=kjs;DATABASE=야드관리"

        SQL = "SELECT 컨테이너번호, 항차, 모선코드, 선사코드,
               크기및규격, 장치위치, 공적여부, 운송사ID, 목적지항,
               반입일시 " & "FROM 컨테이너정보"

        SqlCmd = New SqlCommand(SQL, Conn)
        Adt1 = New SqlDataAdapter(SQL, Conn)
        Adt1.Fill(Ds1, "컨테이너정보")

        Cache.Insert(Key, Ds1) ·········································· 3
    Else
        Ds1 = Cache(Key) ··············································· 4
    End If

End Sub

Protected Sub GridView1_DataBind()

    Dim criteria As String
    Dim Dv컨테이너정보 As DataView

    Ds1 = Cache(Key)

    criteria = "(모선코드LIKE '" & ddl모선코드.Text & "%') and " & _
            "(선사코드 LIKE '" & ddl선사코드.Text & "%')"

    Dv컨테이너정보 = New DataView(Ds1.Tables("컨테이너정보"))
                                                    ·········· 5
    Dv컨테이너정보.RowFilter = criteria ···················· 6

    GridView1.DataSource = Dv컨테이너정보 ················· 7
    GridView1.DataBind() ······························· 8

End Sub
```

〈해설〉

1. GridView1의 PageIndex를 0으로 지정한다. GridView는 AllowPaging 속성을 True로
   하고 PageSize 속성에서 한 페이지 당 출력할 레코드 건수를 지정하면 출력되는 데이터
   건수에 따라 페이지 인덱스가 자동으로 생성된다.

2. Cache(Key)가 공백이면 다음 내역을 수행한다. 캐시(Cache)는 빠른 데이터 처리를 위해 이미 처리된 데이터를 임시적으로 저장해 두는 장소를 말한다. 웹 프로그램에서는 윈도우 프로그램과 달리 프로그램 수행 중에 변수에 데이터를 적재할 수 없기 때문에 캐시를 많이 이용한다. ASP.NET 2.0에서 캐시 기능은 페이지 캐싱과 데이터 캐싱으로 구분된다. 이 프로그램에서 구현된 내용은 후자의 내용으로 이는 사용자가 생성한 데이터 자체를 저장하는 캐싱 기법이며, 데이터 캐시에 저장된 데이터는 웹 사이트 전체에서 사용될 수 있다. 이 데이터 캐싱은 키/값 쌍을 사용하여 임의의 데이터를 프로그래밍 방식으로 메모리에 저장하고 참조한다.

3. Ds1의 내역을 Cache에 추가한다.

4. Cache에 저장된 내역을 Ds1에 옮긴다.

5. 컨테이너정보 데이터 테이블을 사용하여 DataView(Dv컨테이너정보)를 지정한다.

6. 모선코드가 ddl모선코드와 유사하고 선사코드가 ddl선사코드와 유사한 데이터를 필터링하도록 DataView(Dv컨테이너정보)의 RowFilter를 지정한다.

7. Dv컨테이너정보를 GridView1의 DataSource에 옮긴다.

8. 위의 7에서 지정된 데이터를 GridView1에 바인딩시킨다.

⑥ GridView1에서 Page Index가 변경될 때의 로직을 작성하자.

리스트 **11-6**

```
Protected Sub GridView1_PageIndexChanging(ByVal sender As Object, ↙
    ByVal e As System.Web.UI.WebControls.GridViewPageEventArgs)  ↙
    Handles GridView1.PageIndexChanging

    GridView1.PageIndex = e.NewPageIndex  ························································· 1

    Session("CurrentPageIndex") = e.NewPageIndex  ·································· 2

    GridView1_DataBind()

End Sub

End Class
```

〈해설〉

1. GridView1에서 선택된 새로운 페이지 인덱스를 GridView1의 페이지 인덱스로 지정한
   다.
2. GridView1에서 선택된 새로운 페이지 인덱스를 세션의 현재 페이지 인덱스로 지정한
   다. 세션 객체는 사용자의 현재 세션에 대한 정보를 저장한다. 즉, 사용자 개인 정보를
   서버의 일정한 위치에 저장할 수 있도록 해주는 것이다. 사용자가 사이트를 방문한 시
   점을 세션(Session)이라 한다. 사용자가 사이트를 방문했을 때 시스템은 사용자의 정보
   를 넣을 수 있는 사물함을 할당한다. 사용자가 일단 그 사이트를 떠나면 사물함은 버려
   지고 정보는 없어지며 세션은 종료된다.

제Ⅲ부

양적하 관리 프로젝트

제12장

양적하 관리 프로젝트 계획

12.1 업무 분석

12.1.1 프로젝트 개요

항만에서의 컨테이너 터미널은 육상과 해상 운송을 연결하는 접속점으로써, 양자를 효율적으로 결합하여 컨테이너에 적재된 화물을 공급자에서 소비자에 이르기까지 존재하는 시간적, 공간적인 간격을 효과적으로 극복하기 위하여 물리적인 경제 활동을 체계화 시킨 물류시스템을 유지하고 있다. 이 물류시스템은 복합일관운송 체계내의 해상운송시스템과 육상운송시스템을 연결하는 종합운송시스템(Total Transportation System)의 일환인 항만물류시스템에 속하며, 컨테이너 터미널에서의 항만물류는 내륙연계 및 선박하역에 따른 이송 및 보관으로 처리된다.

컨테이너 터미널의 내륙연계 물류는 도로운송 및 철도를 주로 이용하나, 내륙 수로가 발달된 곳이나 연안해송이 가능한 곳은 선박으로 이송하기도 한다. 이 이동의 형태는 터미널 측에서 보면 반입과 반출로 단순 구분되나, 국가별로 제도에 따라 이동되는 컨테이너 화물의 성격은 여러 가지로 구분된다. 즉, 일반적인 부두에서의 직접 통관하는 것을 우리나라에서는 부두통관이라고 별도의 물류 형태로 취급하기도 한다.

우리나라 내륙과 항만간의 컨테이너 이동을 요약하면 다음 그림과 같다.

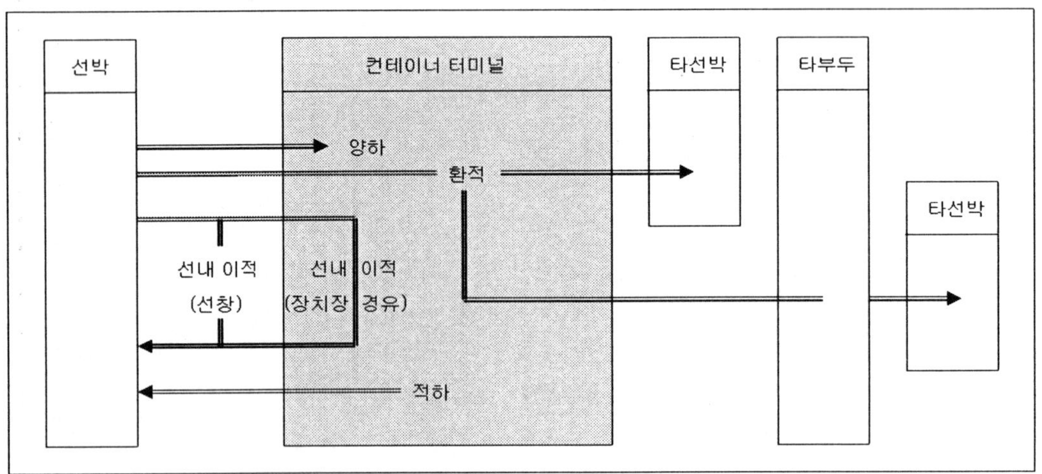

컨테이너의 선박 하역 물류는 기본적으로 선박에 육상의 컨테이너를 적재하는 적하와 선박의 적재된 컨테이너를 육상으로 이동시키는 양하가 있다. 또한 양하를 위해서 선박 내에

서 양하할 컨테이너보다 상부에 적재된 컨테이너를 일시 타 위치로 이동시키거나, 육상에 양륙시켰다가 다시 적재시키는 두 가지 작업으로 구분되는 선내이적도 있고, 양하된 컨테이너를 장치 후 다른 선박으로 적하하는 환적도 있다. 환적의 경우 동일 부두 내에서 처리하는 것이 일반적이나, 타부두로 반출하여 적하하는 경우도 있다.

컨테이너 선박과 터미널간 이동을 요약하면 다음 그림과 같다.

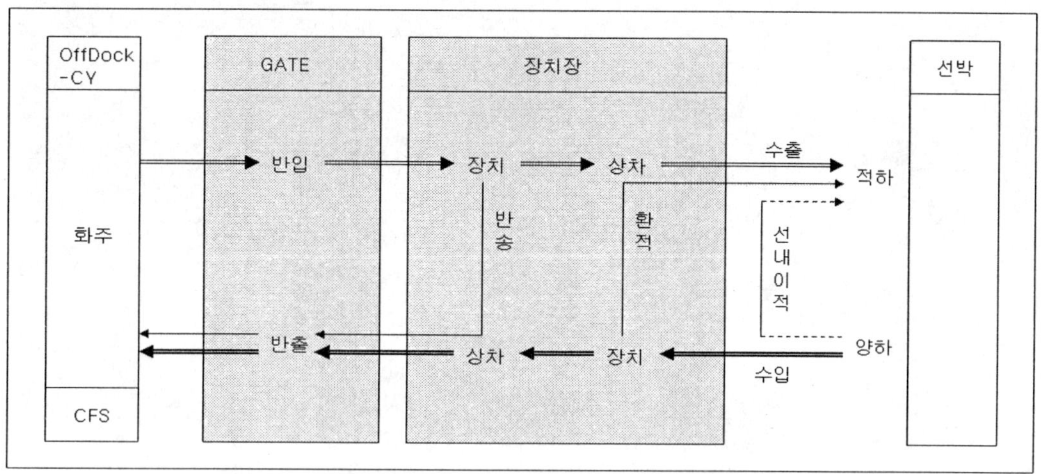

컨테이너 터미널 내부의 컨테이너 이동은 단순하다. 즉, 장치장을 중심으로 볼 때, 양하나 반입된 컨테이너를 특성별로 분류하여, 이송장비로부터 장치장으로 컨테이너를 장치하는 작업과 장치된 컨테이너를 적하 및 반출을 위하여 이송장비에 상차하는 작업의 과정이 있으며 또한 터미널 구내에서 장치위치를 변경하는 구내이적이 있다.

터미널에서 처리되는 물류를 무역의 관점에서 보면, 수출과 수입의 양대 활동으로 크게 나누어지며, 부수적으로 무역 외 활동인 환적과 공컨테이너의 보관 및 반출 기능의 단순조작이 있다.

컨테이너 터미널에서는 하역작업, 게이트를 통한 컨테이너 반출입 작업, 장치장 내 컨테이너 관리 등 여러 작업이 혼재되어 유기적으로 운영이 된다.

컨테이너의 정보처리시스템은 최상의 운영을 위한 필수 조건이다. 1970년대 초기의 터미널 운영은 컨테이너 물류 정보처리를 수작업으로 출발하였으나, 현재는 부두를 처음 설계할 때부터 정보처리시스템과 자동화를 기본으로 준비하고 있다.

컨테이너 터미널 운영시스템은 크게 계획시스템, 운영시스템 및 지원시스템으로 구분된다. 좀 더 세밀하게 구분하면 계획시스템은 선석계획시스템, 장치계획시스템, 양적하계획시스템, 장비배차시스템 등으로 구분되고, 운영시스템은 게이트운영시스템, 야드운영시스템, 본선운영시스템, 작업관제시스템, CFS운영시스템, 작업지원시스템 등으로 구분되고, 지원시스템은 통계, 정산시스템, EDI 정보서비스시스템 등으로 구분된다.

컨테이너 터미널 운영시스템의 개요도는 다음 그림과 같다.

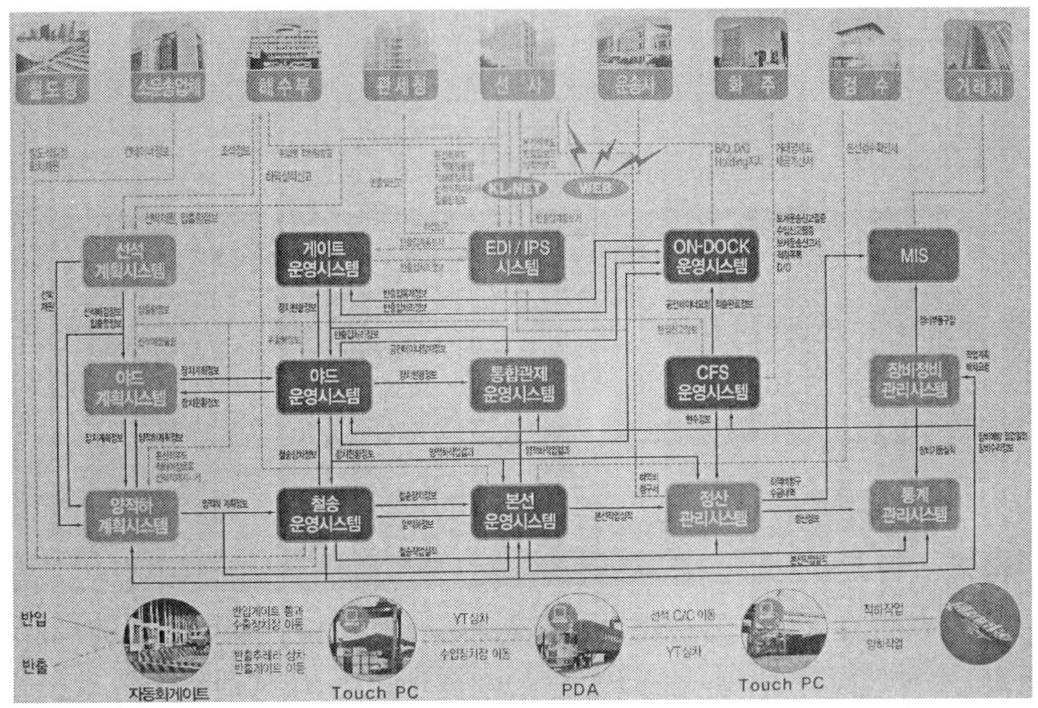

본 프로젝트에서는 위의 시스템 중에서 양적하계획시스템과 본선운영시스템 중에서 양적하와 관련된 일부 내용을 그 대상으로 하고 있다. 또한 교재의 특성상 너무 많은 업무를 모두 수용할 수 없어서 다음과 같은 한정된 데이터를 이용할 것임을 밝혀둔다.

- 적하 모선의 수는 한 척(ABEB: Jurong Bebaru), 한 항차(010)로 제한한다.
- ABEB의 01(03), 05(07), 09(11), 13(15), 17(19), 21(23) 등의 홀수 베이(bay)는 선박 도면상 차이가 나는 부분도 있지만 알고리즘 편의상 동일한 것으로 간주한다. 02, 06, 10, 14, 18, 22 등의 짝수 베이(bay)는 실지 선박과 동일하게 설계한다.
- 적하 계획 알고리즘은 자동적하 및 수동적하로 나누어지는데 로직이 유사하므로 그 중에서 자동적하만 작성한다.
- 양하 계획은 적하 계획과 로직이 유사하므로 생략한다.
- 본선적부도 출력은 본선 적부도 조회 로직과 유사하므로 생략한다.

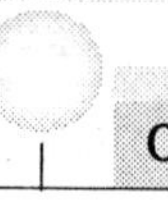

- 컨테이너 하역 작업에 필요한 겐트리 크레인(G/C)은 한 대를 계속해서 사용할 수 있다고 가정한다.
- 전체 프로젝트 내용은 되도록 실 업무와 유사하게 구현하려고 노력하였으나, 실 업무와 동일하게 하려면 그 내역이 방대하므로 업무 범위 및 절차를 축소 구현하였고, 또한 일부 생략된 부분은 독자 여러분의 실습에 맡긴다.

12.1.2 업무 처리 내역

양적하관리 업무 중에서 제일 중요한 부분은 양하 계획 수립, 적하 계획 수립, 컨테이너선 본선적부도 등을 들 수 있다. 이에 대해서 좀 더 알아보자.

1) 양하 계획 수립

① 양하 자료 접수
- 선사로부터 베이플랜(Bay Plan) 자료 및 양하 프로파일(Profile)을 접안 10시간 전까지 접수한다.
- 선사코드, 모선항차, 베이 번호(Bay No), 열단번호(Row Tier No), 컨테이너 공적여부, 중량, 양하항 등 자료 내용을 확인한다.
- EDI(Electronic Data Interchange) 또는 문서 접수된 자료를 조회하여 선사별 컨테이너의 크기/형태별로 수량을 확인한다.
- 양하자료를 확인 후 이상여부 발생시는 선사 본선팀에 재확인 후 이상이 없을 경우에는 양하 계획을 짠다.

② 기본적인 양하 계획 수립
- 수량 및 선내 위치에 이상을 없음을 확인한 다음, 해당 선박의 작업량과 접안선석, 터미널 상황 등을 고려하여 작업 컨테이너 크레인의 대수를 결정하고, 각 컨테이너 크레인별로 작업시간을 결정한다.
- 각 베이(Bay)의 홀드(Hold)/데크(Deck)별 양하순서(해치 커버 개폐 포함)를 투입 예정 컨테이너 크레인 대수, 컨테이너 크레인별 작업 평준화, 양화 예정 자료의 베이 형태, 안정도 등을 고려하여 컨테이너 크레인별 양하순서를 정한다.
- 순서 리스트(Sequence List), 컨테이너 작업 스케줄, 베이플랜, 특수 컨테이너 리스트(Special List) 등의 해당 서류를 출력한다. 요즈음은 운영 자동화가 간소화되어 이들 서류 중 일부는 출력하지 않는다.

- 양하장치 계획과 양하 컨테이너를 일대일 매칭 또는 상황에 따라 자동으로 계획을 짠다.

③ 양하 계획시 고려 사항
- 양하순서는 기본적으로 선미에서 선수 방향으로 작업을 진행한다.
- 선박의 제원, 화물의 적부상태, 안정도 등을 고려하여 열(Row) 방향에 따라 Q/C(Quay Crane)를 기준으로 해서 가까운 것을 우선으로 작업하는 NF(Near First)와 먼 쪽에 있는 것을 우선으로 작업하는 FF(Far First)순으로 결정하거나, Tier 방향에 따라서는 "Tier by Tier", "Stack by Stack"으로 작업순서를 결정한다.
- 일반적으로 양하 작업시는 NF 작업을 우선으로 한다.

2) 적하 계획 수립

① 적하 계획의 기본 절차
- 선사로부터 선적 예약 내용(Booking Prospect)을 접안 3일 전에 EDI를 통하여 접수한다.
- CCT(Container Closing Time; 마감시간) 종료 전 보통 10시간 전에 선사로부터 선적 프로파일(Loading Profile)을 접수한다.
- CCT 마감 후 정확한 반입분과 컨테이너 선적 리스트(Loading List)를 대조 확인한다.
- 컴퓨터로부터 해당 모선의 선적자료를 출력하여 양하지, 컨테이너 크기, 해치별 요약 내용을 선적 프로파일 상의 요약 내용과 일치시킨다.
- 모선특성, 야드상황 및 컨테이너 크레인별 분배를 고려하여 각 베이(Bay)별 홀드(Hold)/데크(Deck)의 적하순서를 지정한다.
- 순서 리스트(Sequence List), 컨테이너 작업 스케줄, 베이플랜, 특수 컨테이너 리스트(Special List) 등의 해당 서류를 출력한다. 요즈음은 운영 자동화가 간소화되어 이들 서류 중 일부는 출력하지 않는다.
- 선적 컨테이너를 야드와 모선 선내 위치별로 일대일 또는 자동으로 매칭 시킨다.

② 적하 계획시 고려사항
- 장치장의 이동거리를 최소화한다.
- 컨테이너의 재배치를 최소화한다.
- 컨테이너 유형별 일괄 작업을 한다.

- 선박 종류에 따라 가장 효율적인 작업 방법을 선택한다.
- 선박의 안정성을 위한 컨테이너의 중량을 고려한다.
- 컨테이너에 따른 적재 위치의 제약 사항을 고려한다.

3) 컨테이너선 본선적부도(Container Ship Stowage Plan)

컨테이너 전용선에서 사용되는 적부도는 일반배치도, 개략도 및 베이플랜의 3가지 주요한 유형이 있다.

① 일반배치도(General Plan 또는 General Stowage Plan)

일반배치도는 선박의 센터 라인을 따라 수직으로 잘라서 세로면 부분 우현 측을 보여 주는 형식으로 선박의 작은 척도 프로필이다. 이는 해치와 홀드, Deep Tank와 이중 선저, 비화물 공간, 편의 시설 구역, 기관실 등의 위치를 보여준다.

일반배치도에서는 본선작업을 계획할 때 그리고 작업 시작시 본선에 승선할 때 도움을 줄 수 있는 다음과 같은 정보를 제공한다.

- 각 해치의 배치 : 이는 어떤 크레인이 둘 혹은 더 많은 베이에서 동시에 작업할 수 있고, 양하 혹은 적하 속도를 높일 수 있을 것인지를 말해준다.
- 편의시설 구역과 기관실의 위치 : 이 정보는 양적하가 진행되는 동안 베이 사이에 크 레인을 고정시키거나 이동을 고려할 때 중요하다. 예를 들면 한 크레인은 편의시설 구역으로 분리되어 있는 해치 9와 10보다는 해치 9와 해치 8사이를 더 쉽게 이동할 수 있다.
- 상갑판 베이 사이의 공간 : 이 공간이 있는 곳으로 라싱을 위해 출입한다.
- 일반배치도는 하갑판 베이가 40피트 컨테이너만을 수용할 수 있는지, 그리고 20피트 컨테이너를 용인하는지를 말해준다.
- 일반배치도 밖의 선이 점선으로 되어 있는 곳은 오직 공 컨테이너(Empty Container)만을 적재할 수 있고 화물이 적입된 컨테이너 박스는 이 위치에 장치시켜 서는 안된다.
- 상갑판 본선 폭을 따라서 쌓을 수 있는 컨테이너의 최대 수(최대 열)는 상갑판 적재 위치에 삼각형으로 인쇄되어 있다.

② 개략도(Outline)

다음 그림은 신선대 컨테이너 터미널의 ABEB-010(선박 Jurong Bebaru의 항차 010)

에 대한 개략도이다. 이 개략도에서는 본선의 컨테이너 적재 형태를 수직적 단면의 순차적 서식으로 더 상세하게 보여준다. 즉, 각 베이에 20피트 및 40피트 컨테이너를 몇 개의 컨테이너를 적재할 수 있는지를 정확하게 말해 준다. 20피트 컨테이너를 적재할 수 있는 베이는 1, 3, 5, 7, 9, 11, 13, 15, 17, 19, 21, 23, 25, 27 등의 홀수 베이이다. 또한 40피트 컨테이너를 적재할 수 있는 베이는 2, 6, 10, 14, 18, 22, 26 등의 짝수 베이로서 그 번호는 괄호 안에 기재되어 있다. 이는 두 개의 홀수 베이(예를 1, 3)가 하나의 짝수 베이(예를 들어, 2)와 한 쌍으로 같이 사용된다는 뜻이다. 즉, 20피트 컨테이너를 적재한 셀에는 40피트 컨테이너를 적재할 수 없고, 40피트 컨테이너를 적재한 셀에는 20피트 컨테이너를 적재할 수 없다는 의미이다. 각 베이는 선미 쪽에서 본 단면으로 일반적으로 일반배치도의 작은 판(Version)은 개략도의 한 구석에 포함되어 있다.

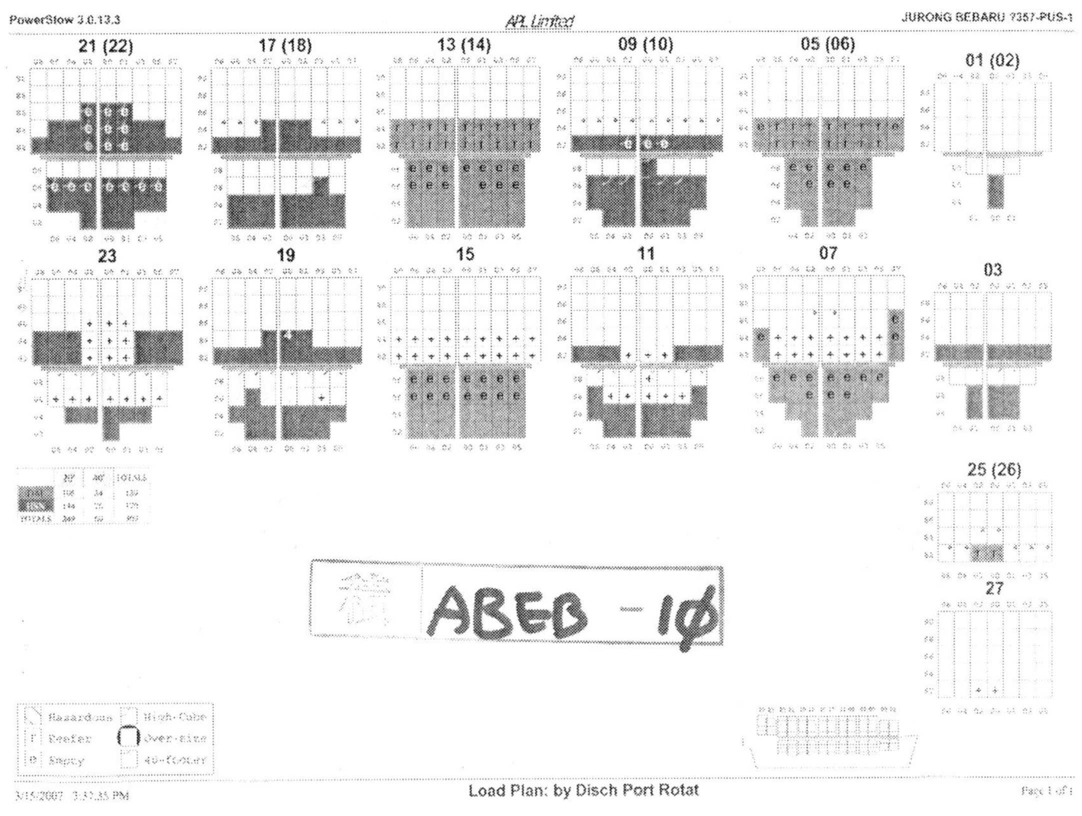

개략도는 본선작업 플래너가 플래닝할 때 또는 계획된 선박에 양하/적하작업을 할 때 주로 사용하는 것이며, 기항하는 다양한 항만에서 양적하되는 컨테이너를 보여준다. 컨테이너 위치는 두 가지 방법 중 하나로 보여준다.

- 첫째 방법은 신선대 컨테이너 터미널 등에서 주로 이용하는 방법으로 합의된 색깔 코드에 따라 채워진 슬롯에 색깔을 칠하는 것이다. 즉, 위의 그림과 같이 DALIAN은 녹색, XINGANG은 보라색으로 나타낸다.
- 둘째 방법은 허치슨 컨테이너 터미널 등에서 주로 이용하는 방법으로 첫 번째 문자는 양하항으로 지정된 채워진 슬롯에 각각 주어지게 된다. 즉, 'K'는 홍콩, 'S'는 싱가포르를 나타낸다.

이전 페이지의 그림과 같이 개략도는 다른 유용한 계획 데이터 중의 하나로 제공될 수 있다. 예를 들어, 특별한 컨테이너가 적재된 것을 나타내는 코드 문자와 심벌의 형식을 갖는 것이다.

- 문자 E는 공 컨테이너, R은 냉동 컨테이너, M은 우편 컨테이너, H는 위험화물, O는 오픈탑 컨테이너 등을 나타낸다.
- 심벌은 위 그림과 같이 위험물질(Hazardous), 초과 높이(Over-size), 초과 넓이(High-Cube) 등의 화물을 표시할 수 있다.

③ 베이플랜(Bay Plan)

베이플랜은 개략도에서 각 베이에 대한 내역을 자세하게 보여준 것이다. 다음 그림은 신선대 컨테이너 터미널의 ABEB-010(선박 Jurong Bebaru의 항차 010)에 대한 11번 베이 홀드(HOLD)의 베이플랜이다.

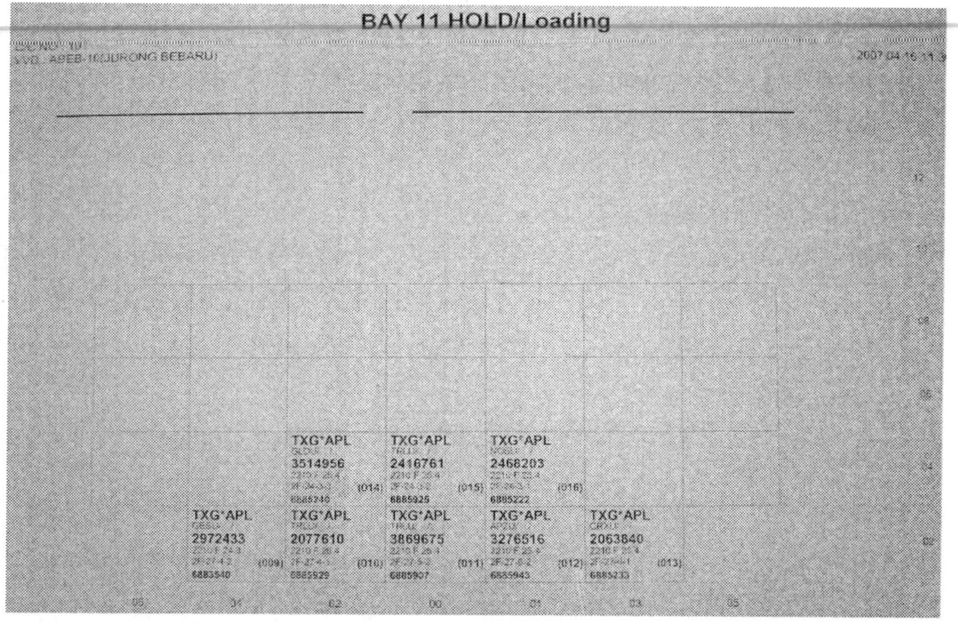

각 셀에는 그 슬롯에 있는 컨테이너에 대한 정보가 기록된다. 예를 들면, 슬롯 11-02-04 (베이 11번, 열 02, HOLD 2단의 04)의 컨테이너 정보는 다음과 같다.

- TXG*APL : 목적지항 TXG(XINGANG), 선사코드 APL(America President Line)
- GDLU3514956 : 컨테이너 번호
- 2210 F 25.4 : 크기 및 규격 2210, 공적여부 F, 중량 25,4톤
- 2F-24-3-3 : 야드 위치(Yard Location)
- 6885240 : 봉인번호(Seal NO)

④ 컨테이너 슬롯 주소 시스템

컨테이너 슬롯 주소 시스템은 Bay-Row-Tier 순의 각각 2개씩 총 6개의 숫자(예를 들어, 02-00-88은 베이 02번, 중앙의 열 00, Deck 4단의 88)로 기록된다.

■ Bay Numbering System

선박에서 컨테이너는 셀이라 불리는 앞과 뒤 갑판의 상과 하에 적재된다. 본선의 단면 하나로 만들어진 셀의 그룹을 베이라고 한다. 베이는 배 앞쪽부터 뒤쪽으로 두 개의 숫자 시스템으로 번호가 매겨져 있다. 20피트 컨테이너 베이에 대해서는 01, 03, 05, 09, 11 등의 홀수, 40피트 컨테이너 베이에 대해서는 02, 06, 10 등의 짝수가 주어진다. 여기에서 중요한 점은 20피트 베이 번호와 40피트 베이 번호가 중첩되어 사용된다는 점이다. 즉, 02번 베이와 01, 03번 베이는 같은 장소이고, 02번 베이에 40피트 컨테이너를 적재하게 되면 01, 03번 베이에 20피트 컨테이너를 적재할 수 없다. 또한 01번 또는 03번 베이에 20피트 컨테이너를 적재하게 되면 02번 베이에 40피트 컨테이너를 적재할 수 없다.

■ Row Numbering System

열 번호(Row Number)를 부여하는 방법은 우현에 적재된 컨테이너는 중심선으로부터 시작하여 01, 03, 05, 07 등의 홀수가 주어지고, 좌현에 적재된 컨테이너는 중심선으로부터 시작하여 02, 04, 06, 08 등의 짝수가 주어진다. 그리고 중앙의 열 번호는 00이 주어진다.

열 번호는 보통 셀 가이드 꼭대기 해치 코밍에 페인팅 되어 있다. 이것은 본선 양적하시 크레인 운전자와 본선 작업 감독자가 요구되는 슬롯을 식별하는 데 큰 도움을 준다. 다음 페이지의 그림은 10(9, 11)번 베이를 나타낸다.

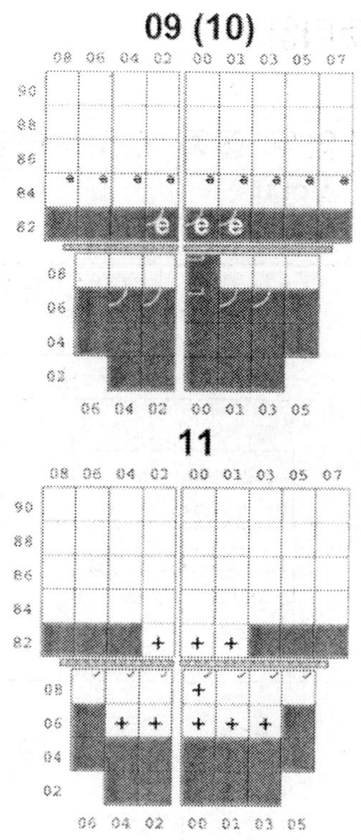

- Tier Numbering System
  - 홀드(Hold)의 Tier Numbering System : Tier Number는 바닥단은 02, 그 다음 단은 04, 06, 08, 10 등의 짝수 번호가 주어진다.
  - 갑판상(Deck)의 Tier Numbering System : Tier Number는 해치커버 위 또는 노천갑판에 싣는 컨테이너 단번호는 82, 84, 86, 88, 90 등의 번호가 주어진다.

12.1.3 업무 절차 프로토타입

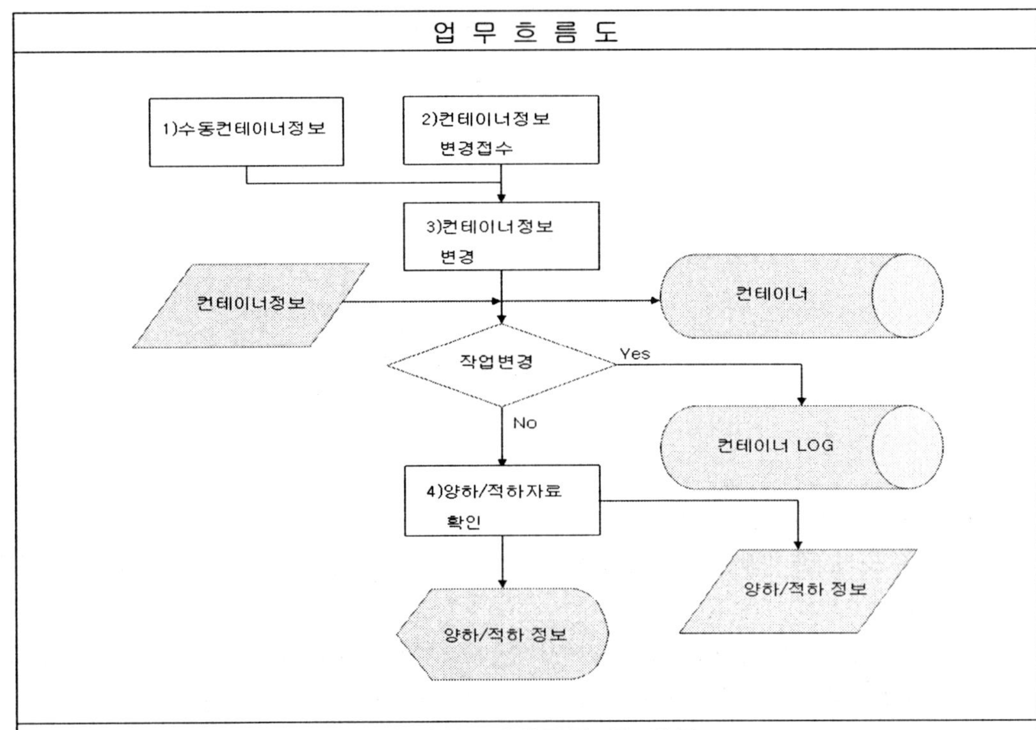

업무 절차 프로토타입			
작성자 : 김 진 수	승인자 :		버 전 : 1.0
작성일 : 2009. 03. 10	승인일 :		페이지 : 1/5
기능명 : 양적하관리		서브기능명 : 컨테이너 정보관리	

수행절차, 전제조건 및 빈도

1. 수행절차
   1) 자동으로 접수되지 않거나 전환이 되지 않은 컨테이너 정보를 확인한다.
   2) 양하/적하 컨테이너 변경정보를 선사로부터 접수한다.
   3) 본선계획 담당자는 접수된 데이터를 시스템에 등록한다. T/S 변경 등과
      같은 컨테이너 작업상태 변경은 변경내역을 LOG 파일에 저장한다.
   4) 양하/적하 컨테이너 정보를 확인하고 문서로 출력한다.
2. 전제조건 및 빈도
   1) EDI로 접수되지 않은 데이터 또는 접수된 데이터를 변경할 수 있도록
      한다.

<table>
<tr><td colspan="5" align="center">업 무 절 차 프로토타입</td></tr>
<tr><td>작성자 : 김 진 수</td><td colspan="2">승인자 :</td><td colspan="2">버 전 : 1.0</td></tr>
<tr><td>작성일 : 2009. 03. 10</td><td colspan="2">승인일 :</td><td colspan="2">페이지 : 2/5</td></tr>
<tr><td colspan="2">기능명 : 양적하관리</td><td colspan="3">서브기능명 : 양하계획</td></tr>
</table>

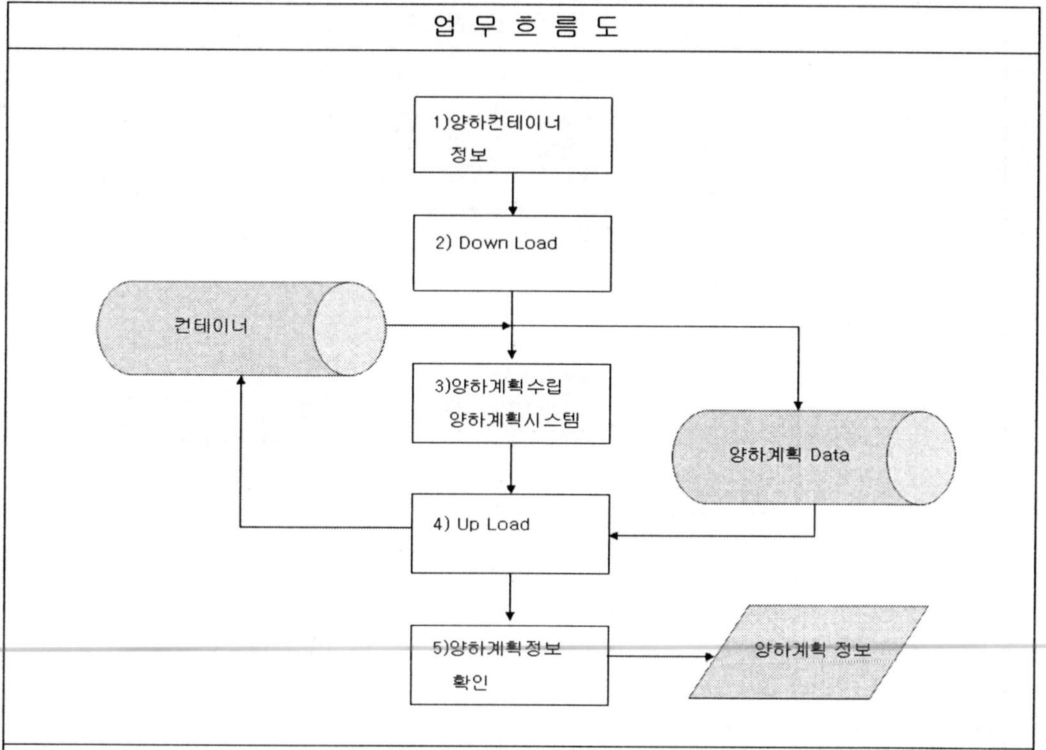

수행절차, 전제조건 및 빈도

1. 수행절차
   1) 담당자는 등록된 양하 컨테이너 데이터를 최종 확인한다.
   2) 양하 계획을 세우기 위하여 양하 컨테이너 데이터를 Down Load 한다.
   3) 양하계획 시스템에서 작업순서, 작업위치, 크레인 번호 등의 양하계획을 작성한다.
   4) 작성 완료된 양하 계획 데이터를 데이터베이스에 Up Load 시킨다.
   5) 최종적으로 양하 예정정보를 확인하고 출력하여 본선센터에 통보한다.
2. 전제조건 및 빈도
   1) 양하계획 시스템에서 양하 계획을 세우기 위한 데이터는 Down 및 Up Load 방식을 우선 적용한다.

업무 절차 프로토타입

작성자 : 김 진 수	승인자 :	버　전 : 1.0
작성일 : 2009. 03. 10	승인일 :	페이지 : 3/5
기능명 : 양적하관리	서브기능명 : 적하계획	

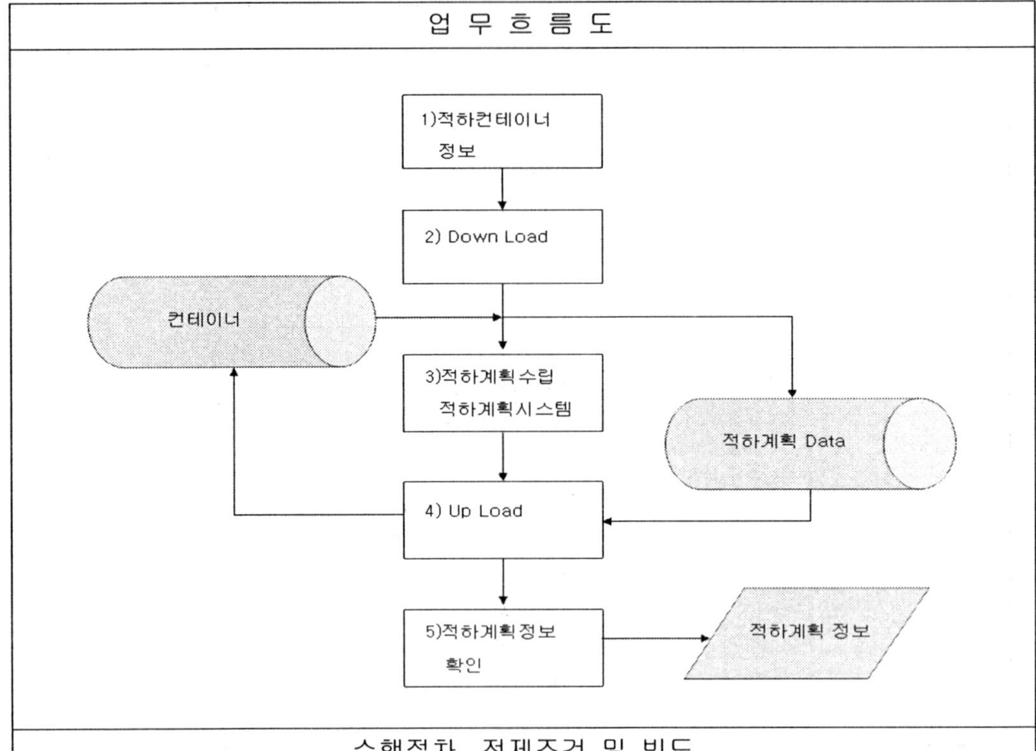

수행절차, 전제조건 및 빈도

1. 수행절차
   1) 본선계획 담당자는 등록된 적하 컨테이너 데이터를 최종 확인한다.
   2) 적하 계획을 세우기 위하여 적하 컨테이너 데이터를 Down Load 한다.
   3) 적하계획 시스템에서 작업순서, 작업위치, 크레인 번호 등의 적하계획을 작성한다.
   4) 작성 완료된 적하 계획 데이터를 데이터베이스에 Up Load 시킨다.
   5) 최종적으로 적하 예정정보를 확인하고 출력하여 본선센터에 통보한다.
2. 전제조건 및 빈도
   1) 적하계획 시스템에서 적하 계획을 세우기 위한 데이터는 Down 및 Up Load 방식을 우선 적용한다.

<table>
<tr><td colspan="3" align="center">업 무 절 차 프로토타입</td></tr>
<tr><td>작성자 : 김 진 수</td><td>승인자 :</td><td>버　전 : 1.0</td></tr>
<tr><td>작성일 : 2009. 03. 10</td><td>승인일 :</td><td>페이지 : 4/5</td></tr>
<tr><td>기능명 : 양적하관리</td><td colspan="2">서브기능명 : 양적하 작업관리</td></tr>
</table>

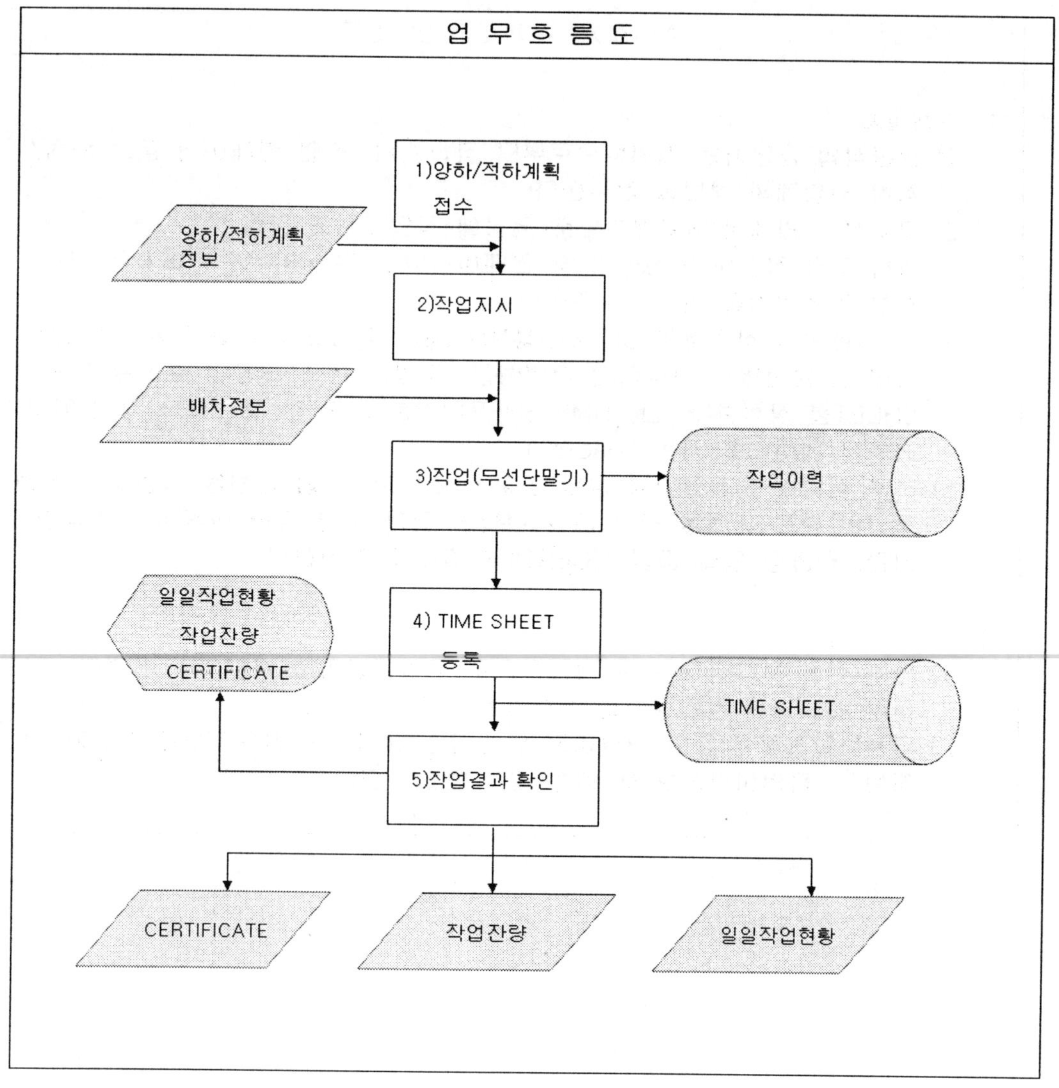

<table>
<tr><td colspan="3" align="center">업무 절차 프로토타입</td></tr>
<tr><td>작성자 : 김 진 수</td><td>승인자 :</td><td>버 전 : 1.0</td></tr>
<tr><td>작성일 : 2009. 03. 10</td><td>승인일 :</td><td>페이지 : 5/5</td></tr>
<tr><td>기능명 : 양적하관리</td><td colspan="2">서브기능명 : 양적하 작업관리</td></tr>
</table>

수행절차, 전제조건 및 빈도

1. 수행절차
   1) 본선작업 담당자는 계획팀으로부터 작업순서, 작업 컨테이너 등의 양하/적하 작업계획 정보를 접수한다.
   2) 접수한 작업계획/배차계획으로 현장에 작업지시를 한다.
   3) 양하/적하 작업이 발생하면 각 컨테이너별로 무선단말기 상에서 양하/적하 작업이력을 기록하게 된다.
   4) 각 크레인의 작업조인 UNDERMAN은 해당 작업조의 일과가 끝났을 경우 크레인, 본선별로 이루어진 작업시간, 작업량 등의 내용이 수록된 TIME SHEET를 작성한다. 단, TIME SHEET 기본 데이터는 무선단말기 상에서 기록된 데이터를 자동 Load한다.
   5) 하루 작업이 완료되었을 경우 일일 작업현황, 작업 잔량을 확인하고 본선작업이 완료 되었을 경우 해당 선박의 접안 기간 동안 이루어진 총작업시간, 작업량 등의 증명서(CERTIFICATE)를 작성한다.

2. 전제조건 및 빈도
   1) 양하/적하 작업의 수행은 기본적으로 무선단말기를 사용하여 작업이 이루어져 기본 작업정보를 생성하는 것으로 한다.
   2) 무선단말기로 작업이 이루어져 발생되는 데이터는 자동적으로 "컨테이너정보", "작업이력정보"에 생성 및 수정되어진다.

12.2 데이터베이스 설계

12.2.1 데이터베이스 다이어그램

데이터베이스 다이어그램		
작성자 : 김 진 수	승인자 :	버 전 : 1.0
작성일 : 2009. 03. 13	승인일 :	페이지 : 1/1

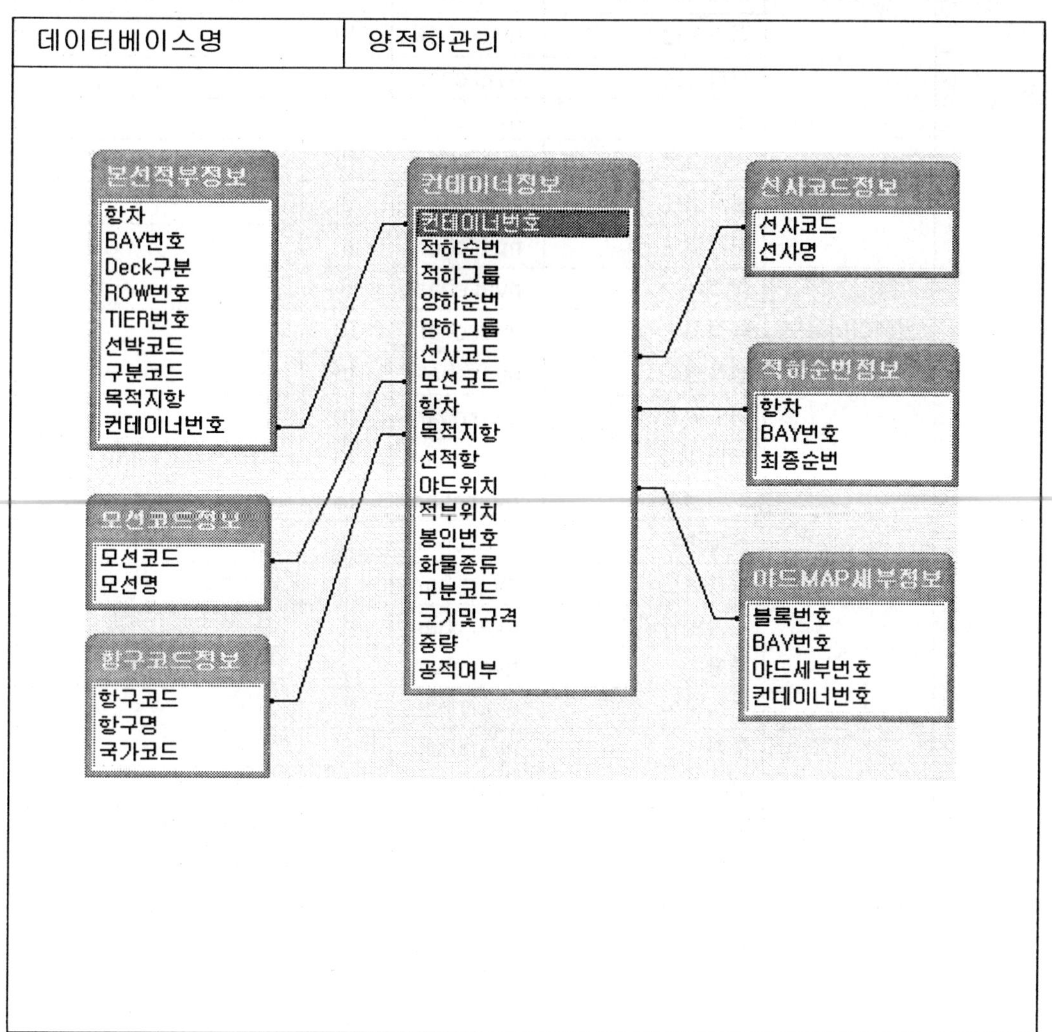

12.2.2 테이블 설계

앞에서 기술한 업무 내역을 근거로 하여 테이블을 계획한다. 기본적인 테이블은 컨테이너 정보, 본선적부정보, 야드MAP세부정보, 적하순번정보, 선사코드정보, 모선코드정보, 항구 코드정보 테이블이다. 이 테이블에 필요한 필드를 검토하고 데이터 형식을 설정한다. 다음 표는 테이블의 설계 세부 내역이다.

테이블명	필드 이름	데이터 형식	크기	비 고
컨테이너정보	컨테이너번호	nvarchar	11	Primary Key
	적하순번	nvarchar	13	
	적하그룹	nvarchar	15	
	양하순번	nvarchar	13	
	양하그룹	nvarchar	15	
	선사코드	nvarchar	3	
	모선코드	nvarchar	4	
	항차	nvarchar	8	
	목적지항	nvarchar	10	
	선적항	nvarchar	10	
	야드위치	nvarchar	10	
	적부위치	nvarchar	10	
	봉인번호	nvarchar	15	
	화물종류	nvarchar	10	
	구분코드	nvarchar	1	
	크기및규격	nvarchar	4	
	중량	nvarchar	5	
	공적여부	nvarchar	1	
본선적부정보	항차	nvarchar	8	Primary Key1
	BAY번호	nvarchar	2	Primary Key2
	DECK구분	nvarchar	1	Primary Key3
	ROW번호	nvarchar	2	Primary Key4
	TIER번호	nvarchar	2	Primary Key5
	선박코드	nvarchar	4	
	구분코드	nvarchar	1	
	목적지항	nvarchar	3	
	컨테이너번호	nvarchar	11	

테이블명	필드 이름	데이터 형식	크기	비고
야드MAP 세부정보	블록번호	nvarchar	2	Primary Key1
	BAY번호	nvarchar	2	Primary Key2
	야드세부번호	nvarchar	2	Primary Key3
	컨테이너번호	nvarchar	11	
적하순번정보	항차	nvarchar	8	Primary Key1
	BAY번호	nvarchar	2	Primary Key2
	최종순번	int		
선사코드정보	선사코드	nvarchar	5	Primary Key
	선사명	nvarchar	50	
모선코드정보	모선코드	nvarchar	4	Primary Key
	모선명	nvarchar	50	
항구코드정보	항구코드	nvarchar	3	Primary Key
	항구명	nvarchar	30	
	국가코드	nvarchar	3	

물류 데이터베이스 구축

12.3 프로그램 설계

12.3.1 프로그램 목록

<table>
<tr><td colspan="3" align="center">프로그램 목록</td></tr>
<tr><td>작성자 : 김 진 수</td><td>승인자 :</td><td>버 전 : 1.0</td></tr>
<tr><td>작성일 : 2009. 04. 15</td><td>승인일 :</td><td>페이지 : 1/1</td></tr>
<tr><td>시스템명</td><td colspan="2">양적하 관리</td></tr>
</table>

프로그램명	설 명
메인	적하계획, 작업 리스트 조회, 본선적하 리스트 출력, 본선 적부도 조회, 본선적하 순번 조회, 컨테이너 정보 관리 등의 프로그램으로 연결한다.
적하계획	컨테이너 야드에 블록번호별, BAY번호별로 적재되어 있는 컨테이너를 본선에 항차 및 BAY번호별로 적하를 계획하는 프로그램이다.
작업리스트조회	적하계획 또는 메인 프로그램의 메뉴에서 연결되는 프로그램으로서 야드 블록 번호 및 야드 BAY 번호를 기준으로 해당 컨테이너의 야드 위치, 컨테이너 번호, 선사코드, 항차, 목적지항, 봉인번호, 화물 종류, 크기 등의 정보를 DataGridView를 통하여 조회한다.
본선적하리스트 출력	본선 적하 리스트(보고서)는 본선 적하 리스트 출력 프로그램 (크리스탈 레포트 뷰어 폼)을 통해서 출력된다. 본선 적하 리스트는 항차별, BAY번호별 순번, 컨테이너 번호, 야드 위치, 적부 위치, 크기/규격, 공적 여부, 선사 코드, 화물 종류, 중량, 목적지항, 봉인번호 등의 본선 적하 내역을 출력한다.
본선적부도조회	본선의 항차 및 BAY번호를 입력하면 그에 해당하는 본선 적부도 내역을 DataGridView로 조회하는 프로그램이다. DataGridView의 각 셀은 컨테이너 한 개를 나타내고, 그 셀에는 양하항의 첫 글자 및 컨테이너의 종류 코드를 출력한다.
본선적하순번조회	항차, BAY번호 등의 검색 조건을 이용하여 본선 적하 순번을 조회하는 프로그램이다.
컨테이너정보관리	본선에 양적하되는 컨테이너 정보를 조회 및 수정 관리하는 프로그램이다. 원시 데이터는 야드 관리에서 제공된 데이터를 이용하기 때문에 입력 작업은 별도로 필요하지 않고 수정 작업을 위주로 한다.

12.3.2 프로그램 구성도

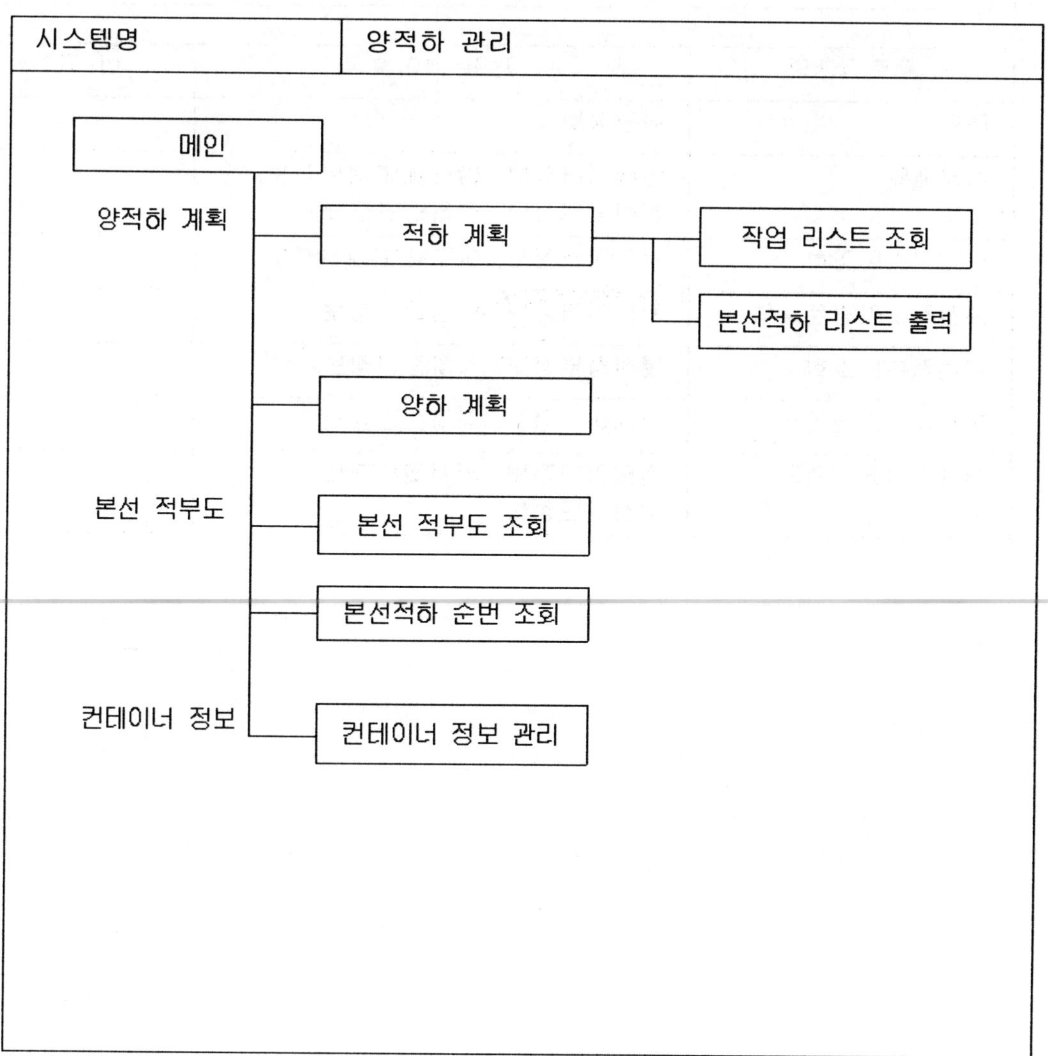

* 이 프로젝트에서 구현되지 않은 내용 : 양하 계획

12.3.3 프로그램 및 관련 테이블 목록

<table>
<tr><td colspan="5" align="center">프로그램 및 관련 테이블 목록</td></tr>
<tr><td colspan="2">작성자 : 김 진 수</td><td colspan="2">승인자 :</td><td>버　전 : 1.0</td></tr>
<tr><td colspan="2">작성일 : 2009. 04. 15</td><td colspan="2">승인일 :</td><td>페이지 : 1/1</td></tr>
<tr><td colspan="2">시스템명</td><td colspan="3">양적하 관리</td></tr>
</table>

프로그램명	관련 테이블	비 고
메인	회원정보	
적하계획	컨테이너정보, 야드MAP세부정보, 본선적부정보, 적하순번정보	
작업리스트조회	컨테이너정보, 야드MAP세부정보	
본선적하리스트출력	컨테이너정보, 모선코드정보	
본선적부도조회	본선적부정보, 적하순번정보	
본선적하순번조회	컨테이너정보, 적하순번정보	
컨테이너정보관리	컨테이너정보, 선사코드정보, 모선코드정보	

12.3.4 프로그램 설명서

1) 적하 계획

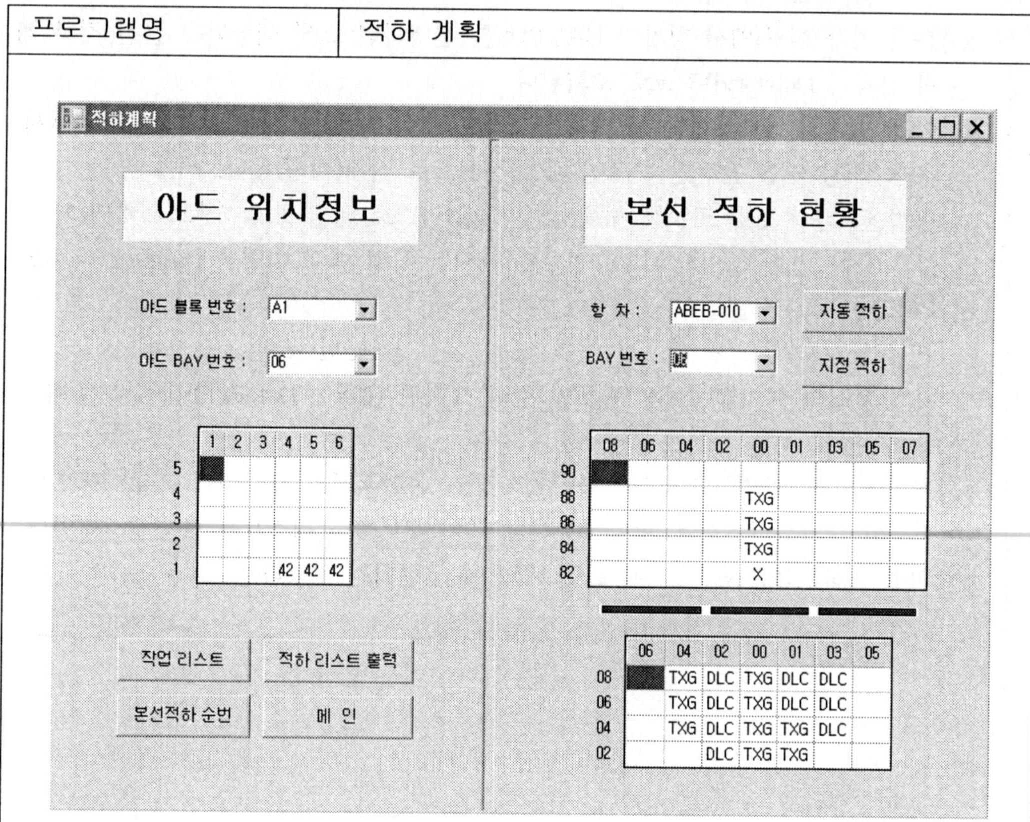

<table>
<tr><td colspan="3" align="center">프로그램 설명서</td></tr>
<tr><td>작성자 : 김 진 수</td><td>승인자 :</td><td>버 전 : 1.0</td></tr>
<tr><td>작성일 : 2009. 04. 15</td><td>승인일 :</td><td>페이지 : 1/2</td></tr>
<tr><td>프로그램명</td><td colspan="2">적하 계획</td></tr>
</table>

1. 컨테이너 야드에 블록번호별, BAY번호별로 적재되어 있는 컨테이너를 본선에 항차 및 BAY번호별로 적하를 계획하는 프로그램이다. 적하하는 방법은 자동적하와 지정적하가 있는데, 이 프로그램에서는 자동적하만을 구현하였다. 지정적하로직은 자동적하와 유사하므로 독자 여러분이 직접 작성해보길 바란다.

<table>
<tr><td colspan="3" align="center">프로그램 설명서</td></tr>
<tr><td>작성자 : 김 진 수</td><td>승인자 :</td><td>버 전 : 1.0</td></tr>
<tr><td>작성일 : 2009. 04. 15</td><td>승인일 :</td><td>페이지 : 2/2</td></tr>
</table>

프로그램명	적하 계획

2. [야드 위치정보]에서 야드 블록번호와 야드 BAY번호를 선택하면 그에 해당되는 작업 컨테이너 리스트가 DataGridView로 조회된다.

3. [본선 적하 현황]에서 항차와 BAY번호를 선택하면 그에 해당되는 본선 적하 계획 현황이 DataGridView로 조회된다.

4. [야드 위치정보]에서 본선에 적재할 컨테이너를 선택하고, [본선 적하 현황]에서 [자동적하] 명령 단추를 누르면 해당 본선으로 적재(계획)된다.

5. [작업 리스트] 명령 단추를 누를 경우, 작업리스트 조회 프로그램으로 연결되고 야드 블록 번호별, 야드 BAY 번호별 자세한 작업 예정 내역을 DataGridView로 조회할 수 있다.

6. [본선적하 순번] 명령 단추를 누를 경우, 본선적하순번 조회 프로그램으로 연결되고 본선의 항차별, BAY 번호별 적하 계획된 내역을 DataGridView로 조회할 수 있다.

7. [적하 리스트 출력] 명령 단추를 누를 경우, 본선적하리스트 출력 프로그램으로 연결되고 크레인번호별, 항차 및 선박명별 본선 적하 리스트를 출력할 수 있다.

8. [지정 적하] 명령 단추는 이 프로그램에서 구현되지 않았다.

2) 작업 리스트 조회

<table>
<tr><td colspan="3" align="center">프로그램 설명서</td></tr>
<tr><td>작성자 : 김 진 수</td><td>승인자 :</td><td>버 전 : 1.0</td></tr>
<tr><td>작성일 : 2009. 04. 15</td><td>승인일 :</td><td>페이지 : 1/1</td></tr>
</table>

프로그램명	작업 리스트 조회

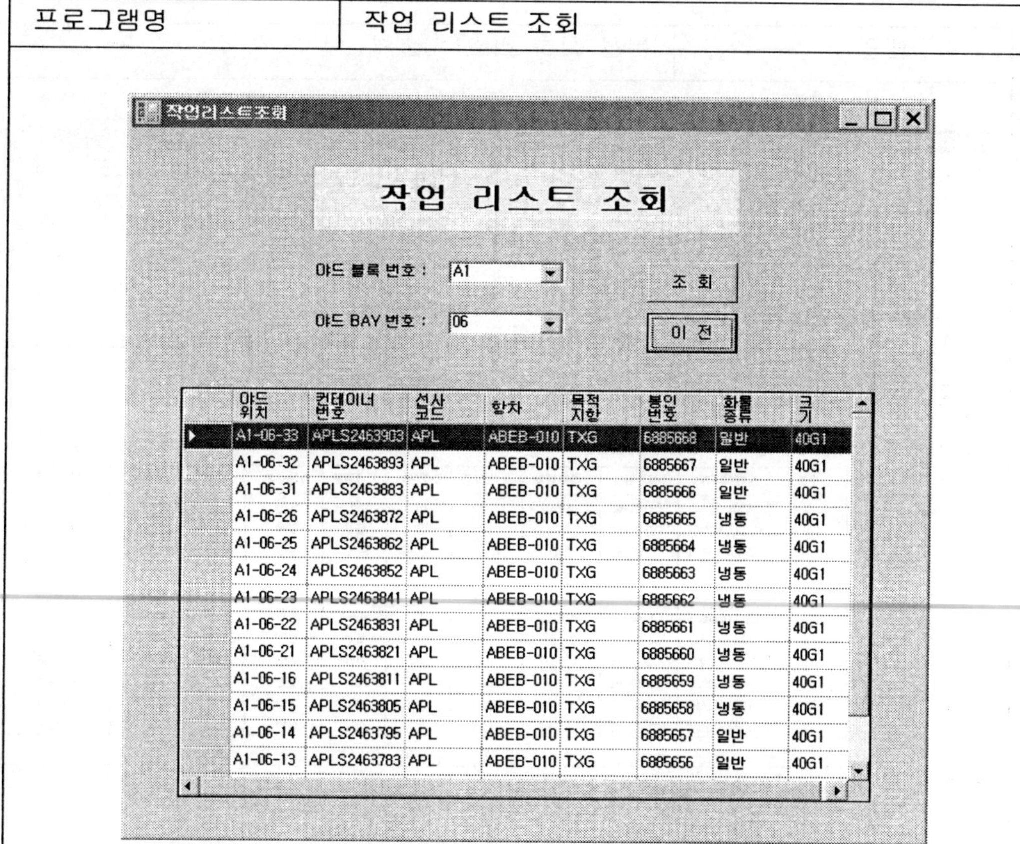

야드 위치	컨테이너 번호	선사 코드	항차	목적 지항	봉인 번호	화물 종류	크기
A1-06-33	APLS2463903	APL	ABEB-010	TXG	6885668	일반	40G1
A1-06-32	APLS2463893	APL	ABEB-010	TXG	6885667	일반	40G1
A1-06-31	APLS2463883	APL	ABEB-010	TXG	6885666	일반	40G1
A1-06-26	APLS2463872	APL	ABEB-010	TXG	6885665	냉동	40G1
A1-06-25	APLS2463862	APL	ABEB-010	TXG	6885664	냉동	40G1
A1-06-24	APLS2463852	APL	ABEB-010	TXG	6885663	냉동	40G1
A1-06-23	APLS2463841	APL	ABEB-010	TXG	6885662	냉동	40G1
A1-06-22	APLS2463831	APL	ABEB-010	TXG	6885661	냉동	40G1
A1-06-21	APLS2463821	APL	ABEB-010	TXG	6885660	냉동	40G1
A1-06-16	APLS2463811	APL	ABEB-010	TXG	6885659	냉동	40G1
A1-06-15	APLS2463805	APL	ABEB-010	TXG	6885658	냉동	40G1
A1-06-14	APLS2463795	APL	ABEB-010	TXG	6885657	일반	40G1
A1-06-13	APLS2463783	APL	ABEB-010	TXG	6885656	일반	40G1

1. 적하계획 또는 메인 프로그램의 메뉴에서 연결되는 프로그램으로서 야드 블록 번호 및 야드 BAY 번호를 기준으로 해당 컨테이너의 야드 위치, 컨테이너 번호, 선사코드, 항차, 목적지항, 봉인번호, 화물 종류, 크기 등의 정보를 DataGridView를 통하여 조회한다.

3) 본선적하 리스트 출력

<table>
<tr><td colspan="3" align="center">프로그램 설명서</td></tr>
<tr><td>작성자 : 김 진 수</td><td>승인자 :</td><td>버　전 : 1.0</td></tr>
<tr><td>작성일 : 2009. 04. 15</td><td>승인일 :</td><td>페이지 : 1/1</td></tr>
</table>

프로그램명	본선 적하 리스트 출력

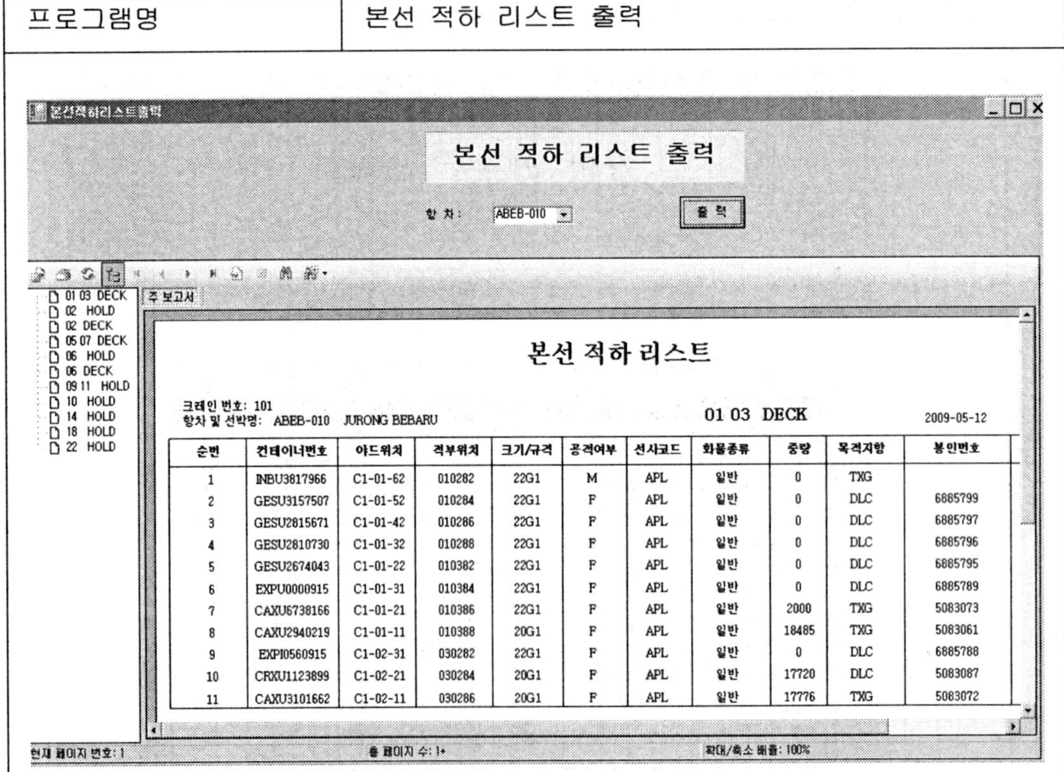

본선 적하 리스트

크레인 번호: 101
항차 및 선박명: ABEB-010　JURONG BEBARU　　　　01 03 DECK　　　2009-05-12

순번	컨테이너번호	야드위치	적부위치	크기/규격	공적여부	선사코드	화물종류	중량	목적지항	봉인번호
1	INBU3817966	C1-01-62	010282	22G1	M	APL	일반	0	TXG	
2	GESU3157507	C1-01-52	010284	22G1	F	APL	일반	0	DLC	6885799
3	GESU2815671	C1-01-42	010286	22G1	F	APL	일반	0	DLC	6885797
4	GESU2810730	C1-01-32	010288	22G1	F	APL	일반	0	DLC	6885796
5	GESU2674043	C1-01-22	010382	22G1	F	APL	일반	0	DLC	6885795
6	EXPU0000915	C1-01-31	010384	22G1	F	APL	일반	0	DLC	6885789
7	CAXU6738166	C1-01-21	010386	22G1	F	APL	일반	2000	TXG	5083073
8	CAXU2940219	C1-01-11	010388	20G1	F	APL	일반	18485	TXG	5083061
9	EXPI0560915	C1-02-31	030282	22G1	F	APL	일반	0	DLC	6885788
10	CRXU1123899	C1-02-21	030284	20G1	F	APL	일반	17720	DLC	5083087
11	CAXU3101662	C1-02-11	030286	20G1	F	APL	일반	17776	TXG	5083072

1. 본선 적하 리스트(보고서)는 본선 적하 리스트 출력 프로그램(크리스탈 레포트 뷰어 폼)을 통해서 출력된다.

2. 본선 적하 리스트 출력 프로그램에서 출력하고자 하는 항차를 선택한 뒤 [출력] 명령 단추를 누르면 그에 해당하는 본선 적하 리스트를 출력할 수 있다.

3. 본선 적하 리스트는 항차별, BAY번호별 순번, 컨테이너 번호, 야드 위치, 적부 위치, 크기/규격, 공적 여부, 선사 코드, 화물 종류, 중량, 목적지항, 봉인번호 등의 본선 적하 내역을 출력한다.

4) 본선적부도 조회

<table>
<tr><td colspan="3" align="center">프로그램 설명서</td></tr>
<tr><td>작성자 : 김 진 수</td><td>승인자 :</td><td>버 전 : 1.0</td></tr>
<tr><td>작성일 : 2009. 04. 15</td><td>승인일 :</td><td>페이지 : 1/1</td></tr>
</table>

프로그램명	본선적부도 조회

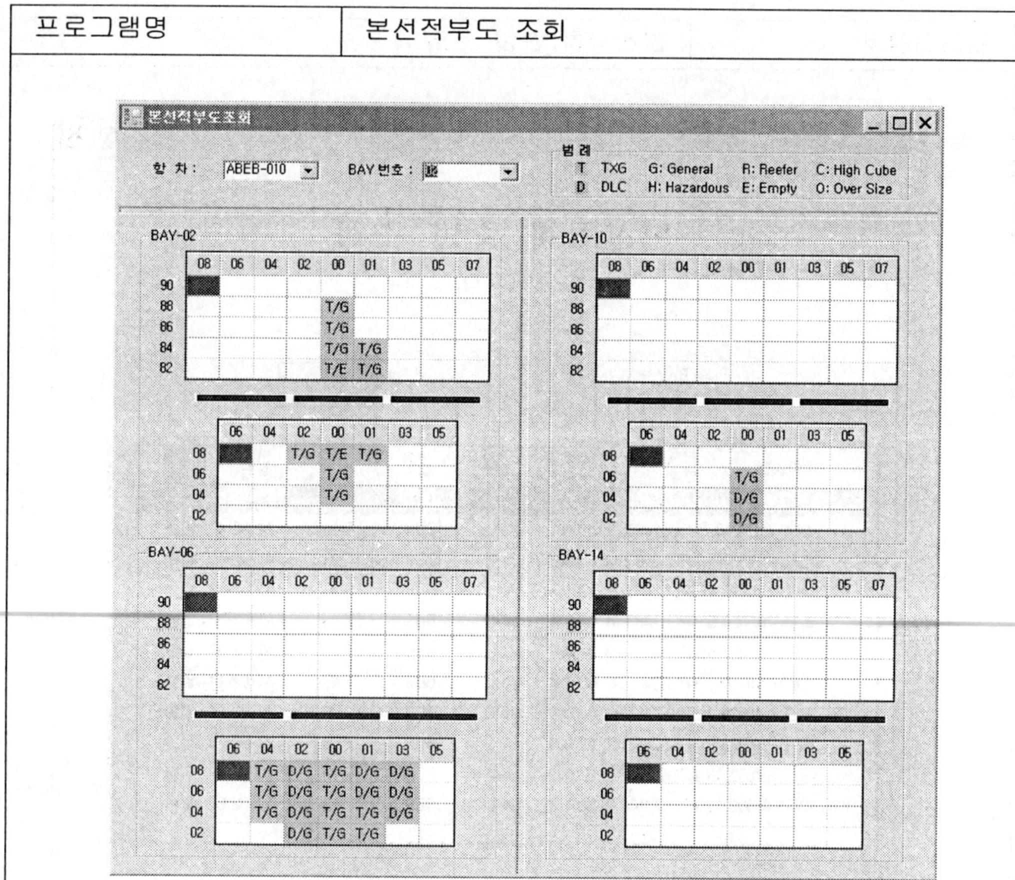

1. 본선의 항차 및 BAY번호를 입력하면 그에 해당하는 본선 적부도 내역을 DataGridView로 조회하는 프로그램이다.
2. DataGridView의 각 셀은 컨테이너 한 개를 나타내고, 그 셀에는 양하항의 첫 글자 및 컨테이너의 종류 코드를 출력한다.

5) 본선적하 순번 조회

<table>
<tr><td colspan="3" align="center">프로그램 설명서</td></tr>
<tr><td>작성자 : 김 진 수</td><td>승인자 :</td><td>버 전 : 1.0</td></tr>
<tr><td>작성일 : 2009. 04. 15</td><td>승인일 :</td><td>페이지 : 1/1</td></tr>
</table>

<table>
<tr><td>프로그램명</td><td>본선적하 순번 조회</td></tr>
</table>

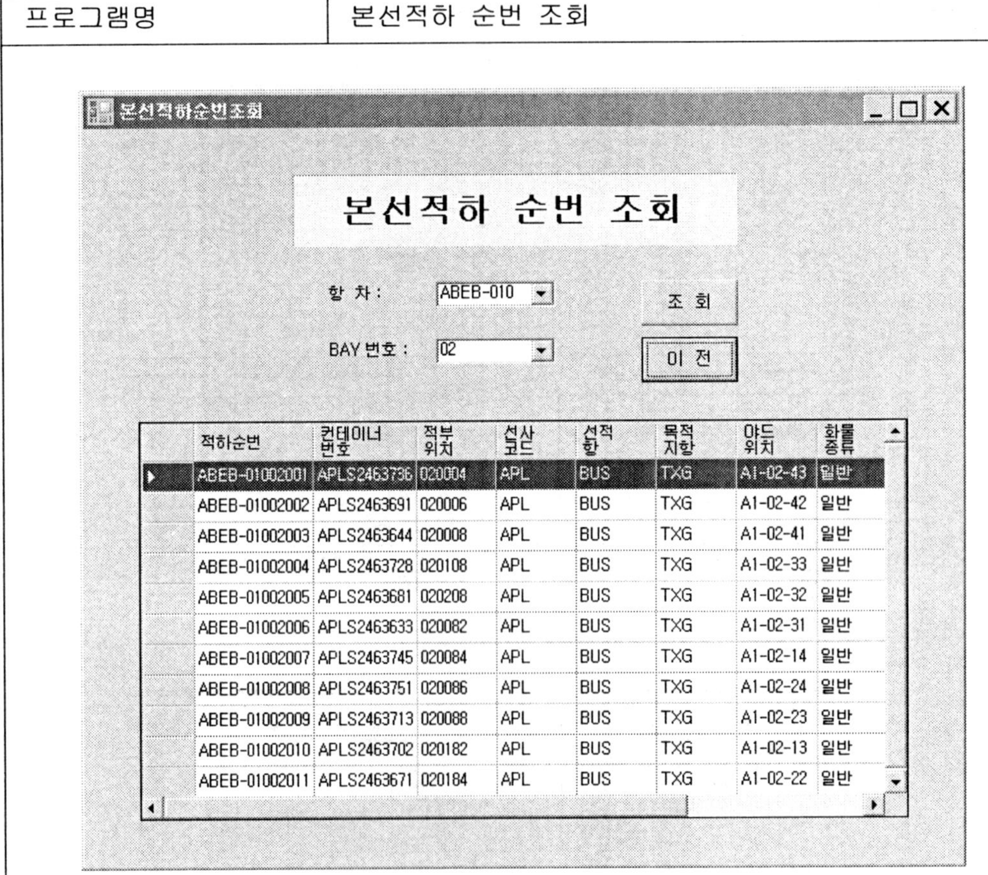

1. 항차, BAY번호 등의 검색 조건을 이용하여 본선 적하 순번을 조회하는 프로그램이다.
2. [조회] 단추를 누르면 적하순번, 컨테이너 번호, 적부 위치, 선사 코드, 선적항, 목적지항, 야드 위치, 화물 종류 등의 내역을 DataGridView에 조회한다.
3. [이전] 단추를 누르면 이전 프로그램(본선 적부도 조회)으로 되돌아간다.

6) 컨테이너 정보 관리

프로그램 설명서

작성자 : 김 진 수	승인자 :	버 전 : 1.0
작성일 : 2009. 04. 15	승인일 :	페이지 : 1/4

프로그램명	컨테이너 정보 관리

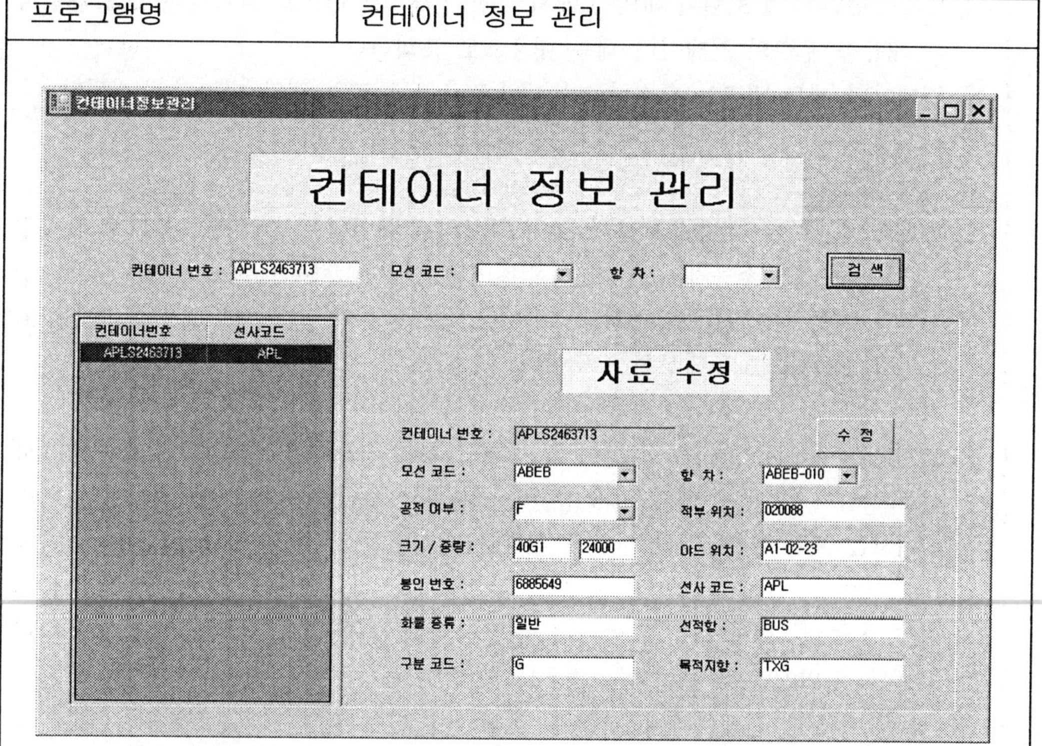

1. 본선에 양적하되는 컨테이너 정보를 조회 및 수정 관리하는 프로그램이다. 원시 데이터는 야드 관리에서 제공된 데이터를 이용하기 때문에 입력 작업은 별도로 필요하지 않고 수정 작업을 위주로 한다.
2. 메인 및 본선 적부도 조회 폼에서 이 프로그램으로 연결된다.
3. [검색] 단추를 누르면 입력된 컨테이너 번호, 모선 코드 및 항차를 이용하여 검색 조건에 해당하는 컨테이너 번호 및 선사코드를 검색하여 DataGridView에 조회하고, 그 중 첫 번째 컨테이너 내용은 우측의 세부 내용으로 조회한다. 이때 입력된 컨테이너 번호, 모선 코드 및 항차가 모두 공백일 경우는 전체 내역을 조회한다.

<table>
<tr><td colspan="6" align="center"><h2>프로그램 설명서</h2></td></tr>
<tr><td>작성자 : 김 진 수</td><td colspan="2">승인자 :</td><td colspan="2">버　전 : 1.0</td></tr>
<tr><td>작성일 : 2009. 04. 15</td><td colspan="2">승인일 :</td><td colspan="2">페이지 : 2/4</td></tr>
</table>

프로그램명	컨테이너 정보 관리

4. DataGridView에 조회된 내역 중에서 특정 컨테이너 번호를 선택하면 그에 해당하는 내용을 우측의 컨테이너 세부 내용으로 조회한다.

5. 컨테이너 세부 내역을 수정하고 [수정] 단추를 누르면 해당 내역이 수정된다.

6. 항목 설명

1) 컨테이너번호 : 주민등록번호와 같이 각각의 컨테이너에 주어지는 부호로 자릿수는 11자리이고, 소유자 표시(4) + 컨테이너 일련번호(6) + 체크 디지트(1)로 구성된다. 예를 들어 HJCU2463461, HDMU2463570 등과 같다. HJCU는 한진해운 코드이고, HDMU는 현대상선 코드이다.

2) 모선 코드(Vessel Code) : 선박 코드로서 4자리이다.

3) 항차(Voyage Number) : 선박이 몇 번째로 항해 하느냐를 나타내는 코드이다. 모선코드(4) + '-' + 순번(3)로 구성된다. 일반적으로 해운 회사 및 컨테이너 터미널에서는 모든 운영 관리가 항차 위주로 이루어진다. 당연한 사실이지만 선박에 대한 계약금, 정박료, 보험료 등 모든 부대비용이 항차 기준으로 발생하기 때문이다. 항차는 각 회사의 운영 방식에 따라 조금씩 달리 지정된다. 모선코드(4) + 년도(4) + 순번(2)으로 구성되는 경우도 있다.

4) 공적 여부 : 컨테이너에 화물이 적재되어 있는지 여부를 나타낸다. F(Full), M(Empty) 및 L(LCL)로 표시하고, Empty를 E로 표기하는 경우도 있으나 E와 F가 비슷한 글자여서 M을 주로 이용한다. LCL(Less than Container Load)은 컨테이너 내부에 화물이 가득차지 않은 화물이다.

5) 적부 위치 : 선박에 컨테이너를 적재하는 위치 코드이다. Bay번호(2) + Row번호(2) + Tier번호(2)로 구성된다.

6) 크기및규격 : 컨테이너 규격 분류(ISO 6346) 코드로써 길이(1) + 폭과 높이(1) + 용도 분류(2)로 이루어져 있다.
   - 길이 코드(1자리)
    2 : 20피트, 4 : 40피트, H : 43피트, L : 45피트

<table>
<tr><td colspan="6" align="center">프로그램 설명서</td></tr>
<tr><td>작성자 : 김 진 수</td><td>승인자 :</td><td>버 전 : 1.0</td></tr>
<tr><td>작성일 : 2009. 04. 15</td><td>승인일 :</td><td>페이지 : 3/4</td></tr>
</table>

프로그램명	컨테이너 정보 관리

- 폭과 높이 코드(1자리)

  0 : 높이 8피트 폭 2438mm, 2 : 높이 8피트 6인치 폭 2438mm

  4 : 높이 9피트 폭 2438mm, 5 : 높이 9피트 6인치 폭 2438mm

  L : 높이 8피트 6인치 폭 2500mm, M : 높이 9피트 폭 2500mm

- 용도 분류 코드(2자리)

  G0 ~ G3 : 일반용도 컨테이너(표준형). 즉, Dry(General) Container

  V0 ~ V2 : 환기구가 있는 일반용도 컨테이너(Ventilated Container). 과일,
  야채, 식료품 중에서 냉장할 필요는 없으나 환기가 요구되는 화물
  운송에 필요한 컨테이너

  P0 ~ P5 : 플랫폼 컨테이너(Platform Container). 상부(roof) 및 측벽(side
  wall)을 떼어 낸 형체와 단벽(end wall)까지 떼어내어 네 구석의
  형체단이 있는 컨테이너. 측면 또는 상방에서 자유로이 화물을 수
  납할 수 있으므로 자동차, 기타 중량물의 운송에 사용

  T0 ~ T9 : 탱크 컨테이너(Tank Container). 술, 기름, 화학 약품 등의 액체
  화물 운송에 사용

  B0 ~ B6 : 드라이 벌크 컨테이너(Dry Bulk Container). 가축사료 등의 분말
  화물 수송에 주로 이용

  R0 ~ R3 : 기기 부착형 서멀 컨테이너(Thermal Container). 일반적인 냉동 컨
  테이너로 일정한 온도가 필요한 화물에 주로 이용

7) 야드 위치 : 컨테이너 야드의 위치로서 블록번호(2) + BAY번호(2) + 열단번호
(Row Tier Number)(2)로 구성된다.

<table>
<tr><td colspan="4" align="center">프로그램 설명서</td></tr>
<tr><td>작성자 : 김 진 수</td><td>승인자 :</td><td colspan="2">버　전 : 1.0</td></tr>
<tr><td>작성일 : 2009. 04. 15</td><td>승인일 :</td><td colspan="2">페이지 : 4/4</td></tr>
</table>

프로그램명	컨테이너 정보 관리

8) 봉인 번호 : 컨테이너에 화물을 적재하고 난 뒤 뒷문에 봉인 장치(일회용 자물쇠)로 봉인을 한다. 이 봉인 장치는 한 번 잠그면 열 수 없고 화물이 도착지에 도착하면 강철 절단기로 절단하여 문을 연다. 이 봉인 장치에 각 회사별로 부여한 봉인번호가 있고 화물 적재 및 봉인 작업시 각 컨테이너별 봉인번호를 저장하고 화물의 봉인을 해제할 때 그 번호를 확인하여 화물의 손실 여부를 체크한다. 최근에는 장거리에서도 봉인 여부를 알 수 있고 보안 및 테러에 대처하는 RFID 봉인 시스템이 국제 표준화되고 있다.

9) 화물 종류 : 일반, 냉동, 위험 및 장척 화물로 구분된다.

10) 구분코드 : 화물 종류에 대한 구분 코드
- G : General Container
- E : Empty Container
- H : Hazardous Container
- R : Reefer Container
- O : Over-size Container

제13장

적하 프로그램 작성

13.1 적하 계획 프로그램 작성

실습에 필요한 데이터베이스는 [양적하관리.bak] 데이터베이스를 복원하여 사용하고, [양적하관리] 데이터베이스의 [컨테이너정보], [본선적부정보], [적하순번정보] 및 [야드MAP세부정보] 테이블을 이용한다. 이 프로그램 실습으로 알게 되는 요소 기술은 다음과 같다.

- DataGridView의 속성 정의 및 DataGridView 선택 내역을 변경할 때의 알고리즘
- 데이터 테이블 생성 방법
- 데이터 체크 알고리즘

프로그램 명세서		
작성자 : 김 진 수	승인자 :	버 전 : 1.0
작성일 : 2009. 04. 15	승인일 :	페이지 : 1/10

프로그램명	적하 계획

<table>
<tr><td colspan="3" align="center">프로그램 명세서</td></tr>
<tr><td>작성자 : 김 진 수</td><td>승인자 :</td><td>버 전 : 1.0</td></tr>
<tr><td>작성일 : 2009. 04. 15</td><td>승인일 :</td><td>페이지 : 2/10</td></tr>
</table>

프로그램명	적하 계획

* 프로그램 개요
  - 컨테이너 야드에 블록번호별, BAY번호별로 적재되어 있는 컨테이너를 본선에 항차 및 BAY번호별로 적하를 계획하는 프로그램이다. 적하하는 방법은 자동적하와 지정적하가 있는데, 이 프로그램에서는 자동적하만을 구현하였다. 지정적하 로직은 자동적하와 유사하므로 독자 여러분이 직접 작성해보길 바란다.
  - [야드 위치정보]에서 야드 블록번호와 야드 BAY번호를 선택하면 그에 해당하는 작업 컨테이너 리스트가 DataGridView로 조회된다.
  - [본선 적하 현황]에서 항차와 BAY번호를 선택하면 그에 해당하는 본선 적하 계획 현황이 DataGridView로 조회된다.
  - [야드 위치정보]에서 본선에 적재할 컨테이너를 선택하고, [본선 적하 현황]에서 [자동적하] 명령단추를 누르면 해당 본선으로 적재(계획)된다.
  - [작업 리스트] 명령 단추를 누를 경우, 작업리스트 조회 프로그램으로 연결되고 야드 블록 번호별, 야드 BAY 번호별 작업 예정 내역을 DataGridView로 조회할 수 있다.
  - [본선적하 순번] 명령 단추를 누를 경우, 본선적하순번 조회 프로그램으로 연결되고 본선의 항차별, BAY 번호별 적하 계획된 내역을 DataGridView로 조회할 수 있다.
  - [적하 리스트 출력] 명령 단추를 누를 경우, 본선적하리스트 출력 프로그램으로 연결되고 크레인번호별, 항차 및 선박명별 본선 적하 리스트를 출력할 수 있다.
  - [지정 적하] 명령 단추는 이 프로그램에서 구현되지 않았다.

1. 적하계획_Load()
  - 양적하관리 데이터베이스를 연결하여 연다.
  - 야드세부정보, BAY번호List, 야드블록MAP정렬정보, 본선적부정렬정보1,

493

프로그램 명세서		
작성자 : 김 진 수	승인자 :	버 전 : 1.0
작성일 : 2009. 04. 15	승인일 :	페이지 : 3/10

프로그램명	적하 계획

본선적부정렬정보2, 본선적부검색정보, 본선적부공백정보 테이블을 초기 생성한다.
- 야드블록번호List, 항차List 테이블을 생성하여 야드블록번호와 항차 콤보상자의 목록을 채운다.
- 데이터베이스 테이블 전체 내용을 대상으로 야드MAP세부정보, 컨테이너정보, 본선적부정보 및 적하순번정보 테이블을 생성한다.
- DataGridView1의 속성을 지정한다.

2. cbo야드블록번호_SelectionChangeCommitted()
- 야드블록번호 콤보상자의 값이 공백이면 프로시저를 종료한다.
- 야드BAY번호의 값을 공백으로 한다.
- 야드BAY번호 콤보상자의 목록 값을 지운다.
- 야드블록번호 콤보상자의 값이 "A1"보다 크고, "B3"보다 작으면
  야드BAY번호 콤보상자의 목록에 "02" ~ "24"(짝수만)의 값을 추가하고, 그렇지 않으면 목록에 "01" ~ "24"의 값을 추가한다.

3. cbo야드BAY번호_SelectionChangeCommitted()
- 데이터생성() 프로시저를 수행한다.

4. 데이터생성()
- 야드블록번호 콤보상자의 값이 공백이면 "작업 블록 번호를 선택하세요"라는 메시지를 출력하고 프로시저를 종료한다.
- 야드세부정보 테이블의 내역을 지운다.

<table>
<tr><td colspan="3" align="center">프로그램 명세서</td></tr>
<tr><td>작성자 : 김 진 수</td><td>승인자 :</td><td>버 전 : 1.0</td></tr>
<tr><td>작성일 : 2009. 04. 15</td><td>승인일 :</td><td>페이지 : 4/10</td></tr>
</table>

프로그램명	적하 계획

- SQL = "SELECT 블록번호, BAY번호, 야드세부번호, AA.컨테이너번호, ✓
  BB.목적지항, BB.구분코드, BB.크기및규격 " & _
  "FROM 야드MAP세부정보 AA INNER JOIN 컨테이너정보 BB ✓
  ON AA.컨테이너번호 = BB.컨테이너번호 " & _
  "WHERE (블록번호 = '" & cbo야드블록번호.Text & "') and ✓
  (BAY번호 = '" & _
  cbo야드BAY번호.Text & "') and (적하순번 < 'A')"

- 위의 SQL 명령문을 이용하여 야드세부정보 테이블을 생성한다.
- 야드세부정보 테이블을 모두 읽어서 그 각각의 레코드에 대해서 다음의 내역을
  수행한다.
  - 야드세부정보 테이블에서 야드세부번호의 2번째 바이트부터 1바이트를
    wkIndex1에 옮긴다.
  - 야드세부정보 테이블에서 야드세부번호의 1번째 바이트부터 1바이트를
    wkIndex2에 옮긴다.
  - 야드세부정보 테이블에서 크기및규격의 1번째 바이트부터 2바이트를
    wk야드정렬(wkIndex1, wkIndex2) 배열에 옮긴다.
  - 야드세부정보 테이블의 컨테이너번호를 wk야드컨테이너번호(wkIndex1,
    wkIndex2) 배열에 옮긴다.
  - 야드세부정보 테이블의 목적지항을 wk목적지항(wkIndex1, wkIndex2) 배열
    에 옮긴다.
  - 야드세부정보 테이블의 구분코드를 wk구분코드(wkIndex1, wkIndex2) 배열
    에 옮긴다.
- 야드블록MAP정렬정보 테이블의 내역을 지운다.
- wk야드정렬() 배열 데이터를 야드블록MAP정렬정보 테이블에 옮긴다.
- 야드블록MAP정렬정보 테이블의 내역을 야드 위치정보의 DataGridView에
  옮긴다.

프로그램 명세서		
작성자 : 김 진 수	승인자 :	버 전 : 1.0
작성일 : 2009. 04. 15	승인일 :	페이지 : 5/10

프로그램명	적하 계획

5. btn작업리스트_Click()
 - 야드블록번호 콤보상자의 값이 공백이거나 야드BAY번호 콤보상자의 값이 공백
   이면 "야드블록번호와 야드BAY번호를 선택하여야 작업리스트를 조회할 수 있
   습니다."라는 메시지를 출력하고, 아니면 야드블록번호 콤보상자의 값과 야드
   BAY번호 콤보상자의 값을 모듈에 저장하고 [작업리스트조회] 폼을 연다.

6. btn본선적하순번_Click()
 - 항차 콤보상자의 값이 공백이거나 BAY번호 콤보상자의 값이 공백이면
   "본선의 항차와 BAY번호를 선택하여야 본선적하리스트를 조회할 수 있습니다"
   라는 메시지를 출력하고, 아니면 항차 콤보상자의 값과 BAY번호 콤보상자의 값
   을 모듈에 저장하고 [본선적하순번조회] 폼을 연다.

7. btn본선적하리스트출력_Click()
 - 항차 콤보상자의 값을 모듈에 저장하고, [본선적하리스트출력] 폼을 연다.

8. btn메인_Click()
 - 현재 폼을 닫는다.

9. cbo항차_SelectionChangeCommitted()
 - 항차 콤보상자의 값이 공백이면 프로시저를 종료한다.
 - BAY번호List 테이블의 내역을 지운다.
 - 적하순번정보 테이블로 BAY번호List 테이블을 생성하여 BAY번호 콤보상자의
   목록을 채운다.

10. cboBAY번호_SelectionChangeCommitted()
 - 항차 콤보상자의 값이 공백이 아니면 본선데이터생성() 프로시저를 수행한다.

<table>
<tr><td colspan="3" align="center">프로그램 명세서</td></tr>
<tr><td>작성자 : 김 진 수</td><td>승인자 :</td><td>버 전 : 1.0</td></tr>
<tr><td>작성일 : 2009. 04. 15</td><td>승인일 :</td><td>페이지 : 6/10</td></tr>
</table>

프로그램명	적하 계획

11. 본선데이터생성()

- 항차 콤보상자의 값이 공백이거나 BAY번호 콤보상자의 값이 공백이면 "작업 항차와 BAY번호를 입력하여야 적하 처리가 가능합니다."라는 메시지를 출력하고 프로시저를 종료한다.
- 본선적부검색정보와 본선적부공백정보 테이블의 내역을 지운다.
- SQL = "SELECT * from 본선적부정보 WHERE (항차 = '" & _
    cbo항차.Text & "') and (BAY번호 = '" & cboBAY번호.Text & "')"
- 위의 SQL 문을 이용하여 본선적부검색정보 테이블을 생성한다.
- SQL = "SELECT * from 본선적부정보 WHERE (항차 = '" & _
    cbo항차.Text & "') and (BAY번호 = '" & cboBAY번호.Text & _
    "') " & "and (목적지향 < 'A')"
- 위의 SQL 문을 이용하여 본선적부공백정보 테이블을 생성한다.
- 본선적부검색정보 테이블을 모두 읽어서 Tier번호가 "80"보다 큰 경우(Deck) 그 각각의 레코드에 대해서 다음의 내역을 수행한다.
  - 본선적부검색정보 테이블의 Row번호를 wkIndex1에 옮긴다.
  - 본선적부검색정보 테이블의 (Tier번호 - 72)를 wkIndex2에 옮긴다.
  - 본선적부검색정보 테이블의 목적지향을 wk본선적부정렬11(wkIndex1, wkIndex2) 배열에 옮긴다.
  - 본선적부검색정보 테이블의 구분코드를 wk본선적부정렬12(wkIndex1, wkIndex2) 배열에 옮긴다.
- 본선적부검색정보 테이블을 모두 읽어서 Tier번호가 "80"보다 작은 경우(Hold) 그 각각의 레코드에 대해서 다음의 내역을 수행한다.
  - 본선적부검색정보 테이블의 Row번호를 wkIndex1에 옮긴다.
  - 본선적부검색정보 테이블의 Tier번호를 wkIndex2에 옮긴다.
  - 본선적부검색정보 테이블의 목적지향을 wk본선적부정렬21(wkIndex1, wkIndex2) 배열에 옮긴다.

프로그램 명세서		
작성자 : 김 진 수	승인자 :	버 전 : 1.0
작성일 : 2009. 04. 15	승인일 :	페이지 : 7/10

프로그램명	적하 계획

- 본선적부검색정보 테이블의 구분코드를 wk본선적부정렬22(wkIndex1, wkIndex2) 배열에 옮긴다.
- 본선적부검색정보 테이블을 모두 읽어서 목적지향이 "A"보다 작은 경우(공백인 경우) 그 각각의 레코드에 대해서 다음의 내역을 수행한다.
  - 본선적부검색정보 테이블의 Row번호를 wk본선적하Row순번 배열에 옮긴다.
  - 본선적부검색정보 테이블의 Tier번호를 wk본선적하Tier순번 배열에 옮긴다.
- 본선적부정렬정보1 및 본선적부정렬정보2 테이블 내역을 지운다.
- wk본선적부정렬11() 배열 데이터를 본선적부정렬정보1 테이블에 옮긴다.
- 본선적부정렬정보1 테이블 데이터를 dgvDeck DataGridView의 DataSource에 옮긴다.
- wk본선적부정렬21() 배열 데이터를 본선적부정렬정보2 테이블에 옮긴다.
- 본선적부정렬정보2 테이블 데이터를 dgvHold DataGridView의 DataSource에 옮긴다.

12. btn자동적하_Click()
- 자동적하DataCheck() 프로시저를 수행한다.
- 위의 자동적하DataCheck() 프로시저를 수행하여 오류가 없으면 자동적하작업(), 데이터생성() 및 본선데이터생성() 프로시저를 수행하고, "자동적하 처리 OK"라는 메시지를 출력한다.

13. 자동적하DataCheck()
- 야드블록번호 콤보상자의 값 또는 야드BAY번호 콤보상자의 값이 공백이면 오류 메시지를 출력하고 프로시저를 종료한다.
- 항차 콤보상자의 값 또는 BAY번호 콤보상자의 값이 공백이면 오류 메시지를 출력하고 프로시저를 종료한다.
- dgvYard DataGridView의 선택된 모든 셀에 대해 그 셀 값이 "10"보다 작으면

<table>
<tr><td colspan="3" align="center">프로그램 명세서</td></tr>
<tr><td>작성자 : 김 진 수</td><td>승인자 :</td><td>버 전 : 1.0</td></tr>
<tr><td>작성일 : 2009. 04. 15</td><td>승인일 :</td><td>페이지 : 8/10</td></tr>
</table>

프로그램명	적하 계획

"선택된 작업 위치에 현재 컨테이너가 적재되어 있지 않습니다."라는 메시지를 출력하고 프로시저를 종료한다.

- wk야드정렬() 배열 데이터를 wk야드정렬2() 배열에 복사한다. 이는 컨테이너 위치에 대한 오류 체크시 이용한다.
- dgvYard DataGridView의 선택된 모든 셀에 대해 다음을 수행한다.
  - 선택된 셀의 순서를 높이 순으로 정렬한다. 선택된 순서 기준으로 데이터를 저장하면 높이가 역전되는 경우가 있기 때문에 필요한 로직이다.
  - 선택된 셀의 야드세부번호의 첫째 바이트를 y, 둘째 바이트를 x로 한다.
  - wk야드정렬(x, y)의 첫 번째 바이트가 "4"이고(즉, 40feet 컨테이너) BAY번호 콤보상자의 값이 홀수이면 "40 feet 컨테이너를 20 feet BAY 위치에 적재할 수 없습니다." 라는 메시지를 출력하고 프로시저를 종료한다.
  - wk야드정렬2(x, y)에 "C"를 옮긴다.
- wk야드정렬2() 배열을 이용하여 작업할 컨테이너 위치가 정확한지를 체크한다.
- 선택된 셀의 건수가 본선적부공백정보의 레코드 건수보다 크면 오류 메시지를 출력하고 프로시저를 종료한다.

14. 자동적하작업()
- 자동적하는 HOLD의 제일 아래 셀을 기준으로 좌에서 우로 또한 아래에서 위로 컨테이너를 하나씩 차곡차곡 채우는 기본적인 방식을 이용한다.
- 선택된 모든 셀에 대해 다음을 수행한다.
  - 선택된 셀의 야드세부번호의 첫째 바이트를 y, 둘째 바이트를 x로 한다.
  - 컨테이너정보 테이블에서 wk야드컨테이너번호(x, y)와 같은 레코드 (rowIndex1)를 찾는다.
  - 적하순번정보 테이블을 읽어서 항차와 BAY번호가 폼의 항차와 BAY번호 콤보상자가 같은 레코드(rowIndex2)를 찾는다.
  - 적하순번정보 테이블의 레코드(rowIndex2)에서 최종순번을 1 증가시켜 새로

프로그램 명세서		
작성자 : 김 진 수	승인자 :	버 전 : 1.0
작성일 : 2009. 04. 15	승인일 :	페이지 : 9/10

프로그램명	적하 계획

운 최종순번(wk순번)을 만든다.

- BAY번호 콤보상자, wk본선적하Row순번 및 wk본선적하Tier순번을 합쳐서 wk적부위치를 만들고, 컨테이너정보 테이블의 적부위치에 옮긴다.
- 항차 콤보상자, BAY번호 콤보상자 및 wk순번을 합쳐서 컨테이너정보 테이블의 적하순번에 옮긴다.
- wk적부위치에서 적하그룹 값을 이끌어내고, 그 값을 컨테이너정보 테이블의 적하그룹에 옮긴다. 적하그룹은 적하그룹1과 적하그룹2로 이루어져 있다.
  적하그룹1은 홀수 BAY인 경우 "01 03", "05 07", "09 11", "13 15", "17 19", "21 23" 등이고, 짝수 BAY인 경우는 "02" ~ "22"이다.
  적하그룹2는 " HOLD" 및 " DECK"이다.
- 컨테이너정보 테이블을 Update한다.
- 적하순번정보 테이블의 최종순번을 Update한다.
- wk구분코드(x, y)를 본선적부정보 테이블 해당 레코드의 구분코드에 옮긴다.
- wk목적지항(x, y)을 본선적부정보 테이블 해당 레코드의 목적지항에 옮긴다.
- wk야드컨테이너번호(x, y)를 본선적부정보 테이블 해당 레코드의 컨테이너 번호에 옮긴 후 본선적부정보 테이블을 Update한다.
- BAY번호 콤보상자의 값을 스트링으로 변환하여 wkBAY에 저장한다.
- BAY번호는 짝수는 40피트, 홀수는 20피트 컨테이너를 적재하고, 그 번호는 짝홀수가 쌍으로 이루어져 있다. 예를 들어 02(01, 03), 06(05, 07), 10(09, 11), 14(13, 15), 18(17, 19), 22(21, 23) 등으로 이루어져 있다.
- BAY번호가 "01", "05", "09", "13", "17", "21"인 경우는 그 번호를 +1하여 해당 짝을 찾아서 자동적하_과외처리() 프로시저를 수행한다.
- BAY번호가 "03", "07", "11", "15", "19", "23"인 경우는 그 번호를 -1하여 해당 짝을 찾아서 자동적하_과외처리() 프로시저를 수행한다.
- BAY번호가 "02", "06", "10", "14", "18", "22"인 경우는 그 번호를 +1 및 -1 하여 두 개의 해당 짝을 찾아서 각각 자동적하_과외처리() 프로시저를 수행 한다.

<table>
<tr><td colspan="3" align="center">프로그램 명세서</td></tr>
<tr><td>작성자 : 김 진 수</td><td>승인자 :</td><td>버　전 : 1.0</td></tr>
<tr><td>작성일 : 2009. 04. 15</td><td>승인일 :</td><td>페이지 : 10/10</td></tr>
</table>

프로그램명	적하 계획

15. 자동적하_과외처리()
  - 이 프로시저는 선박의 BAY번호가 짝수 및 홀수로 한 쌍으로 이루어져 있기 때문에 예를 들어, 짝수 BAY에 40피트 컨테이너를 적재하였으면, 그에 상응하는 두 군데의 홀수 BAY에는 20피트를 적재하지 못하도록 하고, 반대로 홀수 BAY에 20피트 컨테이너를 적재하였으면, 그에 상응하는 짝수 BAY에는 40피트를 적재하지 못하도록 하는 것이다.
  - 본선적부정보 테이블을 읽어서 항차, BAY번호, Deck구분, Row번호 및 Tier번호가 같은 레코드가 있으면 목적지항에 "X"를 옮기고 본선적부정보 테이블을 Update한다.

① 비주얼 스튜디오 .NET을 실행하고 [새 프로젝트]를 실행한다. 새 프로젝트 창에서 이름을 [양적하관리], 위치는 적절한 경로를 선택하고 [확인] 단추를 누른다.

② 솔루션 탐색기에서 [양적하관리] 프로젝트를 선택하고 우측 마우스 단추를 눌러 단축 메뉴를 표시한다. [추가/Windows Form]을 선택하여 새로운 폼을 만든다. 새로운 폼 이름은 [적하계획]으로 하고 Form1은 삭제한다. 또한 프로젝트의 My Project를 더블 클릭하여 시작 폼을 [적하계획]으로 지정한다.

③ 다음 표를 참고로 폼을 디자인한다.

컨트롤	Name	Text	비 고
Form	적하계획	적하계획	
Label	Label1	야드 위치정보	Font : 굴림24pt
ComboBox	cbo야드블록번호		
ComboBox	cbo야드BAY번호		

컨트롤	Name	Text	비 고
DataGridView	dgvYard		
Button	btn작업리스트	작업 리스트	
Button	btn본선적하리스트출력	적하 리스트 출력	
Button	btn본선적하순번	본선적하 순번	
Button	btn메인	메 인	
Label	Label2	본선 적하 현황	Font : 굴림24pt
ComboBox	cbo항차		
ComboBox	cboBAY번호		
Button	btn자동적하	자동 적하	
Button	btn지정적하	지정 적하	
DataGridView	dgvDeck		
DataGridView	dgvHold		

* 일반적인 레이블 내역은 생략함

④ 프로그램에 imports해야 할 네임스페이스와 적하계획 폼에 사용될 기본 개체를 설정하고, 폼의 빈곳에 더블 클릭하여 적하계획_Load 로직을 작성한다. wk항차 및 wk본선 BAY번호(String)는 모듈에 공용 변수(Public)로 설정한다.

리스트 **13-1**

```
Imports System.Data
Imports System.Data.SqlClient
Imports System.IO

Public Class 적하계획

Protected Conn As New SqlConnection()
Protected Ds2 As New DataSet
Protected Dv1 As DataView
Protected Dv2 As DataView
Protected NewRow As DataRow
Protected Adt1 As New SqlDataAdapter()
Protected Adt2 As New SqlDataAdapter()
Protected Adt3 As New SqlDataAdapter()
Protected Adt4 As New SqlDataAdapter()
```

물류 데이터베이스 구축

```
Protected Adt5 As New SqlDataAdapter()
Protected Adt6 As New SqlDataAdapter()
Protected Adt7 As New SqlDataAdapter()
Protected Adt8 As New SqlDataAdapter()
Protected Adt9 As New SqlDataAdapter()
Protected Adt10 As New SqlDataAdapter()
Protected Adt11 As New SqlDataAdapter()
Protected Adt12 As New SqlDataAdapter()
Protected Adt13 As New SqlDataAdapter()
Protected cmdBld4 As New SqlCommandBuilder()
Protected cmdBld5 As New SqlCommandBuilder()
Protected cmdBld6 As New SqlCommandBuilder()
Protected cmdBld7 As New SqlCommandBuilder()
Protected cmdBld11 As New SqlCommandBuilder()
Protected Cmd As SqlCommand

Protected wk야드정렬(6, 7) As String
Protected wk야드정렬2(6, 7) As String
Protected wk야드컨테이너번호(6, 7) As String
Protected wk목적지항(6, 7) As String
Protected wk구분코드(6, 7) As String

Protected wk야드세부번호(,) As String = {{"15", "25", "35", "45",
    "55", "65"},{"14", "24", "34", "44", "54", "64"}, {"13", "23",
    "33", "43", "53", "63"},{"12", "22", "32", "42", "52", "62"},
    {"11", "21", "31", "41", "51", "61"}}

Protected selected야드세부번호(30) As String
Protected wk본선적부정렬11(10, 20) As String
Protected wk본선적부정렬12(10, 20) As String
Protected wk본선적부정렬21(10, 10) As String
Protected wk본선적부정렬22(10, 10) As String
Protected wk본선적하Row순번(80) As String
Protected wk본선적하Tier순번(80) As String
Protected wkBAY As String

Protected selectedCellCount1 As Integer
Protected selectedCellCount2 As Integer
Protected selectedCellCount3 As Integer
Protected wkOdd As String
Protected wkOK As String = ""
Protected SQL As String = ""
Protected i, j, k As Integer
```

```
Private Sub 적하계획_Load(ByVal sender As Object, ByVal e As
        System.EventArgs) Handles Me.Load

    Try
        Conn.ConnectionString = "SERVER=kjs;UID=sa;PWD=kjs;
                                DATABASE=양적하관리"

        Adt1 = New SqlDataAdapter("Select distinct 블록번호 from
                야드MAP세부정보 order by 블록번호", Conn)
        Adt1.Fill(Ds2, "야드블록번호List") ------------------------------------- 1

        cbo야드블록번호.DataSource = Ds2.Tables("야드블록번호List")
        cbo야드블록번호.DisplayMember = "블록번호"
        cbo야드블록번호.Text = ""

        SQL = "SELECT 블록번호, BAY번호, 야드세부번호,
                AA.컨테이너번호, BB.크기및규격 FROM " & _
            "야드MAP세부정보 AA INNER JOIN 컨테이너정보 BB " & _
            "ON AA.컨테이너번호 = BB.컨테이너번호 WHERE 블록번호 = ' '"

        Adt2 = New SqlDataAdapter(SQL, Conn)
        Adt2.Fill(Ds2, "야드세부정보") -------------------------------------- 2

        Adt3 = New SqlDataAdapter("Select distinct 항차 from
                적하순번정보 order by 항차", Conn)
        Adt3.Fill(Ds2, "항차List") ---------------------------------------- 3

        Adt4 = New SqlDataAdapter("Select distinct BAY번호 from
                적하순번정보 where 항차 = '" & _
                cbo항차.Text & "' order by BAY번호", Conn)
        Adt4.Fill(Ds2, "BAY번호List") ------------------------------------- 4

        Adt5 = New SqlDataAdapter("Select * from 야드MAP세부정보",
                                                        Conn)
        cmdBld5 = New SqlCommandBuilder(Adt5)
        Adt5.Fill(Ds2, "야드MAP세부정보") ----------------------------------- 5

        Adt6 = New SqlDataAdapter("Select * from 컨테이너정보", Conn)
        cmdBld6 = New SqlCommandBuilder(Adt6)
        Adt6.Fill(Ds2, "컨테이너정보") -------------------------------------- 6

        Adt7 = New SqlDataAdapter("Select * from 본선적부정보", Conn)
        cmdBld7 = New SqlCommandBuilder(Adt7)
        Adt7.Fill(Ds2, "본선적부정보") -------------------------------------- 7
```

```
        Adt8 = New SqlDataAdapter("Select * from 야드블록MAP정렬정보", _
                                     Conn)
        Adt8.Fill(Ds2, "야드블록MAP정렬정보") ------------------------------------ 8
        Adt9 = New SqlDataAdapter("Select * from 본선적부정렬정보",Conn)
        Adt9.Fill(Ds2, "본선적부정렬정보1") ------------------------------------ 9

        SQL = "SELECT [06], [04], [02], [00], [01], [03], [05] _
               FROM 본선적부정렬정보"
        Adt10 = New SqlDataAdapter(SQL, Conn)
        Adt10.Fill(Ds2, "본선적부정렬정보2") ------------------------------------ 10

        Adt11 = New SqlDataAdapter("Select * from 적하순번정보", Conn)
        cmdBld11 = New SqlCommandBuilder(Adt11)
        Adt11.Fill(Ds2, "적하순번정보") ------------------------------------ 11

        SQL = "SELECT * from 본선적부정보 WHERE (항차 = '" & _
               cbo항차.Text & "') and (BAY번호 = '" & _
               cboBAY번호.Text & "')"
        Adt12 = New SqlDataAdapter(SQL, Conn)
        Adt12.Fill(Ds2, "본선적부검색정보") ------------------------------------ 12

        SQL = "SELECT * from 본선적부정보 WHERE (항차 = '" & _
               cbo항차.Text & "') and (BAY번호 = '" & cboBAY번호.Text & _
               "') " & "and (목적지항 < 'A')"
        Adt13 = New SqlDataAdapter(SQL, Conn)
        Adt13.Fill(Ds2, "본선적부공백정보") ------------------------------------ 13

        cbo항차.DataSource = Ds2.Tables("항차List")
        cbo항차.DisplayMember = "항차"
        cbo항차.Text = ""

        DataGridViewSet()

    Catch ErrSQL As SqlException
        Dim colErrors As SqlErrorCollection = ErrSQL.Errors
        Dim i As Integer
        For i = 0 To colErrors.Count
            MessageBox.Show("오류 번호 : " & ErrSQL.Number & "[" & _
            ErrSQL.Source & "]" & ControlChars.CrLf & "오류 내역 : " & _
            ErrSQL.Message & ControlChars.CrLf & "오류 행번호 : " & _
            ErrSQL.StackTrace, "오류 메시지" & "(" & i + 1 & ")")
        Next
    End Try
End Sub
```

```vbnet
Private Sub DataGridViewSet()
    '--------------- dgvYard Setting ---------------
    dgvYard.AllowUserToAddRows = False                                  14
    dgvYard.AllowUserToDeleteRows = False                               15
    dgvYard.AllowUserToResizeColumns = False                            16
    dgvYard.AllowUserToResizeRows = False                               17
    dgvYard.AutoSizeColumnsMode = _                                     18
            DataGridViewAutoSizeColumnsMode.AllCells
    dgvYard.AutoSizeRowsMode = DataGridViewAutoSizeRowsMode.AllCells
                                                                        19
    dgvYard.ColumnHeadersDefaultCellStyle.Alignment = _                 20
            DataGridViewContentAlignment.MiddleCenter
    dgvYard.ColumnHeadersHeightSizeMode = _                             21
            DataGridViewColumnHeadersHeightSizeMode.DisableResizing
    dgvYard.DefaultCellStyle.Alignment = _                              22
            DataGridViewContentAlignment.MiddleCenter
    dgvYard.MultiSelect = True                                          23
    dgvYard.ReadOnly = True                                             24
    dgvYard.RowHeadersVisible = False                                   25
    dgvYard.ScrollBars = ScrollBars.None                                26
    dgvYard.SelectionMode = DataGridViewSelectionMode.CellSelect        27

    '--------------- dgvDeck Setting ---------------
    dgvDeck.AllowUserToAddRows = False
    dgvDeck.AllowUserToDeleteRows = False
    dgvDeck.AllowUserToResizeColumns = False
    dgvDeck.AllowUserToResizeRows = False
    dgvDeck.AutoSizeColumnsMode = _
            DataGridViewAutoSizeColumnsMode.Fill
    dgvDeck.AutoSizeRowsMode = DataGridViewAutoSizeRowsMode.AllCells
    dgvDeck.ColumnHeadersDefaultCellStyle.Alignment = _
            DataGridViewContentAlignment.MiddleCenter
    dgvDeck.ColumnHeadersHeightSizeMode = _
            DataGridViewColumnHeadersHeightSizeMode.DisableResizing
    dgvDeck.DefaultCellStyle.Alignment = _
            DataGridViewContentAlignment.MiddleCenter
    dgvDeck.MultiSelect = True
    dgvDeck.ReadOnly = True
    dgvDeck.RowHeadersVisible = False
    dgvDeck.ScrollBars = ScrollBars.None
    dgvDeck.SelectionMode = DataGridViewSelectionMode.CellSelect

    '--------------- dgvHold Setting ---------------
    dgvHold.AllowUserToAddRows = False
```

```
        dgvHold.AllowUserToDeleteRows = False
        dgvHold.AllowUserToResizeColumns = False
        dgvHold.AllowUserToResizeRows = False
        dgvHold.AutoSizeColumnsMode = _
                DataGridViewAutoSizeColumnsMode.Fill
        dgvHold.AutoSizeRowsMode = DataGridViewAutoSizeRowsMode.AllCells
        dgvHold.ColumnHeadersDefaultCellStyle.Alignment = _
                DataGridViewContentAlignment.MiddleCenter
        dgvHold.ColumnHeadersHeightSizeMode = _
                DataGridViewColumnHeadersHeightSizeMode.DisableResizing
        dgvHold.DefaultCellStyle.Alignment = _
                DataGridViewContentAlignment.MiddleCenter
        dgvHold.MultiSelect = True
        dgvHold.ReadOnly = True
        dgvHold.RowHeadersVisible = False
        dgvHold.ScrollBars = ScrollBars.None
        dgvHold.SelectionMode = DataGridViewSelectionMode.CellSelect
End Sub
```

〈해설〉

1. 야드블록번호List 테이블을 생성한다. 이 때 distinct는 중복된 레코드를 제거할 때 사용
   한다. 야드블록번호List 테이블은 cbo야드블록번호 콤보상자의 목록을 생성하기 위해
   사용된다.

2. 야드세부정보 테이블을 초기 생성한다. 이 때 그 내용은 공백이고 이름만을 생성한다.
   이렇게 이름만을 생성하는 이유는 리스트 13-2의 데이터생성() 로직에서 야드세부정보
   테이블의 내역을 먼저 지우고 새롭게 생성하는 알고리즘을 구현하기 위해서이다.

3. 항차List 테이블을 생성하고, cbo항차 콤보상자의 목록을 생성하기 위해 사용된다.

4. BAY번호List 테이블을 초기 생성한다.

5. 데이터베이스 테이블 전체 내역을 대상으로 야드MAP세부정보 테이블을 생성한다.

6. 데이터베이스 테이블 전체 내역을 대상으로 컨테이너정보 테이블을 생성한다.

7. 데이터베이스 테이블 전체 내역을 대상으로 본선적부정보 테이블을 생성한다.

8. 야드블록MAP정렬정보 테이블을 초기 생성한다.

9. 본선적부정렬정보1 테이블을 초기 생성한다.

10. 본선적부정렬정보2 테이블을 초기 생성한다.

11. 데이터베이스 테이블 전체 내역을 대상으로 적하순번정보 테이블을 생성한다.

12. 본선적부검색정보 테이블을 초기 생성한다.

13. 본선적부공백정보 테이블을 초기 생성한다.

14. DataGridView1의 Row(행)에 레코드 추가를 금지시킨다.

15. DataGridView1의 Row(행)에서 레코드 삭제를 금지시킨다.

16. 열(Columns)의 크기를 재지정하지 못하게 한다.

17. 행(Rows)의 크기를 재지정하지 못하게 한다.

18. 열의 모드를 AllCells로 지정한다. AllCells는 모든 열(필드)의 크기를 모든 출력 데이터에 맞게 자동 조정한다.

19. 행의 모드를 AllCells로 지정한다. AllCells는 모든 Row(행)의 크기를 모든 출력 데이터에 맞게 자동 조정한다.

20. ColumnHeader의 정렬(Alignment)을 중앙(MiddleCenter)에 맞춘다.

21. ColumnHeader의 높이(Height)를 재지정하지 못하게 한다.

22. DataGridView1에 출력되는 모든 데이터의 기본적인 정렬을 MiddleCenter로 지정한다.

23. DataGridView1에서 동시에 여러 개의 데이터를 선택할 수 없도록 한다.

24. DataGridView1을 조회만 가능하도록 한다.

25. DataGridView1의 행머리(RowHeader)를 보이지 않게 한다.

26. 스크롤바는 하나도 표시하지 않는다.

27. DataGridView1의 셀의 선택 모드를 CellSelect로 지정한다. 셀의 선택 모드는 주로 CellSelect, FullRowSelect 및 RowHeaderSelect를 사용한다. CellSelect는 각 셀을 선택할 때 사용하고, FullRowSelect는 전체 행을 선택할 때 사용하고, RowHeaderSelect는 RowHeader를 선택할 때 사용한다. 세부적인 내역은 3.1을 참고한다.

⑤ cbo야드블록번호 및 cbo야드BAY번호의 목록 선택이 바뀌었을 때의 로직을 작성하자. cbo야드블록번호의 목록 선택이 바뀌면 cbo야드BAY번호의 목록 내용을 새롭게 바꾼다. 또한 cbo야드BAY번호의 목록 선택이 바뀌면 그에 해당하는 데이터를 야드블록MAP정렬정보로 생성해서 DataGridView에 출력한다.

리스트 **13-2**

```
Private Sub cbo야드블록번호_SelectionChangeCommitted(ByVal sender ↙
        As Object, ByVal e As System.EventArgs) Handles
        cbo야드블록번호.SelectionChangeCommitted

    If cbo야드블록번호.Text = "" Then
        Exit Sub
    End If
```

```
cbo야드BAY번호.Text = ""
cbo야드BAY번호.Items.Clear()

If (cbo야드블록번호.Text >= "A1") And ✓ ---------------------------------- 1
                          (cbo야드블록번호.Text <= "B3") Then
    cbo야드BAY번호.Items.Add("02")
    cbo야드BAY번호.Items.Add("04")
    cbo야드BAY번호.Items.Add("06")
    cbo야드BAY번호.Items.Add("08")
    cbo야드BAY번호.Items.Add("10")
    cbo야드BAY번호.Items.Add("12")
    cbo야드BAY번호.Items.Add("14")
    cbo야드BAY번호.Items.Add("16")
    cbo야드BAY번호.Items.Add("18")
    cbo야드BAY번호.Items.Add("20")
    cbo야드BAY번호.Items.Add("22")
    cbo야드BAY번호.Items.Add("24")
Else
    cbo야드BAY번호.Items.Add("01")
    cbo야드BAY번호.Items.Add("02")
    cbo야드BAY번호.Items.Add("03")
    cbo야드BAY번호.Items.Add("04")
    cbo야드BAY번호.Items.Add("05")
    cbo야드BAY번호.Items.Add("06")
    cbo야드BAY번호.Items.Add("07")
    cbo야드BAY번호.Items.Add("08")
    cbo야드BAY번호.Items.Add("09")
    cbo야드BAY번호.Items.Add("10")
    cbo야드BAY번호.Items.Add("11")
    cbo야드BAY번호.Items.Add("12")
    cbo야드BAY번호.Items.Add("13")
    cbo야드BAY번호.Items.Add("14")
    cbo야드BAY번호.Items.Add("15")
    cbo야드BAY번호.Items.Add("16")
    cbo야드BAY번호.Items.Add("17")
    cbo야드BAY번호.Items.Add("18")
    cbo야드BAY번호.Items.Add("19")
    cbo야드BAY번호.Items.Add("20")
    cbo야드BAY번호.Items.Add("21")
    cbo야드BAY번호.Items.Add("22")
    cbo야드BAY번호.Items.Add("23")
    cbo야드BAY번호.Items.Add("24")
End If
End Sub
```

```
Private Sub cbo야드BAY번호_SelectedIndexChanged(ByVal sender As ↙
            Object, ByVal e As System.EventArgs) Handles ↙
        cbo야드BAY번호.SelectedIndexChanged

    데이터생성()

End Sub

Private Sub 데이터생성()

    Dim wkIndex1, wkIndex2 As Integer

    If cbo야드블록번호.Text = "" Then
        MsgBox("작업 블록 번호를 선택하세요 !!!!")
        Exit Sub
    End If

    Ds2.Tables("야드세부정보").Clear()

    SQL = "SELECT 블록번호, BAY번호, 야드세부번호, AA.컨테이너번호, ↙
        BB.목적지항, BB.구분코드, BB.크기및규격 " & _
        "FROM 야드MAP세부정보 AA INNER JOIN 컨테이너정보 BB ON ↙
        AA.컨테이너번호 = BB.컨테이너번호 " & _
        "WHERE (블록번호 = '" & cbo야드블록번호.Text & "') and ↙
        (BAY번호 = '" & cbo야드BAY번호.Text & "') and (적하순번 〈 'A')"

    Adt2 = New SqlDataAdapter(SQL, Conn)
    Adt2.Fill(Ds2, "야드세부정보") ·························································· 2

    For i = 0 To 5
      For k = 0 To 6
          wk야드정렬(i, k) = ""
          wk야드컨테이너번호(i, k) = ""
          wk목적지항(i, k) = ""
          wk구분코드(i, k) = ""
      Next
    Next

    For i = 0 To Ds2.Tables("야드세부정보").Rows.Count - 1 ·················· 3

        wkIndex1 = Val(Mid(Ds2.Tables("야드세부정보").Rows(i) ↙
                            ("야드세부번호"), 2, 1))
        wkIndex2 = Val(Mid(Ds2.Tables("야드세부정보").Rows(i) ↙
                            ("야드세부번호"), 1, 1))
```

```
        wk야드정렬(wkIndex1, wkIndex2) = Mid(Ds2.Tables  ↙
                ("야드세부정보").Rows(i)("크기및규격"), 1, 2).ToString
        wk야드컨테이너번호(wkIndex1, wkIndex2) = Ds2.Tables  ↙
                ("야드세부정보").Rows(i)("컨테이너번호")
        wk목적지항(wkIndex1, wkIndex2) = Ds2.Tables  ↙
                ("야드세부정보").Rows(i)("목적지항")
        wk구분코드(wkIndex1, wkIndex2) = Ds2.Tables  ↙
                ("야드세부정보").Rows(i)("구분코드")
    Next

    Ds2.Tables("야드블록MAP정렬정보").Clear()

    For i = 5 To 1 Step -1
        DataTable생성()
    Next

    dgvYard.DataSource = Ds2.Tables("야드블록MAP정렬정보")

    For i = 0 To 5 ·················································································· 4
        Me.dgvYard.Columns(i).SortMode = _
                        DataGridViewColumnSortMode.NotSortable
    Next
End Sub

Private Sub DataTable생성() ·································································· 5

    NewRow = Ds2.Tables("야드블록MAP정렬정보").NewRow
    NewRow("1") = wk야드정렬(i, 1)
    NewRow("2") = wk야드정렬(i, 2)
    NewRow("3") = wk야드정렬(i, 3)
    NewRow("4") = wk야드정렬(i, 4)
    NewRow("5") = wk야드정렬(i, 5)
    NewRow("6") = wk야드정렬(i, 6)

    Ds2.Tables("야드블록MAP정렬정보").Rows.Add(NewRow)
End Sub
```

〈해설〉

1. 야드블록번호가 "A1"보다 크거나 "B3"보다 작은 곳에는 40피트 컨테이너만을 적재하
   고 그 나머지에는 20피트, 40피트를 혼용해서 적재하도록 시스템이 설계되어 있다.

2. 폼의 야드블록번호 및 야드BAY번호를 검색 기준으로 해서 야드MAP세부정보 테이블과 컨테이너정보 테이블을 조인하여 야드세부정보 테이블을 생성한다. 이 테이블을 이용하여 야드블록MAP정렬정보 테이블을 생성하고, 그 내용으로 DataGridView에 야드에 적재된 컨테이너 현황을 도표로 나타낸다.

3. 야드세부정보 테이블을 모두 읽어서 그 각각의 레코드에 대해서 다음의 내역을 수행한다.
   - 야드세부정보 테이블에서 야드세부번호의 2번째 바이트부터 1바이트를 wkIndex1에 옮긴다.
   - 야드세부정보 테이블에서 야드세부번호의 1번째 바이트부터 1바이트를 wkIndex2에 옮긴다.
   - 야드세부정보 테이블에서 크기및규격의 1번째 바이트부터 2바이트를 wk야드정렬() 배열에 옮긴다.
   - 야드세부정보 테이블의 컨테이너번호를 wk야드컨테이너번호() 배열에 옮긴다.
   - 야드세부정보 테이블의 목적지향을 wk목적지향() 배열에 옮긴다.
   - 야드세부정보 테이블의 구분코드를 wk구분코드() 배열에 옮긴다.

4. DataGridView의 모든 컬럼을 정렬되지 않도록 한다. 참고로 DataGridView의 모든 항목은 기본적으로 데이터 정렬 기능이 있다.

5. wk야드정렬() 배열을 이용하여 야드블록MAP정렬정보 테이블을 생성한다.

⑥ 폼의 [작업 리스트], [본선적하 순번], [적하 리스트 출력] 및 [메인] 명령 단추에 대한 로직을 작성하자.

리스트 13-3

```
Private Sub btn작업리스트_Click(ByVal sender As System.Object, ✓
          ByVal e As System.EventArgs) Handles btn작업리스트.Click


   Dim frm작업리스트조회 As New 작업리스트조회

   If (cbo야드블록번호.Text = "") Or (cbo야드BAY번호.Text = "") Then
      MsgBox("야드블록번호와 야드BAY번호를 선택하여야 작업리스트를 ✓
                조회할 수 있습니다. ")
   Else
      sv블록번호 = cbo야드블록번호.Text ·································1
      svBAY번호 = cbo야드BAY번호.Text
```

```
        frm작업리스트조회.Show()
      End If

  End Sub

  Private Sub btn본선적하순번_Click(ByVal sender As System.Object, ↙
        ByVal e As System.EventArgs) Handles btn본선적하순번.Click

      Dim frm본선적하순번조회 As New 본선적하순번조회

      If (cbo항차.Text = "") Or (cboBAY번호.Text = "") Then
          MsgBox("본선의 항차와 BAY번호를 선택하여야 본선적하리스트를 ↙
                조회할 수 있습니다. ")
      Else
          wk항차 = cbo항차.Text ························································· 2
          wk본선BAY번호 = cboBAY번호.Text

          frm본선적하순번조회.Show()
      End If

  End Sub

  Private Sub btn본선적하리스트출력_Click(ByVal sender As  ↙
          System.Object, ByVal e As System.EventArgs) Handles ↙
          btn본선적하리스트출력.Click

      Dim frm본선적하리스트출력 As New 본선적하리스트출력

      wk항차 = cbo항차.Text ·························································· 3

      frm본선적하리스트출력.Show()

  End Sub

  Private Sub btn메인_Click(ByVal sender As System.Object, ByVal e ↙
          As System.EventArgs) Handles btn메인.Click

    Me.Close()

  End Sub

End Class
```

〈해설〉

1. 야드블록번호와 야드BAY번호 콤보 상자의 내역을 모듈에 저장하여 [작업리스트조회] 폼에서 이용한다.
2. 항차와 BAY번호 콤보 상자의 내역을 모듈에 저장하여 [본선적하순번조회] 폼에서 이용한다.
3. 항차 콤보 상자의 내역을 모듈에 저장하여 [본선적하리스트출력] 폼에서 이용한다.

⑦ cbo항차 및 cboBAY번호의 목록 선택이 바뀌었을 때의 로직을 작성하자. cbo항차의 목록 선택이 바뀌면 cboBAY번호의 목록 내용을 새롭게 바꾼다. 그리고 cboBAY번호의 목록 선택이 바뀌면 그 데이터를 검색 기준으로 본선적부검색정보 테이블을 생성한다. 또한 그 테이블을 이용하여 본선적부정렬정보1 및 본선적부정렬정보2 테이블을 생성해서 두 개의 DataGridView(Deck 및 Hold)에 출력한다.

리스트 **13-4**

```
Private Sub cbo항차_SelectionChangeCommitted(ByVal sender As ↙
        Object, ByVal e As System.EventArgs) Handles ↙
        cbo항차.SelectionChangeCommitted

    If cbo항차.Text = "" Then
        Exit Sub
    End If

    Ds2.Tables("BAY번호List").Clear()

    Adt4 = New SqlDataAdapter("Select distinct BAY번호 from ↙
        적하순번정보 where 항차 = '" & _
        cbo항차.Text & "' order by BAY번호", Conn)

    Adt4.Fill(Ds2, "BAY번호List") ·····································1

    cboBAY번호.DataSource = Ds2.Tables("BAY번호List")
    cboBAY번호.DisplayMember = "BAY번호"
    cboBAY번호.Text = ""

End Sub
```

```vb
Private Sub cboBAY번호_SelectionChangeCommitted(ByVal sender As ↙
          Object, ByVal e As System.EventArgs) Handles ↙
          cboBAY번호.SelectionChangeCommitted


    If cboBAY번호.Text <> "" Then
        본선데이터생성()
    End If

End Sub


Private Sub 본선데이터생성()

    Dim wkIndex1, wkIndex2 As Integer

    If (cbo항차.Text = "") Or (cboBAY번호.Text = "") Then
        MsgBox("작업 항차와 BAY번호를 입력하여야 적하 처리가 ↙
                가능합니다 !!!")
        Exit Sub
    End If

    Ds2.Tables("본선적부검색정보").Clear()

    SQL = "SELECT * from 본선적부정보 WHERE (항차 = '" & _
        cbo항차.Text & "') and (BAY번호 = '" & cboBAY번호.Text & "')"

    Adt12 = New SqlDataAdapter(SQL, Conn)
    Adt12.Fill(Ds2, "본선적부검색정보") ·············································· 2

    Ds2.Tables("본선적부공백정보").Clear()

    SQL = "SELECT * from 본선적부정보 WHERE (항차 = '" & _
        cbo항차.Text & "') and (BAY번호 = '" & cboBAY번호.Text & _
        "') " & "and (목적지항 < 'A')"

    Adt13 = New SqlDataAdapter(SQL, Conn)
    Adt13.Fill(Ds2, "본선적부공백정보") ·············································· 3

    For i = 0 To 9
        For k = 0 To 19
            wk본선적부정렬11(i, k) = ""
            wk본선적부정렬12(i, k) = ""
        Next
    Next
```

```
For i = 0 To 9
    For k = 0 To 9
        wk본선적부정렬21(i, k) = ""
        wk본선적부정렬22(i, k) = ""
    Next
Next


For i = 0 To 79
    wk본선적하Row순번(i) = ""
    wk본선적하Tier순번(i) = ""
Next
k = 0

For i = 0 To Ds2.Tables("본선적부검색정보").Rows.Count − 1
                                                              4
    If Ds2.Tables("본선적부검색정보").Rows(i)("Tier번호") 〉 "80" Then
        wkIndex1 = Val(Ds2.Tables("본선적부검색정보").Rows(i) ✓
                        ("Row번호"))
        wkIndex2 = Val(Ds2.Tables("본선적부검색정보").Rows(i) ✓
                        ("Tier번호")) − 72
        wk본선적부정렬11(wkIndex1, wkIndex2) = Ds2.Tables  ✓
            ("본선적부검색정보").Rows(i)("목적지항").ToString
        wk본선적부정렬12(wkIndex1, wkIndex2) = Ds2.Tables  ✓
            ("본선적부검색정보").Rows(i)("구분코드").ToString
    Else
        wkIndex1 = Val(Ds2.Tables("본선적부검색정보").Rows(i) ✓
                            ("Row번호"))
        wkIndex2 = Val(Ds2.Tables("본선적부검색정보").Rows(i) ✓
                            ("Tier번호"))
        wk본선적부정렬21(wkIndex1, wkIndex2) = Ds2.Tables  ✓
            ("본선적부검색정보").Rows(i)("목적지항").ToString
        wk본선적부정렬22(wkIndex1, wkIndex2) = Ds2.Tables  ✓
            ("본선적부검색정보").Rows(i)("구분코드").ToString
    End If

    If Ds2.Tables("본선적부검색정보").Rows(i)("목적지항") 〈 "A" Then
                                                              5
        wk본선적하Row순번(k) = Ds2.Tables("본선적부검색정보") ✓
                            .Rows(i)("Row번호").ToString
        wk본선적하Tier순번(k) = Ds2.Tables("본선적부검색정보") ✓
                            .Rows(i)("Tier번호").ToString

        k = k + 1
    End If
Next
```

```
    Ds2.Tables("본선적부정렬정보1").Clear()
    Ds2.Tables("본선적부정렬정보2").Clear()

    For i = 18 To 10 Step -2
        본선DataTable생성1()  ·································································· 6
    Next

    dgvDeck.DataSource = Ds2.Tables("본선적부정렬정보1")

    For i = 8 To 2 Step -2
        본선DataTable생성2()  ·································································· 7
    Next

    dgvHold.DataSource = Ds2.Tables("본선적부정렬정보2")

    For i = 0 To 8  ·································································· 8
       Me.dgvDeck.Columns(i).SortMode = _
                        DataGridViewColumnSortMode.NotSortable
    Next

    For i = 0 To 6
       Me.dgvHold.Columns(i).SortMode = _
                        DataGridViewColumnSortMode.NotSortable
    Next

End Sub

Private Sub 본선DataTable생성1()  ·································································· 9

    NewRow = Ds2.Tables("본선적부정렬정보1").NewRow

    NewRow("08") = wk본선적부정렬11(8, i)
    NewRow("06") = wk본선적부정렬11(6, i)
    NewRow("04") = wk본선적부정렬11(4, i)
    NewRow("02") = wk본선적부정렬11(2, i)
    NewRow("00") = wk본선적부정렬11(0, i)
    NewRow("01") = wk본선적부정렬11(1, i)
    NewRow("03") = wk본선적부정렬11(3, i)
    NewRow("05") = wk본선적부정렬11(5, i)
    NewRow("07") = wk본선적부정렬11(7, i)

    Ds2.Tables("본선적부정렬정보1").Rows.Add(NewRow)

End Sub
```

```
Private Sub 본선DataTable생성2() ·················································· 10

    NewRow = Ds2.Tables("본선적부정렬정보2").NewRow

    NewRow("06") = wk본선적부정렬21(6, i)
    NewRow("04") = wk본선적부정렬21(4, i)
    NewRow("02") = wk본선적부정렬21(2, I)
    NewRow("00") = wk본선적부정렬21(0, i)
    NewRow("01") = wk본선적부정렬21(1, i)
    NewRow("03") = wk본선적부정렬21(3, i)
    NewRow("05") = wk본선적부정렬21(5, i)

    Ds2.Tables("본선적부정렬정보2").Rows.Add(NewRow)

End Sub
```

〈해설〉

1. BAY번호List 테이블을 생성하여 BAY번호 콤보상자의 목록을 채운다.

2. 폼의 항차 및 BAY번호를 검색 기준으로 하여 본선적부검색정보 테이블을 생성한다. 이 테이블을 이용하여 Deck용으로 wk본선적부정렬11(), wk본선적부정렬12() 배열을 생성하고, Hold용으로 wk본선적부정렬21(), wk본선적부정렬22() 배열을 생성한다. 이 배열로 본선적부정렬정보1 및 본선적부정렬정보2 테이블을 생성하여 DataGridView에 본선 적하 현황을 도표로 출력한다.

3. 폼의 항차, BAY번호 및 목적지항이 공백(< 'A')인 레코드를 검색 기준으로 하여 본선적부공백정보 테이블을 생성한다. 이 테이블은 자동적하DataCheck() 프로시저에서 [야드 위치정보]의 DataGridView에서 본선에 적재하기 위해 선택된 셀(컨테이너) 개수와 [본선 적하 현황]의 DataGridView에서 컨테이너를 적재할 수 있는 공백인 셀의 개수를 상호 체크하기 위해 사용된다.

4. 본선적부검색정보 테이블을 모두 읽어서 Tier번호가 "80"보다 큰 경우는 Deck에 관한 로직이고, 아니면 Hold에 대한 로직이다. Tier번호에 - 72를 한 것은 배열의 인덱스를 작게 정하기 위함이다.

5. 목적지항이 "A"보다 작은 경우 즉, 공백인 경우에 그 다음 내역을 처리한다.

6. 인덱스가 18, 16, 14, 12, 10 즉, 그 번호에 +72를 하면 Tier번호가 90, 88, 86, 84, 82인 경우(Deck)에 본선DataTable생성1() 프로시저를 수행한다.

7. 인덱스가 8, 6, 4, 2 즉, Tier번호가 8, 6, 4, 2인 경우에 본선DataTable생성2() 프로시저

를 수행한다.

8. DataGridView의 모든 컬럼을 정렬되지 않도록 한다. 참고로 DataGridView의 모든 항목은 기본적으로 데이터 정렬 기능이 있다.

9. wk본선적부정렬11() 배열 내역을 본선적부정렬1 테이블로 옮긴다. 이는 Deck 데이터를 처리할 때 사용한다.

10. wk본선적부정렬21() 배열 내역을 본선적부정렬2 테이블로 옮긴다. 이는 Hold 데이터를 처리할 때 사용한다.

⑧ [자동적하] 명령 단추에 대한 로직을 작성하자. 자동적하는 야드 위치정보의 DataGridView에서 선택된 컨테이너에 대해 본선의 Hold 및 Deck의 컨테이너 적재 순서 방식에 따라 자동으로 적재하는 로직이다. 자동적하는 HOLD의 제일 아래 셀을 기준으로 좌에서 우로 또한 아래에서 위로 컨테이너를 하나씩 차곡차곡 채우는 기본적인 방식을 이용한다.

리스트 13-5

```
Private Sub btn자동적하_Click(ByVal sender As System.Object,  ↙
            ByVal e As System.EventArgs) Handles btn자동적하.Click

    wkOK = ""
    자동적하DataCheck()

    If wkOK = "OK" Then ···································································· 1

        자동적하작업()
        데이터생성()
        본선데이터생성()

        MsgBox("자동적하 처리 OK ")
    End If

End Sub

Private Sub 자동적하DataCheck()

    Dim x, y As Integer
    Dim wkCheck As String
    Dim minIndex As Integer
```

```
Dim minRowValue As Integer
Dim wkSelectedRowIndex(30) As Integer
Dim wkSelectedColumnIndex(30) As Integer
Dim selectedRowIndex(30) As Integer
Dim selectedColumnIndex(30) As Integer

If (cbo야드블록번호.Text = "") Or (cbo야드BAY번호.Text = "") Then
    MsgBox("야드 블록번호와 BAY번호를 입력하여야 적하 처리가 ↙
            가능합니다 !!!")
    Exit Sub
End If

If (cbo항차.Text = "") Or (cboBAY번호.Text = "") Then
    MsgBox("작업 항차와 BAY번호를 입력하여야 적하 처리가 ↙
            가능합니다 !!!")
    Exit Sub
End If

selectedCellCount1 = dgvYard.SelectedCells.Count ·················· 2

For i = 0 To selectedCellCount1 - 1
    If dgvYard.SelectedCells(i).Value 〈 "10" Then ················ 3
        MsgBox("선택된 작업 위치에 현재 컨테이너가 적재되어 ↙
                있지 않습니다.")
        Exit Sub
    End If
Next

For i = 0 To 5 ······················································ 4
    For k = 0 To 6
        wk야드정렬2(i, k) = wk야드정렬(i, k)
    Next
Next

For i = 0 To selectedCellCount1 - 1 ································ 5
    wkSelectedRowIndex(i) = dgvYard.SelectedCells(i).RowIndex
    wkSelectedColumnIndex(i) = dgvYard.SelectedCells(i).ColumnIndex
Next

'———— selectedRowIndex, selectedColumnIndex 배열 clear 작업
For i = 0 To 29
    selectedRowIndex(i) = 0
    selectedColumnIndex(i) = 0
Next
```

```
For i = 0 To selectedCellCount1 - 1 ··································· 6
   minRowValue = 88
   For k = 0 To selectedCellCount1 - 1
      If wkSelectedRowIndex(k) 〈 minRowValue Then
         minRowValue = wkSelectedRowIndex(k)
         minIndex = k
      End If
   Next
   selectedRowIndex(i) = wkSelectedRowIndex(minIndex)
   selectedColumnIndex(i) = wkSelectedColumnIndex(minIndex)
   wkSelectedRowIndex(minIndex) = 99
   wkSelectedColumnIndex(minIndex) = 99
Next

'---- selected야드세부번호 배열 clear 작업
For i = 0 To 29
   selected야드세부번호(i) = " "
Next

wkOdd = Val(cboBAY번호.Text) Mod 2 ································· 7

For i = 0 To selectedCellCount1 - 1 ······························· 8
   selected야드세부번호(i) = wk야드세부번호(selectedRowIndex(i), ↙
                              selectedColumnIndex(i))

   x = Val(Mid(selected야드세부번호(i), 2, 1))
   y = Val(Mid(selected야드세부번호(i), 1, 1))

   If (Mid(wk야드정렬(x, y), 1, 1) = "4") And wkOdd Then
      MsgBox("40 Feet 컨테이너를 20 Feet BAY 위치에 ↙
                적재할 수 없습니다. ")
      Exit Sub
   End If

   wk야드정렬2(x, y) = "C" ··········································· 9
Next

For k = 1 To 6
   wkCheck = ""

   For i = 1 To 5 ················································· 10
      If (wk야드정렬2(i, k) 〈〉 "C") And (wkCheck = "B") And _
                           (wk야드정렬2(i, k) 〈〉 "") Then
```

```
                MsgBox("작업할 컨테이너 위치가 잘못되었습니다. ")
                Exit Sub
            End If


            If wk야드정렬2(i, k) = "C" Then
                wkCheck = "B"
            End If
        Next
    Next

    If selectedCellCount1 > Ds2.Tables("본선적부공백정보").Rows.Count ↙
                                    Then ················· 11
        MsgBox("본선에 적재할 공간(" & Ds2.Tables("본선적부공백정보") ↙
            .Rows.Count & ")이 부족합니다. 작업할 컨테이너 개수(" & _
            selectedCellCount1 & ")를 확인하세요 ")

        Exit Sub
    End If

    wkOK = "OK"

End Sub

Private Sub 자동적하작업()

    Dim wk적부위치 As String
    Dim wk순번 As String
    Dim wk적하그룹1 As String
    Dim wk적하그룹2 As String
    Dim wk적부위치2 As String
    Dim int순번 As Integer
    Dim intBAY As Integer
    Dim rowIndex1 As Integer
    Dim rowIndex2 As Integer
    Dim x, y As Integer

    For i = 0 To selectedCellCount1 - 1

        '--컨테이너정보 테이블의 적부위치, 적하순번 및 적하그룹 수정 --
        x = Val(Mid(selected야드세부번호(i), 2, 1)) ················· 12
        y = Val(Mid(selected야드세부번호(i), 1, 1))

        Dv1 = New DataView(Ds2.Tables("컨테이너정보"), "", ↙
                "컨테이너번호", DataViewRowState.CurrentRows)
```

```
        rowIndex1 = Dv1.Find(wk야드컨테이너번호(x, y)) ··············· 13

        For k = 0 To Ds2.Tables("적하순번정보").Rows.Count − 1 ········· 14

          If (Ds2.Tables("적하순번정보").Rows(k)("항차") = ↙
             cbo항차.Text) And (Ds2.Tables("적하순번정보").Rows(k) ↙
                       ("BAY번호") = cboBAY번호.Text) Then
              rowIndex2 = k
              Exit For
          End If
        Next

        int순번 = Ds2.Tables("적하순번정보").Rows(rowIndex2) ↙
                              ("최종순번") + 1 ···················· 15

        wk순번 = int순번.ToString("000") ····························· 16

        wk적부위치 = cboBAY번호.Text & wk본선적하Row순번(i) & ↙
                           wk본선적하Tier순번(i) ··············· 17

        Ds2.Tables("컨테이너정보").Rows(rowIndex1)("적부위치") = ↙
                                wk적부위치
        Ds2.Tables("컨테이너정보").Rows(rowIndex1)("적하순번") = _
                       cbo항차.Text & cboBAY번호.Text & wk순번

        wk적부위치2 = Mid(wk적부위치, 1, 2) ·························· 18

        Select Case wk적부위치2 ································ 19
            Case "01", "03"
              wk적하그룹1 = "01 03"
            Case "05", "07"
              wk적하그룹1 = "05 07"
            Case "09", "11"
              wk적하그룹1 = "09 11"
            Case "13", "15"
              wk적하그룹1 = "13 15"
            Case "17", "19"
              wk적하그룹1 = "17 19"
            Case "21", "23"
              wk적하그룹1 = "21 23"
            Case Else
              wk적하그룹1 = wk적부위치2
        End Select
```

```
      If Mid(wk적부위치, 5, 2) < "20" Then ────────────────────────── 20
         wk적하그룹2 = "    HOLD"
      Else
         wk적하그룹2 = "    DECK"
      End If

      Ds2.Tables("컨테이너정보").Rows(rowIndex1)("적하그룹") = ↙
                                wk적하그룹1 & wk적하그룹2

      Adt6.Update(Ds2, "컨테이너정보")

      Ds2.Tables("적하순번정보").Rows(rowIndex2)("최종순번") = int순번
      Adt11.Update(Ds2, "적하순번정보")

      '--본선적부정보의 목적지항과 컨테이너번호 수정--

      For k = 0 To Ds2.Tables("본선적부정보").Rows.Count - 1
         If wk본선적하Tier순번(i) > "80" Then ──────────────────── 21
            If (Ds2.Tables("본선적부정보").Rows(k)("항차") = ↙
                                cbo항차.Text) And _
               (Ds2.Tables("본선적부정보").Rows(k)("BAY번호") = ↙
                                cboBAY번호.Text) And _
               (Ds2.Tables("본선적부정보").Rows(k)("Deck구분") = ↙
                                "2") And _
               (Ds2.Tables("본선적부정보").Rows(k)("Row번호") = ↙
                                wk본선적하Row순번(i)) And _
               (Ds2.Tables("본선적부정보").Rows(k)("Tier번호") = ↙
                                wk본선적하Tier순번(i)) Then
               rowIndex1 = k ──────────────────────────────── 22
               Exit For
            End If
         Else
            If (Ds2.Tables("본선적부정보").Rows(k)("항차") = ↙
                                cbo항차.Text) And _
               (Ds2.Tables("본선적부정보").Rows(k)("BAY번호") = ↙
                                cboBAY번호.Text) And _
               (Ds2.Tables("본선적부정보").Rows(k)("Deck구분") = ↙
                                "1") And _
               (Ds2.Tables("본선적부정보").Rows(k)("Row번호") = ↙
                                wk본선적하Row순번(i)) And _
               (Ds2.Tables("본선적부정보").Rows(k)("Tier번호") = ↙
                                wk본선적하Tier순번(i)) Then

               rowIndex1 = k
               Exit For
```

```
            End If
        End If
    Next

    Ds2.Tables("본선적부정보").Rows(rowIndex1)("구분코드") =  ↙
                            wk구분코드(x, y) ·············· 23
    Ds2.Tables("본선적부정보").Rows(rowIndex1)("목적지항") =  ↙
                            wk목적지항(x, y)
    Ds2.Tables("본선적부정보").Rows(rowIndex1)("컨테이너번호") = ↙
                            wk야드컨테이너번호(x, y)

    Adt7.Update(Ds2, "본선적부정보")

    wkOdd = Val(cboBAY번호.Text) Mod 2 ···················· 24

    If wkOdd Then ··········································· 25
        If (cboBAY번호.Text = "01") Or (cboBAY번호.Text = "05") Or _
        (cboBAY번호.Text = "09") Or (cboBAY번호.Text = "13") Or _
        (cboBAY번호.Text = "17") Or (cboBAY번호.Text = "21") Then

            intBAY = Val(cboBAY번호.Text) + 1
            If intBAY < 10 Then
                wkBAY = "0" & intBAY.ToString
            Else
                wkBAY = intBAY.ToString
            End If

            자동적하_과외처리() ······························ 26
        Else ················································ 27
            intBAY = Val(cboBAY번호.Text) - 1
            If intBAY < 10 Then
                wkBAY = "0" & intBAY.ToString
            Else
                wkBAY = intBAY.ToString
            End If

            자동적하_과외처리()
        End If
    End If

    If Not wkOdd Then ······································ 28
        intBAY = Val(cboBAY번호.Text) - 1
```

```
            If intBAY < 10 Then ···································································· 29
                wkBAY = "0" & intBAY.ToString
            Else
                wkBAY = intBAY.ToString
            End If

            자동적하_과외처리()

            intBAY = Val(cboBAY번호.Text) + 1
            If intBAY < 10 Then
                wkBAY = "0" & intBAY.ToString
            Else
                wkBAY = intBAY.ToString
            End If

            자동적하_과외처리()


        End If
    Next
End Sub


Private Sub 자동적하_과외처리()

    Dim rowIndex2 As Integer

    For k = 0 To Ds2.Tables("본선적부정보").Rows.Count - 1
        If wk본선적하Tier순번(i) > "80" Then
            If (Ds2.Tables("본선적부정보").Rows(k)("항차") = _
                                    cbo항차.Text) And _
                (Ds2.Tables("본선적부정보").Rows(k)("BAY번호") = _
                                    wkBAY) And _
                (Ds2.Tables("본선적부정보").Rows(k)("Deck구분") = "2") And _
                (Ds2.Tables("본선적부정보").Rows(k)("Row번호") = _
                                    wk본선적하Row순번(i)) And _
                (Ds2.Tables("본선적부정보").Rows(k)("Tier번호") = _
                                    wk본선적하Tier순번(i)) Then

                rowIndex2 = k
                Exit For
            End If
        Else
            If (Ds2.Tables("본선적부정보").Rows(k)("항차") = _
                                    cbo항차.Text) And _
                (Ds2.Tables("본선적부정보").Rows(k)("BAY번호") = _
                                    wkBAY) And _
```

```
                (Ds2.Tables("본선적부정보").Rows(k)("Deck구분") = "1") And _
                (Ds2.Tables("본선적부정보").Rows(k)("Row번호") = ↙
                            wk본선적하Row순번(i)) And _
                (Ds2.Tables("본선적부정보").Rows(k)("Tier번호") = ↙
                            wk본선적하Tier순번(i)) Then


            rowIndex2 = k
            Exit For
        End If
    End If
Next

Ds2.Tables("본선적부정보").Rows(rowIndex2)("목적지항") = "X"
                                                ............................ 30
Adt7.Update(Ds2, "본선적부정보")

End Sub
```

〈해설〉

1. 자동적하DataCheck() 프로시저를 수행하고 나서 데이터 오류가 없는 경우 wkOK의 값이 "OK"이다.

2. dgvYard DataGridView에서 선택된 셀의 건수를 변수에 저장한다.

3. dgvYard DataGridView에서 선택된 셀의 값이 10보다 작은 경우 즉, 공백인 경우에 오류 메시지를 출력한다.

4. wk야드정렬() 배열 내역을 wk야드정렬2() 배열에 복사한다.

5. dgvYard DataGridView의 선택된 모든 셀에 대해 RowIndex 및 ColumnIndex를 저장한다.

6. dgvYard DataGridView의 선택된 모든 셀에 대해 선택 순서를 높이(RowIndex)에 맞게 재정리 한다. 선택된 순서 기준으로 데이터를 저장하면 높이가 역전되는 경우가 있기 때문에 필요한 로직이다.

7. BAY번호를 2로 나누어 그 나머지로써 홀수 및 짝수 BAY인지를 구분한다.

8. dgvYard DataGridView의 선택된 모든 셀에 대해 다음을 수행한다.
   - 선택된 셀의 야드세부번호의 첫째 바이트를 y, 둘째 바이트를 x로 한다.
   - wk야드정렬(x, y)의 첫 번째 바이트가 "4"이고(즉, 40feet 컨테이너) BAY번호 콤보상자의 값이 홀수이면 "40 feet 컨테이너를 20 feet BAY 위치에 적재할 수 없습니다."

라는 메시지를 출력하고 프로시저를 종료한다.

9. wk야드정렬2(x, y)에 "C"를 옮긴다. 이는 해당 셀을 선택하였다는 표시를 하는 것이다.

10. wk야드정렬2(x, y) 배열을 이용하여 작업할 컨테이너 위치가 정확한지를 체크한다. 즉, 셀의 아래 단(Tier)에서부터 체크하여 아래 단은 작업할 물량으로 체크되어 있는데 위의 단이 체크되어 있지 않으면 오류이다.

11. 선택된 셀의 건수(야드의 해당 BAY에서 본선으로 적재할 물량)가 본선적부공백정보의 레코드 건수(본선의 해당 BAY에서 적재할 빈 공간)보다 크면 오류 메시지를 출력하고 프로시저를 종료한다.

12. 선택된 셀의 야드세부번호의 첫째 바이트를 y, 둘째 바이트를 x로 한다.

13. 컨테이너정보 테이블에서 wk야드컨테이너번호(x, y)와 같은 레코드(rowIndex1)를 찾는다.

14. 적하순번정보 테이블을 읽어서 항차와 BAY번호가 폼의 항차와 BAY번호 콤보상자가 같은 레코드(rowIndex2)를 찾는다.

15. 적하순번정보 테이블의 레코드(rowIndex2)에서 최종순번을 1 증가시켜 새로운 최종순번(int순번)을 만든다.

16. integer로 지정된 int순번을 문자열 순번(wk순번)으로 바꾼다. 이는 컨테이너정보 테이블의 적하순번 필드를 생성하기 위해서이다.

17. BAY번호 콤보상자, wk본선적하Row순번 및 wk본선적하Tier순번을 합쳐서 wk적부위치를 생성한다.

18. wk적부위치의 처음 2바이트는 BAY번호(wk적부위치2)이다.

19. 적하그룹은 적하그룹1과 적하그룹2로 이루어져 있다. wk적부위치2에서 적하그룹1 값을 이끌어낸다. 적하그룹1은 홀수 BAY인 경우 "01 03", "05 07", "09 11", "13 15", "17 19", "21 23" 등이고, 짝수 BAY인 경우는 "02" ~ "22"이다.

20. 적하그룹2는 " HOLD" 및 " DECK"이다. wk적부위치의 5번째에서 2바이트가 "20"보다 작으면(8, 6, 4, 2인 경우) 적하그룹2를 "HOLD"로 지정하고, 아니면 "DECK"로 지정한다.

21. wk본선적하Tier순번이 "80"보다 큰 경우는 Deck구분이 "2" 즉, DECK 데이터이고, 아니면 Deck구분이 "1" 즉, HOLD 데이터이다.

22. 폼의 항차, BAY번호 및 Deck구분, Row번호, Tier번호에 맞는 rowIndex1을 찾는다. 이 인덱스를 이용하여 23에서 본선적부정보 테이블의 구분코드, 목적지항 및 컨테이너번호를 수정한다.

23. wk구분코드() 배열에 저장된 내역을 본선적부정보 테이블의 구분코드에 옮긴다.

24. BAY번호를 2로 나눈 나머지를 구해서 짝수 및 홀수 BAY를 찾는다.

25. BAY번호는 짝수는 40피트, 홀수는 20피트 컨테이너를 저재하고, 그 번호는 짝홀수가 쌍으로 이루어져 있다. 예를 들어 02(01, 03), 06(05, 07), 10(09, 11), 14(13, 15), 18(17, 19), 22(21, 23) 등으로 이루어져 있다. BAY번호가 "01", "05", "09", "13", "17", "21"인 경우는 그 번호를 +1하여 해당 짝을 찾아서 자동적하_과외처리() 프로시저를 수행한다.

26. 자동적하_과외처리() 프로시저는 선박의 BAY번호가 짝수 및 홀수로 한 쌍으로 이루어져 있기 때문에 예를 들어, 짝수 BAY에 40피트 컨테이너를 적재하였으면, 그에 상응하는 두 군데의 홀수 BAY에는 20피트를 적재하지 못하도록 하고, 반대로 홀수 BAY에 20피트 컨테이너를 적재하였으면, 그에 상응하는 짝수 BAY에는 40피트를 적재하지 못하도록 하는 것이다. 따라서 본선적부정보 테이블에서 적재할 수 없는 레코드 (rowIndex2)의 목적지항에 "X"를 옮기고 수정하는 로직이다.

27. BAY번호가 "03", "07", "11", "15", "19", "23"인 경우는 그 번호를 -1하여 해당 짝을 찾아서 자동적하_과외처리() 프로시저를 수행한다.

28. BAY번호가 "02", "06", "10", "14", "18", "22"인 경우는 그 번호를 +1 및 -1하여 두 개의 해당 짝을 찾아서 각각 자동적하_과외처리() 프로시저를 수행한다.

29. BAY번호가 10보다 작은 경우 예를 들어 2인 경우 "02"의 스트링 형식으로 변환한다.

30. 본선적부정보 테이블을 읽어서 항차, BAY번호, Deck구분, Row번호 및 Tier번호가 같은 레코드가 있으면 목적지항에 "X"를 옮기고 본선적부정보 테이블을 Update한다.

13.2 본선 적하 리스트 출력 프로그램 작성

[본선 적하 리스트] 보고서 작성 순서는 보고서 원본 생성 및 데이터 원본 연결, 연결된 데이터 원본을 이용한 본선 적하 리스트 보고서 작성, 크리스탈 뷰어를 이용한 보고서 출력 폼 작성 등의 순으로 이루어진다. 실습에 필요한 데이터베이스는 [양적하관리.bak] 데이터베이스를 복원하여 사용하고, [양적하관리] 데이터베이스의 [컨테이너정보] 및 [모선코드정보] 테이블을 이용한다. 이 프로그램 실습으로 알게 되는 요소 기술은 다음과 같다. 크리스탈 레포트에 관한 세부적인 내용은 5.1을 참고한다.

- 크리스탈 레포트를 이용한 보고서 프로그래밍 기술
- 그룹 지정 및 수식 추가 기술
- 크리스탈 레포트 뷰어에서 특정 내용을 선택해서 출력하는 기술

<table>
<tr><td colspan="3" align="center"><h2>프로그램 명세서</h2></td></tr>
<tr><td>작성자 : 김 진 수</td><td>승인자 :</td><td>버　전 : 1.0</td></tr>
<tr><td>작성일 : 2009. 05. 15</td><td>승인일 :</td><td>페이지 : 1/2</td></tr>
</table>

프로그램명	본선 적하 리스트 출력

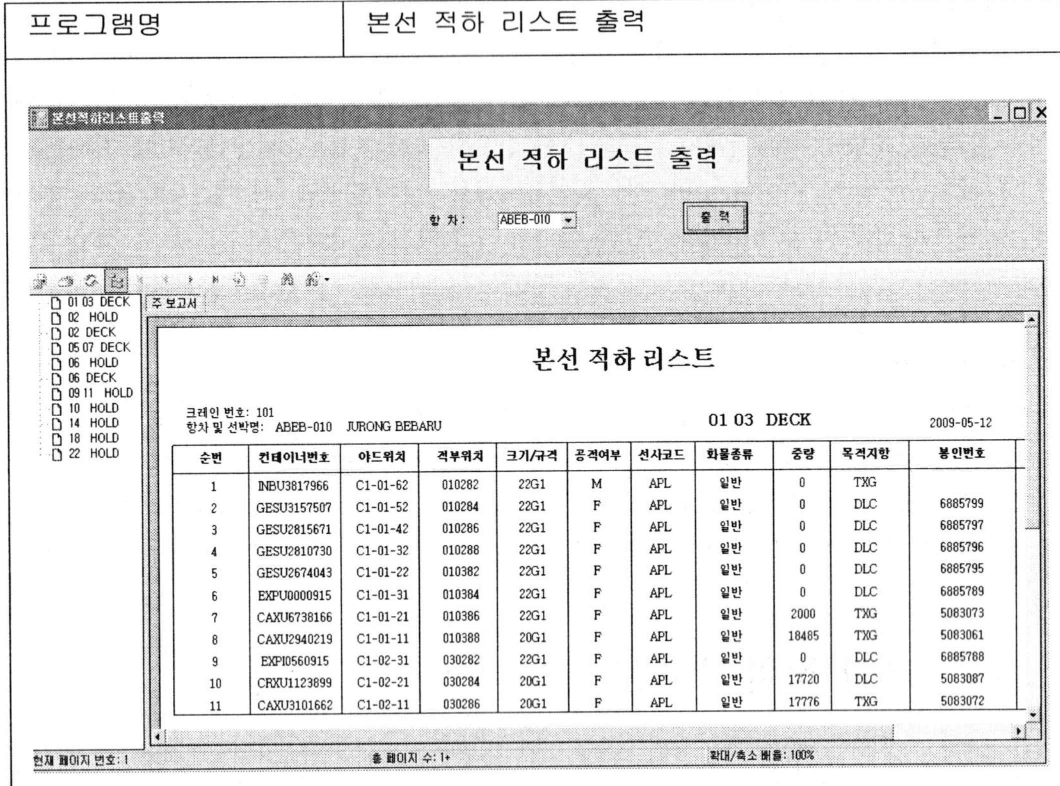

순번	컨테이너번호	야드위치	적부위치	크기/규격	공적여부	선사코드	화물종류	중량	목적지항	봉인번호
1	INBU3817966	C1-01-62	010282	22G1	M	APL	일반	0	TXG	
2	GESU3157507	C1-01-52	010284	22G1	F	APL	일반	0	DLC	6885799
3	GESU2815671	C1-01-42	010286	22G1	F	APL	일반	0	DLC	6885797
4	GESU2810730	C1-01-32	010288	22G1	F	APL	일반	0	DLC	6885796
5	GESU2674043	C1-01-22	010382	22G1	F	APL	일반	0	DLC	6885795
6	EXPU0000915	C1-01-31	010384	22G1	F	APL	일반	0	DLC	6885789
7	CAXU6738166	C1-01-21	010386	22G1	F	APL	일반	2000	TXG	5083073
8	CAXU2940219	C1-01-11	010388	20G1	F	APL	일반	18485	TXG	5083061
9	EXPI0560915	C1-02-31	030282	22G1	F	APL	일반	0	DLC	6885768
10	CRXU1123899	C1-02-21	030284	20G1	F	APL	일반	17720	DLC	5083087
11	CAXU3101662	C1-02-11	030286	20G1	F	APL	일반	17776	TXG	5083072

* 프로그램 개요
 - 본선 적하 리스트(보고서)는 본선 적하 리스트 출력 프로그램(크리스탈 레포트 뷰
   어 폼)을 통해서 출력된다.
 - 본선 적하 리스트 출력 프로그램에서 출력하고자 하는 항차를 선택한 뒤 [출력] 명
   령 단추를 누르면 그에 해당하는 본선 적하 리스트를 출력할 수 있다.
 - 본선 적하 리스트는 항차별, BAY번호별 순번, 컨테이너 번호, 야드 위치, 적부 위치,
   크기/규격, 공적 여부, 선사 코드, 화물 종류, 중량, 목적지항, 봉인번호 등의 본선
   적하 내역을 출력한다.

<table>
<tr><td colspan="3" align="center">프로그램 명세서</td></tr>
<tr><td>작성자 : 김 진 수</td><td>승인자 :</td><td>버 전 : 1.0</td></tr>
<tr><td>작성일 : 2009. 05. 15</td><td>승인일 :</td><td>페이지 : 2/2</td></tr>
</table>

프로그램명	본선 적하 리스트 출력

1. 본선적하리스트출력_Load()
   - 양적하관리 데이터베이스를 연결하여 연다.
   - Ds1 DataSet에 컨테이너정보 데이터 테이블을 초기 생성한다.
   - 테이블 전체 데이터를 대상으로 Ds1 DataSet에 모선코드정보 데이터 테이블을 생성한다.
   - 항차LIst 테이블을 생성하여 항차 콤보상자의 목록을 채운다.

2. btn출력_Click()
   - 폼의 항차 콤보상자에 입력된 값이 "A"보다 크면 본선적부출력정보Proc() 프로시저를 수행하고, 아니면 "출력하고자 하는 항차를 선택하세요"라는 메시지를 출력한다.

3. 본선적부출력정보Proc()
   - 컨테이너정보 데이터 테이블의 내역을 지운다.
   - SQL = "SELECT * FROM 컨테이너정보 WHERE 항차 = '" & _
     cbo항차.Text & "' AND 적하순번 > 'A' ORDER BY 적하그룹, 적하순번"
   - 위의 SQL문을 이용하여 Ds1 DataSet에 컨테이너정보 테이블을 생성한다.
   - 본선적하리스트(보고서)를 rpt로 선언한다.
   - Ds1 DataSet을 rpt의 SetDataSource 메소드를 이용하여 연결시킨다. 참고로 Ds1 DataSet에는 컨테이너정보 및 모선코드정보 테이블이 포함되어 있다.
   - rpt를 CrystalReportViewer1의 ReportSource 속성에 지정한다.

4. btn메인_Click()
   - 폼을 닫는다.

* 본선 적하 리스트(보고서)를 생성하는 방법은 13.2.3을 참고한다.

13.2.1 보고서 원본 생성 및 데이터 원본 연결

보고서 프로그램은 윈도우 폼 프로그램 작성 방법 중에서 각 필드를 바인딩하는 방법과 유사하다. 각 필드를 데이터베이스 테이블 또는 뷰에 바인딩하기 위해서는 데이터 원본 연결 작업이 선행되어야 한다. 그런 다음에 이 데이터 원본과 보고서 원본을 연결하여 프로그램을 작성한다.

① 13.1에서 실습한 [양적하관리] 프로젝트를 그대로 이용한다. 솔루션 탐색기에서 [양적하관리] 프로젝트를 선택하고 우측 마우스 단추를 눌러 단축 메뉴를 표시한다. 새 항목 (Crystal Report)을 추가하여 이름을 [본선적하리스트.rpt]로 한다.

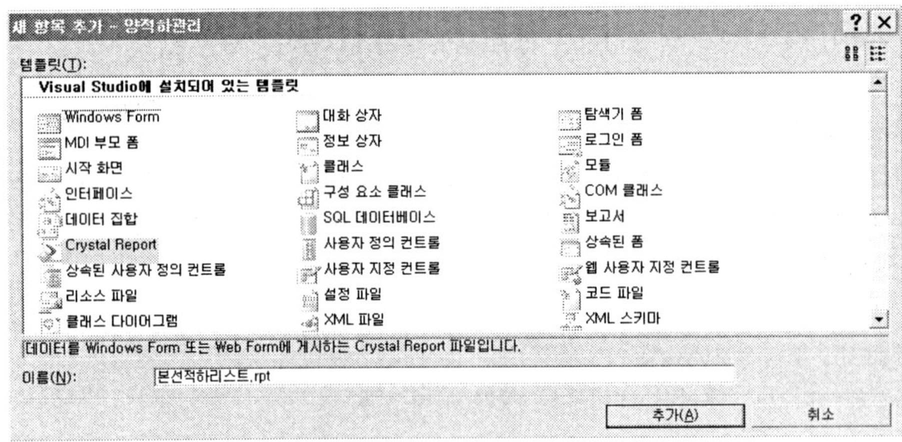

② [Crystal Report 갤러리] 창에서 [빈 보고서 사용]을 선택하고 [확인] 단추를 누른다. [보고서 마법사 사용]은 크로스탭, 우편 레이블 등을 작성할 때 사용하면 편리하다.

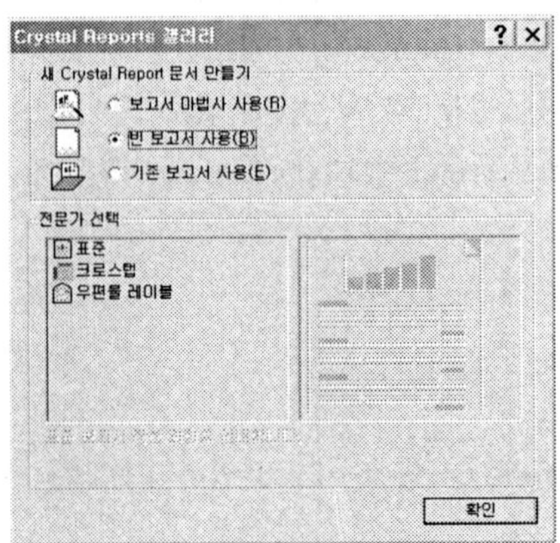

[본선적하리스트.rpt] 빈 보고서가 나타나고, 솔루션 탐색기에 [본선적하리스트.rpt]가
생긴다. 이로써 보고서 원본은 생성되었다.

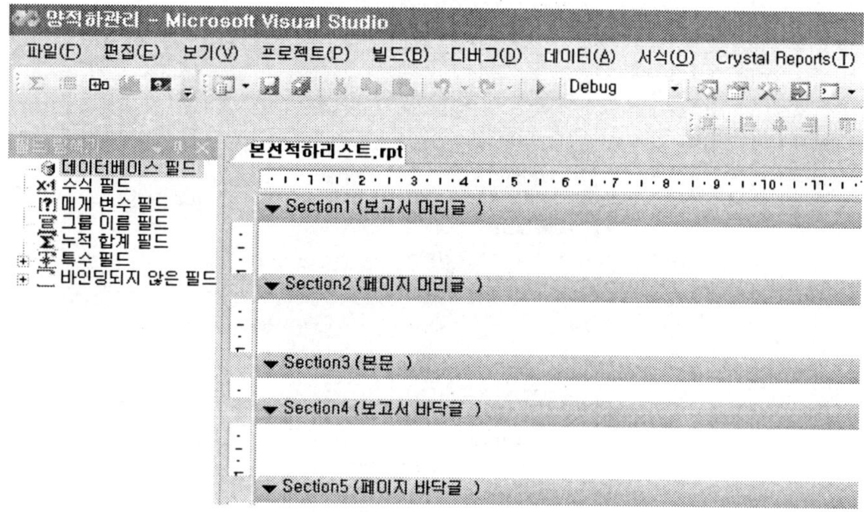

③ 데이터 원본을 생성하기 위한 사전 작업으로 [양적하관리] 프로젝트를 선택하고 우측
마우스 단추를 눌러 단축 메뉴를 표시한다. 새 항목(데이터 집합)을 추가하여 이름을
[Ds본선적부리스트정보.xsd]로 하고 추가 단추를 누른다.

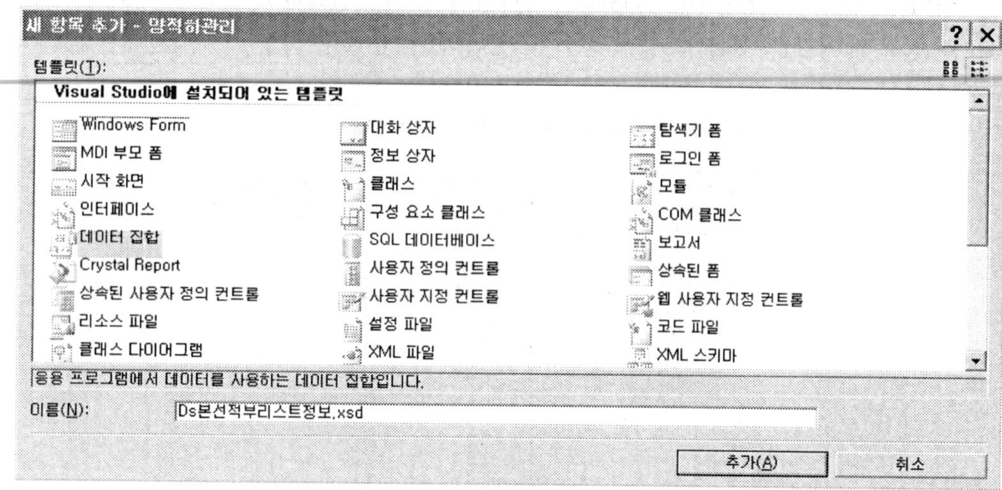

빈 xsd가 생성되면 서버 탐색기의 단축 단추에서 [데이터 연결/연결 추가]를 누르고
서버 이름을 실습하는 컴퓨터의 데이터베이스 서버 이름(예를 들어, KJS), 데이터베이
스 이름은 [양적하관리]를 입력하고 확인 단추를 누른다. 단, 데이터 연결에 [양적하관

리] 데이터베이스가 이미 연결되어 있으면 이러한 절차는 필요가 없다.

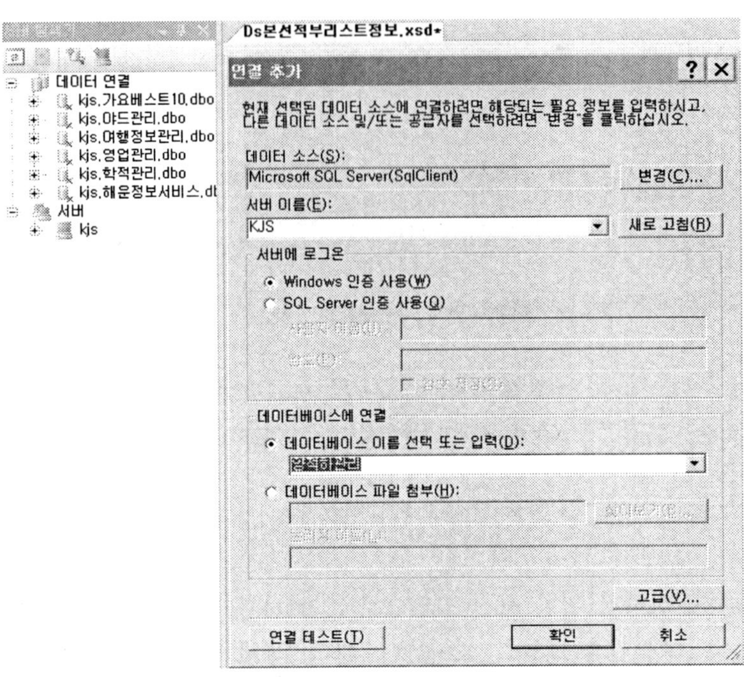

서버 탐색기에서 [양적하관리.dbo] 데이터베이스를 선택하고 컨테이너정보와 모선코
드정보 테이블을 다음 화면과 같이 xsd 폼에 가져온다.

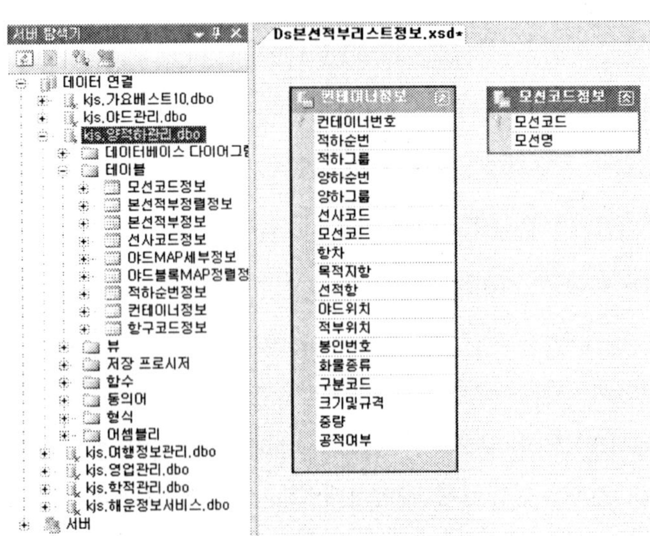

④ 데이터 원본을 연결하기 위해 메뉴의 Crystal Reports에서 [데이터베이스/데이터베이스 전문가]를 선택한다. 또는 [필드 탐색기]에서 [데이터베이스/데이터베이스 전문가]를 선택한다. Crystal Reports 메뉴가 잘 나타나지 않으면 보고서(rpt)의 빈 공간을 누르면 된다.

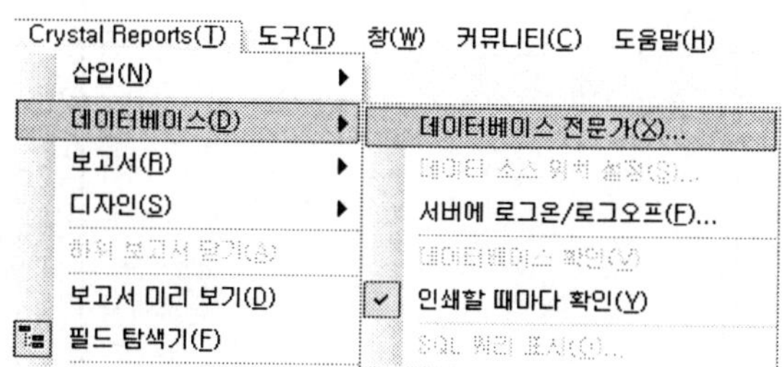

데이터베이스 전문가 창에서 [프로젝트 데이터/ADO.NET 데이터 집합]에서 [양적하관리.Ds본선적부리스트정보]를 선택하고 ">>" 단추를 이용하여 선택한 테이블로 이동한다. ADO.NET 데이터 집합의 내용이 잘 나타나지 않으면 단축 메뉴의 새로 고침을 하면 된다.

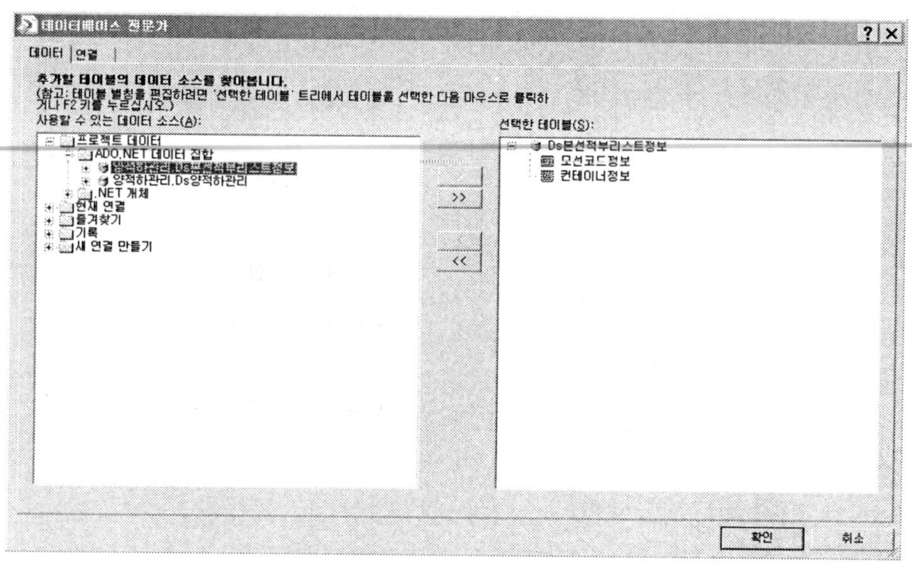

데이터베이스 전문가 창의 연결 탭에서 보고서에 추가한 테이블들을 연결한다. 즉, 컨테이너정보 테이블의 모선코드와 모선코드정보 테이블의 모선코드를 연결하고 확인 단추를 누른다.

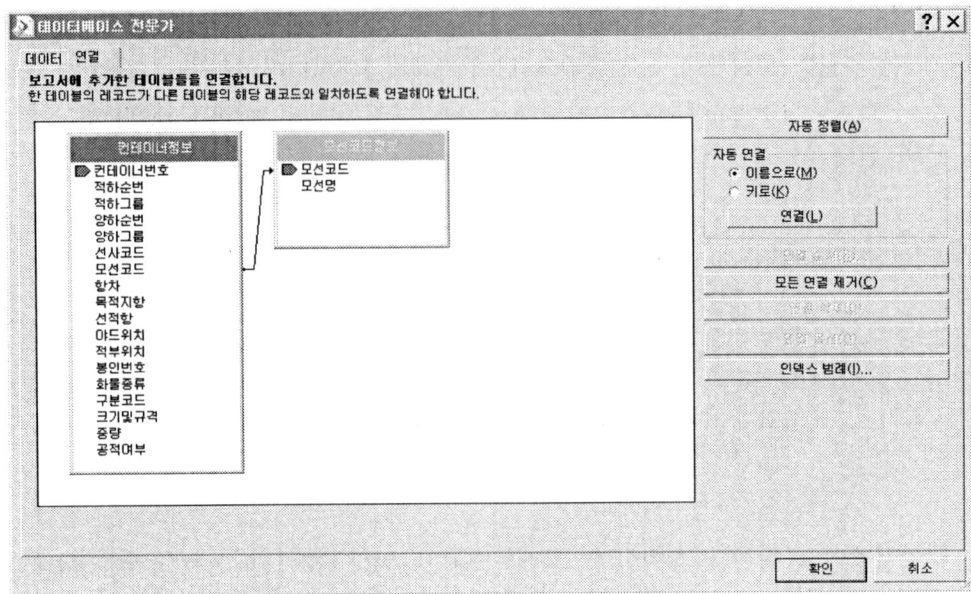

⑤ 데이터 원본이 제대로 연결되었는가의 여부는 [필드 탐색기]의 [데이터베이스 필드]에
  서 확인한다.

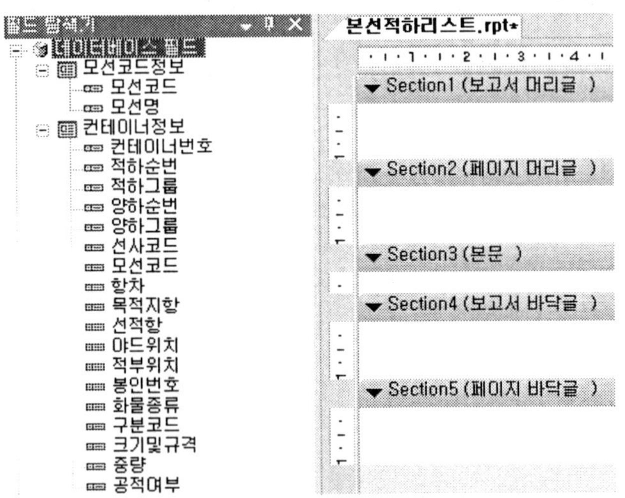

⑥ 데이터베이스의 소스 위치를 바꾸려면 보고서 디자인 화면의 빈 공간에서 우측 마우스
  단추를 눌러 단축 메뉴가 나오게 한다. 이 단축 메뉴에서 [데이터베이스/데이터 소스
  위치 설정]을 선택한다. 그리고 [데이터 소스 위치 설정] 창에서 [바꿀 데이터 소스]를
  다시 선택하고 업데이트 단추를 누르면 된다.

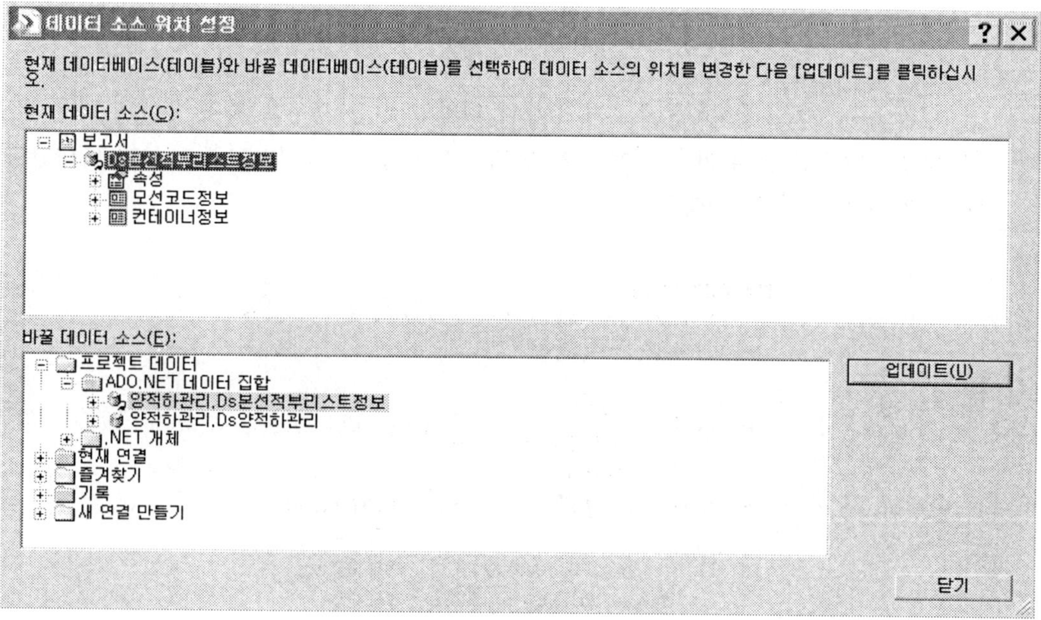

13.2.2 본선 적하 리스트 작성

다음 그림은 우리가 작성할 [본선 적하 리스트]의 크리스탈 레포트 디자이너 화면이다. 디자이너에서 보는 내역과 실제 뷰어를 통해서 실행되었을 경우에 보이는 보고서의 모습에는 다소 차이가 있다.

① 크리스탈 레포트 보고서의 디자인 작업을 수행하기 전에 보고서 디자인에 대한 기본 설정을 해두면 편리하다. 필드들에 대한 설정과 데이터베이스의 표현 형태에 대한 설정, 글꼴 등을 미리 설정해둠으로써 추후의 디자인 편집 과정을 줄일 수 있다. [본선적하리스트] 디자인 폼의 빈 공간에 오른쪽 마우스 단추를 누르면 단축 메뉴가 나타난다. [디자인/기본 설정]을 선택한다.

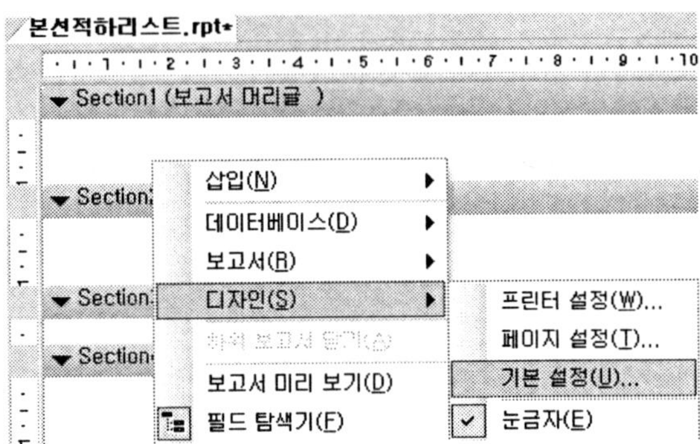

[옵션] 창에서 [데이터베이스] 탭을 선택한 뒤 설정의 내역을 확인한다. 저장 프로시저를 사용할 경우 [저장 프로시저(P)]를 체크한다.

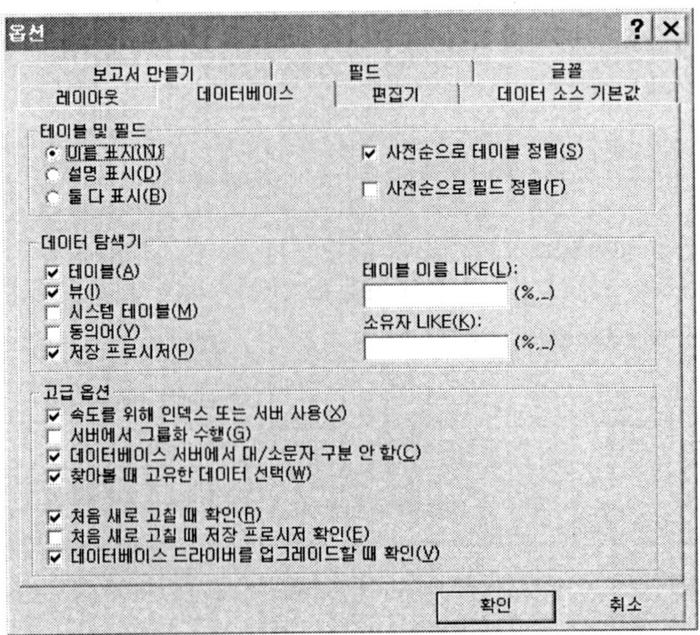

필드, 글꼴 등에 대한 내역도 하니하니 확인하도록 한다.

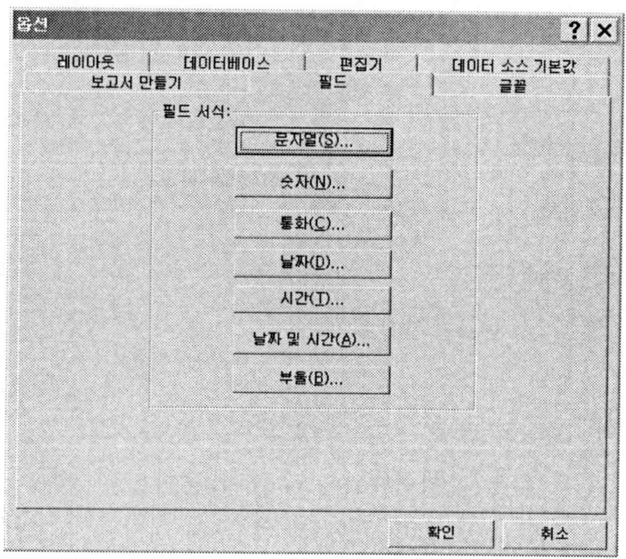

② 데이터베이스와 연결되는 필드를 디자인하기 위해 [필드 탐색기]의 [데이터베이스 필드]의 해당 필드를 본문에 가져온다. 본문의 필드 중간에 선은 표 모양으로 출력하기 위해 그려 넣은 것이다. 순번 필드에 대한 내역은 ⑤에서 자세하게 기술한다.

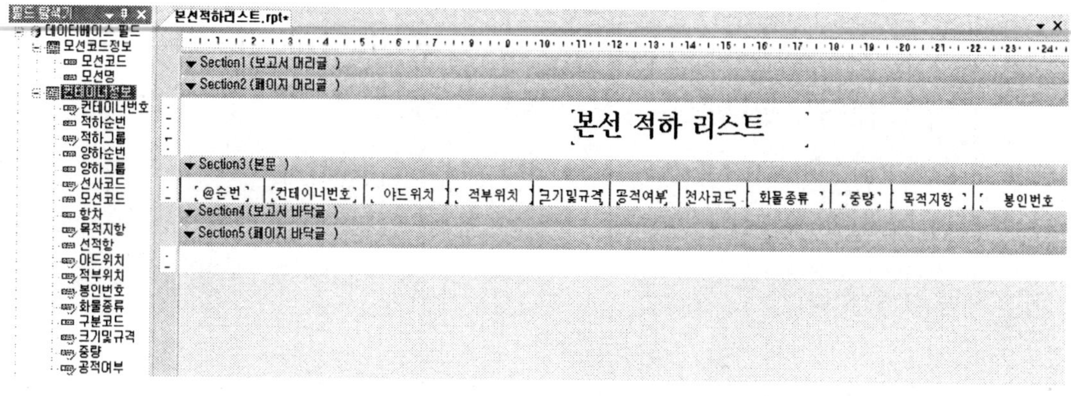

③ 그룹 이름 필드는 보고서 섹션에 나타난 필드들에 대한 요약된 값을 기준으로 그룹화한다. 그리고 이러한 요약 값에 대해 정렬을 지원한다. 그룹 이름 필드를 추가하기 위해 [필드 탐색기]의 [그룹 이름 필드/그룹 삽입]을 선택한다. [그룹 삽입] 창의 일반 탭에서 보고서가 인쇄될 때 정렬되는 필드명(적하그룹), 정렬 순서(오름차순)를 지정

하고 [확인] 단추를 누른다.

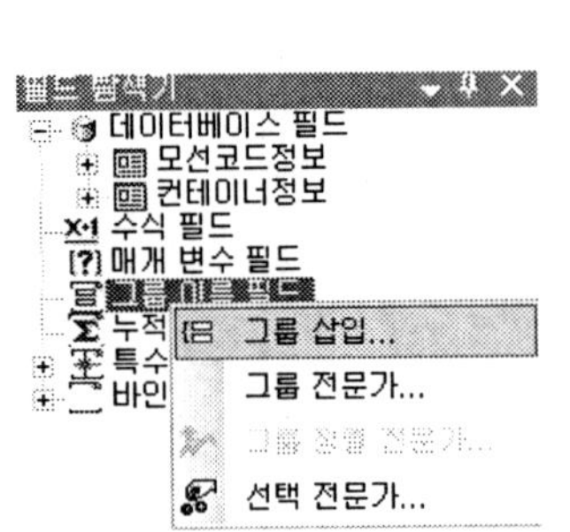

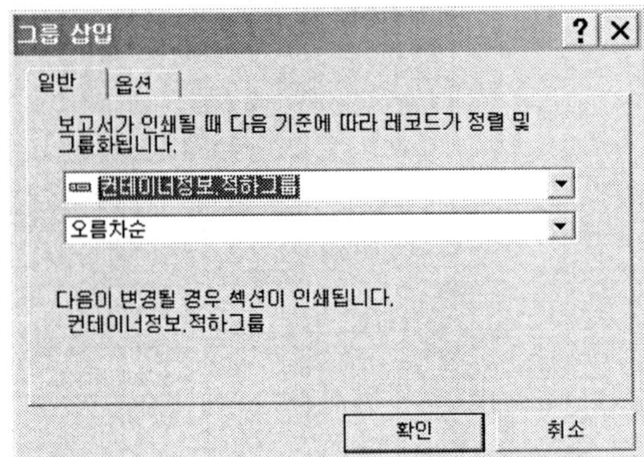

④ [본선적하리스트] 디자이너 화면에 [GroupHeaderSection1(그룹 머리글 #1:컨테이너 정보.적하그룹 – A]와 [GroupFooterSection1(그룹 바닥글 #1:컨테이너정보.적하그룹 – A)]가 생기고, 그 내역으로서는 [그룹 #1 이름]이 나타난 것으로 적하그룹별 그룹 이 지정되었다.

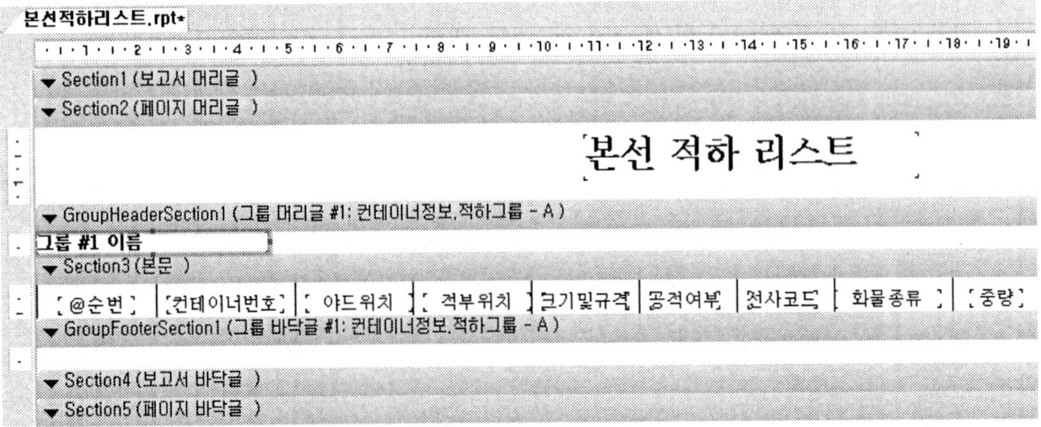

데이터 머리글을 그룹별로 나타나게 하기 위해서 데이터 머리글(필드명)을 그룹 머리 글에 지정한다. 또한 필드 탐색기의 데이터베이스 필드에서 항차 및 모선명을 그룹 머 리글에 가져오고, 특수 필드에서 인쇄 날짜를 가져온다.

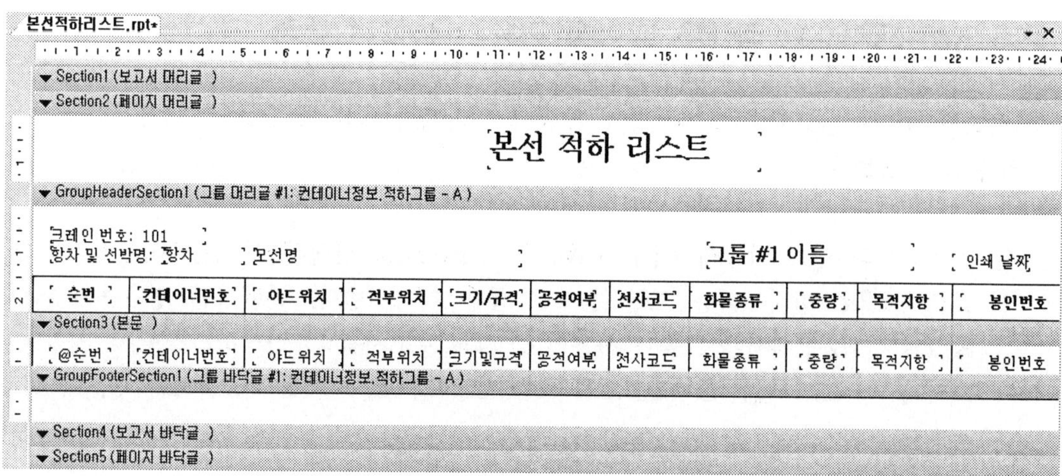

⑤ 순번 필드는 필드 탐색기의 수식 필드를 이용하여 만든다. 수식 필드에서는 SUM, AVERAGE 등의 함수를 이용하여 수식을 쉽게 만들 수 있고 로직을 직접적으로 입력할 수도 있다. 수식 필드의 단축 메뉴에서 [새로 만들기]를 선택하면 다음과 같은 [수식 이름] 창이 나온다. 이름은 [순번]으로 입력하고 [편집기 사용] 단추를 누른다. 수식 편집기에서 다음과 같은 순번에 대한 로직을 입력한다.

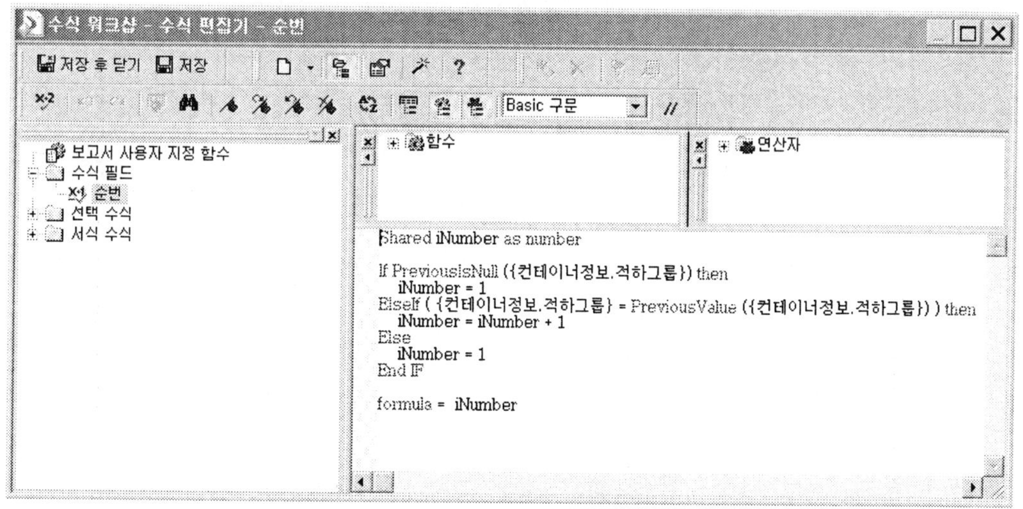

13.2.3 크리스탈 레포트 뷰어를 이용한 보고서 출력

보고서 작성이 완료되면 그 내용(rpt 파일)을 출력하기 위해 크리스탈 뷰어를 이용한 윈도우 폼을 작성한다.

① 프로젝트의 단축 메뉴에서 [추가/Windows Form]을 선택하고, 이름은 [본선적하리스트출력.vb]로 한다. 다음 표를 참고로 폼을 디자인한다. 일반적인 경우는 [Crystal Report 선택] 창에서 컨트롤에 사용할 Crystal 보고서를 [본선적하리스트]로 지정한다. 그러나 이 프로그램은 Crystal 보고서를 프로그램 로직 안에서 연결하기 때문에 이 과정은 필요가 없다.

컨트롤	Name	Text	비 고
Form	본선적하리스트출력	본선적하리스트출력	
Label	Label1	본선 적하 리스트 출력	Font : 굴림32pt
ComboBox	cbo항차		
Button	btn출력	출 력	
CrystalReport Viewer	CrystalReport Viewer1		

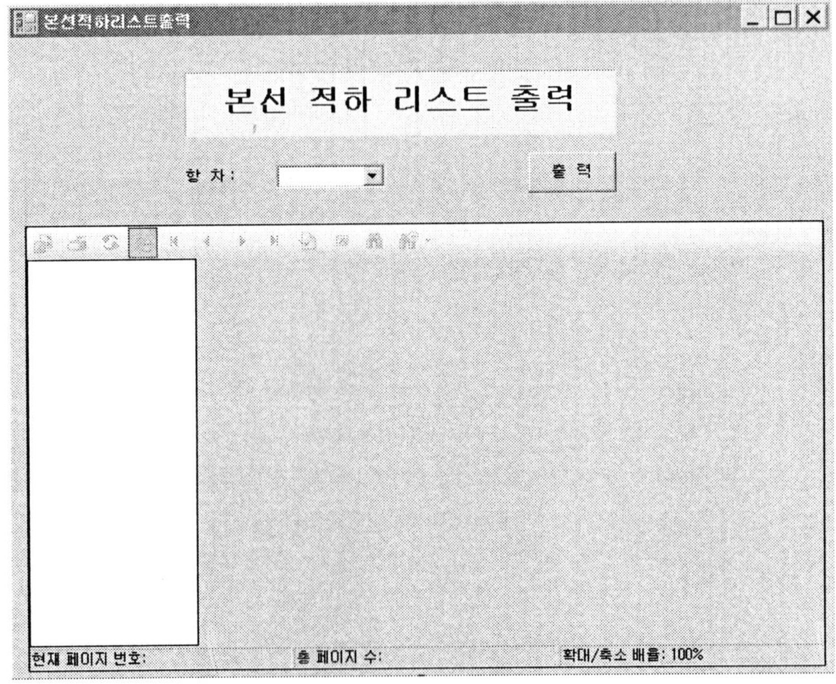

② 프로그램에 imports해야 할 네임스페이스와 본선적하리스트출력 폼에 사용될 기본 개
체를 설정하고, 폼의 빈곳에 더블 클릭하여 본선적하리스트출력_Load 로직을 작성한
다.

리스트 13-6

```
Imports System.Data
Imports System.Data.SqlClient
Imports System.IO

Public Class 본선적하리스트출력

 Protected Conn As New SqlConnection()
 Protected Ds1 As New DataSet
 Protected Ds2 As New DataSet
 Protected Adt1 As New SqlDataAdapter()
 Protected Adt2 As New SqlDataAdapter()
 Protected Adt3 As New SqlDataAdapter()
 Protected Cmd As SqlCommand
 Protected SQL As String = ""

 Private Sub 본선적하리스트출력_Load(ByVal sender As Object, ↙
               ByVal e As System.EventArgs) Handles Me.Load

   Try
       Conn.ConnectionString = "SERVER=KJS;UID=sa;PWD=kjs; ↙
                       DATABASE=양적하관리"

       SQL = "SELECT * FROM 컨테이너정보 WHERE 항차 = 'A'"
       Adt1 = New SqlDataAdapter(SQL, Conn)
       Adt1.Fill(Ds1, "컨테이너정보") ----------------------------------1

       SQL = "SELECT * FROM 모선코드정보"
       Adt2 = New SqlDataAdapter(SQL, Conn)
       Adt2.Fill(Ds1, "모선코드정보") ----------------------------------2

       Adt3 = New SqlDataAdapter("Select distinct 항차 from ↙
               컨테이너정보 order by 항차", Conn)
       Adt3.Fill(Ds2, "항차List") ------------------------------------3

       cbo항차.DataSource = Ds2.Tables("항차List")
       cbo항차.DisplayMember = "항차"
```

```
      If wk항차 > "A" Then ···································································· 4
          cbo항차.Text = wk항차
          wk항차 = " "
      End If

   Catch ErrSQL As SqlException
      Dim colErrors As SqlErrorCollection = ErrSQL.Errors
      Dim i As Integer
      For i = 0 To colErrors.Count
          MessageBox.Show("오류 번호 : " & ErrSQL.Number & "[" & _
          ErrSQL.Source & "]" & ControlChars.CrLf & "오류 내역 : " & _
          ErrSQL.Message & ControlChars.CrLf & "오류 행번호 : " & _
          ErrSQL.StackTrace, "오류 메시지" & "(" & i + 1 & ")")
      Next
   End Try

End Sub

Private Sub btn메인_Click(ByVal sender As System.Object, ByVal e ↙
             As System.EventArgs) ···································································· 5

   Me.Close()

End Sub
```

〈해설〉

1. 컨테이너정보 테이블을 공백으로 초기 생성한다. 이렇게 이름만을 생성하는 이유는 리스트 13-7의 본선적부출력정보Proc() 프로시저에서 컨테이너정보 테이블의 내역을 먼저 지우고 새롭게 생성하는 알고리즘을 구현하기 위해서이다.
2. 모선코드정보 테이블을 생성하고 리스트 13-7의 본선적부출력정보Proc() 프로시저에서 보고서와 연결한다.
3. 항차List 테이블을 생성하고, 그 내역으로 항차 콤보상자의 목록을 생성한다.
4. wk항차는 모듈에 Public으로 지정된 전역 변수이고, 다른 프로그램에서 연결될 때는 그 값이 "A"보다 크다.
5. [메인] 명령 단추를 누르면 이전 화면으로 되돌아간다.

③ 디자인 폼에서 [출력] 명령 단추를 더블 클릭하여 cbo항차의 조건에 맞는 내역을 검색하여 CrystalReportViewer에 출력하는 로직을 작성하자.

리스트 **13-7**

```
Private Sub btn출력_Click(ByVal sender As System.Object, ByVal e ↙
            As System.EventArgs) Handles btn출력.Click

  If cbo항차.Text 〉 "A" Then ················································································ 1
      본선적부출력정보Proc()
  Else
      MsgBox("출력하고자 하는 항차를 선택하세요 ")
  End If

End Sub

Private Sub 본선적부출력정보Proc()

  Ds1.Tables("컨테이너정보").Clear()

  SQL = "SELECT * FROM 컨테이너정보 WHERE 항차 = '" & _
    cbo항차.Text & "' AND 적하순번 〉 'A' ORDER BY 적하그룹, 적하순번"

  Adt1 = New SqlDataAdapter(SQL, Conn)
  Adt1.Fill(Ds1, "컨테이너정보") ······································································ 2

  Dim rpt As New 본선적하리스트

  rpt.SetDataSource(Ds1) ················································································ 3
  CrystalReportViewer1.ReportSource = rpt ······················································ 4

End Sub
End Class
```

〈해설〉

1. 폼의 항차 콤보상자에 입력된 값이 "A"보다 크면 본선적부출력정보Proc() 프로시저를 수행한다.

2. 폼의 항차 콤보상자에 입력된 값과 적하순번을 기준으로 하여 Ds1 DataSet에 컨테이너 정보 테이블을 생성한다.

3. Ds1 DataSet을 rpt의 SetDataSource 메소드를 이용하여 연결시킨다. 참고로 Ds1 DataSet에는 컨테이너정보 및 모선코드정보 테이블이 포함되어 있다.

4. rpt를 CrystalReportViewer1의 ReportSource 속성에 지정한다.

제14장

본선 적부도 프로그램 작성

14.1 본선 적부도 조회 프로그램 작성

실습에 필요한 데이터베이스는 [양적하관리.bak] 데이터베이스를 복원하여 사용하고, [양적하관리] 데이터베이스의 [본선적부정보], [적하순번정보] 및 [본선적부정렬정보] 테이블을 이용한다.

프로그램 명세서		
작성자 : 김 진 수	승인자 :	버 전 : 1.0
작성일 : 2009. 06. 22	승인일 :	페이지 : 1/7

프로그램명	본선 적부도 조회

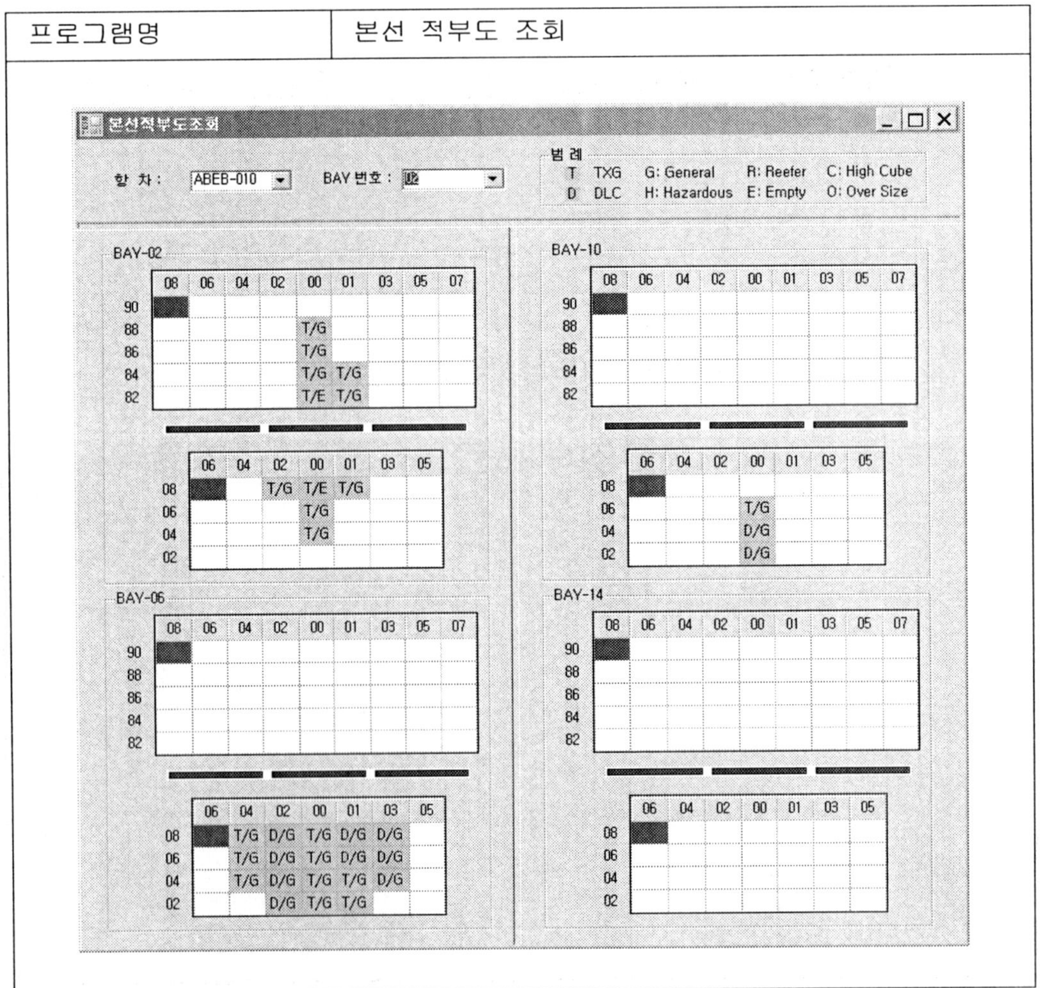

이 프로그램 실습으로 알게 되는 요소 기술은 다음과 같다.

- DataGridView에서 Cell 컨트롤 및 Cell의 배경색을 지정하는 방법
- DataGridView에서 각 컬럼의 정렬 기능을 제거하는 방법
- Mid 함수를 이용한 데이터 처리

<table>
<tr><td colspan="3" align="center">프로그램 명세서</td></tr>
<tr><td>작성자 : 김 진 수</td><td>승인자 :</td><td>버 전 : 1.0</td></tr>
<tr><td>작성일 : 2009. 06. 22</td><td>승인일 :</td><td>페이지 : 2/7</td></tr>
</table>

프로그램명	본선 적부도 조회

* 프로그램 개요
  - 본선의 항차 및 BAY번호를 입력하면 그에 해당하는 본선 적부도 내역을 DataGridView로 조회하는 프로그램이다.
  - DataGridView의 각 셀은 컨테이너 한 개를 나타내고, 그 셀에는 양하항의 첫 글자 및 컨테이너의 종류 코드를 출력한다.

1. 본선적부도조회_Load()
  - 양적하관리 데이터베이스를 연결하여 연다.
  - 항차List 테이블을 생성하여 항차 콤보상자의 목록을 채운다.
  - 본선적부정렬정보11, 본선적부검색정보, BAY번호List 테이블을 초기 생성한다.
  - SQL = "SELECT [06], [04], [02], [00], [01], [03], [05] ✓
              FROM 본선적부정렬정보"
  - 위의 SQL문을 이용하여 본선적부정렬정보12 테이블을 생성한다.
  - 본선적부정렬정보11 테이블을 Dt21, Dt31, Dt41 데이터 테이블에 복사하고, 본선적부정렬정보12 테이블을 Dt22, Dt32, Dt42 데이터 테이블에 복사한다.
  - 위의 4쌍의 테이블은 폼에서 4쌍의 DataGridView 즉, dgvDeck1, dgvHold1, dgvDeck2, dgvHold2, dgvDeck3, dgvHold3, dgvDeck4, dgvHold4에 대한 데이터를 처리하기 위해 사용된다. 이 중에서 끝자리가 1인 테이블은 Deck에 사용하고, 2인 테이블은 Hold에 사용한다.
  - 각 DataGridView의 속성을 지정한다.

프로그램 명세서		
작성자 : 김 진 수	승인자 :	버 전 : 1.0
작성일 : 2009. 06. 22	승인일 :	페이지 : 3/7

프로그램명	본선 적부도 조회

2. cbo항차_SelectionChangeCommitted()
   - 항차 콤보박스의 내용이 공백이면 프로시저를 종료한다.
   - BAY번호List 테이블의 내역을 지운다.
   - SQL = "Select distinct BAY번호 from 적하순번정보 where 항차 = '" & _
            cbo항차.Text & "' order by BAY번호"
   - 위의 SQL문을 이용하여 BAY번호List 테이블을 생성하고, 그 내역으로 BAY번
     호 콤보박스의 목록을 채운다.

3. cboBAY번호_SelectionChangeCommitted()
   - BAY번호 콤보박스의 내용이 공백이 아니면 본선데이터생성() 프로시저를 실행
     한다.

4. 본선데이터생성()
   - 항차 콤보박스의 내용이 공백이거나 BAY번호 콤보박스의 내용이 공백이면
     오류 메시지를 출력하고 프로시저를 종료한다.
   - 본선적부검색정보 테이블의 내역을 지운다.
   - BAY번호 콤보박스의 내용에 따라 4개의 BAY 내역을 폼의 DataGridView에
     나타내므로 다음과 같이 처리한다.
     · "01", "03"인 경우 : wkBay1, wkBay2, wkBay3, wkBay4에 "01", "03",
       "05", "07"을 옮긴다.
     · "02"인 경우 : 위의 변수에 "02", "06", "10", "14"를 옮긴다.
     · "05", "07"인 경우 : 위의 변수에 "05", "07", "09", "11"을 옮긴다.
     · "06"인 경우 : 위의 변수에 "06", "10", "14", "18"을 옮긴다.
     · "09", "11"인 경우 : 위의 변수에 "09", "11", "13", "15"를 옮긴다.
     · "10", "14", "18", "22"인 경우 : 위의 변수에 "10", "14", "18", "22"를 옮긴다.
     · "13", "15"인 경우 : 위의 변수에 "13", "15", "17", "19"를 옮긴다.

<table>
<tr><td colspan="3" align="center">프로그램 명세서</td></tr>
<tr><td>작성자 : 김 진 수</td><td>승인자 :</td><td>버 전 : 1.0</td></tr>
<tr><td>작성일 : 2009. 06. 22</td><td>승인일 :</td><td>페이지 : 4/7</td></tr>
</table>

프로그램명	본선 적부도 조회

- · "17", "19", "21", "23"인 경우 : 위의 변수에 "17", "19", "21", "23"을 옮긴다.
- SQL = "SELECT * from 본선적부정보 WHERE (항차 = '" & _
    cbo항차.Text & "') and (BAY번호 >= '" & wkBAY1 & _
    "') and (BAY번호 <= '" & wkBAY4 & "')"
- 위의 SQL문을 이용하여 본선적부검색정보 테이블을 생성한다.
- 본선적부검색정보 테이블을 모두 읽어서 다음과 같이 처리한다.
  - · 본선적부검색정보 테이블에서 목적지향의 첫 번째 바이트를 wk목적지향에 옮기고 테이블의 구분코드를 wk구분코드에 옮긴다.
  - · 본선적부검색정보 테이블의 Row번호를 wkIndex1에 옮긴다.
  - · 본선적부검색정보 테이블의 (Tier번호 - 72)를 wkIndex21에 옮긴다. 이 데이터는 Deck 처리 루틴에 이용한다.
  - · 본선적부검색정보 테이블의 Tier번호를 wkIndex22에 옮긴다. 이 데이터는 Hold 처리 루틴에 이용한다.
  - · wk목적지향이 "X"이면 즉, 컨테이너를 적재할 수 없는 위치인 경우 wk적부정보에 "X"를 옮기고, 아니면 (wk목적지향 & "/" & wk구분코드)를 wk적부정보에 옮긴다. 이 데이터는 DataGridView에 데이터를 출력할 때 이용한다.
  - · 본선적부검색정보 테이블의 BAY번호의 값에 따라 다음을 수행한다.
    - wkBay1인 경우 : 본선적부검색정보 테이블의 Tier번호가 "80"보다 크면 (Deck이면) wk적부정보를 wk본선적부정렬11 배열에 옮기고, 아니면 (Hold이면) wk본선적부정렬12 배열에 옮긴다.
    - wkBay2, wkBay3, wkBay4인 경우 : wkBay1인 경우와 유사하게 wk적부정보를 wk본선적부정렬21, wk본선적부정렬22, wk본선적부정렬31, wk본선적부정렬32, wk본선적부정렬41, wk본선적부정렬42 배열에 옮긴다.
- 본선적부정렬정보11, 본선적부정렬정보12 테이블의 내역을 지운다.
- Dt21, Dt22, Dt31, Dt32, Dt41, Dt42 등의 데이터 테이블의 내역을 지운다.

프로그램 명세서		
작성자 : 김 진 수	승인자 :	버　전 : 1.0
작성일 : 2009. 06. 22	승인일 :	페이지 : 5/7

프로그램명	본선 적부도 조회

- 배열의 i값이 18, 16, 14, 12, 10인 경우에 대해 각각 본선DataTable생성1() 프로시저를 수행한다.
- 본선적부정렬정보11 테이블을 dgvDeck1 DataGridView의 DataSource에 옮긴다. 본선적부정렬정보11 테이블은 본선적부검색정보 테이블 내역을 DataGridView에 출력할 수 있도록 변환한 것이다.
- 역시 Dt21, Dt31, Dt41 데이터 테이블을 각각 dgvDeck2, dgvDeck3, dgvDeck4 DataGridView의 DataSource에 옮긴다.
- 본선적부정렬정보11, Dt21, Dt31 및 Dt41 데이터 테이블을 처음부터 읽어서 필드 내역 중 첫 글자가 "T"이면 그 셀의 배경색을 Agua로 하고, "D"이면 그 셀의 배경색을 Orange로 각각의 DataGridView를 수정한다.
- 배열의 i값이 8, 6, 4, 2인 경우에 대해 각각 본선DataTable생성2() 프로시저를 수행한다.
- 본선적부정렬정보12 테이블을 dgvHold1 DataGridView의 DataSource에 옮긴다. 본선적부정렬정보12 테이블은 본선적부검색정보 테이블 내역을 DataGridView에 출력할 수 있도록 변환한 것이다.
- 역시 Dt22, Dt32, Dt42 데이터 테이블을 각각 dgvHold2, dgvHold3, dgvHold4 DataGridView의 DataSource에 옮긴다.
- 본선적부정렬정보12, Dt22, Dt32 및 Dt42 데이터 테이블을 처음부터 읽어서 필드 내역 중 첫 글자가 "T"이면 그 셀의 배경색을 Agua로 하고, "D"이면 그 셀의 배경색을 Orange로 각각의 DataGridView를 수정한다.
- 4개의 GroupBox 텍스트에 각각의 BAY번호를 옮긴다.

5. 본선DataTable생성1()
- wk본선적부정렬11, wk본선적부정렬21, wk본선적부정렬31 및 wk본선적부정렬41 배열의 내용을 이용하여 본선적부정렬정보11, Dt21, Dt31, Dt41 테이블을 생성한다.

<table>
<tr><td colspan="3" align="center">프로그램 명세서</td></tr>
<tr><td>작성자 : 김 진 수</td><td>승인자 :</td><td>버 전 : 1.0</td></tr>
<tr><td>작성일 : 2009. 06. 22</td><td>승인일 :</td><td>페이지 : 6/7</td></tr>
</table>

프로그램명	본선 적부도 조회

6. 본선DataTable생성2()

 - wk본선적부정렬12, wk본선적부정렬22, wk본선적부정렬32 및 wk본선적부정렬42 배열의 내용을 이용하여 본선적부정렬정보12, Dt22, Dt32, Dt42 테이블을 생성한다.

7. dgvDeck1_DoubleClick()

 - 전체 DeckRow번호는 "08", "06", "04", "02", "00", "01", "03", "05", "07"로 구성되어 있고, DeckTier번호는 "90", "88", "86", "84", "82"로 구성되어 있다.
 - 위의 번호를 이용하여 선택된 셀의 실제 DeckRow번호와 DeckTier번호를 구한다.
 - BAY1 그룹박스의 텍스트 중에서 5번째 바이트부터 2바이트가 BAY번호이다.
 - 폼의 항차, 위에서 구한 BAY번호, Deck구분("2"), DeckRow번호, DeckTier번호를 이용하여 본선적부검색정보 테이블에서 해당 컨테이너번호를 검색한다.
 - 검색한 컨테이너번호를 이용하여 [컨테이너정보관리] 폼을 연다.
 - dgvDeck2_DoubleClick(), dgvDeck3_DoubleClick(), dgvDeck4_DoubleClick()은 관련 데이터만 다르고 알고리즘은 동일하다.

8. dgvHold1_DoubleClick()

 - 전체 HoldRow번호는 "06", "04", "02", "00", "01", "03", "05"로 구성되어 있고, 전체 HoldTier번호는 "08", "06", "04", "02"로 구성되어 있다.
 - 위의 번호를 이용하여 선택된 셀의 실제 HoldRow번호와 HoldTier번호를 구한다.
 - BAY1 그룹박스의 텍스트 중에서 5번째 바이트부터 2바이트가 BAY번호이다.
 - 폼의 항차, 위에서 구한 BAY번호, Deck구분("1"), HoldRow번호, HoldTier번호를 이용하여 본선적부검색정보 테이블에서 해당 컨테이너번호를 검색한다.

<table>
<tr><td colspan="3" align="center">프로그램 명세서</td></tr>
<tr><td>작성자 : 김 진 수</td><td>승인자 :</td><td>버 전 : 1.0</td></tr>
<tr><td>작성일 : 2009. 06. 22</td><td>승인일 :</td><td>페이지 : 7/7</td></tr>
</table>

프로그램명	본선 적부도 조회

- 검색한 컨테이너번호를 이용하여 [컨테이너정보관리] 폼을 연다.
- dgvHold2_DoubleClick(), dgvHold3_DoubleClick(), dgvHold4_DoubleClick()
  은 관련 데이터만 다르고 알고리즘은 동일하다.

9. grpBay1_Click()
  - 폼의 항차를 wk항차에 저장하고, 본선적하순번조회 폼에서 사용한다.
  - BAY1 그룹박스의 텍스트 중에서 5번째 바이트부터 2바이트를 wk본선BAY번호
    에 저장하고, 본선적하순번조회 폼에서 사용한다.
  - 본선적하순번조회 폼을 연다.
  - grpBay2_Click(), grpBay3_Click(), grpBay4_Click()은 관련 데이터만
    다르고 알고리즘은 동일하다.

① 비주얼 스튜디오 .NET을 실행하고 [새 프로젝트]를 실행한다. 새 프로젝트 창에서 이
  름을 [양적하관리], 위치는 적절한 경로를 선택하고 [확인] 단추를 누른다.

② 솔루션 탐색기에서 [양적하관리] 프로젝트를 선택하고 우측 마우스 단추를 눌러 단축
  메뉴를 표시한다. [추가/Windows Form]을 선택하여 새로운 폼을 만든다. 새로운 폼
  이름은 [본선적부도조회]로 하고 Form1은 삭제한다.

③ 다음 표를 참고로 폼을 디자인한다.

컨트롤	Name	Text	비 고
Form	본선적부도조회	본선적부도조회	
ComboBox	cbo항차		
ComboBox	cboBAY번호		
DataGridView	dgvDeck1		

컨트롤	Name	Text	비 고
DataGridView	dgvHold1		
DataGridView	dgvDeck2		
DataGridView	dgvHold2		
DataGridView	dgvDeck3		
DataGridView	dgvHold3		
DataGridView	dgvDeck4		
DataGridView	dgvHold4		
GroupBox	grpBay1		dgvDeck1과 dgvHold1의 외부
GroupBox	grpBay2		dgvDeck2와 dgvHold2의 외부
GroupBox	grpBay3		dgvDeck3과 dgvHold3의 외부
GroupBox	grpBay3		dgvDeck4와 dgvHold4의 외부

* 일반적인 레이블 내역은 생략함

④ 프로그램에 imports해야 할 네임스페이스와 본선적부도조회 폼에 사용될 기본 개체를
설정하고, 폼의 빈곳에 더블 클릭하여 본선적부도조회_Load 로직을 작성한다. 또한
본선적하순번조회 프로그램과 같이 사용할 공용 변수를 모듈에 지정한다.

리스트 14-1

```
Module Module1
  Public wk항차 As String
  Public wk본선BAY번호 As String

End Module
```

```
Imports System.Data
Imports System.Data.SqlClient
Imports System.IO

Public Class 본선적부도조회
```

```
Protected Conn As New SqlConnection()
Protected Ds2 As New DataSet
Protected Dv1 As DataView
Protected Dv2 As DataView
Protected NewRow As DataRow
Protected Adt1 As New SqlDataAdapter()
Protected Adt2 As New SqlDataAdapter()
Protected Adt3 As New SqlDataAdapter()
Protected Adt4 As New SqlDataAdapter()
Protected Adt5 As New SqlDataAdapter()
Protected Cmd As SqlCommand

Protected Dt21 As New DataTable("본선적부정렬정보21")
Protected Dt22 As New DataTable("본선적부정렬정보22")
Protected Dt31 As New DataTable("본선적부정렬정보31")
Protected Dt32 As New DataTable("본선적부정렬정보32")
Protected Dt41 As New DataTable("본선적부정렬정보41")
Protected Dt42 As New DataTable("본선적부정렬정보42")

Protected wk목적지항(6, 7) As String
Protected wk본선적부정렬11(10, 20) As String
Protected wk본선적부정렬12(10, 10) As String
Protected wk본선적부정렬21(10, 20) As String
Protected wk본선적부정렬22(10, 10) As String
Protected wk본선적부정렬31(10, 20) As String
Protected wk본선적부정렬32(10, 10) As String
Protected wk본선적부정렬41(10, 20) As String
Protected wk본선적부정렬42(10, 10) As String
Protected wkDeckRow번호() As String = {"08", "06", "04", "02", _
                                       "00", "01", "03", "05", "07"}
Protected wkDeckTier번호() As String = {"90", "88", "86", "84", "82"}
Protected wkHoldRow번호() As String = {"06", "04", "02", "00", _
                                       "01", "03", "05"}
Protected wkHoldTier번호() As String = {"08", "06", "04", "02"}
Protected wkRow번호, wkTier번호, wkDeck구분, grpBAY번호 As String
Protected rowIndex As Integer

Protected selectedRowCount As Integer
Protected selectedCellCount As Integer
Protected selectedCellCount1 As Integer
Protected selectedCellCount2 As Integer
Protected selectedCellCount3 As Integer

Protected wk컨테이너번호 As String
```

```vb
Protected wk장치위치 As String
Protected wkOdd As String
Protected wkOK As String = ""
Protected SQL As String = ""
Protected i, j, k As Integer

Private Sub 본선적부도조회_Load(ByVal sender As Object, ByVal e ✓
        As System.EventArgs) Handles Me.Load

  Try
      Conn.ConnectionString = "SERVER=kjs;UID=sa;PWD=kjs; ✓
                      DATABASE=양적하관리"
      Adt1 = New SqlDataAdapter("Select distinct 항차 from ✓
          적하순번정보 order by 항차", Conn)
      Adt1.Fill(Ds2, "항차List")  ································································· 1

      cbo항차.DataSource = Ds2.Tables("항차List")
      cbo항차.DisplayMember = "항차"
      cbo항차.Text = ""

      Adt2 = New SqlDataAdapter("Select * from 본선적부정렬정보", ✓
                              Conn)
      Adt2.Fill(Ds2, "본선적부정렬정보11")  ···································· 2

      SQL = "SELECT [06], [04], [02], [00], [01], [03], [05] ✓
          FROM 본선적부정렬정보"

      Adt3 = New SqlDataAdapter(SQL, Conn)
      Adt3.Fill(Ds2, "본선적부정렬정보12")  ···································· 3

      Dt21 = Ds2.Tables("본선적부정렬정보11").Copy  ················· 4
      Dt22 = Ds2.Tables("본선적부정렬정보12").Copy
      Dt31 = Ds2.Tables("본선적부정렬정보11").Copy
      Dt32 = Ds2.Tables("본선적부정렬정보12").Copy
      Dt41 = Ds2.Tables("본선적부정렬정보11").Copy
      Dt42 = Ds2.Tables("본선적부정렬정보12").Copy

      SQL = "SELECT * from 본선적부정보 WHERE (항차 = '" & _
        cbo항차.Text & "') and (BAY번호 >= '" & cboBAY번호.Text & "')"

      Adt4 = New SqlDataAdapter(SQL, Conn)
      Adt4.Fill(Ds2, "본선적부검색정보")  ···································· 5

      Adt5 = New SqlDataAdapter("Select distinct BAY번호 from ✓
```

```
                   적하순번정보 where 항차 = '" & _
                cbo항차.Text & "' order by BAY번호", Conn)

      Adt5.Fill(Ds2, "BAY번호List")  ·········································  6
      DataGridViewSet()

   Catch ErrSQL As SqlException
      Dim colErrors As SqlErrorCollection = ErrSQL.Errors
      Dim i As Integer
      For i = 0 To colErrors.Count
         MessageBox.Show("오류 번호 : " & ErrSQL.Number & "[" & _
         ErrSQL.Source & "]" & ControlChars.CrLf & "오류 내역 : " & _
         ErrSQL.Message & ControlChars.CrLf & "오류 행번호 : " & _
         ErrSQL.StackTrace, "오류 메시지" & "(" & i + 1 & ")")
      Next
   End Try
End Sub


Private Sub DataGridViewSet()
   '－－－－－－－－－－ dgvDeck1 Setting －－－－－－－－－
   dgvDeck1.AllowUserToAddRows = False
   dgvDeck1.AllowUserToDeleteRows = False
   dgvDeck1.AllowUserToResizeColumns = False
   dgvDeck1.AllowUserToResizeRows = False
   dgvDeck1.AutoSizeColumnsMode = _
            DataGridViewAutoSizeColumnsMode.Fill
   dgvDeck1.AutoSizeRowsMode = _
            DataGridViewAutoSizeRowsMode.AllCells
   dgvDeck1.ColumnHeadersDefaultCellStyle.Alignment = _
            DataGridViewContentAlignment.MiddleCenter
   dgvDeck1.ColumnHeadersHeightSizeMode = _
            DataGridViewColumnHeadersHeightSizeMode.DisableResizing
   dgvDeck1.DefaultCellStyle.Alignment = _
            DataGridViewContentAlignment.MiddleCenter
   dgvDeck1.MultiSelect = True
   dgvDeck1.ReadOnly = True
   dgvDeck1.RowHeadersVisible = False
   dgvDeck1.ScrollBars = ScrollBars.None
   dgvDeck1.SelectionMode = DataGridViewSelectionMode.CellSelect


   '－－－－－－－－－－ dgvHold1 Setting －－－－－－－－－
   dgvHold1.AllowUserToAddRows = False
   dgvHold1.AllowUserToDeleteRows = False
   dgvHold1.AllowUserToResizeColumns = False
```

```vb
dgvHold1.AllowUserToResizeRows = False
dgvHold1.AutoSizeColumnsMode = DataGridViewAutoSizeColumnsMode.Fill
dgvHold1.AutoSizeRowsMode = DataGridViewAutoSizeRowsMode.AllCells
dgvHold1.ColumnHeadersDefaultCellStyle.Alignment = _
        DataGridViewContentAlignment.MiddleCenter
dgvHold1.ColumnHeadersHeightSizeMode = _
        DataGridViewColumnHeadersHeightSizeMode.DisableResizing
dgvHold1.DefaultCellStyle.Alignment = _
        DataGridViewContentAlignment.MiddleCenter
dgvHold1.MultiSelect = True
dgvHold1.ReadOnly = True
dgvHold1.RowHeadersVisible = False
dgvHold1.ScrollBars = ScrollBars.None
dgvHold1.SelectionMode = DataGridViewSelectionMode.CellSelect

'--------------- dgvDeck2 Setting ---------------
dgvDeck2.AllowUserToAddRows = False
dgvDeck2.AllowUserToDeleteRows = False
dgvDeck2.AllowUserToResizeColumns = False
dgvDeck2.AllowUserToResizeRows = False
dgvDeck2.AutoSizeColumnsMode = _
        DataGridViewAutoSizeColumnsMode.Fill
dgvDeck2.AutoSizeRowsMode = DataGridViewAutoSizeRowsMode.AllCells
dgvDeck2.ColumnHeadersDefaultCellStyle.Alignment = _
        DataGridViewContentAlignment.MiddleCenter
dgvDeck2.ColumnHeadersHeightSizeMode = _
        DataGridViewColumnHeadersHeightSizeMode.DisableResizing
dgvDeck2.DefaultCellStyle.Alignment = _
        DataGridViewContentAlignment.MiddleCenter
dgvDeck2.MultiSelect = True
dgvDeck2.ReadOnly = True
dgvDeck2.RowHeadersVisible = False
dgvDeck2.ScrollBars = ScrollBars.None
dgvDeck2.SelectionMode = DataGridViewSelectionMode.CellSelect

'--------------- dgvHold2 Setting ---------------
dgvHold2.AllowUserToAddRows = False
dgvHold2.AllowUserToDeleteRows = False
dgvHold2.AllowUserToResizeColumns = False
dgvHold2.AllowUserToResizeRows = False
dgvHold2.AutoSizeColumnsMode = DataGridViewAutoSizeColumnsMode.Fill
dgvHold2.AutoSizeRowsMode = DataGridViewAutoSizeRowsMode.AllCells
dgvHold2.ColumnHeadersDefaultCellStyle.Alignment = _
        DataGridViewContentAlignment.MiddleCenter
```

```
dgvHold2.ColumnHeadersHeightSizeMode = _
        DataGridViewColumnHeadersHeightSizeMode.DisableResizing
dgvHold2.DefaultCellStyle.Alignment = _
        DataGridViewContentAlignment.MiddleCenter
dgvHold2.MultiSelect = True
dgvHold2.ReadOnly = True
dgvHold2.RowHeadersVisible = False
dgvHold2.ScrollBars = ScrollBars.None
dgvHold2.SelectionMode = DataGridViewSelectionMode.CellSelect

'_______________ dgvDeck3 Setting ______________
dgvDeck3.AllowUserToAddRows = False
dgvDeck3.AllowUserToDeleteRows = False
dgvDeck3.AllowUserToResizeColumns = False
dgvDeck3.AllowUserToResizeRows = False
dgvDeck3.AutoSizeColumnsMode = DataGridViewAutoSizeColumnsMode.Fill
dgvDeck3.AutoSizeRowsMode = DataGridViewAutoSizeRowsMode.AllCells
dgvDeck3.ColumnHeadersDefaultCellStyle.Alignment = _
        DataGridViewContentAlignment.MiddleCenter
dgvDeck3.ColumnHeadersHeightSizeMode = _
        DataGridViewColumnHeadersHeightSizeMode.DisableResizing
dgvDeck3.DefaultCellStyle.Alignment = _
        DataGridViewContentAlignment.MiddleCenter
dgvDeck3.MultiSelect = True
dgvDeck3.ReadOnly = True
dgvDeck3.RowHeadersVisible = False
dgvDeck3.ScrollBars = ScrollBars.None
dgvDeck3.SelectionMode = DataGridViewSelectionMode.CellSelect

'_______________ dgvHold3 Setting ______________
dgvHold3.AllowUserToAddRows = False
dgvHold3.AllowUserToDeleteRows = False
dgvHold3.AllowUserToResizeColumns = False
dgvHold3.AllowUserToResizeRows = False
dgvHold3.AutoSizeColumnsMode = DataGridViewAutoSizeColumnsMode.Fill
dgvHold3.AutoSizeRowsMode = DataGridViewAutoSizeRowsMode.AllCells
dgvHold3.ColumnHeadersDefaultCellStyle.Alignment = _
        DataGridViewContentAlignment.MiddleCenter
dgvHold3.ColumnHeadersHeightSizeMode = _
        DataGridViewColumnHeadersHeightSizeMode.DisableResizing
dgvHold3.DefaultCellStyle.Alignment = _
        DataGridViewContentAlignment.MiddleCenter
dgvHold3.MultiSelect = True
dgvHold3.ReadOnly = True
```

```
      dgvHold3.RowHeadersVisible = False
      dgvHold3.ScrollBars = ScrollBars.None
      dgvHold3.SelectionMode = DataGridViewSelectionMode.CellSelect

      '------------------- dgvDeck4 Setting ---------------
      dgvDeck4.AllowUserToAddRows = False
      dgvDeck4.AllowUserToDeleteRows = False
      dgvDeck4.AllowUserToResizeColumns = False
      dgvDeck4.AllowUserToResizeRows = False
      dgvDeck4.AutoSizeColumnsMode = DataGridViewAutoSizeColumnsMode.Fill
      dgvDeck4.AutoSizeRowsMode = DataGridViewAutoSizeRowsMode.AllCells
      dgvDeck4.ColumnHeadersDefaultCellStyle.Alignment = _
            DataGridViewContentAlignment.MiddleCenter
      dgvDeck4.ColumnHeadersHeightSizeMode = _
            DataGridViewColumnHeadersHeightSizeMode.DisableResizing
      dgvDeck4.DefaultCellStyle.Alignment = _
            DataGridViewContentAlignment.MiddleCenter
      dgvDeck4.MultiSelect = True
      dgvDeck4.ReadOnly = True
      dgvDeck4.RowHeadersVisible = False
      dgvDeck4.ScrollBars = ScrollBars.None
      dgvDeck4.SelectionMode = DataGridViewSelectionMode.CellSelect

      '------------------- dgvHold4 Setting ---------------
      dgvHold4.AllowUserToAddRows = False
      dgvHold4.AllowUserToDeleteRows = False
      dgvHold4.AllowUserToResizeColumns = False
      dgvHold4.AllowUserToResizeRows = False
      dgvHold4.AutoSizeColumnsMode = DataGridViewAutoSizeColumnsMode.Fill
      dgvHold4.AutoSizeRowsMode = DataGridViewAutoSizeRowsMode.AllCells
      dgvHold4.ColumnHeadersDefaultCellStyle.Alignment = _
            DataGridViewContentAlignment.MiddleCenter
      dgvHold4.ColumnHeadersHeightSizeMode = _
            DataGridViewColumnHeadersHeightSizeMode.DisableResizing
      dgvHold4.DefaultCellStyle.Alignment = _
            DataGridViewContentAlignment.MiddleCenter
      dgvHold4.MultiSelect = True
      dgvHold4.ReadOnly = True
      dgvHold4.RowHeadersVisible = False
      dgvHold4.ScrollBars = ScrollBars.None
      dgvHold4.SelectionMode = DataGridViewSelectionMode.CellSelect

End Sub
```

〈해설〉

1. 항차 콤보상자의 내용을 채우기 위해 항차List 테이블을 생성한다.
2. 본선적부정렬정보11 테이블을 초기 생성한다. 이렇게 이름만을 생성하는 이유는 본선데 이터생성() 프로시저에서 본선적부정렬정보11 테이블의 내역을 먼저 지우고 새롭게 생 성하는 알고리즘을 구현하기 위해서이다.
3. 본선적부정렬정보12 테이블을 초기 생성한다.
4. 본선적부정렬정보11 테이블을 Dt21, Dt31, Dt41 데이터 테이블에 복사하고, 본선적부정 렬정보12 테이블을 Dt22, Dt32, Dt42 데이터 테이블에 복사한다. 위의 4쌍의 테이블은 폼에서 4쌍의 DataGridView 즉, dgvDeck1, dgvHold1, dgvDeck2, dgvHold2, dgvDeck3, dgvHold3, dgvDeck4, dgvHold4에 대한 데이터를 처리하기 위해 사용된다. 이 중에서 끝자리가 1인 테이블은 Deck에 사용하고, 2인 테이블은 Hold에 사용한다.
5. 본선적부검색정보 테이블을 초기 생성한다.
6. BAY번호List 테이블을 초기 생성한다.

⑤ cbo항차 및 cboBAY번호 콤보 상자의 선택된 값이 변경되었을 때의 로직을 작성하자. cbo항차 콤보 상자의 선택된 값이 변경되면 cboBAY번호 콤보 상자의 목록 내역을 변 경한다. 또한 cboBAY번호 콤보 상자의 선택된 값이 변경되면 본선데이터생성() 프로 시저를 수행하여 지정된 cbo항차 및 cboBAY번호에 따라 본선에 적재된 컨테이너 현 황을 4쌍(Deck 및 Hold)의 DataGridView에 도표로 출력한다.

리스트 **14-2**

```
Private Sub cbo항차_SelectionChangeCommitted(ByVal sender As ↙
        Object, ByVal e As System.EventArgs) Handles ↙
        cbo항차.SelectionChangeCommitted

  If cbo항차.Text = "" Then
     Exit Sub
  End If

  Ds2.Tables("BAY번호List").Clear()
  Adt5 = New SqlDataAdapter("Select distinct BAY번호 from ↙
        적하순번정보 where 항차 = '" & _
        cbo항차.Text & "' order by BAY번호", Conn)
  Adt5.Fill(Ds2, "BAY번호List") ················································· 1
```

```
        cboBAY번호.DataSource = Ds2.Tables("BAY번호List")
        cboBAY번호.DisplayMember = "BAY번호"
        cboBAY번호.Text = ""


End Sub

Private Sub cboBAY번호_SelectionChangeCommitted(ByVal sender ↙
            As Object, ByVal e As System.EventArgs) Handles ↙
            cboBAY번호.SelectionChangeCommitted

    If cboBAY번호.Text <> "" Then
        본선데이터생성()
    End If

End Sub

Private Sub 본선데이터생성()

    Dim wkIndex1, wkIndex21, wkIndex22 As Integer
    Dim wkBAY1, wkBAY2, wkBAY3, wkBAY4 As String
    Dim wk목적지항 As String
    Dim wk구분코드 As String
    Dim wk적부정보 As String

    If (cbo항차.Text = "") Or (cboBAY번호.Text = "") Then
        MsgBox("작업 항차와 BAY번호를 입력하여야 적하 처리가 ↙
                가능합니다 !!!")
        Exit Sub
    End If

    Ds2.Tables("본선적부검색정보").Clear()

    Select Case (cboBAY번호.Text) ·································································· 2
        Case "01", "03"
            wkBAY1 = "01"
            wkBAY2 = "03"
            wkBAY3 = "05"
            wkBAY4 = "07"
        Case "02"
            wkBAY1 = "02"
            wkBAY2 = "06"
            wkBAY3 = "10"
            wkBAY4 = "14"
```

```
       Case "05", "07"
           wkBAY1 = "05"
           wkBAY2 = "07"
           wkBAY3 = "09"
           wkBAY4 = "11"
       Case "06"
           wkBAY1 = "06"
           wkBAY2 = "10"
           wkBAY3 = "14"
           wkBAY4 = "18"
       Case "09", "11"
           wkBAY1 = "09"
           wkBAY2 = "11"
           wkBAY3 = "13"
           wkBAY4 = "15"
       Case "10", "14", "18", "22"
           wkBAY1 = "10"
           wkBAY2 = "14"
           wkBAY3 = "18"
           wkBAY4 = "22"
       Case "13", "15"
           wkBAY1 = "13"
           wkBAY2 = "15"
           wkBAY3 = "17"
           wkBAY4 = "19"
       Case "17", "19", "21", "23"
           wkBAY1 = "17"
           wkBAY2 = "19"
           wkBAY3 = "21"
           wkBAY4 = "23"
End Select

SQL = "SELECT * from 본선적부정보 WHERE (항차 = '" & _
       cbo항차.Text & "') and (BAY번호 >= '" & wkBAY1 & _
       "') and (BAY번호 <= '" & wkBAY4 & "')"

Adt4 = New SqlDataAdapter(SQL, Conn)
Adt4.Fill(Ds2, "본선적부검색정보") ·················································· 3

For i = 0 To 9
   For k = 0 To 19
       wk본선적부정렬11(i, k) = ""
       wk본선적부정렬21(i, k) = ""
       wk본선적부정렬31(i, k) = ""
```

```
            wk본선적부정렬41(i, k) = ""
      Next
   Next


   For i = 0 To 9
      For k = 0 To 9
         wk본선적부정렬12(i, k) = ""
         wk본선적부정렬22(i, k) = ""
         wk본선적부정렬32(i, k) = ""
         wk본선적부정렬42(i, k) = ""
      Next
   Next


   For i = 0 To Ds2.Tables("본선적부검색정보").Rows.Count - 1
      wk목적지항 = Mid(Ds2.Tables("본선적부검색정보").Rows(i) ↙
                        ("목적지항"), 1, 1) ················································ 4
      wk구분코드 = Ds2.Tables("본선적부검색정보").Rows(i) ↙
                        ("구분코드").ToString
      wkIndex1 = Val(Ds2.Tables("본선적부검색정보").Rows(i)("Row번호"))
      wkIndex21 = Val(Ds2.Tables("본선적부검색정보").Rows(i) ↙
                        ("Tier번호")) - 72 ·········································· 5
      wkIndex22 = Val(Ds2.Tables("본선적부검색정보").Rows(i) ↙
                        ("Tier번호"))


      If wk목적지항 < "A" Then ······································································ 6
         wk적부정보 = ""
      Else
         If wk목적지항 = "X" Then
            wk적부정보 = "X"
         Else
            wk적부정보 = wk목적지항 & "/" & wk구분코드
         End If
      End If


      Select Case (Ds2.Tables("본선적부검색정보").Rows(i)("BAY번호"))
         Case wkBAY1 ···················································································· 7
            If Ds2.Tables("본선적부검색정보").Rows(i)("Tier번호") ↙
                              > "80" Then
               wk본선적부정렬11(wkIndex1, wkIndex21) = wk적부정보
            Else
               wk본선적부정렬12(wkIndex1, wkIndex22) = wk적부정보
            End If
```

```
        Case wkBAY2
            If Ds2.Tables("본선적부검색정보").Rows(i)("Tier번호") ↙
                                                   〉"80" Then
                wk본선적부정렬21(wkIndex1, wkIndex21) = wk적부정보
            Else
                wk본선적부정렬22(wkIndex1, wkIndex22) = wk적부정보
            End If

        Case wkBAY3
            If Ds2.Tables("본선적부검색정보").Rows(i)("Tier번호") ↙
                                                   〉"80" Then
                wk본선적부정렬31(wkIndex1, wkIndex21) = wk적부정보
            Else
                wk본선적부정렬32(wkIndex1, wkIndex22) = wk적부정보
            End If

        Case wkBAY4
            If Ds2.Tables("본선적부검색정보").Rows(i)("Tier번호") ↙
                                                   〉"80" Then
                wk본선적부정렬41(wkIndex1, wkIndex21) = wk적부정보
            Else
                wk본선적부정렬42(wkIndex1, wkIndex22) = wk적부정보
            End If

    End Select
Next

Ds2.Tables("본선적부정렬정보11").Clear()
Ds2.Tables("본선적부정렬정보12").Clear()
Dt21.Clear()
Dt22.Clear()
Dt31.Clear()
Dt32.Clear()
Dt41.Clear()
Dt42.Clear()

For i = 18 To 10 Step -2
    본선DataTable생성1()                                    8
Next

dgvDeck1.DataSource = Ds2.Tables("본선적부정렬정보11")        9
dgvDeck2.DataSource = Dt21
dgvDeck3.DataSource = Dt31
dgvDeck4.DataSource = Dt41
```

```
For i = 0 To Ds2.Tables("본선적부정렬정보11").Rows.Count - 1
   For k = 0 To 8
      If Mid(Ds2.Tables("본선적부정렬정보11").Rows(i) ↙
                     .Item(k), 1, 1) = "T" Then ················· 10
         dgvDeck1.Rows(i).Cells(k).Style.BackColor = Color.Aqua
      End If

      If Mid(Ds2.Tables("본선적부정렬정보11").Rows(i) ↙
                     .Item(k), 1, 1) = "D" Then ················· 11
         dgvDeck1.Rows(i).Cells(k).Style.BackColor = Color.Orange
      End If
   Next
Next

For i = 0 To Dt21.Rows.Count - 1
   For k = 0 To 8
      If Mid(Dt21.Rows(i).Item(k), 1, 1) = "T" Then
         dgvDeck2.Rows(i).Cells(k).Style.BackColor = Color.Aqua
      End If

      If Mid(Dt21.Rows(i).Item(k), 1, 1) = "D" Then
         dgvDeck2.Rows(i).Cells(k).Style.BackColor = Color.Orange
      End If
   Next
Next

For i = 0 To Dt31.Rows.Count - 1
   For k = 0 To 8
      If Mid(Dt31.Rows(i).Item(k), 1, 1) = "T" Then
         dgvDeck3.Rows(i).Cells(k).Style.BackColor = Color.Aqua
      End If

      If Mid(Dt31.Rows(i).Item(k), 1, 1) = "D" Then
         dgvDeck3.Rows(i).Cells(k).Style.BackColor = Color.Orange
      End If
   Next
Next

For i = 0 To Dt41.Rows.Count - 1
   For k = 0 To 8
      If Mid(Dt41.Rows(i).Item(k), 1, 1) = "T" Then
         dgvDeck4.Rows(i).Cells(k).Style.BackColor = Color.Aqua
      End If
```

```
              If Mid(Dt41.Rows(i).Item(k), 1, 1) = "D" Then
                  dgvDeck4.Rows(i).Cells(k).Style.BackColor = Color.Orange
              End If
          Next
      Next


      For i = 8 To 2 Step -2
          본선DataTable생성2() ·································································· 12
      Next


      dgvHold1.DataSource = Ds2.Tables("본선적부정렬정보12") ····················· 13
      dgvHold2.DataSource = Dt22
      dgvHold3.DataSource = Dt32
      dgvHold4.DataSource = Dt42


      For i = 0 To Ds2.Tables("본선적부정렬정보12").Rows.Count - 1
         For k = 0 To 6
             If Mid(Ds2.Tables("본선적부정렬정보12").Rows(i) ∠
                                        .Item(k), 1, 1) = "T" Then
                 dgvHold1.Rows(i).Cells(k).Style.BackColor = Color.Aqua
             End If
             If Mid(Ds2.Tables("본선적부정렬정보12").Rows(i) ∠
                                        .Item(k), 1, 1) = "D" Then
                 dgvHold1.Rows(i).Cells(k).Style.BackColor = Color.Orange
             End If
         Next
      Next


      For i = 0 To Dt22.Rows.Count - 1
         For k = 0 To 6
             If Mid(Dt22.Rows(i).Item(k), 1, 1) = "T" Then
                 dgvHold2.Rows(i).Cells(k).Style.BackColor = Color.Aqua
             End If
             If Mid(Dt22.Rows(i).Item(k), 1, 1) = "D" Then
                 dgvHold2.Rows(i).Cells(k).Style.BackColor = Color.Orange
             End If
         Next
      Next


      For i = 0 To Dt32.Rows.Count - 1
         For k = 0 To 6
             If Mid(Dt32.Rows(i).Item(k), 1, 1) = "T" Then
                 dgvHold3.Rows(i).Cells(k).Style.BackColor = Color.Aqua
             End If
```

```
            If Mid(Dt32.Rows(i).Item(k), 1, 1) = "D" Then
                dgvHold3.Rows(i).Cells(k).Style.BackColor = Color.Orange
            End If
        Next
    Next

    For i = 0 To Dt42.Rows.Count - 1
        For k = 0 To 6
            If Mid(Dt42.Rows(i).Item(k), 1, 1) = "T" Then
                dgvHold4.Rows(i).Cells(k).Style.BackColor = Color.Aqua
            End If
            If Mid(Dt42.Rows(i).Item(k), 1, 1) = "D" Then
                dgvHold4.Rows(i).Cells(k).Style.BackColor = Color.Orange
            End If
        Next
    Next

    grpBay1.Text = "BAY-" & wkBAY1 ················································ 14
    grpBay2.Text = "BAY-" & wkBAY2
    grpBay3.Text = "BAY-" & wkBAY3
    grpBay4.Text = "BAY-" & wkBAY4

    For i = 0 To 8
        Me.dgvDeck1.Columns(i).SortMode = _ ································ 15
                        DataGridViewColumnSortMode.NotSortable
        Me.dgvDeck2.Columns(i).SortMode = _
                        DataGridViewColumnSortMode.NotSortable
        Me.dgvDeck3.Columns(i).SortMode = _
                        DataGridViewColumnSortMode.NotSortable
        Me.dgvDeck4.Columns(i).SortMode = _
                        DataGridViewColumnSortMode.NotSortable
    Next

    For i = 0 To 6
        Me.dgvHold1.Columns(i).SortMode = _
                        DataGridViewColumnSortMode.NotSortable
        Me.dgvHold2.Columns(i).SortMode = _
                        DataGridViewColumnSortMode.NotSortable
        Me.dgvHold3.Columns(i).SortMode = _
                        DataGridViewColumnSortMode.NotSortable
        Me.dgvHold4.Columns(i).SortMode = _
                        DataGridViewColumnSortMode.NotSortable
    Next
End Sub
```

```
Private Sub 본선DataTable생성1()                                    16

    NewRow = Ds2.Tables("본선적부정렬정보11").NewRow

    NewRow("08") = wk본선적부정렬11(8, i)
    NewRow("06") = wk본선적부정렬11(6, i)
    NewRow("04") = wk본선적부정렬11(4, i)
    NewRow("02") = wk본선적부정렬11(2, i)
    NewRow("00") = wk본선적부정렬11(0, i)
    NewRow("01") = wk본선적부정렬11(1, i)
    NewRow("03") = wk본선적부정렬11(3, i)
    NewRow("05") = wk본선적부정렬11(5, i)
    NewRow("07") = wk본선적부정렬11(7, i)

    Ds2.Tables("본선적부정렬정보11").Rows.Add(NewRow)

    NewRow = Dt21.NewRow

    NewRow("08") = wk본선적부정렬21(8, i)
    NewRow("06") = wk본선적부정렬21(6, i)
    NewRow("04") = wk본선적부정렬21(4, i)
    NewRow("02") = wk본선적부정렬21(2, i)
    NewRow("00") = wk본선적부정렬21(0, i)
    NewRow("01") = wk본선적부정렬21(1, i)
    NewRow("03") = wk본선적부정렬21(3, i)
    NewRow("05") = wk본선적부정렬21(5, i)
    NewRow("07") = wk본선적부정렬21(7, i)

    Dt21.Rows.Add(NewRow)

    NewRow = Dt31.NewRow

    NewRow("08") = wk본선적부정렬31(8, i)
    NewRow("06") = wk본선적부정렬31(6, i)
    NewRow("04") = wk본선적부정렬31(4, i)
    NewRow("02") = wk본선적부정렬31(2, i)
    NewRow("00") = wk본선적부정렬31(0, i)
    NewRow("01") = wk본선적부정렬31(1, i)
    NewRow("03") = wk본선적부정렬31(3, i)
    NewRow("05") = wk본선적부정렬31(5, i)
    NewRow("07") = wk본선적부정렬31(7, i)

    Dt31.Rows.Add(NewRow)
```

```
    NewRow = Dt41.NewRow

    NewRow("08") = wk본선적부정렬41(8, I)
    NewRow("06") = wk본선적부정렬41(6, i)
    NewRow("04") = wk본선적부정렬41(4, i)
    NewRow("02") = wk본선적부정렬41(2, i)
    NewRow("00") = wk본선적부정렬41(0, i)
    NewRow("01") = wk본선적부정렬41(1, i)
    NewRow("03") = wk본선적부정렬41(3, i)
    NewRow("05") = wk본선적부정렬41(5, i)
    NewRow("07") = wk본선적부정렬41(7, i)

    Dt41.Rows.Add(NewRow)

End Sub

Private Sub 본선DataTable생성2()  ················································ 17

    NewRow = Ds2.Tables("본선적부정렬정보12").NewRow

    NewRow("06") = wk본선적부정렬12(6, i)
    NewRow("04") = wk본선적부정렬12(4, i)
    NewRow("02") = wk본선적부정렬12(2, i)
    NewRow("00") = wk본선적부정렬12(0, i)
    NewRow("01") = wk본선적부정렬12(1, i)
    NewRow("03") = wk본선적부정렬12(3, i)
    NewRow("05") = wk본선적부정렬12(5, i)

    Ds2.Tables("본선적부정렬정보12").Rows.Add(NewRow)

    NewRow = Dt22.NewRow
    NewRow("06") = wk본선적부정렬22(6, i)
    NewRow("04") = wk본선적부정렬22(4, i)
    NewRow("02") = wk본선적부정렬22(2, i)
    NewRow("00") = wk본선적부정렬22(0, i)
    NewRow("01") = wk본선적부정렬22(1, i)
    NewRow("03") = wk본선적부정렬22(3, i)
    NewRow("05") = wk본선적부정렬22(5, I)

    Dt22.Rows.Add(NewRow)

    NewRow = Dt32.NewRow

    NewRow("06") = wk본선적부정렬32(6, i)
```

```
        NewRow("04") = wk본선적부정렬32(4, i)
        NewRow("02") = wk본선적부정렬32(2, i)
        NewRow("00") = wk본선적부정렬32(0, i)
        NewRow("01") = wk본선적부정렬32(1, i)
        NewRow("03") = wk본선적부정렬32(3, i)
        NewRow("05") = wk본선적부정렬32(5, i)

        Dt32.Rows.Add(NewRow)

        NewRow = Dt42.NewRow

        NewRow("06") = wk본선적부정렬42(6, i)
        NewRow("04") = wk본선적부정렬42(4, i)
        NewRow("02") = wk본선적부정렬42(2, i)
        NewRow("00") = wk본선적부정렬42(0, i)
        NewRow("01") = wk본선적부정렬42(1, i)
        NewRow("03") = wk본선적부정렬42(3, i)
        NewRow("05") = wk본선적부정렬42(5, i)

        Dt42.Rows.Add(NewRow)

End Sub
```

〈해설〉

1. BAY번호 콤보박스의 목록을 채우기 위해 BAY번호List 테이블을 생성한다.

2. BAY번호 콤보박스의 내용에 따라 4개의 BAY 내역을 폼의 DataGridView에 나타내므로 다음과 같이 처리한다.
   - "01", "03"인 경우 : wkBay1, wkBay2, wkBay3, wkBay4에 "01", "03", "05", "07"을 옮긴다.
   - "02"인 경우 : 위의 변수에 "02", "06", "10", "14"를 옮긴다.

3. 본선적부검색정보 테이블을 생성한다. 이 테이블을 이용하여 본선적부정렬11() ~ 본선적부정렬42() 배열을 생성하고, 그 배열 데이터를 4쌍의 DataGridView에 출력한다.

4. 본선적부검색정보 테이블에서 목적지항의 첫 번째 바이트를 wk목적지항에 옮긴다.

5. 본선적부검색정보 테이블의 (Tier번호 - 72)를 wkIndex21에 옮긴다. 이 데이터는 Deck 처리 루틴에 이용한다. -72를 한 것은 별다른 뜻은 없고 배열의 개수를 줄이고자 함이다.

6. wk목적지항이 "A"보다 작으면(공백이면) wk적부정보에 ""를 옮기고, 그렇지 않은 경

우에 wk목적지항이 "X"이면 즉, 컨테이너를 적재할 수 없는 위치인 경우이면 wk적부 정보에 "X"를 옮기고, 아니면 (wk목적지항 & "/" & wk구분코드)를 wk적부정보에 옮긴다. 이 데이터는 DataGridView에 데이터를 출력할 때 이용한다.

7. 본선적부검색정보 테이블의 BAY번호의 값에 따라 다음을 수행한다.

 - wkBay1인 경우 : 본선적부검색정보 테이블의 Tier번호가 "80"보다 크면 (Deck이면) wk적부정보를 wk본선적부정렬11 배열에 옮기고, 아니면 (Hold이면) wk본선적부정렬12 배열에 옮긴다.

8. 배열의 i값이 18, 16, 14, 12, 10인 경우(즉, +72를 하면 Tier값이 90, 88, 86, 84, 82인 경우)에 대해 각각 본선DataTable생성1() 프로시저를 수행한다. 이 프로시저는 Deck에 대한 로직이다.

9. 본선적부정렬정보11 테이블을 dgvDeck1 DataGridView의 DataSource에 옮긴다. 본선적부정렬정보11 테이블은 본선적부검색정보 테이블 내역을 DataGridView에 출력할 수 있도록 변환한 것이다.

10. 본선적부정렬정보11 테이블을 처음부터 읽어서 필드 내역 중 첫 글자가 "T"이면 그 셀의 배경색을 Agua로 한다.

11. 본선적부정렬정보11 테이블을 처음부터 읽어서 필드 내역 중 첫 글자가 "D"이면 그 셀의 배경색을 Orange로 한다.

12. 배열의 i값이 8, 6, 4, 2인 경우에 대해 각각 본선DataTable생성2() 프로시저를 수행한다. 이 프로시저는 Hold에 대한 로직이다.

13. 본선적부정렬정보12 테이블을 dgvHold1 DataGridView의 DataSource에 옮긴다. 본선적부정렬정보12 테이블은 본선적부검색정보 테이블 내역을 DataGridView에 출력할 수 있도록 변환한 것이다.

14. "BAY_" + wkBAY1을 grpBAY1에 옮긴다. 이는 2개의 DataGridView를 한 쌍 (Deck 및 Hold)의 그룹박스로 묶어 놓았고, 이에 대한 그룹의 텍스트에 값을 지정한 것이다.

15. DataGridView에서 해당 필드의 정렬 특성을 사용하지 못하도록 지정한다. 기본값은 정렬 특성을 사용할 수 있는 것이다.

16. wk본선적부정렬11(), wk본선적부정렬21(), wk본선적부정렬31() 및 wk본선적부정렬41() 배열의 내용을 이용하여 본선적부정렬정보11, Dt21, Dt31, Dt41 테이블을 생성한다. Deck에 사용되는 테이블이다.

17. wk본선적부정렬12(), wk본선적부정렬22(), wk본선적부정렬32() 및 wk본선적부정렬42() 배열의 내용을 이용하여 본선적부정렬정보12, Dt22, Dt32, Dt42 테이블을 생성한다. Hold에 사용되는 테이블이다.

⑥ dgvDeck1, dgvDeck2, dgvDeck3, dgvDeck4, dgvHold1, dgvHold2, dgvHold3, dgvHold4
DataGridView를 더블 클릭했을 때의 로직을 작성하자. 이는 DataGridView의 선택된
셀(Row 및 Tier) 값에 따라 그 컨테이너 세부 내역을 컨테이너정보 폼으로 연결하여
보여주는 로직이다.

리스트 **14-3**

```
Private Sub dgvDeck1_DoubleClick(ByVal sender As Object, ByVal e ↙
                 As System.EventArgs) Handles dgvDeck1.DoubleClick

    Dim frm컨테이너정보관리 As New 컨테이너정보관리()

    wkRow번호 = wkDeckRow번호(dgvDeck1.SelectedCells(0).ColumnIndex)
                                                                    1
    wkTier번호 = wkDeckTier번호(dgvDeck1.SelectedCells(0).RowIndex)
    grpBAY번호 = Mid(grpBay1.Text, 5, 2) ------------------------------ 2
    wkDeck구분 = "2" ------------------------------------------------- 3

    컨테이너번호검색()

    If sv컨테이너번호 > "A" Then ------------------------------------- 4
        frm컨테이너정보관리.Show()
    End If

End Sub

Private Sub 컨테이너번호검색() ------------------------------------- 5

    For i = 0 To Ds2.Tables("본선적부검색정보").Rows.Count - 1

    For i = 0 To Ds2.Tables("본선적부검색정보").Rows.Count - 1

        If (Ds2.Tables("본선적부검색정보").Rows(i)("항차") =        ↙
                              cbo항차.Text) And _
           (Ds2.Tables("본선적부검색정보").Rows(i)("BAY번호") =     ↙
                              grpBAY번호) And _
           (Ds2.Tables("본선적부검색정보").Rows(i)("Deck구분") =    ↙
                              wkDeck구분) And _
           (Ds2.Tables("본선적부검색정보").Rows(i)("Row번호") =     ↙
                              wkRow번호) And _
           (Ds2.Tables("본선적부검색정보").Rows(i)("Tier번호") =    ↙
                              wkTier번호) Then
```

```
          sv컨테이너번호 = Ds2.Tables("본선적부검색정보").Rows(i) ↙
                               ("컨테이너번호").ToString

          Exit For
       End If
    Next


End Sub


Private Sub dgvDeck2_DoubleClick(ByVal sender As Object, ByVal e As ↙
         System.EventArgs) Handles dgvDeck2.DoubleClick

    Dim frm컨테이너정보관리 As New 컨테이너정보관리()

    wkRow번호 = wkDeckRow번호(dgvDeck2.SelectedCells(0).ColumnIndex)
    wkTier번호 = wkDeckTier번호(dgvDeck2.SelectedCells(0).RowIndex)
    grpBAY번호 = Mid(grpBay2.Text, 5, 2)
    wkDeck구분 = "2"

    컨테이너번호검색()

    If sv컨테이너번호 > "A" Then
       frm컨테이너정보관리.Show()
    End If

End Sub

Private Sub dgvDeck3_DoubleClick(ByVal sender As Object, ByVal e As ↙
         System.EventArgs) Handles dgvDeck3.DoubleClick

    Dim frm컨테이너정보관리 As New 컨테이너정보관리()

    wkRow번호 = wkDeckRow번호(dgvDeck3.SelectedCells(0).ColumnIndex)
    wkTier번호 = wkDeckTier번호(dgvDeck3.SelectedCells(0).RowIndex)
    grpBAY번호 = Mid(grpBay3.Text, 5, 2)
    wkDeck구분 = "2"

    컨테이너번호검색()

    If sv컨테이너번호 > "A" Then
       frm컨테이너정보관리.Show()
    End If


End Sub
```

```vb
Private Sub dgvDeck4_DoubleClick(ByVal sender As Object, ByVal e ↙
            As System.EventArgs) Handles dgvDeck4.DoubleClick

    Dim frm컨테이너정보관리 As New 컨테이너정보관리()

    wkRow번호 = wkDeckRow번호(dgvDeck4.SelectedCells(0).ColumnIndex)
    wkTier번호 = wkDeckTier번호(dgvDeck4.SelectedCells(0).RowIndex)
    grpBAY번호 = Mid(grpBay4.Text, 5, 2)
    wkDeck구분 = "2"

    컨테이너번호검색()

    If sv컨테이너번호 > "A" Then
        frm컨테이너정보관리.Show()
    End If

End Sub

Private Sub dgvHold1_DoubleClick(ByVal sender As Object, ByVal e ↙
            As System.EventArgs) Handles dgvHold1.DoubleClick

    Dim frm컨테이너정보관리 As New 컨테이너정보관리()

    wkRow번호 = wkHoldRow번호(dgvHold1.SelectedCells(0).ColumnIndex)
    wkTier번호 = wkHoldTier번호(dgvHold1.SelectedCells(0).RowIndex)
    grpBAY번호 = Mid(grpBay1.Text, 5, 2)
    wkDeck구분 = "1" ·················································· 6

    컨테이너번호검색()

    If sv컨테이너번호 > "A" Then
        frm컨테이너정보관리.Show()
    End If

End Sub

Private Sub dgvHold2_DoubleClick(ByVal sender As Object, ByVal e ↙
            As System.EventArgs) Handles dgvHold2.DoubleClick

    Dim frm컨테이너정보관리 As New 컨테이너정보관리()

    wkRow번호 = wkHoldRow번호(dgvHold2.SelectedCells(0).ColumnIndex)
    wkTier번호 = wkHoldTier번호(dgvHold2.SelectedCells(0).RowIndex)
    grpBAY번호 = Mid(grpBay2.Text, 5, 2)
```

```
      wkDeck구분 = "1"
      컨테이너번호검색()

   If sv컨테이너번호 > "A" Then
      frm컨테이너정보관리.Show()
   End If
End Sub


Private Sub dgvHold3_DoubleClick(ByVal sender As Object, ByVal e ↙
            As System.EventArgs) Handles dgvHold3.DoubleClick

   Dim frm컨테이너정보관리 As New 컨테이너정보관리()

   wkRow번호 = wkHoldRow번호(dgvHold3.SelectedCells(0).ColumnIndex)
   wkTier번호 = wkHoldTier번호(dgvHold3.SelectedCells(0).RowIndex)
   grpBAY번호 = Mid(grpBay3.Text, 5, 2)
   wkDeck구분 = "1"

   컨테이너번호검색()

   If sv컨테이너번호 > "A" Then
      frm컨테이너정보관리.Show()
   End If
End Sub


Private Sub dgvHold4_DoubleClick(ByVal sender As Object, ByVal e ↙
            As System.EventArgs) Handles dgvHold4.DoubleClick

   Dim frm컨테이너정보관리 As New 컨테이너정보관리()

   wkRow번호 = wkHoldRow번호(dgvHold4.SelectedCells(0).ColumnIndex)
   wkTier번호 = wkHoldTier번호(dgvHold4.SelectedCells(0).RowIndex)
   grpBAY번호 = Mid(grpBay4.Text, 5, 2)
   wkDeck구분 = "1"

   컨테이너번호검색()

   If sv컨테이너번호 > "A" Then
      frm컨테이너정보관리.Show()
   End If

End Sub
```

〈해설〉

1. wkDeckRow() 배열은 "08", "06", "04", "02", "00", "01", "03", "05", "07"로 구성되어 있고, wkDeckTier() 배열은 "90", "88", "86", "84", "82"로 구성되어 있다. 위의 배열과 선택된 셀의 ColumnIndex 및 RowIndex를 이용하여 실제 DeckRow번호(wkRow번호)와 DeckTier번호(wkTier번호)를 구한다.
2. BAY1 그룹박스의 텍스트(grpBay1.Text)는 "BAY-02", "BAY-06" 등으로 이루어져 있다. 여기에서 5번째에서 2바이트를 선택하여 실제 BAY번호(grpBAY번호)를 구한다.
3. wkDeck구분이 "2"는 DECK를 나타낸다.
4. sv컨테이너번호가 "A"보다 크면 즉, 해당 컨테이너번호를 검색해서 있으면 [컨테이너 정보관리] 폼을 연다.
5. 폼의 항차, 위에서 구한 BAY번호, Deck구분("2"), DeckRow번호, DeckTier번호를 이용하여 본선적부검색정보 테이블에서 해당 컨테이너번호를 검색해서 있으면 sv컨테이너번호에 저장한다.
6. wkDeck구분이 "1"은 HOLD를 나타낸다.

⑦ grpBay1, grpBay2, grpBay3, grpBay4 그룹박스를 클릭했을 때의 로직을 작성하자. 이는 항차 및 해당 그룹박스의 BAY번호로 세부적인 본선적하에 대한 순번을 조회하는 본선적하순번조회 프로그램으로 연결한다.

리스트 **14-4**

```
Private Sub grpBay1_Click(ByVal sender As Object, ByVal e As ↵
            System.EventArgs) Handles grpBay1.Click

    Dim frm본선적하순번조회 As New 본선적하순번조회

    wk항차 = cbo항차.Text                          1
    wk본선BAY번호 = Mid(grpBay1.Text, 5, 2)         2

    frm본선적하순번조회.Show()                       3

End Sub

Private Sub grpBay2_Click(ByVal sender As Object, ByVal e As ↵
            System.EventArgs) Handles grpBay2.Click
```

```
        Dim frm본선적하순번조회 As New 본선적하순번조회

        wk항차 = cbo항차.Text
        wk본선BAY번호 = Mid(grpBay2.Text, 5, 2)
        frm본선적하순번조회.Show()

End Sub

Private Sub grpBay3_Click(ByVal sender As Object, ByVal e As ↙
           System.EventArgs) Handles grpBay3.Click

        Dim frm본선적하순번조회 As New 본선적하순번조회

        wk항차 = cbo항차.Text
        wk본선BAY번호 = Mid(grpBay3.Text, 5, 2)
        frm본선적하순번조회.Show()

End Sub

Private Sub grpBay4_Click(ByVal sender As Object, ByVal e As ↙
           System.EventArgs) Handles grpBay4.Click

        Dim frm본선적하순번조회 As New 본선적하순번조회

        wk항차 = cbo항차.Text
        wk본선BAY번호 = Mid(grpBay4.Text, 5, 2)
        frm본선적하순번조회.Show()

    End Sub

End Class
```

〈해설〉

1. 폼의 항차를 모듈에 있는 wk항차에 저장하고, 본선적하순번조회 폼에서 사용한다.
2. BAY1 그룹박스의 텍스트 중에서 5번째 바이트부터 2바이트를 모듈에 있는 wk본선BAY번호에 저장하고, 본선적하순번조회 폼에서 사용한다.
3. wk항차와 wk본선BAY번호를 이용하여 본선적하순번조회 폼을 연다.

14.2 본선 적하 순번 조회 프로그램 작성

실습에 필요한 데이터베이스는 [양적하관리.bak] 데이터베이스를 복원하여 사용하고, [양적하관리] 데이터베이스의 [컨테이너정보] 및 [적하순번정보] 테이블을 이용한다.

프로그램 명세서		
작성자 : 김 진 수	승인자 :	버 전 : 1.0
작성일 : 2009. 06. 22	승인일 :	페이지 : 1/3

프로그램명	본선 적하 순번 조회
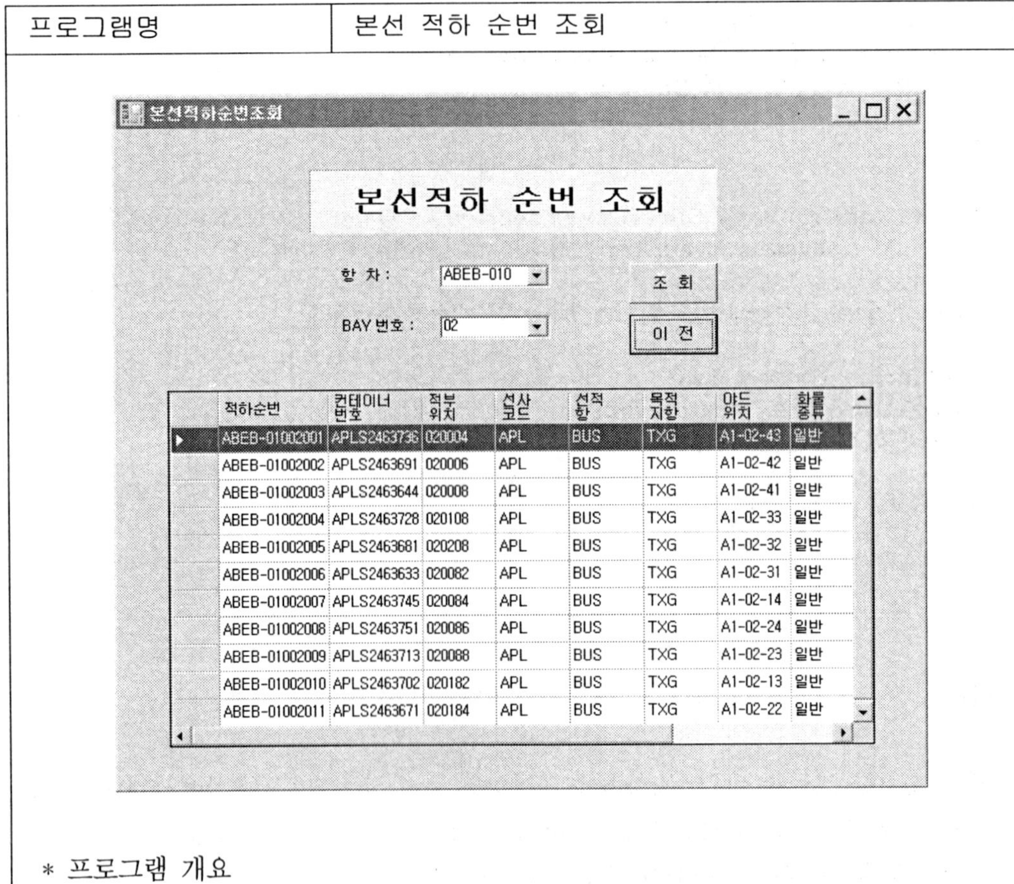	

* 프로그램 개요
  - 항차, BAY번호 등의 검색 조건을 이용하여 본선 적하 순번을 조회하는 프로그램이다.

<table>
<tr><td colspan="3" align="center">프로그램 명세서</td></tr>
<tr><td>작성자 : 김 진 수</td><td>승인자 :</td><td>버　전 : 1.0</td></tr>
<tr><td>작성일 : 2009. 06. 22</td><td>승인일 :</td><td>페이지 : 2/3</td></tr>
</table>

프로그램명	본선 적하 순번 조회

- [조회] 단추를 누르면 항차 및 BAY번호 검색 조건에 대한 적하순번, 컨테이너 번호, 적부 위치, 선사 코드, 선적항, 목적지항, 야드 위치, 화물 종류 등의 내역을 DataGridView에 조회한다.
- [이전] 단추를 누르면 이전 프로그램(본선 적부도 조회)으로 되돌아간다.

1. 본선적하순번조회_Load()
   - 양적하관리 데이터베이스를 연결하여 연다.
   - 컨테이너정보 테이블을 이용하여 적하컨테이너정보 테이블을 초기 생성한다.
   - 항차List 테이블을 생성하여 항차 콤보상자의 목록을 채운다.
   - wk항차가 공백이 아니면 wk항차 및 wk본선BAY번호를 폼의 항차 및 BAY번호 콤보상자에 옮기고 적하순번조회() 프로시저를 수행한다.
   - wk항차 및 wk본선BAY번호는 모듈에 저장된 공용 변수로서 본선 적부도 조회 프로그램에서 이 프로그램에 연결하기 위해서 저장한 데이터이다.

2. cbo항차_SelectionChangeCommitted()
   - cbo항차가 공백이면 프로시저를 종료한다.
   - BAY번호List 테이블을 생성하여 BAY번호 콤보상자의 목록을 채운다. 이때 선택된 BAY번호는 적하순번정보 테이블에서 항차가 cbo항차와 같은 데이터를 선택한다.

3. btn조회_Click()
   - cbo항차 또는 cboBAY번호가 공백이면 오류 메시지를 내보내고, 아니면 적하 순번조회() 프로시저를 수행한다.

4. 적하순번조회()
   - 적하컨테이너정보 테이블의 내용을 지운다.

<table>
<tr><td colspan="6" align="center">프로그램 명세서</td></tr>
<tr><td>작성자 : 김 진 수</td><td>승인자 :</td><td>버　전 : 1.0</td></tr>
<tr><td>작성일 : 2009. 06. 22</td><td>승인일 :</td><td>페이지 : 3/3</td></tr>
</table>

프로그램명	본선 적하 순번 조회

```
- SQL = "SELECT 적하순번, 컨테이너번호, 적부위치, 선사코드, 선적항, ✓
        목적지항, 야드위치, " & _
        "화물종류, 크기및규격, 중량, 공적여부 FROM 컨테이너정보 " & _
        "WHERE (항차 = '" & cbo항차.Text & "') and ✓
        (적부위치 like '" & cboBAY번호.Text & _
        "%') and (적하순번 > 'A') ORDER BY 적하순번"
- 위의 SQL문을 이용하여 적하컨테이너정보 테이블을 생성한다.
- 적하컨테이너정보 테이블을 DataGridView의 DataSource에 옮긴다.


5. btn이전_Click()
   - 화면을 닫는다.
```

① 14.1에서 실습한 [양적하관리] 프로젝트를 그대로 이용한다. 솔루션 탐색기에서 [양적하관리] 프로젝트를 선택하고 우측 마우스 단추를 눌러 단축 메뉴를 표시한다. [추가/Windows Form]을 선택하여 새로운 폼을 만든다. 새로운 폼 이름은 [본선적하순번조회]로 한다.

② 다음 표를 참고로 폼을 디자인한다.

컨트롤	Name	Text	비 고
Form	본선적하순번조회	본선적하순번조회	
Label	Label1	본선적하 순번 조회	Font : 굴림32pt
ComboBox	cbo항차		
ComboBox	cboBAY번호		
Button	btn조회	조 회	

컨트롤	Name	Text	비 고
Button	btn이전	이 전	
DataGridView	DataGridView1		

* 일반적인 레이블 내역은 생략함

③ 프로그램에 imports해야 할 네임스페이스와 본선적하순번조회 폼에 사용될 기본 개체
　를 설정하고, 폼의 빈곳에 더블 클릭하여 본선적하순번조회_Load 로직을 작성하자.
　또한 [조회] 명령 단추에 대한 로직도 작성하자. 모듈 내역은 리스트 14-1을 참고한다.

리스트 **14-5**

```
Imports System.Data
Imports System.Data.SqlClient
Imports System.IO


Public Class 본선적하순번조회

 Protected Conn As New SqlConnection()
 Protected Ds2 As New DataSet
 Protected Adt1 As New SqlDataAdapter()
 Protected Adt2 As New SqlDataAdapter()
 Protected Adt3 As New SqlDataAdapter()
 Protected Cmd As SqlCommand
 Protected SQL As String = ""


 Private Sub 본선적하순번조회_Load(ByVal sender As Object, ByVal e ↙
          As System.EventArgs) Handles Me.Load

   Try
     Conn.ConnectionString = "SERVER=kjs;UID=sa;PWD=kjs; ↙
                 DATABASE=양적하관리"


     SQL = "SELECT 적하순번, 컨테이너번호, 적부위치, 선사코드, ↙
          선적항, 목적지항, 야드위치, " & _
          "화물종류, 크기및규격, 중량, 공적여부 FROM 컨테이너정보 ↙
          WHERE 항차 = ''"


     Adt1 = New SqlDataAdapter(SQL, Conn)
     Adt1.Fill(Ds2, "적하컨테이너정보")
```

```
        Adt2 = New SqlDataAdapter("Select distinct 항차 from ↙
            적하순번정보 order by 항차", Conn)
        Adt2.Fill(Ds2, "항차List")
        cbo항차.DataSource = Ds2.Tables("항차List")
        cbo항차.DisplayMember = "항차"
        cbo항차.Text = ""

        If wk항차 <> "" Then ··································································· 1
            cbo항차.Text = wk항차
            cboBAY번호.Text = wk본선BAY번호
            wk항차 = ""
            wk본선BAY번호 = ""

            적하순번조회() ······························································· 2
        End If

    Catch ErrSQL As SqlException
        Dim colErrors As SqlErrorCollection = ErrSQL.Errors
        Dim i As Integer
        For i = 0 To colErrors.Count
            MessageBox.Show("오류 번호 : " & ErrSQL.Number & "[" & _
            ErrSQL.Source & "]" & ControlChars.CrLf & "오류 내역 : " & _
            ErrSQL.Message & ControlChars.CrLf & "오류 행번호 : " & _
            ErrSQL.StackTrace, "오류 메시지" & "(" & i + 1 & ")")
        Next
    End Try

End Sub

Private Sub 적하순번조회()

    Ds2.Tables("적하컨테이너정보").Clear()
    SQL = "SELECT 적하순번, 컨테이너번호, 적부위치, 선사코드, 선적항, ↙
        목적지항, 야드위치, " & _
        "화물종류, 크기및규격, 중량, 공적여부 FROM 컨테이너정보 " & _
        "WHERE (항차 = '" & cbo항차.Text & _
        "') and (적부위치 like '" & cboBAY번호.Text & _
        "%') and (적하순번 > 'A') ORDER BY 적하순번"

    Adt1 = New SqlDataAdapter(SQL, Conn)
    Adt1.Fill(Ds2, "적하컨테이너정보") ··········································· 3

    DataGridView1.DataSource = Ds2.Tables("적하컨테이너정보")
End Sub
```

```
Private Sub btn조회_Click_1(ByVal sender As System.Object, ↙
          ByVal e As System.EventArgs) Handles btn조회.Click

  If (cbo항차.Text = "") Or (cboBAY번호.Text = "") Then
     MsgBox("야드블록번호와 야드BAY번호를 입력하여야 ↙
             조회할 수 있습니다.")
  Else
       적하순번조회()
  End If

End Sub
```

〈해설〉

1. wk항차가 공백이 아니면 wk항차 및 wk본선BAY번호를 폼의 항차 및 BAY번호 콤보 상자에 옮기고 적하순번조회() 프로시저를 수행한다. wk항차 및 wk본선BAY번호는 모듈에 저장된 공용 변수로서 본선 적부도 조회 프로그램에서 이 프로그램에 연결하기 위해서 저장한 데이터이다.

2. 적하순번조회() 프로시저는 적하컨테이너정보 테이블을 생성해서 DataGridView1에 옮기는 로직이다.

3. 적하컨테이너정보 테이블은 컨테이너정보 테이블 중에서 항차가 cbo항차와 같고 적부 위치가 cboBAY번호와 유사하고 적하순번이 "A"보다 큰 레코드를 찾아서 생성한다.

④ cbo항차 콤보 상자의 값이 변경될 때의 로직을 작성하자. cbo항차가 변경되면 그에 따라 cboBAY번호도 변경되어야 한다. 또한 [이전] 명령 단추에 대한 로직도 작성하자.

리스트 **14-6**

```
Private Sub cbo항차_SelectionChangeCommitted(ByVal sender As ↙
          Object, ByVal e As System.EventArgs) Handles ↙
          cbo항차.SelectionChangeCommitted

  If cbo항차.Text = "" Then
     Exit Sub
  End If
```

```
    Adt3 = New SqlDataAdapter("Select distinct BAY번호 from  ↙
          적하순번정보 where 항차 = '" & _
          cbo항차.Text & "' order by BAY번호", Conn)

    Adt3.Fill(Ds2, "BAY번호List")  ················································· 1

    cboBAY번호.DataSource = Ds2.Tables("BAY번호List")
    cboBAY번호.DisplayMember = "BAY번호"
    cboBAY번호.Text = ""

End Sub

Private Sub btn이전_Click(ByVal sender As System.Object, ByVal e  ↙
          As System.EventArgs) Handles btn이전.Click

    Me.Close()

End Sub

End Class
```

〈해설〉

1. BAY번호 콤보상자의 목록을 채우기 위해 BAY번호List 테이블을 생성한다. 이 때 선
   택된 BAY번호는 적하순번정보 테이블에서 항차가 cbo항차와 같은 데이터를 선택한다.

부록1

요소 기술 및 실습 프로그램 목록

부록1.1 요소 기술 목록

순번	요 소 기 술	장절 번호
1	ADO.NET 데이터 집합(DataSet)을 하위 보고서에 연결시키는 기술	5.2
2	Application.StartupPath 사용 방법	2.6 3.3
3	ASP.NET을 이용한 웹 폼 처리 기술	6.4 11.1 11.2
4	BinaryWriter를 이용한 비트맵 이미지 데이터의 조회 방법	2.6 3.3
5	Cache Key 이용 기술	11.1 11.2
6	CheckBox의 각종 처리 기술	4.1
7	Clone 메소드를 이용한 DataTable 복제 방법	10.1
8	Color 지정 방법	10.2
9	ComboBox의 목록 선택이 변경되는 이벤트(Selection_ChangeCommitted) 처리 기술	4.1
10	Control Character 사용 방법	10.2
11	Copy 메소드를 이용한 테이블 복사	8.1
12	DataColumn 및 DataRow 처리 기술	3.4
13	DataGridView에서 각 컬럼의 정렬 기능을 제거하는 방법	14.1
14	DataGridView에서 사진 필드를 출력하는 방법	2.5
15	DataGridView에서 선택된 행(Row) 및 셀(Cell)에 대한 데이터 처리 기술	9.2 10.1
16	DataGridView에서 특정 행을 선택하고 그 데이터를 이용하는 기술	2.5
17	DataGridView에서 Cell 컨트롤 및 Cell의 배경색을 지정하는 방법	14.1
18	DataGridView에서 Column 및 Row에 대한 스크롤 고정 기술	3.4
19	DataGridView의 Frozen 처리 기술	3.4
20	DataGridView의 속성 정의 및 DataGridView 선택 내역을 변경할 때의 알고리즘	8.1 13.1

순번	요 소 기 술	장절 번호
21	DataTable(임시)을 생성하여 DataGridView에 데이터를 효율적으로 출력하는 방법	10.1
22	DataView를 이용한 데이터 검색 방법	9.2
23	distinct를 사용하여 중복되지 않는 레코드를 출력하는 SQL문	4.1
24	DropDownList의 목록을 생성하는 기술	6.4 11.2
25	FileStream 함수 사용 방법	2.6
26	INNER JOIN 명령어 사용 방법	3.2
27	Left Outer Join을 이용한 SQL문 작성 방법	8.2
28	LIKE 문을 이용한 유사 검색 방법	2.5
29	Mid 함수를 이용한 데이터 처리 방법	10.2 14.1
30	SelectAll(TextBox의) 메소드 사용 방법	4.1
31	SelectedIndexChanged 이벤트의 효율적인 사용 방법	4.1 9.2
32	Serial 번호를 수동으로 만드는 방법	4.1
33	TextChanged 이벤트 처리 방법	4.1
34	그룹 지정 및 수식 추가 기술	13.2
35	데이터 체크 알고리즘	8.1 13.1
36	데이터 테이블 생성 방법	13.1
37	데이터 테이블을 이용하여 콤보 상자에 목록 리스트를 채우는 방법	3.2
38	로그인 할 때 회원ID 및 비밀번호 체크 알고리즘	2.4
39	매개 변수 필드를 이용한 보고서 작성 기술	5.2
40	모듈의 public 변수를 이용하여 다른 프로그램과 데이터를 공유하는 방법	3.2 3.3
41	배열을 이용한 데이터 처리 기술	3.4
42	보고서의 레코드 선택 수식(RecordSelectFormula) 속성을 이용한 수식 작성 및 연결 방법	5.2

순번	요 소 기 술	장절 번호
43	비밀번호 속성 지정	2.4
44	사진 데이터 garbage 처리(리소스 dispose) 방법	2.6 3.3
45	연속된 양식 보고서를 출력하는 방법	5.2
46	웹 폼에서의 메시지 처리 기술	6.4
47	웹 폼에서의 GridView 처리 및 데이터 바인딩 기술	6.4 11.1 11.2
48	콤보 상자의 내역이 변경되었을 때의 이벤트 처리 방법	3.2
49	크리스탈 레포트 뷰어에서 특정 내용을 선택해서 출력하는 기술	13.2
50	크리스탈 레포트를 이용한 보고서 프로그래밍 기술	5.2 13.2
51	하위 보고서(포함된 보고서) 작성 기술	5.2

부록1.2 실습 프로그램 목록

실습 장절	프로그램 명	프로그램 내용
2.4	메인	해운정보서비스 프로젝트의 메인 프로그램으로서 회원리스트조회, 선박별스케줄조회, 선박정보조회, 전체스케줄조회, 예약신청, 선적요청, 선하증권검색, 선하증권상세조회, 화물추적조회 등의 프로그램으로 연결한다.
2.5	회원리스트 조회	해운회사에 등록된 회원의 사진, 회원ID, 회원명, 회사명, 업태, 업종, 핸드폰번호, 이메일, 주소 등의 데이터를 리스트 형태로 조회하는 프로그램이다.
2.6	회원상세조회	해운회사에 등록된 회원의 사진, 회원ID, 회원명, 회사명, 주민등록번호, 사업자등록번호, 업태, 업종 등의 상세한 데이터를 조회하는 프로그램이다.
3.2	선박별스케줄 조회	선박명, 선박 코드 등의 검색 조건을 이용하여 선박별 스케줄을 조회하는 프로그램이다.
3.3	선박정보조회	선박 코드, 선박명, 항차, 선주, 국적, 선사 코드 등의 선박에 대한 상세한 내역을 조회하는 프로그램이다.
3.4	전체스케줄 조회	선박의 출발일자, 도착일자 및 서비스 지역을 기준으로 한 전체 선박의 운항 스케줄을 클로스 탭 형식으로 조회하는 프로그램이다.
4.1	예약신청	화주가 해운회사에서 제공되는 선박의 출항 스케줄을 조회하고 난 뒤 자기 회사의 선적할 화물에 대해 서비스 종류, 출발지, 도착지, 선박 스케줄 내역, 선적 품목 내역 등의 내역을 입력하여 선적 내용을 미리 예약(Booking)하는 프로그램이다.
4.2	화물세부내역 관리	독자적으로 수행되지 않고 예약 신청 폼과 연계된 폼으로, 냉동, 위험 및 장척 화물에 대한 세부 내역을 입력 및 수정하는 프로그램이다.
5.2	선하증권출력	Crystal Report Viewer를 이용하여 선하증권 보고서를 출력하는 프로그램이다.

실습 장절	프로그램 명	프 로 그 램 내 용
6.4	화물추적조회 (웹)	항차, BL번호 및 컨테이너번호 등의 검색 조건으로 컨테이너번호, BL번호, 항차, 화물종류, 포장종류, 중량, 크기및규격 등의 화물 추적 내역을 GridView에 출력하는 프로그램이다.
8.1	컨테이너정보 관리	컨테이너 정보를 조회, 검색, 수정하는 프로그램이다.
8.2	컨테이너 반출입목록	반입 일시, 운송사명, 공적 여부, 선사 코드, 모선 코드, 작업 위치 등의 검색 조건을 이용하여 컨테이너 반출입 목록을 검색하는 프로그램이다.
9.2	야드작업관리	야드로의 컨테이너 반입, 외부로 컨테이너 반출 및 컨테이너의 구내이적을 처리하는 프로그램이다.
10.1	야드MAP	야드 검색 블록을 입력하여 해당 블록에 대한 BAY별 계획량, 적재량 및 공백량 집계 내역을 조회하는 프로그램이다.
10.2	야드블록MAP	야드 검색 블록과 BAY번호를 입력하여 해당 블록 및 BAY에 대한 야드 적재 내역을 조회하는 프로그램이다.
11.1	선사코드검색 (웹)	선사 코드에 대한 선사명을 웹에서 검색하는 프로그램이다.
11.2	컨테이너조회 (웹)	모선 코드, 선사 코드 등의 검색 조건을 이용하여 컨테이너 정보를 웹에서 조회하는 프로그램이다.
13.1	적하계획	컨테이너 야드에 블록번호별, BAY번호별로 적재되어 있는 컨테이너를 본선에 항차 및 BAY번호별로 적하를 계획하는 프로그램이다.
13.2	본선적하 리스트출력	항차별, BAY번호별 순번, 컨테이너 번호, 야드 위치, 적부 위치, 크기/규격, 공적 여부, 선사 코드, 화물종류, 중량, 목적지항, 봉인번호 등의 본선 적하 내역을 출력한다.
14.1	본선적부도 조회	본선의 항차 및 BAY번호를 입력하면 그에 해당하는 본선 적부도 내역을 DataGridView로 조회하는 프로그램이다.
14.2	본선적하순번 조회	항차, BAY번호 등의 검색 조건을 이용하여 본선 적하 순번을 조회하는 프로그램이다.

부록2

부록 CD 사용 방법

부록2.1 부록 CD 내역

부록 CD는 데이터베이스 및 프로그램 폴더로 이루어져 있다. 그 내역은 다음과 같다.

- 데이터베이스 폴더 : 본문의 프로그램을 실습하기 위한 데이터베이스가 백업 형태로 되어 있으므로 부록2.2를 참고하여 복원하여 사용한다.

각 부별로 실습하는 프로젝트가 프로그램 폴더에 저장되어 있으므로 프로그램을 보고자 할 때에는 그대로 복사해서 사용하면 된다. 각 부별 프로젝트 내역은 다음과 같다.

- 프로그램 폴더
  - 1부 : 해운정보서비스 프로젝트,
          ShippingWebSite 프로젝트

  - 2부 : 야드관리 프로젝트,
          YardWebSite 프로젝트

  - 3부 : 양적하관리 프로젝트

부록2.2 예제 데이터베이스 설치

예제 데이터베이스는 부록 CD의 [데이터베이스] 폴더에 백업 데이터 형식으로 되어 있다. 이 데이터를 실습할 때에 복원하여 사용한다. 다음은 [야드관리.bak] 백업 데이터를 MS SQL Server 2005에 복원하는 방법이다.

① 부록 CD의 [데이터베이스] 폴더에 있는 [야드관리.bak] 파일을 [C:\Program Files\Microsoft SQL Server\MSSQL.1\MSSQL\BACKUP] 폴더에 복사한다. 만일 다른 드라이브에 SQL Server를 설치하였으면 설치된 위치의 BACKUP 폴더에 복사한다.

② 다음과 같이 SQL Server Management Studio를 실행한다.

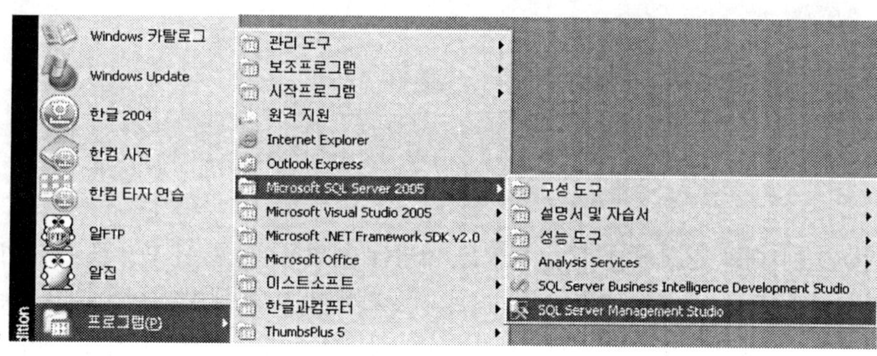

③ 데이터베이스를 복원하기 위해서 데이터베이스 폴더의 단축 메뉴에서 [데이터베이스 복원]을 선택한다.

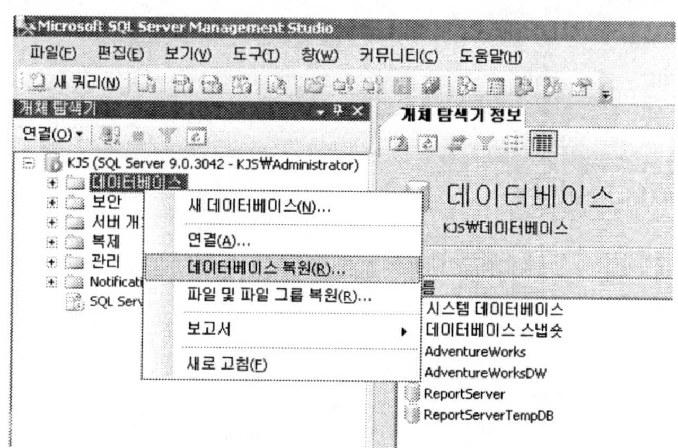

④ [데이터베이스 복원] 대화 상자의 복원 대상에서 데이터베이스 이름은 "야드관리"를 입력하고, 복원에 사용할 원본에서 [장치]를 선택한 뒤 [...] 단추를 누른다.

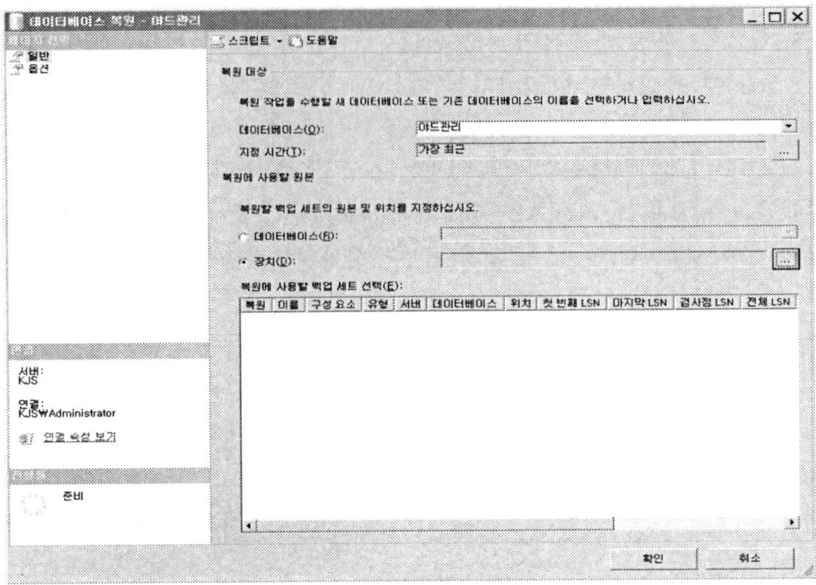

⑤ [백업 지정] 대화 상자에서 백업 위치를 지정하기 위해서 [추가] 단추를 누르면 [백업 파일 찾기] 대화 상자가 나타난다. 이 대화 상자에서 해당 데이터(야드관리.bak)를 선택하고 확인 단추를 누르면 [백업 지정] 대화 상자에 새로운 백업 위치가 나타난다. 그 내용이 맞으면 [확인] 단추를 누른다.

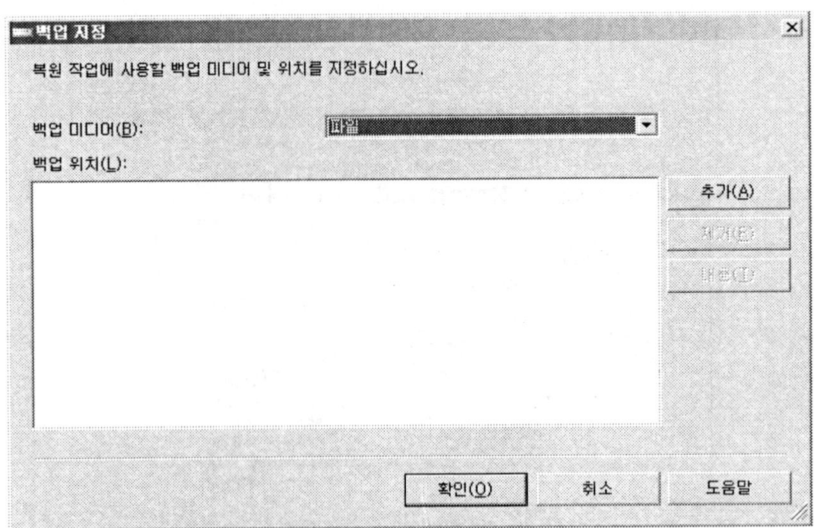

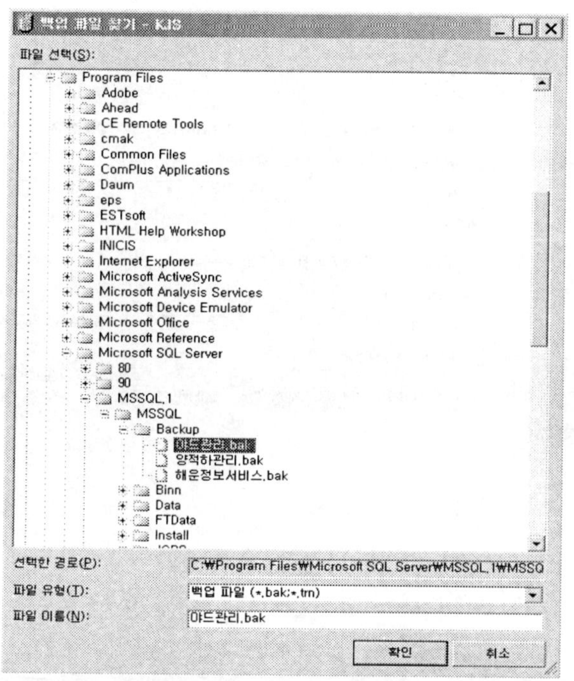

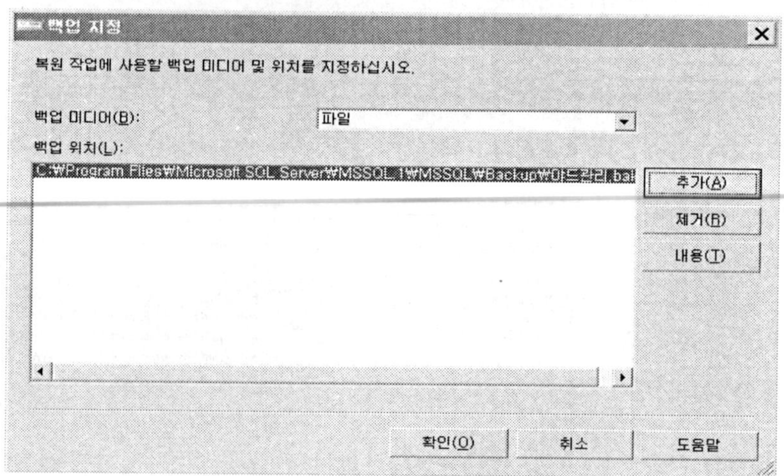

⑥ [데이터베이스 복원] 대화 상자의 [일반] 탭에서 복원에 사용될 백업 세트를 선택하고
에서 확인 단추를 누른다. 이때 데이터베이스 백업 세트는 데이터베이스를 백업할 때마
다 이제까지의 백업을 누적해서 관리하므로 여러 개의 백업 세트가 있을 수 있다. 또한
기존의 데이터베이스가 존재하는 경우에는 [옵션] 탭을 선택하고, 복원 옵션에서 [기
존 데이터베이스 덮어쓰기]를 선택하고 확인 단추를 누른다. 복원이 완료되면 "데이터
베이스 야드관리의 복원이 완료되었습니다."라는 메시지 박스가 나타난다.

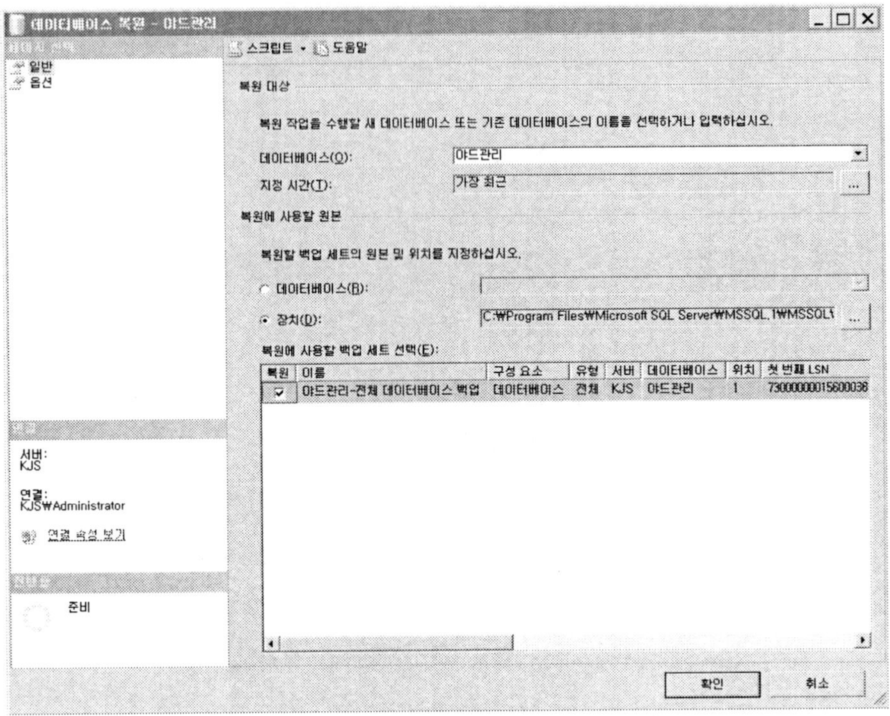

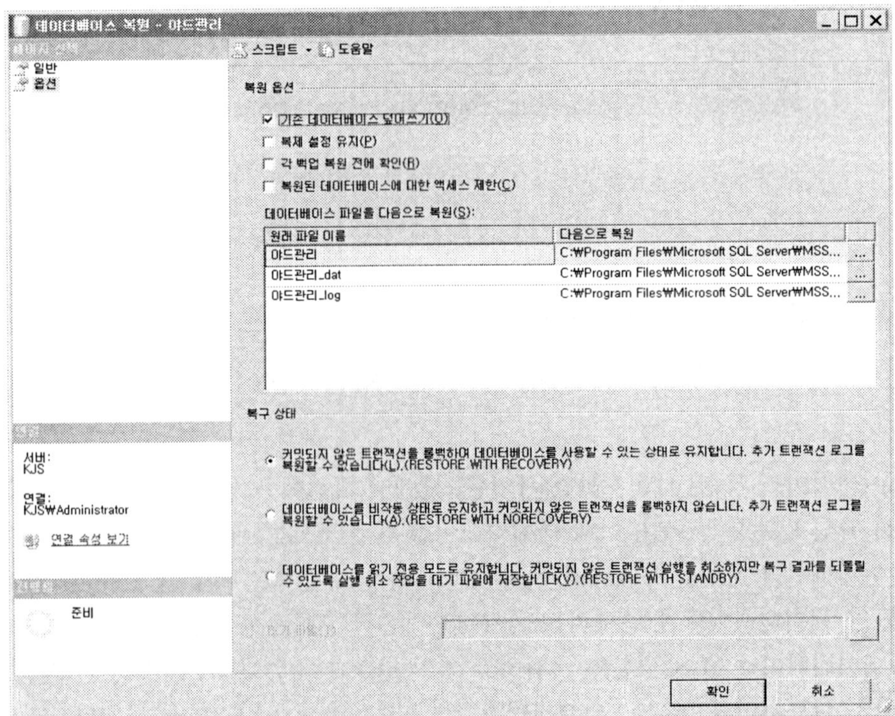

⑦ SSMS(SQL Server Management Studio)의 개체 팀색기에서 다음과 같이 복원된 데이터베이스의 테이블 내역을 확인할 수 있다.

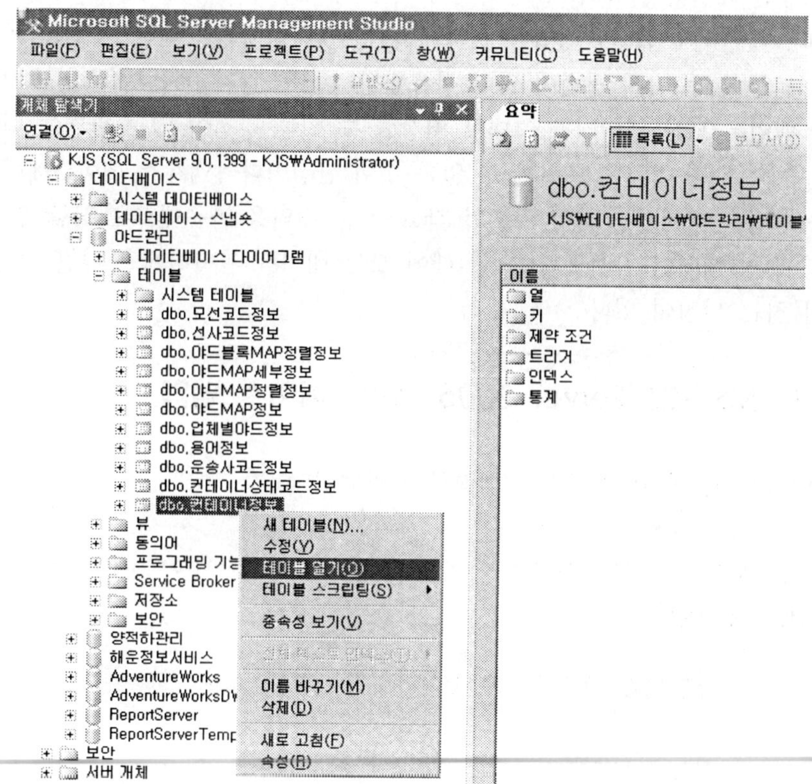

컨테이너번호	선사코드	모선코드	항차	BOUND구분	목적지항	선적항	장치위치
APHU6295630	APL	ABEB	ABEB-010	O	XINGANG	BUSAN	A1-04-23
APHU6296771	APL	ABEB	ABEB-010	O	XINGANG	BUSAN	B2-02-11
APHU6405744	APL	ABEB	ABEB-010	O	XINGANG	BUSAN	B1-02-13
APHU6435054	APL	ABEB	ABEB-010	O	XINGANG	BUSAN	A2-12-43
APHU6587822	APL	ABEB	ABEB-010	O	XINGANG	BUSAN	A2-12-32
APLS2463461	APL	ABEB	ABEB-010	O	XINGANG	BUSAN	A1-04-11
APLS2463471	APL	ABEB	ABEB-010	O	XINGANG	BUSAN	A1-04-12
APLS2463482	APL	ABEB	ABEB-010	O	XINGANG	BUSAN	A1-04-13
APLS2463492	APL	ABEB	ABEB-010	O	XINGANG	BUSAN	A1-04-14
APLS2463503	APL	ABEB	ABEB-010	O	XINGANG	BUSAN	A1-04-15
APLS2463511	APL	ABEB	ABEB-010	O	XINGANG	BUSAN	A1-04-21
APLS2463520	APL	ABEB	ABEB-010	O	XINGANG	BUSAN	A1-04-22
APLS2463534	APL	ABEB	ABEB-010	O	XINGANG	BUSAN	A1-04-23
APLS2463544	APL	ABEB	ABEB-010	O	XINGANG	BUSAN	A1-04-24
APLS2463555	APL	ABEB	ABEB-010	O	XINGANG	BUSAN	A1-04-25
APLS2463567	APL	ABEB	ABEB-010	O	XINGANG	BUSAN	A1-04-31
APLS2463570	APL	ABEB	ABEB-010	O	XINGANG	BUSAN	A1-04-32

부록2.3 데이터베이스 백업 및 가져오기

서버에 저장된 데이터베이스를 보관하거나 다른 서버에서 이용하려면 데이터베이스를 백업해야 한다. 데이터베이스의 백업은 서버에서의 일반 백업과 [액세스 데이터베이스에 내보내기] 하는 등의 두 가지 방법이 많이 사용된다. 이 두 가지 방법은 여러 가지 장단점이 있다. 일반 백업은 모든 데이터를 그대로 저장할 수 있는 장점이 있는 반면에 백업되는 파일 크기가 크고, 부분 내역을 복원할 수 없는 것이 단점이다. [액세스 데이터베이스에 내보내기] 하는 방법은 백업되는 파일 크기가 작고, 부분 내역을 마음대로 조작할 수 있는 장점이 있다. 그러나 [데이터 가져오기]를 할 때에 모든 내역을 완벽하게 복원할 수 없고, 키를 재설정해야 하는 단점이 있다.

부록2.3.1 MS SQL Server 2005 데이터베이스 백업

다음은 [야드관리] 데이터베이스를 백업하는 방법이다.

① SSMS 개체 탐색기에서 [야드관리] 데이터베이스 폴더에서 우측 마우스를 누르고 [작업/백업]을 선택한다.

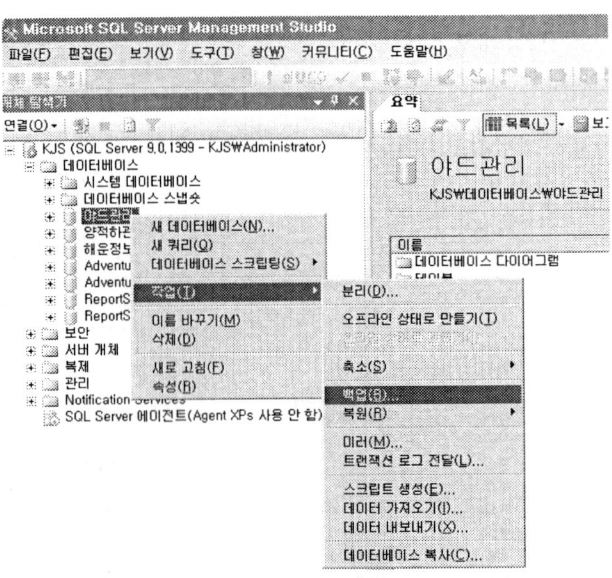

② [데이터베이스 백업] 대화 상자에서 데이터베이스 이름 및 백업 대상을 적정하게 지정(일반적으로는 그대로 두어도 됨)하고 확인 단추를 누른다. 일반적으로 데이터베이스

가 백업되는 위치는 "C:\Program Files\Microsoft SQL Server\MSSQL.1\MSSQL\
BACKUP" 폴더이다. 또한 옵션 탭에서 [미디어 덮어쓰기]를 이용하여 백업하는 방법
을 임의로 지정할 수 있다.

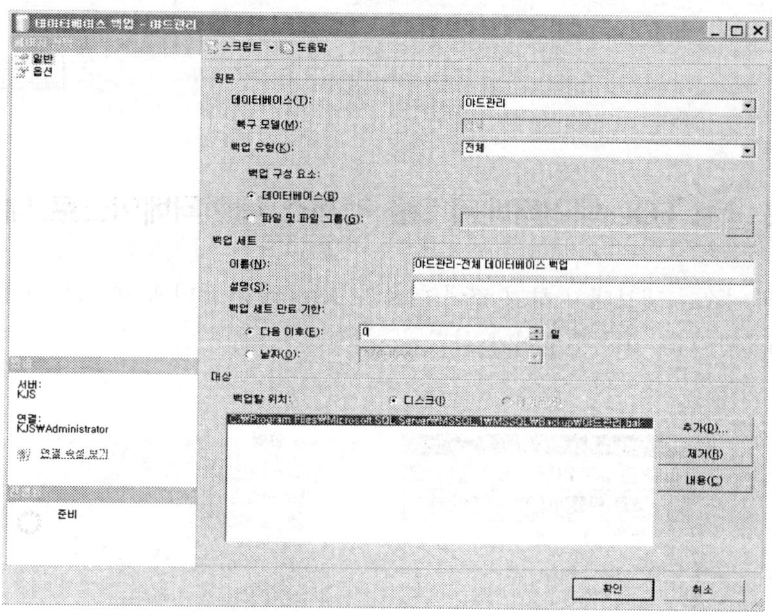

물류 데이터베이스 구축

③ 백업이 정상적으로 수행되면 다음 화면이 나타난다.

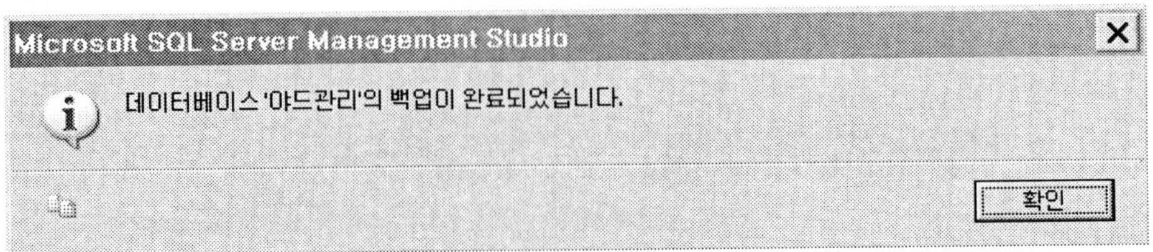

부록2.3.2 MS SQL 데이터베이스를 액세스 데이터베이스로 내보내기

① 데이터베이스를 내보내기 하기 전에 다음과 같이 해당 폴더에 새로운 액세스 데이터베이스(야드관리.mdb)를 만들어야 한다.

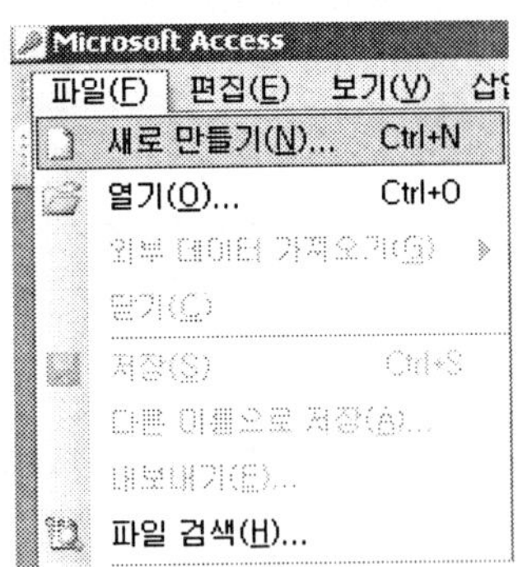

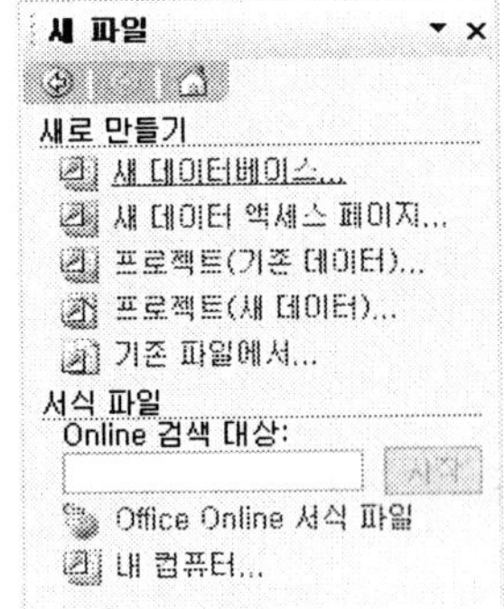

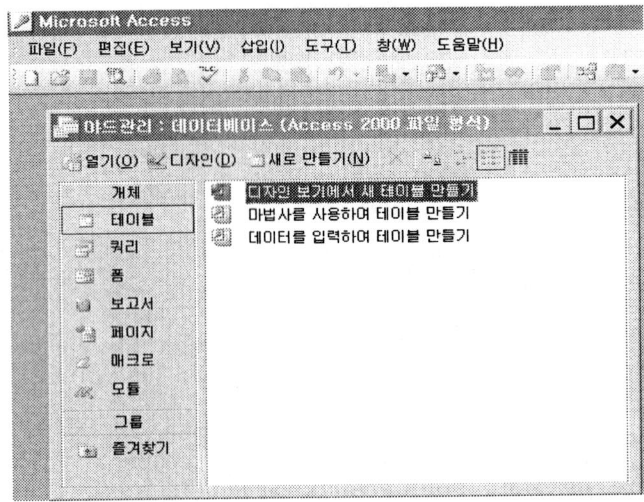

② SSMS 개체 탐색기의 [야드관리] 데이터베이스 폴더에서 우측 마우스를 누르고 [작업
/데이터 내보내기]를 선택한다.

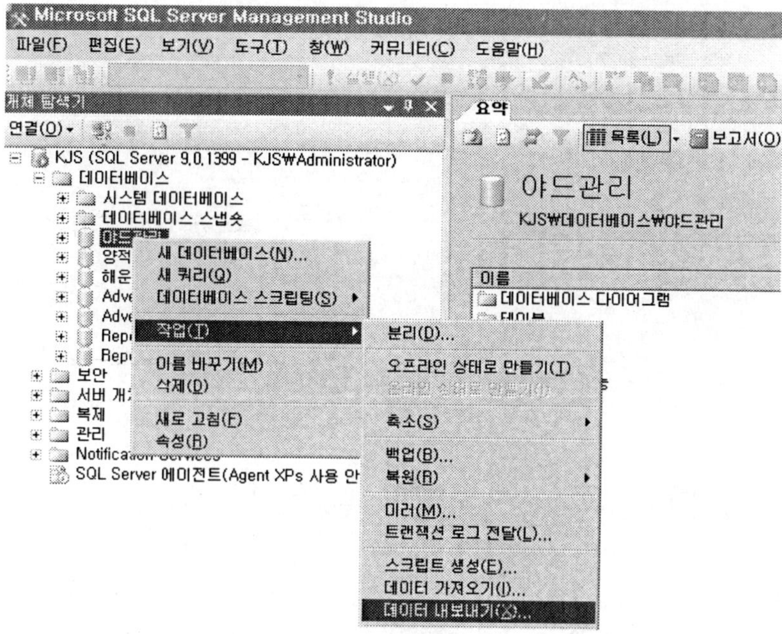

③ [SQL Server 가져오기 및 내보내기 마법사] 창이 나타나면 [다음] 단추를 누른다. 다
음 화면이 나타나면 데이터 원본을 [Microsoft OLE DB Provider for SQL Server], 서
버 이름과 데이터베이스(야드관리)를 선택하고 [다음] 단추를 누른다. 참고로 간편하
게 실습하려면 [SQL 인증] 보다 [Windows 인증]이 더 사용하기 편리하다.

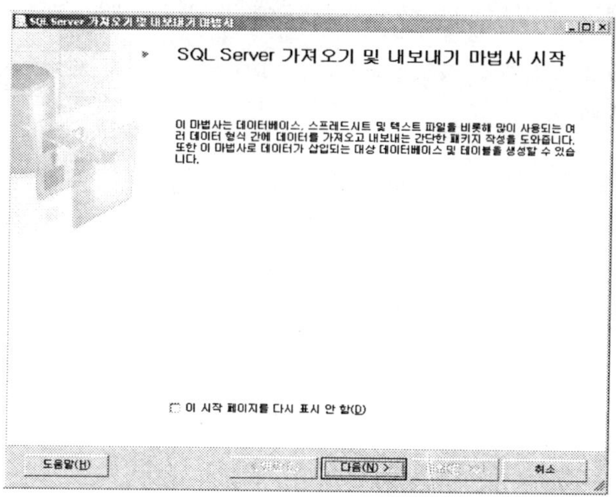

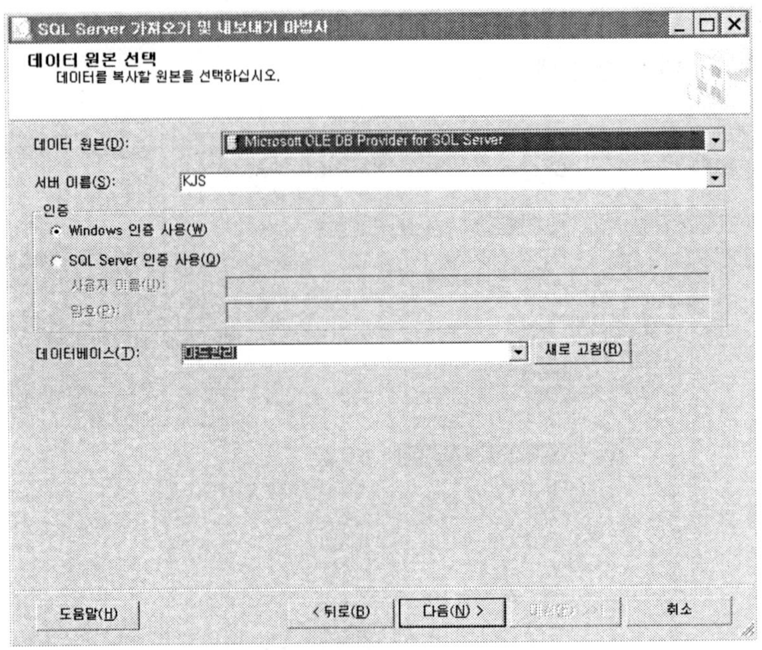

④ 내보내기(복사)할 대상을 [Microsoft Access]로 하고, [찾아보기] 단추를 이용하여 파
일 이름(야드관리.mdb)을 찾아서 입력한 뒤 다음 단추를 누른다.

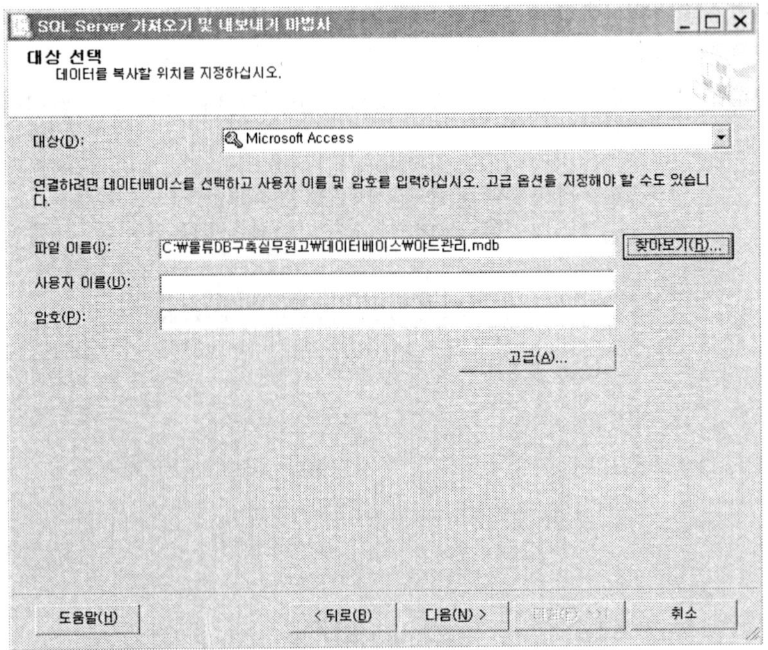

⑤ 테이블 복사 또는 쿼리 지정에서 [하나 이상의 테이블 또는 뷰에서 데이터 복사]를 선택하고 [다음] 단추를 누른다. 다음의 [원본 테이블 및 뷰 선택] 화면에서 MS SQL Server 데이터베이스 테이블 중에서 복사할 테이블을 선택하고 [다음] 단추를 누른다.

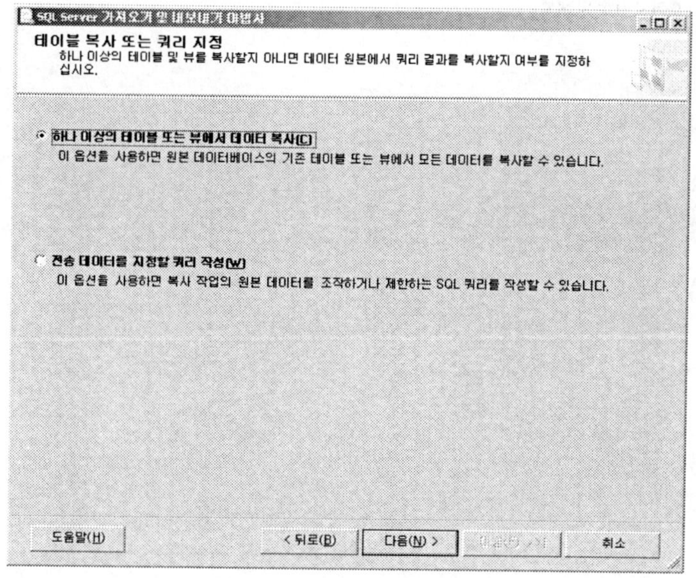

물류 데이터베이스 구축

⑥ 이러한 절차를 자주 하는 경우에는 [SSIS 패키지 저장]을 선택하고, 그렇지 않은 경우
는 [즉시 실행]을 선택한 뒤 다음 단추를 누른다.

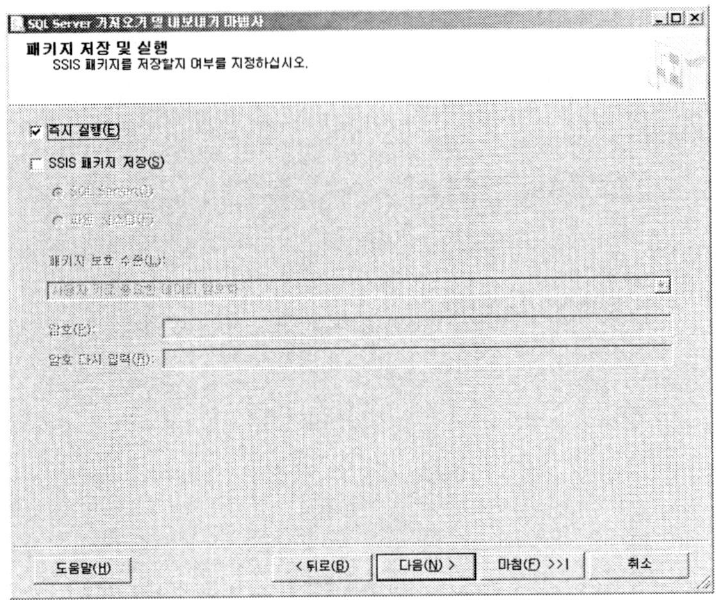

⑦ 작업 내용을 확인한 후 [마침] 단추를 누르면 패키지 실행 창이 나타난다. 진행 상태를
보고 복사하고자 하는 테이블이 정확히 복사되었는지 확인한다.

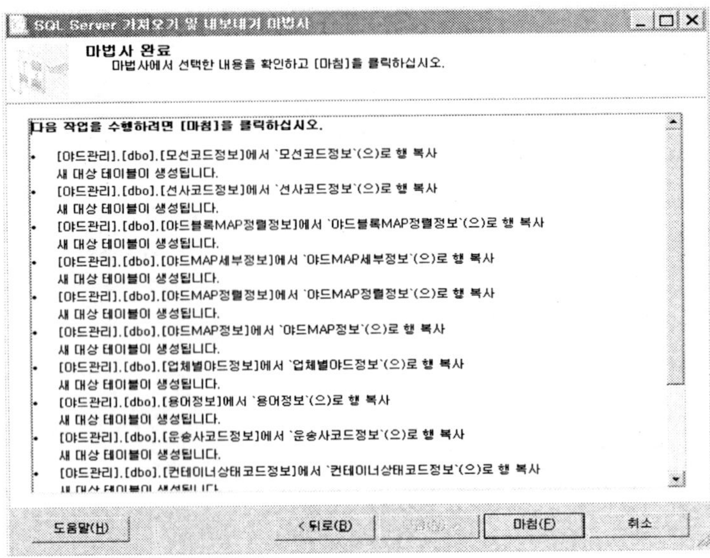

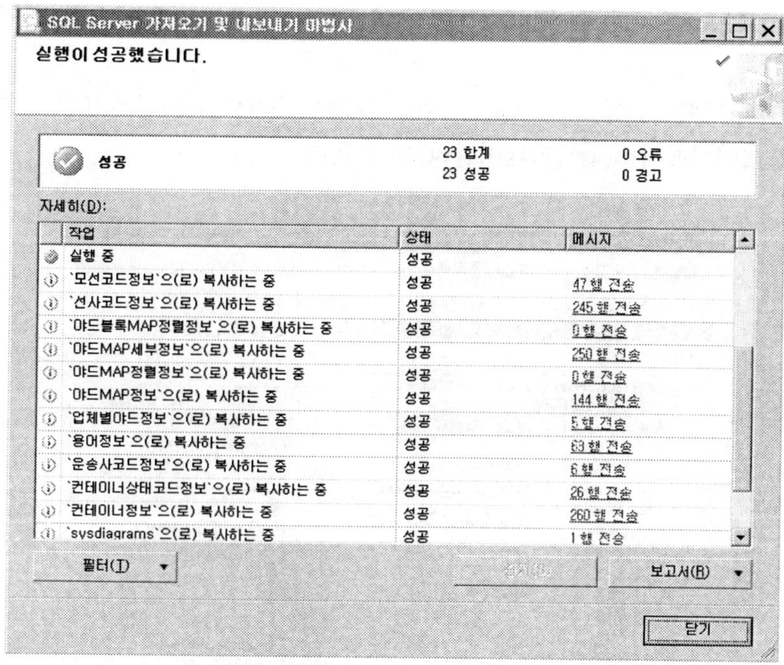

⑧ 내보내기 완료된 액세스 데이터베이스의 내용은 다음과 같다.

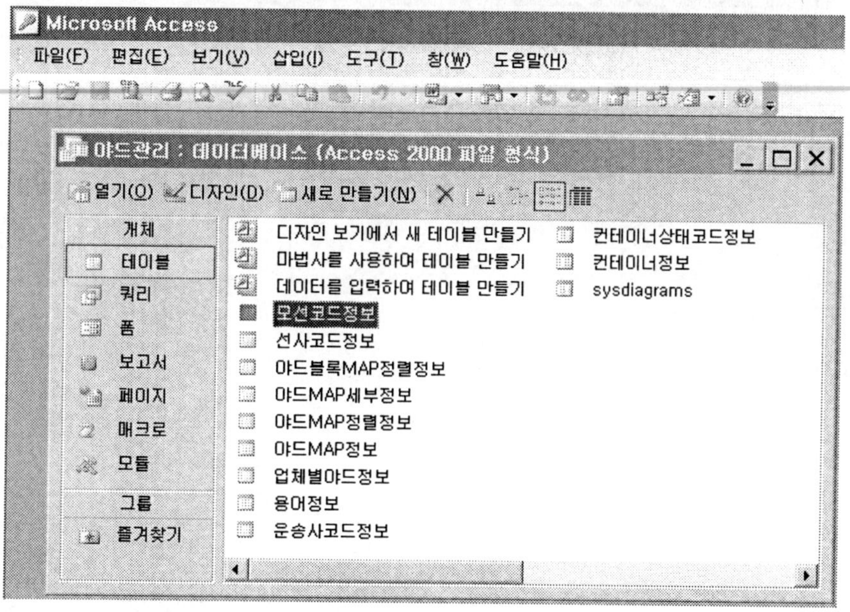

부록2.3.3 액세스 데이터베이스를 MS SQL Server 2005로 가져오기

① 액세스 데이터베이스를 MS SQL Server 2005로 가져오기 이전에 SSMS 개체 탐색기
   에서 새 데이터베이스(렌트카대여관리)를 만든다.

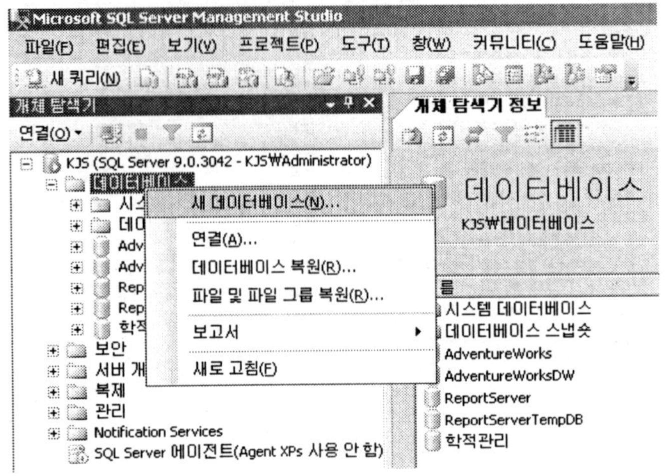

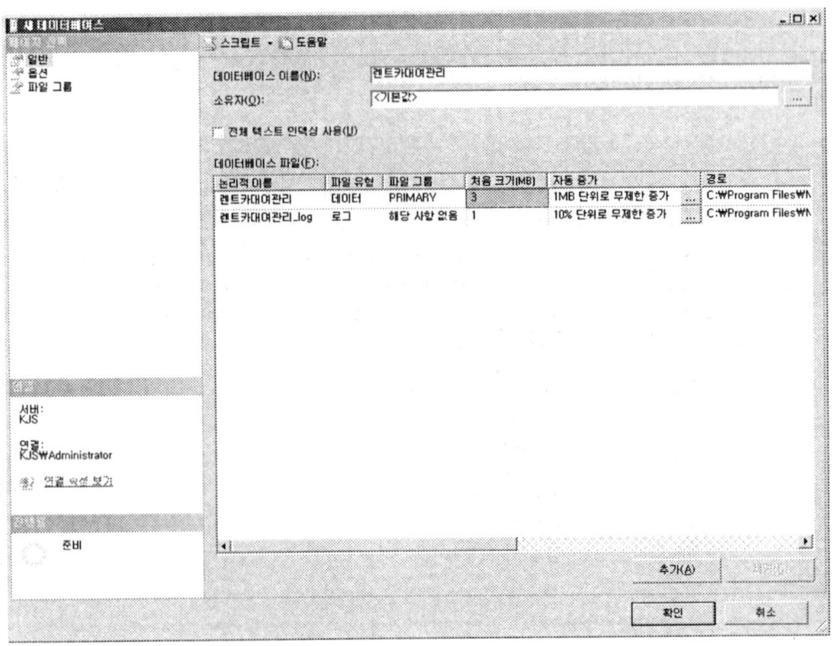

② SSMS 개체 탐색기의 [렌트카대여관리] 데이터베이스 폴더에서 우측 마우스를 누르고 [작업/데이터 가져오기]를 선택한다. [SQL Server 가져오기 및 내보내기 마법사] 창에서 다음 단추를 누른다.

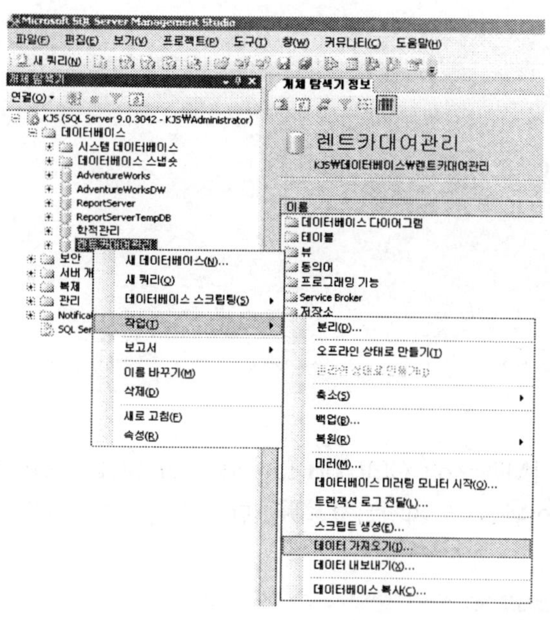

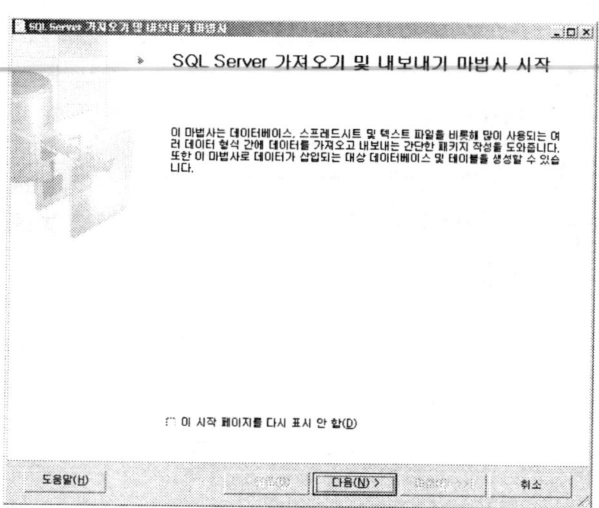

③ 데이터 원본 선택에서 데이터 원본을 [Microsoft Access], 복원할 데이터베이스 파일 이름을 찾아 선택하고 [다음] 단추를 누른다.

물류 데이터베이스 구축

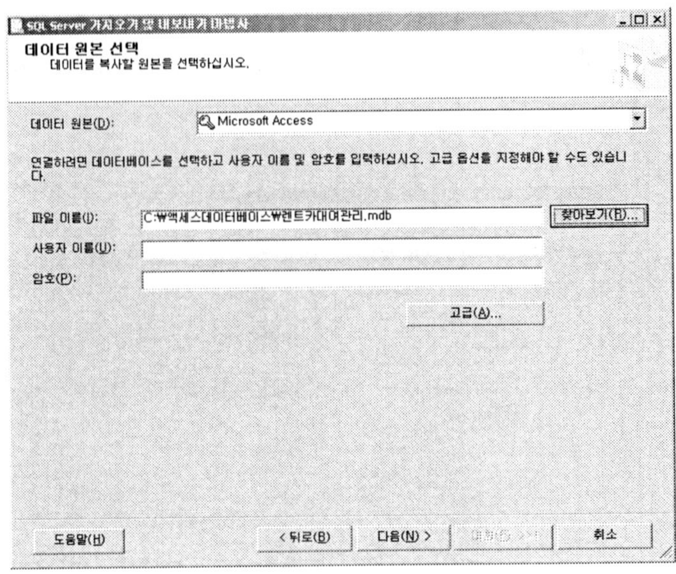

④ 가져오기 대상을 [Microsoft OLE DB Provider for SQL Server], 서버 이름과 데이터
베이스(렌트카대여관리)를 지정하고 다음 단추를 누른다.

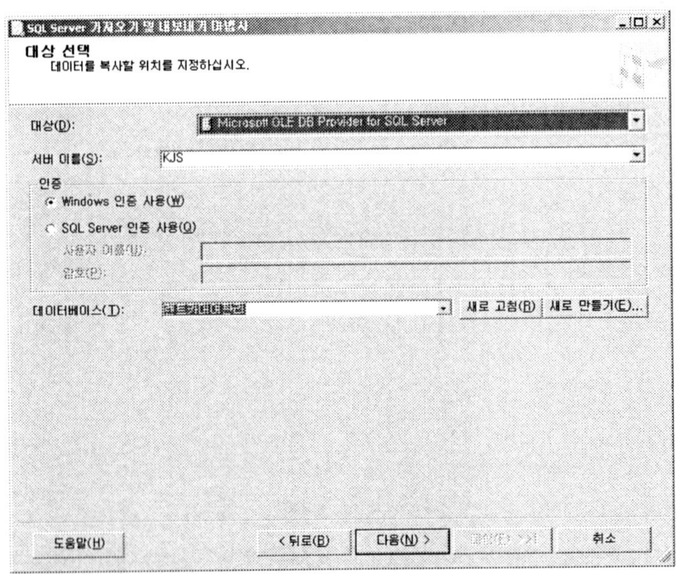

⑤ 테이블 복사 또는 쿼리 지정에서 [하나 이상의 테이블 또는 뷰에서 복사]를 선택하고
다음 단추를 누른다.

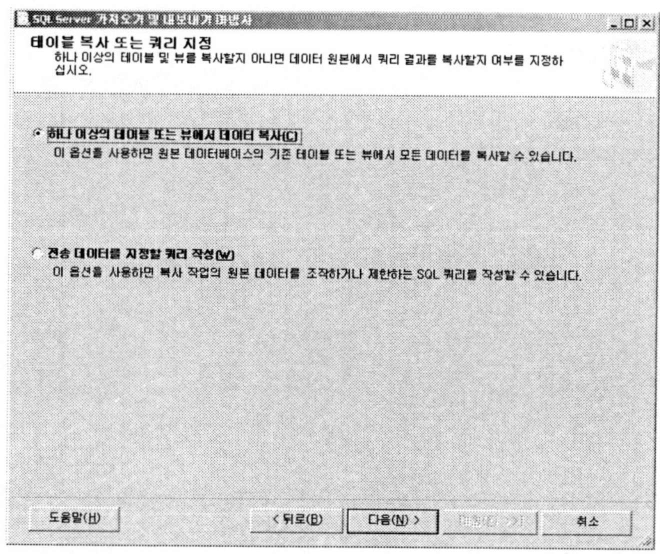

⑥ 액세스 데이터베이스 테이블 중에서 복사할 테이블을 선택하고 [다음] 단추를 누른다.
이때 쿼리도 모두 테이블로 복사된다.

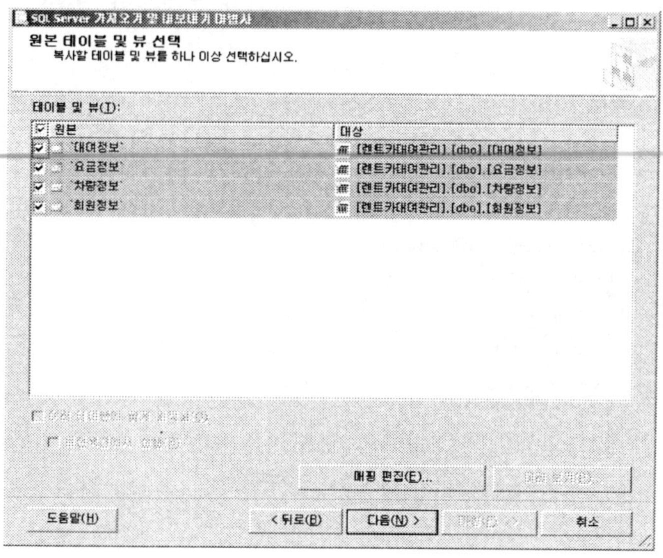

⑦ 이러한 절차를 자주 하는 경우에는 [SSIS 패키지 저장]을 선택하고, 그렇지 않은 경우
는 [즉시 실행]을 선택한다.

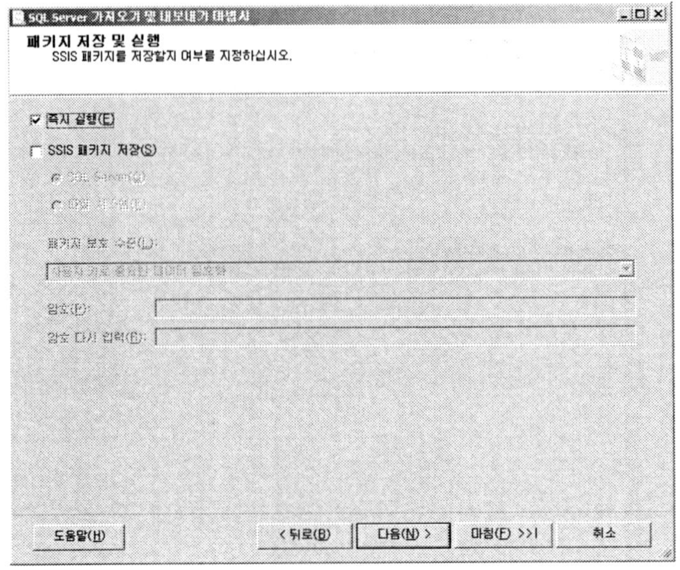

⑧ 가져오기(복사) 내용을 확인한 후 [마침] 단추를 누르면 작업 진행 창이 나타난다. 진행 상태를 보고 가져오기(복사)할 테이블이 정확히 복사되었는지 확인한다. Date 항목, 이미지 항목 또는 액세스 데이터베이스의 데이터가 부정확한 경우에는 잘 복사되지 않는 경우도 있다.

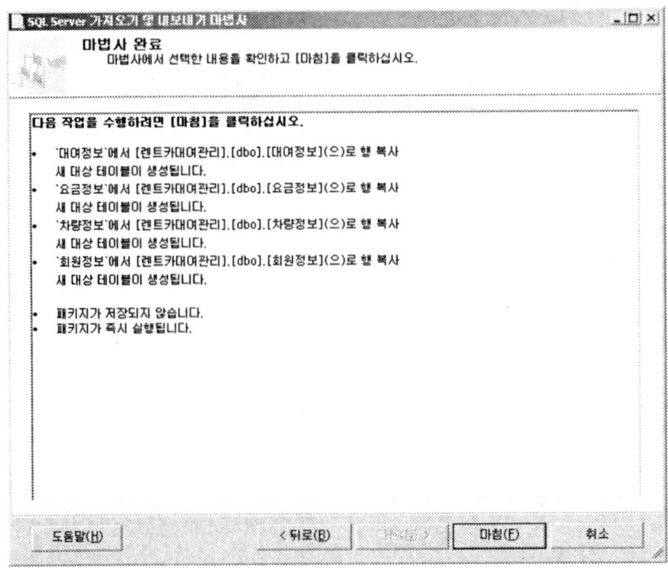

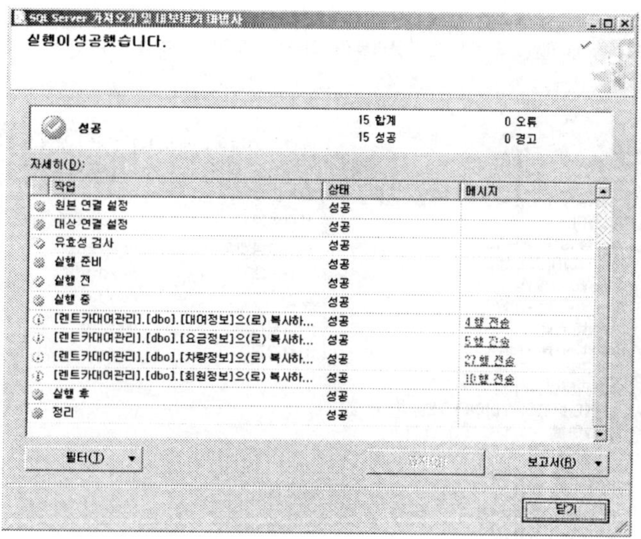

⑨ 가져오기가 완료된 후 SSMS의 데이터베이스에서 해당 데이터베이스를 확인할 수 있다.

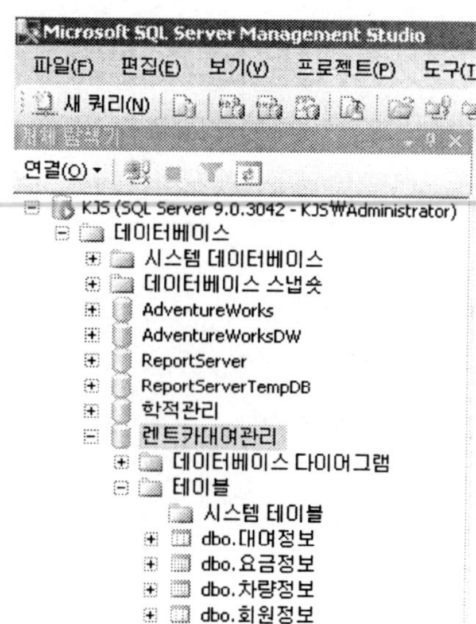

⑩ 데이터베이스의 테이블 디자인에서 키를 설정한다. 액세스 데이터베이스를 이용한 데이터 백업 및 리스토어는 장점도 있지만, 키를 다시 설정해야 하는 점이 조금 번거롭다.

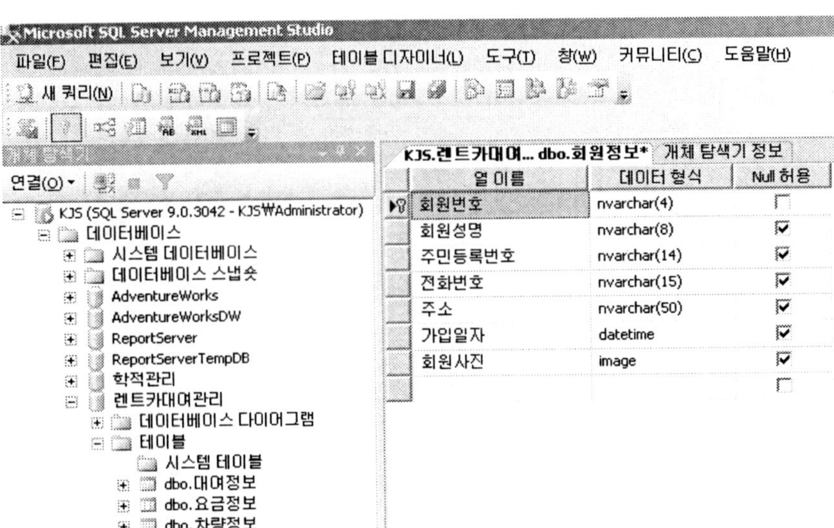

참고 문헌

1. 백인흠, 권오주, "해사개론", 해인출판사, 2007. 02.
2. 이철영, 이홍걸, "물류개론", 다솜출판사, 2005. 12.
3. 박귀환, 김웅진, 박정섭, "최신 물류관리론", 두남, 2007. 03.
4. 박귀환, 김웅진, 박정섭, "최신 국제물류론", 두남, 2007. 03.
5. 최홍엽, 김공원, 배병태, 고정한, "컨테이너 하역 실무", 한국항만연수원, 2006. 03.
6. 로지스틱스21, "보관하역론", 도서출판 한국물류정보, 2008.
7. 백인태, "컨테이너 터미널 물류시스템", 2009. 02.
8. 이신규, "국제물류론", 형성출판사, 2005. 09.
9. 곽현, "국제물류 운송론", 두남, 2008. 02.
10. 박성철, "국제운송 물류론", 학문사, 2008. 02.
11. 유광현, "무역 초보자가 꼭 알아야 할 139가지", 원앤원북스, 2007. 03.
12. 박대위, "무역실무", 법문사, 2005. 08.
13. 전순환, "무역실무", 한올출판사, 2007. 02.
14. 남풍우, "무역실무", 두남, 2007. 02.
15. 남풍우, "수출입절차 Simulation", 두남, 2005. 02.
16. "항만물류자동화 운영기기 전문인력 양성과정 교재", 동명대학교 산학협력단 항만물류 교육원, 2006.
17. "컨테이너 터미널 운영실무", 부산신항만 주식회사, 2006.
18. 이춘식, "데이터베이스 설계와 구축", 한빛미디어, 2002. 06.
19. 손광수, 이춘식(감수), "데이터베이스 관리와 실습", 한빛미디어, 2007. 07.
20. 김진수, "Visual Basic.NET 데이터베이스 프로그래밍", 21세기사, 2004. 03.
21. 김진수, "VB.NET 2005 데이터베이스 프로그래밍", 21세기사, 2008. 08.
22. 김순근, "ASP.NET Programming Bible", 영진.COM, 2002.
23. 권원상, 성진수, 이철성, "닷넷 프로그래밍 C#, VB.NET, ASP.NET", 한빛미디어, 2002. 03.
24. 김재우, 강호원, 정재선, 육창근, 오준석, "Visual Basic.NET Programming Bible", 영진.COM, 2002. 05.
25. Bill Forgey 외 2인 공저, "Beginning Visual Basic.NET Databases", 정보문화사, 2002. 07.

26. 쑤안 타이, 호앙 램, ".NET Framework Essentials", O'REILLY, 2001. 09.

27. Kevin Hoffman 외 9인 공저, "Professional .NET Framework", 정보문화사, 2002. 04.

28. Bipin Joshi 외 9인 공저, "Professional ADO.NET Programming", 정보문화사, 2002. 06.

29. 박수인, "ADO.NET", 대림, 2002. 03.

30. 이동범, 김순근, 김민섭, "about ASP.NET Programming", 영진.COM, 2004

31. 김종덕, "about ASP.NET & ADO.NET", 영진.COM, 2004

32. "사이버 물류관리시스템 사용자 설명서", 동명대학교 항만물류학부

33. "e-PECTOS 통합물류정보시스템 시스템 설계서", (주)신선대 컨테이너 터미널

34. "CATOS Manual", TOTAL SOFT BANK LTD, 2006.

색 인

(자)

(카)

(파)

(하)

저자 소개

김진수

- 숭실대학교 소프트웨어공학 석사
- 영남대학교 컴퓨터공학 박사
- 정보처리 기술사 (과학기술처)
- 정보처리 기술지도사 (상공부)
- 쌍용정보통신 시스템연구소 선임연구원
- 현재 동명대학교 항만물류학부 물류운영정보전공 교수
- 관심분야 : 소프트웨어공학, 데이터베이스, 센서 네트워크

물류 데이터베이스 구축 실무

초판 1쇄 인쇄 2010년 01월 05일
초판 1쇄 발행 2010년 01월 15일
저   자 김 진 수
발 행 인 이 범 만
발 행 처 **21세기사** (제406-00015호)
경기도 파주시 교하읍 산남리 283-10 (413-834)
Tel. 031-942-7861, Fax. 031-942-7864
E-mail : 21cbook@hanafos.com
Home-page : www.21cbook.co.kr
ISBN 978-89-8468-330-3
정가 30,000원